职业教育教材

XIANDAI SHUINI SHENGCHAN
ZHUANGBEI YU YINGYONG

现代水泥生产装备与应用

全国建材职业教育教学指导委员会 组织编写

谢克平 主编

化学工业出版社

·北京·

内容简介

本书为教育部全国建材职业教育教学指导委员会组织编写的职业教育教材。

本书针对当代水泥生产中所涉及的装备,按作用分为物料处理、粉磨、烧成、输送、风动、传动、电气、环保、控制设备及防护材料十类,逐章分析它们的耗能与转换机理,以便从结构选型及维护使用中挖掘出所有节能潜力。节能的最大化需要从业人员对各专业知识及各类设备知识的融会贯通,才能使水泥行业在"碳达峰"及"碳中和"中胜任所扮演的角色。

本书不仅可作为水泥专业各层次职业教育教材,还能为水泥企业节能管理出谋划策,所涉及的内容也可为其他行业的设备节能管理提供参考。

图书在版编目(CIP)数据

现代水泥生产装备与应用/全国建材职业教育教学指导委员会组织编写;谢克平主编. —北京:化学工业出版社,2021.9

ISBN 978-7-122-39607-5

Ⅰ.①现… Ⅱ.①全… ②谢… Ⅲ.①水泥—生产工艺—教材 ②水泥—机械设备—教材 ③水泥—化工设备—教材 Ⅳ.①TQ172.6

中国版本图书馆 CIP 数据核字(2021)第 149393 号

责任编辑:邢启壮 吕佳丽　　　　　　装帧设计:刘丽华
责任校对:王佳伟

出版发行:化学工业出版社(北京市东城区青年湖南街 13 号　邮政编码 100011)
印　　装:三河市延风印装有限公司
787mm×1092mm　1/16　印张 27½　字数 680 千字　2022 年 1 月北京第 1 版第 1 次印刷

购书咨询:010-64518888　　　　　　售后服务:010-64518899
网　　址:http://www.cip.com.cn
凡购买本书,如有缺损质量问题,本社销售中心负责调换。

定　　价:66.00 元　　　　　　　　　　　　　　　版权所有　违者必究

《现代水泥生产装备与应用》编委会名单

前　言

随着科学技术的发展，每种产品的能耗水平，就是在反映着国家经济技术的综合实力，也代表生产企业产能的品质与水平。我国水泥产品，经过二十余年的高速发展，年产总量已达二十余亿吨，高居世界第一，但这并不表明我们的技术实力也是第一。因为与世界最高水平相比，我国每吨水泥平均能耗大致要高出10％以上，劳动生产率也相差一多半。要缩小这个差距，实现"由追赶到超越、引领"的目标，既要靠水泥工艺水平与管理水平的进步，也要靠水泥装备水平的提高，更要靠水泥生产人员的综合素质，树立强烈的节能减排意识。

与此同时，水泥制造业在国民经济中的作用，不再只是提供建筑材料，它已俨然成为消化其他行业固废、危废乃至生活垃圾的骨干，成为全社会循环经济中不可缺少的一环。

然而，水泥行业的技术力量近年正在渐渐老化，年轻的新生力量严重缺乏。教育部全国建材职业教育教学指导委员会审时度势，决定从提高教材质量入手，让学生认识到从事水泥行业的重大责任与光明前途。因此牵头组织《现代水泥生产装备与应用》等书的教材编撰工作，教材的编写工作得到各建材类专业职业院校老师们的热烈响应，大家愿意群策群力，共同尝试编写符合现代水泥装备发展水平的教材。经编委会讨论确定，此次编写的教材在借鉴已有众多版本教材的基础上，突出了如下特点：

1. 突出学习装备知识必须以节能为红线。因为装备本身的更新换代就是以节能为动力。学习装备不能只局限其原理、分类与结构，更要洞察到节能机理，掌握每类装备的节能途径，使用中如何发挥其节能潜力，从而具备降低生产能耗的思路与方法。

2. 将工艺节能知识与设备节能原理紧密结合，才能明晰装备的节能机理。因此，节能不仅是工艺专业学生的"必修课"，也是机电专业学生应当掌握的基本要领。

3. 突出装备的应用技术。装备欲能充分发挥节能潜力，不只取决于它的设计与制造水平，更离不开用户的应用水平，双方需共同努力，缺一不可。

4. 学习中展望各水泥装备的发展方向，有利于让学生知道水泥装备的节能任务既艰巨又大有可为。介绍初见成效的节能装备技术及智能化的发展方向，特别是国内专家的研发成果，甚至对有争议的装备发展提出看法。此举是为鼓励更多人努力创新。

本书围绕上述特点，以较为全面、翔实的内容，供教学使用。各类中高职院校都可以借鉴此书，压缩、提炼成满足不同教学层次所需要的教材。

本书编写是由谢克平任主编，参加本书编写的人员分工如下。第一章，由河北建材职业技术学院石常军编写；第二章，由四川幼儿师范高等专科学校杨忠娅编写；第三章，由黑龙江建筑职业技术学院田文富及哈尔滨市医药工程学校李杰编写；第四章至第六章，由北京金隅科技学校肖德安及黑龙江建筑职业技术学院纪明香编写；第七章、第十章，由北京金隅科技学校宾雄辉编写；第八章，由广东省理工职业技术学校张博编写；第九章，由陕西铁路工程职业技术学院赵亚丽编写。另外，洛阳理工学院李海涛、河北建材职业教育技术学院张向红、宁夏建设职业技术学院段兴梅等也对此书编写提出过重要意见，在此一并表示衷心感谢。

诚然，尽管有良好的编写愿望，但书中也难免会有不足，敬请专家、同行及广大读者朋友批评指正。我们坚信，本教材的很多观点，会通过老师们在日常教学中不断深化，教学相长，一定会吸引更多学生积极投身到水泥制造业中来。

编者

2021 年 6 月

目　录

绪 论	1

第 1 章　物料处理、储存装备与技术　　7

1.1　破碎机	7
1.1.1　破碎机的工艺任务与破碎原理	7
1.1.2　破碎机的类型、结构及发展方向	10
1.1.3　破碎机的节能途径	13
1.1.4　破碎机的应用技术	16
1.2　堆、取料机	17
1.2.1　堆、取料机的工艺任务与原理	17
1.2.2　堆、取料机的类型、结构与发展方向	20
1.2.3　降低均化耗能的措施	26
1.2.4　堆、取料机的应用技术	28
1.3　物料存储库（仓）	29
1.3.1　均化库的工艺任务与原理	29
1.3.2　均化库类型、结构与发展方向	32
1.3.3　均化库的节能途径	35
1.3.4　均化库的应用技术	36
1.4　包装机	38
1.4.1　包装机的工艺任务与原理	38
1.4.2　包装机的类型、结构及发展方向	39
1.4.3　包装机的节能途径	41
1.4.4　包装机的应用技术	42

第 2 章　粉磨装备与技术　　44

2.1　球磨机	44
2.1.1　球磨机的工艺任务与原理	44
2.1.2　球磨机类型、结构与发展方向	49
2.1.3　球磨机的节能途径	57
2.1.4　球磨机的应用技术	63
2.2　立磨	69
2.2.1　立磨的工艺任务与工作原理	69
2.2.2　立磨类型、结构及发展方向	76
2.2.3　立磨的节能途径	83

2.2.4 立磨的应用技术 ………………………………………………… 85

2.3 辊压机 ………………………………………………………………… 88

　2.3.1 辊压机的工艺任务与原理 ………………………………………… 89

　2.3.2 辊压机类型、结构及发展方向 …………………………………… 93

　2.3.3 辊压机的节能途径 ………………………………………………… 97

　2.3.4 辊压机的应用技术 ………………………………………………… 104

2.4 选粉机 ………………………………………………………………… 110

　2.4.1 选粉机的工艺任务与原理 ………………………………………… 110

　2.4.2 选粉机主要类型、结构及发展方向 ……………………………… 112

　2.4.3 选粉机的节能途径 ………………………………………………… 118

　2.4.4 选粉机的应用技术 ………………………………………………… 119

第3章　烧成装备与技术　122

3.1 预热器 ………………………………………………………………… 123

　3.1.1 预热器的工艺任务与原理 ………………………………………… 123

　3.1.2 预热器的类型、结构及发展方向 ………………………………… 126

　3.1.3 预热器的节能途径 ………………………………………………… 132

　3.1.4 预热器的应用技术 ………………………………………………… 134

3.2 分解炉 ………………………………………………………………… 139

　3.2.1 分解炉的工艺任务与原理 ………………………………………… 139

　3.2.2 分解炉类型、结构及发展方向 …………………………………… 148

　3.2.3 分解炉的节能途径 ………………………………………………… 150

　3.2.4 分解炉的应用技术 ………………………………………………… 154

3.3 回转窑 ………………………………………………………………… 157

　3.3.1 预分解窑工艺任务与原理 ………………………………………… 157

　3.3.2 回转窑类型、结构及发展方向 …………………………………… 163

　3.3.3 回转窑的节能途径 ………………………………………………… 168

　3.3.4 回转窑的应用技术 ………………………………………………… 172

3.4 燃烧器 ………………………………………………………………… 180

　3.4.1 燃烧器工艺任务与原理 …………………………………………… 180

　3.4.2 燃烧器类型、结构及发展方向 …………………………………… 188

　3.4.3 燃烧器的节能途径 ………………………………………………… 191

　3.4.4 燃烧器的应用技术 ………………………………………………… 193

3.5 箅式冷却机 …………………………………………………………… 196

　3.5.1 箅冷机的工艺任务与原理 ………………………………………… 196

　3.5.2 箅冷机类型、结构及发展方向 …………………………………… 199

　3.5.3 箅冷机的节能途径 ………………………………………………… 203

　3.5.4 箅冷机的应用技术 ………………………………………………… 206

第4章　输送装备与技术　213

4.1 胶带输送机 …………………………………………………………… 213

　4.1.1 工艺任务与原理 …………………………………………………… 213

　4.1.2 胶带输送机的结构、类型及发展方向 …………………………… 214

　4.1.3 胶带输送机的节能途径 …………………………………………… 220

　4.1.4 胶带输送机的应用技术 …………………………………………… 222

4.2　空气斜槽 ……………………………………………………………………… 224
　　4.2.1　空气斜槽的工艺任务与原理 ……………………………………… 224
　　4.2.2　空气斜槽的结构、类型及发展方向 ……………………………… 225
　　4.2.3　空气斜槽的节能途径 ……………………………………………… 226
　　4.2.4　空气斜槽的应用技术 ……………………………………………… 227
4.3　链式输送机 …………………………………………………………………… 228
　　4.3.1　链式输送机的工艺任务与原理 …………………………………… 228
　　4.3.2　链式输送机的类型、结构及发展方向 …………………………… 228
　　4.3.3　链式输送机的节能途径 …………………………………………… 229
　　4.3.4　链式输送机的应用技术 …………………………………………… 229
4.4　螺旋输送机 …………………………………………………………………… 230
　　4.4.1　螺旋输送机的工艺任务与原理 …………………………………… 230
　　4.4.2　螺旋输送机的类型、结构与发展方向 …………………………… 231
　　4.4.3　螺旋输送机的节能途径 …………………………………………… 231
　　4.4.4　螺旋输送机的应用技术 …………………………………………… 232
4.5　链式斜斗输送机 ……………………………………………………………… 233
　　4.5.1　链式斜斗输送机工艺任务与原理 ………………………………… 233
　　4.5.2　链式斜斗输送机的结构、类型 …………………………………… 233
　　4.5.3　链式斜斗输送机的节能途径 ……………………………………… 235
　　4.5.4　链式斜斗输送机的应用技术 ……………………………………… 236
4.6　提升机 ………………………………………………………………………… 236
　　4.6.1　提升机的工艺任务与原理 ………………………………………… 236
　　4.6.2　提升机的类型、结构及发展方向 ………………………………… 237
　　4.6.3　提升机的节能途径 ………………………………………………… 238
　　4.6.4　提升机的应用技术 ………………………………………………… 239
4.7　板式喂料机 …………………………………………………………………… 240
　　4.7.1　板喂机的工艺任务与原理 ………………………………………… 240
　　4.7.2　板喂机的类型、结构 ……………………………………………… 240
　　4.7.3　板喂机的节能途径 ………………………………………………… 241
　　4.7.4　板喂机的应用技术 ………………………………………………… 242
4.8　泵送设备 ……………………………………………………………………… 242
　　4.8.1　泵送设备的工艺任务与原理 ……………………………………… 242
　　4.8.2　泵送设备的类型、结构 …………………………………………… 244
　　4.8.3　螺旋泵的节能途径 ………………………………………………… 245
　　4.8.4　螺旋泵的应用技术 ………………………………………………… 245

第5章　风动装备与技术　　247

5.1　离心风机 ……………………………………………………………………… 247
　　5.1.1　风机的工艺任务与原理 …………………………………………… 247
　　5.1.2　风机的类型、结构及发展方向 …………………………………… 250
　　5.1.3　风机的节能途径 …………………………………………………… 253
　　5.1.4　水泥生产中的风机应用技术 ……………………………………… 257
5.2　罗茨风机 ……………………………………………………………………… 262
　　5.2.1　罗茨风机的工艺任务与原理 ……………………………………… 262
　　5.2.2　罗茨风机的类型、结构及发展方向 ……………………………… 263

5.2.3 罗茨风机的节能途径 ·· 265

5.2.4 罗茨风机的应用技术 ·· 265

5.3 空气压缩机 ·· 266

5.3.1 空压机的工艺任务与原理 ·· 267

5.3.2 空压机的类型、结构及发展方向 ·································· 268

5.3.3 空压机的节能途径 ··· 269

5.3.4 空压机的应用技术 ··· 270

第6章 动力传动装置   272

6.1 减速机 ··· 272

6.1.1 减速机的工艺任务与原理 ·· 272

6.1.2 减速机的类型、结构及发展方向 ·································· 274

6.1.3 减速机自身的节能途径 ·· 279

6.1.4 减速机的应用技术 ··· 281

6.2 联轴器 ··· 283

6.2.1 联轴器的任务与原理 ··· 283

6.2.2 联轴器的类型、结构及发展方向 ·································· 284

6.2.3 联轴器的节能途径 ··· 285

6.2.4 联轴器的应用技术 ··· 286

6.3 液压系统 ··· 288

6.3.1 液压系统工艺任务与原理 ·· 288

6.3.2 液压系统的类型、结构及发展方向 ······························ 289

6.3.3 液压系统的节能途径 ··· 293

6.3.4 液压系统的应用技术 ··· 295

第7章 电气设备   300

7.1 电动机 ··· 300

7.1.1 电动机的工艺任务与原理 ·· 300

7.1.2 电动机的结构、类型及发展方向 ·································· 301

7.1.3 电动机的节能途径 ··· 304

7.1.4 电动机的应用技术 ··· 305

7.2 变压器 ··· 306

7.2.1 变压器的工艺任务与原理 ·· 307

7.2.2 变压器结构、类型及发展方向 ····································· 307

7.2.3 变压器的节能途径 ··· 308

7.2.4 变压器的应用技术 ··· 308

7.3 变频器 ··· 309

7.3.1 变频器的工艺任务与原理 ·· 309

7.3.2 变频器的结构、类型及发展方向 ·································· 310

7.3.3 变频器的节能途径 ··· 311

7.3.4 变频器的应用技术 ··· 312

7.4 进相机 ··· 313

7.4.1 进相机的工艺任务与原理 ·· 313

7.4.2 进相机的结构、分类 ··· 314

7.4.3 进相机的节能措施 ··· 314

7.4.4 进相机的应用技术 ··· 315

第8章 环保装备与技术   316

8.1 除尘装备与技术 ··· 316
  8.1.1 除尘设备的工艺任务与原理 ··· 316
  8.1.2 除尘设备类型、结构与发展方向 ····································· 321
  8.1.3 除尘设备的节能途径 ··· 330
  8.1.4 除尘设备的应用技术 ··· 331
8.2 脱硝装备 ··· 333
  8.2.1 脱硝装备工艺任务与原理 ··· 333
  8.2.2 脱硝装备的类型、结构及发展方向 ································· 336
  8.2.3 脱硝装备的节能途径 ··· 336
  8.2.4 脱硝装备的应用技术 ··· 338
8.3 脱硫装备 ··· 340
  8.3.1 脱硫设备的工艺任务与原理 ··· 340
  8.3.2 脱硫的方法、类型及发展方向 ······································· 341
  8.3.3 脱硫过程的节能 ··· 342
  8.3.4 脱硫技术的应用 ··· 342
8.4 降噪装备 ··· 342
  8.4.1 工艺任务与降噪原理 ··· 342
  8.4.2 降噪装备的类型、结构及发展方向 ································· 344
  8.4.3 降噪声的节能途径 ·· 345
  8.4.4 降噪声技术的应用 ·· 345
8.5 固废协同处置装备 ·· 345
  8.5.1 协同处置固废装备的工艺任务与优势 ····························· 345
  8.5.2 协同处置装备类型、原理及发展方向 ····························· 346
  8.5.3 协同处置装备的节能途径 ··· 349
  8.5.4 协同处置装备的应用技术 ··· 350

第9章 设备的防护材料   352

9.1 润滑装备 ··· 352
  9.1.1 润滑装备的工艺任务与原理 ··· 352
  9.1.2 润滑装备的类型、结构及发展方向 ································· 353
  9.1.3 润滑的节能途径 ··· 355
  9.1.4 润滑装备的应用技术 ··· 357
9.2 耐火材料 ··· 362
  9.2.1 耐火材料的工艺任务与原理 ··· 362
  9.2.2 水泥窑用耐火材料类型及发展方向 ································· 364
  9.2.3 使用耐火材料的节能途径 ··· 366
  9.2.4 耐火材料的应用技术 ··· 368
9.3 隔热材料 ··· 370
  9.3.1 隔热材料的原理与工艺任务 ··· 370
  9.3.2 隔热材料的种类与发展方向 ··· 372
  9.3.3 隔热材料的节能措施 ··· 373
  9.3.4 隔热材料的应用技术 ··· 374

9. 4　耐磨材料 ·· 374
　9. 4. 1　耐磨材料的工艺任务与原理 ·· 374
　9. 4. 2　耐磨材料的类型、结构及发展方向 ··· 377
　9. 4. 3　耐磨材料的节能途径 ·· 380
　9. 4. 4　耐磨材料的应用技术 ·· 382

第 10 章　控制装备与技术　　385

10. 1　在线检测仪表 ··· 385
　10. 1. 1　工业仪表的基本概念 ·· 385
　10. 1. 2　对各项参数的检测作用与原理 ·· 386
　10. 1. 3　各类参数测定的节能意义与途径 ··· 403
　10. 1. 4　各类仪表的应用技术 ·· 405
10. 2　执行机构 ··· 412
　10. 2. 1　执行器的工艺任务与原理 ·· 412
　10. 2. 2　执行器分类、结构及发展方向 ·· 412
　10. 2. 3　执行器的节能途径 ·· 416
　10. 2. 4　执行器的应用技术 ·· 417
10. 3　DCS 系统 ·· 418
　10. 3. 1　DCS 系统的工艺任务与原理 ·· 418
　10. 3. 2　DCS 系统基本组成、类型及发展方向 ··· 419
　10. 3. 3　DCS 系统的节能途径 ·· 422
　10. 3. 4　DCS 系统的应用技术 ·· 424
参考文献 ·· 425

绪 论

古人云："工欲善其事，必先利其器。"那么，在水泥生产中什么"器"才能算"利"，用什么标准衡量获"善"的程度，又如何使"善"最大化？

自从有水泥生产以来，装备总在不断进步，为此，也有众多版本讲解水泥装备的教材出版，介绍各类装备的原理、结构、分类、维护与使用等内容，尤其侧重各类装备的规格能力及使用寿命。但作为学习水泥装备的教材，理应回答这样一个问题：是装备的什么性能决定它的生死存亡。显然，答案只有一个，即设备的能耗水平与节能潜力，而不是设备的产能规格或运转可靠性，因为它们只是通过对能耗的影响而用到的指标。能耗是设备不断更新换代的内在动力，是决定设备竞争力及产品能耗的关键因素，更是涉及人类社会存在与进步的关键指标。

此答案应当作为红线贯穿装备教材内容的始终。为此，教材需要讨论能耗高低的理论基础，抓住决定能耗的关键因素，如何从设计、制造到使用全过程获取节能效益。而且，还应从节能视角，判断水泥装备的未来，认识到未来水泥人需要承担的责任，作为学习水泥装备技术的动力来源。

1）水泥装备的发展史

自 1824 年，由英国 Aspdin 先生获得波特兰水泥专利权以来，水泥生产已有近 200 年历史，但直到 1845 年，Isaac Johnson 先生发现高温形成 C_3S，才开始类似于今天水泥的历史。至于水泥生产装备，是 1885 年和 1891 年分别有回转窑及连续喂料球磨机注册专利后才得以应用。自此，水泥装备逐渐走向机械化、电气化。直到二十世纪三十年代，陆续开发辊式磨、立磨。二十世纪六十年代，开发出预热器窑、预分解窑后，水泥装备开始向大型化、自动化迈进，这段发展仅用半个世纪，说明水泥装备技术的发展速度是以几何级数发展着。

与其他产品的发展史相比，水泥生产的发展有这样两个鲜明特点：

① 作为建材产品，水泥性能并没有发生翻天覆地的变化，它始终是最廉价、最节能的高性能建筑材料，比任何产品的生存历史都长；但对于水泥装备，为使水泥生产单位能耗不断降低，它却在不断更新换代。原来传统回转窑煅烧熟料标准煤耗要在 250kg/t 以上，现在预分解窑已降至不足 100kg/t；原来水泥平均电耗要高达 120kW·h/t，现在已降至 80kW·h/t 以下，且仍在进步。2009 年 12 月，联合国所属三家组织共同发布了 2050 年世界水泥工业发展技术路线图，提出熟料热耗应为 78.5～85.7kg 标准煤/t，水泥综合电耗 50～60kW·h/t。

② 水泥生产已从对环境严重污染的角色，逐渐演变为大量吸纳其他工业废渣及生活垃圾的环保功臣；不只将自身难以利用的余热用于发电，也能将其他行业难以利用的废渣，经

过处理成为水泥自身的原燃料。水泥生产已经在社会循环经济中充当着不可缺少的一环，为此，利用水泥窑治理污染及利用废物的相关装备，也不断应运而生。

由此看来，水泥生产发展史就是一部工艺、装备不断节能的发展史，而且也是将这两个特点紧密结合的文明减排史。面对这样的历史，学习现代水泥装备知识，就一定要结合社会发展的要求，尊重节能的规律和方向。

2）节能在水泥生产中的地位

节能不只是社会发展对水泥生产的时代要求，而且对水泥生产效益的影响也是举足轻重。二者的高度统一，将使水泥装备节能的重要性更加突出。

按照企业考核指标的惯例，有产量、质量、运转率与成本等经济指标，也有安全、环保等管理指标。它们在相互关联，但核心指标应该是能耗，它是能主导其他指标发展的灵魂，绝不是成本的附属指标。仅此一点，就在考验企业经营者的智慧与指导思想。

核心指标之所以是能耗，而不是产量、质量或其他，是经过反复论证与实践证实的。只要降低能耗，就能促进产量、质量、运转率等各项经济指标全面提高，而且也有益于成本降低，同时，还能全面改善环保、安全生产等各项管理指标。因为唯有能耗降低，原设备容积与功率容量就会富余，产量才有提升空间；各种极端质量指标才会被摒弃，转而追求质量稳定、熟料和水泥的性能稳定；才会有设备的完好稳定运转；成本降低也才真实可信；治理污染也才能长远实效……如果忽视节能的核心作用，单打一地追求其他指标，不但很难如愿以偿，而且能耗一旦上升，会使企业发展迷失方向。

由此推导衡量先进装备的设计与制造标准，不应再是产量、规模，也不只是皮实可靠。因为只有能降低能耗且又可以保证一定产量、运转率，才能创造永久效益。所以，判断装备先进程度的主要因素就是节能水平，其他性能都要为它服务。

同理，节能也是设备管理的核心。必须纠正以往设备管理不问能耗的错误倾向，必须纠正节能只是工艺管理的片面认识，只有如此，才能抓住设备管理的新局面。

长期以来，我国水泥企业多以产量作为第一经营指标，坚持不懈追求提高台产及运转率，并扩大规模，习惯认定只要产量高、质量好，能耗、成本就一定低；而且只将能耗作为成本的一部分对待。但行业发展历史已经证明，并将继续证明，凡牺牲能耗的认识与做法，不仅束缚企业管理水平的提高，也必将限制装备自身进步。

3）降低装备能耗的理论基础

装备是否符合节能方向，并不一定等到应用之后才能判断。只要分析某一装备做功的原理及节能的理论基础，用如下原则，就可得出结论。装备的研发是这样，选购与使用装备，同样也要如此。

① 设法减少能量转换与传递的次数。

任何人类生产活动都需要耗能，且要通过能量传递及能量形式的转换完成。使用设备做功，所需要的动力，也必须来自各种形式的能量，而且每次的做功过程，能量传递及形式转换并不止一次。但能量守恒定律已经说明，每一次能量传递与形式转换，都会有能量损失，效率不可能为100%，而且常常很低，只有百分之几。因此，设计与选择加工工艺与装备时，首先应判断它的能量传递、转换次数及每次的效率。

在水泥生产发展中，并不难找到这种判断方法的踪迹。如粉磨做功是谋求产品的合理粒径组成。管磨机是用电能转换为机械能，继而转换为钢球的势能、动能，粉磨物料的能量形式转换达四次之多；而新开发的立磨、辊压机，则直接用电能转换为机械能挤压物料，不仅能源转换次数少，而且每次转换效率高，也少有内能消耗。因此管磨机就面临被淘汰的可能。又比如，煅烧熟料的窑，是将各种矿物燃料（煤、石油等）化学能，通过燃烧转化为热能；再通过热能的若干次传递，满足熟料矿物组成的形成热，转换为熟料的化学能。即使对煅烧没有利用的余热，也要继续传递与转换，再利用到预热、分解、烘干等自身工艺中去，预分解窑为此而富有生命力。将它与发电工艺热能传递通过蒸汽转换为动能带动汽轮机，与机械能带动发电机转化为电能的过程相比，其不仅能量转换次数少，转换效率也高得多，是60%以上与不足20%之比。所以，凡增加能量传递与转换次数的工艺，都会得不偿失。

②　设法延长每次能量传递的时间及条件。

任何能量的传递都需要足够的时间与环境，才能有高效率。预分解窑之所以能充分利用余热，正是因为它让物料在悬浮状态下，与热气体充分接触，巧妙地延长了它们的热传递时间，提高了预热与分解效率；而对出窑熟料带出的大量热，箅冷机为高效地回收热量，增加了高温段的料层厚度，也是为延长热交换时间，将熟料废热再带回窑、炉。同时，还将热的传导、对流与辐射三类传递形式发挥到极致。这类工艺设计，不但可强化热交换主体混合的均匀性，增加热交换机遇，而且还努力延长彼此的接触时间，从而提高热交换效率。

③　设法加快每次能量形式转换的速度。

尽管能量传递的时间较长，但每次能量形式转换的时间较短，要以尽量快的速度，才可能在指定部位完成，不拖泥带水才会有高效率。比如，对不同粒径的矿石，不能恰当选择破碎机类型，都选管磨机用钢球直接冲砸物料，会使能量转换形式的效率极低；又如，煅烧熟料需将原煤磨成煤粉，以便入窑后充分燃烧，迅速转换为热能，才可在烧成带内完成传热，这就是强调能量转换速度；料层粉磨中，磨辊对物料瞬间而过的辗压，对物料突然施加机械能，才能高效破坏物料内部的结构，进而获得辊式磨的高效率。

除了实践检验上述三原则外，还要遵循以下两原则，才能最大限度实现节能。

④　设法实现生产流程的稳定性，并稳定在最佳转换与传递条件上。

无论何种工艺或装备，都需要稳定的应用条件与状态，如汽车要想节能，就要稳定在最佳车速上。同理，当窑、磨的原燃料成分与喂料量波动时，工艺制度就难以稳定，不仅增加能耗，还为控制工艺目标增加难度。如国内外已有几十年研发历史的沸腾炉，也是看准了悬浮状态下煅烧熟料热传递的高效率，但也必然提高对原料粒径稳定的要求，使得此技术难见天日。可以说，任何装备的进步，大到箅冷机，小到撒料板，都要为工艺的稳定承担重任。否则，后续工序就可能波动，就会导致能量传递与转换的低效率；而所有促进稳定的装备及工艺，包括预均化设施及在线检测仪表，都会对稳定状态发挥无可替代的作用；联想到当今"一刀切"的开、停车，无论何种原因，都是对稳定的最大破坏，都成了增大耗能、破坏生态的帮凶。

⑤　设法减少或避免各种能量损失。

在每次能量转换与传递之中，需要减少不经意之中的各种能量损失。比如，窑、磨系统存在的漏风，就要增加风机电能，为此，窑两端加密鱼鳞片的密封、旋风筒微动型闪动阀、箅冷机气动快速双层锁风阀等，都是难得的节能配件；又如，窑筒体可以散失大量热能，为此，筒体内应衬上低导热系数的材料，并采用超短窑、单系列预热器等减少散热面积的装备，仅此便可降低数公斤标准煤；还如，启用高效旋风筒，提高物料与废气的分离效率，让已经吸收热量的物料，尽量少被废气带走。

以节能理念学习装备，会逐渐加深对上述节能五原则的体会，有助于在管理与操作中，建立节能的科学思路，找准节能降耗的有效策略。

4）提高运转率应是降低能耗的重要手段

企业考核设备管理水平时，经常用设备运转率的指标，尤其将总产量作为第一指标时，设备就难免沦为带病运转，成为增加设备能耗的诱因。因此，考核设备完好运转率才有价值。

订购装备时，应将延长寿命与降低设备能耗统一起来。只有两者一致，才能让价格低廉，但能耗高的设备退出市场。

维修设备时，如果只为维持运转，而不考虑节能，措施与效果将南辕北辙。图 0.1 中某企业风机邻近的热风管道原有隔热材料脱落，导致轴承温度过高。此时不恢复隔热措施，却增设专用压缩空气风管强冷。这种增加能耗的维修方案应该制止。

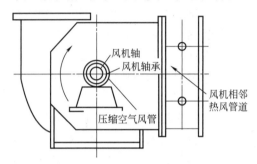

图 0.1　风机轴承的不当维护写实

在水泥供大于求后，似乎运转率不再重要，但却导致了能耗提高。无论是停窑错峰生产，让停窑成为环保举措；还是追求谷期低价用电，磨机逢峰必停。凡人为有意开停车的策略，不但会加快设备折旧，更在无端增加耗能，也提高环保治理的难度。

5）现代水泥生产的节能特点与形势

① 现代水泥生产的工艺特点。

明确现代水泥工艺特点，有助于摒弃传统水泥装备中耗能的落后观点：

a. 预分解窑工艺提高了对原燃料的适应能力。它有利于综合利用资源，有利于降低生产成本，更有利于煅烧危险废弃物及垃圾；但也正因如此，客观上却纵容了人们控制原燃料的随意性，形成粗犷生产，无情地升高能耗。装备对原燃料的适应性强，与严格控制原燃料成分稳定，是两个完全不同的概念，不容混淆。

b. 生产规模大型化。原燃料吞吐量增加，虽然引起波动的惯性增大，但要求均化的量也增加了，需要更大投入处理。但很多大产能生产线忽视了这个要求，导致能耗增高。

c. 为提高对余热的综合利用，生料、煤粉制备都与熟料烧成关联为一个系统，又配备余热发电系统，彼此间相互牵制，增加了系统稳定的必要性及统一节能目标的难度。

d. 水泥生产也必然要走自动化、智能化之路。中控室采用 DCS 系统，最大限度减少现场操作，及在线仪表和 5G 通信技术的不断进步与应用，是在为窑、磨智能化操作创造最好条件，也是彻底挖掘生产节能潜力的唯一途径。

② 水泥生产各类装备能耗的内在联系。

现代水泥生产线所用装备节能是统一整体，本书按装备在生产中的功能划分十类，但不论哪一类装备，都需要深刻揣摩它们对系统的节能作用，一定要融会贯通。

各类装备的具体节能方向与手段，本书将逐章逐节展开。

③ 水泥业节能前景的预测。

我国现代水泥工艺已经普及，基本具备产能高、质量好、热耗低、污染小等优势，但相当多企业并未都能占据这些优势，不仅要充分挖掘现有装备的节能潜力，还要重视不断涌现的新节能技术与装备的应用。如移动破碎技术、分散燃烧器技术、分别粉磨技术、在线检测技术、在线润滑技术、智能化控制技术等，不但决策者自身需关注，更要重视培养新生力量。

6）学习水泥装备课程的指导思想

① 理解产品节能的全面含义。

任何产品的节能含义应该有两个层面：一是制造过程具有的节能性能，二是对它使用过程所表现出的节能（图 0.2）。但并不是所有产品，在这两个层面都表现出节能。比如高标号水泥可以节约使用中的水泥用量，为使用过程节能创造条件；但如果高标号是靠多用熟料或磨细产品获得，就说明制造过程是在增大能耗。所以，高标号水泥是否节能就有待分析，如果制造过程用少增加能耗，换取了使用过程的更大节能，就值得肯定。遗憾的是，常常因对比并不明晰，不能引起人们关注；更可怕的是，某产品制造过程多能耗，却未换到使用过程节能，甚至使能耗变大，还不能尽快淘汰。水泥产品追求节能的最高境界是，通过分别粉磨［见 2.1.3 节 5）］等一系列先进技术获取合理粒径、少用熟料，还能获取高标号，这是水泥人应该努力的目标。只有同时实现两个层面的节能，才能表现旺盛生命力。

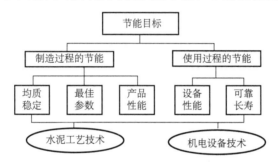

图 0.2　各专业知识对节能的贡献及产品节能的组成与来源

同样，为水泥生产用的水泥装备，其节能也是生产与使用两个层面。以预分解窑为例，它比传统回转窑相比，确实多耗钢材及投资，增加制造过程的能耗，但它比传统窑为使用过程能耗节省一半以上，因此预分解窑在烧成装备中占有统治地位；但后来超短窑在制造与使用上同时比一般预分解窑更节能，它就更具生命力。辊压机、立磨在制造与使用两个层面中都表现出比管磨机拥有节能优势，所以管磨逐渐淡出市场是迟早的事。

应该辩证理解这两个层面节能的关系：对于制造商而言，制造过程节能使制造企业获益，而使用过程节能是为用户满意，这都是企业竞争的手段，但制造节能对用户是一次性的，使用节能则是长期的，因此，制造节能要服从于使用节能。而作为产业链，它的上游是制造者，下游就是使用者，任何制造者同时也是使用者，即对用户的一次性耗能，对于制造者就是长期耗能。以水泥为例，对用户制造每吨水泥的耗能是一次性的，但它用于建筑物后，这种能耗所发挥的影响就是长期的；但对水泥制造者，窑、磨耗能是决定企业产能水平的长期指标。而水泥装备的使用者是水泥生产者，对于使用者，某一装备制造过程的耗能是一次性，但对于制造者，制造过程的能耗就是长期的。

如此认识产品节能两个层面的要求与关系，才是走向全面节能、提高节能水平的开始。

② 全面理解节能与工艺、机电知识的关系。

在学习水泥生产装备的原理、结构、分类，掌握每类装备降低能耗的必备条件，以及使用中的应用技术同时，还需了解装备为何又如何与工艺知识相结合，从而打开装备节能进步的锁。

图 0.2 所示节能目标是由多条渠道共同努力实现的。其中产品性能与设备性能主要是指产品与设备的节能水平，表明制造与使用两个层面节能所能实现的节能目标。如水泥制造过程节能就是降低煅烧与粉磨的能耗；而决定水泥使用过程节能，就是指水泥强度提高后，减少混凝土与建筑物对水泥的消耗量。

对于作为化工产品的水泥而言，一定是先来自生产的均质稳定，再选取最佳工艺参数，从而获取节能，而设备的节能是由设计制造原理实现的。设备制造过程中，一度热衷追求的可靠性及使用寿命，实际就是对工艺要求均质稳定的重要支持条件，同样是必要的节能举措。

为落实水泥装备制造过程与使用过程都追求的节能目标，制造过程就需要紧密结合水泥工艺知识，充分了解工艺生产要求节能的作用。比如，箅冷机的高性能不只为快冷熟料，还要为窑、炉提供高的二、三次风温，以降低煤耗，且提高熟料质量；但二次风温高，却丝毫不意味着烧成温度就高，就可以减轻燃烧器性能及调节水平的责任。又比如，三次风阀的设置，本为平衡窑、炉间风、煤用量，但常因风阀制作粗糙、应用环境苛刻，并未胜任工艺要求，成为继续节能的屏障。这两个例子说明工艺与装备密不可分，前者指出装备的节能优势一定要通过正确的工艺操作兑现，后者则强调现有的装备水平并未满足工艺要求，还需要努力。这就是说，水泥生产中虽有工艺与机电专业的分工因而各有侧重点，但为了节能的共同任务，必须加强各专业的相互渗透。

③ 不能只重视制造技术，更要提高使用过程的应用技术。

评价任何装备的节能效果，不能只要求设计、制造过程符合节能，也必须要求使用过程重视节能；不仅要求装备在使用过程中有节能优势，还需要使用者会发挥这些优势。有如汽车节油，不只是汽车自身性能，最终还要看驾驶员技术。水泥生产的节能，常常涉及制作与应用中两个以上的专业领域，既离不开窑、磨的节煤、节电，更离不开混凝土的制造技术。这就是说，任何装备的制造者与使用者，都不应忽视对方在节能领域中的作用，优异节能一定是最佳合作的双方共赢。

④ 学习的目的在于应用。

再好的理论只有通过实践才能证实，而且也只有实践，才可能让实践者从中获得效益。

每类设备的学习中，都讨论了节能的原理与途径，不只是大原则，也有小细节，它们都能实践验证。作为企业管理人员，应当理清每类设备产品要实现的关键经济指标，用节能目标去要求，绝不同于用产量目标要求。这种对比并不需要投资，只需要更新理念，就可以得到经济回报。

有关"工欲善其事，必先利其器"的答案便是：在现代水泥装备中，所有的"器"都必须节能；能耗高低就是衡量"器"的获"利"标准；将水泥生产作为"工"，才能获得更大的"善"。这也许不仅是水泥生产装备学习的规律。因此，每个企业都应以降低能耗及环境保护为纲，紧紧扣住这个当今世界，包括国内水泥技术发展的主题。

第1章

物料处理、储存装备与技术

水泥生产的原燃料进入生产线之前，大多需要破碎、均化与储存。水泥产品出厂时，也要根据用户需要储存并包装部分产品。每个程序都需要特定装备，它们虽不是水泥生产的耗能主体，但它们的性能及能耗水平，同样反映水泥工艺线的先进与落后。

1.1 破碎机

1.1.1 破碎机的工艺任务与破碎原理

可根据下道工序对原料与产品平均粒径比的要求及待破原料的物理性质，选择最低能耗的破碎机。一般工艺布置应尽量选用一级破碎，实现节能并简化；对颗粒过大的矿石，需要预破碎，或串联二级破碎机，降低总耗能。

1）工艺任务

破碎是依靠电能转化为动能，缩小原料、燃料粒径尺寸，减小颗粒结构能的物理过程，为它们进一步粉磨创造条件。天然矿石经采掘或爆破后，进入破碎设备所允许的最大粒度一般不超过 2500mm，超过此粒径的矿石需要经液压碎石机或二次小爆破实施预破碎。

这里仅以石灰石破碎工艺流程图（图 1.1.1）为例，介绍其破碎流程。

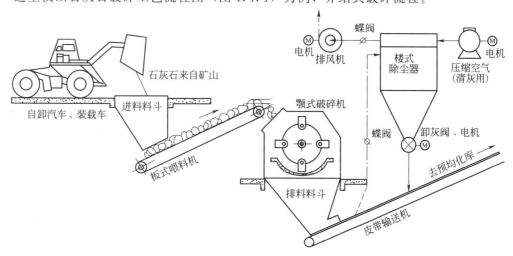

图 1.1.1 石灰石破碎工艺流程

　　虽然破碎与粉磨都是利用电能转换成机械能，克服物料原有的结构结合能，增加比表面积，获取永久变形的表面能。但它们对物料的施力原理不同，对物料粒径的适应范围也不一样。破碎设备是利用锤头、颚板等获得较高速撞击动能对矿石击打，因此更适合大粒径物料；而小粒径物料就应依靠粉磨装备的挤压、冲砸、研磨等手段加工［见 2.1.1 节 2)］。

　　为达此目标，破碎机应具备如下特点：

　　① 有控制产品粒径的能力，针对被破碎物料特性，有控制过细破碎的技术措施。如改变锤头数量、大小、布置间隔与方式，方便调整篦条宽度、卸料装置等。

　　② 有较完备的配套系统，如喂料装置的位置、筛分装置、自动排铁装置等，它们不仅可以更广泛地利用矿山资源，还可提高对原料的适应性及安全性。

　　2) 破碎原理

　　减小物料粒径就是增加它的表面能，就需要消耗其他形式的能量。为了找到两种能量之间的关系，人们提出过多种假说：根据表面积假说，耗能与物料表面积的增加成正比；根据体积假说，耗能与物料体积或质量的减小成正比；根据裂纹假说（邦德假说），耗能与颗粒平均粒径的平方根成反比。

　　经实践证明，每个假说都有相对适合的粒径范围。最后由学者归纳为，粉碎某种物料所耗能量必然是该物料平均粒径变化的函数，即

$$dE = Cx^n(-dx) \tag{1.1.1}$$

式中　　dE——粉碎微单元物料所消耗的能量；

　　　　dx——破碎前后平均粒径变化量，负号表示粒径减小；

　　　　x——物料的平均粒径；

　　　　n——修正指数，当 $n=-1.5$ 时，与裂纹假说的表达式相同；

　　　　C——比例常数，与物料性质有关，通过试验确定。

　　上述研究实际是探讨机械运动能与化学能的相互转换关系，即为粉碎机械化学。在粒径减小的同时，自身的晶体结构、化学组成、物理化学性质都会发生机械化学变化，包括表面层自发重组、形成非晶质结构；外来分子在新生表面上自发物理吸附和化学吸附；被粉碎物料的化学组成变化、颗粒之间的相互作用与化学反应及物理性能变化。

　　3) 原燃料性质

　　(1) 晶体结构　水泥生产所用的大部分物料是各种矿物晶体或质点的结合体。构成晶体的基本质点是离子、原子或分子，它们在空间呈有规则的几何排列，成为构成晶体的基本单元——晶胞。这些质点之间具有吸引力和排斥力，它们的平衡状态产生了晶体的结合能，使其物料具有一定的强度与硬度。

　　(2) 物理特性——强度、硬度、脆性　强度是指物料抵抗破坏的能力。按外力破坏的方式，强度分为抗压、抗弯、抗折、抗剪、抗拉等几种。当物料的抗压强度≥160MPa 时，称为硬质物料；≤80MPa 时，为软质物料；介于 80～160MPa 之间者为中硬物料。

　　硬度是指物料抵抗变形的能力，非金属材料一般用莫氏相对硬度表示，分十个等级，用刻痕法测定，金刚石最硬为 10，滑石最软为 1。其他依次是石膏 2、方解石 3、萤石 4、磷灰石 5、长石 6、石英 7、黄玉 8、刚玉 9。其背诵口诀为"滑、膏、方解、萤、磷、长；石英、黄玉、刚、金刚"。

　　脆性是表示物料被断裂的性能，相反的性能为韧性。物料的脆性越高，韧性就小，容易断裂，容易粉碎；相反，韧性高的物料不易粉碎。

（3）含水量　物料中含有的水分有三种形式：非结合水、结合水和结晶水。所谓含水量是指前两种形式的水，其中非结合水是指物料表面及空隙中的湿润水，与物料结合力很弱，非常容易烘干；而结合水是渗透在细毛细孔内的水，虽不易烘干，但绝非是化学结合的结晶水，因为它能在化验室 105℃烘干检测出来，所以它应在生产中降低含量，为破碎节能创造条件。

（4）易碎性　物料被破碎的难易程度就是易碎性，它与上述物理性质有关，直接影响破碎效率。破碎机的产能如下：

$$Q = 60ZLcd\mu Kn\gamma \tag{1.1.2}$$

式中　Q——生产能力，N/h；

　　　Z——出料箅条个数；

　　　L——出料箅条长度，m；

　　　c——出料箅条宽度，m；

　　　d——出料粒径，m；

　　　μ——物料的松散与不均匀系数，一般为 0.015～0.07，常取 0.04；

　　　K——转子圆周方向的锤头排数；

　　　n——转子的转速，r/min；

　　　γ——物料的堆积重量（容重），N/m^3。

（5）物料颗粒大小的表示方法　固体状的原燃料与水泥产品都是由大小不同的块状、粒状、粉状颗粒组成，为了表示其外形尺寸，人们建立了"粒度""细度"等概念，为将其量化，特用如下几种方法表示。

① 平均粒径法。平均粒径法是表示颗粒物料群中颗粒的平均尺寸，利用仪器或量具对单颗粒物料多方位测试后，以算术、几何及调和三种方法计算而得。水泥生产最常用的是算术平均值 d_m：

$$d_m = \frac{L + B + H}{3} \tag{1.1.3}$$

式中　L，B，H——对颗粒三维方向的测量尺寸，mm。

② 筛析法。筛析法是利用某一尺寸孔径的筛网，对物料颗粒大小分析的方法。留在筛面上的物料称为筛余，通过筛孔的物料称筛下物。水泥生产中对粉状物料，常用筛余百分数作为细度的控制指标，即筛上质量占被筛物料总质量的百分数，表示为 $R(\%)$。该值越大，物料越粗。

国际上对筛网尺寸有四种表示方法：筛号、筛孔数、网目、筛孔尺寸。它们之间的换算可查阅有关资料。我国标准用筛孔尺寸（mm）表示，常用 0.2mm 及 0.08mm 两个等级。

以下两种方法更适于对粉状物料粗细的准确检测。

③ 比表面积法。单位质量物料的总表面积就是比表面积，单位是 m^2/kg。国标规定用透气仪（勃式法）进行测定，是根据一定量的空气通过具有一定孔隙率和固定厚度的被测料层时，所受阻力不同所引起的流速变化，以此便反映出被测样品的比表面积。此数值越大，表示所受阻力越大，说明颗粒群越细。该结果实际是对筛析法筛下颗粒组成的补充检测。

④ 粒径组成法。对颗粒群用连续、分区间的尺寸范围，表示各种粒径组成百分含量的方法，又称为颗粒级配或粒径分布。这种方法不仅能更科学、全面地描述颗粒组成，涵盖了筛析与比表方法的效果，而且是实现粉磨的最终目的，为追求产品的最佳粒径组成，揭示出

物理性质与化学反应的内在关系。更重要的是，它的在线检测，能判断所选择的粉磨工艺是否合理，也能为实现要求的粒径组成随时指导操作。虽然此法尚不够普及，但却是检测破碎与粉磨产品的理想手段。

4）主要工作参数

（1）能耗计算　破碎机工作是以破碎介质（锤头）的冲击能（P）表示的，冲击能的计算公式为：

$$P = \frac{mv^2}{2} \tag{1.1.4}$$

式中　m——介质（锤头等）质量，kg；

$\quad\quad v$——介质（锤头等）运动速度，m/s。

从式（1.1.4）可知，要想获得较大的冲击能，以提高破碎效率，就要提高锤头质量或锤头的回转速度。显然，锤头质量越大，将需要付出的能耗越多。而速度与冲击能是二次函数关系，提高它比增加锤头质量有效得多。但速度过快，又会增加对锤头的磨损。因此，破碎机对锤头顶端的速度要限制在 25～50m/s 之间，一般小于 40m/s。

机械破碎中，除冲击破碎之外，还有其他几种缓慢增加外力粉碎物料的方法，如压碎、折断、研磨和劈裂等方式（图 1.1.2），它们施力的机理更复杂，且效率也不高，已不流行，故不再分析。

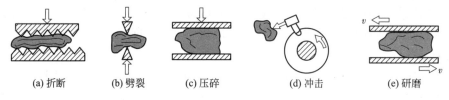

| (a) 折断 | (b) 劈裂 | (c) 压碎 | (d) 冲击 | (e) 研磨 |

图 1.1.2　各种破碎物料的机械受力方式

（2）破碎比　破碎比可以衡量破碎机效率的高低，其定义为进、出料平均粒径之比：

$$I = \frac{d_e}{d_o} \tag{1.1.5}$$

式中　I——破碎比；

$\quad\quad d_e$——进料的平均粒径，m；

$\quad\quad d_o$——出料的平均粒径，m。

合格的破碎机，应该具备控制产品粒径大小的能力，落实所要求的破碎比。锤式破碎机常调节机壳下方的箅缝宽度来满足粒径要求。当加大箅缝时，产量会提高且也未增加电耗，但产品粒径也变大了，导致下道粉磨工序电耗提升。只有兼顾这两方面，才能确定箅缝的最合理宽度。现在先进的破碎比已达 40 以上。

1.1.2　破碎机的类型、结构及发展方向

1）分类

根据对矿石破碎形成能量的方式，破碎机可以分为很多种。如锤式破碎机是靠回转的锤头对矿石形成冲击能；反击式破碎机是靠反击板对矿石形成冲击能；而辊式破碎机是靠转速较慢的转辊形成挤压能，特别适用破碎潮湿的软物料；颚式破碎机则是靠动颚板向定颚板运动，对矿石形成挤压能；等。

（1）锤式破碎机 主要用于破碎抗压强度在 200MPa 以内的脆性矿石，粗碎机型的破碎比达 60，可以满足单段破碎使用。锤式破碎机又有单转子（图 1.1.3）和双转子（图 1.1.4）之分。新型单转子锤式破碎机的结构更加合理，对矿石起到复合叠加的破碎作用，故允许最大进料粒度达 2500mm，产品平均粒径却可在 10～15mm 之间，单产能耗控制在 1kW·h/t 之内；双转子破碎机不仅有两个相互平行的转子作相对回转，而且两个转子之间有篦篮，下方有一个凸起的马鞍状砧座。它可以对物料进行二次破碎，理论上优点很多，但在实践中需要摸索。

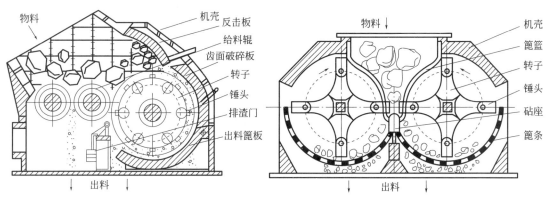

图 1.1.3 新型单转子锤式破碎机   图 1.1.4 双转子锤式破碎机

根据锤头伸入篦篮中的长度等参数，合理选择两次破碎的破碎比关系。在矿石水分超过 8%，或者矿石中含土量较高时，可选用该类型破碎机。

（2）反击式破碎机 它的破碎空间大，能量利用率高，可以破碎抗压强度达 250MPa 以内的脆性矿石，粗碎机型的破碎比为 10～30，可以满足单段破碎系统使用。因为它的打击件金属利用率较高，因此对矿石金属磨蚀性的适应能力更高，但是不适用于黏湿料的破碎，产品粒度的均齐性也不够好。

反击-锤式破碎机（图 1.1.5）、组合式反击破碎机（图 1.1.6）试图集成它们的优点。

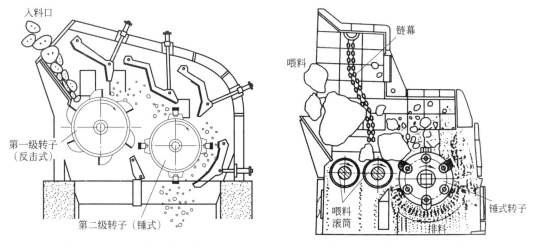

图 1.1.5 反击-锤式破碎机   图 1.1.6 组合式反击破碎机

（3）辊式破碎机 用于较低强度、黏湿物料的破碎，其破碎比一般不大于 6。它配有剔泥装置，由于转辊是低速运转，故磨损慢，机件寿命较长。

水泥厂主要用锤式破碎机破碎石灰石，故本章将主要讨论与其适应的锤式破碎机。

2）结构

锤式破碎机主要由壳体、转子、锤头、衬板、筛板、进料装置与安全装置等组成，并配有通用件电机、轴承、三角传动皮带等。

（1）壳体　材质不低于 Q235，由上下两部分螺栓连接一体。大型破碎机在喂料斗上方装有相应尺寸的钢轨格栅，或在喂料设备上方装喂料槽，进料口下方设有给料辊；破碎腔上方有整体式反击板和齿面破碎衬板；壳体下部还设有液压开闭的检修门及人孔观察门等；后端有常闭状态的排渣门；下方设有排料篦条，篦条断面形状取决于矿石含水量，以不易堵塞为宜。

（2）转子与主轴　转子安装在主轴上，用合金结构钢（40CrMo 或 30CrNiMo）锻造，弯扭合成应力要低于 $55N/mm^2$ 并调质处理，硬度不低于 HB217～HB255；周边有多组对称的销孔，用来悬挂锤头，也为 30CrNi 合金钢锻造。

运行后常见两侧边锤盘与此处锤轴磨损严重，导致转子及轴承都要更换。故要控制锤轴挡板与壳体衬板的间隙，防止细料从此通过；并加厚锤轴挡板，以不刚蹭到锤盘为限，衬板上焊牢半圈宽度适量的锰钢弧板；同时，在轴承座与破碎机壳体间的支座上开一个孔，让存于此处的微细颗粒及时流出，不进入轴承座内，确保轴承润滑。

（3）锤头与锤盘　锤头材质为 ZGMn13-4 铸钢，随着耐磨技术的进步，在高锰钢、超高锰钢基础上，锤头的新型材质层出不穷，如双金属液热复合、金属陶瓷等。现行锤头有双金属复合及镶嵌粉末合金钢（包括棒状与块状）两大流派；前者头部为 Cr20MoNi，后部为普碳钢，前后焊接而成；后者为真空炉烧制而成的 TiC 合金钢块，再将其镶砌在锰钢铸件中。

锤头质量既不能过大，旋转的圆周速度也不能过高。否则锤头磨损过快，与篦条距离变大，使产品粒径增大，增加调整频次。同时，为保持锤头运转的动平衡，彼此质量不得相差 0.5kg。

为更换锤头方便，人们开发出可拆卸式锤头（图 1.1.7），需要更换的锤头只要取下即可，无须将所有锤头从锤轴中取出，工作量可减少 2/3，但锤头制作工序会变得复杂。

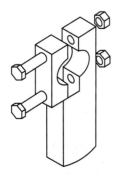

图 1.1.7　可拆卸式锤头

（4）衬板　在与物料接触的所有区域，都要覆盖铸钢耐磨衬板，与壳体接触的圆弧面应光洁规整，衬板装配面不允许有拔模斜度；机构设计要求更换锤头及衬板时，无须拆卸转子。

（5）飞轮和传动皮带轮　转速较低时，可用灰铸铁制作，大于 40m/s 时，就要用铸钢。该装置应配有安全装置，防止转子过负荷时剪断主轴；皮带需配有液压张紧装置。

（6）传动装置与底座　减速机寿命应大于 10 万小时，采用空气冷却。底座将减速机与中间轴、电机等装置组成一整体，为焊接结构件，底座装在几根滑轨上，使皮带拉紧时能够移动。

所配用轴承、电机的使用寿命也应长于 10 万小时。转子支承应选用自动调位球面辊柱轴承。喂料系统采用变频电机驱动，与破碎机的负荷连锁自动调节，既保证破碎机的满负荷运行，又保证安全运转。

（7）进料装置　为减轻锤盘磨损，在单转子锤式破碎机上增加给料辊，双转子锤式破碎机上增加承击砧。喂料仓上安装摄像头，可以观察料位和来料情况；它能软化电机的工作特性，允许有大块矿石时，转子在短时间处于较高速运转状态，最大限度发挥破碎机的飞轮矩，使电机功率消耗平稳。

（8）安全装置　如飞轮过载保护（剪断保险销）或安全离合器，保证设备运行中不受金属异物的威胁。

3）发展方向

破碎机自身的结构改进已为节能做了大量工作，但如果将破碎扩展到矿山开采、充分利用天然资源的更大范围去考虑节能，破碎机就会有更为广阔的节能潜力值得挖掘。

（1）开发混合破碎系统　破碎机若能将石灰石与高黏黏土一起破碎，不仅可节省一套破碎输送系统，让原物料的配比在破碎前完成，简化工艺布置；而且降低了单独破碎黏湿性物料的困难，为某些有较厚覆盖层的石灰石矿床充分利用创造了条件，提升矿山的更大经济价值，简省剥离量，增加有效采掘量。

（2）配置波动辊式给料筛分机（图 1.1.8）　当矿石中含有一定量的碎石时，可在进入破碎机前增加该预筛分装备，利用在给破碎机送料移动过程中，该机的每个椭圆状设计送料辊，在两料辊间距变化过程中，将小于此间距的碎料筛下，直接漏入碎石料仓。

其优越性在于：预先筛分出来原矿中的合格粒径石粒，不但增大了破碎机产量，缩小了破碎机规格，也减轻了对锤头等易损件的磨损，有利于延长寿命。

将此方案与上述混合破碎系统联合使用将能提供更为有利的条件。

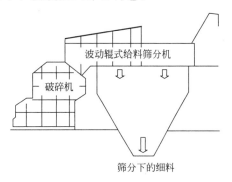

图 1.1.8　波动辊式给料筛分机

（3）移动式与半移动式破碎机　大型矿山都应建立破碎站移动系统，让破碎机成为其主机，使之能随矿山的采掘进度，尽量向开采点移动靠近。这样采掘下来的矿石，无须再经汽车运输，电铲便能直接向破碎机喂料斗喂料，从而大大节约汽车运输所消耗的能量。移动式破碎机是装在履带上的破碎机，移动相对方便得多；半移动式破碎机没有基础，需要拆装的破碎机。

这种现代化综合开采破碎工艺，必将是未来破碎机的发展方向。目前国内水泥企业已有带预筛分和不带预筛分的大型半移动式破碎站（1400t/h 级）在使用。以首台该半移动破碎机使用效果看：它不仅破碎能力远远超过额定产量，为 1700t/h；与初期规划用普通破碎机相比，减少运距约 1.1km，可降低矿车运费 0.82 元/(t·km)，再扣除皮带机运费 0.22 元/(t·km)，以年耗 220 万吨矿石计算，可节省运费约 145 万元。

1.1.3　破碎机的节能途径

1）合理选择破碎机类型

（1）根据物料性质

① 对坚硬物料、磨蚀性高的石灰石，宜用反击破碎机，但含土量和水分不能过高，或采用挤压原理的破碎机。

② 对脆性物料可采用冲击破碎。石灰石含土量少于 5% 时，可选用单转子锤式破碎机，破碎比适宜时，也可选用反击式破碎机；若含土量超过 5%，且水分超过 7% 时，应选择双转子锤式破碎机。

③ 对软质或水分较高的白垩、泥灰岩等原料，宜采用齿辊式破碎机，或具有干燥功能的烘干破碎机。

④ 当需要将黏性物料与石灰石等干物料一起混合破碎时，应选用双转子锤式破碎机。

（2）根据破碎的原料与产品的粒径比确定　对于难破物料，常会考虑两段破碎。但破碎机的破碎比若能大于 40，就能提高最大喂料粒径，减少二次爆破，实现单段破碎，使破碎能耗比两段破碎降低 30%。

当原料中已有 30% 以上合格粒径物料时，或含有泥料需要筛除时，应选用波动辊式给料机配合使用 [见 1.1.2 节 3）（2）]。

当矿山分布较散、开采面较宽时，应选用移动式破碎站 [见 1.1.2 节 3）（3）]。

总之，破碎机的设计选型不能墨守成规，要扩大视野，尽量采用多功能的复合破碎，综合利用破碎能，提高破碎比，这是降低破碎能耗的关键一步。

2）合理制定破碎粒径指标

（1）控制产品粒径绝对值　产品粒径过粗，不符合后续粉磨要求，提高下道工序能耗；过大颗粒会威胁输送皮带及皮带秤的安全，只要有一块超大矿石，就足以使皮带撕裂；而粒径不均衡会使计量秤料层厚度波动，影响准确计量。粒径范围过宽，还会加大输送过程中的粒径离析。

产品粒径过细，会增加自身能耗，还会加剧锤头、衬板、篦子等易损件磨损；对于大型立磨，细粉易产生振动；在输送与储存过程中细粉容易扬尘，增加粉尘循环量。

不要小视过粉碎造成的经济损失，若按降低产量 10% 计算，相当于延长运转时间 10%，每年按 5000h 运转，就要多转 500h，耗电就多达 10 万千瓦时（200kW 电机）；且每年要增换一副锤头，花费 10 万元左右，还不包括破坏质量稳定所带来的损失。

破碎与粉磨毕竟是完全不同的能量传递与转换机理，只有对两者粒径严格分工控制，才能降低破碎与粉磨的总能耗。在控制破碎产品粒径的传统规定中，最大粒径 ≤25mm，合格率大于 85%～90%，这种只管上限、不管下限的情况，只会提高破碎能耗。

（2）控制产品粒径的分布范围　分布范围过宽，物料在堆场及储库中容易离析，不利于物料均化效果 [见 1.2.3 节 1）（2）]。分布范围过窄，就很难满足不同粉磨设备对入磨物料粒径的要求。

生料管磨的入磨物料粒度应小于 20mm，大于 25mm 者，应为 0。

立磨的入磨物料粒径要求，应与辊子直径（D）有关。对易磨物料：大于 $0.06D$ 者，应小于 4%；大于 $0.05D$ 者，应为 0；大于 $0.025D$ 者，应小于 20%；小于 $0.01D$ 者，应小于 10%。对非易磨物料：大于 $0.06D$ 者，应为 0；大于 $0.015D$ 者，应小于 20%。如磨辊直径 2000mm 的立磨，准许喂入物料的粒径应控制为：没有 100mm 以上的颗粒，而 20mm 粒径以下的物料不超过 10%。

辊压机对喂料粒径的要求与辊子直径有关，最大喂料粒度不应超过 $0.05D$。

制定破碎的粒径指标，不仅取决于粉磨设备，还要结合被破碎物料的特性。

3）稳定待破原料的物理性质

只有进厂原料的硬度、磨蚀性、湿度及粒度等性质稳定，才能验证破碎机的选型正确。如选用锤式破碎机后，本来是根据给定的物理条件，确定进料位置与锤头的相互关系。如矿石某性质改变，物料含泥量、含水量过大，或物料粒径变大，使原选型难以适应，篦板上形成"垫层"，加大破碎能耗与锤头磨损；产品粒径出现偏差，无法满足粉磨工艺要求。

为此，当含水量、粒度及硬度等原料有较大变动时，就必须对矿石进行合理搭配。

4）正确选型锤头与篦条

要想破碎机高效节能，锤头及篦条就应具备较高耐磨性。除了及时检查锤头磨损状态，及时更换外［见1.1.4节3）（3）］，更要重视选择优质锤头。

（1）锤头材质必须按照待破矿石质地选择　如石灰石硬度不大时［$w(SiO_2) \geq 2\%$、抗压强度$\geq 120MPa$］，就应控制转子转速（30～35m/s），减小进料粒度（500～800mm），降低物料综合水分（$\leq 2\%$），并选用高锰钢镶铸高铬合金铸铁、镶铸钢硬质合金锤头，或双金属复合锤头。与此相反，当石灰石易碎时，可提高转速（35～40m/s），进料粒度适当放大（800～1000mm），物料水分上限可以放宽（$\geq 2\%$），此时可选用高锰钢及超高锰钢表面堆焊耐磨层的锤头；对于中等硬度的脆性石灰岩、煤与石膏，其磨蚀性不高，宜选用高锰钢锤头。

（2）锤头材质与结构应合理配合　衡量锤头品质的重要标志，是看每副锤头破碎矿石的吨位，吨位越大，性能越好。但它不只由待破矿石的性质决定，也不是金属锤头越硬，破碎的吨位越大。如果硬度高的材质脆性大，锤头还未被磨蚀就可能被折断，所以优质锤头要兼顾材料的硬度与韧性［见9.4.3节1）（3）］，同时还要改善锤头结构。为避免锤柄过脆易断，锤柄就应当变短，且锤柄材质不同于锤头。通过焊接，还可在锰钢锤头前增加凹槽，镶嵌粉末合金（俗称"大金牙"），让它先受矿石冲砸，使锰钢在这种冲砸过程中提升耐磨性。

选择锤头还要考虑破碎机的类型、规格。双金属复合锤头的耐冲击韧性（$\alpha \backsim 5$）虽不如粉末合金镶砌锤头大，但能适应中小规格破碎机的要求，而大型破碎机就需要较高的耐冲击韧性（$\alpha \backsim 10$）。为此，在锤头材质中必须加入Ti、Re，以提高耐磨性。对于含SiO_2较高的石灰石，可选用碳化钛材质；如果硅含量还高，可选用钨钛合金材质。目前研制的碳化钛渗氮技术，还能有更高的耐磨性能。

无论如何运行，破碎中都不应发生锤头断裂、掉块，否则，不仅造成破碎机致命损伤，而且对后续粉磨工艺十分不利。

5）重视喂料能力与破碎机能力的平衡

不少工艺线设计常将破碎机选型过大，而喂料量却受运输机械，甚至交通、供货能力的制约，使其无法满负荷运转，甚至空载时间过长。过破碎现象十分突出，不仅电耗高，也加快磨损。合理的设计是，破碎机标高要保证卸车坑有足够容量，让板喂机上的料层足够厚，让板喂机的喂料速度能满足破碎能力，既避免板喂机直接受过大冲击，又稳定破碎机喂料量。

6）走向智能控制的路径

破碎机的智能控制应包括如下内容：

① 能迅速识别超大尺寸的矿石及金属件混进喂料入机，保证破碎机运行安全。

② 自动检查锤头与转动中遇到的第一块篦板的间隙，使其应小于篦板篦缝的宽度，并能自动调节到合适位置；同时能根据破碎后的矿石粒径，及时调整篦缝宽度。

③ 根据设备振动频率的检测，确定锤头的工作状态与磨损状态。

④ 根据环境粉尘浓度确定向机内的喷水量。

上述内容应需要定时检测矿石粒径及关键元件间隙尺寸的检测仪表。破碎机制作也要具备对锤头位置、数量及篦缝宽度等的自动调节功能。

实现智能破碎不仅节约人力，改善环境，更能降低单位矿石破碎的能耗。

1.1.4 破碎机的应用技术

1）确定破碎机的管理定位

当入机矿石质量、数量需要专人监控时，破碎机无须纳入 DCS 系统控制，不纳入巡检制。现场配备控制箱靠人工操作机组开停，并显示相关功率、振动、电耗等参数，无须中控室遥控，更不需要与现场频繁联系，否则易酿成事故。

2）安装基本要求

（1）提高破碎机基础刚度　为防止电动机振动超标，应提高破碎机的基础刚度。增加电动机滑轨的二次灌浆高度，使其达到滑轨上表面下 10mm，以不影响电动机底座滑动为限；同时，在二次灌浆表面下 25mm 处铺设钢筋网，电机功率≥900kW 时，ϕ5 钢筋间距应≤100mm；提高电动机底座水平度，安装中有必要由滑轨垫铁找正。

（2）控制喂料系统与破碎机的相对位置　控制喂料板喂机与破碎机距离的原则是，不允许石灰石冲到破碎机转子和给料辊上。在板喂机前端下料处增加栅板，让进入的石灰石沿栅板滑到料辊上，细料便可通过栅板孔直接漏出转为产品，以提高破碎效率，降低锤头磨损，减少湿料堵塞。

（3）控制反击板位置　破碎反击板应位于转子正前方、破碎腔水平中心线以上，它与转子工作圆的间隙应与排料最大粒径相近，并随磨损量及时调节装在上面的齿形反击板间隙；同时，调节下端齿板与转子工作面的间隙，为排料粒度的 1.1～1.3 倍；破碎衬板磨损不足 10mm 时，要及时更换。

3）日常维护要求

（1）油脂润滑轴承腔时，应使用防卡润滑膏（如白色防卡膏、高温防卡润滑膏），即以复合锂基的润滑脂，更方便轴及衬套装配及螺栓的连接，并防止零件断裂与锈蚀。追求相同的负荷变化时，让运行功率在最低范围内波动，确定加油量与间隔时间。

（2）应严防超大尺寸矿石及金属配件钻头、斗齿进入设备，并检查运行状态。

（3）利用停机时间检查锤头、篦板、反击板等的磨损状况，并采取对策。

① 按照新锤头制作锤头样板，每 3d 测量一次锤头磨损情况。当端面磨损的圆弧长为总长的 1/3 时，应翻面使用。磨损严重时，要及时用硬度大于 HRC55 的焊条堆焊；质量减少为初重 80％时，应更换锤头；更换锤头时，如发现锤轴磨出凹槽、产生棱边时，应拆下重新打磨或碾平。

② 根据检查结果，调整锤头与反击板间隙，间隙中不能堆积物料，加剧锤头磨损，通过机座弹簧恰当调整位置，将此间隙始终小于篦条的篦缝宽度，篦条上不应积料，减少锤头在此处被物料磨蚀的机会。

③ 根据检查结果，调整篦板与锤头的间距，尤其是锤头转动中最先遇到的第一块篦板的间隙，应当小于篦板上篦缝的宽度，确保积料在此处能被破碎。

（4）发现有异声时，要立即停机检查锤头与篦板间隙，查明原因并排除。

4）改善破碎厂房工作环境

良好的厂房环境是维护好设备的前提条件。

（1）转子端的迷宫密封　破碎机壳体与转子间原用压盖填料密封，但因填料石墨盘根缠绕圈数少、回弹性差、储油量少，一旦盘根与转子经细小粉尘干磨，便失去密封性能而漏料。改造方案是：去除转子端两边的四个锤头；将四块厚20mm的半圆环形钢板，分别焊在转子两侧端盘上，作为挡料环，活动端的挡料环与机壳间隙为5mm，固定端为2mm；用厚15mm钢板卷制L形圆环，对半割开，分别垂直焊接于破碎机上、下壳体上，坡口满焊加筋，保持圆环与转子同心；圆环正下方割出一个100mm×200mm排料口（图1.1.9）。该迷宫式密封不仅可以减少漏料，还可防止物料堆积在圆环与壳体间，减轻对进料口两边耐磨墩的磨损。

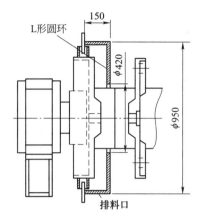

图 1.1.9　转子两端增设迷宫密封

（2）在破碎腔内喷水降尘　当破碎机四周环境粉尘严重，除检查破碎机壳体的密闭、加强对袋收尘的管理外，可尝试在数个固定反击板的螺栓中心穿孔，由此向破碎腔内喷水，外接供水管，水源压力为0.2MPa。

当开机破碎时，需水量与开关电磁阀连锁，既可人为调节，也可根据环境粉尘自动控制。

1.2　堆、取料机

为稳定产品质量、降低能耗，首先要稳定所用原料、燃料性质。为此，预均化装备就是现代水泥生产的标志性设备之一，如何提高它的性能及使用效果，理应成为重要课题。

预均化堆场中的堆料机、取料机，是其中的关键设备。它们虽各自独立运行，却要紧密配合，故常合称为堆、取料机。另外，堆场还要配置胶带输送机（见4.1.1节）等辅机。

1.2.1　堆、取料机的工艺任务与原理

1）均化的工艺任务

将均化作为工艺任务，只是水泥生产近五十年的事，而且一条生产线竟要为此投资上千万元。但至今在很多企业的应用效果并不充分，甚至即使数月带病运转、停运，窑、磨主机居然照样生产。人们对现代水泥生产工艺有着如下深入理解，才可能舍得下大力气去制造与使用均化设施。

① 为实现生产的高产、优质与节能，也为了以最低代价实现环境保护，更为了未来的智能化控制，原、燃料必须处于均质稳定状态。而所有天然的原、燃料，很难满足这种要求。即便使用了中子活化分析仪［见10.1.2.3节2）（1）］，安装于皮带输送设备上方，能在线检测物料成分的变化并控制，但它必须以入库（仓）的各种原料成分稳定作为条件。

② 只有均化后的原、燃料，才可能严格落实水泥工艺的设计要求。在无均化工序的时代，水泥生产者虽都重视配料的三率值，尽管实验室能取得理想效果，但在现场原、燃料成分的波动、物理性质难以稳定，生产只能围绕给定的配料指标跳动进行。幸好那时生产规模小，对原、燃料的需求量小，波动幅度不会大。为提高生产效率，曾有四率值、五率值配料的设想，但率值越多，控制难度会越大，就需要更高的均化能力去满足。

2）均化原理

让进厂不够均质的物料达到均质使用的过程，就是均化。它们的基本工作原理是：同时进库（场）的物料，要以不同时间出库（场）；而不同时间的进料，却能同时出库。

预均化堆场最常见的工作方式是：将准备进堆场存放的物料，由堆料机连续地、按一定的方式堆成尽可能多的相互平行、上下重叠和相同厚度的料层；而取料时，以垂直于料层的方向，同时切取到所有料层的物料，依次按序，直至取完为止。即所谓的"平铺直取"。

原、燃料预均化的工艺流程见图1.2.1。

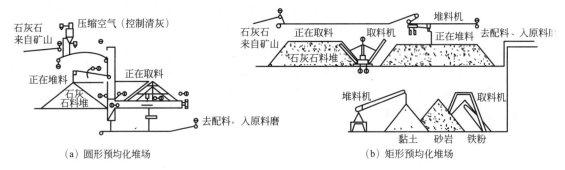

(a) 圆形预均化堆场   (b) 矩形预均化堆场

图1.2.1 原、燃料预均化堆场的工艺流程

3）标准偏差的计算与检验方法

原、燃料质量及产品质量的稳定程度，常用标准偏差表示。它是指一组样品中的每个样品与中心给定值之差的累计平均值。

（1）标准偏差的计算公式

$$S = \sqrt{\frac{1}{n-1}\sum_{i=1}^{n}(x_i - \overline{x})^2} \tag{1.2.1}$$

式中 S——样品的标准偏差；

n——样品的检验次数，作为计算标准偏差时，所依据的原始数据 $n \geqslant 30$；

x_i——第 i 次检验样品的特征值；

$\overline{x}$——n 次检验结果的平均值，或称中心值。

$$\overline{x} = \frac{1}{n}\sum_{i=1}^{n}x_i \tag{1.2.2}$$

有了标准偏差 S 和中心值 $\overline{x}$，则样品某指标的波动范围 R 为：

$$R = \frac{S}{\overline{x}} \tag{1.2.3}$$

（2）取样与检验方法 现在惯用的粉状物料自动取样器，都是用连续累计取样方法，即靠一段时间（0.5h或1h）若干瞬时取出的样品累计混合后，成为代表本时段的样品。但这种拌和，已经掩盖了样品波动的本来状态，而实际的生料入窑，也未将这段时间的料混合后煅烧。因此，如此取样无法表明煅烧条件的稳定程度。

测定标准偏差的取样方法应该是：在生产稳定进行中，随机在某一时间段，以相邻取样时间间隔不长（≤2min）为条件，用瞬时取样方法，接连取出个数 n 不小于30的一组样品，用平行方法化验，所测得的该组瞬时样对应的数值，分别按式（1.2.1）、式（1.2.3）计算，就可得出该时间段物料成分的标准偏差与波动范围。如果发现成分波动较大，还可在随机的时间段内，用相同方法，增加检测频率。

4）评价均化效果的标准

至今，水泥生产仍习惯于用某指标的合格率，表示产品质量的控制水平。但同样的合格率，产品质量的稳定程度并不一定相同。仅以水泥强度为例，都是用大于××MPa的合格率作为它的出厂标准。但即使28d抗压强度合格率是100%，富余标号也是100%，产品质量并不相同。因为优质水泥每批产品的强度指标，是在±2MPa范围内波动，而一般水泥的强度波动范围能达±5MPa。只有用标准偏差（S_T）才能反映这种差异。标准偏差小，才能为建筑物的结构稳定创造条件，且自身能耗也低；标准偏差大，就必然造成建筑物结构强度不均衡，自身能耗也高。因此，用标准偏差表示产品性能的优劣，质量的差异就显露无遗。缩小某工艺参数或指标的波动幅度，减小它们的标准偏差，正是水泥质量控制的核心，也是均化设备能为企业创造效益的关键。

标准偏差不仅反映某个质量指标的稳定程度，还能表征它们的分散程度。S_T越大，分散越大；S_T越小，分散越小。因此，比较标准偏差的先决条件是，检测数据必须是大量、互相独立、基本符合正态分布的随机值。如入库与出库的生料，用标准偏差表示$CaCO_3$含量的波动时，要明确需要检测样品的时间段长短。否则，测出的标准偏差就会不同。而欲确定时间段的长短，一定要符合下道工序对稳定程度的要求，控制才有意义。既然生料下道工序是煅烧熟料，它的成分稳定就要保持30min以上。而要检验出生料成分的真实稳定程度，就要有正确取样方法，提倡用瞬时取样法，代替现在常用的连续累计取样法〔见1.2.1节3）（2）〕。

用标准偏差表示产品质量时，在中心值相同的情况下，离散程度小者，控制水平就高，产品质量就稳定，就能得到市场最大的认可。它不但可以降低自身生产耗能，还为下道工序或用户稳定质量、降低能耗创造最佳条件。

5）均化效果的评价

评价某均化设施的均化能力即均化效果，应该用此均化设施的进料与出料标准偏差之比予以表述，称为均化系数。此系数越大，表示该设施的均化效果越好，一般介于3~8。

$$H = S_进 / S_出 \tag{1.2.4}$$

式中　H——均化系数，一般为3~8，最高可达10；

　　　$S_进$——进料的标准偏差（均化前）；

　　　$S_出$——出料的标准偏差（均化后）。

从式（1.2.3）可知，当进料成分的波动符合正态分布时，均化后的标准偏差会小些。如果进料成分波动大到毫无规律可循时，虽均化设施自身均化系数很高，但均化后的标准偏差并不低。所以，要提高均化效果，同样要重视对进料的处理与要求〔见1.2.3节1）〕。如果进料的标准偏差已经不大，即使均化设施能力不强、均化系数不高，出料的标准偏差也不会太大。若$H \leq 2$，就应重审该均化设施的有效性，是否有必要存在。所以，还是应该用出料主要成分的标准偏差来表述物料的均化程度，而不是均化设施的均化系数。

6）不同类型堆场的均化原理

根据用处不同，堆场中的取料机与堆料机，应有不同的类型与配合方式。

（1）堆料机与侧式刮板取料机　当堆场由多个相邻的料堆组成时，便可储存多种不同物料，堆料机在料堆的一侧堆积物料，取料机在料堆另一侧轨道上往复运行，通过刮板把物料卸到导料槽上，再送到出料胶带机上运出。取料臂每取完一层物料后，按预定指令下降相应高度，并以相应运行速度，逐层取料，直至该料堆物料全部取完。

电动葫芦上的编码器可控制刮板臂的下降角度，保证取料机恒定的取料能力与确定的取料速度，让冲入刮板间的物料能满足设计的最大容量，并逐渐减少取料系统的下降角度，以均匀地刮取物料。

（2）堆料机与桥式刮板取料机　当堆场中是两个相邻的料堆，储存相同的物料时，堆料机在一个料堆堆积物料的同时，取料机在另一料堆上全断面取料，同样是经刮板、导料槽、出料胶带机运出，直至将该料堆物料全部取完。

无论哪种取料方式，堆、取料机都不允许在同一料堆上工作，并借助限位装置识别堆料机所处的料堆编号。为防止误动作，启动前应由人工现场核实取料机所在的料堆。

主电机一般是用变频方式，调整取料机的运行速度，调节取料量。当料堆未堆满物料时，取料机也可由人工操作取料，但此时会降低均化值，应尽量避免。

7）预均化堆场的配置原则

不是什么原、燃料都需要预均化堆场，更不是什么情况都可省略预均化堆场，它的配置原则是：凡是天然原、燃料，尤其用量超过总量10%以上时，原则上就应该配备预均化堆场；用量偏小、波动不大的原料则可以不用；对有产品标准的工业下脚料，可免除预均化堆场，但也要有保证先进先用的储库。

当然，预均化堆场还有如下功能：可以搭配品位偏低的原料，扩大矿山的使用年限；可增加厂内原燃料的储存量，并能按进料顺序使用，避免经储存后品位降低的可能；可对某些特性原料（如含水量偏大、粒径差异较大）进行预配料，减小配料误差，避免粘堵可能。

不应将KH指标±0.02%的合格率作为是否设置预均化堆场的依据。这种传统性思维，会扩大原燃料成分的标准偏差，难以提高生产的稳定性。

1.2.2　堆、取料机的类型、结构与发展方向

1）堆场的布置形式

（1）矩形堆场　矩形堆场设有两个料堆（图1.2.2），一个在堆料的同时，另一个在取料，相互交替。每个料堆的储存期为5~7d。根据工厂地形和总图要求，两个料堆一般取直线布置，可简化它们的结构。

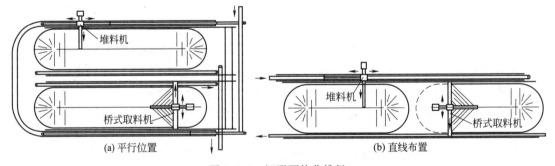

图1.2.2　矩形预均化堆场

进料皮带机和出料皮带机分别布置在堆场两侧。取料机一般停在料堆之间，可向两个方向任意取料。堆料机可通过活动的S形卸料机，在进料皮带机上截取原料，沿纵长方向向任何一个料堆堆料；也可在顶部采用活动皮带堆料。

（2）圆形堆场（图1.2.3）

原料由皮带机送到堆场中心，由可以围绕中心作360°回转的悬臂式皮带堆料机堆料，堆料为圆环，其截面则是人字形料层。取料一般都用桥式刮板取料机，桥架的一端接在堆场中心的立柱上，另一端则架在堆料外围的圆形轨道上，做360°取料。经刮板送到堆场中心

卸料口, 由地沟内的出料皮带机运走。

2) 堆、取料的不同方法

预均化的堆料方式通常有六种, 分别对应不同的取料方式。

(1) 人字形堆料法 人字形堆料法所需设备较简单 [图 1.2.4 (a)], 堆料点在矩形料堆纵向中心线上, 堆料机只要沿着纵长方向卸料, 并在两端之间定速往返一次, 就可堆出两层物料。这种料层的第一层料堆横截面为等腰三角形的条状料堆, 以后就在这个料堆上层层覆盖。因此除第一层外, 每层横截面都呈人字形, 故称人字形料堆。这种堆料方式本来均化效果不错, 但当物料粒径范围较宽 (0~200mm) 时, 就难以克服离析影响, 故不宜选用。

(2) 波浪形堆料法 波浪形堆料法 [图 1.2.4 (b)] 是让物料在堆场底部整个宽度内堆成许多平行而紧靠的条状料带, 每条料带的横截面为等腰三角形。

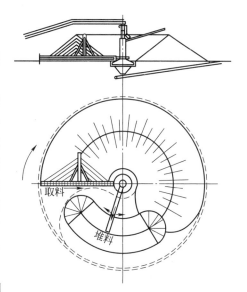

图 1.2.3 圆形预均化堆场

(a)人字形　(b)波浪形　(c)水平层　(d)横向倾斜层　(e)纵向倾斜层　(f)波浪锯齿形

图 1.2.4 不同堆料形式

第二层平行紧靠的条形料带铺在第一层上, 但堆料点落在底层的各料带之间, 不仅填满下层料带之间的低谷, 而且还形成新的料峰, 呈现出菱形的横截面。这样依次向上, 直达最高点。这种料堆的细小条状料带, 大大减轻了物料粒径离析, 更适于粒径分布宽的物料均化。但它要求堆料机能做复杂运动, 包括横向伸缩与回转, 故设备价格高, 操作也要复杂。

(3) 水平层堆料法 堆料机先在堆场底部均匀地平铺一层物料, 然后逐层水平上铺, 直到堆顶。从料堆横截面来看, 由于物料有自然休止角, 故每层物料上铺的宽度要逐层缩短 [图 1.2.4 (c)]。这种堆料法也可消除粒径离析, 每层内部成分也较稳定。但堆料机结构复杂, 操作也不简单, 适合于多种原料的混合配料均化。

以上三种堆料法及相配取料法都是端面取料。皆为从料堆一端截面开始 (包括圆形堆料), 向另一端或整个环形料堆推进。从料堆整个横断面取料, 同时切取料堆端面物料, 循环前进。

(4) 横向倾斜层堆料法 此法是先在堆场靠近堆料机一侧堆成一条料带, 横截面为等腰三角形。然后将堆料机的落料点向中心稍稍移位, 使物料按自然休止角覆盖于第一层内侧, 逐层依次堆进, 形成许多倾斜而平行的料层, 直到堆料点达到料堆的中心为止 [图 1.2.4 (d)]。它只要求堆料机在料堆宽度的一半范围内伸缩或回转。这种堆料方式是用耙式将堆取料合一, 因此设备价格便宜, 但粒径离析变得更严重, 大颗粒几乎全落到料堆底部, 故只能用于粒径均齐或均化要求不高的物料。

(5) 纵向倾斜层堆料法 如图 1.2.4 (e) 所示。它是从料堆的一端开始向另一端堆料,堆料机的卸料点都在料堆纵向的中心线上。它只能定点卸料，只有料堆达到最终高度，形成一个圆锥形料堆后，堆料点才可前行一定距离，停下来堆第二层。第二层物料的形状是覆盖第一层圆锥一侧的曲面，行走距离就是料层的厚度。所以也称为圆锥形堆料法。这种堆料法对堆料设备要求并不高，但料层较厚，无法减轻物料粒径离析，因此应用范围与横向倾斜层堆料法相似。

与（4）（5）两种堆料法相配的是侧面取料：让取料机沿料堆纵向，从料堆一端至另一端往返取料。这种取料方式不可能切到截面上所有部位的物料，只能在侧面沿纵长方向、逐层刮取。一般采用耙式取料机，效果远不如端面取料。

（6）波浪锯齿形堆料法　此堆料法为圆形堆场所采用，是人字形堆料法和纵向倾斜层堆料法的混合［图1.2.4（f）］，堆料过程与人字形相似，但堆料机下料点位置并不固定在料堆中心线上，而是随每次循环，移动一定距离。这种堆料法可以克服"端锥效应"，而且由于料堆中、前、后原料的重叠，能消除长期偏差和原料突然变化产生的影响，均化效果较好。

3）堆、取料机的基本结构

典型的堆、取料机有以下几种。

（1）侧式悬臂堆料机（图1.2.5）　主要由悬臂架、胶带输送机、行走机构、液压变幅机构、进料车、轨道等组成。

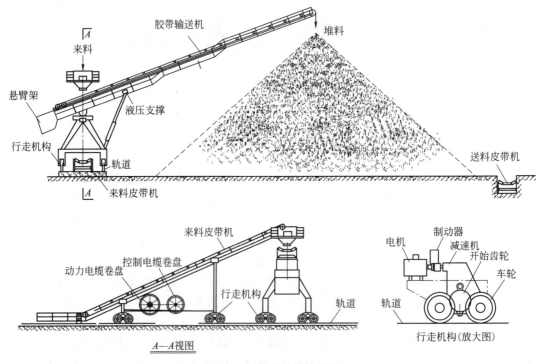

图1.2.5　侧式悬臂堆料机

① 悬臂架。由两个变截面、钢板焊接的工字形梁构成，横向用钢板连接成整体。悬臂尾部设有配重箱，装有铸铁配重块。悬臂下部设有两处支撑铰点：一处与行走机构的门架上部铰接，使臂架可绕铰点作平面回转；另一处通过球铰与液压缸的活塞杆端铰接，随着活塞杆的伸缩，实现臂架变幅运动。

② 胶带输送机。安装在悬臂架上，随臂架可上仰12°、下俯16°，靠电动滚筒驱动。张紧装置设在头部卸料点处，使胶带保持足够张力。胶带机上设有料流检测装置，当胶带机上无料时，便发出信号让堆料机停机；同时还设有打滑检测器，防跑偏等保护装置；胶带机头、尾部设有清扫器，头部卸料改向滚筒处设有可调挡板，根据现场实际落料状况，调整挡板角度和位置，控制落料点。

③ 行走机构。由球铰支座、门架、行走台车、行走驱动装置组成。门架通过球铰支座与上部悬臂铰接，堆料臂的全部重量压在门架上；门架下端四点各与一台行走台车铰接；行走台车各配一套驱动装置，可实现软启动、延时制动；行走驱动装置采用电机—耦合器—制动器—减速器—车轮系统传动，结构的刚性将保证驱动系统的同步运行；车轮架的两端设置缓冲器和轨道清扫器；在门架横梁上吊装一套行走限位装置，吊杆上装有开关，随堆料机同步行走并对它限位。

为减少堆料机在频繁制动、停车中悬臂皮带机头的摆动幅度，降低电机联轴销、高速轴及车体大梁的事故频率，变频器制动功能要强，与制动单元及外部液压制动器结合，以让堆料机车体快速平稳停车，减小对设备冲击。

④ 液压变幅机构。门架下部平台上装有变幅机构的液压站，由液压系统实现悬臂的变幅运动，液压系统由液压站、油缸组成，油缸支撑在门架和悬臂之间，保证它们正常运行，避免各类故障〔见6.3.4节4）和6.3.4节5）（1）〕将直接影响取料效率。

⑤ 进料车，即为卸料台车。堆料胶带机从进料车通过，将运来的物料通过进料车卸到悬臂的胶带机上。进料车由卸料斗、卸料滚筒、斜梁、平台、立柱、压带轮等组成。卸料斗悬挂在斜梁前端；斜梁由两根焊接的工字梁组成，斜梁与平台之间通过大小立柱连接；斜梁上设有胶带机托辊，前端设有卸料滚筒，尾部设有防止空车发飘的压带轮，大小立柱下端装有四组共8个车轮；平台上设有控制室及电缆卷盘。

（2）桥式刮板取料机　这种取料机适用于矩形堆场端面取料，能同时切取全端面物料，均化效果较好。它有两种形式：倾斜式和水平式。倾斜式主要用于地下水位较高的地区。

该类取料机主要由箱形主梁、刮板输送机、耙车、固定端梁、摆动端梁、动力电缆卷盘、控制电缆卷盘等部分组成，见图1.2.6。

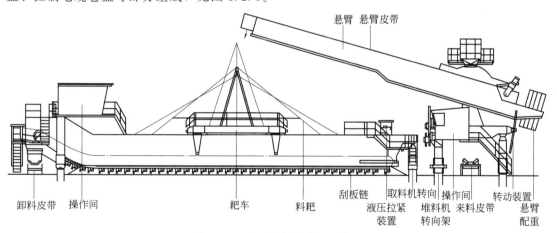

图1.2.6　矩形堆场的堆、取料机

① 箱形主梁。该箱四周由钢板围成，长度方向上有若干个空心隔板起抗扭作用，内壁每边设有由槽钢组成的加强筋，提高箱形梁的稳定性。该梁在厂内分段组装，现场焊接。梁

的上部两侧设有由耐磨方钢组成的轨道，支承在上面行走的料耙小车。中部设有托槽，既可托链条，又可收集润滑链条上的废油。桥梁的两个侧面设有下轨道，料耙侧支架上的两个滚轮在上面运动。摆动端梁上的防偏装置经桥梁端头的开孔伸入梁内部。

② 刮板输送机。主梁下吊着若干个吊架，吊架的上、下方设有左、右两条导槽，上方中间和下方中间各设置一条防偏导槽，上方和下方左右导槽内装有两条输送链条，之间设置一个折线形刮板，头部有传动链轮及传动装置，尾部有张紧装置，头部下方有溜槽。吊架由工字钢和钢板组成，上部用螺栓与主梁连接。链条为非标大节距的套筒辊子输送型，节距250mm，每两个节距配一个刮板。刮板上法兰与链条侧耳用螺栓固定。刮板为钢板结构，两侧边缘和底边缘镶有用耐磨材料制成的刮削刃。驱动装置驱动主动链轮轴带动链条运动。尾部拉紧部分，包括尾部链轮、链轮轴、带滑动轨道的拉紧轴承座、拉紧丝杠及缓冲弹簧。链条靠调整丝杠上的螺母拉紧。

值得注意的是，设计取料刮板时，应取消上升段，保持全平直段，以防减速机扇形齿过分受力而损坏部件。可在头轮段下方挖出地沟，将头轮段整体下落。

③ 耙车。主梁上部安装的料耙小车上设置驱动装置、驱动链轮、改向链轮、塔架等。塔架上安装滑轮组，每个滑轮通过钢丝绳分别与两侧料耙相连；塔架中部两侧各安装一台手动卷扬，用来调整料耙倾角；小车两侧设有侧支架，下方有侧挡轮，支承在主梁下部轨道上，料耙下部靠安装料耙的两个铰点固定，上部通过滑轮由钢丝绳固定在塔架上，用于调整角度；小车下方有四个滚轮，置于桥梁上方的导向轨道上；小车是由驱动链轮绕着链条往复行走；链条采用标准套筒滚子链，两端固定在主梁两端；驱动装置由电机、带制动轮的液力耦合器、制动器、中空轴减速器组成；料耙为三角形框架，由两个槽钢对焊而成矩形方管，下方焊有众多耙齿以耙散物料，上方为两个滑轮组成的滑轮组，塔架上的钢丝绳与该滑轮组相连。

④ 固定端梁。由端梁体、车轮、驱动装置组成。端梁体是钢板组焊而成的箱形结构；设在两端的行走轮，分别是主动轮与被动轮。主动轮由调频电机、摆线减速器、电磁离合器、调车电机、制动器、直交中空轴减速器组成的驱动装置驱动。取料时，变频电机可依据取料量调速，动力通过摆线针轮减速器、离合器通电吸合，调车电机带动减速器输入轴（这时调车电机不通电，起联轴节作用），再由减速器使主动轮转动。调车时变频电机断电，电磁离合器断电脱开，调车电机通电，通过减速器带动主动轮，取料机便快速行走。

⑤ 摆动端梁。由端梁体、铰支座、防偏机构、车轮、挡轮、驱动机构组成。此端梁体上部设有球铰支座；支座上部与桥梁尾端下部相连，摆动端梁下部设有与固定端梁一样的两个车轮和驱动机构，动作形式也相同。端梁下部距行走车轮附近，在轨道内外侧设有两对防脱轨挡轮，当端梁行走超前或滞后，端梁都能平行轨道，且防偏装置及时发出信号。

（3）侧式刮板取料机　它由刮板取料系统、机架部分、固定端梁、摆动端梁、卷扬提升系统、轨道系统、导料槽、动力电缆卷盘、控制电缆卷盘等部分组成。

① 刮板取料系统。它的驱动装置通过锁紧盘连在驱动轴上，驱动轴上的链轮带动链条及固定在上的刮板，在悬臂架的支持下循环运转，将物料刮取到料堆一侧；驱动装置配置直角轴全硬齿面空心轴减速器；悬臂架为两个工字形板梁加交错连杆，梁的上、下分别有支承链条的轨道导槽；在改向链轮一端设有带塔形的张紧装置，可调节套筒滚子链的松紧。

② 机架及行走端梁。它支承整机重量，并驱动取料机在轨道上往复运行。机架采用箱形结构的刚性平台，行走端梁由车轮组、驱动装置和支撑结构梁组成，下部可在轨道上行

走，上部与机架平台一侧用螺栓刚性连接为固定端梁，另一侧铰接成摆动端梁。两套驱动装置均设在固定端梁上，构成单侧双驱动形式，并分别由取料电机、行星摆线减速器、调车电机、直交轴减速器、电磁离合器、制动器等组成。工作时，取料电机驱动车轮组，电磁离合器处于闭合通电状态；调车时，由调车电机驱动车轮组，电磁离合器处于脱开的断电状态；驱动装置的两台电机不允许同时工作，行走电机的频率将决定取料量。

③ 卷扬提升系统。该系统可实现刮板取料系统的变幅功能，由支承架、电动葫芦、滑轮组等组成，并带有过载保护装置。

④ 链条润滑系统。在机架一侧设有稀油润滑站，通过油管和给油指示器将润滑油滴在链条上，正常工作时，每 3h 润滑链条一次，每次 5min，每次总油量为 1.25L。

⑤ 导料槽。设计有可调溜板，根据实际落料状况，调节其角度，保证物料准确落在出料胶带机上。导料槽内设有耐磨衬板。

（4）圆形堆场的堆、取料机　堆料机、桥式刮板取料机可同时或分别作业，有如下特点。

① 堆料机上、下部各设有回转支承（图 1.2.7）。上部内圈与支座固定，支座与进料栈桥连接；下部带外齿的外圈用高强螺栓固定在中柱上，堆料机转台上设置的立式减速器输出轴上的小齿轮，与回转支承的外齿圈啮合，实现堆料机的回转运动。转台上设置的液压驱动油缸靠伸缩，实现堆料机悬臂的变幅运动。来自栈桥上胶带机输入的物料，通过堆料机悬臂上的胶带机旋转堆料。

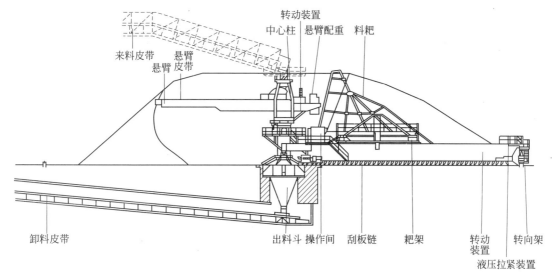

图 1.2.7　圆形堆场堆、取料机

根据料堆高度，它还做回转、悬臂变幅与升降的合成运动。每一次扇形面往返，都是最低点与最高点之间的往返。其行程长度、回转角度、升降高度和每次向前移动的角度，都按照可编程控制，使环形堆料不断扩展，完成回转往复式堆料。这种料堆就是前述的波浪锯齿堆料法，料堆的休止角越小，每次料层就越长，均化效果就越好。

② 取料机主要由主梁、松料装置、刮板取料部分及行走机构构成。主梁一端铰接于中柱下面外部的转台上，它固定在另一回转支承外圈上，回转支承的内外圈与中柱下部用螺栓连接，这一结构使主梁围绕中柱回转；主梁的另一端用螺栓固定在有两套相同驱动装置的行

走机构上。行走车轮轴装入它的减速器中空轴里，用锁紧盘连接，启动行走机构驱动装置，主梁可绕中心支柱在圆形轨道上运行。

取料机主梁上设有液压驱动的松料装置，行程 4m 的料耙覆盖了整个料堆断面，料耙的倾斜角可调。当物料的含水量或黏度大时，可适当手动调大料耙的倾斜角度，让料耙的倾角比物料的休止角大 1°~2°。当料耙往复运动时，均布在料耙平面上的耙齿，拨动取料面上的物料，使之下落到取料面的底部，被连续运行的取料机运走。

沿取料机主梁底面设置有循环运行的刮板输送链，链条上均布装有刮板，被料耙拨滑下来的物料，进入刮板之间，经刮板运动拖走，刮入中心落料斗，然后从下面的出料胶带机上取出。取料机工作为变频调速行走，以调整取料量。

4）堆、取料机的发展方向

（1）降低自身电耗

① 降低堆、取料机自身重量。该设备要求有较高强度的钢结构焊接件或铆固件，自重较大，为了减小频繁移动所需耗能，在结构合理条件下，应选用优质高强的铝合金钢材。

在北方生产水泥，常会遇到物料含湿量较高，冬季容易发生冰冻的工况。这时不仅要增加耙架刚度，还需提高驱动取料机料耙的破冰动力。

② 在堆、取料机整机配套时，要选用节能型的辅机，如节能电机、节能减速机、节能皮带托辊、高质量轴承、自动润滑设施等，还可以提高轨道平直度。

（2）进一步提高均化能力　即使当今均化技术已能满足预分解技术的要求，但仍有待于继续开发与不断深化，以图带来更大效益。为提高工艺节能效果，在研发预热器的高固气比技术［见 3.1.3 节 1）（3）］、煅烧熟料的沸腾炉技术［见 3.3.2 节 4）］中，随着粉料浓度的提高或结粒状态的出现，满足悬浮状态高效率传热的难度就要提高，就会要求更高程度的均化。

均化技术要想为后续工艺节能创造条件，不只要满足化学成分的均化，还要满足包括粒径在内各项物理性质的均化。因此，高度均化不仅旨在提高堆场的均化能力，还要在物料各个输送与储存环节，乃至在窑磨加工中，都能始终保持物料性质的一致性。这种重要性与难度，同样是窑、磨等主机节能技术中的重要组成。实践将证实，只有对预均化技术认识到这种深度，才恰如其分。

1.2.3　降低均化耗能的措施

堆、取料机不仅要提高物料均化效果，还要降低自身耗能。

1）缩小物料进均化堆场前的波动

不要认为有了预均化堆场，就可以降低采购价格。为确保堆场均化效果，应采取如下措施。

（1）矿山采掘点的配置与成分控制　开采的天然矿山，常会有各类夹层或山皮土，使矿石成分有较大波动，因此要制订矿石开采方案。不仅要按台段、采区多点采掘、合理搭配，而且要计算出不同时间各区的采掘量和运输方式。否则，不仅难以利用低品位原料，而且加大了均化设施的负荷。即使堆料机均匀布料，也难以缩小下道工序的进料标准偏差，最多是对短周期波动起缓解作用。

为了能准确控制进入破碎机矿石的成分，一般大中型矿山都设有化验站。但如果取样方式没有代表性，只会简单按时间间隔取样、统计合格率，同样失去对矿石成分的稳定控制；

只有改为跟踪破碎机进料车辆的瞬时取样［见1.2.1节3）（2）］，才可能指导矿车的装运点与频次，减小标准偏差。

（2）减小进厂物料的粒径级差 破碎后的原物料，应尽量避免产品粒径分布过宽，不能只认定粗颗粒不合格，过细料粉同样也是不合格品，因为它们不仅浪费能耗，加快破碎介质磨蚀，而且在输送、储存中会产生粒径离析，又由于粗细粒径的成分并不相同，如石灰石中大颗粒钙含量高，小颗粒硅、铁含量高。因此，离析现象会劣化均化效果，加大后续工序波动［见1.1.3节2）］。

（3）重视进堆场前的物料储存方式 大多生产线总图设计，都在均化堆场前设有简易堆场（如原煤），既可增加储量，又能方便搭配不同品质的原、燃料。但由于靠铲车作业随意将物料掺倒在堆场进料皮带上，或直接进原料仓，不能实现准确搭配，不能控制堆料中心值，只能靠铲车司机控制原料稳定程度。另外也难遵循"先进先用"的原则，使部分烟煤常因压置时间过长自燃，且铲车作业成本高昂。

建议仿照现代熟料帐篷库的出库方式设计大棚堆场，彻底省去铲车作业，便可提高原料均化程度。堆场建设费用可完全靠当年节省的铲车费用抵偿。

（4）控制堆料机的进料量均匀 相同的料堆布料层数，进料量越均匀，出料标准偏差越小；进料量随机变动，即使变化周期很短，出料标准偏差也会增加。因为料量的波动，一定要改变料层厚度，不利于均化。

堆场每层物料纵向单位长度的重量，理论上应该相等，但实际很难。即使不考虑布料方向和主皮带机前进方向一致与相反所产生的差异，使得进料速度周期变化；仅就来自破碎机的物料如直接进入预均化堆场，喂料不稳定一定也会影响料量波动，并且难以克服。为此，应投资设置预堆场控制或增建中转库（仓）等，为稳定进料量做出努力。

2）优先选用矩形均化堆场

在矩形和圆形堆场两种布置形式中，尽管矩形堆场占地面积大、设备费用多、土建投资大，且有堆端效应，但由于堆料、取料分堆作业，能准确控制每个料堆主成分的平均值，即标准偏差中心值受控，可避免换堆效应，提高均化系数。而圆形堆场堆、取料是同时围绕中心立柱不间断进行，不能控制中心值。严格地说，它只是搅拌。矩形堆场储料量大，便于堆、取料机单独维修，故应尽可能选用矩形堆场。

3）降低堆料离析现象

不同粒径物料靠重力堆料，物料从堆顶按自然休止角滚落，较大颗粒滚至料堆底部，细料却留在上端，使粒径离析严重。料堆上下的横断面成分存在差异，使横向成分波动，降低均化效果。所以，应选择使用物料离析小堆料方式［见1.2.2节2）（2）、（3）］，对粒径差异较大的原料尤为重要。

4）实现智能化操作

堆、取料机所占面积较大，使得人工操作的效率不高。只有在进料成分与料量相对稳定后，并提高传感器及限位开关等控制元件的可靠性，均化堆场的自动化操作就指日可待。智能化操作不仅要能在线检测、计量与控制皮带端部落差、堆料层数及对端锥的操作，而且能随时计算各料堆的中心值，并自动控制进料成分（各种物料要按成分分仓存放，而不是简易堆场），就可以既提高均化效果，又降低能耗，并从后续的缩小入库物料标准偏差、中子活化成分分析仪的在线控制、稳定均化库的生料成分等方面获取更大效益。

1.2.4　堆、取料机的应用技术

1）提高对堆、取料机的管理水平

要想让堆、取料机发挥重要作用，各级领导与相关人员应该采取措施落实如下要求。

① 保持进入堆场物料的水分、粒径、成分含量、黏度等基本性能稳定。堆场应加顶棚，既防止物料飞扬，又能避雨雪对物料含水量的干扰。稳定这些物理性质不仅是均化效果的需要，也是降低后续生产耗能的需要。

② 应当为堆、取料机的易损件备足配件，一旦发生故障，应及时更换，严禁为维持窑、磨运转，让堆料机定点堆料，或用铲车取料。

③ 定期（至少每周一次）测试进、出堆场物料的主要成分标准偏差，根据变化找出原因、采取对策，并以此检测考核相关人员。该检测项目要比对熟料立升重的检测更有意义。

④ 加强巡检维护。关注钢丝绳的松紧程度、配重大小、耙齿状态、断面滚落的料量，以及各部件磨损情况；及时调整松料装置角度、耙齿扫掠速度及增减耙齿数量或深度；检查松料钢丝绳能否掠过全部断面，使物料松动、均匀滚落底部，以最少的耗能均化物料。

2）及时调整可控操作参数

① 控制并降低物料从堆料皮带端部的落差。当堆、取料机类型确定后，堆料方式虽被固定，但为减少物料离析，堆料皮带前端落料处应配有触点式探针，提高控制落差从500mm 降至200mm 以内的能力；在堆料高度变化时，仍能自动保持此落差，既减少物料离析，也有利于控制扬尘。

② 处理并减小端锥影响。矩形堆场每个料堆两端都有半圆锥形端锥，该部分物料粒径离析较为突出，且取料机无法在此同时切取所有料层。为了减少端锥影响，取料机在接近端锥，料堆高度开始下降到不足一半时，取料机就应停止取料，保存每个端锥这一小堆"死料"。同时在布料时，要保持端锥的几何形状，到死料区上方时，上一层要比下一层延伸相应距离。

③ 保持必要的堆料总层数。由于物料某成分的标准偏差与料堆的布料层数平方根成反比，故布料层数越多，标准偏差越小。但该层数将受物料粒径及自然休止角的约束，越到高层，布料面积越小，在布料量不变时，料层变厚，均化效果相对变差。为此，应在 400～600 层之间，摸索不同物料最合理的堆料层数。

3）安全操作

① 本取料机一般有三种操作模式：集中程控、手工操作和机旁维修控制。每种模式都应在不同阶段使用，并由工况转换开关选择。

② 调试阶段要验证程序指令准确无误，并定时检查各类限位开关的可靠性，以保证在换堆操作中，堆、取料机之间不会相碰。

③ 机组应有遇事故停车的能力。每当系统在任何位置运行出现异常时，都应能按动紧急开关，检查刹车系统的有效性，确保取料机立即停止工作。

④ 将变压器从堆料机上，移至堆料机联络柜处的变压器室内，联络柜的高压进线不变，出线作为变压器低压端电源线，经断路器引到电缆卷盘上。原高压电缆应改用低压聚酯软电缆，以避免堆料机移动中损坏电缆。

1.3 物料存储库（仓）

水泥生产中的半成品或成品，不论是粒状还是粉状，都需要有能控制物料进出的各类存储库（仓），形成一定储量，以保持物料成分稳定下的连续生产。当某种原因影响物料自如进出时，就成为破坏工序稳定的重要因素。为此，除了研究预均化堆场外，还应当开发各类结构的储库：为存储生料、水泥等粉状物料，需要有均化功能的圆库；为存储熟料，应建造能混料、易于散热的帐篷库，并为它们配备控制出料与计量的设施。

1.3.1 均化库的工艺任务与原理

1）均化的工艺任务

现代水泥生产中，生料成分的均化是保证熟料质量、降低能耗的基本措施和前提条件。其中矿山搭配开采、原料预均化堆场、生料粉磨和生料均化库，是生料均化链的四个链环，它们环环相扣，将天然矿石加工为均化的生料。

但每个链环的均化作用并不一样，表1.3.1给出每个链环的平均均化周期、$CaCO_3$ 标准偏差、均化效果（S_1/S_2）及在总均化工作量中的比率。其中平均均化周期是波动周期的平均值，而波动周期是指生料主要成分的加权平均值达到目标值所需用的时间。从表中可知，均化库是均化链的最后一环，并担负着约40%的均化效果。

表1.3.1 生料均化链中各环节的主要功能

环节名称	平均均化周期 /h	$CaCO_3$ 标准偏差/%		均化效果 (S_1/S_2)	在总均化工作量中的比率/%
		进料 S_1	出料 S_2		
矿山	8～168	—	±2～±10		10～20
预均化	2～8	≤±10	±1～3	≤10	30～40
生料磨	1～10	±1～3	±1～3	1～2	0～10
均化库	0.2～1.0	±1～3	±0.2～0.4	≤10	约40

2）均化库（仓）的工作原理

生料均化库位于生料磨系统与窑系统之间，均化过程在封闭的圆库里完成。现代化水泥厂采用连续式空气搅拌均化库，生料储存、搅拌和出料通过合理贯通同时实现，其均化工艺流程如图1.3.1所示。

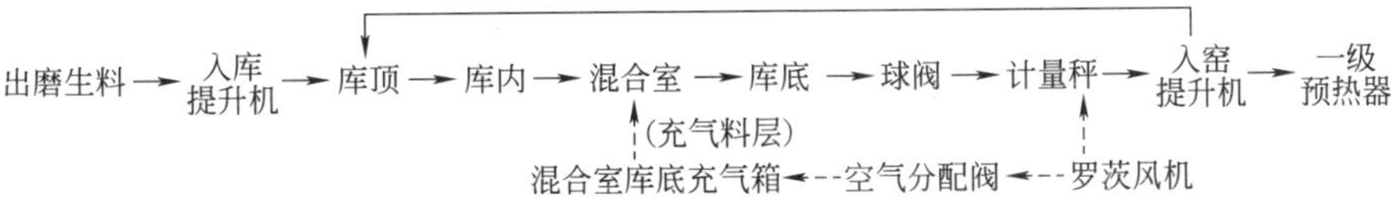

出磨生料 → 入库提升机 → 库顶 → 库内 → 混合室 → 库底 → 球阀 → 计量秤 → 入窑提升机 → 一级预热器

（充气料层）

混合室库底充气箱 ←-- 空气分配阀 ←-- 罗茨风机

图1.3.1 生料均化工艺流程

生料从均化库顶喂入，通过360°、布置长短不等的八条空气斜槽，将生料均匀地分撒在库内横断面上；而库底卸料顺序，是用切割为八个扇形区的充气箱控制，由电磁阀控制间隔时间，周期性向它充入高压空气，并通过上面的透气层，按编程分别驱动库内对应扇面上的料柱向下卸料。

　　以此均化的基本原则见 1.2.1 节 2），优秀均化库的标准是：不仅要高均化效果，还要节约动力消耗。因此，在设计多料流均化库时（图 1.3.2），要利用物料的三种运动方式：先利用物料所受重力，使库内生料产生多漏斗流；再利用径向料面的倾斜运动；最后依靠库底的卸料小仓，再次吹入压力气流与生料松动、拌和，并卸出库外。这三种均化作用决定着均化库的性能。

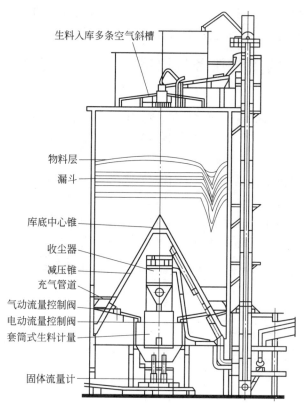

　　　　　　　　　　生料入库多条空气斜槽

　　　　　物料层
　　　　　漏斗

　　　库底中心锥
　　　　收尘器
　　　　减压锥
　　　充气管道
　　气动流量控制阀
　　电动流量控制阀
　　套筒式生料计量

　　　固体流量计

图 1.3.2　多料流均化库示意

　　3）均化库的工作参数

　　（1）均化效率　均化效率是衡量各类均化设施性能的关键参数。入库与出库的物料中某组分的标准偏差之比，就是该均化库在某段时间 t 内的均化效率（H_t）。它与均化时间的关系为：

$$H_t = \frac{S_t}{S_0} = e^{-kt} \tag{1.3.1}$$

式中　　H_t——均化时间为 t 时的均化效率；

　　　　t——均化时间；

　　　　S_t——均化时间为 t 时，出库物料中某组分含量的标准偏差；

　　　　S_0——均化初始状态时，入库物料中某组分含量的标准偏差；

　　　　k——均化常数。

　　实践证明，随着均化时间的延长，对提高均化效率越发不显著，直至效率不再提高。因此，对比不同均化库的均化效率，要以相同的均化时间，且物料的物理、化学性质相近，生产稳定时，用取足够多的料样，才能分析每个库相近似的波动曲线和标准偏差。

（2）物料均化度　多种单一物料相互混合后的均匀程度，称为该混合物的均化度（M）。它是衡量物料均化效果的重要参数。硅酸盐水泥的生料一般要由 3～4 种原料组成，其中石灰石 $CaCO_3$ 含量占 75％以上，所以，常以 $CaCO_3$ 成分的均匀程度代表生料的均化度，并用标准偏差表示及计算。

4）粉体的基本特性

在库内存放的粉状物料，它既不同于固体，也不同于液体、气体，而是有独自的受力状态与运动规律的粉体。为了让粉体均化，首先就要认识它的特性，掌握粉体库内物料的运动规律，而不能只关注库的进料与卸料部位，否则就会发生结拱、棚库、堵库、冲库等故障，从根本上威胁了连续生产，更不可能稳定生产。

粉体的明显特性是：粉料内因富含气体而表现有流动性。越细的粉料，含气量越高，流动性越强。但含气量相同，因受到各类的外部冲击，流动性也会不同，便产生巨大差异的力学传导特性。流动性越高的粉体，受压膨胀性越大，绕流扩张性越强，垂直支撑性越弱；同时，粉体的不可压缩性，受到动态的大冲击，也会产生瞬间的动态固化支撑，实现力传导平衡。而且粉料中气体还随库位升高，能快速上逸析出，并趋于固化。

粉体处于自然静态储存时，由于自重沉积，随储存时间延长及含气量降低，气体逸出速度趋近于零；库底粉料在满库长期重压下，会形成饱和固态料，中、下库位边壁就会挂壁，形成半固化板结死区并逐渐扩大，最终导致偏库或完全阻塞，还挤占了有效库容。

再看粉体流动性对物料锁止性与填充性的影响：粉体的高流动性，会有好的填充性，但受压力变化，也易不规则前窜，此时用分隔轮卸料，锁止性也不好；而在低流动性时，高固态使填充性变差，料流输送难以稳定，此时料压锁止性过强，还加大料面对运动机械的磨损；只有半流动性粉体，处于上述两种极端状态之间，才具有良好锁止性与填充性，并减少与运行机械的摩擦，易于受机械驱动控制，形成好的流量线性关系，表现理想的力学工作特性。

基于上述分析，在圆库存储或卸放过程中，会形成以下三种类型的拱，只有克服拱的力学平衡与传导，才能保证粉体库发挥正常功能。

（1）重力拱　上部粉料的重力垂直压在下部粉体时，其流动性会呈水平方向的膨胀力，使粉体具有一定硬固度，并按密度形成球面应力平衡拱架层，它上部的料重全部转载到外部硬固区，形成内库壁；下部粉料又由重力叠加成新的料层，受压膨胀再形成新的球面拱架；如此形成连续疏密分层的若干弱重力拱体，并将粉体料重自然叠加于外环，从而在库底形成环壁、杯托形的高固态承压应力结构，也使中心区成为非承重的软料存储区，见图 1.3.3。

当卸料时，拱环某层某一部位会因负压增大，支撑力不足，引发破解，形成泄洪般垮塌；当相邻两层拱垮塌时，又会因重力挤压膨胀，再次向下形成新的拱架平衡层，由此造成由下向上逐级拱架层延时陷落并再次形成拱平衡，而库壁总承压力只会受小幅脉动性冲击，从而并不是整体性陷落。此结拱后的垮落周期将取决于库底出料量和库的直径。如此时库下已有硬固性死料区，则粉料会向活动区偏移下卸，并遵循区域拱架分层垮落的动平衡规律。

对重力拱的研究，明晰了粉库内静态应力分布与动态下卸应力间的变化关系。

（2）收缩拱　库卸料时，库底出口四周的粉料会同时向中心汇聚收缩，在环出口区域自动形成立体空心圆柱状结拱区，即为动态收缩拱；又因出口垂直中心没有收缩，就形成了软料通道。底部粉料硬固度越大，形成的拱架就越强，而向上的硬固度降低，强度会变弱外扩。卸料量越大，收缩度越大，料流的自锁性也越强烈。又由于重力拱作用，出口中心上部的非收缩通道会向上逐步发展，中心的收缩拱上移，软料区逐步扩大成漏斗状，且漏斗区内也有重力拱，依然会形成瓶颈性的层叠拱垮作用，形成限流性漏斗流。经破除试验证明，克服此拱阻力很难，即使破除它也能快速自生，说明收缩拱才是粉库卸料的最大障碍。

（3）对冲拱　库内上部料重通过重力拱作用于库壁，对下部料形成环形下压，当库底设有减压锥时，就会对物料反射对冲应力，通过对法向及侧向的自然挤压，形成杠杆式应力平衡拱，支撑住中上部粉料，阻隔住料流，如图 1.3.4。当拱下部的粉料走空，形成较大负压后，与拱上部料压共同作用大于原有拱力时，引发粉料较大垮塌，但很快又会因对冲力，再次迅速恢复硬固成拱阻，周而复始、拱垮震荡，对出口料压形成冲击波。实验表明，即使是刚入库的新软料，也会形成较强的对冲平衡拱。只有库内料位足够高，此类拱才会被压垮、消解与改善。

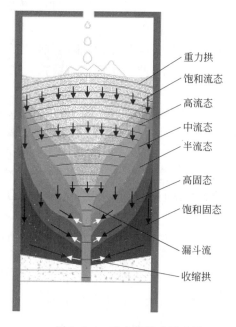

图 1.3.3　重力拱形成示意图

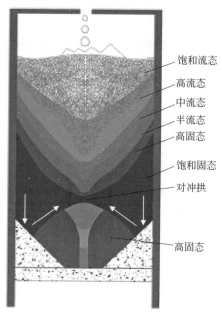

图 1.3.4　对冲拱的形成示意图

采用大锥角的减压锥设计，本想缓解物料重力对卸料的影响，却为对冲平衡拱形成创造了条件。而平底库或小于 10°锥度的库底，就不会形成对冲拱。

综上所述，重力拱将导致库内重力的非均衡、边缘化，使粉料自然分层固态化分布，形成的是逐级小幅拱垮下卸，影响了卸料的均匀性及连续性。对冲拱虽是阻碍下料的有害拱，但只要不采用大锥度库底设计，就会消失。收缩拱才是阻碍下料的"祸首"，由于库料向出口收缩，具有持续高强的自锁性，消除它才能保持连续稳定的卸料。

1.3.2　均化库类型、结构与发展方向

1）均化库类型

各大水泥装备公司都开发了各种类型生料均化库，其中有 CF 型控制流均化库，MF 型

多料流式均化库，TP 型、NC 型多料流式均化库，NGF 型均化库及 IBAU 型中心室均化库等类型。但其原理并无太大差异，只是在分区下料方式、配风方式等方面各有特色。在比较各类型均化库时，应选择电耗最低、操作简单，且达到相同均化效果者，其中 IBAU 型中心室均化库在国内应用较为普遍。

2）几种典型的储库结构

（1）生料均化库　IBAU 型中心室均化库（图 1.3.5）系德国汉堡公司的连续均化技术搅拌仓，库底中心设有混凝土减压圆锥，库内生料的重量通过该锥传递给库壁，库底环形空间被分成向中心倾斜 10° 的 6～8 个充气区，每区装多种规格充气箱。充气时，生料被送至径向布置的充气箱上，再经过锥体下部的出料口，由空气斜槽送入库底中央搅拌仓中；卸料时，靠各区的流量控制阀和气阀，控制生料自上而下流动的量，切割原水平料层，形成重力混合，进入搅拌仓再经连续充气搅拌进一步均化。

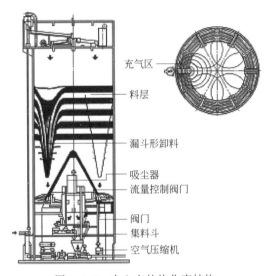

充气区
料层
漏斗形卸料
吸尘器
流量控制阀门
阀门
集料斗
空气压缩机

图 1.3.5　中心室的均化库结构

IBAU 型中心室均化库有以下特点：

① 生料在库内既有重力垂直混合又有径向混合，中心室亦有少量空气搅拌，均化系数（H）较高，一般单库为 7，双库并联可达 10；电力消耗较小，一般在 $0.36～0.72MJ/t$，物料的卸空率较高；

② 设备运行中可以更换充气部件，检查时有断流的闸门，避免生料进入充气部件内；

③ 中央料仓上面的收尘器，可消除粉尘污染。

（2）熟料帐篷库　储存熟料的库型很多，但随着生产的大型化，应该承认帐篷库的结构最为合理。

该熟料库外形类似一个大型帐篷，直径可以大至 40m，高度 40m。熟料由斜斗输送机运至库顶中央，进入混凝土圆形下料管，圆管四周有高度不等的若干出料口，熟料将由下到上、从相应高度的这些口溢到库内。出料是经库底三排的十余个卸料口，落入对应的输送皮带上。库四周为混凝土墙，上部为钢结构顶盖。帐篷库相对于传统圆库有如下优势：

① 库容较大，能储存 10 万吨以上的熟料，有利于平衡窑、磨生产；

② 库内空间大，便于熟料冷却散热，减小对库壁侧压力，有利于延长库的使用寿命；

③ 有利于混合不同时期生产的熟料，均化熟料质量；

④ 库侧可以设置能让汽车与铲车进出的门，便于装卸、销售熟料等作业。

（3）钢板库　水泥生产中的大型储存库都是混凝土结构制作，其制作成本较高、施工周期长。为此，在技术改造中常见用钢板制作的钢板库（图1.3.6）。直径越大的库，单位体积储存的物料成本越低，而且适于长期存储。

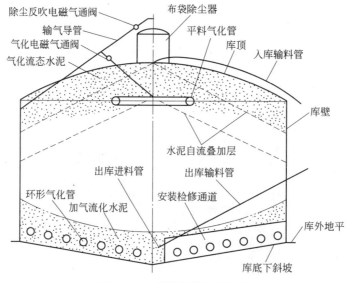

图 1.3.6　钢板库的结构示意

钢板库必须重视地基可靠、出净率高。它的使用年限低于混凝土库，一般在十年以内，严防施工中因陋就简、偷工减料，也应严防超期使用，造成突然坍塌、酿成事故。

3）均化库的发展方向

现在流行的生料均化库等粉体存储库结构，在对粉体特性深入研究后，就能主动排除各种堵库、棚库、窜料、断料等故障，保障均化效果。由昆明艾克自动化公司开发研制的太极锥，对粉体研究［见1.3.1节4）］有了新的成果，它与π绞刀、冲量计及电控软硬件组成的粉流掣系统（图1.3.7），可直接安装在新库，代替烦琐的库底充气系统，也无须建设耗资的混凝土内锥，彻底避免库底透气层损坏后难以修复的尴尬。用该技术对老库改造，也能彻底摆脱库内结壁、靠人工清库的危险作业。它将是均化库未来的发展方向。

图 1.3.7　粉流掣系统示意

太极锥的结构虽简单，但却需要根据库的体积与形状、物料特性等针对性设计，安装在库（仓）底卸料口上方。它无须借助任何动力，就能有效破除库内物料结拱阻塞，确保物料自然均匀地卸出。

太极锥将单点水平出料，改为环形多层多点垂直环侧入出料，通过多点进料的收缩度降低，大大弱化各进口收缩拱的强度。当太极锥下方控制装置驱动后，在锥内上部料重与下部机械运转拖动的双重作用下，锥内粉料开始下卸并产生负压内吸作用，同时锥外粉料在向心应力推动挤压下，里应外合自动剪切破拱入料，根据分层高低、固性不同，实现环形多点出料的自动平衡补进，经自适应、满填充的料流卸出。

太极锥一旦成功破除收缩拱、重力拱产生的分布式向心推力，也被自动形成的整体流所平衡，使全库再无死区，再不会有积料、结壁、堵塞等堆料区，物料将靠重力均衡下卸。

只要底部卸料顺畅，物料均化度就一定明显高于现有的均化库，且因物料处于半流动状态，有利于后续机械输送控制。

为让库底能进一步均匀输送，开发的 π 绞刀是嵌入转子式的特制绞刀，将卸料过程中可能产生的瞬间高压料流阻尼为 1/10 的低压料流成为稳流，为后续计量及工艺稳定创造条件。

冲板流量计为平行铰链垂直支撑式，通过精巧的动态倒摆水平外引测力结构，彻底摆脱积垢、偏扭等现象，通过对粉料动态冲击力的测量，而精确计量。

控制软件也具备独特的高智能整定功能，提高动态信号识别精度；硬件为全光隔抗干扰电磁兼容设计，拥有与中控互联的远程控制接口。

与现有各种均化库相比，在存储各种粉料时，粉流掣系统既不需要任何动力，也不再用混凝土减压仓、中间称重缓冲仓等，这样既降低基建投资，又大幅降低运行成本。同时，还放宽对库内粉料的物理性能，包括含水量及 10mm 以下硬质异物的要求。

1.3.3　均化库的节能途径

1）稳定入库物料的性能

为减少均化库的压力，要保证生料成分相对稳定，即保证上道工序（生料磨等）的稳定生产，降低入库生料成分的标准偏差。而不应随意为适应煅烧条件改变配料方案，也不应随意改变生料的细度要求。

2）严格控制入库物料的含水量

生料允许的含水量最大不超过 1%，即便使用粉流掣卸料，也不能超过 2%。因为潮湿物料易在库内结壁、结团，是物料均化稳定的最大障碍。为此，不仅要控制生料入库的水分，还应防止各种水分进入生料库（仓）［见 1.3.4 节 3)］。

3）配置可靠的料位计检测

正常生产期间，库内的合理储存料位应介于 30%～80% 之间。料满可能冒库，库空会断料，因而此要求更是为防止库空、库满时物料离析所必需。要想自动准确控制料位，库顶需要安装料位计。料位计的类型众多，原理各有不同［见 10.1.2.5 节 2)］，但目的都是为控制进出料量速度，保持料位恒定，减少库内物料的粒径离析，实现稳定下料。生料库宜选用重锤型料位计，并具有能自动反馈料位、自动控制磨机开停时间、配有时间报警等功能。

4）配置必要的出料与混料设施

均化库的核心效果，最终还是要落实在均匀稳定出料这个环节。

(1) 不断改进出料控制手段　为控制生料均化库底八通道的充气顺序，以实现下料均化，需要在每个风动通道上配备控制装置。最初是采用机械回转供风分配器，但由于切换风路缓慢且易卡住，很快改进为每个风道用电磁阀靠时间继电器控制。相当长时间内，电磁阀动作快捷，且成本低，只要开闭膜片不坏，就能有效控制。近年又开发出电动球阀，该球阀的开闭切换灵活、密闭性好、使用寿命长。

(2) 提高出库计量精度　原生料库设有中间计量仓，出料计量多为冲板式流量计，生料喂料量规范的控制程序是：由荷重传感器称重表示中间仓存放的生料量，将此料量与向仓内喂料的电动流量控制阀转速（或阀门开度）连锁，以保证仓内料量保持在一定范围。调试时，要摸索使下料稳定最佳效果的控制阀转速或阀门开度。若控制阀锁风不好，为松动物料的高压风就随料粉一起冲出，严重影响计量精度，迫使操作员手动调节流量计，故系统难以稳定喂料。

近年来，陆续开发的丰博秤、菲斯特秤等粉料计量喂料装置〔见10.1.2.4节2）(3)〕，代替原有冲板流量计，既能保证生料库均化效果，又使下料量准确稳定，使生料入窑提升机电流波动低于±2A，为稳定并降低预热器一级出口温度，创造理想条件。

(3) 库（仓）强制卸料器　当库（仓）内储存湿黏物料或粒状物料，如黏土、砂岩及脱硫石膏，常常会因物料黏结或粒径大，而不易卸出，常要靠人工清堵。这不仅会断料，影响生产，增加劳动强度，而且靠人工入库（仓）处理，还会发生被物料掩埋的人身事故。目前，国内生产的筒仓卸料器（图1.3.8）已成功应用。

图1.3.8　CDV型筒仓卸料器

(4) 气助型混料机　水泥粉磨发展方向将是分别粉磨工艺〔见2.1.3节5）〕，用以追求更大的节能效果，该工艺就需要在入最终成品库前，增加混料设备，确保产品从微观上实现成分均齐。

最初的混料机是进口产品，它以带角度的两根叶片轴相向转动，实现混料。但强制机械搅拌混料效果并不均质，而且产量低、耗能大、设备磨损大。近年，由山西龙舟公司开发的气助型混料机，由罗茨风机向混料机搅拌箱通入少量高压空气，使物料流态化，不仅提高了混料能力，最大达$500m^3/h$，也大大降低了物料输送阻力，功率消耗小，混合耗能小于$0.16kW \cdot h/m^3$。同时设备磨损小，一年无易损件更换。

5）采用粉流墼系统

安装粉流墼，取消库下充气系统，才是实现最节能的粉料均化方式，也为智能化控制出料、配料打下良好基础。

1.3.4　均化库的应用技术

1）均化库的应用参数

控制均化库的三个应用参数是：均化空气消耗量、均化空气压力和均化时间。

(1) 均化空气消耗量　均化所需高压空气一般用罗茨风机从库底供给，用量与库底充气面积成正比。影响耗气量的因素有：生料性质、库底透气材料的透气性、库底结构、充气箱安装质量和操作方法等。它很难从理论上推算，只是根据试验和生产实践总结，得出经验公式：

$$Q = (1.2 \sim 1.5)F \qquad (1.3.2)$$

式中　Q——单位时间高压空气消耗量，m^3/min；

1.2～1.5——单位时间、单位充气面积所需高压空气体积，$m^3/(m^2 \cdot min)$；

　　　F——均化库库底有效充气面积，m^2。

(2) 均化空气压力　均化库工作所需的最低空气压力，应以能克服系统管路阻力为准，其中包括透气层阻力和流态化料层的阻力。由于流态化的生料粉有极强流动性，因此，料层任一点的正压力与料层高度成正比。当贯穿料层的压力等于料柱重力时，表明整个料层均已流态化。此时所需最低空气压力等于单位库底面积所承受的生料重力与管路系统阻力、透气层阻力之和，即：

$$P = Rh + P' \qquad (1.3.3)$$

式中　P——液态化所需的高压空气压力，Pa；

　　　R——流态化生料密度，kg/m^3，取 $1.1 \times 10^3 kg/m^3$；

　　　h——流态化料层高度，m；

　　　P'——充气箱透气层和管路系统总阻力，Pa。

另外，也可用以下经验公式计算均化空气压力：

$$P = (1500 \sim 2000)H \qquad (1.3.4)$$

式中　　　P——均化空气压力，Pa；

1500～2000——库内每米流态化料柱动平衡时，所需克服的系统总阻力，Pa/m；

　　　H——库内流态化料柱高，m。

（3）均化时间　实践证明，正常情况下，对生料粉进行 1～2h 的空气均化，生料碳酸钙滴定值（T_{CaCO_3}）最大波动的水平可小于 ±0.5％，甚至小于 ±0.25％。特殊情况，如充气箱损坏、生料水分大、生料自身成分波动过大等，需要适当延长均化时间。

2）均化库内的装置安装

万万不可疏忽库底设施的安装质量。因为投入使用后，就很难检查与维修库底，但却决定了均化库的使用效果。很多库的失效原因，正是因粗糙安装将透气层弄出破洞，粉料经透气层进入气箱后，丧失了充气均化功能。欲排除此故障，就需较长停产清库后进行，工作量之大可以想象。

为此，必须严格管控安装过程，不准进库人员吸烟，必须在透气层安装之前完成焊接，禁止从库顶向下扔砸重物等。投料前，必须检查透气层的完整性，以及气箱、管接头的漏风情况。

如果使用太极锥改造，原有减压锥与透气输送斜槽都需拆除，且必须自身安装牢固。

3）对物料含水量的控制

为了确保库内粉料均匀进出，防止长时间存储的结团或结壁，除严格控制出磨生料含水量小于 1％之外，更要避免其他外来水分混入或渗入生料库内。

生产中常见的外来水源有：

① 为窑尾收尘增湿的喷水压力不足，或喷嘴磨损出水不成雾状，增湿塔收下的粉料含水必多，甚至塔下"湿底"，若此料直接入库，就会带入大量水分；

② 当生料库顶露天时，如果不能关严库顶预留的若干孔洞、人孔门等，雨水就会进入库内；

③ 生料库壁未做防水处理或防水性能不高，雨水就会通过库壁渗入库内；

④ 库顶生料入库斜槽所用风机，进风口如无任何遮挡，雨水就被带入空气斜槽内的帆布上，浸湿物料；

⑤ 生料磨收尘器及输送收尘灰的任何设备壳体密闭不严或磨损后，收下的窑灰会被雨水浸湿，而进入生料库内；

⑥ 松动库内物料用风，如用压缩空气时，若油水分离不佳，就会向库内带入油、水。

只要存在上述任何一项，就会增加生料的含水量，影响下料稳定。

4) 对库内料量的控制

应当依据库内料位确定生料磨的开停时间,而不应只凭电价的峰谷。在使用粉流掣系统后,下面的风动设备已不需要,可完全靠粉料自重均匀下流。为此,应合理购置并正确使用料位计(见 10.1.2.5 节)。

从节能角度出发,保持窑、磨产量平衡地连续稳定生产才是最理想状态。

1.4 包装机

我国幅员辽阔,为广大农村与边远地区保管水泥与使用计量的方便,以及城市零星使用水泥,还需要一定比例的水泥产品包装出厂。尽管袋装价格提高 20%,且增加了能耗与污染,但不得不配置能适应各类包装袋(编织袋为主)、产量足够大、计量准确的包装机。

1.4.1 包装机的工艺任务与原理

1) 工艺任务

包装机并非水泥行业所特有,但水泥的袋装有特别意义,施工过程能以袋重作为水泥使用量的标准。为此,国家严格规定每袋水泥净重是(50±0.5)kg,合格率为 100%;且随机抽取 20 袋,总重必须大于 1000kg。因此,准确控制水泥袋重是包装机的最主要指标。

2) 包装条件

为了满足包装工序的自动插落,包装袋的质量必须满足易于存放、保管,不易受潮的要求;还必须避免破袋、胀袋等影响计量与保管的故障;同时,为减少水泥灌装中的含气量,包装袋上部要有足够好的透气性。当包装袋满足这些要求后,包装机应能适应包装自动化。

同时,为控制袋装水泥的质量,在完成灌装水泥后,必须在袋上喷码,清晰标识其内装水泥的出厂编号,并附有出厂质量检验报告单。因此,水泥包装还需要质量可靠的喷码机。

为提高袋装水泥的装车效率,减轻体力劳动,应采用自动装车生产线,见图 1.4.1。

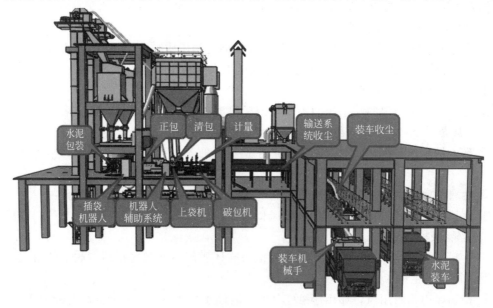

图 1.4.1 水泥包装装置工艺示意

1.4.2 包装机的类型、结构及发展方向

1) 基本组成、结构

回转式包装机（图1.4.2）由主轴、齿轮、轴承等在内的主传动机构；有控制出灰计量的出灰嘴、下灰口装置；有出灰斗、出灰口座、底轴承座、集灰斗等漏灰收集设备；有电控柜及滑环、控制电柜等电气控制设备及计量微机等组成。

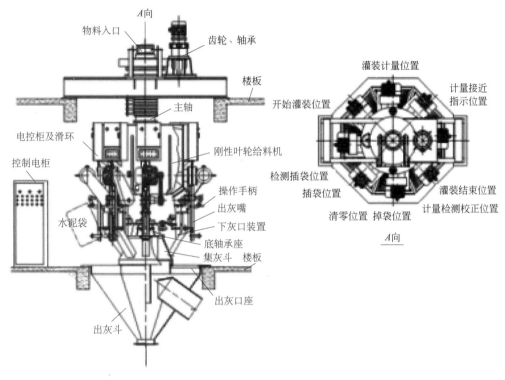

图1.4.2 回转式包装机

它们的作用及制造质量如下：

（1）主传动机构　由主轴、大小齿轮、出灰斗与衬板、出灰叶轮及轴承座、开启碰轮、卡钩、吊钩等机械结构件组成，均需采用优秀材质，并要求润滑良好。动力头与出灰口座都应该具有良好的密封性能。机底轴承座用大型精密轴承，重量大而稳定。

（2）计量装置　有专用弹簧片、出灰嘴及支架托袋架等，均可上下移动调整，并保证计量精度长期稳定。

（3）漏灰收集装置　集灰斗要有足够强度支撑包装机平稳运转。篦子板要用 $\phi12$ 圆钢制作，并在圆周上加三道横梁，防止空袋、破袋或杂物掉进集灰斗，卡死回灰螺旋输送机。

（4）电气装置与微机控制系统　主电机配有变频器调速，动力电源与控制电源间要充分屏蔽，分路输出。柜内模拟电磁铁电路及计量控制微机，分别有两个变压器控制，避免干扰微机。

电气元件中，要用大功率固态继电器代替接触器，寿命提高近10倍，滑环用优质钢材制作，分八路供电，禁止用滑环动力电作为直接控制用电。

为实现自动插袋功能，精确计量，应配置电子称量系统及电控气动出料机构（图1.4.3）。其精度为20g，AD转换速度为64次/s，存储芯片RAM擦写寿命100亿次，采用先进的模糊控制理论，可在-30～50℃环境下工作。

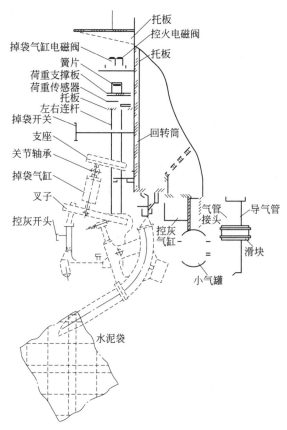

图1.4.3 电子称量系统与电控气动出料机构

作为系统，包装机还需要配置振动筛、刚性叶轮给料机、自动封灰装置等进料设备。对它们的要求是：灌装水泥前，它们是清除混入异物的两道关口，故要有与包装机匹配的通过能力。振动筛入料端网丝应为Cr304不锈钢筛网（不能用65Mn）；叶轮给料机的翻板用斗式结构代替叶片式，有防卡装置，装有检查门，方便清除卡住翻板叶片上的异物。

2）发展方向

（1）为包装机相配的自动插袋机，现已国产化，并制作外壳。其性能特点是：

① 实现全自动包装。该机已能满足国内包装袋要求。

② 配校正秤，能实现逐袋秤重，并在线控制调整灌包的水泥量，袋重精度高，能控制在（50±0.15）kg范围内。每次开车后，最多是前两袋袋重不合格。

③ 出灰系统密封性好，收尘风量要求为18000m³/h，少有粉尘污染。

④ 设备故障率低，维护量小。各配件的使用寿命长，易损件寿命一年以上，接触器、空气开关、接近开关等电气元件的寿命至少5年。

⑤ 可以适应不同长度的纸袋，包装不同容重的水泥。

⑥ 包装袋在足够透气率的条件下，压缩空气压力能在5MPa以上，台产为120t/h。

（2）袋装水泥装车机器人　不久的将来，袋装水泥装车作业的国产设备将会普及，它能自动实现抓包至货车车厢内堆码的全过程，提高装车效率，防止装车中粉尘外溢，实现减少破袋的文明装车，彻底解决装车劳动力短缺及职业健康问题。包装、装车自动化运行流程见图1.4.4。

装车机的装车能力为2400袋/h；系统装机总功率90kW；所需供气压力0.4～0.6MPa；供水流量10m³/h；胶带输送机速度1.2m/s；最大可装载的车辆尺寸为13500mm×2500mm×3800mm。

装车机是由物料输送机构、物料定位机构、码垛机构、收尘系统、自动化控制系统、液压系统、气路系统及冷却系统八大部分组成。

送料及定位机构由精密的伺服电机驱动，推包和定位滚筒机构采用气缸和三相异步电机驱动；码垛的三轴机构是由高精密伺服电机和伺服液压驱动，为多自由度、大行程、大功率的复杂部件。收尘系统与行走机构为随动系统，时刻收集装车过程中产生的扬尘。真空吸包

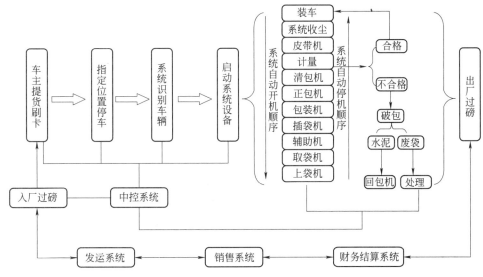

图 1.4.4 包装、装车自动化运行流程示意

系统（图 1.4.5）是整个设备的核心。它改变传统物料搬运方法，不再从底部用力托起来改变物料位置，而是从上部提起物料，实现了精确移位。

该系统配有两台处理风量为 $4000m^3/h$ 及 $15000m^3/h$ 的袋式除尘器，对装车机器人、包装机及胶带输送机分别增加密封罩，分别负责对机器人及胶带输送机除尘。

目前，系统中直接采用进口的元件有：德国倍福基于 PC 控制技术、韩国汇川的 LS 伺服系统、艾默生变频器。控制器与伺服及变频器通过 EtherCAT 以太网现场总线，实现安全高速通信，精确定位。

1.4.3 包装机的节能途径

1）提高台产

产量不应低于 120t/h。否则，势必增加包装工序自身能耗。为此要做到：

（1）重视振动筛的维护与调节 防止出渣口堵塞，应杜绝水泥中混有纸片等异物，并适当控制中间仓的收尘风量；定期打开振动筛两边侧板，清理筛上物和支承弹簧下的杂物。

为了减少筛网破损，筛网金属丝加粗为 $\phi2.24mm$，既考虑筛网强度，又不会减小筛网面积开孔率，不影响筛分能

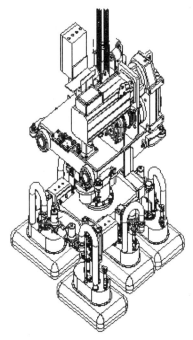

图 1.4.5 真空吸包机构示意

力；同时为了减小进入包装机的物料粒径，适当延长物料在筛面上停留时间，应根据水泥细度及清洁度，调整筛子振频、振幅、筛孔尺寸、筛面倾角等参数。

在满足筛分能力条件下，尽量减小两偏心块的重合弦长，以减小激振力，降低振幅，延长振动电动机及筛箱、筛框的使用寿命。

当振动筛筛上物中含有大量水泥时，表明振动筛效率不高，应当尽快纠正。

（2）确保所供压缩空气质量 压缩空气除不能含油、水之外，压力应保持在0.35～0.4MPa，风压过高会使袋内充气过多，影响水泥灌入量，且扬尘量大，易发生喷料，并加快对软接头、压袋头等气动元件磨损；风压过低则缺乏灌装动力。因此，应逐个调整包装嘴灌料叶轮的用气量，不堵嘴即可。为包装机配置不与其他设备共用的空压机。

（3）重视中间仓料位的控制 料仓应选用适宜的料位计（见10.1.2.5节），稳定仓内料位在恰当范围，一定要避免仓空、断料。除避免雨雪进入料仓外，在编制控制程序时，应将下限位的常开触点与上限位的常闭触点串联，再在下限位的常开触点上并联送料设备的应答信号，确保为料仓送料正常。

同时，需要改造自控液压下料阀，保证包装速度的稳定。

2）提高袋重的计量精度

包装机的最重要性能是确保每袋计量准确。它不但是保证施工质量的基本条件，也是合理确定水泥用量的依据。为此，在使用包装机时，要满足如下条件：

（1）重视对包装袋的质量要求 纸袋有效容积应符合水泥容重，且袋的上部要有足够排气孔，保证透气性，降低破袋率。

（2）计量仪表的调校 包装作业前，应准确测试、调整三位气缸的极限位。在最终确定粗细流转换值为47.5～48.5kg之间后，再对三位气缸依据灌包所需时间微调，保证每一灌装嘴到粗细流转换值的时间小于7s，细流灌装有3～5s时间后推包，且该流程要在12s内完成。

（3）定期抽查袋重合格率，符合国家规定标准。

3）实现包装过程的智能化控制

随着包装过程的自动插袋、装车技术的普及，为加快智能化的进程提供了可能，可以进一步提高袋装称重的精度，降低纸袋破损率，并提高包装机的台产。

4）降低袋装出厂比例

推广散装水泥是水泥使用中最根本的节能手段。随着搅拌站的普及与工程大型化，大力应用预拌混凝土和预拌砂浆，将越来越有利于水泥散装出厂。这不仅可以节约大量设备与电耗，还减少了纸袋资源的耗费及对环境的污染。

1.4.4 包装机的应用技术

（1）为满足计量准确的要求，对包装机的维护条件是：

① 振动筛是保证水泥洁净不影响包装的设施，为提高效率，应控制水泥在网上的运动状态与流速。

要求水泥能沿筛宽分布均匀。如筛箱两边振幅不一致，或因两端偏心块夹角不对称、筛下弹簧积料时，都会发生水泥运动偏斜。通过对称调整振动电机两端的扇形偏心块，让活动偏心块与固定偏心块的弦长重合、方向一致。

为控制水泥的网上流速，除调节筛子振幅或振频外，可调整进料管角度、形状与直径；如流速过快，还可在进料管下部加焊一根50mm角铁，并在水泥流向前方加一块橡胶挡板。

② 包装机传动为无级变速时，除检查三角传动带和减速箱润滑外，应关注变速轮的压紧力，否则它会影响转速，让变速轮及传动带磨损打滑或失速。

③ 加强检查给料叶轮的磨损与变形，否则会影响出灰量。

④ 按规定周检称重装置的称量传感器、称量托架、倾翻架、灌装嘴、簧片机构等元件，

并及时更换；秤架应避免冲击力，不能踩踏，影响转动灵活，包托的调整高度要与包装袋适应，秤架上不能堆积物料，否则增大袋重误差；每班工作结束后应及时清理灰尘，确保部件不受卡、碰、刮，称重架各部位螺栓无松动，簧片无断裂。

⑤ 喷嘴处出料阀板夹紧螺栓的松紧度应适宜，过紧将使阀板动作不灵活，过松会使阀板间隙过大，产生漏料。阀板开度要适于粗、细料流，一般粗流全开、细流开度为 $1/4 \sim 1/3$，包装机回转一周的时间应控制在 $10 \sim 15\text{s}$。

⑥ 当袋重计量不准时，气动元件一定有损坏或堵塞，使气路不畅、阀门动作迟缓。此时应检查：叶轮箱内防尘塞表面被水泥堵死，或与单向阀脱落，水泥灰进入压缩空气管路，堵塞电磁阀，需更换防尘塞；助流气流无法调节，应更换节流阀；出料量小、喷嘴无异物堵塞，可拆卸气管上快速接头，检查压缩空气压力和流量，需要清洗阀芯或更换气动控制阀；电磁阀锈蚀，会影响袋重，可能出现掉袋、撕袋、堵袋、挤袋，此时应清理电磁阀阀芯或更换；同时检查阀座的消音器应畅通排气。

（2）为减少运行电耗，要关注如下环节：

① 关注各运行部件的轴承润滑，尤其底部轴承，它关系到包装机的转动灵活（一人应能推动空机）。

② 包装袋质量要满足包装机对材质、透气性及容积的要求，最大程度降低纸袋破损率。

③ 防止漏料。当停机时间较长时，或因喂料机叶片磨损，水泥都可能会从料仓漏出，漏到螺旋输送机并从上方溢出。此时可在叶轮喂料机上方增加一气动闸板，其开闭与包装机同步。

④ 重视为包装机配套的喷码机、袋装胶带输送机、自动装车机的适应能力。

（3）其他设备维护应遵循制造商提出的要求。

第2章

粉磨装备与技术

水泥粉磨装备按生产的半成品、成品有生料磨、煤磨、水泥磨、矿渣磨等类别，其耗电量占全厂总用电量的 $60\%\sim70\%$，对水泥生产的电耗水平有重大影响。

将原料制造为产品的粉磨做功过程，是用电能先转换为动能，并最终转化为产品表面活化能的过程（物料由粗变细的实质）。为了提高该过程的能量转换效率，粉磨装备已从单体粉磨（球磨机）发展为料床粉磨（立磨、辊压机等）。这种做功原理的进步，不仅可通过减少能量转换次数及提高转换效率大幅降低粉磨阶段的自身电耗，还节省了上游破碎阶段的能耗——由于对入磨的粒径要求，从球磨机≤25mm放宽到立磨的 $20\sim70$mm、辊压机的 $25\sim45$mm。除此之外，它们对原料硬度、含水量、含杂铁量等物理性质也有各自的适应能力。也就是说，选择粉磨装备要考虑原料的物理性质。

同时，不同粉磨产品为满足使用性能，应该有不同的粒径范围要求［见2.1.3节4)］，如生料、煤粉要求粒径范围较窄，而水泥则要求粒径范围较宽。这是在讲，必须根据产品对粒径范围的要求选择粉磨装备。为此，应将粉磨过程按不同能量转换原理理解为粗磨（粉磨至1mm）与细研（从1mm至 1μm）两个阶段。实际上现用的粉磨装备所表现的粉磨功能并不一样，辊压机适于粗磨，球磨更适合细研，立磨则介于两者之间。导致它们适应产品的粒径范围也各有所长，辊压机适于窄范围的产品，球磨则适合宽范围的产品，立磨居中。

另外，立磨与辊压机的选粉技术也明显区别于为球磨机相配的选粉装备，明显提高效率。

2.1 球磨机

球磨机作为传统的单体粉磨装备，由于做功过程中的能量转换次数过多，有用功的比例很低。因此，它的粗磨作用很快被立磨与辊压机等料床粉磨装备取代，而细研功能因它的产品粒径范围宽、粒径形貌好，仍在粉磨水泥时发挥着作用。

2.1.1 球磨机的工艺任务与原理

1）工艺任务

以前，球磨机要同时承担粉磨过程的粗磨与细研功能，由于物料在磨内停留时间较长，产品粒径组成范围较宽，耗能也就较高；现在，为了克服能耗高的致命缺陷，粗磨功能就要交给料床粉磨设备作为预粉磨完成，它只需要发挥细研功能即可，从而形成各类联合粉磨流程。

2）工作原理

球磨机是一种靠粉磨介质对单体颗粒冲击完成粉磨的装备，它靠磨体动能提升介质到一定高度而具备势能，下落后转变为动能冲砸单体颗粒，并伴有热能、声能的消耗。磨内大球是对大颗粒冲砸，小球对小粒径细研，中等球既有冲砸，也有研磨。为落实这种分工，隔仓板将磨筒体分隔为 2～3 个仓，前仓装大球，后仓装小球，中间仓装中等球。

在磨机轴向水平回转过程中，由于物料从磨头不断强制喂入，并随筒体一起回转；借助进、出料端的料面高差，加上磨头、磨尾的气流压差，物料由前向后运动，从出料端排出磨外。

3）研磨体的运动规律

为了确定球磨机转速、能耗和研磨体最大装载量等主要参数，找出影响磨机粉磨效率的各项因素，为筒体受力状态与强度计算提供依据，需要分析磨内研磨体的运动规律。

（1）研磨体运动的总体分析　研磨体在磨内的运动轨迹取决于它的单体直径与磨机转速的关系。各种直径钢球，随磨机转速不同或磨体直径不同，可以有三种运动状态，如图 2.1.1。

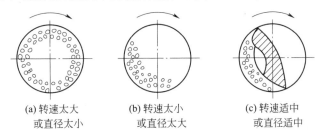

(a) 转速太大　　　　(b) 转速太小　　　　(c) 转速适中
　　或直径太小　　　　或直径太大　　　　或直径适中

图 2.1.1　磨机转速不同或磨体直径不同的钢球运动状态

① 磨机转速高或磨体直径过小时，研磨体在离心力作用下，与物料贴附在筒体壁上一同做圆周运转，此时研磨体对物料起不到冲击和研磨作用，相当于没有做功 [图 2.1.1 (a)]；

② 磨机转速低或磨体直径过大时，不足以将研磨体带到一定高度便下滑，无法对物料形成较大的动能，成为倾泻状态，充其量只能对物料起到研磨作用 [图 2.1.1 (b)]；

③ 磨机转速适中或磨体直径适中时，当磨机以适宜的转速，便可将钢球带到一定高度，再靠自身重力按抛物线落下，对处于磨机下方的物料实施破碎，即为冲砸，实现了研磨体对物料的粗磨；而钢球与物料共同随磨机旋转，虽达不到一定高度，就开始下滑，但往复的带滑可实现研磨体对物料的细研。这实际是相互研磨的过程，只是物料更容易被磨细。

（2）大研磨体运动的基本方程式　为了便于分析，假设大研磨体在筒体内的运动轨迹只有两种，或按同心圆弧的轨迹贴附在筒壁上作上升运动，对物料研磨；或至一定高度后以抛物线轨迹抛落，对物料冲砸。这里不考虑研磨体与筒壁间、物料间、各层研磨体间的影响。

粗磨是后一种情况，研磨体开始离开圆弧轨迹而沿抛物线轨迹下落，此瞬时的研磨体中心（A 点）为脱离点，而通过 A 点的回转半径 R 及与磨机中心的垂线之间的脱离角 α。各层研磨体脱离点的连线 AB 称为脱离点轨迹（图 2.1.2）。

取紧贴衬板内壁的最外层研磨体（质点 A）作为研究对象，研磨体所受的力为惯性离心力 F 以及重力 G 在直径方向的分力 $G\cos\alpha$。当研磨体随筒体提升到 A 点时，若在此瞬间

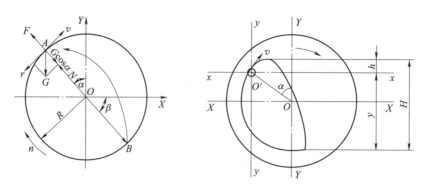

图 2.1.2　研磨体的抛射能量与高度计算

研磨体的惯性离心力 F 小于 $G\cos\alpha$，研磨体就离开圆弧轨迹，开始抛射出去，按抛物线轨迹运动。由此可见，研磨体在脱离点开始脱离的条件为：

$$F \leqslant G\cos\alpha \tag{2.1.1}$$

将 $F = m\dfrac{v^2}{R}$ 及 $m = \dfrac{G}{g}$ 代入上式并整理得

$$\frac{v^2}{gR} \leqslant \cos\alpha \tag{2.1.2}$$

又 $v = \dfrac{\pi R n}{30}$，由于 $\dfrac{\pi^2}{g} \approx 1$，所以

$$\cos\alpha \geqslant \frac{Rn^2}{900} \tag{2.1.3}$$

式中　F——惯性离心力，N；

　　　G——研磨体的重力，N；

　　　v——研磨体运动的线速度，m/s；

　　　R——研磨体层距磨机筒体中心的距离，m；

　　　α——研磨体脱离角，(°)；

　　　g——重力加速度，m/s²；

　　　n——筒体转速，r/min。

　　式（2.1.3）为研磨体运动的基本方程式，由此可以看出研磨体脱离角 α（或降落高度）与筒体转速 n 及研磨体所在层半径 R（或筒体有效半径）有关，而与研磨体质量无关。

　　由上可知，球磨机完成粗磨时的电能代价很高，效率很低。

　　（3）小研磨体的运动状态　对物料的细研功能主要是靠小径研磨体，它们虽也被筒体按旋转方向沿同心圆升高，但由于转速不能使它们形成与大球相同的抛落轨迹，只能与物料一起由上向下逐层泻落。如此反复循环让球料间相对滑动摩擦与碾磨，将物料研磨成细粉。这种运动规律使球磨机具有产品粒径范围较宽的特色，比料床粉磨设备显得优越，使它仍能在粉磨装备中占有一席之地。

　　4）磨机的主要设计参数

　　（1）磨机生产能力的确定　影响磨机生产能力的因素主要是：粉磨物料的种类、物理性质和产品细度，生产方法和流程，磨机及主要部件的性能，研磨体填充率和级配，磨机的操作等。它们之间的相互关系比较复杂，起主导作用的因素还要依据具体情况而定。常用的经

验计算式为

$$Q = \frac{N_0 q \eta}{1000} \qquad (2.1.4)$$

式中　Q——磨机生产能力，t/h；

　　　N_0——磨机所需功率，kW；

　　　q——单位功率产量，t/(kW·h)；

　　　η——流程系数。

当生料细度为 $80\mu m$ 筛余 10% 时，闭路尾卸烘干磨的 $q\eta$ 值为 $80\sim85$。根据国内生产情况统计，闭路水泥粉磨系统的 $q\eta$ 值如表 2.1.1 所示。

表 2.1.1　水泥闭路粉磨系统的 $q\eta$ 值

水泥品种	$q\eta$	$80\mu m$ 筛余/%	比表面积/(m²/kg)	入磨粒度/mm
P·O 52.5	$35\sim37$	$4\sim6$	$300\sim340$	
P·O 42.5	$46\sim48$	$5\sim8$	$260\sim300$	<25
P·S·A 325	$41\sim43$	$3\sim8$	—	

（2）磨机功率　影响磨机所需功率的因素有：磨机直径、长度、转速、装载量、填充率、内部装置、粉磨方式和传动形式等。计算功率的方法也很多，常用的计算公式为

$$N_0 = 0.2 V D_0 n_g \left(\frac{G}{V}\right)^{0.8} \qquad (2.1.5)$$

式中　N_0——磨机需用功率，kW；

　　　V——磨机有效容积，m³；

　　　D_0——磨机有效内径，m；

　　　n_g——磨机工作转速，r/min；

　　　G——研磨体装载量，t。

为磨机配套的电动机功率按下式计算

$$N = K_1 K_2 N_0 \qquad (2.1.6)$$

式中　K_1——与磨机结构、传动效率有关的系数，中心传动和边缘传动干法磨分别为 1.25

　　　　　　和 1.3；中心传动和边缘传动中卸磨分别为 1.35 和 1.4；

　　　K_2——电动机储备系数，介于 $1.0\sim1.1$ 之间。

（3）磨机转速

① 磨机理论临界转速。原有临界转速 n_0 的概念是指：磨内最外层研磨体刚好贴随磨机筒体内壁作圆周运动时的这一瞬间的磨机转速，但这完全是从钢球冲砸的原理出发，并未考虑小球研磨的状态。此时，从研磨体运动方程式（2.1.3）可推导出临界转速 n_0(r/min) 为

$$n_0 = \frac{42.4}{\sqrt{D_0}} \qquad (2.1.7)$$

式中　D_0——磨机筒体有效内径，m。

上式说明临界转速仅与磨机内径有关。

② 实际临界转速。由于研磨体之间与筒体之间存在相对滑动，磨机实际的临界转速要比计算的理论临界转速适当高些，且与磨机结构、衬板形状、研磨体填充率等因素有关。

当靠近筒壁研磨体层的脱离角 $\alpha = 54°44'$ 时，研磨体具有最大的降落高度，对物料产生

的冲击粉碎功最大。将此值代入式（2.1.3）得到的理论适宜转速为

$$n_0 = \frac{32.2}{\sqrt{D_0}} \qquad (2.1.8)$$

③ 磨机工作转速。以上适宜转速是在一定假设前提下推导出来的，而粉磨作业的实际情况很复杂，应该考虑的因素很多。一般认为，对于大直径磨机，由于直径大，研磨体冲击能力强，转速可以低些；对于小直径磨机，研磨体冲击能力较差，加之一般入磨物料粒度相差不大，故转速可以高些。现磨机规格 D 都远大于 2.0m，其工作转速 n_g 与有效内径 D_0 的关系为

$$n_g = \frac{32.2}{\sqrt{D_0}} - 0.2D_0 \qquad (2.1.9)$$

（4）研磨体降落高度、脱落角与最大冲击能量　研磨体从脱离点上抛到最高点后，从最高点到降落点之间的垂直距离 H 称为降落高度（图 2.1.2）。它影响着研磨体的冲击能量。在回转半径 R 一定时，H 值取决于脱离角 α 的大小，即 $H = h + y$。

根据物体上抛公式 $v_y^2 = 2gh$，所以 $h = v_y^2/2g$；而 $v_y = v\sin\alpha$，又 $v^2 = gR\cos\alpha$，由式（2.1.4）得

$$h = \frac{gR\sin^2\alpha}{2g} = 0.5R\sin^2\alpha\cos\alpha$$

而 $y = 4R\sin^2\alpha\cos\alpha$，则降落高度

$$H = h + y = 4.5R\sin^2\alpha\cos\alpha$$

这就是降落高度与脱离角的关系式，取不同的 α 值，可以得到不同的 H 值。

为了求得 H 的最大值，取导数 $\frac{dH}{d\alpha} = 0$，即 $\frac{d(4.5R\sin^2\alpha\cos\alpha)}{d\alpha} = 0$，解得 $\alpha = 54°44'$。

所以，当靠近筒壁研磨介质的脱离角为 $54°44'$ 时，研磨介质具有最大的降落高度，物料能获得最大的冲击能量。

上述推导只是针对完成粗磨的大球而言。由于同一磨机的粗、细仓转速相同，故小径钢球只能服从大球要求的转速，不可能实现细研要求的最佳转速。可以想象，一旦粗磨任务移到磨外成为预粉磨，磨机就该有完全适应细研的最佳磨机转速了。

5）磨机的通风

磨机的通风是保证料流在磨内运动的重要条件，它有易于将磨内微粉及时排出，减少过粉磨现象，提高粉磨效率；还能及时排出磨内水蒸气，减少细粉黏附现象，防止糊球和箅孔堵塞；并可以降低磨内物料温度，有利于磨机操作和水泥质量。此外，还能消除磨头冒灰，改善环境卫生，减少设备磨损。

磨机通风量计算：

$$Q = \frac{\pi}{4}D_i^2(1-\varphi)W \times 3600 = 2827D_i^2(1-\varphi)W \qquad (2.1.10)$$

式中　Q——磨机需要的通风量，m^3/h；

　　D_i——磨机有效直径，m；

　　φ——磨内研磨体填充率，以小数表示；

　　W——磨内风速，m/s，对于开路长磨 $W = 0.7 \sim 1.2$m/s；闭路磨 $W = 0.5 \sim 1.0$m/s。

风机的性能与选用（见 5.1.3 节、5.1.4 节）是保证磨机通风效果的条件，直接影响粉

磨电耗。与此同时，系统的漏风将直接威胁磨机的实际通风量，提高系统电耗。

6）物料流速

控制磨内物料流速是关系产品细度、产量和各种消耗的核心参数。流速过快，产品容易跑粗；流速太慢，又会产生过粉磨，增加电耗。

应根据磨机特点、物料性质和对产品细度的要求，通过隔仓板箅孔形式、通孔面积、箅孔大小、研磨体装载量与级配等结构的选定，控制适宜的物料流速；运行中，操作者根据喂料性质的变化，通过控制喂料量、用风量及选粉效率等，调节物料流速。

2.1.2　球磨机类型、结构与发展方向

1）球磨机原分类

$$
\text{球磨机分类}
\begin{cases}
\text{按长径比}(L/D)
\begin{cases}
\text{球磨}(L/D=1\sim3) \\
\text{管磨}(L/D=3.5\sim6)
\end{cases} \\
\text{按卸料方式}
\begin{cases}
\text{中卸磨（中间卸料）} \\
\text{尾卸磨（端部卸料）}
\end{cases} \\
\text{按粉磨方式}
\begin{cases}
\text{烘干磨（烘干、粉磨一体，只用于生料粉磨）} \\
\text{干法磨（用于干法）}
\end{cases}
\end{cases}
$$

磨机按粉磨方式不同，可分为干法磨及烘干磨。中卸磨曾是传统生料磨中较为节能的类型，但随着立磨或辊压机等料床粉磨装备的广泛应用，它在新型干法工艺线中很少再被选用。至于磨内隔仓板带有筛分功能的筛分磨，也称康比顿磨，应用也越来越少。

磨机按长径比，可分为球磨与管磨，这主要根据物料在磨内的停留时间确定；管磨又根据原料与产品的粒径要求，分为单仓、双仓及三仓。

至今这种分类意义已不大，因为只有充分发挥细研功能的结构，球磨机才能有存在价值。

2）主要结构

球磨机主体是由钢板卷制而成的回转筒体。筒体两端装有带中空轴的环形端盖，端盖圆心开孔，并用螺栓与中空轴连接。中空轴既是进料、出料的通道，也支撑着磨机及物料的重量。中心传动的磨机，一端中空轴还要承受扭矩、传递动力。图 2.1.3 为双滑履水泥磨示意图。

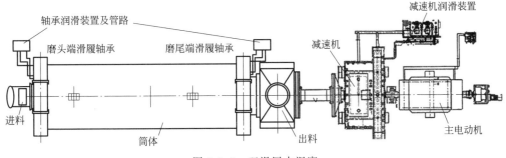

图 2.1.3　双滑履水泥磨

为保护磨机筒壁，筒体、端盖内壁都装有衬板。磨机筒体内用隔仓板分成若干仓，并装有不同规格的研磨体，可在磨中、磨尾卸料。借助传动装置，磨机转速为 16.5～27r/min。

（1）筒体　由于筒体要承受自身和衬板、隔仓板、研磨体及物料等的重量及筒体的转动

扭矩，故需有足够的强度和刚度。磨机进料端的结构还要适应筒体的轴向热变形。筒体一般用 Q235 钢板制作，大型磨机则用 15Mn 钢板卷制。钢板厚度约为磨机直径的 1%～1.5%。磨机各仓均有一个人孔门，以便装入研磨体，并供检修人员进出。

（2）衬板　衬板的最初作用是保护筒体，使其免受研磨体和物料的直接冲击和磨蚀；后来，逐渐演变用于调整研磨体的运动状态，以提高粉磨效率。因此，衬板的选型要根据各仓钢球的运动规律，如一仓要装有利于提升大钢球的阶梯衬板或压条衬板，以增加对物料的冲击能量，细磨仓则应装波纹或平衬板，或圆角方形衬板，以增强研磨体与物料间的摩擦作用。

下面是常见的衬板种类：

① 平衬板。其工作表面平整或持有花纹［图 2.1.4（a）］，故对研磨体的摩擦力小，研磨体在它上面易产生滑动，对物料的研磨作用强，通常多与波纹衬板配合用于细磨仓。

② 压条衬板。由平衬板和压条组成［图 2.1.4（b）］，因压条上有螺栓孔，螺栓穿过螺孔，可将压条和衬板（衬板上无孔）固定在筒体内壁。压条高出衬板，可增大对研磨体的提升作用，因此适用于入磨物料粒度较大和硬度较高的一仓。

③ 阶梯衬板。它的工作表面呈一倾角，安装后成为许多阶梯［图 2.1.4（c）］，可以加大对研磨体的推力。对同一层钢球的提升高度能均匀一致，衬板表面磨损后形状不会明显改变，适用于磨机的粗磨仓。

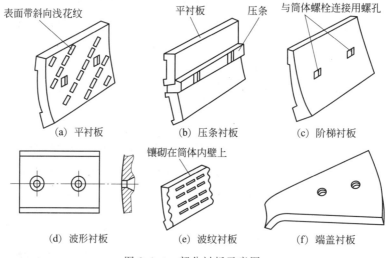

图 2.1.4　部分衬板示意图

④ 波形衬板。若使凸棱衬板的凸棱变得平缓些，就成为波形衬板［图 2.1.4（d）］。在一个波节中，其上升部分对研磨体的提升很有效，而下降部分则有不利作用。

⑤ 波纹衬板［图 2.1.4（e）］。其波峰和节距都较小，适用于细磨仓和煤磨。

⑥ 端盖衬板。装在磨头端盖或筒体端盖内壁上使用［图 2.1.4（f）］，以保护端盖不被磨损。

⑦ 沟槽衬板（圆角方形衬板）。单块衬板的工作表面呈若干沟槽，安装后形成了环向沟槽。设计的沟槽可使钢球在衬板上以密排六方结构堆积，该结构配位数大，致密度高，球间的有效碰撞机会多。沟槽与球径的关系及钢球与衬板的接触如图 2.1.5 所示，由原来的点接触变为 120° 的弧线接触，增大了研磨面积，提高粉磨效率而节能。

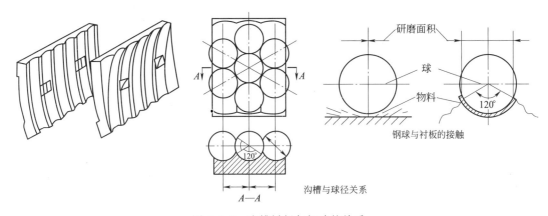

图 2.1.5 沟槽衬板与钢球的关系

⑧ 锥面分级衬板。其形状沿轴向具有斜度，具体断面形状和磨内铺设如图 2.1.6 所示，图中介绍了三种排列形式。大端向着磨尾，即靠进料端直径大，出料端直径小。轴向的斜度能自动使钢球按物料粉磨规律发挥作用，可减少磨内仓数，增加磨机有效容积，减小通风阻力，提高产量，降低电耗。除此之外，还有双曲面分级衬板、组合分级衬板、螺旋沟槽分级衬板、双螺旋形分级衬板等。

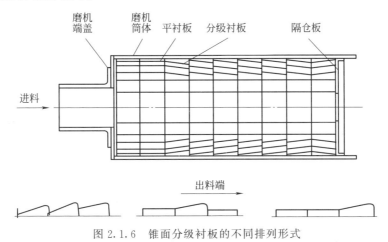

图 2.1.6 锥面分级衬板的不同排列形式

衬板的一般规格是长 500mm、宽 314mm、平均厚 50mm 左右。衬板排列的环向缝隙应互相交错，不能贯通，以防铁渣和物料对筒体内壁冲刷。根据衬板整形的误差，衬板四周预留 5～10mm 间隙。

（3）隔仓板 为确保磨机各仓的严格分工，需用隔仓板将其分隔。它只许物料通过，而不能让两仓钢球混合，并应尽量减小对通风的不利影响。为此，对隔仓板的设计及选型要十分讲究，对其篦缝宽度、长度、面积、开缝最低位置及篦缝排列方式，都要综合考虑对物料磨内流速、风速、填充率及球料比的影响。

隔仓板按层数可分单层与双层。单层隔仓板一般由若干块扇形篦板组成［图 2.1.7（a）］，大端用螺栓固定在磨机筒体上，小端用中心圆板与其他篦板连在一起。已磨至小于篦孔的物料，在新喂物料的推动下，穿过篦缝进入下一仓。单层隔仓板的另一种形式是弓形隔仓板［图 2.1.7（b）］。单层隔仓板的优点是通风阻力小，占磨机容积小。

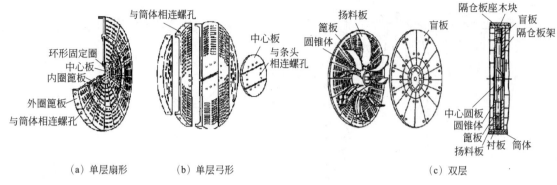

（a）单层扇形　　　（b）单层弓形　　　　　　　　　（c）双层

图 2.1.7　不同类型隔仓板结构示意

双层隔仓板一般由前箅板和后盲板组成，中间设有提升扬料装置［图 2.1.7（c）］，物料通过箅板进入两板中间，由提升扬料装置将物料提到中心圆锥体上，进入下一仓，是一种强制排料，其流速较快，不受隔仓板前后填充率的影响，便于调整填充率和配球，特别适用于筛分磨的一、二仓间，可代替闭路系统的选粉机，实现开路流程。虽然双层隔仓板使磨内通风阻力增大，也占有磨机容积，但要比总体能耗低。

隔仓板的箅孔排列可分为同心圆形和放射形，或居于两者之间的形式，见图 2.1.8。同心圆形箅孔因平行于研磨体物料的运动路线，物料容易通过，但也易返回，不易堵塞，放射形则与其相反。

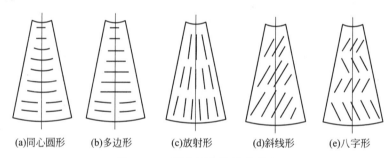

(a)同心圆形　　(b)多边形　　(c)放射形　　(d)斜线形　　(e)八字形

图 2.1.8　隔仓板缝孔排列形式

箅孔的形状有各种类型（图 2.1.9），按宽度有 8mm、10mm、12mm、14mm 和 16mm 几种，按间距有 40mm 和 50mm 两种。箅孔总面积与隔仓板总面积之比称为通孔率，干法磨机通孔率不小于 7%～9%。减小通孔率应先堵外圈箅孔，且保持箅孔大端朝向出料端，不可装反。

（4）挡球圈与挡料圈　挡球圈一般通过支撑环用螺栓固定在磨机筒体上，为提高磨机粉磨效率可起以下作用。

① 对研磨体分级。挡球圈具有一系列长孔（图 2.1.10），让靠近挡球圈的研磨体提升较高，使最内层研磨体直径较大，在挡球圈附近便形成凹窝。大钢球容易向凹窝处运动，同时将小钢球挤走，于是产生了分级效果。

② 阻滞物料流动，延长物料停留时间，可更充分地粉磨。沿磨机轴向等距离装设的几道挡球圈，便是一道道阻滞物料流动的挡墙。

③ 起到扬球、扬料作用。挡料圈与挡球圈的主要区别是没有孔（附加隔板），形状与挡球圈类似。它用在长细磨仓中，使料面沿整个仓长保持恒定，延长物料在细磨仓中的停留时间。

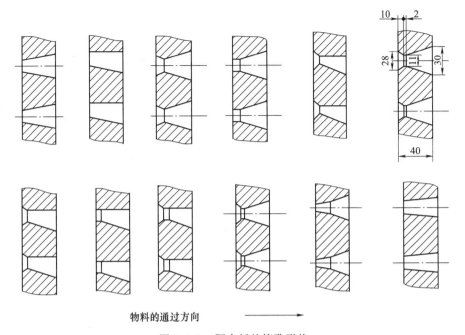

物料的通过方向 ──────────▶

图 2.1.9 隔仓板的篦孔形状

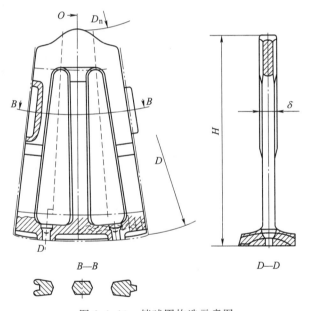

图 2.1.10 挡球圈构造示意图

（5）支撑装置　该装置用于支承磨体整个回转部分。它除了承受磨体本身、研磨体和物料的全部重量外，还要承受粗磨中研磨体抛落后产生的冲击负荷。为了减小中空轴支撑的弯矩，减小筒体应力，大型球磨机支撑点大多改选在筒体上，由滑履轴承支撑，见图 2.1.11。此时相对于原中空轴支撑结构，物料在磨内距离变短，装球量可减少 10% 而产量不变，因此可节能。同时也避免筒体连接螺栓受剪切力过大而易断裂的风险。

滑履支撑装置结构如下：表面浇铸轴承合金的钢制履瓦，支坐在凸球面支块上，用圆柱销定位；凸球面支块上，在滑履支座底座上的凹球面支块中，通过圆柱销定位。滑履支座底

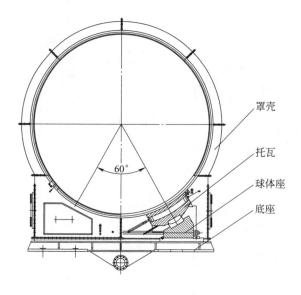

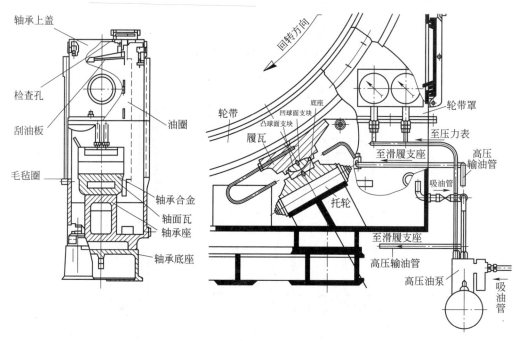

图 2.1.11　滑履支撑装置结构

座下方放置几个能沿磨机轴向自由滚动的托轮，并安装在轮带罩底座上，使轴瓦和轴承座一起随磨机筒体因热胀冷缩做往复移动，避免中空轴颈擦伤轴瓦。为了使轴瓦不被旋转的中空轴从轴承座内托出，在排气管附近的出水口处用两根螺栓和一块压板顶住。轮带罩除了防止灰尘弄脏润滑油外，下座还兼作油箱。整个保护罩放在焊接结构的底座上，再通过地脚螺栓固定在混凝土基础上。这种结构要求润滑条件高，而且容易发生故障。

　　滑履轴承要求对轮带和履瓦提高加工精度，还需装设相应监测和自控仪表维护，因而成本并不低，国内已有滚动轴承在原位置代替滑履支撑的成功尝试。

　　(6) 润滑方式　滑履轴承普遍采用动静压润滑。滑履上只有一个油囊，当磨机启动、停止和慢速运转时，高压油泵将具有一定压力的压力油，通过高压输油管送到每个滑瓦的静压油囊中，浮升抬起轮带，使轴承处于静压润滑状态，如此启动，产生的摩擦可降低启动转矩的 40％左右。当磨机正常运转后，高压油泵停止供油，滑瓦的润滑既可通过低压油泵向滑瓦进口处喷油，又可将滑瓦浸在油中，由轮带将润滑油带入瓦内，实现动压润滑。由于轮带的圆周速度较大，使用了"间隙泵"，滑履能在球座上自由摆动，自动调整间隙，润滑效果较好。冷却水由进水管进入轴承空腔内冷却润滑油，并将腔内残留空气由排气管排出，经橡胶管进入球面瓦内冷却轴承合金，再经排气管一侧的出水口排出。

中小型磨机的润滑常用螺栓固定的密封圈、毛毡圈，再固定在中空轴颈，其下部浸于油中，在随中空轴回转时将油带起，然后由刮油板将油刮下，使之经油槽流到轴颈上起润滑作用。毛毡圈与中空轴紧贴，防止漏油和进灰。

润滑油品牌的选择应综合考虑使用的环境温度，同样用重载极压工业齿轮油，前瓦使用 CKD320，后瓦用 CKD680；它们的报警温度、跳停温度不同，前瓦为 65℃、95℃，后瓦为 70℃、100℃。

（7）磨机传动　常见的传动方式有两种，见图 2.1.12。

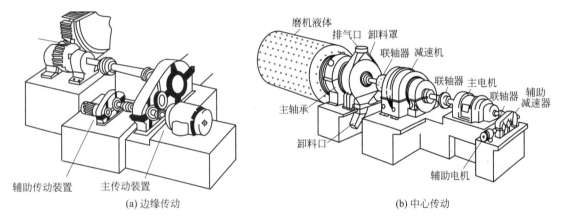

（a）边缘传动　　　　　　　　　　　　　　　　　　（b）中心传动

图 2.1.12　磨机的两种传动方式

① 边缘传动。是由小齿轮通过固定在筒体尾部的大齿轮带动磨机转动。它可分为低速电机传动、高速电机（带减速机）传动，还可以分为边缘单传动和边缘双传动。其传动方式效率低，大齿轮大且笨重，其设备制造比中心传动容易，多用于小型磨机。

② 中心传动。以电动机通过减速机直接驱动磨机运转，减速机输出轴和磨机中心线为同一直线，它也有单传动和双传动之分。中心传动的效率高，但设备制造复杂，多用于大型磨机。为满足磨机启动、检修和加倒球操作，需要增设辅助传动装置。

（8）进料装置（图 2.1.13）

① 溜管进料。物料经溜管进入中空轴颈内的锥形套筒内，再沿旋转套筒内壁滑入磨中。

② 螺旋进料。物料由进料口进入接管，并由隔板带至套筒中，被螺旋叶片推入磨内。

（9）卸料装置　不同传动方式将决定不同形式的卸料装置。

① 中心传动磨机的卸料装置［图 2.1.14（a）］。通过箅板后的物料被叶板带起，当物料被带到上部时便从叶板上滑下，经卸料锥滑到轴颈内的锥形衬套内，最后流入中间接管（卸料接管）内，从中间接管上的椭圆孔落到控制筛上，最后溜入卸料漏斗中。磨内排出的含尘气体经排风管进入收尘系统。

② 边缘传动磨机的卸料装置［图 2.1.14（b）］。物料由卸料箅板排出后，经叶板提升

后撒在螺旋叶上，然后物料通过螺旋叶片顺畅地从轴颈中卸出，再经椭圆形孔进入控制筛，过筛物料从罩子底部的卸料口卸出。罩子顶部装有与收尘系统相通的管道。

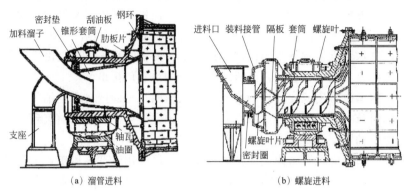

(a) 溜管进料　　　　　　　　　　　(b) 螺旋进料

图 2.1.13　磨机进料的两种方式

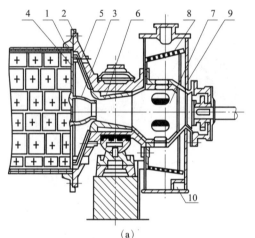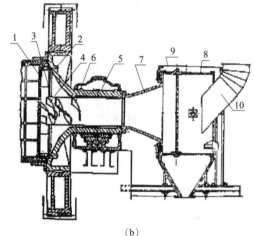

(a)　　　　　　　　　　　　　　　　　(b)

1—卸料篦子；2—磨头；3—卸料锥；4—叶板；5—螺栓；
6—漏斗；7—中间接管；8—控制筛；9—机罩；10—卸料孔

1—卸料篦子；2—磨头；3—叶板；4—螺旋叶片；5—套筒；
6—螺旋叶片；7—漏斗；8—控制筛；9—机罩；10—通风管道

图 2.1.14　磨机卸料装置类型

3）磨机结构的发展方向

当球磨机与预粉磨设备形成联合粉磨系统后，磨机将以研磨为主，磨内结构就需要作相应改进，确保研磨效率提高。

（1）磨机支撑装置改用滚动轴承　磨机支撑装置用滚动轴承代替滑履轴承后，不但润滑简单可靠，省去稀油站，降低启动电流，更重要的是能显著降低运行电耗 3～5kW·h/t。

为此，选用了新开发的 LMGU 轴承，为下半环外套圈双列调心滚动轴承，由于球磨机运行没有向上作用力，外套圈可留下半环结构在轴承盒内旋转。即使大于 4.2m 的磨机，也能解决滚动轴承耗材大，安装、检修、清洗不方便等难题，还防止了外圈受力磨偏的发生。

（2）陶瓷球代替钢球作为粉磨介质　随着辊磨设备的进步，当磨机某仓的最大物料粒度小于 1mm，才可能成功应用陶瓷球，但对陶瓷球质量要求更高，不能有任何碎球出现。

（3）改变磨内分仓　为控制粗磨与细研的不同功能，磨机必须分仓，随着料床粉磨技术的进步，将粉磨流程中的粗磨功能移至预粉磨，取消隔仓板，使球磨机功能单一化，能耗降低。国外已有案例，而我国则有两仓改三仓实现增产降耗的成功案例，说明粗磨任务在入磨前远未完成，仓的划分还要根据粉磨系统的总状况考虑。

（4）适当提高磨机转速　当磨内已是小球研磨时，应提高它们与物料反复摩擦的频率，以提高细研效率，即需要选用变频电机，满足恰到好处的较高磨机转速。

2.1.3　球磨机的节能途径

1）磨机直径的选择

磨机并非直径越大，台产越高，能耗就越低。因为大直径磨机，虽然台产提高，但磨内钢球被抛射、冲砸的有效功［图2.1.1（c）］会减少，而呈图2.1.1（b）状态运动的无用功比例会提高，为此，显然提升了单位能耗。而且钢球直径越大，这种趋势越严重。实践证明，最佳节能的磨机直径应在2.8～3.2m之间。虽然现在的联合粉磨中，料层粉磨设备在完成粗磨，才缓解了大直径磨机对多耗能的尴尬，但仍远不如小直径磨机与大辊压机相配的效果。

2）合理配置粉磨工艺流程

球磨机原工艺流程分为开路系统和闭路系统，两者的主要区别在于是否配置选粉机。物料通过磨内的次数不同，使粉磨效率及产品粒径组成产生差异。但随料床粉磨设备的开发与应用，球磨机与其组成较为复杂的工艺流程，扬长避短地发挥出各自优势。

（1）开路流程系统　物料仅通过磨机一次，出磨后即为成品。其优点是：设备少，投资少，流程与操作简便。而缺点是：要求物料全部达到细度后才能出磨，使过早磨细的物料难免留在磨内，出现过粉磨现象；对需要粗砸的物料，会起缓冲作用，进一步降低粉磨效率，增加电耗。

（2）闭路流程系统　让出磨后的粉料进入选粉机，选出的合格细料，作为成品入库，偏粗物料则返回磨内，与新进磨的物料一起继续接受冲砸，这就是闭路流程。其优点是：细粉被及时选出成为产品，可减少过粉磨现象，产量比同规格开路磨提高15%～25%；产品粒度较均齐，产品细度易于调节，且由于选粉机的散热面积大，使磨内温度降低，适于各种不同细度要求的水泥生产。其缺点是：流程复杂、设备多、投资大、厂房高。因此，改善选粉机性能［见2.4.3节1）］，提高选粉效率，将直接决定系统的节能幅度。

最近有人尝试用半开半闭配置选粉机，也取得很好效果，既能达到开路水泥需水量（26.4%）的水平，也能让水泥温度比开路还低（20℃），并且提高台产及降低电耗都有潜力。

（3）与料床粉磨设备（如立磨、辊压机等）组合　可组合成预粉磨、联合粉磨、半终粉磨等工艺。尽量用料床粉磨承担全部粗磨任务，不留给管磨；管磨从第一仓就应该是细研，而不能有粗磨。细研是小球与料粉相互研磨，机械能直接转化为动能以提高效率；再通过选粉，按粒径、重量将细粉选出为成品；只让不合格粒径的物料返回管磨一仓，以有利于产品粒径组成的合理。

（4）若管磨机是单独粉磨，为了节能可采取辽宁北票理想机械公司开发的多点给料、多点取料、循环粉磨等新型工艺流程，同样可以节能，并改善产品的粒径组成。

① 多点给料技术（图2.1.15）。根据被研磨物料的不同易磨性，按照实现粉磨不同粒径的难易程度，可在磨机不同部位喂料，合理分配磨内做功。

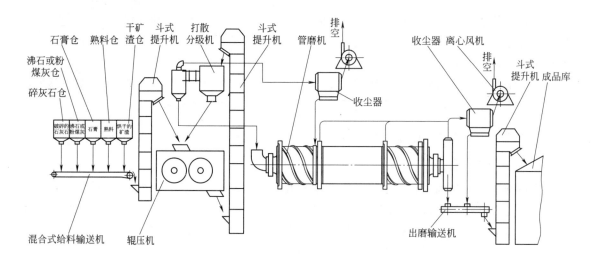

气流、物料走向 →

图 2.1.15　管磨机多点给料工艺示意图

② 多点取料技术。在磨机各仓尾部设置合格成品物料出料装置，可及时获取部分成品，防止过粉磨现象。

③ 循环粉磨技术。合理设计磨机隔仓部位，并在此处设置筛分回粉装置，将分级出的大颗粒物料从筒体外部循环管道返回仓内继续粉磨，减少粗粉混入下仓。该流程既保留了开流粉磨颗粒比表面积高的特点，又具备圈流粉磨产量高、电耗低的优势；能使粉磨产品中各种物料的粒径组成更加合理，如增加水泥成品中 $3\sim32\mu m$ 的熟料比例，同样强度减少熟料掺加量 $5\%\sim10\%$。

3）入磨原料性质合格稳定

入磨物料的粒度、易磨性、含水量和温度等特性的稳定，都将直接影响磨机粉磨效率。

(1) 入磨物料粒度　降低入磨物料的最大粒度及平均粒径，就可减小钢球的平均球径，等于增加了钢球数量与做功概率。故对有粗磨任务的磨机，入料最大粒径不应超过 25mm；对前置辊压机的球磨机，只有纯细研任务时，最大粒径应小于 1mm。此时衬板、钢球配置都应重新调整。

入磨粒度变化后，磨机产量与能耗将由校正系数 K_d 所修正：

$$K_d = \frac{Q_1}{Q_2} = \left(\frac{d_2}{d_1}\right)^x \tag{2.1.11}$$

式中　d_1，d_2——生产能力分别为 Q_1 和 Q_2 时的喂料粒度，以 80％筛余表示；

　　　　x——与物料特性、产品细度、粉磨条件等有关的指数，一般在 0.1～0.25 之间变化。对开路生料磨或硬质物料，如石灰石、熟料、砂岩等，应取高值。

(2) 物料易磨性　物料易磨性是指它被粉磨的难易程度，这是物料的固有特性，对粉磨效率影响极大。凡天然矿石，如石灰石，的易磨性系数相差很大（表 2.1.2），而熟料的易磨性受煅烧及存放条件影响更大。露天堆放半年的熟料、刚出窑熟料或外购熟料，未经均化靠铲车随意入磨，不可能是高产低耗。

表 2.1.2　不同硬度石灰石的易磨性差异

石灰石类别	易磨性系数
硬质	1.27
中硬质	1.5
软质	1.7

可以用下式换算物料易磨性对磨机产量、电耗的影响程度：

$$\frac{K_{m1}}{K_{m2}} = \frac{Q_1}{Q_2} \tag{2.1.12}$$

该式表明入磨物料易磨性系数 K_{m1}、K_{m2} 与所得到的生产能力 Q_1 和 Q_2 的关系。

（3）入磨物料温度　物料在被研磨体冲击和研磨过程中，会产生大量热，使细粉粘附于研磨体和衬板上。如果入磨物料自身温度高（如熟料等），粘附现象会越发严重，必然增加电耗，见图 2.1.16。

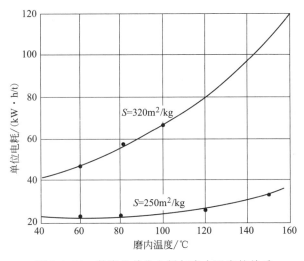

图 2.1.16　某磨机单位电耗与磨内温度的关系

另外，磨内温度升高，易降低轴瓦润滑效果，合金瓦易发生熔化。磨体还会因热应力作用，引起衬板变形，螺栓断裂。因此需要严格控制入磨物料温度。

为降低磨内温度，除控制入磨物料温度外，有必要采用磨内喷水技术与装备。

（4）入磨物料水分［见 1.1.1 节 3）（3）］　当物料含水量大时，磨内细粉更易粘附在研磨体和衬板上，形成"缓冲垫层"，严重时形成"包球"，堵塞隔仓板，阻碍物料流通，引起"饱磨"，使粉磨效率大大下降。

对于兼有烘干能力的粉磨系统，若物料含水量超过磨机烘干能力时，同样会出现上述故障，而且影响产品的输送和均化。

对生料与水泥的各配料、原煤应控制不同的含水指标。如煤磨应要求原煤入磨水分小于10%（立磨可以放宽为 12%）；热风温度 300～350℃；煤粉水分应≤1.5%，应注意并不是含水量越高越安全［见 2.2.4 节 4）（5）］。同时满足这些条件的煤磨，才有可能电耗最低。

4）控制产品的合理粒径组成

粉磨过程只有控制产品粒径组成，才可能从根本上既确保产品性能提高，又能大幅降低能耗。以往粉磨工艺关注产品细度，更多习惯用筛余及比表面积表示。但筛余只表示某筛网尺寸以上的不合格量，无法表明合格料中的细粉组成（除非用进口负压套筛同时检测 $15\mu m$、$20\mu m$、$32\mu m$、$45\mu m$ 筛余）；比表面积也只表示物料磨细程度，却不能反映粗细粒径的比例，尤其是粗料粒径。总之，它们不能准确且全面描述粒径组成与产品性能的关系。为此，用产品粒径组成分析代替控制细度的传统标准，是粉磨技术发展的必然趋势。

不同粉磨产品应要求不同粒径与范围，如生料、煤粉的粒径范围应该小一些。生料过粗不利于煅烧，但过细不仅多耗电，也很难经过多级预热器入窑让熟料煅烧受益，却增大了窑烟道灰量，升高热耗，故生料只要求 $200\mu m$ 筛余不大于 1.5% 即可；煤粉过细也并不能提高燃烧速度［见3.4.4节3)］，$80\mu m$ 筛余量应相当原煤挥发分含量的 50% 即可。相比之下，水泥的粒径组成范围必须要求宽，才能有最佳使用性能。

多组分产品中每项组分的粒径分布范围也不一样。如水泥对其各组分（熟料与石灰石、矿渣、粉煤灰等混合材料）粒径组成的实际分布不仅复杂，而且与要求相差很大。从水泥的水化速率和水化程度出发，首先需要熟料粒径范围应当是：小于 $3\mu m$ 粒径小于 10%，$3\sim32\mu m$ 大于 65%；大于 $60\mu m$ 和小于 $1\mu m$ 粒径应尽量减少。因为过细颗粒只有早期强度，过大颗粒又很难水化，都成为严重浪费熟料的要素。而矿渣与粉煤灰等组分的粒径在小于 $1\mu m$ 时活性最大，但实际粒径根据易磨性，熟料总比矿渣细、比石灰石粗；其次，从降低各组分颗粒间空隙，有利于降低需水量、提高强度，熟料还应与各混合材的粒径范围配合为最大堆积密度，实际也不可能。这就是为什么水泥粒径范围应该宽的理由，也是水泥粒径至今很难合理的原因。另外，即使同样的粒径范围与分布，由于均匀性及平均粒径不同，也会影响水泥性能。粒径越均匀，堆积密度就低；而平均粒径大小，将直接影响活性组分的水化速率。这些都要增大水泥需水量，影响水泥强度。

为此不能再仅用筛余与比表控制水泥质量，而应积极使用在线粒径分析仪（见10.1.2.6节）检测各种粒径组成，才可能准确操作各项自变量，控制产品粒径组成，摸索通向粉磨技术新高度的途径。

回顾我国六十年前质量管理规程对细度只制定下限要求，不仅是因为当时缺乏检验粒径组成的手段，更是因为对水泥生产节能的理解远不够深刻，甚至将质量与节能对立起来。

在控制产品粒径过程中，还要清楚产品细度并非随粉磨时间延长而变细。研究发现，粉磨过程中有一种粒径与时间的平衡现象。比如生料粉悬浮在气流中，大部分是以凝聚态的"灰花"（粒径在 $300\sim600\mu m$，个别达 $1000\mu m$）在浮游，灰花在气流中分散需要一个由外及里、逐步剪切剥离的过程。这种倾向与物料性质、设备性能、环境温度及介质、外加剂等因素都有关。一般说，塑性物料易在较大粒径区域凝聚，脆性物料只在微细粒径区域凝聚。如果有在线粒径分析仪控制细度，应该能发现这种现象并防止为磨细而无端延长粉磨时间。

5）尝试采用分别粉磨技术

从上述分析应该明白，要想多组分配料的产品（如生料与水泥）实现合理粒径组成，最好的办法就是采取分别粉磨技术。

（1）水泥分别粉磨的节能原理（图2.1.17）　多组分配制的各物料组分其易磨性相差很大，继续沿用传统的混合粉磨就必然出现不尽合理的粒径分布；应该磨细的组分（如矿渣）因易磨性差而浪费了它的活性；应该粗磨的组分（如石灰石），却因易磨白白耗费电能，还影响其他需要磨细的组分受力。数十年前人们早已意识到这些，但限于当时生产规模小，装备类型单一，检测手段落后而无可奈何。

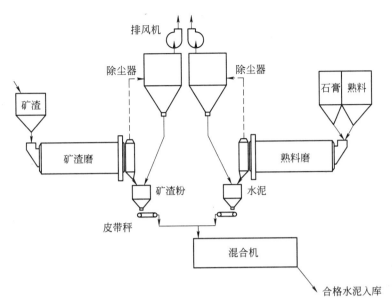

图 2.1.17 分别粉磨工艺流程之一

在论述水泥合理粒径组成时〔见 2.1.3 节 4)〕，强调了小于 $60\sim80\mu m$ 以下的水泥总体粒径组成中各种混合材与熟料的粒径范围应当正确互补分布。为此，需要针对熟料与各类混合材的易磨性差异，发挥各种粉磨设备特点单独实施粉磨，并通过灵活地串、并联进行组合与布局。

现今对矿渣实施单独粉磨，就是分别粉磨工艺的雏形，只是大多尚未严格按粒径控制与混合。有的小粉磨站买大集团的高标号水泥，配上自磨的混合材，标号也不降低，或者即使降低一个标号，也能从中获取利润，就是在使用分别粉磨的技术。

（2）分别粉磨工艺的优势

① 提高产品性能。针对不同性能的混合材，控制不同范围的粒径，能最大限度发挥物料的各自活性，不仅增加产品强度，还能改善泌水性、和易性等性能，并能与熟料形成最大堆积密度，从物理角度提高水泥强度。

② 可以最大程度消除过粉磨现象，大幅降低粉磨能耗。

③ 只要能增加水泥中熟料 $3\sim32\mu m$ 粒径比例，就可在增加水泥 28d、90d 强度的同时，节省大量熟料用量。相对混合粉磨，该比例提高多少，就有多大的节省潜力。

比如辊压机半终粉磨配置高效涡流内循环双轴双转子选粉机后〔见 2.4.2 节 2)（4)④〕，使水泥中 $3\sim32\mu m$ 粒径总体含量至 70% 以上（一般 ＜50%），虽未达到分别粉磨的 90% 水平，只靠提高选粉技术，相当于客观同步增加了其中熟料 $3\sim32\mu m$ 的比例，居然显现降低熟料掺量 5% 以上、降低水泥需水量 0.5%～1.0% 的效果，同时提产 30%～40%。水泥粉磨电耗降至 $20kW\cdot h/t$。这种节能与性能的双赢结果说明分别粉磨技术控制粒径必将带来的巨大潜力。

（3）对生料分别粉磨的尝试 生料组分也可尝试分别粉磨，因为石灰石易磨，硅质、铁质原料难磨；而产品对它们粒径范围的要求却相反：石灰石分解只要 $100\sim200\mu m$ 即可，但硅质原料煅烧中应小于 $80\mu m$，甚至小于 $50\mu m$，它是形成 C_3S 矿物中的关键少数，对它单独粉磨，不仅节约粉磨电耗，也利于降低煅烧热耗。若拥有数条熟料生产线的企业完全可尝试出非同一般的效益。

（4）分别粉磨生产的必要条件

① 按配料中不同组分的易磨性及对产品特性的不同作用确定各自的粒径范围，又根据不同粉磨装备各自产品的粒径分布特性，按并联或串联将它们配置成各类工艺线。

② 配备粒径分析仪在线检测各自半成品的粒径组成，并根据原料粒径、易磨性及水分变化，人工或智能调节喂料量、用风量、选粉效率等参数，达到不同组分要求的不同粒径组成，再配制最后成品的粒径组成目标。

③ 需要增加数个半成品库，以及效率高的混料机［见4.4.2节3)］，将分别粉磨产品混匀后进入最终成品库。

6）合理选配研磨体

对于带辊压机的粉磨系统，磨机的主要功能是细研，无须使用大钢球，也为使用陶瓷球创造可能。但小球仍要有合理级配，也要求有最大堆积密度。

由于陶瓷球密度较钢球小近1/3，可节能5kW·h/t之多，它虽略有减产，但任何增产只有节能才有意义，能有如此明显节能效果的技术措施并不多。通过增加研磨体、加快磨机转速等办法，若能实现少减产、不减产，节能幅度将更为显著。

另外，选配研磨体时，不应再使用钢段。因为钢段在磨内的运动轨迹并不是以柱状表面研磨，而是杂乱无章地跳动，一旦跳出料面，就白白耗费电能。发达国家早已用废轴承的钢珠作为小直径研磨体，提高了研磨效率。我国之所以还习惯使用钢段，只因当初小直径钢球难以制作，只好将钢筋截成钢段代替，并有不同规格钢段级配。有些陶瓷球开发商也受此影响，不惜克服制作难度，还研发陶瓷段而继续走弯路。

7）磨内隔仓板及出料装置的改进

对有辊压机相配的磨机，应重新调整改进磨内结构。常见隔仓板篦板及出料篦板的篦缝因堵塞，严重影响磨机通风与过料量；隔仓板全断面的过料能力不均衡，中心部位风速较高，粗粒物料进入后仓，隔仓板附近球料比不合理，形成"低效研磨区"；又因国产辊压机的油泵工作压力相对较低［见2.3.2节3)①］，二仓磨内研磨体分布不合理，微细粉磨效率低。为克服这些缺陷，我国洛阳福斯特公司针对传统的隔仓板及出料篦板，开发了防堵塞篦板［图2.1.18（a）］、防堵塞出口装置［图2.1.18（b）］、均风稳流隔仓板［图2.1.18（c）］等专利产品。由于隔仓板正、背面都使用了由护板和细筛板组成的防堵塞篦板，其中护板还是粗筛板，可保护细筛板不受冲击，保证篦缝的有效面积，并在隔仓板进料端篦板与隔仓板骨架间设置了均风稳流板和均风稳流器。

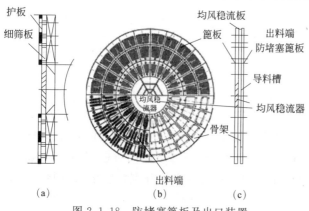

图 2.1.18　防堵塞篦板及出口装置

在粉磨水泥时，该结构不但防止堵料，还提高了通风过料面积，能大幅降低此处风速，使粗料及料渣不再被局部高速气流带出，从而提高出磨的微细粉比例。这种减小磨内结构阻力，并沿磨机断面分布均匀，才可能控制好磨内物料流速，降低能耗。同时，建议采用山西龙舟输送机械公司研制的气化沉淀式清渣器，可有效清除混入水泥的料渣及碎球等异物，防止异物影响水泥的使用质量。

8）风机的合理匹配

（1）粉磨系统用风的作用

① 克服粉磨系统对气流的全部阻力。影响磨内对气流阻力的因素有：钢球装载量、物料填充率、隔仓板与筛板的结构与设置等。为改善磨机内断面阻力的分布，需要增加"均风"装置；风机还要克服磨外的阻力，开路磨就是磨机出风管道经收尘系统直至风机入口的阻力；闭路磨则还要有选粉机及进出风管的阻力，甚至包括漏风量的影响等。这些阻力会随外界条件改变随时都会改变，如喂料量的改变、隔仓板的堵塞、钢球与衬板的磨损、收尘器效率等，故需要及时调整风压与之适应。

② 为满足物料磨内流速。物料从磨头向磨尾的运动，风力有不可忽视的作用。当入磨物料物理性质，尤其是含水量变化时，如不及时调节排风能力，磨内就会堵塞与糊球而无法生产。

③ 根据不同的粉磨系统流程，风机的配置数量与位置也不同。

（2）不同粉磨流程的风机设置　在磨机单独运行时，闭路、开路对风机都有不同要求；更何况在有辊压机或立磨作为预粉磨时，风机设置方式更不会相同，有的配置单风机，有的配双风机；在磨机前设置分级机，则会是三风机设置，设备虽复杂，但操作更易控制［见2.3.4节2）（3）③］，为满足每台设备的用风，可配备专用风机。如果不同风路一旦相交，虽有阀门控制，但一定不能忽视多台风机间可能的干扰［见5.1.4节1）（3）］。

9）助磨剂的使用

助磨剂是为提高粉磨效率添加的外加剂。当初它是为消除研磨体和衬板表面细粉的黏附及细粉聚集成团的粉磨平衡现象，强化研磨作用，减少过粉磨现象，从而增产降耗。现在却更希望它提高产品强度，以提高混合材用量。因此在使用助磨剂前，应检验它对水泥性能的全面影响。同时，为适应磨内物料流速加快，应重新调整研磨体及磨内结构。

助磨剂的品种繁多，其中有机表面活性物质占大多数。实践表明，乙醇、丁醇、丁醇油、乙二醇、三乙醇胺和多缩乙二醇等作为助磨剂，助磨效果都可以，且来源较广。此外，还有烟煤、焦炭等碳素物质，也可用于生料粉磨的助磨。多缩乙二醇和三乙醇胺等助磨剂的加入量一般为喂料量的0.05％以下。助磨剂一般可加水稀释成溶液，采用滴加或喷在喂料设备的物料上。

10）操作控制的智能化

在磨机所有节能措施实施之后，再实现操作智能化，还会有进一步节能潜力。

配备粒径分析仪等在线仪表，对出磨物料、选粉机粗粉的粒径组成测试，确定物料磨内的最佳停留时间，通过编程软件控制喂料量、用风量、选粉机转速、喷水量、助磨剂用量等自变量参数的最佳组合，取得质量最好、能耗最低的效益，这是人工操作无法比及的。对煤磨相关温度及气体成分分析，智能控制 CO_2 喷入及冷风阀，更能为安全运行保驾护航。

要求对磨内结构智能设计与控制还很困难，它将要求隔仓板、衬板及研磨体等能在运行中自动调整，目前尚不切实际。但通过智能计算不同直径研磨体最大堆积密度的最佳配球方案，也可求得隔仓板、衬板阻力对物料磨内最佳停留时间的影响，利用停磨人工实施控制。

2.1.4　球磨机的应用技术

1）对入磨原料质量的控制

企业管控粉磨原料各种物理性质并使之保持稳定的能力，正是其产品质量波动与能耗差距的来源之一。不仅生产部门要重视，采购部门、检验部门都要为此付出不懈努力，而人力资源部门制定的考核措施，更是落实该责任的重要部门。这就是用户对球磨机的最大应用技术。

2）对产品质量指标的控制

控制生料、煤粉、水泥细度指标在合理范围，不仅可保证质量，更能降低能耗。从表 2.1.3 查出细度系数 K_c，用式（2.1.13）计算后可以看出，控制产品质量，应当从分析产品细度对产量的影响，控制产品粒径组成的合理性［见 2.1.3 节 4）］，从而同时获得正确的节能途径。国家标准《通用硅酸盐水泥》（GB 175—2007）的修订就准确反映了这种要求：通过对水泥成品细度作的较大改动，针对随比表面积提高（达 400m²/kg 以上）时，水泥的用水量、水泥石的孔隙率及干缩率均呈线性增加，而对强度贡献不大，并且会对水泥的使用性能产生较大负面影响，大部分水泥企业的水泥颗粒均可做到 45μm0 筛余，但其将使水泥早强快而后期发展不足。标准将明确要求 45μm 筛余≥5%，并规定硅酸盐水泥比表上限应≤400m²/kg，意味着粗颗粒含量要适当增多，增宽了水泥颗粒分布范围，达到优化水泥性能和改善后期强度的效果。

表 2.1.3　产品不同细度对产量影响的细度系数 K_c

细度（80μm 筛余百分比）	2	3	4	5	6	7	8	9	10	11
细度系数 K_c	0.59	0.66	0.72	0.77	0.82	0.87	0.91	0.96	1.0	1.04
细度（80μm 筛余百分比）	12	13	14	15	16	17	18	19	20	
细度系数 K_c	1.09	1.13	1.17	1.21	1.26	1.3	1.34	1.39	1.43	

实践还证明，当粉磨水泥的比表面积相同时，水泥粒径越均匀，则水泥水化越快，水泥强度也越高。

$$\frac{K_{c1}}{K_{c2}} = \frac{Q_1}{Q_2} \tag{2.1.13}$$

3）磨内结构件配置的确定

（1）磨内各仓长度　在多仓磨机中，确定各仓长度比例，依据粗磨与细研间的平衡，控制产品细度的需要。表 2.1.4 中提供了球磨机各仓的长度百分比，生产中还可根据情况对其作适当调整。

表 2.1.4　球磨机各仓的长度百分比

型式	仓别		
	I	II	III
双仓磨	30%～40%	60%～70%	—
三仓磨	25%～30%	25%～30%	45%～50%

在有预粉磨配置时，如果物料易磨性差，或粉磨低强度等级的水泥，第一仓长度可适当延长，有利于提高磨机产量及水泥强度；如果生产高强度等级水泥，则要缩短第一仓长度，调整范围限于 0.25m。

当筛余值不高、比表面积不低时，说明一仓细碎功能不需太大，此时一仓长度宜短，钢球球径宜小；相反，筛余值高、比表面积低时，则应加大一仓长度，钢球球径加大。

（2）磨机衬板的安装　衬板安装质量直接影响衬板使用寿命及磨机运转率，间接影响能耗水平。衬板安装一般有两种镶砌方法。

① 螺栓固定法（图 2.1.19）。大型磨机和中小型磨机一、二仓的衬板固定，一般都用此法。螺栓应加双螺母或防松垫圈，以防螺栓在运转中松动。筒体与垫圈间配有带锥形面的垫圈，锥形面内填塞麻丝，以防螺栓孔漏料。此固定方法抗冲击、耐振动。

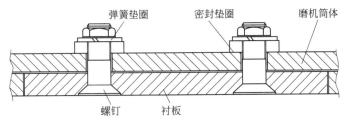

图 2.1.19　螺栓固定法安装衬板

② 镶砌法。此法常用于细粉仓固定衬板，衬板与筒体间铺一层 1：2 的水泥砂浆或石棉水泥，并在环向缝隙中用铁板楔紧，灌以 1：2 水泥砂浆，将衬板相互交错地镶砌在筒体内。

4）研磨体的合理配置与级配

对全磨各仓将直径大小不同的研磨体，分别按不同比例配置，称为级配。但在料床粉磨设备（立磨、辊压机等）出现后，球磨机的粗磨作用大大减弱，故为了提高研磨效率，磨机内的钢球级配应当重新考虑。

（1）合理确定球料比　磨内研磨体质量与物料质量之比称为球料比，它可大致反映仓内研磨体装载量与级配，与磨机结构和喂料量的适应程度。球料比太小，说明磨内存料量太多，易对冲砸产生缓冲及过粉磨现象，粉磨效率不高；球料比过大，会增加研磨体间及研磨体对衬板的冲击，不仅粉磨效率低，还要增加金属磨耗。为计算球料比，首先要确定研磨体的合理填充率与装载量，然后才可确定最佳喂料量。

① 研磨体填充率的计算。研磨体填充率是指它在磨内的堆积体积 V_G 所占磨机有效容积 V_0 的百分比，也可认为是其断面积 F_G 占磨机有效断面积 F_0 的百分比。

$$\varphi = \frac{V_G}{V_0} = \frac{G/\rho}{\frac{\pi}{4}D_0^2 L} = \frac{G}{3.53 D_0^2 L} \quad \text{或} \quad \varphi = \frac{F_G}{F_0} \tag{2.1.14}$$

式中　V_G——研磨体所占容积，m^3；

V_0——磨机有效容积，m^3；

G——研磨体装载量，t；

D_0——磨机有效内径，m；

L——磨机（或仓）的有效长度，m；

ρ——研磨体的堆积密度，一般取 $4.5 t/m^3$；

F_G——研磨体所占断面积，m^2；

F_0——磨机有效断面积，m^2。

研磨体填充率直接影响它对物料研磨的频次及相互研磨的面积。相同的球量，不同的填充率在磨内各仓的球面高低会不同，一般为 $28\% \sim 32\%$。确定填充率的原则是：对多仓长磨或闭路磨，前仓填充率应高于后仓，依次递减；长径比小（$2.0 \sim 3.5$）的小型磨机，磨生料时，两仓持平或二仓稍高；磨水泥时，后仓比前仓高 $2\% \sim 3\%$；当物料易磨性好，或出磨产品要求较粗时，可适当提高一仓填充率（取 30％或更多），以提高产量，反之，一仓填充率就要低些，以不高于28％为宜；若尝试提高磨机转速，或衬板的提升能力较强时，磨机的填充率应低些，反之应高些；末仓的填充率一般不宜太高。

②研磨体装载量的计算及测定。根据所选择的填充率按下式可以计算其装载量

$$\begin{cases} G = V_0\varphi\rho = \dfrac{\pi}{4}D_0^2 L_0\varphi\rho = G_1 + G_2 + \cdots \\[2mm] G_1 = \dfrac{\pi}{4}D_1^2 L_1\varphi_1\rho_1 \\[2mm] G_2 = \dfrac{\pi}{4}D_2^2 L_2\varphi_2\rho_2 \end{cases} \tag{2.1.15}$$

式中　G——研磨体总装载量，t；

　　　V_0——筒体的有效容积，m^3；

　　　φ——研磨体平均填充率，以小数计；

　　　ρ——研磨体平均堆积密度，一般取 $4.5t/m^3$；

D_0，L_0——筒体有效内径、有效长度，m；

G_1，G_2——磨机第一、二仓研磨体装载量，t；

D_1，D_2——筒体第一、二仓有效内径，m；

L_1，L_2——筒体第一、二仓有效长度，m；

ρ_1，ρ_2——第一、二仓研磨体堆积密度，t/m^3；

φ_1，φ_2——第一、二仓研磨介质的填充率，％。

粉磨过程中，随着研磨体被消耗，装载量（或填充率）变小，就需要定期实测它的填充率。其做法是先停止喂料约20min，待磨内物料卸空后停磨，进磨量取研磨体面与顶部衬板工作面的垂直距离 H，或研磨体面的弦长 L（图 2.1.20）。再根据磨机有效内径 D_0 与 H 或 L 的几何关系，计算出研磨体填充表面对磨机中心的圆心角 β，最后计算出填充率 φ：

$$H = \frac{D_0}{2}\left(1 - \cos\frac{\beta}{2}\right) \quad L = D_0\sin\frac{\beta}{2} \quad \varphi = \frac{\beta}{360} - \frac{\sin\beta}{2\pi} \tag{2.1.16}$$

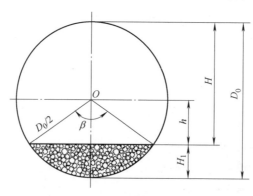

图 2.1.20　研磨体球面中心高 H 和弦长 L

（2）研磨体球径的级配

①一般规律。球磨机细研时，为增加与物料接触的研磨面积，应减小球径，增加球数。一定要针对物料特性、磨机结构及产品细度级配确定研磨体，平衡粗磨与细研。

当入磨物料粒度大、硬度大时，需要加大冲击功，钢球直径要大，反之则小。产品细度

放粗，喂料量必然增大，应加大球径，以增加冲击功、加大间隙、加快排料，反之应减少球径；磨机直径大，钢球冲击高度高，球径可适当减小；磨机相对转速高，钢球提升得高，相应平均球径也可小些；在同样排料断面时，使用双层隔仓板的球径，应比用单层隔仓板时小，选用的衬板带球能力不足时，应增加球径；各仓一般采用四级配球，且大、小球少些，中间球多些；二仓最大球径与一仓最小球径相等或小一级；总装载量不应超过设计额定值。

② 计算入磨物料平均粒度和最大粒度，确定最大球径和要求的平均球径及钢球级配。在实际生产中，对于以细研为主的球磨机，依次递减选择 3～4 等级直径的钢球，就可以满足使用要求。

③ 对研磨体合理级配的判断。

a. 根据产品产量和细度判断。如果磨机产量正常，而产品细度太粗，表明物料流速太快，粉磨能力过强，研磨能力不足，此时可取出一仓大球，增加二仓研磨体；若磨机产量低，细度过细，应增加一仓大球；若磨机产量低，细度又粗，表明研磨体不够，应补加研磨体。

b. 根据仓内料面高度及现象判断。在磨机正常喂料时突然停磨，便可观察各仓料面高度。双仓磨一仓料面上漏出半个或少半个球，二仓料面刚好盖住研磨体面，或比研磨体面高 10～20mm，则研磨体装载量和级配适当。若一仓钢球露出料面太多，说明该仓球量过多，或球径太大；反之，则是装球量太少，或球径太小。若两仓研磨体上都盖有很厚的料层，则两仓的研磨体量都太少。每当发现球料比不适时，除调整研磨体装载量、级配外，还要考虑隔仓板通孔面积和篦孔大小等。

c. 用筛析曲线判断。绘制磨内物料的筛析曲线：在磨机正常喂料时，同时停下喂料设备和磨机。分别打开各仓磨门，进入磨内。从磨头开始沿磨机轴线方向，每隔 0.5～1.0m 的筒体横截面及隔仓板两侧都设定为一个取样断面。每个取样断面的中心、贴筒体壁等处，设 4～5 个取样点，并将它们的试样混合为平均试样，作为一个编号，装入编好号码的试样袋。对每个试样称出相同的量（50～100g），分别用标准筛检测细度，用筛余百分比表示，记录在筛析记录纸上。将筛余为纵坐标，筒体全长为横坐标，把上述细度值标注在坐标纸上，将各点用折线连接起来，即为筛析曲线（图 2.1.21）。如果用粒径分析仪检测其粒径组成，做出的筛析曲线会更有用。

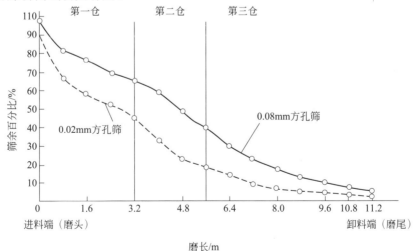

图 2.1.21　磨机筛析曲线

若在第一仓入料端约 1m 长的范围内,曲线斜度很大,以后逐渐平缓,距尾仓卸料端有 0.4～0.5m 趋于水平的线段,且产品筛余符合控制要求,说明研磨体级配合理。若某仓入料端曲线的斜度不大以后也较平缓,说明该仓研磨体的平均球径太小;若某仓中有较长水平段,说明该仓内研磨体的作业状况不良,应调整研磨体级配,或进行清仓,剔除碎研磨体;若隔仓板前试样的纵坐标(即筛余值)比隔仓板后的高很多,可能是隔仓板篦缝堵塞;若隔仓板前后两试样的纵坐标相同,可能是隔仓板篦缝太宽。

d. 根据磨音判断。若为磨机配备电耳,可以准确记录运行中磨音频率的变化。正常喂料时,细磨仓为轻微"哗哗唰唰"声,表明研磨体级配合理,粉磨情况正常;如果声音变得响亮,说明球多料少,反之,声音发闷,说明球少料多。

e. 根据磨机电机电流判断。在设备与电压正常,相同喂料量且磨内物料含水量正常时,如果磨机的运转电流低,则表明研磨体装载量少;若运转电流高,表明研磨体装载量多。

④ 研磨体的补充。当研磨体有损耗时,不但总量减少,且级配也会变化,应及时补充该仓最大的研磨体。

根据单位产品的研磨体消耗量,按磨机的实际运转时间并参照磨机主电机电流的降低值,记录好各仓研磨介质的装载量、相应时间段的累计产量及每次向磨内补充的量。

对相同质量的钢球,测算出单产消耗钢球的规律,按它和实际运转时间的乘积补充研磨体量,并记录每次补充研磨体量前后电流的升降值,此值便可作为补球依据。若电流下降,产量未减,主要补充小球;若产量下降,且产品中粗粒增多,则主要补大球,适当补小球。磨机运转一定时间后,可计算研磨体实际填充率,得到需要补充的研磨体数量。

一般以仓内研磨体磨损量不超过装载量的 5%～8% 为原则,确定补球周期。补球时严禁在同一仓内用不同质量、品牌的球,否则球耗会比单一用差球还严重。

5) 风机的合理调节

(1) 风机的选型原则 风机选型中要关注风的三大参数及相关要求[见 5.1.1 节 2)、5.1.3 节 1)～5)],根据系统阻力,包括其他风机形成的阻力或助力确定风压。根据磨内断面与需要风速选择风量,并考虑可能的漏风量,尽量选用变频调节手段调节,少用阀门。这样才能同时满足磨内的粗磨、细研及选粉不同任务的节能要求。

(2) 满足产品的粒径组成要求 为了提高产品性能,应该重视风量对粒径组成的影响。为此,调节用风量一定要依据系统流程、风机布置及分工的特点进行。

在开路系统中,风量大小直接影响产品的粒径分布,一般用风偏大,粒径组成会变宽。此时颗粒特征直线的斜率(即均匀性系数)越小,颗粒粒径不均匀,比表面积会大。

在闭路系统中,按筛余表示产品粗细时,将更多受选粉机转速控制;按比表面积及粒径分布范围的宽窄控制时,将主要受磨机通风量影响。当选粉机转速增加时,产品变细,如果再降低风量,此时均匀度变高,比表面积就会变小;如果增加风量,虽然产品总体是细,但比表面积会变大。如果降低选粉机转速,风量大时,成品变粗,比表面积还不算低;风量变小时,颗粒总体变粗,均匀度提高,比表面积就小了。

当然,闭路磨机用风还要考虑选粉机的用风需要量[见 2.4.1 节 3) (4)]。

(3) 风量与风压的调节手段 凡风机调节仍用单板阀或百叶阀时,尽管配有执行机构,能在中控室调节,但这种配置已经落伍。原因不仅是阀门自身有阻力耗电,更是因为阀门有效调节范围很窄。为此,凡要求频繁调节风压与风量的风机,且风门开度常在 50% 左右、留有较大调节余地时,应首推使用变频器[见 7.3.4 节 1)];若风机参数相对稳定、很少需要调节时，只要风机选型合理，就无须选用变频调节方式，因为变频本身也要耗能。

根据风机特性，在调整风压时，风量也要随之改变〔见 5.1.1 节 4）〕。但在粉磨系统用风中，并不过分强调风量，尤其在足够风压条件下，风量过大，反而会增加风速，继而增加风压损失；当然风量过小，料、风比过大，也不利于磨内物料流速。

6）前置辊压机的球磨机结构调节

无论配置何类流程，入球磨机喂料细度大大降低，磨机结构都需按细研配置调节。

（1）隔仓板的调整　为了延长物料磨内停留时间，可以适当堵塞部分篦缝，或在靠筒体最外圈安装使用高度 200～350mm 的铸造盲板，也可设置一道实心挡料圈。

对有筛分作用的隔仓板，可以取消弧线形扬料板，由原内筛板孔为 2～3mm，改为两边缝宽度为 6～8mm 的普通双层隔仓板，开孔率可降至 15％ 以下。如果比表面积的调节灵敏度不如 $80\mu m$ 筛余，则仍可使用带有筛分装置的隔仓板，但一定不可让每块筛板间的侧间隙过大（一般≤1.5mm）。当隔仓板常遇堵塞时，调整方法可参见 2.1.3 节 7）。

（2）衬板的变化　第一仓可采用节能型环沟阶梯衬板，并降低衬板工作面的提升角度，减少研磨体的冲击能力，增加其滚动研磨能力。

第二仓为锥形分级衬板，为了减少研磨体的"结团滑落"现象，降低部分研磨体之间的相对滚动摩擦力，可根据实际有效仓长，设置 3～6 道活化衬板，使研磨体能在有效三维空间内运动。

（3）重新配置研磨体大小　为减缓物料流速，强化研磨能力，可以提高磨机平均每米研磨体创造的比表面积，即 $\dfrac{S_1/S_2}{L}$，式中的 S_1、S_2 分别为出磨与入磨的物料比表面积，一般应大于 $10m^2/kg$；L 为磨机有效长度。

7）磨制煤粉的安全生产要求

对仍采用球磨在生产煤粉时，要与立磨一样分析燃爆原因，落实防治措施〔见 2.2.4 节 4）（5）〕。

2.2　立磨

立磨（也称辊磨）属于料床粉磨装备，可用于制备生料、煤粉、矿渣粉与水泥等产品，是现代水泥粉磨中典型的节能装备。

2.2.1　立磨的工艺任务与工作原理

1）工艺任务

制备生料时，当存在原料含水量偏高等情况时，尽管耗电会高，但立磨能表现更强适应性来单独完成粉磨；制备煤粉时，由于原煤含水量较大，它也是首选设备，也包括无烟煤等强磨蚀性煤种；磨制水泥时，可先作球磨机的预粉磨，也由于立磨产品粒径范围较宽，会比辊压机更适于终粉磨流程。也正因如此，立磨是矿渣与熟料实施分别粉磨流程的理想装备。

2）工作原理

立磨是比辊压机更早诞生的料床粉磨设备。它们的共同特点是：用电能直接转化机械能做功，比球磨机减少了能量转换次数，且少有热能与声能产生；由钢球对料的点接触进步到辊、盘对料的线接触，延长研磨介质对物料的能量传递时间；还从钢球对料的无序冲砸，进步到磨辊对料的有序碾压。故它们的能量转换效率要比球磨机高很多 [见绪论 3)]。

料床粉磨的理论基础是压碎学说，即固体物料受压后会产生压缩变形，内部形成集中应力，当应力达到颗粒中某一最薄弱轴向的破坏应力时，该颗粒就会沿此轴向碎裂，实现破碎。粉碎后的裂块、碎屑或粉末，多数具有相同的断裂形式，呈楔形断裂或轴向剪裂状。粉碎主要有三种形式：从楔形断面引起断裂；沿三维空间以某一轴向剪裂；普通的碎裂。

它的工作过程是：电动机通过减速机带动磨盘转动，磨辊又靠与磨盘的摩擦力自转；物料通过锁风喂料装置经下料溜子喂入到磨盘中央，在离心力作用下逐渐向磨盘边缘运动的过程中，经磨辊下缘受到碾压，再从磨盘边缘溢出至喷口环上方；高速热气流从此处鼓入，将大部分物料带到上端的选粉机，边烘干边被选粉，粗粒物料返回磨盘，重新碾压；细粉则随气流出磨，经旋风与收尘装置收集为产品。喷口环处气流带不动的少数大粒径物料，经磨外斗提机除铁后与喂料混合，重新入磨，即所谓外循环。

为此，立磨具有如下优势：

① 能耗低。因为属于料床粉磨，大大降低粉磨的无功消耗。同时经过喷口环与选粉机两次风选，通过内循环和外循环，大大降低过粉磨现象，提高粉磨效率。

② 烘干能力强。物料在热风中以悬浮态进行热交换且循环多次，换热效率高。利用窑尾废气作为烘干热源，允许物料含水 8%。专用热风炉，物料含水量还可允许 20%。

③ 集粉磨、烘干、选粉等工序于一体，具有系统流程简单、噪声小、占地面积小、土建费用低、允许入磨物料粒度大等优点。

④ 物料在磨内停留时间较辊压机长，更适于粒径范围分布宽的产品选择终粉磨流程。

3) 确定生产能力

由于立磨是烘干兼粉磨的设备，所以它的生产能力要由两种能力中的较低能力确定。

其中粉磨能力决定于物料的易磨性、辊压和磨机规格的大小。在物料相同、辊压一定时，磨机的产量、物料的受压面积（即与磨辊的尺寸有关）、每一磨辊碾压的物料量正比于磨辊的宽度 B、料层厚度 h 和磨盘的线速度 V。磨辊的宽度 B 和料层厚度 h，在一定范围内均与磨盘直径 D 成正比，线速度 V 与 $D^{2.5}$ 成正比，因此计算立磨的粉磨能力公式为：

$$G = K_2 D^{2.5} \tag{2.2.1}$$

式中　G——立磨的粉磨能力，t/h；

　　D——磨盘直径，m；

　　K_2——系数，与辊磨型式、选用压力、被研磨物料的性能有关。LM 型的立磨 K_2 取 9.6，D 取磨盘碾磨区外径；MPS 型的 K_2 取 6.6，D 取磨盘碾磨区中径。

而烘干能力除了取决于热风温度外，它的分散与传热能力，同样与立磨的磨盘直径有关：

$$G_d = K_d D^{2.5} \tag{2.2.2}$$

式中　G_d——辊磨的烘干能力，t/h；

　　D——磨盘公称直径，m；

　　K_d——系数，与物料水分、热风量及热风温度有关。

立磨的设计制造是依据试验磨的能力，推算它的生产能力，存在误差一般为 ±7.5%。不同规格立磨之间的产量换算由下式确定：

$$f = \frac{G_1}{G_2} = \left(\frac{D_1}{D_2}\right)^{2.5} \tag{2.2.3}$$

式中　f——放大系数；

　　　G_1——要选辊磨的能力，t/h；

　　　G_2——试验辊磨的能力，t/h；

　　　D_1——要选辊磨的直径，m；

　　　D_2——试验辊磨的直径，m。

设计与选用立磨前，一定要对物料做特性试验，以选定立磨型号、内部结构和操作数据。每次试验原料需 800kg，测定内容有：流动性——物料在气体输送时的自由度；压缩性——物料形成稳定料床的性能；易振性——物料形成振动的趋势；易磨性——动力消耗；耗气量——输送物料需要的空气量；磨蚀性——磨机各受磨损部件（磨辊、磨盘、磨体、喷嘴等）的寿命。

将物料立磨的试验结果与实际工业生产数据相比，换算出工业立磨的系数。如根据试验测得的物料易磨性，求得工业立磨的物料易磨性。根据试验测得的物料摩擦系数（μ），求出工业立磨的物料摩擦系数，并计算其工业立磨主动轴所需的功率。

$$P_{aw} = \mu Z F_{spec} D_R B_R D_{TM} \pi n / 60 \tag{2.2.4}$$

式中　P_{aw}——磨机主动轴功率，kW；

　　　μ——原料摩擦系数；

　　　Z——磨辊数量；

　　　F_{spec}——粉磨压力，kPa；

　　　D_R——磨辊直径，m；

　　　B_R——磨辊宽，m；

　　　D_{TM}——磨盘平均直径，m；

　　　n——磨盘转速，r/min。

4）选择辊压

随着磨辊对磨盘的压力增加，成品粒度会变小，但压力达到某一临界值后，粒度就不再变小。该临界值将取决于物料的性质和喂料粒度。但立磨的碾压是多次、循环进行，物料粒度逐步达到要求，因此，实际使用压力并无须达到临界值，一般为 10～35MPa。又因磨辊、磨盘之间理论上是线接触（图 2.2.1），很难计算物料受到磨辊的真实压力，故一般用相对辊压表示。比较不同类型立磨的辊压，应在同一基准条件下进行。计算相对辊压一般有以下几种方法：

（1）磨辊面积压力 P_1（kPa）

$$P_1 = \frac{F}{\pi} D_R B \tag{2.2.5}$$

式中　F——每个磨辊所受的总压力，kN；

　　　D_R——磨辊平均直径，m；

　　　B——磨辊宽度，m。

（2）磨辊投影面积压力 P_2（kPa）

$$P_2 = \frac{F}{D_R} B \tag{2.2.6}$$

（3）平均物料辊压 P_3（kPa）

$$P_3 = \frac{2F}{D_R} \sin\beta B \tag{2.2.7}$$

式中 β——啮入角，（°）。

啮入角将随料床厚度增加达到临界值，同时也受辊面影响。为了比较方便，统一以 6° 计算。这样，上述三种相对辊压之间的关系为：

$$P_1 : P_2 : P_3 = 0.318 : 1 : 19.12$$

现以 P_2 为基准，将四个不同立磨厂家的磨辊压力以三种情况表示（图 2.2.2）：1-1 线表示磨机配用功率时的最大限压，2-2 线表示实际操作的压力，3-3 线表示磨机设计强度时考虑的压力。从图中可以看出莱歇的 LM 型相对辊压最高，非凡的 MPS 型最低，波里休斯的 RM 型和史密斯的 Atox 型介于其中。从配用的限压来看，LM 为 MPS 的 1.5 倍。非凡的 MPS 立磨能获得最低电耗的辊压，所对应的磨机功率称为磨机需用功率，但所配电机功率需有储备，系数为 $1.15 \sim 1.20$，此时对应的辊压为最大操作限压，实际生产压力常比最大限压低 25% 以上。在设计强度时取值要略高，因为还需考虑某些特殊原因引起的意外超压，例如进入铁件、强力振动等。

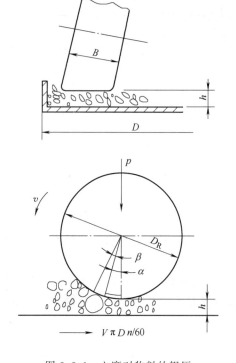

图 2.2.1 立磨对物料的辊压

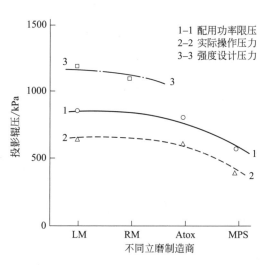

图 2.2.2 不同制造商立磨的相对辊压

5）确定磨机功率

立磨功率可由每个磨辊的力矩和角速度的乘积求得。单只磨辊对磨盘中心的力矩为：

$$T = F \sin\alpha \frac{D_m}{2} \tag{2.2.8}$$

式中 T——每个磨辊的力矩，kN·m；

F——每个磨辊所受的总力，kN；

α——力的作用角，（°）；

D_m——磨辊平均辊道直径，m。

辊磨的总需用功率为单辊需用功率和辊数 i 的乘积。

$$N_0 = iF\sin\alpha \frac{D_m}{2} \frac{2V}{D_m} = iF\sin\alpha V = iF\sin\alpha \pi D_m \frac{n}{60} \tag{2.2.9}$$

式中　V——磨机的圆周速度，m/s；

　　　i——磨辊数。

如以磨辊的投影面积压力代替总力，则

$$N_0 = iP_2 D_R B\sin\alpha \pi D_m \frac{n}{60} = 60iP_2 D_R B\sin\alpha \pi D_m \frac{K}{\sqrt{D}} \tag{2.2.10}$$

式中　n——磨机的转速，r/min；

　　　D——磨盘直径，m。

D_R、B、D_m 均与 D 有一定比例关系，代入（2.2.10）得

$$N_0 = KiP_2\sin\alpha D^{2.5} \tag{2.2.11}$$

式中　N_0——磨机的需用功率，kW；

　　　i——磨辊数；

　　　P_2——每个辊上的投影压力，kPa；

　　　α——作用角，(°)；

　　　D——磨盘直径，m。

式（2.2.11）表示磨机需用功率与磨盘直径的 2.5 次方成正比，并与 P_2 成正比。

磨机配用的电机，应有必要的备用系数，故磨机电机功率为

$$N = K_1 K_2 iP_2\sin\alpha D^{2.5} \tag{2.2.12}$$

式中　K_1——磨机的动力系数；

　　　K_2——功率备用系数，一般为 $1.15\sim1.20$。

对同一型式磨机，一定的物料所适宜的操作压力 P_2 值相差不大，因此每一种规格有其相当的需用功率以及合宜配用功率。换句话说，配用功率是根据需用功率确定的，配用功率确定后，磨机的最大操作限压也就规定了。所以式（2.2.12）亦可写成：

$$N = KD^{2.5} \tag{2.2.13}$$

式中　K——常数。

根据图 2.2.3，可分别求出不同型式立磨正常配备功率的计算式，见表 2.2.1。

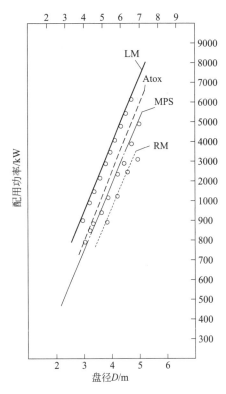

图 2.2.3　立磨配用功率与盘径

表 2.2.1　不同立磨功率计算式

磨机型式	LM	Atox	RM	MPS
配备功率 计算公式	$N=87.8D^{2.5}$	$N=63.9D^{2.5}$	$N=42.2D^{2.5}$，$D<51$	$N=64.5D_m^{2.5}$，$D_m<3150$
			$N=49.0D^{2.5}$，$D>54$	$N=52.7D_m^{2.5}$，$D_m^{2.5}>3450$

6）磨辊、磨盘的相对尺寸

立磨既然是靠磨盘和磨辊间的碾压粉碎物料，其相对尺寸就将直接影响其粉磨能力和功率消耗。不同类型的立磨，磨辊数量和相对尺寸不一样；但同一类型立磨，随着技术及大型化发

展要求，相对尺寸虽应一致，但也略有差异。各类立磨的基本尺寸相对关系见表2.2.2。

表 2.2.2　磨辊、磨盘相对尺寸

磨机生产商	LM		Atox	RM	MPS
磨辊数 i	2	4	3	2×2	3
辊径 D_R∶盘径 D	0.8	0.5	0.6	0.5	0.72
辊宽 B∶盘径 D	0.229	0.187	0.2	0.143	0.24
辊宽 B∶辊径 D_R	0.286	0.375	0.333	0.286	0.333

表2.2.2中辊径指平均值，盘径对LM、RM、Atox磨指外径，MPS磨指略小于外径的辊道直径，一般为外径的1/1.24倍。表中比值是平均值，设计时经圆整后，会略有变化。

7）磨盘转速

立磨磨盘的转速将决定物料在磨盘上的运动速度和停留时间，它必须与物料的粉磨速度相平衡，而粉磨速度又取决于辊压、辊子数量、规格、盘径、料床厚度、风速等因素，也受磨盘转速影响。对不同类型立磨，因其磨盘和磨辊结构型式不同，物料在磨盘上的运行轨迹也不一样，要求的磨盘转速就不会相同。但对同一类型、不同规格的立磨，对质量为 m 的物料颗粒，所受到的离心力应当相同，从此，便可计算其磨盘转速。即：

$$F = \frac{mV^2}{R} = mR\omega^2 = \frac{1}{2}mD\left(\frac{2\pi n}{60}\right)^2 \tag{2.2.14}$$

$$n = K_1 D^{-0.5} \tag{2.2.15}$$

式中　F——物料在磨盘上所受离心力，N；

　　　V——立磨磨盘的圆周线速度，m/s；

　　　ω——磨盘角速度，(°)/s；

　　　m——物料质量，kg；

　　　R——磨盘半径，m；

　　　D——磨盘直径，m；

　　　n——磨盘转速，r/min；

　　　K_1——系数。

据统计，不同磨机的 K_1 值：LM莱歇型为58.5，MPS型为45.8，Atox型为56。部分立磨磨盘转速见表2.2.3，它们的磨盘转速和盘径的关系见表2.2.4。

表 2.2.3　不同类型立磨的磨盘转速　　　　　　　　　　单位：r/min

规格	LM59.4	LM50.4	LM32.4	MPS3150	MPS2450	MPS2250	Atox50	Atox37.5	TRM25
$n_{实际}$	23.8	26	32.5	25	29.2	31	25.04	28.7	37
$n_{计算}$	24.1	26.2	32.7	25.8	29.3	30.5	25	28.8	37

表 2.2.4　转速和磨盘直径的关系

磨机名称	LM	Atox	RM	MPS	球磨机
n 和 D 的关系式	$n=58.5D^{-0.5}$	$n=56.0D^{-0.5}$	$n=54.0D^{-0.5}$	$n=51.0D^{-0.5}$	$n=32.0D^{-0.5}$
相当球磨机/%	182.8	175.0	168.8	159.4	100.0

8）立磨用风量的计算

立磨按物料外循环量的大小分为风扫式、半风扫式和机械提升式。风扫式立磨的磨盘上物料全部靠磨内气体提升到选粉机选粉，即外循环量等于零，无须外循环装置，它的风压要高，用风量要大，内循环量也大；半风扫式则只有部分物料在磨内循环，而剩余的粗料在磨外循环，即通过外部的机械输送装置送回磨内，故风压会低，用风量可小些，在用风上可节约电耗；机械提升式一般是用于预粉磨的立磨（称 MPS 磨），磨内没有选粉功能，出磨物料全部靠机械输送到外部选粉机或下一级粉磨设备中，仅用少量的风为机械密封和收尘。计算用风量有三种途径：

① 前两种立磨的用风量可由出磨废气含尘浓度计算：

$$Q = CG \tag{2.2.16}$$

式中　Q——辊磨的通风量，m^3/h；

C——出磨废气含尘浓度，g/m^3，生料取 $500 \sim 700 g/m^3$，水泥取 $400 \sim 500 g/m^3$；

G——磨机产量，kg/h。

② 按粉磨空间的截面风速计算：

$$Q = 3600VS \tag{2.2.17}$$

式中　S——粉磨腔的截面积，m^2；

V——截面风速，m/s，生料取 $3 \sim 6 m/s$。

若以磨盘面积计算风量时，其盘面风速约为截面风速的两倍。又由于磨机产量正比于 $D^{2.5}$，而通风面积正比于 D^2，所以通风量将随着磨机规格的增大，而按 $D^{0.5}$ 增大。

③ 按单位装机功率所需标况下的通风量（I_0）计算，对于 MPS 和 Atox 磨 I_0 大致波动在 $135 \sim 165 m^3/(kW \cdot h)$。

表 2.2.5 是根据磨机风量、产量和盘径计算出的含尘浓度和截面风速，从表中数据可知，MPS 型立磨比 LM 和 Atox 型立磨的风速要小，但粉磨生料时，其出口浓度比较接近。

表 2.2.5　辊磨出口含尘浓度和截面风速

磨机规格	产量/(t/h)	风量/(m³/h)	C/(g/m³)	V/(m/s)	备注
LM35.4	190	370000	514	10.7	生料
LM50.4		520000		7.4	生料
LM59.4				5.9	粉磨腔风速
Atox50	351	593114	592	8.4	生料
Atox37.5	174	302965	575	7.6	生料
MPS3450	152.8		350～500		生料
ZGM95	35	63943	541	6.3	生料、电厂煤
TRM25	80	127000	630	7.2	

上述风量指磨机出口处的工况风量，其中包括烘干用热风、循环风、磨机漏风和密封用风。热平衡计算时，磨机的漏风系数建议取出磨风量的 $15\% \sim 35\%$，以磨机制造质量而定。

从图 2.2.4 可以看出随着盘径的增大，磨内风速增大，提高了为风而消耗的电能。同样盘径时，LM 风速最大，Atox 次之，MPS 最小。因 MPS 计算基准为辊道直径，其他为磨盘外径，因此磨内风速实际上还是 MPS 更小。图 2.2.5 给出立磨内不同位置的压降分布情况。而在标准状况下，配备的单位风量 LM 为 $1.16 m^3/kg$，Atox 为 $1.30 m^3/kg$，MPS 为 $1.25 m^3/kg$。比较烘干能力时，只要单位产量所配备的风量相同，可烘干的水分就相同。因此，同样的烘干能力，LM 的通风阻力较高、电耗略大，而 Atox 和 MPS 相对较小。

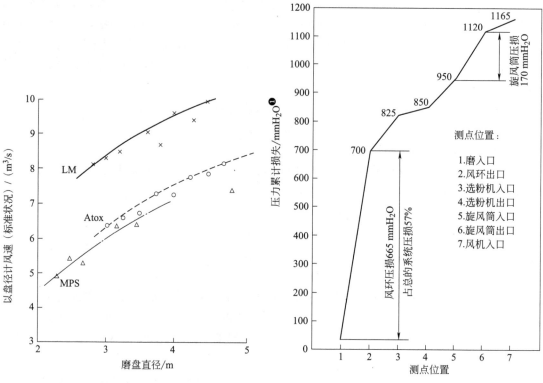

图 2.2.4　不同立磨盘径与风速关系　　　图 2.2.5　UBe-LM3.2 立磨的压降变化

在选择排风机时，风量应按 1.15～1.20 增加选用。

2.2.2　立磨类型、结构及发展方向

1）立磨分类与结构特点

总体上，立磨可分内部带选粉的通用型及不带选粉的 CKP 型两大类，国内外各大制造公司生产的通用型立磨各有特点，具体分析如下。

（1）通用型立磨　磨辊有圆锥形、圆柱形、轮胎形，分别对应水平磨盘及带圆弧凹槽的碗形磨盘两种：

以 LM 型、Atox 型为代表（图 2.2.6），LM 型立磨是圆锥形磨辊，Atox 磨是圆柱形磨辊。它们的磨辊轴线与水平方向都有一定夹角，让磨辊面与被碾磨物料间产生的力仅发生在磨辊的切线方向；各磨辊由液压系统单独加压，检修时可用液压系统将磨辊翻出磨外，它启动前无须为磨盘布料，停机也无特殊要求。但磨辊衬板为均匀的分块结构，可调向使用，可表面堆焊修补；磨辊加压用的液压缸为双向动作，在开停或紧急情况时，一旦主电机停机，液压系统将反向进油提升磨辊，既可减小辊磨启动负荷，又保护设备安全。

后种以 MPS 型、RM 型立磨为代表（图 2.2.7），3 个磨辊相对于磨盘倾斜 12°、磨辊辊套为拼装组合式，磨损后可翻转 180°使用，它的启动需用辅传在磨盘上铺料，由于磨辊不能翻转，更换磨辊要复杂得多。但 RM 立磨将磨辊优化为双鼓面轮胎直辊，对应的磨盘则

---

❶　$1mmH_2O=9.80665Pa$。

为双凹槽（图 2.2.8），并成组分内外辊，以不同线速度在磨盘上运行，可减少滑动摩擦及磨损，物料在两组相对独立的对辊下，先被内辊、再经外辊的双重挤压，延长了磨盘上的停留时间，再难磨的物料也易形成稳定料床。

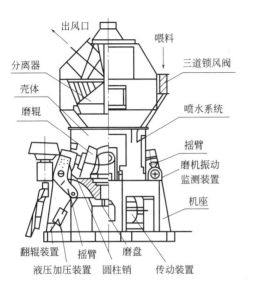

图 2.2.6 莱歇磨结构示意

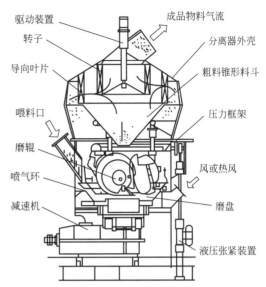

图 2.2.7 MPS 立磨结构示意

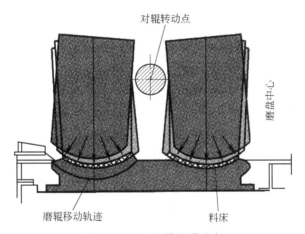

图 2.2.8 双凹槽辊道示意

国产立磨以 HRM 与 TRM 两大系列为主。

HRM 系列是采用 MPS 的轮胎形斜磨辊和带圆弧凹槽形的碗形磨盘，又兼有莱歇 LM 型磨，具有可翻滚检修、翻面使用、寿命长的优点。它还具备一辊翻出机外检修，另两辊还能继续生产的特点，且辊套和磨盘衬板采用快拆装结构，还配有磨辊机械限位装置，具有磨辊轴承密封不须使用风机等优点。

TRM 系列立磨结构与 LM 型立磨相似，采用锥形磨辊和水平形磨盘。磨机采用了液-气弹簧系统的加压装置，磨机设有特殊的磨辊与磨盘的间隙定位、调节缓冲装置，且在突然停料时，能缓冲磨辊压力，减缓磨机振动。

（2）CKP 型立磨 CKP 型立磨与通用型立磨类似，压力的水平投影低，咬入角、料层厚度适中，由于它的选粉部件被外置，能有效降低喷口环阻力。该类型立磨曾主要用于粉磨水泥中的预粉磨设备，与球磨机配套成组，也可形成终粉磨流程，向最节能的粉磨系统发展。

　　2）主要构件及其节能

　　（1）磨盘　它是立磨的主要部件（图 2.2.9），包括喷口环（由导向环、风环组成）、挡料圈、衬板、压块、盘体、圆柱销、提升装置、螺栓和刮料板等元件。来自喷口环处的热风，由导向环引入磨机中心，喷口环上焊有耐磨导向叶片，能经受来自磨盘溢出的大块物料、铁块及杂质等冲刷，并将异物经刮料板送入排渣口；磨盘周边设置挡料圈，以维持磨盘上料层的合理厚度。

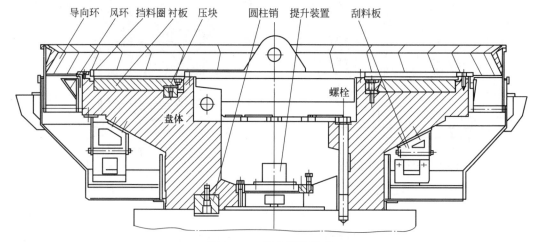

图 2.2.9　磨盘结构示意

　　其中喷口环及挡料圈是提高碾压效率的关键元件。

　　① 喷口环是环绕磨盘的焊接结构件，它将来自风道的气体均匀地导入磨腔。其风速过低，会导致喷口环处下落的回料量增多；而风速过高，就会增加喷口环处的压降。为适应不同密度物料对磨内风速的需要，该处风速可在 30～90m/s 范围内调节。

　　它既可移动定位销挡板（图 2.2.10）在运行时整圈调节，也可在停机时用焊接调风板遮挡部分喷口的方式局部调节。整圈调节因为不改变气流方向，不增加气流路径长度，因此可减少系统耗能与磨损。调风板可以单独分段更换，用不同规格，有针对性地在不同部位产生不同风速。

　　② 挡料圈用螺栓连接或焊接，与切割方式在磨盘的外凸边上部调整，可根据物料性质及辊压调整其高度［见 2.2.4 节 2）（1）②］。

　　刮料板是将从喷口环处落下的大块物料，刮入连接在进风道上的重锤阀处，排出机外。因此刮板尺寸要适宜，既要防止边缘存在排渣死区及风道堵塞，也要防止过大刮板增加耗能，并需定期检查它的牢固程度与磨损状态。

　　（2）选粉分离器　基于风行原理的分离器位于磨机上部，其传动装置的转速可调，以满足产品细度要求。分离器内的转子有一圈叶片，用于撞击随气流上升的粗颗粒物料，并把它们抛向壳体，沿内壁滑落返回磨盘上，为防止壳体磨损，内壁应配有可更换衬板。转子轴装有两个可承受较大径向力和少量轴向力的滚动轴承。为避免轴承发热，有的立磨在其外部设有倒锥形水箱，以进行循环冷却。

　　（3）磨辊　不同类型立磨的磨辊各有特点，现以 Atox 的磨辊为例说明（图 2.2.11），

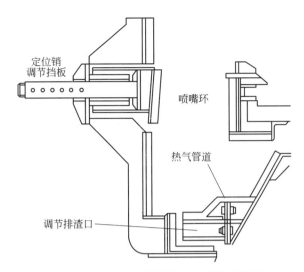

图 2.2.10　由定位销调节挡板及通风截面

磨辊主要由辊套、辊轴、轮毂、轴承、润滑、密封结构等部分组成。

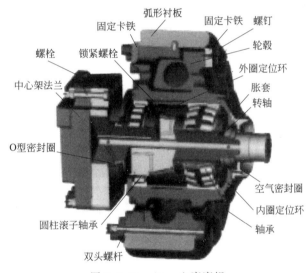

图 2.2.11　Atox 立磨磨辊

三个磨辊由一刚性连接块连在一起，每个磨辊的外端连接一扭力杆，通过橡胶缓冲装置固定在磨机壳体上。调整三根扭力杆的长度可精确定位磨辊，确保三个磨辊中心与磨盘中心重合。每个磨辊的轴端均与一个双向液压缸相连，须将磨辊压向磨盘，调节碾压力；或为磨机空载、轻载启动，能抬起磨辊脱离磨盘，无须设置慢速驱动装置。为检修能将磨辊翻出磨外，立磨可设置液压翻辊装置。

有的立磨配有 4 个磨辊，每个磨辊均与相应的摇臂固定，互为 90°等距布置，磨辊低位时，轴与磨盘水平夹角呈 15°，与磨盘衬板间距 14mm。

磨辊靠自重放在磨盘上，只受垂直力（不受轴向力）作上下运动，有利于辊套磨损均匀。磨辊直径要大，以适应 100~150mm 大块喂料及料层变化和可能混有的异物。磨辊为空心结构，重量轻、刚性好，内部可装大型重载轴承。磨辊轴承采用稀油循环润滑（图 2.2.12），以控制润滑油量、油压和油温，并自动监测润滑状态，以确保轴承始终处于最佳润滑。润滑油采用在线过滤，确保不被污染。轴承腔应当密封，用双唇边油封防磨损密封装置，或装专用密封风机正压保护。

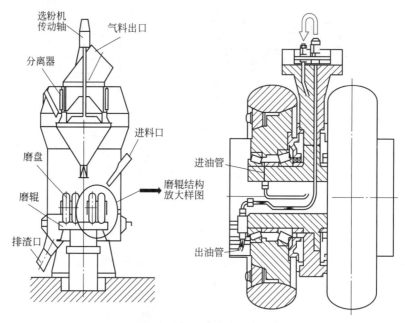

图 2.2.12 磨辊轴的润滑循环系统

　　磨辊辊套有多种类型，各有优势。弧形片状辊套，可避免高硬度脆性合金材料因残余应力、热处理应力和热膨胀应力而引起开裂。镶嵌式衬板的辊套，受热应力和机械应力较小，但只要其中一片损坏，整个辊套都受影响。辊套若为锥形，就不能翻转使用，但磨盘衬板可以翻面用。为保护磨辊安全，磨内需设有磨辊与磨盘间隙限位装置。

　　磨盘与磨辊都应是高耐磨配件，既要有足够韧性，又要有高抗磨性。

　　(4) 摇臂装置 (图 2.2.13)　它包括摇臂、心轴、滑动轴承和胀套等。摇臂上部与辊轴相连，下部通过胀套、心轴，支承在两个滑动轴承上。摇臂杆向前伸出与油缸连杆连接。整个摇臂是一个支点在中轴处的杠杆，把液压缸对连杆的拉力传递给磨辊。

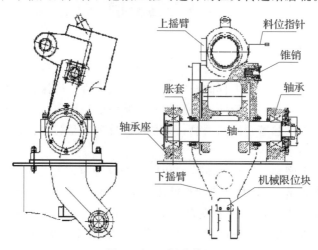

图 2.2.13　摇臂装置

摇臂的运动状态由安装在下臂附近托架上的传感器反馈，当导轨移入或移出感应区时，传感器便发出相应信号，显示"磨辊抬起"或"磨辊下料层太薄"等情况，并由摇臂上刻度直接读出料层厚度。

（5）液压加压装置　磨辊对磨盘的加压由液压系统完成。磨辊托架通过两个拉杆接口直接与磨基础连接（图 2.2.14），使磨辊对磨盘为平行垂直向下压力，可以传递不同方向的拉力，且分布均匀平衡，以保证磨机运转平稳。

液压缸的活塞杆和连杆头是靠两个半圆外套连接，半圆外套是由螺栓连接成圆筒套，内孔有内螺纹，活塞杆与连杆的外表面有外螺纹。运行中，磨辊受物料作用，上下频繁运动，活塞杆和连杆头长期承受突变应力，螺纹处又易应力集中，而发生疲劳断裂。

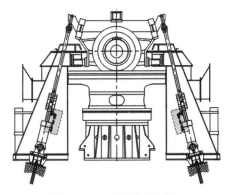

图 2.2.14　液压加压系统

（6）传动装置　电动机通过立式行星减速机驱动磨机，结构紧凑、体积小、重量轻、效率高。

（7）壳体　立磨壳体为焊接件，在安装现场与机座焊成一体。壳体上开有与磨辊相对应的检修孔和检修门，以便检修时将磨辊翻出。壳体内壁装有波形衬板，以耐物料冲刷。

为提高磨机的密封性能，磨辊与加压部件都在机壳内，壳体与摇臂间采用耐热橡胶板密封。为使拉杆通过磨机中架体，拉杆需装密封空气装置；辊轴与壳体间采用弧形板密封结构。

（8）机座　它是将基础框架、减速机底板、轴承座、环形管道、风管以及废料闸门集结为一体的焊接件，用于支承整个磨机重量和动力，同时接纳来自窑尾的废气，用于磨内烘干。

（9）喂料装置　该装置既要保证下料稳定连续，又要减少漏风，已成为立磨结构的难点。现有的两种类型，即三道闸阀及回转阀，都有各自的不足，难以持久。

三道锁风进料闸阀的翻板周期可根据喂料量变化调节，确保喂料过程中，任何时间都有两道翻板处于关闭状态，一道为打开状态。但它的结构元件较多，润滑要求也高，如果严重漏油使翻板无法准确到位就会漏风。

回转锁风进料阀是靠封隔的六道叶片回转，使物料不断进入阀的上部格腔内，又随着叶片回转到下部被卸出。当叶片与阀腔无法保持紧密接触时同样漏风，且物料稍有湿黏，就会堵塞，很难处理。当回转壳体设计为夹层时，内部可通热风，能减缓物料的黏附。

尽管喂料装置有如上缺陷，但切忌随意取消，而采用直通溜子喂料。山东三恩电子有限公司针对此状况研发的生料立磨喂料装置，模仿煤立磨，采取料仓料封加板喂机在密封仓内喂料的结构，大大提高了密封效果，得到约 5% 增产，每吨生料电耗下降 2kW·h 以上的效果。

（10）喷水系统　该系统由喷嘴、水管、控制装置和固定件组成。当原料含水量为 1%～2%，不足以消耗磨内多余热能为稳定料层，有必要设置喷水系统。它还有利于电除尘，调节比电阻。喷水量将取决于立磨用的热风温度。但安装的喷水位置很重要，还要避免水管活接头漏水。

（11）振动监视装置　振动传感器负责监测立磨的振动，将测量值转换成电信号，通过电缆传到电控柜中的指示器上。当振动超出设定值时，就会自动报警，直至停磨。

3）煤立磨的结构特点

煤立磨具有粉磨效率高、噪声小、工艺流程简单、占地面积小、土建费用低、电耗低、烘干能力强等优点。它的主要结构部件为磨盘、磨辊、张紧装置、分离器、回转下料器、密封风机和传动装置等。它与生料立磨的不同在于：煤立磨的中架体、料渣箱、中架体都带有热风入口及导向装置（喷口环），并装有迷宫型密封环，焊于下架体上；磨盘支座又与下架体形成环形空气通道密封。

分离器中也有两个密封环节：上部与旋转部件之间的密封，旋转部件与下部通道之间的密封，以防止异物与煤粉进入轴承和传动装置中。

在磨辊轴承的润滑上，为了避免漏油及脏物进入轴承，用耐高温材料制成的两个旋转轴密封圈，封入无螺纹衬套内，形成良好密封，密封圈间的空隙应注满长效润滑脂。与密封风机连接的活动管路接至辊支架，密封风从辊支架内空腔流入磨辊内部的环形空间，可消除温度和压力差所产生的不利影响，磨辊轴的端部装有通风过滤器，并设有测量油位的探测孔，上方用螺丝盖住。

为反馈磨盘上的煤层厚度和耐磨件的磨损量，在三个液压缸端部的大螺母上固定有指针支架，附有刻度尺标记，指针由拉杆螺母带动，在磨机工作状态时移动。又由于磨辊、磨盘磨损，指针位置会变化，应将从动滑架上的指针滞后点，移到新的工作位置，予以补偿。待更换新的磨辊、磨盘后，再将指针返回滑架最高位置。

4）立磨的发展方向

为进一步挖掘立磨的节能潜力，仍应继续从提高碾磨效率与选粉效率出发。

（1）开发磨辊驱动的RD立磨，代替现磨盘驱动的立磨　随着立磨装机功率的大型化，由6000kW发展到13000kW，使得磨盘驱动方式越来越难以满足生产需要。为此，国际上名牌减速机制造商纷纷开发各种类型新型减速机，如由整体驱动改为数个单独驱动单元，每个单元都是标准行星减速机，共同驱动连接磨盘的齿圈，或将扭矩均匀分配到中心齿轮上。但这种思路并不符合节能要求。

德国蒂森克鲁伯集团早在2012年就应用磨辊驱动的RD立磨在墨西哥投入使用，它比磨盘驱动具有的优势是：当粉磨产品粒径组成差异不大时，RD立磨每个磨辊压在物料上的比压高达1300kN/t，比常规立磨800kN/t高很多；由于提高了磨辊的吃料能力，在有效粉磨区间非常容易形成磨削料层。因此它的电耗可比传统立磨低20%（21.49kW·h/t）。与球磨机相比，不仅球形颗粒要多10%，电耗也只有它的53%，而且独特的磨辊传动结构运行更加平稳，振动小，也降低了生产用水量，有利于保证水泥品质。更为可贵的是，RD立磨能生产所有品种水泥，包括超细水泥及矿渣水泥。

（2）向水泥终粉磨发展　任何终粉磨工艺具有流程简单、产品电耗低的优越性，而立磨具有允许物料含水量高、运转率高、粉磨效率高、操作维护简单、运行费用低、单机规模大等诸多优点，故立磨终粉磨水泥将是可选的水泥粉磨理想流程之一。它与生料立磨相比，对构件作了如下改进。

① 为减少产品中的扁平状颗粒，磨辊多为轮胎形，中间有环形沟槽；磨盘上有与磨辊对应的环形槽，以增加对物料的中压多次碾压效果。

② 要求磨辊、磨盘使用更耐磨的材料，以适应熟料等物料的更高磨蚀性。

③ 日本宇部的FGM型立磨为用于水泥终粉磨、内部配置的专用选粉机，能满足水泥粒

径组成要求。它为保持磨盘上物料均匀，加压机构采用两组对角磨辊，一组磨辊被施压时，另一组磨辊空载。当被施压的磨辊磨损后，压力就会转换到另一组磨辊上，以延长磨辊寿命。

④ 开发扁平式 V 形选粉机，降低物料提升高度，降低了斗提与土建成本，再使用 CKP 磨，就是最节能的终粉磨系统（图 2.2.15），其设备数量少、流程简单。

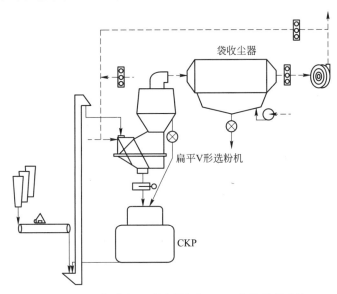

图 2.2.15　扁平式 V 形选粉机加 CKP 磨终粉磨系统

天津水泥工业设计研究院开发的大型立磨实现了水泥终粉磨。它采用平盘锥辊，减小速度差，降低磨耗，每个磨辊单独加压，还采用高效动静态选粉机。其成品性能优良，系统电耗降低，噪声低，粉尘少，系统简单方便。

2.2.3　立磨的节能途径

立磨系统耗能主要集中在磨辊碾压物料、气流将粉料带入选粉机、分离器选粉及粗料磨外循环等几方面，而且这些方面会相互影响、相互牵制。为此，立磨可考虑以下节能途径〔见 1.1.3 节 2）〕。

1）保持喂料量与原料粒径的稳定

立磨对喂料粒径组成的要求是：降低过细物料的比例，并依据磨辊直径，在 20～70mm 间确定入磨物料的最佳粒径范围，应按此要求控制破碎产品的粒径〔见 1.1.3 节 2）〕。

为提高粉磨效率，首先要通过均化稳定待磨原料的易磨性，要特别关注原料中磨蚀性成分 $f\text{-}SiO_2$ 的含量。例如粉磨生料时，生料中的石英（砂）岩、含燧石的石灰石等，粉磨煤粉时的无烟煤，粉磨水泥时的矿渣、钢渣等。立磨的设计制造者，首先要格外关注游离硅的含量：非凡公司要求大于 $100\mu m$ 的 $f\text{-}SiO_2$ 重量不大于 4%；史密斯公司大于 $45\mu m$ 的 $f\text{-}SiO_2$ 重量不应大于 5%；伯利休斯公司坚持大于 $90\mu m$ 的 $f\text{-}SiO_2$ 重量不应大于 $5\%～6\%$。

除了关注破碎产品的粒径外，还要注意破碎后的物料存储，不能有不同粒径物料的离析现象，或细粉沉积的突然塌落。它们都会造成入磨粒径波动，导致磨机振动骤停。

2）控制产品的粒径组成

立磨产品的合理粒径组成，同样要约束上、下限，不是产品越细越好。过细产品不仅性能不好，也不利于降低磨内循环负荷、稳定压差，及实现最低能耗。

立磨控制产品粒径范围比管磨机要窄，却比辊压机要宽。所以它能取代管磨机独自生产生料与煤粉，既节电又降低煅烧熟料热耗，还比辊压机容易实现水泥的终粉磨。

影响立磨产品粒径组成的工艺参数有喂料量与粒径、辊压、选粉转速、磨内压差、功率、风温、磨辊与辊盘磨损程度等，操作中应不断优化这些参数。其中重点是选粉分离器的性能与转速控制。在线粒径分析仪（见10.1.2.6节）将有利于生产过程中控制产品粒径。

3）提高辊压与料层厚度的适应能力

辊压大小将直接影响磨辊对物料的研磨效率。辊压偏小，磨机产量就会低，单位产量电耗就会增高。增加辊压，会增大被碾压物料的细粉比例，虽增加了相应功率，只要不超过额定功率，增加产量，降低单位电耗，此辊压就为合理。该值取决于立磨结构形式和辊轴、辊面及液压系统等相应结构对辊压的耐受力。

最佳辊压更要与料床厚度相适应。物料入磨粒度、水分、易碎性等性质将决定磨辊啮入角的临界值，直接影响料床厚度的选定。除此之外，料床厚度还受挡料环高度、磨盘四周喷口环的鼓入风速及均匀分布有关。

如果磨辊辊压未到限值，磨机却开始振动，说明立磨设计与制造未满足使用条件的要求。

4）提高选粉效率

立磨内上部的选粉分离机效率越高，返回磨盘的粗料中细粉越少，意味着细料磨内循环量降低，即减少磨内压降，降低提升物料的风机能耗，避免过多细粉返回磨盘干扰物料碾压。因此，提高选粉效率也是降低立磨耗能的重要环节之一。

当然，磨出口排风机所形成的负压，也将直接影响选粉效率［见2.2.4节2）（2）］。转子的静、动叶片形式会直接决定粗细粉的分离效果。利用LV技术［见2.4.2节2）（3）］对选粉机的静叶片改造，可使立磨增产10％以上，电耗至少降低1kW·h/t。

5）提高磨辊、磨盘耐磨性

新磨辊套与磨损后的旧辊套相比，产量可相差12％以上，特别是对磨蚀性大的物料，辊套及磨盘衬板的磨损将严重影响磨机产量、电耗。所以，在确定工艺方案时，必须要考虑物料的磨蚀性，当没有材质能保证辊套使用寿命≥6000h时，不宜再选用立磨。

要求制造商在合同中承诺辊套使用寿命，自身应从如下环节做起：

① 被磨物料的磨蚀性应与辊套及磨盘材质相适应。即在改变入磨物料来源时，都不能忽视辊套与磨盘材质。当今已流行的耐磨材质是金属陶瓷［见9.4.2节2)(1)］，立磨采用这种辊套后，产量可提高10％以上，且使用寿命提高一倍，可节电2～4kW·h/t，但该技术目前仍依靠进口，价格是普通辊套的四倍。

② 提高入磨物料成分的稳定，尤其是磨蚀性成分的含量。

③ 应具备对磨辊、磨盘的补焊与修复能力。其不仅充分利用停磨时间，提高现场堆焊效率和及时局部补焊的能力，对某些材质，还应购置备用辊，为磨辊返厂重修创造条件。

6）提高立磨密闭性，减少漏风

除立磨本体及出磨管道、收尘器等处存在漏风外，其密封最难点还是喂料装置［见2.2.2节2）（9）］。MPS立磨的系统漏风能小于4％，而我国立磨目前仍按小于10％漏风设计风路，说明改进它的密封阀性能迫在眉睫。

7) 尝试使用助磨剂

助磨剂已成为球磨机运行中节能降耗的重要举措，但由于物料在立磨内停留时间比管磨机要短很多，它能否在立磨发挥作用，不仅决定其特性成分，还要经得起立磨内大通风量易使其挥发的考验。意大利 Mapei 公司开发的 WM 系列立磨用助磨剂及其专用添加系统，在 LM56.3 立磨粉磨 CEW Ⅰ型水泥时，取得了提高 4MPa 强度，降低 2kW·h/t 电耗的喜人成绩。

8) 分别粉磨技术的应用

立磨对矿渣与熟料的分别粉磨技术已被广泛采用，但仍未应用在线粒径分析仪控制最佳粒径组成上，因此还不是分别粉磨技术的"真谛"。

9) 走向智能操作

当立磨具备对磨盘料床厚度、主电机功率、磨辊磨损状态、磨机振动状态、系统风压、风温的监测功能，并对分离器返回粗料及排出细粉具有在线粒径分析能力时，便可通过软件编程控制其喂料量、磨辊压力、挡料圈高度、用风量、分离器转速、喷口环风速、喷水量等自变量的最佳组合，及时获取与物料内循环最适宜的磨内压差，以最低耗能实现产品的最佳粒径组成，获取比人工操作更为可观的效益。

但当今立磨结构还不具备运行中调节挡料圈、喷口环的功能，且尚未有用粒径分析仪检测相关半成品粒径组成的实践，从而影响了立磨全盘智能化的程度与进度。

2.2.4　立磨的应用技术

1) 重视减速机安装质量

立磨安装的关键是严格控制减速机底板的水平和标高。待二次浇注混凝土达到强度后，打磨基础框架表面锈蚀及氧化皮，装入 24 颗调整螺栓，令顶丝端部到底板面等高（11mm），再将底板吊到基础框架上，按其中心线和对角线就位底板。先用电子水平仪按每米 0.1mm 找准四周 16 个点的水平度粗调；再用平尺和塞尺按每米 0.06mm 要求，用顶丝配伍精调；最后精准标记减速机的压紧螺栓。

2) 正确调节工作参数

（1）磨辊压力的控制　在立磨磨辊设计与制作后，使用者就要正确操作，实现最大辊压值。

① 摸索并确定最佳辊压值，与物料特性、料层厚度、磨机功率相适应。物料易磨性、磨盘上料层厚度及主电机电流，是正确落实辊压设定值的三大关联要素。易磨性差的物料，料层要减薄，且电流不能超过额定值。如石灰石易磨性好时，立磨研磨压力只需 6MPa，预充气压力 P_0 便可从 4MPa 降至 3.5MPa〔见 6.3.1 节 2)〕。

立磨运行中，分别装在摇臂轴承座和摇臂上的料位传感器和磁块，经摇臂带动后，产生的位移量经传感器感应输出 4～20mA 电流，经换算由 DCS 传输到中控画面上，便能及时准确检测料层厚度，调整喂料量，确定研磨压力。

② 调整挡料圈高度。挡料圈的高度决定磨盘料层的厚度，挡料圈越高，料层越厚，如果料层过厚，会增大对驱动力的消耗，但未提高碾压效果；但挡料圈过低，物料就会溢出磨盘外，吐渣量增多，磨机增加振动。因此，在喂料量和辊压一定时，就要根据物料的易磨性、入磨粒度和出磨产品细度，摸索挡料圈的适宜高度，以控制磨盘上的料层厚度。

③ 选定蓄能器压力。磨辊压力取决于液压缸压力，它们与蓄能器压力的关系是：液压

缸上缸室的油在工作压力下，将活塞向下压，活塞连杆便通过摇臂将磨辊紧紧压在磨盘的物料上，形成比磨辊重力还大的碾压力（1000kN左右）。当遇到大块物料时，磨辊会被抬起，液压缸活塞随连杆上移，并将上缸室的油排入氮气蓄能器中，此时氮气囊类似弹簧被压缩，既能储备能量，又可通过活塞和摇臂反作用于磨辊。压缩越多，反弹力越大，大块物料就获得更大碾压力。

因此，确定辊压时，要先确定蓄能器压力的适应值，一般为油泵压力的60%，调整范围为50%～70%。如果液压缸压力设定过高，只会增加驱动力，加快附件磨损，并未成比例提高粉磨能力。若降低液压缸压力，不仅磨辊压力变小，粉磨能力降低，而且磨盘上料层厚度和排渣量都要增加。当磨辊发生磨损、振动时，主电机电流会增大，但磨辊压力并不大。

（2）控制排风机风量　调节磨机排风量要通过变频控制或风机阀板。若加大排风量，会增加磨内压差，增大磨内物料循环量，带来电能的无端消耗；但排风量太小，磨细的生料不能及时拉走，导致料床增厚，排渣量增多，产量降低。因此，为满足喷口环风速和出磨气体的含尘浓度，用风量要按如下环节合理调节：

① 出磨气体的含水泥浓度应介于550～800g/m³。

② 出磨管道风速一般要大于20m/s，但要避免水平布置。

③ 喷口环处的标准风速为90m/s。当物料的易磨性不好，磨机产量低，喷口环风速较低时，可用铁板挡上部分喷口环通风面积，增加风速。

④ 通风量可在70%～105%范围内调整，但窑、磨串联系统，要考虑对窑的影响。

⑤ 在总风量确定后，系统漏风会降低喷口环风速，导致吐渣严重。出口风速降低，使成品的排出量减少，循环负荷增加，压差升高，也易降低磨内风温，减小总风量，易造成饱磨、振动停车，还会因结露而降低产量。

如果不让喷口环风速受漏风影响，就要增加通风量，此时风机和收尘器负荷增加，同样浪费能源，更何况这种增加要受风机与收尘器能力的限制。

（3）控制磨内压差　磨内压差是影响立磨操作的核心参数，喂料量、风量、辊压、分离器转速等各参数的调整应以磨内压差大小适宜，且稳定为目标。尤其加减喂料量时，一定会影响磨内压差的变化，从而直接影响立磨产量、质量、电耗等。

① 磨内压差的组成。立磨运行中的压差，是指磨腔喷口环出口静压与废气排风机入口静压之差。该压差即为立磨总压降，由七部分组成（图2.2.5），包括：A——空气从立磨进风口到喷口环出口的阻力；B——喷口环自身阻力，A和B两者共2～3kPa；C——喷口环将物料吹至选粉机所消耗动力；D——选粉分离机自身阻力；E——出磨气流到磨外旋风筒的沿程阻力；F——旋风筒自身阻力；G——旋风筒到风机入口的沿程阻力。由以上因素分析可知，设计与制作中已固定A、E、G项压降损失，除非发生堵塞或磨穿等现象，应及时处理外，唯有喷口环阻力B压损高达665mmH₂O，占全系统总压降57%，又由于它磨损较快，直接影响喷口风速，决定待选粉物料的粒径，从而改变立磨物料内、外循环的比例，影响着立磨电耗。所以它是停机调节磨内压差的重点。

当出风量在合理范围时，喷口环出口风速一般在90m/s左右，喷口环局部阻力虽有变化，但主要来自磨内流体及物料重力的变化，一是来自喂料量，二是来自磨内料循环量。在喂料量恒定时，此压差就直接反映了磨辊碾压效果与选粉分离效果的平衡，两者相互协调、相互制约，从而改变物料向磨腔上部运动所消耗的动力C。

② 降低喷口环压损 B 的措施。一是降低整体风速，增加返回磨盘的料量，提高提升机外循环比例。二是合理调整喷口环风速，按圆周方向分点分段进行，以适应磨盘四周的实际料流，磨辊后半区料流少，前半区及两辊之间料流多。改变喷口环上插板、楔形盖板的面积、位置等，降低料流少的点段风速，提高料流多的点段风速。以此改善磨内循环物料的均匀程度，提高粉磨效率，同时也降低喷口环处的平均风速。此部分阻力损失可减少 20% 左右。

③ 减少磨内压降 C。要根据产量增减的幅度和趋势，判断辊套与磨盘的磨损程度及时补焊；也要关注液压系统压力上不去的原因〔见 6.3.4 节 5）（2）〕，减小辊压对碾压效率的影响；同时，壳体中部内腔形状也要由宽变窄，保持风量均衡向上。

④ 防控压降 D 增加。立磨运行中，除了减缓叶片磨损或防止粘料堵塞外，还要满足产品粒径，以及合理调整分离器转速。在此，平衡选粉效率与碾压效率的关系，也会同时影响 C 的变化。

⑤ 降低 F 压损。选用 LV 低阻力旋风筒，并杜绝漏风。

⑥ 磨内压差的调节。当磨的内、外循环量稳定时，就表示入磨物料与出磨物料达到动态平衡。如果压差发生改变，此循环量就要变化。压差降低，表明入磨物料量少于出磨物料量，内循环量减少，料床厚度逐渐变薄，薄到一定程度，磨机就振动跳停；而压差增高，就表明入磨物料量大于出磨物料量，循环量增加，导致料床不稳或吐渣严重，磨机会因饱磨而振停。

如果喂料量并未改变，压差却在变化，说明磨内碾压功能与选粉功能已不平衡，出磨物料量必然改变，最终系统无法稳定。若料床碾压效果差，出磨物料量就会减少，内循环量加大；若选粉效率低，返回磨盘物料增多，同样会减少出磨物料。此时应降低分离器转速，增加风量，放宽产品细度，以求与碾压效果获取新的平衡。当出磨风量稳定，只需调节分离器转速，便可控制产品细度。但当系统增减排风量时，就应同步调节转速，以稳定产品细度。

（4）控制风温的原则　立磨较其他粉磨装备的优势是，物料含水量可偏高（≤12%），此时需要提高磨内风温，否则成品水分高于 0.5%～0.7%，库内易结块；但风温也不能过高，如超过 200℃，辊内润滑油就会变质；废气风温超过 120℃，还会损伤软连接；旋风筒分格轮也易膨胀卡停。对于煤磨，出磨风温视煤质而定，挥发分高的煤，出磨风温要低，反之可高些。控制在 100℃ 以下，便可防止燃爆。

控制风温既可用循环风量调节，适当掺加冷风，减少进磨热风，也可结合喷水量调节。当入磨物料过于干燥，温度降不下来，料层也不稳定，立磨容易振动，但要防止喷水量太多，否则易形成料饼。

3）对立磨润滑系统的维护〔详见 9.1.4 节 6）〕

4）对异常状态的防治

（1）磨机的振动　磨机产生振动的主要原因是，喂料量及物料粒径变化较大。除此之外，液压缸压力与蓄能器压力不适应，入磨物料水分偏高或喷水量过大，磨盘上有金属异物，或磨盘料垫不稳、与磨辊直接接触等，也都会引起磨机振动。而剧烈振动一旦发生，就要影响设备使用寿命，尤其加剧各传动部件损坏。

为防止磨机振动，首先要调整好磨内压差；其次是稳定喂料量及物料性质，调整好磨辊压力；更要防止由于喂料不足、易磨性过高及磨辊被埋等引起磨床上料垫不稳的现象。

（2）吐渣量过大　正常情况下，喷口环的风速应将大部分物料吹起，只有夹杂的金属和大密度块状物，才从喷口环处跌落到刮板腔，经刮板清出磨外，形成吐渣。当吐渣量明显增大时，说明喷口环处风速过低，引起此情况的主要原因有：

① 系统排风机通风量大幅下降。

② 由于磨内相关密封装置损坏，或出磨管道、旋风筒、收尘器某处磨漏，有大量漏风。

③ 当物料易磨性差时，没有及时减小喷口环面积。

④ 磨盘与喷口处的间隙一般为5~8mm，当调整间隙的铁件磨损或脱落时，此间隙增大。

⑤ 磨盘、磨辊长期磨损后，磨机碾压效率降低，物料循环量增大，磨机压差增大，导致磨机功率增加。此时应及时调整磨辊压力及相应的蓄能器压力，以减少磨机的吐渣量。

（3）对金属异物的控制 如果有铁质等金属异物进入磨内，不仅会威胁磨辊和磨盘硬化层的安全，还会引起压力冲击，损坏传动部件。因此，立磨虽不如辊压机严格要求控制金属异物，但也不能有任何疏忽［见2.3.4节3)（2)］。

（4）液压系统的故障 详见6.3.4节5)（2)。

（5）对煤粉燃爆的防治 煤粉的生产与使用，是水泥安全生产的关键环节之一。

为防止煤粉燃爆，应该了解发生燃爆的必要条件：首先煤粉必须达到着火温度，根据煤种不同，介于200~750℃之间，取决于煤粉的挥发分含量；其次是看煤粉在空气中浓度，包括局部浓度不应大于$40g/m^3$，这是防止燃爆所允许的煤粉悬浮最大浓度，同时氧气最大浓度不应超过12%。对于挥发分含量高、过细的煤粉，在输送与储存中，这些极限很易突破。随着煤的粉尘浓度增高，如二硫化铁（大于2%）易氧化杂质存在，煤粉自燃为文火的风险就会增加，如果再有外力搅拌，就会引起爆炸。相反，当水分及惰性粉尘（生料粉等）增加时，风险就可降低。所以，只要掌控以下三个环节，就可防止煤粉燃爆。

① 控制温度。不论球磨还是立磨，所用烘干热风入口温度应小于350℃；煤粉水分既不应过大［见3.4.4节3)］，也无须低于1%；窑用煤粉的使用温度应小于65℃。

② 严格避免磨内产生任何火星。磨机停机时，应消除磨内可能存有的布条或木渣等易燃物；煤粉仓的下锥体应大于60°，且在开磨前，预先将系统中可能滞留煤粉的空间，用类似生料粉或浇注料填满；防止设备之间摩擦产生静电火花，做好设备接地。

在入口热风温度与喂煤量都未增加条件下，如果出口排气温度升高，就应怀疑有煤粉自燃。对发现初期，可以增加喂煤量吸热，降低入口温度，让火焰熄灭；通常可采用CO监测仪，与热电偶测温配合，自动控制CO_2或带CO_2的氮气喷入灭火，而不是喷水。

③ 确保足够的排风量。煤立磨所需要的最小风量是：每千克原煤1~1.5kg空气（标准状况下为0.8~$1.2m^3$），或烘干风速在20m/s以上。这样既可避免煤粉沉积，又缩短煤粉在着火温度之上的停留时间。烘干煤粉所用热风既可来自熟料箅冷机，也可来自窑尾预热器。但后者的含氧量仅5%，含水6%，有利于防爆，但气流与带入的生料比窑头带入熟料却更难分离，增加了燃料灰分。

为防范煤粉燃爆，除上述要求外，系统管道还应能经受至少0.345MPa压力，加上气动输送所需压力0.138MPa，相当于正常管道承受压力的2.5倍。同时，在磨机、选粉机及收尘器等处，设置破裂压力为0.01MPa的防爆阀，以随时释放燃爆压力。

2.3 辊压机

辊压机也是料床粉磨装备。它是依靠两只相向转动的磨辊彼此挤压，代替立磨磨辊在磨盘上碾压，对物料粉磨。它的优点在于结构紧凑，占地空间更小，且综合能耗低于立磨；缺点是对原料性质适应性不高，尤其物料粒径较大或含水量较高时，就无法正常工作。

2.3.1 辊压机的工艺任务与原理

1）工艺任务

粉磨生料时，采用它的终粉磨流程就能满足对生料粒径组成的要求，电耗还比立磨低1/3左右。而粉磨水泥需要粒径范围宽，还要满足其他性能要求，它只好采取预粉磨、联合粉磨、半终粉磨等不同工艺流程与管磨机协同，以更低能耗满足水泥性能要求。

2）工作原理

辊压机与立磨虽都基于料床粉磨的机理［见 2.2.1 节 2)］，但两者仍有较大差异：由于物料通过各自设备的时间不同，立磨要长达 4~5min，而辊压机则不足 1min；其磨辊对各自物料的碾压次数也相差较大，立磨为反复碾压，而辊压机是一压而过。这两个原因导致两者的产品粒径组成范围差异较大，辊压机产品的粒径范围比立磨要窄（比球磨机更窄）。这正是在粉磨水泥（粒径范围要求宽）时，立磨更容易实现终粉磨的原因，也是粉磨生料、矿渣（要求粒径范围窄）时，辊压机才可能实现终粉磨的理由。

辊压机两个磨辊在作慢速相对运动时（图 2.3.1），物料沿整个辊面宽度连续而均匀地喂入，大于辊子间隙 G 的颗粒在上部钳角 2α 处开始经受挤压，当进入压力区 A（即拉入角 α 的范围内）时，被不断加大的压力 P 压紧，直至两辊间最小间隙 G 处，压力达最大高压值 $P_{\max}$。料层从进入 α 角开始向下移动，密度逐渐增大，料层中任一颗粒都要受到相邻颗粒的挤压，颗粒的间隙逐渐消失，发生应变、破碎和断裂，并在形成的密实扁平料饼中，出现微裂纹和粉碎。这就是"料床粉碎"的过程。

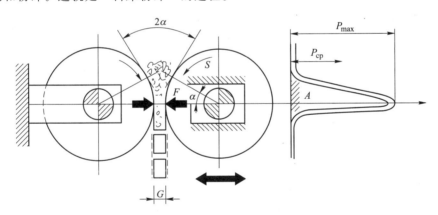

图 2.3.1　辊压机粉碎机理示意
G—缝隙；A—压力区；P—压应力；F—作用力；2α—钳角；S—转速

料床粉碎的前提是双辊之间的物料一定要紧密充实，粉碎作用主要决定于物料粒间压力，而与两辊间隙无关。作用在物料上的压力决定于作用力 F 和受力面积 A，其平均压力为 F/A。压力分布实际是一条曲线，沿轴向辊面中间达到最大值。粉碎效应是压力的函数，平均辊压在 80~120MPa 范围内，细粉增速最快，当超过 150MPa 后，细粉增加缓慢（图 2.3.2）。实际上真正起作用的是最大压力区，一般最大压力角为 1.5°~2°，而平均压力角为 8°~9°，最大压力区的压力是平均压力的 2 倍左右。物料通过辊压后，粒度减小，形成不少成品（图 2.3.3）。即便颗粒未碎，因裂缝增加，也改善了后续的易磨性。

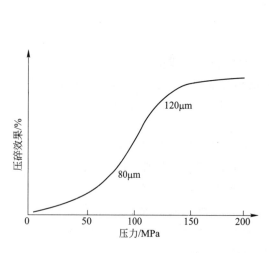

图 2.3.2 压碎效果和压力的关系

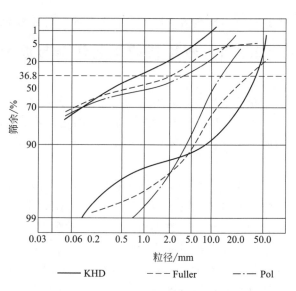

—— KHD   --- Fuller   -·- Pol

图 2.3.3 辊压机前后的粒度变化

所以，要实现高压料床粉碎，一是要强制喂料，物料必须以料柱形式充满辊隙，颗粒间少有自由空间，成为料床；二是磨辊直径要与料床厚度匹配，且单位磨辊宽度所施加的压力需要与之对应。

3）生产能力计算

辊压机生产能力是指单位时间内，物料通过辊压机系统的量，其中包括循环负荷。

（1）单机生产能力

$$Q = 3600Bev\gamma \tag{2.3.1}$$

式中　Q——辊压机生产能力，t/h；

　　　B——辊压机宽度，m；

　　　e——料饼厚度，等同辊隙间隙，m；

　　　v——辊压机辊子表面线速度，m/s；

　　　γ——料饼比重，t/m³，由试验得出，生料取 2.3t/m³，熟料取 2.5t/m³。

（2）新生比表面积计算法

$$Q = \frac{KS_0Q_R}{S_1} \tag{2.3.2}$$

式中　Q——辊压机生产能力，t/h；

　　　S_0——开路满负荷生产时，料饼经打散后的比表面积，m²/kg；

　　　Q_R——辊压机处理能力，t/h；

　　　S_1——辊压机产品比表面积，m²/kg；

　　　K——通过量波动系数，取 0.8～0.9。

（3）处理能力　辊压机的处理能力按下式计算：

$$Q_R = \frac{Q(1+L)}{K} \tag{2.3.3}$$

式中　Q_R——辊压机处理能力，t/h；

　　　K——通过量波动系数，取 0.8～0.9，若 Q_R 是保证值，K 取 1.0；

　　　L——辊压机循环负荷，%。

（4）循环负荷　是指返回辊压机的物料量与新喂料的比值。它的计算式为：

$$L = \frac{Q_R - Q_r}{Q_T} \tag{2.3.4}$$

式中　Q_R，Q_r，Q_T——分别为辊压机通过量、系统成品水泥台时产量、新喂料的量，t/h。

循环负荷恰当，能与辊压机的新喂料形成合理的粒径组成，提高料饼的密实性，改善挤压效果。合理的循环负荷取决于辊压机与球磨机的协同关系：边料循环的预粉磨和混合粉磨流程，一般取为 $L<1.5$；半终粉磨流程，$L=3.0\sim4.0$；终粉磨流程，$L=4.0\sim6.0$。

4）磨辊直径、辊宽的确定

辊压机的辊径 D 和辊宽 L 之比，是设计中最为敏感、关键的参数，它决定辊压机的工艺性能。

当磨辊对物料的径向压力、物料与磨辊表面的摩擦力及磨辊间隙相同时，采用大辊径、小辊宽辊压机的优点是：越容易咬住较大的物料颗粒；压力区变大，物料受压过程较长，颗粒有较多的机会调整受压位置，使料层各部位受压均匀；辊径大、惯性也大，运转平稳；所配轴承大，更有利于受力，且有足够空间便于轴承安装与维护。其缺点是：辊面较窄，使边缘效应增大，在处理过的物料中，未被真正挤压而从辊子两端逸出的物料较多，挤压出的产品均匀度低；大辊径的辊面曲率小，在单位辊宽施加的粉碎力相同时，高压区域最大挤压应力的峰值会下降，故需增加总的挤压粉碎力，以适应脆性物料的要求。而小辊径、大辊宽辊压机的优缺点与以上情况相反。

故 D/L 的取值通常要考虑入机粒度、出机细度、磨辊承载能力、液压系统加载能力、生产能力和经济性等因素。一般入机粒度小于 25mm、咬合性良好的物料，辊径取 0.8~1.2m 之间；当产量要求较高时，则适当增加辊宽，以 $D/L=1.1\sim1.2$ 为宜；在装机功率相同的条件下，来料粒度较大时，辊宽宜偏窄取定，以防止传动系统过负荷；挤压细粉时，辊宽宜放大，同时还须提高液压系统的工作压力，重新核算和选型主轴的承载能力；要求辊压机出机物料较细时，可适当增加辊宽，提高主电机的利用率。

Polysius 公司设计倾向于用大辊径、小辊宽设计磨辊，其比值 $D/L>2.5$；KHD 公司生产的辊压机则多为小辊径、大辊宽的磨辊，D/L 通常在 1~2.5 之间。

5）磨辊转速

一定范围内提高磨辊转速，生产能力就会增大，但超过一定值后，生产能力就不再增加。辊压机的转速常用辊子的线速度表示，通常为 1.5~1.6m/s。换算成转速为：

$$n = \frac{60v}{\pi D} \tag{2.3.5}$$

式中　n——转子转速，r/min；

　　　D——辊子直径，m；

　　　v——辊压机辊子表面线速度，m/s。

6）确定辊隙的依据

辊压机两辊之间的间隙称为辊隙，在两辊中心连线上的辊隙称为最小辊隙，用 e_{min} 表示。生产调试时，要根据辊压机的工作状态和原料性质，调整到比较合适的尺寸；原料情况一旦变化，更要及时调整。最初设计的最小辊隙，可按下式确定：

$$e_{min} = K_e D \tag{2.3.6}$$

式中　K_e——最小辊隙系数，对于熟料，K_e 取 0.016~0.024；对于生料，K_e 取 0.020~0.030。

7) 磨辊压力的作用

辊压机是在高压、慢速、满料床的条件下挤压粉碎物料的。磨辊压力是表示它挤压物料所具备的粉碎能力，是辊压机的主要工艺参数。平均辊压在 85～120MPa 时，粉碎效果最好。挤压力太小，不能充分发挥料床粉碎的优势，影响粉磨效率；挤压力太大，不仅对设备强度要求高，而且要增加无谓的能耗。粉碎后细粉比例也受平均辊压影响，说明该值不只影响粉磨效率，更会影响产品质量。因此，磨辊压力是辊压机设计中的关键指标。

但磨辊所承受压力并非常数，为了方便计算和比较，一般用磨辊投影压力 P_r 表示，其计算式为：

$$P_r = \frac{F}{BD} \qquad (2.3.7)$$

式中　P_r——投影压力，kPa；

　　　F——辊压机的总压力，kN；

　　　B——磨辊有效宽度，m；

　　　D——磨辊直径，m。

早期作为预粉磨时，磨辊的投影压力波动于 8500～10000kPa，相当于平均压力为 120～150MPa。当前联合粉磨的磨辊投影压力已降至 5000～6000kPa，相当于平均压力为 70～85MPa。实际对挤压效果真正起作用的是最大压力。

8) 辊压机的功率

辊压机要求的功率与被挤压物料的品种、工艺流程有关，可用式（2.3.8）表示。

$$N_0 = K_1 Q_R \qquad (2.3.8)$$

式中　N_0——辊压机的功率，kW；

　　　Q_R——辊压机物料通过量，t/h；

　　　K_1——单位产品功耗，kW·h/t，见表 2.3.1，在配用电动机功率时，应乘以备用系数 1.10～1.15。

表 2.3.1　不同粉磨系统流程的单位产品功耗 K_1　　　单位：kW·h/t

流程	预粉磨	半终粉磨	终粉磨
循环负荷	150	300～400	400～600
熟料	3.3～3.5	2.4	
生料	3.5	2.1～2.3	1.9～2.2
矿渣	6～7		4.5～5
石灰石	3.0		

为表述系统功率的有效性，特定义如下概念：

（1）系统能量转化系数 E_{Rr}

$$E_{Rr} = \frac{S_R Q_r}{N_{RT}} \qquad (2.3.9)$$

式中　S_R——预粉磨后物料的比表面积，m^2/kg；

　　　Q_r——系统成品水泥台时产量，t/h；

　　　N_{RT}——系统主机装机计算有效功率，kW。

（2）预粉磨能量转化系数 E_P

$$E_P = \frac{S_R Q_r}{N_p} \qquad (2.3.10)$$

式中　　N_P——预粉磨系统主机装机计算有效功率，kW。

这两个转化系数的比较结果，说明了辊压机作为粉磨系统一部分所做的贡献大小。

2.3.2　辊压机类型、结构及发展方向

1）类型

辊压机按传动动力配置，可分为双传动与单传动。

大多数辊压机动力配置为双传动磨辊。但也有开发出的单传动辊压机，即两个磨辊用一个电机驱动，另一个磨辊用齿轮传动，不设置液压传动及氮气缓冲装置。使用证明，单传动比相同能力的双驱动辊压机，一次性投资省约1/3，装机功率少1/2，因无须液压传动等装置，维护量小。而且动辊一侧有一排弹簧机构，施加的压力具有缓冲力，当原料中不慎混入金属异物时，它的避让功能可缓冲对辊面的损伤，而挤压效果与双驱动辊压机基本一致，因此，它在铁矿石等坚硬物料的粉碎中得到首肯。目前，单传动辊压机最大规格为$\phi 1200mm \times 500mm$，适于与$\phi 3.2m \times 13m$管磨机相配。

2）主要构件

辊压机结构主要包括压辊轴系、传动装置、主机架、液压系统、进料装置等部分，见图2.3.4。

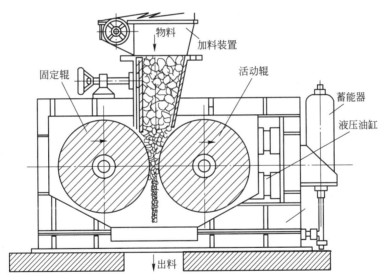

图 2.3.4　辊压机结构示意

（1）挤压辊　磨辊分活动辊和固定辊。固定辊是用螺栓固定在机体上；活动辊两端通过四个平油缸对磨辊施加液压力，使磨辊轴承座在机体上滑动，并对磨辊产生 100kN/cm 左右的线压力。主轴与磨辊有整体结构，也有分片辊套结构，一般较多运用整体结构。压辊的轴与辊芯为整体，表面堆焊耐磨层，硬度可达 HRC55 左右，寿命为 8000～10000h；磨损后一般不需拆卸磨辊，直接采用专用堆焊装置堆焊。

磨辊材质与立磨相似，从铸钢到金属陶瓷，磨辊使用寿命翻倍，碾压效率提高。

（2）传动装置　辊压机的传动装置有两种。一种是辊轴用联轴节和行星减速机直接连在一

起，电动机悬挂在减速机上通过三角皮带传动，整个传动机构和辊轴同时运动；另一种是电机置于地上，通过万向联轴节、减速机与辊轴相接，并靠万向联轴节适应双辊之间的摆动。以上两种均为双传动。为了确保传动装置可靠，辊压机还为传动专门配备了以下安全机构。

① 氮气蓄能器。辊压机的磨辊压力是由蓄能器保持，其大小将影响挤压效率。压力过低，蓄能器的作用减弱，辊压机振动变大，料饼表面粗糙，质地松散，密度小，挤压效果差；压力过高，能耗高，辊面磨损快，液压系统使用寿命短。国内一般控制在 7～8MPa 压力，电流也会随规格在 17～23A 范围内波动。

② 位移传感器。位移传感器用于检测动辊的实际位移量。它所检测到的数据，由位移变送器经电控柜传输到中控室，纠偏程序根据此反馈数据进行纠偏，因此，要求检测的数据必须准确可靠。

③ 扭矩支撑。它用于补偿辊子轴承座的移动量，减小对减速机的反冲击力，保护传动装置。

（3）液压系统 液压系统主要由油泵（动力元件）；液压缸（执行元件）；电磁球阀、安全球阀、单向阀（控制元件）；蓄能器、压力传感器、耐震压力表等辅助元件组成。蓄能器预先充压至小于正常操作压力，当系统压力达到预设压力值时，开始喂料，辊子后退，方可启动液压油泵，继续供油至预定压力后，油泵停止。辊压机正常工作时，油泵不工作，由蓄能器保持相对稳定的系统压力。当系统压力过大，油会排至蓄能器，使压力降低；如压力继续超过上限值，就会自动卸压保护设备；只有系统压力降至下限时，控制元件会自动启动油泵，为系统供油、增压。

液压系统设计分刚性系统和柔性系统。洪堡公司为减小活动辊的水平振动，提高设备运行平稳，采用大蓄能器关闭、小蓄能器开启的刚性系统；而合肥院为减小物料颗粒波动对传动系统产生冲击角度，采用所有蓄能器全部打开的柔性系统。

液压系统还有对磨辊的纠偏功能。当辊压机辊隙偏差大于 5mm 时，纠偏程序就为辊隙大的一侧加压，小的一侧泄压，直至辊隙恢复正常。

因此，液压系统的正常是保证辊压机有效运行的基本条件［见 6.3.4 节 5）（3）］。

（4）进料装置

① 棒条闸阀与气动阀。早期喂料装置内衬采用耐磨材料。设计有弹性浮动的料斗结构，料斗围板与磨辊端面挡板用蝶形弹簧机构，使其与磨辊滑动而浮动。

磨辊上方配置有棒条闸阀与气动阀，控制下料量（图 2.3.5）。棒条闸阀的开度，始终应与辊压机台产、磨辊电流、出料提升机电流、稳料仓内料柱和配料秤下料量等保持匹配，棒条闸阀的作用不仅如此，还能控制物料沿辊隙均匀分布在两磨辊之间，保持辊隙宽度一致，减小磨辊左、右压差，出料粗细均匀。因此，应提高棒条材质的耐磨等级。

② 布料器及排风罩。为了避免物料在入辊中产生离析现象，称重仓顶部设置布料器，呈空间十字交叉垂直型，并要求新入物料与打散分级机的返回料分别进入稳料仓（图 2.3.6）。

增设排风罩可使入料中的细粉利用辊压机收尘系统，直接为半成品，以调节返辊压机的细粉量。

③ 斜插板。在辊压机未使用专利的进料装置之前，进料口上方的斜插板是控制料柱压力的最后一道关口，决定辊压机的产量。故此处应设斜插板，增加给料压力，提高密实度。插板位置调节过高，料柱压力大，进辊压机料量多，辊隙大，冲过辊隙的物料受挤压效果差，半成品粒径粗，不利于下道研磨工序；插板位置过低，入辊压机料量较小，料层难以稳定，甚至振动。此处可安装刻度盘，用以调整中观察，直到最佳位置。

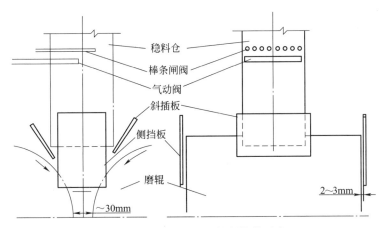

图 2.3.5　辊压机喂料控制结构示意

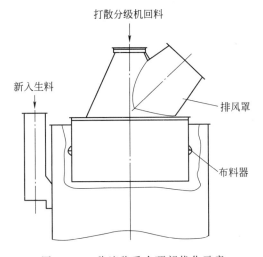

图 2.3.6　稳流稳重仓顶部优化示意

斜插板与喂料溜子间要重视两个缝隙：一是边侧与溜子内壁间的缝隙，在溜子内壁焊接厚 40mm 的耐磨钢板，平行辊面方向上与侧挡板间距离应小于 10mm，以防止物料外溢；二是承料面与溜子底边的缝隙，向下加长溜子底边，距离斜插板承料面 5~10mm（图 2.3.7）。两个缝隙还不能过小，影响斜插板的调整，为此，插板制作也要精确、平整、耐磨。

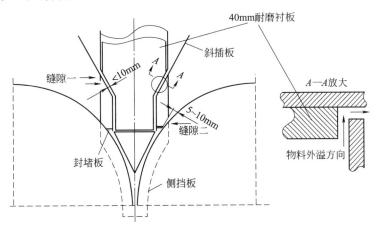

图 2.3.7　斜插板与喂料溜子、定辊、动辊封堵示意

95

双边对称调节斜插板，便可控制仓内的料面保持恒定。只要磨辊压力有富余，斜插板提起，物料通过量就会增加，辊隙将随之加大，就可获得较高的粉磨效率。

④ 侧挡板。侧挡板配置在磨辊两侧，可缓解物料向磨辊两侧卸压的边缘效应，让辊压机受压面始终处于饱和，辊隙也才能稳住。侧挡板与磨辊端面间距要能调整，一般为 2～3mm，甚至更小。一旦侧挡板磨损，两侧漏料量就会增多，料中便会混有较大颗粒，增加提升机电流，加快提升机磨损，还严重影响辊压机总体产量；如果两个侧挡板间距大小不一，磨辊两端物料受力就不会均衡，辊隙差变大，出料粒度粗细不均。

故侧挡板材质应采用耐磨钢板或耐磨合金铸钢，且表面光滑，以便准确安装控制间隙。

（5）润滑系统　它是保障主轴承及其密封的装置，各润滑点由油泵自动集中供给，添加油脂的原则是少量频繁，通过分油器按比例定时添加油脂，且油泵压力、单次供油量均可调整。为了保证每个润滑点均能得到预先设定的油脂量，KHD公司和合肥院产品中选用的分油器均可做到只要有一个油路受阻，整个系统将停止供油，并发出报警，避免任一油路堵塞造成故障。

（6）压辊轴承　大型辊压机用多排圆柱轴承，小型的采用双列球面滚珠轴承。

（7）主机架　机架采用焊接结构，由上、下横梁及立柱组成，相互之间通过螺栓连接。磨辊间的作用力由钢结构上的剪切销钉承受，使螺栓不受剪力。固定辊的轴承座与底架端部间通过胶皮起缓冲作用，活动辊的轴承底部衬以聚四氟乙烯，支承处铆有光滑镍板，与主机架通过铰连接。

（8）冷却系统　为控制主轴承、主减速器以及磨辊的工作温度，可设计冷却系统。对大辊径、窄辊面的磨辊，因主轴有较大散热面积，可不设冷却装置。

（9）检测系统　主要检测的参数有：磨辊间隙、主轴承和主减速器温度、液压系统工作压力等。为检测与控制各运行参数，检测元件分布在各系统和部件中。所检测到的实际运行数据，可通过软件编程，实现各部件间的连锁与安全保护。

3）技术发展方向

① 改善磨辊材质，适当增加磨辊压力，提高挤压效率。辊压机粉磨水泥时，由于国产辊压机磨辊与油泵工作压力只能承受 7～8MPa，而国外先进辊压机承受 16～20MPa 的高压，而国内与国外先进辊压机所得产品比表面积分别约是 140m^2/kg 与 180m^2/kg（图2.3.8），都存

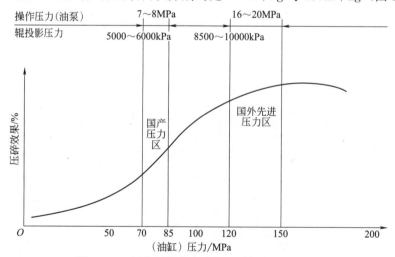

图2.3.8　国产与国外先进辊压机料床压力对比

在一定差距。因此，实际生产中，无法保证管磨机入磨物料细度小于 1mm，也无法为管磨机单仓纯研磨提供良好条件，使粉磨电耗多了 5～6kW·h/t。因此，改善磨辊材质，适当增加磨辊压力，就是辊压机技术进步的方向。

当无法保证入磨物料细度在 1mm 以下时，管磨机的配球仍摆脱不了直径≥30mm 的大球，或辊压机装机容量不能≤13kW·h/t，平白增加 5～6kW·h/t 电耗。

② 实现终粉磨流程。实践证明，辊压机终粉磨粉磨生料比立磨节能 1/3。但粉磨水泥时，因受水泥性能，特别是需水量影响，以及辊压机液压系统、辊面寿命等因素，目前还有一定困难。但振兴金隅水泥采用多转子动态选粉机，大胆试用此流程，实现了粉磨水泥无球化工艺（图 2.3.9），电耗降低 20%，噪声低，水泥温度只有 20℃。此模式与另一台联合粉磨系统搭配，以工业化规模取得终粉磨技术的突破。与其他流程相比，不仅系统电耗降低 3～5kW·h/t，水泥性能也不差（表 2.3.2）。此结果表明辊压机终粉磨将是应用的发展方向。

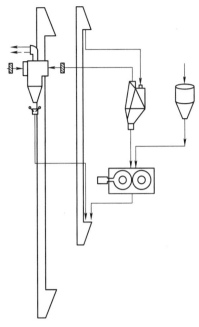

图 2.3.9　辊压机终粉磨工艺流程

表 2.3.2　辊压机终粉磨与联合粉磨水泥性能对比

检验指标		联合粉磨	终粉磨
需水量/L		26.5～27.5	27.5～28
抗压强度/MPa	3d	27～32	27.4～32
	28d	53.5～58.5	54.9
初凝/min		146～162	160～180
终凝/min		204～222	218～238

③辊压机在分别粉磨工艺中的作用。在分别粉磨中的易磨物料，对要求粒径范围较窄的易磨物料，可充分发挥辊压机终粉磨优势。

2.3.3　辊压机的节能途径

1) 提高与管磨机协同的指标

评价辊压机在粉磨中的效率，要看辊压机规格与磨机规格的大小关系比 K：

$$K = \frac{N_R}{N_M}$$

式中　N_R，N_M——辊压机、磨机的装机功率，kW。

根据经验，为充分发挥辊压机的挤压效益，此值不应太小，一般要在 0.6 以上，它与选定粉磨的不同流程有关，更与辊压机与磨机的各自性能与应用水平有关。

2) 选择与管磨机协同的最佳流程

目前，由辊压机和闭路管磨机组成的常见粉磨工艺流程形式有：预粉磨、混合粉磨、联合粉磨及半终粉磨，见图 2.3.10。

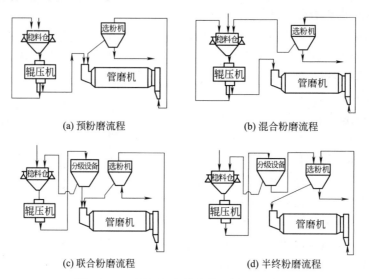

(a) 预粉磨流程　　　　　　　　　(b) 混合粉磨流程

(c) 联合粉磨流程　　　　　　　　　(d) 半终粉磨流程

图 2.3.10　辊压机与管磨的不同流程配置

预粉磨时，辊压机是用侧挡板控制回料，将磨辊两端受压不足的物料分离后返回辊压机，中部受压物料才喂入后续磨机。侧挡板可以使系统能力增加近 50%，主机电耗下降 14%。为了减小边缘效应，磨辊直径宜小，而辊面宽。

混合粉磨的控制回路长、调整缓慢，且由于它将闭路磨的粗粉都返回至辊压机稳料仓，使辊压机的喂料粒径受磨机影响，增产节能效果不明显。现在混合粉磨流程系统，多已改为预粉磨流程。

联合粉磨由于用分选设备与辊压机组成粗料循环闭路系统，可将辊压后的较细颗粒选出入磨，为后续磨机节电创造了条件。磨辊可选直径大、辊面窄，有利于适应较大颗粒物料，料层易稳定；延长挤压物料时间，提高轴与轴承承载能力，延长使用寿命。它还能分选出细粉作为产品，此时有了半终粉磨流程的趋势，见图 2.3.11。

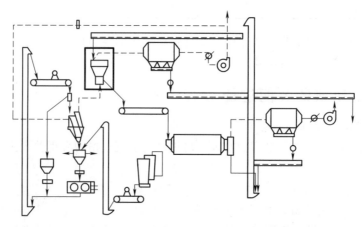

图 2.3.11　联合粉磨中合并选粉工艺布置

半终粉磨流程比联合粉磨更有利于节能。它是靠辊压机与球磨间增设各类分级设备，如静态沉降三分离选粉、双转子三分离选粉、组合式＋液化床选粉、组合式＋双分离选粉、组合式＋侧进风选粉、组合式＋开流磨等。其中以双转子三分离的半终粉磨系统（图 2.3.12）成为改造趋势。这类半终粉磨流程中，选粉机内部串联有双转子，可实现粗粉、中粗粉和细粉三分离，其中第一个转子主要对大于 1mm 的粗颗粒控制，使其返回辊压机，第二个转子实现半终粉磨功能，将小于 $30\mu m$ 的细粉取出直接为产品，介于 $30\mu m \sim 1mm$ 的中粗粉进入球磨机研磨。此改造虽会增加投资，每个转子还要增加阻力约 $500 \sim 2000Pa$，并增设三套收尘排风系统。但从全系统得失平衡看，最终还能降耗 15％～20％。

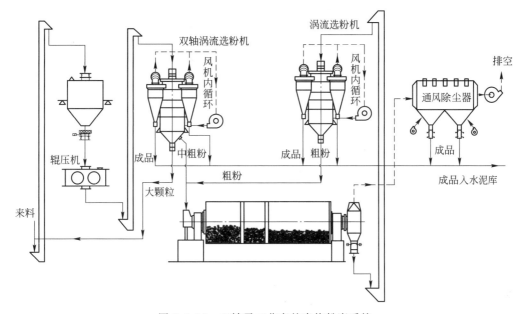

图 2.3.12　双转子三分离的半终粉磨系统

无论何种配置方式，辊压机要让入磨物料的粒径小而均齐，为磨机改为单仓，甚至开路创造条件，减小磨内阻力，钢球配比简单，具有节能潜力。目前国内粉磨技术尚未达到该理想结果，与辊压机的磨辊压力不足或原料的稳定性不够有关。表 2.3.3 给出 $\phi 4.2m$ 管磨机与辊压机不同配合方式下，系统能力、增产与节电幅度等方面的比较，从中可看出粉磨工艺流程应该选择的方向。

表 2.3.3　粉磨工艺流程闭路系统的各指标对比

粉磨流程	一级闭路	预粉磨	联合粉磨	半终粉磨
磨机规格	$\phi 4.2m \times 12m$	$\phi 4.2m \times 11m$		2800kW
辊压机规格		$\phi 1.4m \times 0.65m$ 2×500kW	$\phi 1.4m \times 1.0m$	2×650kW
系统能力/(t/h)	78	115	150	160
增产幅度/％		47.44	87.18	105
主机电耗/(kW·h/t)	34.26	29.36	25.37	25.58
主机节电幅度/％		14.3	25.9	25.3

3）改进料饼打碎与分选设备

对密实料饼进行打碎并分选工作，不仅为下道工序节能做准备，也直接影响辊压机自身喂料质量和挤压效果。在辊压机应用初期，曾使用与锤破相似的锤式料饼打碎机，设备磨损极快，且不具备粒径分选功能，很快被高效、具有选粉功能的设备［见2.4.2节2）（3）］所取代。

4）严格控制喂料质量

① 稳定喂料的粒径组成。辊压机应对入辊原料粒径组成有严格要求，它对辊压机稳定运行、节能与质量都有影响。其中最大粒径不仅要小于两辊间隙，而且还因它对物料的拉入角（6°）比立磨小（12°），料层不能过厚，其最大粒径还要减小；同时，还应有一定比例的小颗粒，以提高挤压料饼的密实度，设磨辊直径为D，小于$0.03D$粒径的颗粒应占总量95％以上；最大粒径不宜大于$0.05D$；平均粒径应在20mm以上，依据辊径分布在25～45mm之间；小于5mm粒度的物料不应高于50％。这些粒径要求将直接影响对物料的挤压效果。如发生单粒物料过大或过小，甚至形成大小粒度的物料群，其结果不是粗料卡在某个部位、机体振动，就是细粉中含有空气，使辊压机"激振"，导致液压缸漏油或损坏主轴承等事故发生。

为满足上述要求，辊压机喂料是通过两条渠道合理、均匀搭配完成，既要保持新喂料的粒径稳定，也要对选粉后的切割粒径严格控制［见2.4.3节5）］。

② 适宜的含水量。当入辊物料含水量过大，且V形选粉机又无法烘干时，潮湿物料就会在小料仓内附壁黏结，或团聚成球块，增大循环负荷而过粉磨；同时，增大的空气湿度会使风机超电流，而且还易使后续管磨饱磨。但含水量过低、细粉又多时，物料流动性过大，也难以形成料饼，造成冲料。

因此，入辊物料的综合含水量应小于1.5％，介于0.8％～1.3％之间较为理想。

③ 由于辊压机的料层较薄，它的辊面比立磨更难承受金属异物的威胁，故更需严格控制金属杂质混入［见2.3.4节3）（2）］。

④ 关注物料的脆性指数及易磨性。在常见的水泥辅助原料中，石灰石、石膏、粉煤灰和油页岩有助磨、洗磨作用；矿渣和钢渣易磨性差，掺量少时有填隙作用，如掺量过高，系统产量降低；而熟料的易磨性变化更大，与煅烧制度、燃烧气氛、冷却速度及放置时间长短都有关。

5）控制喂料量的稳定

辊压机是对喂料稳定性要求最高的粉磨设备。为稳定喂料量，需要配有以下装置。

（1）制作稳料仓　为让辊压机能有稳定料压，形成稳流，必须制作合理的稳料仓及稳定的料柱，其中仓的外形与尺寸至关重要。该仓一定要位于辊隙的正上方，确保垂直进料，高度不低于3m，以保持入料的料柱压力；仓的外形一定是长柱形而不能呈锥形，上下断面保持一致，下料管断面不能过大，而且仓容不低于30t；并确保喂料沿辊长度方向连续均匀，彻底避免物料在料仓内可能发生的粗细离析，不发生辊压机功率的非周期性波动。

稳料仓的进出料溜子应为软连接，以保证仓重的准确反馈，软连接处不得有积料或异物阻塞，稳料仓的支撑腿下无积料或结块。

（2）改进喂料装置　用成都久泰科技有限公司研发的双杠杆铰链式双调节中心喂料装置［图2.3.13（a）］，替代原有斜插板的进料装置。该装置改变靠辊子圆周力将物料带入拉入角挤压的原理，靠增加入料管的延伸板，让物料直接进入两辊之间，通过双流量调节板调整通过量，避免漏料磨损辊子端面及不能及时调整侧挡板加快磨损的弊病。它易于调整，控制精准、灵活，运行平稳，不会再因电流差及辊隙压力差而跳停，也降低对进料粒度变化的敏感，能使单位水泥电耗下降 $3\sim5kW\cdot h/t$。且将人工现场调整改为中控室集中及时控制，能靠中控操作员及时调整，还节省现场人工。

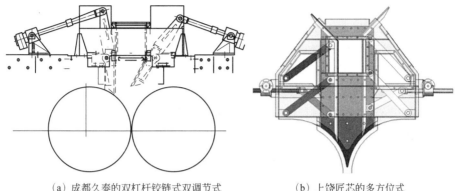

（a）成都久泰的双杠杆铰链式双调节式　　　　（b）上饶匠芯的多方位式

图 2.3.13　辊压机中心喂料装置的进步

　　几年后上饶匠芯公司采用自己的专利技术——新型多方位进料装置［图 2.3.13（b）］，再辅之其他技术，使辊子运行更加平稳，两台主电动机在正常运行状态时的电流达到额定电流 $80\%\sim90\%$。

　　（3）严格控制斜插板与喂料溜子间的两个缝隙　一是边侧与溜子内壁间的缝隙。应在溜子内壁焊接厚 40mm 的耐磨钢板，该钢板在平行辊面方向与侧挡板间的距离应小于 10mm，以增加对物料外溢的阻力，见图 2.3.14。

　　二是承料面与溜子底边间的缝隙。只要向下加长溜子底边，距离斜插板承料面 $5\sim10mm$；也可在整体挡板上方截去 280mm；要加宽连接法兰，但安装孔位置不用变；螺栓孔改为可调节，不但使侧挡板与辊侧面间隙上下、左右一致，而且能方便地调整到 $2\sim5mm$，如图 2.3.15。

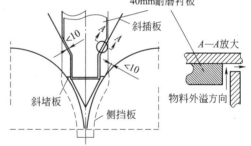

图 2.3.14　斜插板与喂料溜子、磨辊间的封堵

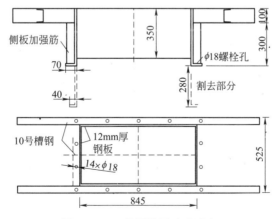

图 2.3.15　喂料溜子改造示意

　　为保证两个缝隙调整自如，斜插板的加工应精确、平整。

　　稳料仓的进出溜子应为软连接，以准确反馈仓重，软连接处不得有积料或异物阻塞，稳料仓的支撑腿下无积料或结块。

6）合理要求产品粒径范围

在控制粉磨产品质量时，仍要根据产品要求，控制它们的粒径组成，而不是只满足筛余与比表面积［见2.1.3节4）］。

辊压机对产品粒径组成的控制手段较为复杂多样，主要取决于它与球磨机的配合方式。联合粉磨将最终依赖球磨机控制；半终粉磨则由分选设备的部分产品粒径，与球磨机粒径控制的部分产品粒径确定其综合效果。此时粒径范围较宽，适合粉磨水泥。若辊压机终粉磨，则由料饼打散状态及选粉的切割粒径决定，此时粒径范围较窄，更适合粉磨生料。

为能合理选定适合产品粒径的粉磨设备，表2.3.4给出两者的对应关系。

表2.3.4　粉磨设备与产品粒径要求的对应关系

产品	原料组分	粒径范围要求	最节能流程	对应粉磨设备	物料停留时间
生料	多	较窄	终粉磨	辊压机	<1min
煤粉	单一	窄	终粉磨	立磨	5~6min
矿渣粉	单一	窄	终粉磨	立磨	6~10min
水泥	多	较宽	半终粉磨	辊压机+磨机	25min左右

7）保持良好的磨辊表面

磨辊磨损后，辊隙就会加大，出料中的粗颗粒增多，且难以形成料饼，磨机产量下降，系统内循环量加大。尤其磨损不均匀时，辊隙还要频繁改变，让动辊周期性进退，甚至偏摆，同时减速机上的扭力盘也偏摆。因此，延长辊面寿命成为辊压机运行节能的基本条件。

因此，要求辊面不仅要有耐磨性，耐磨层硬度在HRC60之上，还要有高韧性，表层不能有整块剥落现象，否则危害更为严重。同时，对辊面保护层也尝试了多种表面形状，由最初的一字形、人字形、波浪形、网格形、柱钉形，最终演变成菱形网格加柱钉形，改善了挤压过程中物料对表面护层的施力状态，延长其使用寿命。为了提高磨辊的韧性，企业应有备用辊，以便在必要时能离线返厂堆焊，在较好的热处理环境下堆焊修复［见9.4.4节2）］。

8）适当使用助磨剂

在辊压机与球磨联合粉磨的生产线上，如果将助磨剂加在辊压机喂料皮带上，辊压机会频繁冲料而无法稳定。但加在球磨机的喂料处，并且占总用量2/3~5/6时，原系统可增产10t/h，约7.9%，节电2.29kW·h/t。说明助磨剂仍能降低新生表面的活化能，减小颗粒产生微裂纹所需应力，提高辊压机挤压效果；也可提高料饼的打散效果，及时将细粉选出，提高选粉效率；而入磨物料的细粉增加，再加入助磨剂，还能提高粉磨效率。在此，助磨剂的效益将是三者效果的叠加。

但稳定喂料的颗粒级配是关键要点，助磨剂分配量必须与之对应，否则会适得其反。

9）运行参数的优化

（1）辊隙的设置　只有辊隙设置恰到好处，才能合理设置磨辊的工作压力。如果辊隙过大，即使磨辊压力再大，粉磨效率也不见得高；辊隙过小，磨辊会因受力过大而引起振动，甚至威胁磨辊的自身安全。

辊隙设置要依据磨辊所能承受的最大压力，一般它应调整至辊轴电机额定电流的60%左右，国产辊轴所能承受工作压力为8MPa左右。随着磨辊磨损，辊隙会发生变化，就需要及时调整。

（2）磨辊压力的设置　当辊隙确定后，在磨辊允许的最大荷载范围内，选择适宜的磨辊工作压力，就是辊压机实现耗能最低运行的关键参数。而影响压力设置的主要因素是磨辊结构与材质，以及轴承类型与润滑条件。

江西上饶匠芯机械设备公司将磨辊压力从国内常用的 85～120MPa 提高到 240～300MPa，使辊压机出料口细粉 0.08mm 筛余达 70%，比原来降低 10% 左右；入磨比表面积比原来提高 40～60m²/g；减小了物料循环量。同时他们还改造辊压机辊缝调整装置，使辊子运行更加平稳，运行摆动幅度更小（±5mm）。在落实此措施时，必须重视料仓仓位的稳定，采用仓位自动控制系统及物料自动跟踪系统，达到入料水分、温度等各项物理性质的稳定。

磨辊压力是来自液压系统向磨辊施加的 50～200MPa 高压。因此保持两个磨辊的辊轴平行，是磨辊对物料施力均匀的条件。

（3）用风量的调节　根据工艺组合，辊压机粉磨系统可有 1～3 台风机配置，正确调节它们必将有利于节能。

① 当系统中选粉机与辊压机、磨机共用一台风机时，虽设备简单，但难免相互干扰，不是影响辊压机对物料的挤压效果，就是影响磨机的粉磨效率，选粉机的效率更要受到牵连。

如增加风量时，会使磨内风速提高，入选粉机的粗粉增加，产量虽增加，但产品粒径组成变宽，系统阻力及电耗都相应增加；而为改善粉磨效果减小风量时，一定会影响选粉机内的物料分散与选粉效率，使得系统很难获取最佳节能效果。

② 当系统为多风机设置时，则必须根据彼此分工、相互协调的方式进行调节〔见 5.1.4 节 1)（3）〕。采用的双风机、三风机系统仍会有不同选择的配置方式。比如辊压机循环风回 V 选的风量，既可来自联合粉磨的自备风机，也可来自半终粉磨的风机。

辊压机旋风分离器的出风常是循环风机的进风，出风既可回 V 选，也可与来自管磨机的排风共同并入管磨机选粉机，再经收尘及主排风机排出（图 2.3.16 中 1 号）。若增加去 O 选的风量，就要开大 1 号主排风机风门，否则就影响磨内通风；反之，若调整磨内通风，也要调节循环风机去 V 选用风。两个调节相关性很强，彼此相互制约。

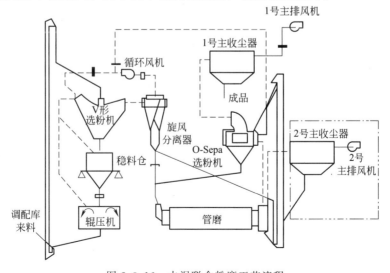

图 2.3.16　水泥联合粉磨工艺流程

若系统配置三台风机，增加2号主排风机与收尘器（点划线内区域），它将原磨机排出废气直接从此处排出，再不通向O选，使1号排风机与收尘器成为独立除尘与排风。显然，三风机系统更便于单独控制，各自风路都有专用风门控制，磨机与辊压机彼此不相干扰，但要增加设备数量。

③ 风量调节同样受系统漏风影响，它能降低风量调节的灵敏度。系统越复杂，漏风机率越大，尤其是收尘器的漏风，不但隐蔽，而且影响最大。

④ 风机调节是平衡辊压机挤压能力与管磨机粉磨能力的手段之一，它不仅能改变辊压机的回料量，改善入辊原料的粒径组成，又能改变入磨物料的粒径。如磨机能力相对小时，可以加强循环风机用风量，以减小入磨物料粒径。

总之，不能轻视风机的调节匹配作用。看似正常的系统，往往是风机在无谓消耗大量电能。

10）实现操作智能控制

如果用智能控制代替人工对上述运行参数实施优化，通过粒径分析仪在线检测选粉后粗、细粒径的组成，结合所测到的相关风压与温度，便可对喂料量、磨辊压力、辊隙、用风量、选粉回料量等编程控制，围绕粗细料粒径组成，选择最佳效果组合。这样不但更为稳定，也能选到更佳的参数。

若对辊压机实现完全智能控制，不仅需要在线测量辊隙与调节功能，还需要辊压机的结构能对喂料装置和斜插板、侧挡板位置，以及与磨辊间隙的自动调节。如果使用V选，还需要在运行中有对挡板的调节功能。

需要强调，辊压机的智能操作常需要与磨机及选粉机的智能操作结合一体设计编程［见2.1.3节10），2.4.3节7）］，由此可见，当今运行水平与智能化要求甚远。

2.3.4　辊压机的应用技术

1）控制喂料量与回料量比例

辊压机只适用于对中硬、脆性、非黏湿、非金属物料挤压，故应该首先判断物料的物理特性。

（1）调整喂料量的先决条件

① 入磨物料的粒径及含水量应保持稳定，粒径至少用套筛每3d检查一次。进V形选粉机的废气温度足够高，挤压后的产品细度200μm筛余小于1.5%，含水量小于1%。

② 检查磨辊承受压力、电流；外循环斗提机电流；循环风机与主排风机是否均未超过额定值。

③ 检查棒条闸阀位置及辊隙，确认中心进料装置或斜插板、侧挡板位置及磨辊磨损状态。

（2）调整喂料量的操作

① 合理调整稳料仓的料柱高度并稳定。正常保持仓内的料位应稳定在70%～80%，至少50%以上。高料位，料压大而稳，下料量大，可避免入料不实，挤压力不平衡，粗、细料离析；如果入辊料量忽大忽小，挤压力就会反复波动。当仓内料面偏低时，应尽快找出原因，并坚持小幅加量，避免大幅度调整。

② 调整棒条闸阀的开闭与位置。为让物料沿辊隙分布均匀，确保辊隙左右差为3mm以内，可调整稳料仓下方棒条的伸出长度，找出保持对称下料的分布规律。

③ 开机前先将稳料仓喂满，再打开插板，同时给定新喂料量，压住稳料仓。避免初期磨辊通过量大，出现空仓、现场冒灰、料量不稳现象。一旦稳料仓料位稳定，便只需调节斜插板高度，或只凭杠杆铰链式的进料装置控制。

④ 根据喂料性质、通过量、设备状态及产品品种，用双调节中心进料装置或斜插板控制辊隙状态。当入料水分大、颗粒粗，设备振动大时，应上调斜插板，让辊隙变宽；主电机电流过高或增加熟料掺量，要下调斜插板，让辊隙变窄。调节量要适当：若调节得过高，进料量多，辊隙大，物料受挤压效果差，半成品粒径粗；若调节过小，料量小，料层难以稳定，甚至会出现辊压机振动。

⑤ 系统稳定后，离磨辊压力、磨辊电流等极限值越接近，喂料量调整幅度就越要小。密切关注调整效果，注意各参数变化趋势是否向理想方向变化。尤其是外循环斗提电流，它表示返回辊压机的料量与磨机喂料量的比例。为系统运行平稳，物料循环负荷应保持在 250%～300%。

（3）调节回料量的操作　检查料饼厚度，若发现与喂料量、磨辊压力不相称，入磨物料细度也不匹配时，应当调整回辊压机的料量，才可能使系统综合单位电耗降低。调节中应保证辊压机与提升机电流稳定，这种调节虽不常需要，但要定期检查。

① 当进料装置或斜插板不再适宜调节高度时，才调整回辊压机料量。

② 停机时应检查 V 选内挡板磨损状况，判断是否有物料短路或集中下落，可增减挡板或分布方向，提高物料在 V 选内的分散与分级效果。开机后确认调节效果，直至满意为止。

③ 若配置涡流选粉机，可在运转中调节转速与风量，调整粗、细粉范围与比例，控制回料量。

④ 选粉机若有变频调节功能时，每次调整量以 1.0Hz 为限，时间间隔 1min，待电机稳定运行后，再继续调整。避免电机电流升高，引起系统跳停。

⑤ 同时关注各风机开度与各在线阀门位置的协同。

2）主要操作参数的调节

（1）调节辊隙的操作程序　辊隙一般只在改变喂料量、磨辊磨损变化或其他异常变化时才需要调整。调节后的物料通过量应与磨辊压力配合适宜。如调小辊隙，磨辊压力就要增加，磨辊电流加大，辊轴温度及润滑油温度也会随之改变，但不允许超过各自额定值；若辊隙过大，会造成来料不稳，侧挡板有被大料冲掉、落入两辊中间、威胁磨辊安全的可能。调节中，位移传感器能显示辊隙的减少量，且稳料仓荷重、循环提升机电流都随着改变；调节后，辊压机产量增高，且料饼厚度及料饼中的成品粒径都在向着要求的目标靠近，才会得到有效的节能调节。

① 辊压机调试期间，确定辊隙要取决于磨辊的主电机额定功率、辊轴所能承受的工作压力及物料易碎性等物理性能，一般先按磨辊直径 2% 左右设定，以此选定适宜的挡块厚度，以得到满意的料饼厚度，从而确定磨辊的适宜压力。

② 根据磨辊使用寿命的保证值、磨损规律、运行长短，确定停机现场检查辊隙、重新调整的周期。如辊隙变大，应该适当增大回料粒度，并适当减小斜插板开度；如辊隙变小，可适当加大斜插板开度；若如此调节辊隙仍无变化，应立即停机检查侧挡板及辊面磨损状况。

③ 磨损后的磨辊，可以在挡块下增加不同厚度（2～3mm）的垫板，以调整辊隙宽度，此时辊压机主电机电流达到额定值的 60%～80%，工作压力稳定在 7.5～9.5MPa。辊隙重

新调整合理后，才能对稳料仓斜插板及侧挡板再进行调整，以最后稳定喂料量和喂料密实度。

④ 调整磨辊侧挡板间距的幅度不能过大，根据屏幕显示的两辊轴间距进行。

⑤ 如果确实因原料粒径波动大，用斜插板调节无效，而不便调节挡块垫板时，可先采取调节循环风机转速，改变返回粗粉量予以弥补，稳定辊隙。当使用杠杆铰链式双调节中心进料装置后，就可减少人为调节辊隙的工作量。

（2）调节磨辊压力的操作　调节磨辊压力的目的在于：在工作电流不超过额定值的前提下，尽量取磨辊压力上限，以提高辊压效果；反之，当辊压机出现某些故障时，就应降低辊压，以保护设备。

出现以下情况时，都应该核实磨辊压力，及时纠正并重新调整：当发现主动辊、被动辊的磨辊压力异常时；料饼成品含量少、V选返回料变粗、辊压机电流小时；磨辊电机电流变化已不平稳；现场反映磨辊侧板压紧螺栓松弛、扭矩支撑的关节润滑不良、压力传感器失准时。

调节操作手法如下：

① 微调磨辊压力。调节磨辊压力时，需逐渐增加，以接近最佳产量。每次调整后，先观察料饼状态，再确定下一步调节量。调节的最佳目标，不仅要考虑磨辊等配件承受的机械负荷，更要考虑单位产量的电耗量，即增加的用电量是否得到更大的增产。因此，更要密切观察磨辊、风机及提升机几大电机的功率增加趋势与幅度。

② 控制物料循环量。辊压机物料的循环可改善入辊压机物料的粒径组成，从而影响磨辊压力。只有让回料充填原始物料空隙，保持密实，才会改善物料挤压效果，并缓和对辊压机的冲击力，减小机身振动。

对于联合粉磨系统，调节动态涡流选粉机下的翻板，可改变物料循环量。让比表面积小于合格下限（约 $160\sim220m^2/kg$）的粗料，更多返回辊压机稳料仓。若稳料仓内料少或空仓，会降低料饼形成量，影响磨机产量。分析入磨机的物料细度，便可确定可调翻板的最佳开度。除此之外，也不能忽略循环风机风量对细粉循环量的影响。在设备起停阶段，还要重视各因素的变动。

③ 控制斗提机电流。斗提机电流也是调节磨辊压力的参考因素，它能反映辊压机的通过量。在一定范围内，电流过高，表示辊压机通过量太大，磨辊压力应增加，或减小辊压机循环量，可调翻板要向磨机方向多分料；如果磨机能力也不宽松，则应向下调节斜插板，使开口减小，降低总喂料量。

④ 确保辊压机工作压力。导致工作压力不足有四方面原因：液压泵损坏；液压系统泵站输出压力低于设定压力上限；电磁溢流阀堵塞；油箱缺少液压油。一般只要提高泵站溢流阀压力高于设定压力 7.5MPa，便可正常。

⑤ 防止辊压机卸压。运行时发生系统保护性卸压，要检查入料粒度是否偏大，导致辊隙偏差大；或因稳料仓内细粉过多，产生振动（15mm/s 以上）。

⑥ 磨辊磨损后的调节。需要不断加大磨辊压力，同时调整挡块及垫板，保持辊隙宽度更小些，以适应加大磨辊压力。

（3）风机的调节操作　这里只讨论辊压机循环风机的调节，主排风机的调节与磨机风机类似［见 2.1.4 节 5）］。

当出辊压机的物料粒径组成不能满足 0.9mm 筛余小于 50%，0.08mm 筛余小于 20%

时，或出磨细度不能满足选粉与粉磨能力的平衡时，或各风机功率的显示总值及系统用电量未达到最低值时，都需要调整风机。循环风量的具体调节原则与手法如下。

① 要根据辊压机与磨机的流程及匹配状态。以联合粉磨为例，循环风量过大则会造成入管磨机的物料偏粗，磨机的碾磨能力会显不足；风量过小，微粉过多入磨易形成料垫；如果配有涡流选粉机，成为半终粉磨，细粉可成为产品直接分出，风量便可增加。从节能角度出发，为提高物料在辊压机的循环量，此风量不宜过大。

② 统筹兼顾每个风机阀门的调节。在图 2.3.11 中，从旋风分离器出来的循环风量，如果小于回 V 选风量与排至 O 选风量的总和，回 V 选风量就会不够，影响分料效果；如果过大，则循环风机就会憋风，产生振动。如果是图 2.3.12 的设置，虽然没有风机顶牛的可能，但阀门开度仍很重要。

循环风阀一般开度为 100％，并根据 V 选进出口风压和系统工况，适当调整循环风机转速和主风阀开度。不但保持 V 选粉机系统负压，以改善选粉细度，更要保持充足的风量，确保系统产量。

③ 在三风机配置时，调整收尘风机阀门的开度，在细度及出辊压机物料粒度允许的情况下，尽可能将风门开足，使物料在各类选粉机内得到充分分级。

当产品细度较粗、磨内还表现负压不足时，可发挥三风机系统调节优势。除了增加物料在磨内的停留时间外，还可令部分磨尾收尘下的成品返回到出磨斗提中一起进入选粉机，然后仍可增加磨内排风，以满足磨内负压，而不至磨头溢料。

3）辊压机的维护与安全操作

日常维护中，应重点关注运行安全的设计与结构的可靠性。

(1) 重视辊压机轴承安全

① 轴承类型的选择。用多排滚柱轴承加止推轴承的两套轴承组合，才能同时满足振动与冲击载荷的要求。

② 对轴承的合理润滑。由于辊压机主轴承运行工况为重载、低速、粉尘、冲击载荷，润滑的要求是：应当使用适合低速、抗振动冲击的润滑脂，以复合锂基为稠化剂、基础油为高黏度矿物油、石墨为固体润滑剂的合成油脂。其油膜厚度大，黏附力强；要求 40℃时的基础油黏度为 $1 \times 10^{-3} m^2/s$；极压承载力强（四球焊接负荷＞500kg）；耐冲击载荷，油脂中含有特种抗磨添加剂，精细石墨和二硫化钼固体润滑剂，并要求固体润滑颗粒的粒径极小，不会堵塞滤网和输油管路；泵送性好，结构稳定，工作温度范围宽。如果采用智能集中润滑系统 [见 9.1.2 节 2)(2)]，将会实现少量频加，效果更为理想。

③ 采用冲击脉冲振动监测轴承运行。为防止辊压机故障，以往重视磨辊轴承、减速机轴承的温度检测。如果能对轴承的振动进行监测，则发现隐患会有更大的提前量，尤其对重型慢速轴承，用冲击脉冲传感器监测（见 10.1.2.7 节），会有更高的灵敏度。这种灵敏度不仅有利于发现异常，而且有助于判断设备运行的耗能水平。

(2) 金属异物的防除　与管磨机及立磨相比，辊压机系统需要更严格地有效除铁，因为金属异物不仅影响粉磨效率，更威胁磨辊耐磨层及液压系统安全，尤其特大硬质块（耐磨叶片、篦条、锤头及铲齿等）会发生"碰辊"事故。另外，细铁粉还易在空气斜槽上沉积堵塞。

辊压机全系统一般要安装 2～5 台除铁器，且对不同性质的金属异物，应选用不同类型的除铁设备、不同的安装位置。

① 悬挂式永久磁铁除铁器或辊筒式除铁器，适于防混合材钢渣、矿渣带入及检修中带入的铁件，安装在配料皮带机头部、辊压机喂料仓前，并在稳料仓出口、辊压机入料管上方安装管式除铁器，实行二次除铁，以防料层厚、带速快时发生遗漏，安装角度≥60°，避免小角度漏料。

② 管式除铁器，可用于防止铁质粉料沉落在空气斜槽底部的堵料。当物料中混有 3mm 细铁质颗粒存在时，装于选粉机粗粉溜子上。

③ 金属探测仪是专门对付非铁质的金属异物（如高铬质锤头等）用的，安装在物料入磨前和外部循环系统的适当位置上，当检测到这类金属异物时，它可让它们通过旁路阀排出，并报警，待延时几秒钟后，再恢复喂料。

④ 在使用含铁量较多的矿渣、钢渣时，可改变除铁装置安装位置，采用在提升机下料管底部开比滚筒直径略大的孔，如图 2.3.17，滚筒安装与下料管底部相切，滚筒下方有密封的排铁锥斗，让物料与铁渣在此处分离，各行其路。也可同时在稳料仓上方安装管道除铁器。此方法每吨水泥还可回收铁渣 0.26kg，辊面堆焊周期也从两个月延长至四个月。

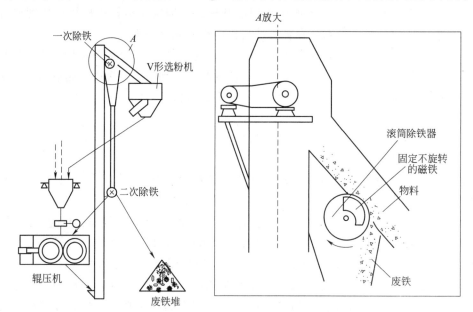

图 2.3.17　提升机下料管安装除铁器

⑤ 为排除铁渣粉减弱磨机的研磨能力，增加研磨体消耗，降低磨机台时产量。在入磨粗料斜槽的进料端，也应安装除铁设施。当发现除铁器或金属探测器失灵时，应立即止料维修，即使系统设有多道除铁设备，但每道都有各自任务，都应及时修复。

（3）改进减速器的支承装置　当进料气动阀、斜插板推杆打不开或不能关闭，侧挡板松动或磨损，物料发生离析有较大颗粒或较多细粉，或稳料仓料面偏低时，会表现出辊压机频繁纠偏或剧烈振动，应及时采取相应措施，进行故障排除，否则须停机检查。

为避免上述现象引起的磨机振动，除了料仓内保持一定料面外，还需改进减速器支承装置（图 2.3.18），将原有的弹性系统扭矩支承改为大臂扭力板的扭矩支承。它可以大幅度降低冲击峰值，在细颗粒物料进入两磨辊间的压力区时，扭矩脉动幅度大大降低，基本可消除辊压机振动。同时，对扭矩支撑的活动关节重点润滑，保持动作灵活。

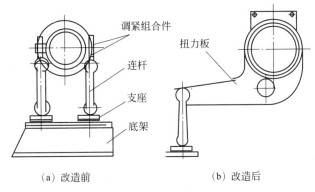

（a）改造前　　　　　　　　（b）改造后

图 2.3.18　减速器支承装置示意

（4）防止辊隙与侧挡板间距的异常状态　当磨辊压力、磨辊电流、辊隙宽度过高、过低、波动过大时，均表明辊压机出现异常状态，应尽快查找原因并予以排除，否则应停机检查。

两个磨辊间的挡块是防止辊隙过窄的安全设施，其厚度必须合理。同时，要复核磨辊两个侧挡板的安装间隙，避免降低磨辊压力的施压效果。

同时，要注意压力传感器的检测准确。如果传感器所测得的磨辊压力比实际高，就会使系统一直在较低压力下工作，尽管此时现场压力表与设定的压力显示一致，在辊压机处于辊隙大、电流小的状态时，斜插板仍不敢轻易提高。此时，首先要纠正压力传感器的检测误差。

（5）定期对紧固套联轴节的螺栓紧固　辊压机轴与减速器是依靠紧固套联轴器连接如图 2.3.19，运转一段时间后要对其紧固。紧固此螺栓时，要求全圆周均衡受力，即让每颗螺栓受力均匀，因为紧固套带有锥度，如果紧固后的轴与联轴器间的连接法兰不平行，法兰一周间隙大小不等，受力螺栓不但承受轴向力，还受到剪切分力，大到一定程度，就会切断螺栓。

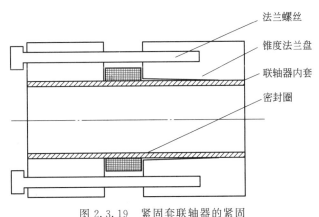

图 2.3.19　紧固套联轴器的紧固

为此，在紧固螺丝时要求用力矩扳手达到 700N 为止。同时每次紧固时，要用卡尺测量确保法兰盘一周间隙均等。用活动扳手将紧固螺栓拧紧为止，并检查紧固套两法兰盘间一周间隙差不大于 2mm，再对角 180°交叉用力矩扳手拧紧（图 2.3.19），分别达到 350N、500N、600N、700N 的力。当完成试运转后，还要按此程序紧固一遍。

如运行中发现紧固套联轴器螺栓松动及扭矩支撑铰链螺栓松动，都应停车紧固。

（6）防液压系统阀件泄漏　当中控屏幕显示某侧压力值低于预加压力值，而加压阀不断频繁加压，此时可查油箱回油管，如有少量回油，表明液压系统有泄漏阀件，应及时找出并更换。两端组合控制阀块不允许有油管漏油，否则，辊隙会失衡、不稳而跳停；对位移传感器可靠性要定期复核；如果回油管中并无回油，说明加压只是为磨辊纠偏，应利用停机更换磨损的侧挡板，或重新调整复位。

当发现液压管路系统堵塞或泄漏，液压油泵、压力保护阀件损坏，辊压机蓄能器气压显著下降，辊压机压力变化剧烈等情况，应即刻停机修理、更换或补气［见6.3.4节5）（3）］。

2.4　选粉机

为了提高物料破碎、粗磨、细研等过程的效率，粉磨工艺还需要选粉技术，故所有粉磨装备都配备有与之相应的选粉装备。但现今大多选粉装备的效率还不到60％，已成为制约粉磨效率继续提高的又一瓶颈。

2.4.1　选粉机的工艺任务与原理

1）工艺任务

为粉磨设备实现要求的产品粒径组成，选粉设备就成为关键的辅助设备。粉磨后的物料经过它将合格细料分离成产品，不合格粗料则返回粉磨设备重新粉磨。其分离效果就以选粉效率表示，它将直接影响粉磨效率：当细粉中混有粗粉时，将直接改变产品的合理粒径组成［见2.1.3节4）］，进而影响产品性能；而粗粉中混入细粉后，不只降低产量，而且会改变原入磨物料的粒径组成，缓冲粉磨介质对物料的做功效率。随着粉磨设备更新换代，选粉机（见2.4.2节）种类也在推陈出新，以适应不同粉磨设备。

2）工作原理

无论何类选粉设备，为发挥选粉功能，首先要靠风力、机械力等外力让入机物料能在设备空间内高度分散；然后再利用重力、离心力、风力，将物料分割成粗、细两类，细粉作为成品收集，粗粉返回磨机重新研磨。此过程主要是靠电动机电能转化为风能做功，风机效率［见5.1.1节3）（3）］将显得十分关键。

选粉机的工作原理建立在旋风筒的基础上［见2.4.2节3）、3.1.2节2）］。旋风筒本是一种静态、自身无动力的设备，更多为气料分离，将气流中所携带粉料重新收集后再排出气体，如煤磨粗粉分离器、立磨除尘之前的分离器、窑各级预热器、篦冷机利用废气之前的分离器等。它们都是靠离心力收集气体中所含粗粉，尽量降低排出气体含尘量。但选粉机承担粗粉与细粉的分离任务，且要按规定粒径分离，其难度更大，但原理还是靠风力形成的离心力对不同重量的颗粒进行分离。

粉磨装备配上选粉设备后，就成为闭路粉磨系统［见2.1.3节2）（2）］。

3）主要工作参数

（1）处理量确定

$$Q_f = Q_p(1+L) \qquad (2.4.1)$$

式中　Q_f——选粉机处理量，t/h；

　　　Q_p——粉磨系统产量，t/h；

L——循环负荷，对于提升循环的生料粉磨系统，取 $3.0 \sim 4.0$；对于中长水泥粉磨 $(L/D = 3 \sim 4)$，取 $2.0 \sim 3.0$；当采用分级衬板和小球级配 $(d_{cp} < 30 \text{mm})$ 时，取 1.5。

（2）所配电机功率

$$P_0 = \frac{Q_f V_r^2}{7200}(1 + f_1) + \frac{C_0(C_s + a)}{18200} V_r^3 S \qquad (2.4.2)$$

式中　P_0——电动机功率，kW；

　　　V_r——撒料盘转速，m/s；

　　　f_1——选粉机型号系数；

　　　C_0——转子阻力系数；

　　　C_s——分级腔内料风浓度比，kg/m^3，这是决定选粉机性能的核心参数；

　　　a——分级气体单位质量，kg/m^3；

　　　S——涡旋叶片总面积，m^2。f_1、C_0 和 C_s 的取值可参考相关文献。

电动机装机容量

$$P_s = \frac{P_0(1 + \alpha)}{\eta_t} \qquad (2.4.3)$$

式中　P_s——电动机装机容量，kW；

　　　P_0——电动机功率，kW；

　　　α——电动机许可系数，取 $0.2 \sim 0.3$；

　　　η_t——机械效率。

（3）机械效率　选粉机的机械效率（η_t）取决于电机的耦合方式，常以小数表示。直接耦合时，$\eta_t = 1.0$；液力耦合时，$\eta_t = 0.95 \sim 0.97$；齿轮箱（一级斜齿轮），$\eta_t = 0.95 \sim 0.97$；齿轮箱（一级平齿轮），$\eta_t = 0.93 \sim 0.96$。

（4）用风量的选定　选粉机用风量是由它的分级腔内料风的浓度比（料风比）确定

$$Q_a = \frac{1000 Q_f}{60 C_s} \qquad (2.4.4)$$

式中　Q_a——选粉机用空气量，m^3/min；

　　　Q_f——选粉机喂料量，t/h；

　　　C_s——选粉机的料气比，对于水泥一般 $\leqslant 2.5 \text{kg/m}^3$。

4）选粉机特性曲线

评价选粉机特性的方法很多，但能较为科学全面地反映选粉机分级特性的方法是 Tromp 曲线（图 2.4.1）。它是依据选粉机成品中各级粒径的重量，与喂料中所对应粒级的重量之比绘制出来的。

选粉机在分选物料时，首先要根据粉磨产品对粒径组成的需要，确定特征粒径，称它为切割粒径，并按此粒径，将物料分为粗（返回）、细（成品）两部分。但选粉机结构和操作效果不会分割得非常理想，粗料中常常混有许多细粉，而合格细粉中也难免掺杂粗料，显然，这是不希望的。反映在 Tromp 曲线上，其形状越陡峭，即斜率越大的选粉机，它的性能越好。

Tromp 曲线有三个特征值：

（1）切割粒径 D_{x50}　指按此粒径切割后，粗粉和细粉的数量相等。D_{x50} 越大，成品越粗；D_{x50} 越小，则成品越细。

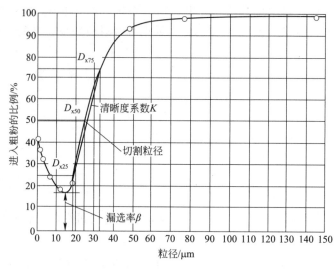

图 2.4.1　Tromp 曲线

（2）清晰度系数 K　即 Tromp 曲线的斜率，用进入粗粉 25%、75% 时所对应的粒径比值表示。K 值愈大，分级性能越好。

（3）漏选率（又叫旁路值）β　指曲线最低点对应的百分数值。β 值小说明粗粉中混入的细粉少，选粉机性能好。β 值的产生，是由于物料不能充分分散，过细颗粒容易团聚，部分颗粒相互黏附、凝聚，未经分选就落入粗粉回料中。

2.4.2　选粉机主要类型、结构及发展方向

1）现有类型

随粉磨设备的种类进步，选粉机必然要与之适应：球磨机原习惯与 O-Sepa 选粉机相配；立磨则更多内置分离器选粉，以 LV 选粉技术最为理想；而辊压机离不开打碎料饼过程中选粉的 V 形选粉机。这三类选粉机在伴随着粉磨设备的存在而存在，也随着它们的发展而发展。如为满足不同粉磨设备组成的联合粉磨、半终粉磨工艺的要求，又陆续开发的新型动态涡流选粉机、双转子三分离选粉机等。

2）各类选粉机结构特点

（1）O-Sepa 选粉机　O-Sepa 选粉机（图 2.4.2）由壳体部分、传动部分、回转部分和润滑系统等部件组成。

壳体的横断面呈蜗壳形，有主体、集料斗、进料口和弯管四个部分。主体内设有导向叶片、缓冲板、空气密封圈，导向叶片外侧有两个切向进风的通道，即一次风管和二次风管；集料斗壁两侧安装有三次风管；壳体顶盖开有检视门，上部安装有传动部分，即直流调速电机、减速机、弹性柱销联轴器、减速机底座，并承受选粉机回转部分的重量；由于选粉机内气流速度高，含尘浓度大，为防止它们对壳体的磨损，壳体下部的锥形集料斗内，设有迷宫式挡料圈以形成料衬抗磨，它与弯管内壁都贴有耐磨陶瓷片，其余各处均喷涂耐磨材料或由耐磨钢板制成，以确保壳体运转寿命。

传动部分由电机、减速机、主轴、轴套、轴承等组成，转子主轴及滚动轴承均安装在主轴套内。

回转部分为笼形转子固定在主轴上，位于导向叶片的内侧，用键或法兰与主轴连接。主

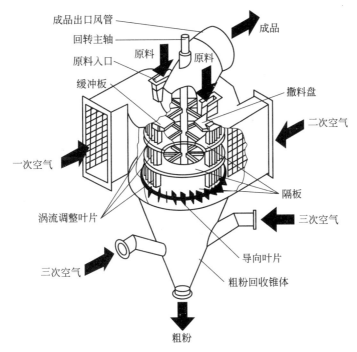

图 2.4.2 O-Sepa 选粉机结构示意

轴通过传动部分驱动旋转。由垂直涡流调整叶片和水平隔板组成了笼形转子，上有撒料盘及水平分隔板、涡流调整叶片、上下轴套和连接板等，它是选粉机的核心部件。转子上的分层隔板和分级叶片，与导向叶片共同整合气固两相，可延长分选时间，避免形成速度梯度，造成产品颗粒不均。一、二次风经导向叶片进入选粉区，靠导向叶片角度控制气流方向，并与蜗壳配合确保稳定气流风速。如当蜗壳截面减少时，随导向叶片间隙增加通风面积的平衡，气流速度就会稳定。撒料盘在转子上部，它的上方是入料口，外侧是装在机壳上的缓冲板，它与缓冲板配合，撒料与打散物料。

润滑系统由稀油站及连接管路组成。如果减速机不带润滑装置，主轴承将与它共用稀油站。减速机与主轴承也可各自有稀油站，轴承用干油或稀油润滑，密闭采用橡胶骨架油封及气封。传动系统润滑用稀油完成，散热效果好，对环境适应性强。

出磨物料由两个入料口喂入（图 2.4.3），在旋转的撒料盘及缓冲板作用下，高度均匀地抛撒向四周导风叶和转子之间的选粉区。来自磨机和收尘器的一、二次风，由选粉区两侧进风口切向进入，经导向叶片水平进入环形分级区。笼形转子回转时，整个选粉区上下高度维持有均匀的内外压差，使该区的气流稳定均匀，对自上而下的物料，靠精确的离心力和水平风力的平衡多次分选。粉体颗粒随气流作涡旋运动，落入锥体部分的颗粒又经三次风再次分选。合格的细粉克服边壁效应，由外向内随气流从中心管上部抽出，由收尘器收集；粗粉从锥体

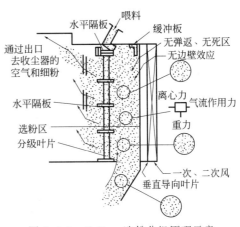

图 2.4.3 O-Sepa 选粉分组原理示意

下部排出，并返回磨机。

一次风约占总风量的 67%，为主要循环风源；二次风约占 23%，除完成二次风选任务外，还能精确稳定磨内风扫速度；三次风仅为 10%。

O-Sepa 选粉机的选粉效率最高为 60% 左右，因此，选粉技术需要进一步提高。

（2）平面涡流笼形转子选粉机　它是目前较为先进的选粉机，其特点是对笼形转子的定子与转子叶片形状进行了优选，降低阻力，提高选粉效率，有衍生产品出现。根据工艺相关的物料和气体流向，可概括为：上喂料下进风、下喂料下进风、上下喂料下进风、上喂料侧进风、下喂料侧进风、侧喂料侧进风等类别。部分喂料进风示意见图 2.4.4。

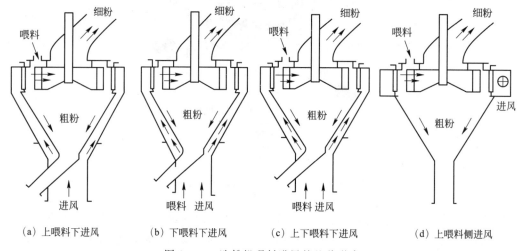

（a）上喂料下进风　　　（b）下喂料下进风　　　（c）上下喂料下进风　　　（d）上喂料侧进风

图 2.4.4　选粉机喂料进风的几种形式

（3）LV 型选粉机　LV 型选粉机最初是对立磨分离机的改造类型。它是在笼形转子的静叶片基础上的优化，成为一种带有特殊形状的气室（图 2.4.5），利用不同粒径物料，所受重力、离心力及风力不同，提高选粉效率，降低细粉在磨内的循环负荷。故 LV 气室是核心结构，成为固定在转子外部的静叶片。根据动叶片所在的转子直径，整周的气室静叶片数量不等。气室结构非常简单，仅由若干钢板焊接组成。但尺寸大小与形状都要根据产量大小、气流速度及当地气候环境等各类参数严格计算确定。故靠简单的形状拷贝很难取得理想的分离效率。

因为气流中所携带的每个颗粒的运动轨迹，一定是按所受到的离心力、风力、重力、机械力等力综合效果决定的。理论上，重力与粒径的三次方成正比，风力与粒径平方成正比，而离心力与粒径三次方乘轨迹曲率半径再乘角速度平方的积成正比，所以不同初速度和不同粒径的粉尘颗粒在运动中会有不同的运动轨迹。LV 技术设计出形状特殊的气室，避免了不应有的外力及相互干扰，又依据产品对切割粒径的要求，让每个颗粒在通过时，按照不同的运动轨迹，进行粗细颗粒的分离。粗粉就落到集料锥，细粉则进入转子叶片后由气流带出。所以，选粉效率可达 90% 以上。立磨分离器［见 2.2.2 节 2)（2)］上应用该技术，效果最为明显。

（4）为辊压机相配的料饼打碎与分选设备　为辊压机料饼打碎和分选的设备在不断进步，主要有以下几种：

① V 形选粉机（有时亦简称 V 选）。它由于无专用动力、结构简单，且能让粉碎后的细粉被气流选出而受广泛应用。

该类选粉机主要为处理辊压机挤压下来的密实料饼，在打碎料饼的同时还能选粉，以让 30％～40％物料进入管磨，分级可使入磨物料细度 $d_{90} \approx 0.5\text{mm}$，$80\mu\text{m}$ 筛余 15％～35％，比表面积 $180\text{m}^2/\text{kg}$ 以上，且自身无需动力、寿命长、远优越于为辊压机配套的料饼打碎机。

它的结构就是一个扩大的 V 字形管道（图 2.4.6），管道两侧自上而下焊有数量不等的耐磨挡板，上方为喂料口，两侧分别是进风口及细粉出口，下方为粗料出口。

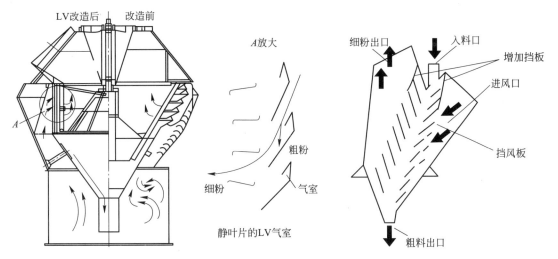

图 2.4.5　LV 选粉在立磨中的应用　　　　图 2.4.6　V 形选粉机结构示意

V 形选粉机属于静态风选分级设备，料饼从上方进入后，在重力、风力及内部挡板碰撞的机械力共同作用下，在不断改变运动方向中被打碎、分散，同时靠一侧进入的风力进行选粉，细粉从另一侧抽出、粗粒靠重力从下端出口排出。

②打散分级机。它与 V 形选粉机一样，同时兼备打散料饼与粗细分级两项功能，是风选及机械筛分相结合的动态分级设备（图 2.4.7），但实践证明该设备结构复杂，效果不及 V 形选粉机，故应用不多。

③新型动态涡流选粉机。辊压机的料饼，经 V 形选粉机出来的细粉再经过它，与磨机原配选粉机合为一体，让辊压机与管磨的循环料流会合于此（图 2.3.11 粗线框内），粗粉入磨，细粉经收尘而为产品。

④双转子三分离选粉机（图 2.4.8）。该类选粉机属于高效涡流选粉机，因有双轴异步传动机构，具有两级选粉三级分散的功能，经过它对料饼的单独处理，细粉为产品，中粗粉入磨，粗粉返回辊压机。

待选粉物料由喂料口进入后分成多路，进入选粉室下部转子上类似于轴流风机叶片形状的撒料盘上，该撒料盘由变速电机带动主轴旋转，物料被高速旋转的撒料盘向四周均匀散开，经外接循环风机鼓入的气流作用，完成第一次选粉，粗粒（$d > 150\mu\text{m}$）在离心力作用下，甩向选粉室内壁后，沿壁面滑落到粗料锥中。即使上升气流中有漏网的粗粒，也会被大风叶区旋转气流选出，同落入粗料锥，一起收集排出。细粉随气流进入转子内，由配风室分多路进入旋风筒，分离出大部分细粉后的气流再进入系统循环风机，此处的进出气流组成了内部循环风路。让超细成品随部分循环风进后续袋除尘器收集，而粗粉灰斗侧面的进风口吸入冷风，用于吹尽灰斗中黏附在粗粒上的细粉，返回上部选粉室，并降低选粉气流温度与物料浓度。

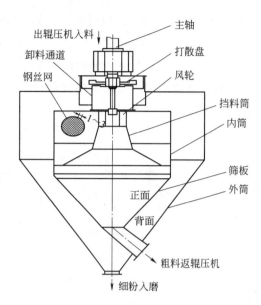

图 2.4.7 打散分级机结构示意   图 2.4.8 双转子三分离选粉机

为提高该选粉机效率及精度，首先要提高下部一级预选粉在切割粒径为 $80\mu m$ 时的效率达 70%。若将切割粒径放宽到 $150\mu m$，还可提高该级选粉效率，同时减轻二级精细选粉负荷，确保切割粒径控制在 $10\sim30\mu m$，其选粉效率达 90%。

双转子三分离选粉机的特点在于：

① 既利用预悬浮分散技术，又应用平面涡流分级技术。气流水平切入选粉室内形成旋转涡流，与旋流的转笼形成上下稳定的内外压差，具备均匀、强大的离心力场精确分级。

② 利用循环风机的部分冷风进入、部分废气排出的技术，简化了系统，降低袋除尘负荷。为精确控制用风，系统备有三台风机，其用风与辊压机、磨机各自独立，便于操作。

③ 与 O-Sepa 选粉机相比，这种内循环旋风筒收集成品，不需配套庞大袋除尘器，可降低数百千瓦风机功率，节约系统能耗，且选粉效率也明显提高，风机叶片寿命能延长两年。

上述分选设备的不断进步，提高了对回料量的控制能力。预粉磨中，辊压机将磨辊压出的边料切出作为回料。而联合粉磨中，既可用 V 选挡板的角度、数量及风速调节回料比例，也可用打散分级机的转速、内锥筒高度、筛板的孔径大小、布置方式，调整回料量与粒径粗细。但这些方式都需要停机，才能修正回料量，而唯有新型动态涡流选粉机，能在运行中完成调节，在线控制，也才能为智能操作创造条件。

3）粗粉分离器

粗粉分离器是一种不带动力的静态选粉机。其主体为倒圆锥筒体，底部分别设有携带全部粉料气流的进口及分离排出粗料的出口，上部为只含细粉的气流出口，粗料与细粉的粒径分界就是分割粒径。筒体上端同样有一个倒锥形内筒，四周设有若干导风叶片，内筒下出口装有正锥形的导料锥。结构简单，占用空间小。

它的工作原理是，欲分离的物料随气流升到横断面较大处，随风速降低的粗颗粒就会沉降析出，继续升至内筒顶部时，被导风叶片拉入内筒，又受到切向旋转离心力，粗料再次被分离，从导料锥排出；粗料都从底部出口返回磨机，而细粉与气流一起被收尘装置收集至成品。可以看出，装备是靠风机电能做功，可有下列调整方式，但调节范围较窄，总效率不高。

① 调节上升气流速度，风速增加，粒径变粗。可根据产品粒径要求设计风速，煤粉一般为 1.2～1.3m/s，生料为 1.7～1.8m/s，水泥为 1.9～2.0m/s。

② 调整导向叶片切向角 90°时，叶片为径向分布；切向速度为零，无离心力，切割粒径最大；切向角可在 30°～75°范围调节，一般每 3°为一档。

③ 调整导料锥和内筒间隙。此间隙越小，气流从此间隙进入内筒的量越少，而外锥预收尘的作用越发明显，但此时分离器阻力变大。

④ 改变内筒高度，可改变切割粒径，高度越大切割粒径越小。

风扫煤磨用的选粉机，多是在粗粉分离器基础上改进的动态笼式选粉机（图 2.4.9）。它与粗粉分离器原理的差异在于，当带料气流进入重力分选区后，含尘空气在导向叶片导流和转子旋转作用下，转子与叶片间形成稳定的水平涡流区，提高选粉效率。调整转子转速，便可有效调节成品细度。

4）选粉机结构的发展方向

（1）NU 型选粉机　它是平面涡流笼形转子选粉机的最新型式，是继 LV 型选粉机对静叶片改进形状的基础上，又对动叶片形状进行开发与研究（图 2.4.10）。其中Ⅵ型内折 120°的动叶片压降最低，选粉机自身阻力比前四类少 24%，比Ⅴ型外折 120°低 15%。用动、静叶片共同改造立磨原选粉机，可节电 2kW·h/t 以上。

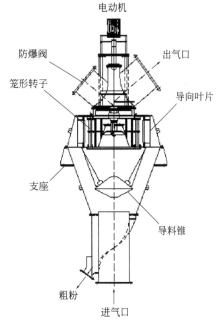

图 2.4.9　动态笼式选粉机

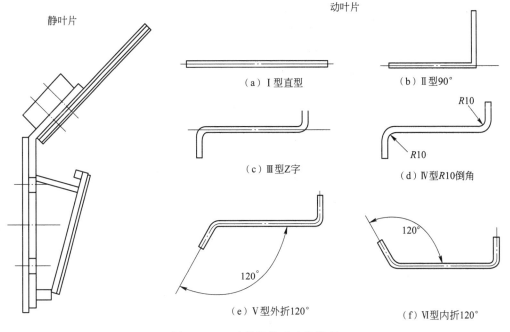

图 2.4.10　选粉机静动叶片类型

（2）选粉分级机的继续优化 为提高辊压机与管磨机的配合程度，提高联合粉磨与半终粉磨效果，人们仍在不断开发各类选粉分级装置，如组合式选粉机、流化床选粉机、双分离选粉机、侧进风选粉机等。

组合式选粉机是将预分离选粉机设计成组合形式，以加强挤压粉碎后对料饼和粗粉分离、打散程度。组合形式既可立式也可卧式，但后者阻力更低。

流化床选粉机是采用下喂料设计，具有较好预分散效果，选粉效率高、系统产量高，但因所有细粉都要由流化床分选，增加了上升风管的带料压损，会导致电耗上升。

2.4.3　选粉机的节能途径

选粉机节能的完整概念首先是提高选粉效率，尽量减少粗粉中的细粉含量；其次是尽量减少自身的耗能。

1）选择适宜的选粉机类型

提高粉磨效率是高效选粉的前提，而提高选粉效率则是保证高效粉磨的条件。

不同粉磨设备需要选配不同类型的选粉机。如立磨应选用 LV 型选粉机；辊压机就宜选双转子三分离选粉机；管磨机除了用 O-Sepa 选粉机外，更尝试过磨内的筛分选粉；至于复合粉磨系统，则更需要有新型的选粉机与之相配。随着这类技术的进步，正在开拓更高效率，降低自身能耗，并取代 V 选功能的分级机。

即便是选型恰当，也要与粉磨设备［见 2.4.4 节 1）］合理配合，确定恰当的循环负荷。

2）系统风机的配置方式

详见 2.3.3 节 9）（3）相关内容。

3）重视连接管道的安装质量

选粉机与粉磨设备、循环风机之间的连接风管，必须以最小阻力接通安装为原则［见 5.1.3 节 3）］，不能因安装空间小，随意加大管道弯度、缩小管径或改变连接方式。凡是加大沿程阻力的安装，都会增加运行中的电耗，降低风门调节灵敏度，产品粒径变化迟钝，对此类非标安装质量必须返工。

4）提高入机物料的分散度

充分分散物料是高效选粉的首要条件，任何时候都要重视撒料装置的有效性。

早期选粉机入料口都设有撒料盘，物料掉到撒料盘上借助旋转产生的离心力，能充分撒开，为防止物料随撒料盘一起旋转，盘上应焊有辐射状菱条。

而 V 形选粉机，乃至 LV 型选粉机打散物料的原理，则是靠料饼的重力，受分散板的冲击而打碎，或是靠自下而上的气流将其分散。

5）确定合理的切割粒径

选粉机的切割粒径大小，不仅影响它与磨机的配合、效率，还关系到粉磨产品的质量要求与能耗。设定的切割粒径越小，细粉的粒径越小，不仅耗能多，而且产品质量并不一定受益。所以，切割粒径必须服从对产品粒径组成的要求。

6）提高选粉叶片的耐磨性能

各类选粉机的叶片，由于经受气流中粉料的高速冲刷，只需数月就会磨损，选粉效率就会大幅降低。当今耐磨材料（见 9.4.2 节）的耐磨性能已有数倍，乃至数十倍差异，选择高耐磨材料制作易磨损配件已有可能，它是选粉机始终保持高效的重要条件。

7) 智能操作的前景

不同选粉机要求不同的智能软件编程。如 O-Sepa 选粉机与 V 形选粉机都有不同的调节与控制手段，需要依据对转速、电机电流、负压与气流温度等参数的检测，分析这两类选粉机的运行状态，比判断形成原因与发布调节指令的过程要复杂得多，故实现智能控制难度较大。但使用双转子三分离选粉机，因检测与调节手段相对简单，根据进出口半成品的粒径分析，智能选择最佳上、下转子转速与风量，会取得理想效益。由此也可见，施展智能化在很大程度上还取决于被控设备的进步。

2.4.4　选粉机的应用技术

1) 提高与球磨机的配合效果

选粉机的选粉效率与磨机的粉磨效率不是相互创造条件，就是相互制约。要想有较高选粉效率，就应增加出磨物料中细粉含量，即提高粉磨效率（如控制选粉机喂料细度为 $80\mu m$ 筛余 30% 左右）。反之，只有选粉效率越高，循环负荷越小，越有利于提高磨机粉磨效率。为表述两者的配合程度，需引入选粉效率 η 与循环负荷率 L 的概念。

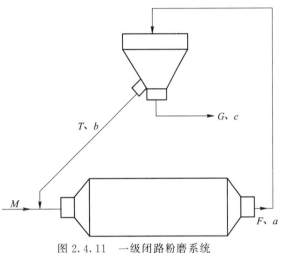

图 2.4.11　一级闭路粉磨系统

在闭路粉磨系统中（图 2.4.11），循环负荷率 L 是指选粉机回料量 T（粗粉量）和成品量 G（细粉量）的比值，它与粉磨效果及取定的分割粒径有关；选粉效率 η 是指选粉后，产品 G 中通过某一标准筛的细粉含量与喂入选粉机物料 F 中通过该标准筛的细粉含量之比。

不同类型选粉机，即使进料粒径组成、循环负荷一样，选粉效率也不会相同。高效率选粉机不仅细粉中没有粗粒，而且粗粒中也少有合格细粉。彼此相混得越少，选粉效率越高。

通过对 η 与 L 的计算，并关注它们的变化，便可判断选粉机工作状态与改善效果。

$$\eta = \frac{Gc}{Fa} = \frac{c(a-b)}{a(c-b)} = \frac{(100-c')(b'-a')}{(100-a')(b'-c')} \qquad (2.4.5)$$

式中　　G——选粉机的产品量，t/h；

　　　　F——选粉机的喂料量，t/h；

　a，b，c——分别为选粉机的喂料、产品、回料中小于某粒径颗粒的含量，%；

　a'，b'，c'——分别表示相应于 a、b、c 某一筛孔的筛余百分数，%。

$$L = \frac{T}{G} = \frac{c-a}{a-b} = \frac{a'-c'}{b'-a'} \qquad (2.4.6)$$

根据上述两式，可推导出 η 和 L 的关系为：

$$\eta = \frac{1}{1+L} \times \frac{c}{a} \qquad (2.4.7)$$

该式表明，当选粉机成品细度不变时，循环负荷随选粉机喂料变粗而增加，随回料变粗而降低；选粉效率随喂料变粗而降低，随回料变粗而增加。实际上，喂料变粗，回料也变粗。选粉效率随循环负荷提高而降低，随成品细度降低而下降。

循环负荷在合理范围内增加，磨机的物料通过量增加、循环次数增加、流速加快、缓冲作用减弱、过粉磨现象减少，意味粉磨效率提高。然而，若循环负荷太高，磨内的球料比过小，导致物料缓冲作用增强，粉磨效率反而下降。所以循环负荷应保持在适当的范围内，对于闭路管磨机系统，一般介于100％～200％之间。考虑产品不同的合理粒径组成，水泥粉磨的循环负荷宜控制小于100％，而生料因产品较粗、颗粒分散性好，循环负荷可控制在150％。

2）提高相关元件的耐磨性能

选粉设备是否节能很大程度取决于选粉叶片、挡板等元件的耐磨程度。当选粉机壳体及密封件磨漏时，就会改变内外漏风量，使物料在机体内黏结或存堵，降低选粉效率。尤其各部件在高含尘量环境中，承受高速旋转的风量冲刷，极易造成选粉机零部件损坏，影响选粉效果。这些零部件已是各类选粉机及水泥生产装备中最需要抗磨的零部件之一。

随着耐磨技术快速发展，出现许多新型耐磨材料（见9.4.2节）。从最早的高锰钢，到后来的UP钢、信铬钢等复合耐磨钢板，以至现在开始流行的耐磨陶瓷和金属陶瓷，它们都各有特色，也应该有不同的应用范围。在选用它们时，要通过实践对比，不仅要符合其特点、应用范围，而且还要考虑高硬度与高韧性的统一。比如，可用不同材料制作同规格的风叶，在转子上间隔对称分布，通过比较最终寿命，便可验证性能最佳的耐磨材料。

为此，利用停机，定期检查并记录易磨部件的磨损状态与周期，是做好维护的基本要求。

还可在运行前或检修后做动平衡或静平衡测试，在运行中用在线检测仪表检测机体的振动（见10.1.2.7节）及细粉中的粒径组成（见10.1.2.6节），都能及时发现不均衡磨损、堵料及部件脱落等异常现象，以及时采取措施予以排除。

3）O-Sepa选粉机的调整

（1）关注选粉机电流变化 当选粉机电流增高时，选粉效率就会下降。有可能发生此现象的原因是：由于磨机原因的循环负荷增大；由于选粉机原因的卸料不畅，料粉分选效果不佳、旋风筒下料锁风阀不严等；由于操作提高了产品细度要求，选粉机转速过快；等。此时应对症采取不同措施。

（2）选粉效率不高的分析 当粉磨系统运行状态波动、细度变化，却找不到原因时，不要急于调节选粉机转速，更不应同时调节用风量，而是要同时分析磨机与选粉机的运行状态。

当发现磨内粉磨能力已使选粉机喂料波动时，先要解决磨内问题［见2.1.4节3）和4）］，再检查磨与选粉用风的平衡。当选粉机进风管道内或导向叶片间积灰严重时，致选粉风量不足，磨内风速过高，此时应调整选粉与磨内的用风阻力，或清掉并防止积灰，或在一次风上升管道增开φ50mm圆孔，或全部打开一、二、三次风阀门，或在一次风入口处加设导风板，使风偏向选粉蜗壳外缘进入等。

当发现选粉机进风、进料不均及风料比不当时，应检查选粉机两路斜槽分料阀及四个撒料点的均匀程度，并停磨检查撒料盘上凸棱的高度，不足15mm高应予补焊。

上述调节应逐步进行且经足够时间观察后，再实施下一步。

（3）通风量的控制 O-Sepa选粉用风分一、二、三次风，一次风来自出磨含尘气体，主要调节磨内风速，有利于改变磨机粉磨状况。当发现风门全开而风室蜗壳处积料较多时，说明一次风不足，应增加补风风机及风道，分别满足磨机与选粉用风。二次风来自磨机附属设备的含尘气体。三次风来自新鲜冷空气，可调节机内温度。不宜轻易用主排风机风量调节成品细度，只有调整选粉机转数无法奏效时方可考虑，并观察后续袋收尘的压差变化，此处阻力同样会改变选粉用风。

4）V 形选粉机的调整

当发现 V 形选粉机的细粉有粗料混入或粗料中有较多细粉时，都应停机检查风路与料路。

① 首先检查进风口与出风口的管道数量与位置，管路不可过多，位置不可随意，以形成均匀的料幕为目标。另外，可适当关小挡风板间的风道开度 $10\%\sim20\%$，甚至封死上部三排挡风板，打开下部挡风板。既可避免进风短路，又能加快下部风速，以充分打散料饼，延长物料分级路线，提高选粉效率。

② 当发现 V 形选粉机进料过于集中时，可在进料口增加 2~4 块分料板，或调节分料板角度，或在入料溜子内间隔加焊两层相距 500mm 的打散格，改变入料不均或分散程度。只要改善料与风接触的均匀性，控制住返回辊压机的细粉量，才能保证辊压机效率。

第3章

烧成装备与技术

煅烧熟料的预分解技术旨在改变煤粉燃烧发热形成热气流及与物料热交换的状态，让物料从堆积形态转为悬浮高分散形态，大幅提高物料与气流的接触概率及传热速率，使熟料烧成热耗从原传统窑的 1500～1800kcal/kg[●]，降至 700kcal/kg，节能幅度达 50％以上。

预分解窑系统要完成物料与气流的四个热交换阶段，分别由预热器、分解炉、回转窑、箅式冷却机四大设备承担（图 3.0.1）。它们彼此紧密相关，相互创造条件，同时，燃烧器是决定煤粉燃烧效率的重要热工装备。除此之外，该系统与生料磨、煤磨联动，充分利用熟料煅烧的余热。最后再对工艺难以利用的余热，通过低温发电继续挖掘节能潜力。

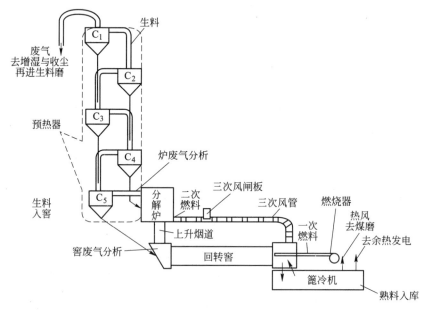

图 3.0.1 预分解窑系统的典型流程

本章将分别讨论预热器、分解炉、回转窑、燃烧器、箅式冷却机五大热工设备的设计、制作与使用，以确定对管理与操作的节能要求。

● 1kcal＝4.1868×10³J。

3.1　预热器

预热器是熟料烧成四个热交换阶段中的第一装备。为提高此阶段的热交换效率，就要加大生料在热气流中的均散程度，增加固气间的接触机遇，降低废气排出温度，并提高每级选粉效率，让受热后的物料与传出热的废气尽快分离。

3.1.1　预热器的工艺任务与原理

1）工艺任务

预热器要将从窑、炉分别进入的高温废气（分别为 1100℃、850℃），与从一级喂入的冷生料，经逐级充分地热交换，最后让生料达到分解继而煅烧所需温度，并降低废气排出温度。

2）预热器内的热交换原理

窑炉内的废气从底端旋风筒逐级向上端旋风筒运动，而生料则是从顶端旋风筒逆流向底端运动。气体与物料经过每级旋风筒的流程分析如图 3.1.1 所示。

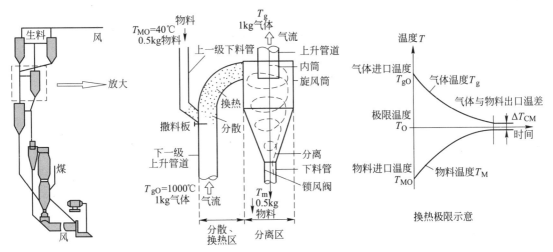

图 3.1.1　预热器系列与单级旋风筒气料换热过程示意

注：图中 T_{gO}、T_{MO}、T_g、T_M 分别表示气体与物料的进出温度。

（1）生料的运动过程　生料从 C_1 下料管喂入到 C_3 排出的废气管道中（图 3.1.2），当生料与携带它的气流完成主流热交换、进入 C_2 旋风筒后，由于生料容重大于气体，生料在重力、惯性力的作用下，在旋风筒壁与内筒的环状空间内，作旋流向下的外涡旋运动，直到锥体底部。由于存在废气旋转的离心力作用，物料快速向筒壁移动，并在筒壁四周集聚。由于存在黏滞阻力，物料的流速降低，悬浮力减小，便从气流中分离并沉降。两种力的综合作用，物料从 C_2 下料管经闪动阀排出，落入到 C_4 的排风管道中；生料进入排风管后，最初为下冲，但很快被高速上升气流托住，又折返向上，并在更高温度的废气中分散、热交换。每级旋风筒就是一级预热器，五级预热器就有四个如此过程，直到生料从 C_4 下料管喂入分解炉，完成大部分碳酸盐分解后，再通过 C_5 气固分离出物料进入窑尾为止（C_4、C_5 连接形式与 $C_1 \sim C_3$ 相同，故图 3.1.2 省略）。

（2）气体的运动过程（图 3.1.2）　熟料煅烧与分解后产生的废气经 C_3 进入它的排风管

中，与来自 C_1 的生料在此管中相遇，并进行热交换后，进入 C_2 中。在 C_2 旋风筒内携带生料作旋转上升的内涡旋运动，经气固分离从 C_2 的废气排风管道，再与来自向 C_1 喂料的生料热交换。直至在风机负压作用下，废气携带尚存的细粉从最上端 C_1 排风口排出。

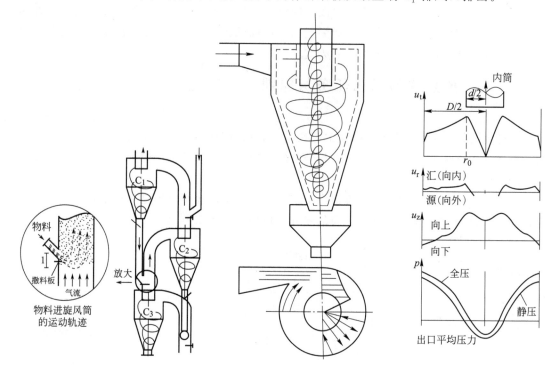

图 3.1.2 物料在旋风筒各级间的运动　　图 3.1.3 气流在旋风筒内的流动与流场分布

为此，该设备的结构设计就要具备让气固相混合均匀、有足够热交换时间，并高效分离的三个功能。最终生料粉由50℃预热至800℃，而窑尾废气由1100℃降至300℃左右。由于旋风筒不可能让气料彻底分离，废气中仍含相当约80～115g/t熟料的粉尘。此废气还将继续用于生料磨烘干生料，包括低温发电。这种对窑废气余热的高效利用，是任何传统窑型无法比拟的。

（3）单级旋风筒热交换效率　由图3.1.1可知，计算每个单级旋风筒换热效率的依据是，当 $T_{MO}=40$℃ 的0.5kg物料喂入旋风筒后，与 $T_{gO}=1000$℃ 的1kg废气进行热交换，假定生料与废气的热容之比为0.95，出预热器生料温度为 T_m，废气温度为 T_g，根据热力学定律，则有

$$(T_m - 40) \times 0.5 \times 0.95 = (1000 - T_g) \times 1$$

假定生料与废气间最大程度完成热交换后，达到极限温度 T_O，即 $T_m = T_g$，计算可得 $T_O = T_m = T_g = 690$℃，此时每1kg废气回收的热量为337kJ，仅为废气总热焓的31%。所以，仅凭单个旋风筒一次换热，远不能回收窑、炉废气的余热，而需要多级旋风筒的多次换热。这就是预热器需要多个旋风筒串联成塔的理论依据。

现在运行的最大单系列旋风预热器，能胜任熟料产量超过6000t/d的生料预热。

3）影响物料与气体运动的因素

有五级旋风筒的预热器高度约60m（从顶部喂料入口至回转窑进料口），气体和生料在连接风管中流速为15～25m/s。生料在每级预热器中停留时间大约为30s，它是各级旋风筒连接风管内的通过时间与旋风筒内分离时间之和。决定这两类运动的因素有：

（1）排风管内的生料运动　喂入排风管道中的生料下落点到返向处的悬浮距离及物料被分散的程度，取决于来料落差、来料均匀性、管道内废气向上的流速、生料性质、气固比、设备结构等。

（2）旋风筒内的运动　当来自下一级旋风筒的生料与携带它的气流进入上一级旋风筒后，根据测定，旋风筒内气流运动具有三维分布特征，并处于湍流状态，即旋风筒内的三维流场，其速度矢量有三个分量：切向速度 u_t、径向速度 u_r 和轴向速度 u_z。某一截面的三个速度矢量的数值大小、压力分布规律、对气固的分离作用都不会相同（图 3.1.3）。

切向速度 u_t：除轴心附近外，它在三维速度分量中数值最大，其径向分布规律几乎与侧面位置无关。正是由于切向速度，使生料受离心作用而向边壁浓缩、分离，因此，它起到承载、夹带和分离物料的主要作用。

径向速度 u_r：在核心部分主要是由里向外的类源流，而外部则主要是由外向里的类汇流。只有类源流才使物料向边壁移动，但数值很小，对气固分离的作用并不明显。

轴向速度 u_z：在紧邻边壁处向下流动，在轴心附近是向上流动。其中向上的流动又会使分离出的生料，再可能被气流扬起而带出，因此，它不利于分离。

旋风筒使气固分离的能力大小，用分离效率表示。分离效率越高，就越能减少已受热的生料继续随气流做内、外循环的可能，既可减少电能的消耗，也降低了热物料飞出所带走的热损失。但分离效率过高，就要弱化本级旋风筒内的气、固相热交换效率。

这说明，预热器旋风筒要比普通旋风收尘器的要求高很多：预热器所处理的粉尘浓度（标准状况下）达 $1kg/m^3$ 以上；所处理的气、固温度也高很多，达 $700\sim1000℃$。

4）气、固相间的热交换

在旋风筒连接管道内进行的热交换是以对流为主。当粉料粒径 $d_p=100\mu m$ 时，换热时间只需 $0.02\sim0.04s$，相应换热距离仅 $0.2\sim0.4m$。因此，气、固相间有 80% 以上的热交换是在下料管道内瞬间完成，即粉料在转向被加速的起始区段便基本完成了换热。

根据传热学定律，物料与气体之间的换热速率可以用下式表达：

$$Q = K\Delta t F \tag{3.1.1}$$

式中　Q——气、固相间的换热速率，W；

K——气、固相间的综合传热系数，$W/(m^2 \cdot ℃)$；

Δt——气、固相间的平均温差，℃；

F——气、固相间的传热（接触）表面积，m^2。

预热器内气、固相间的综合传热系数约在 $0.8\sim1.4W/(m^2 \cdot ℃)$ 之间，气固间的平均温差 Δt 开始时有 $200\sim300℃$，平衡后趋于 $20\sim30℃$。影响换热速率的主要因素是接触面积 F，只要料粉充分分散于气流中，换热面积就比处于结团或堆积状态时增大上千倍。

5）预热器性能的评价方法

（1）采用判断预热热性能的主要指标

① 一级旋风筒出口温度。

② 一级旋风筒出口单位产量的废气量。①②两项之和表明系统从预热器带走的热量。

③ 预热器的系统压降（一级出口与窑尾的压差），其表明此阶段热交换所要付出的电耗。

（2）采用预热器系列的热平衡　计算预热器系列的热平衡时，除计算气固换热速率外，还要考虑以下因素：

① 蒸发水分所需热能只与自由水有关，因理论热耗已经考虑了以化合形式存在于黏土

矿物中的结晶水。

② 出预热器废气各成分所带走的热焓与气体流量、废气比热及废气与环境之间的温差成正比。必要时，还应考虑不完全燃烧的能量损失，它可通过废气中 CO 的浓度计算。

由于排放的粉尘浓度不高，一般对废气中粉尘所带走热量损失忽略不计。如果需要考虑，则除了测定粉尘浓度外，计算前还要测定粉尘中未分解的碳酸钙含量。

③ 旋风筒的表面散热损失，可参见对窑散热损失的测量方法［见 3.3.1 节 4）（3）］。

（3）采用熟料形成的热耗水平　可以比较出预热器在系统节能中的作用：四级预热器的预分解窑平均热耗为 3.3GJ/t，而六级预热器的平均为 3.0GJ/t。

3.1.2　预热器的类型、结构及发展方向

预分解窑的旋风式预热器，一般由 4～6 级旋风筒及各级旋风筒间的连接管道、下料管（包括锁风阀、撒料箱）等组成。各级旋风筒置串联向上，最顶部的旋风筒为两个细而高的旋风筒并联，以尽量降低废气带走的粉尘量与热量。现在最通用的是由 6 个旋风筒组成的五级旋风式预热器，自上而下称Ⅰ级、Ⅱ级、Ⅲ级、Ⅳ级、Ⅴ级。

1）预热器的分类

预热器的种类较多，按热交换工作原理分类可分为以同流热交换为主、以逆流热交换为主和以混流热交换为主；按预热器组合分类则有多级旋风筒组合式、以立筒为主的组合式、旋风筒与立筒组合式等。

旋风筒按其高径比（H/D）>2、<2、=2，又分为高型、低型、过渡型三类；可按上部柱形与下部锥形的柱锥比（H_1/H_2）>1、<1、=1，分为圆柱形、圆锥形、过渡型三类。

高型旋风筒直径较小，含尘气流停留时间长，分离效率高，尤其是高型旋风筒中圆锥体较长的圆锥形旋风筒的分离效率最高。常用于预热器最上一级，以最大程度降低排出气体中的粉尘量。

2）旋风筒结构与尺寸

设计与选型旋风筒必须综合要求分离效率高、压力损失低。其中旋风筒的压损，除位压头损失（忽略不计）外，主要有四部分：进、出口局部阻力损失；进口气流与旋转气流冲撞产生的能量损失；旋转向下气流在锥部折返向上形成的阻力损失；沿筒壁产生的摩擦阻力损失。为此，旋风筒要考虑如图 3.1.4 所示结构的关键尺寸：

（1）旋风筒直径　旋风筒处理能力主要取决于通过的风量和截面风速。圆筒部分假想截面风速一般曾为 3～5m/s，近年来为缩小旋风筒规格，有所提高。圆柱体直径有多种计算方式：

① 按排气管（内筒）需要的尺寸，反推圆柱体直径。

② 以试验数据为基础，根据负荷系数 K 推导出所需有效横断面积，即

$$K = \frac{\pi}{4} \times \frac{D^2 - d^2}{Q} \tag{3.1.2}$$

式中　D，d——分别为圆柱体和内筒直径，K 值一般取 1.2～1.7；
　　　Q——单位流量。

③ 根据旋风筒假想截面风速计算，即

$$D = 2\sqrt{\frac{Q}{\pi V_A}} \tag{3.1.3}$$

式中 D——旋风筒圆柱体直径；

Q——旋风筒内气体流量；

V_A——假想截面风速，选 $5 \sim 6 \mathrm{m/s}$ 较为稳妥。

旋风筒截面风速与旋风压力损失关系曲线，如图 3.1.5 所示。

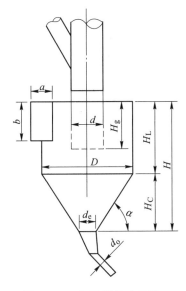

图 3.1.4 旋风筒尺寸示意

D—旋风筒内径；H—旋风筒总高度；
H_L—圆筒部分高度；H_C—圆锥部分高度；
H_g—内筒高度；a—进风口宽度；
b—进风口高度；d—内筒直径；
α—锥体倾斜角；d_e—排料口直径；
d_o—下料管直径

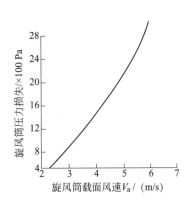

图 3.1.5 旋风筒截面风速与旋风压力损失关系曲线

各级旋风筒分离效率及圆筒断面风速见表 3.1.1。

表 3.1.1 各级旋风筒分离效率及圆筒断面风速

参数	C_1	C_2	C_3	C_4	C_5
分离效率 $\eta / \%$	≥95	≈85	≈85	85～90	90～95
圆筒断面风速 $V_A /(\mathrm{m/s})$	3～4	≥6	≥6	5.5～6	5～5.5

如图 3.1.5 所示，对 H/D 与 H_1/H_2 比值的选取，可根据各大制造商对旋风筒的规律性设计指导数据，如表 3.1.2。

表 3.1.2 不同制造商预热器旋风筒 H/D 及 H_1/H_2 值

开发制造商		洪堡、石川岛	多波尔、三菱重工	维达格、川崎重工	神户制钢、天津院	史密斯
C_1筒	H/D	2.87	2.49	2.40	2.59	2.45
	H_1/H_2	1.91	0.42	0.76	0.63	0.50
C_2筒	H/D	1.82	1.73	1.89	1.81	1.78
	H_1/H_2	0.66	0.60	0.55	0.56	0.83

随着对旋风筒深入研究，开发出的低压损旋风筒压降不断减小，有可能将断面风速提高到 $5 \sim 7 \mathrm{m/s}$，使旋风筒内径缩小 $13\% \sim 20\%$，缩小旋风筒外形，减轻重量，降低整个预热

器塔高度，节省建设投资。

（2）旋风筒进口形状、尺寸、进气方式　旋风筒的进风口，即各级下料管出口，一般为矩形，长宽比（b/a）在2左右。新型低压损旋风筒的进风口有菱形和五边形，其目的是引导入筒的气流向下偏斜运动，减少阻力。最上级（C_1）的圆筒部分较长，为（2～2.5）D，其他各级在（1.5～1.8）D之间。

旋风筒进气面积大小根据进口面积系数 φ_A，即进口面积 ab 与旋风筒直径平方 D^2 之比确定。旋风筒进口应为角度适宜的斜坡面，既不能让粉尘堆积，也不能向下冲料。

旋风筒进口风速（V_i）一般在18～20m/s之间。适当提高进口风速会提高分离效率，但过高不仅弱化热交换效率，还会加剧细粉的二次飞扬，反而降低分离效率；而且进口风速对压损的提高远大于对分离效率的提高。因此，在不降低分离效率和进口没有物料沉积的前提下，适当降低进口风速，就成为有效的降阻措施之一。

旋风筒气流进入方式分蜗壳式和直入式两种：气流内缘与圆柱体相切称为蜗壳式；气流外缘与圆柱体相切就是直入式。

蜗壳式的气流进入旋风筒之后，通道逐渐变窄，有利于减小颗粒向筒壁移动的距离，增加气流通向排气管的距离，避免短路，提高分离效率。同时具有处理风量大、压损小等优点，采用较多。蜗壳式进口分为90°、180°、270°三种，0°时即为直入式，见图3.1.6。

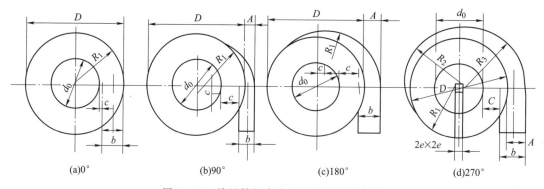

(a)0°　　　　(b)90°　　　　(c)180°　　　　(d)270°

图3.1.6　旋风筒蜗壳式进风角度不同示意

（3）旋风筒内筒尺寸与插入深度　内筒结构尺寸对旋风筒的流体阻力及分离效率至关重要。当管径偏大时，已经沉降在旋风筒底部的粉料会被带起，而降低分离效率。减小管径，带起的粉料会减少，分离效率提高，但阻力增大。排气管尺寸是按气流出口速度 $V_{出}$ 计算的，一般大于10m/s，在撒料装置效果良好时，不会发生短路。新型旋风筒 $V_{出}$ 一般在15～20m/s之间。降低出口风速也是减少阻力较为普遍的措施，特别是大蜗壳旋风筒为增大其出口内径提供了可能。

内筒插入深度对分离效率和阻力有很大影响，减小内筒插入深度，可降低阻力，但会明显影响分离效率。内筒插入越深，阻力越大，分离效率越高。一般有以下三种情况：达到进风管中心附近；与进风管下沿平齐；比进气管下缘还低。

为了降低旋风筒阻力，应当增大内筒直径，降低内筒插入深度，国外公司预热器内筒直径与旋风筒径之比 d/D 已提高到0.6～0.7。但当 d/D 大于0.6时，分离效率会显著下降。因此国内一般取0.45～0.6，以保证适当的出口风速。与此同时，要对上级预热器的下料位置和撒料装置作适当调整，防止物料短路。

内筒材质多采用分块式结构、耐热铸钢挂片内筒，在最底端预热器，寿命仅半年。近年采用分块组合式、高温陶瓷挂片式内筒，变得更耐高温、耐磨，使用寿命可延长至两年。

最下级预热器装与不装内筒，分离效率可相差 $5\% \sim 10\%$，出口气流温度可降低约 $25℃$。

（4）旋风筒总高度 (H) 旋风筒总高度是圆柱体高度和圆锥体高度之和。它的增加会提高分离效率。

① 圆柱体高度 (H_1)。它关系到料粉是否有足够的沉降时间。理论计算是根据粉粒从旋风筒环状空间移动到筒壁所需的时间，以及气流在环状空间的轴向速度求得。

$$H_1 = \frac{4Q\tau}{\pi(D^2 - d^2)} \qquad (3.1.4)$$

式中 d——内筒直径，m；

τ——尘粒从旋风筒环状空间位移到筒壁所需时间，根据尘粒粒径理论计算求得。

为了保证足够的分离效率，圆柱长度应满足以下要求：

$$H_1 \geqslant \frac{2Q}{(D-d)V_t} \geqslant \frac{\pi D^2 V_A}{2(D-d)V_t} \qquad (3.1.5)$$

式中 V_t——气流在旋风筒内的线速度，取决于进风口风速 $(V_入)$，一般取 $V_t = 0.67V_入$。

② 圆锥体高度 (H_2)。圆锥体结构在筒中的作用有三：一能有效地将靠外向下的旋转气流转变为靠轴心向上旋转的核心流，实际是减少了圆柱体长度；二是气流中所含粉料，在此彼此分离，直接影响已沉降的粉尘被上升旋转气流带走的量，降低分离效率；三是圆锥体倾角有利于中心排灰。

试验表明，旋风筒直径不变，增大圆锥体高度 (H_2)，能提高分离效率。不同类型的旋风筒圆锥体长度，可根据不同需要，通过它与旋风筒直径的比例予以确定。一般旋风筒圆锥体均高于它的圆柱体，即 H_2 大于 H_1；但 LP 型低压损旋风筒，却相反，H_1 大于 H_2。

圆锥体结构尺寸，由旋风筒直径、排灰口直径及锥边倾角 (α) 决定，其关系为：

$$\tan\alpha = \frac{2H_2}{D - d_c} \qquad (3.1.6)$$

如果排灰口直径和锥边倾角太大，排灰口及下料管中物料填充率低，易产生漏风，引起二次飞扬；反之，则引起排灰不畅，甚至发生黏结堵塞。α 值一般在 $65° \sim 75°$ 之间，d_c/D 可在 $0.1 \sim 0.15$ 之间，H_2/D 在 $0.9 \sim 1.2$ 之间。

（5）进旋风筒之前的蜗壳管道 早期旋风筒之前的蜗壳管道常设计有水平段，实践证明它的存在很易积灰，随着累积量越多，使该处的风速增大，到一定程度这些积灰会被再次吹起，掉落至旋风筒形成塌料，破坏系统稳定。为此，取消平管道设计，可使塌料现象很少存在。

（6）撒料板 在物料进料口下端应安装撒料板，无论安装角度是水平或略有倾斜，都应以物料被向上气流均匀撒开为目的。板宽约等于下料管直径，但进入管道后要宽于出口断面；伸入的板长不宜超过 2cm，即减少对上升气流的阻力，也降低对撒料板的磨损、受热变形与腐蚀。在撒料板基础上开发的撒料箱（图 3.1.7），既能扩大物料分散面，还能调节伸入管道的板长。

（7）重锤翻板阀 翻板阀是装在各级旋风筒下料管上，于卸料口下端，用于锁风。它既要保证下料均匀，避免料流成股下冲；也要避免物料积存于筒内；还要防止卸料时下级气流漏入，实现锁风；除此之外，还要便于检查、维护、更换。

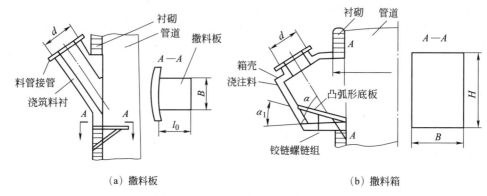

（a）撒料板　　　　　　　　　　　　（b）撒料箱

图 3.1.7　撒料板与撒料箱结构示意

翻板阀结构必须轻便灵活。一般有单板式、双板式两种，见图 3.1.8。在倾斜式或料流量较小的下料管上，一般多采用单板阀；垂直的或料流量较大的下料管上，多装设双板阀。

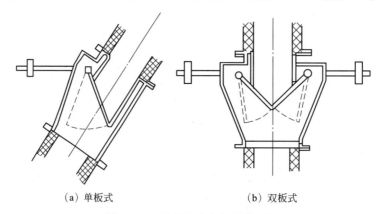

（a）单板式　　　　　　　　　　　　（b）双板式

图 3.1.8　旋风筒翻板阀结构示意

优秀的翻板阀，应能保持板阀板始终处于频繁微动状态，而不是大起大落。

在板阀下端开出圆形或弧形孔洞，此孔洞面积足以在最小料流时，板阀无须动作，料流既可通过，也能形成料封；当料流增大时，板阀可略有开启，开度仍小于不留缺口的阀板，让板阀微动锁风。

将活动阀板设计成组合式结构（图 3.1.9），阀板和压杆通过活动支点连接，工作时除阀板带动阀杆运动外，阀板本身也绕活动支点轴摆动，在阀板与密封板间的下料间隙是平行四边形，而不是三角形，避免下部走料、上部漏风，做到既严密锁风，又能均衡下料。

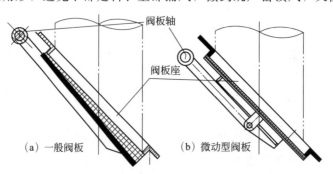

（a）一般阀板　　　　　　　　　　　（b）微动型阀板

图 3.1.9　一般阀板与微动阀板结构对比

翻板阀工作在高温磨损环境中，因此阀体及零件一般选用 1Cr18Ni9Ti 耐热钢材质，要求阀板的铸造形状规整，提高加工精度，紧贴管壁出口，并防止连接法兰或轴承间隙漏风。

3）旋风筒的发展方向

（1）新型旋风筒的高性能特征　新型旋风筒表现的高效，就是气料分离效率高，又要压损小，此时设备磨损也应最少，使用寿命长。尤其预热器一级，不但风机电耗降低，也因带走的粉尘量减少，使出口温度变低，降低热耗。

为此，世界名牌预热器都致力于开发新型旋风筒［见 2.4.2 节 2）］，其中以 LV 公司开发的专利技术为最佳，见图 3.1.10。其特点可归纳为：

① 加大进风口断面，进风管螺旋角加大至 270°，使气流处于内筒外侧，不会直冲内筒增加压降，降低进口阻力；将旋风筒进口及顶盖倾斜均呈现螺旋形，使气流平缓进入筒内，减少回流；进风螺旋下部设计成锥形。与内筒下端平齐，进口为斜切角，以约束进入气流的运动，对贴壁旋转的物料可向下导向，避免物料堆积，有利于气固相的分离。

② 内筒插入深度与进风管下沿平齐，使含尘气流不会直接进入内筒短路，保证分离效率。出风内筒做成靴形，扩大内筒面积，减少旋风筒内旋气流，通过筒内壁与内筒之间的面积，减少同进口气流相撞形成的局部涡流，并设置弯曲导流装置。

③ 由于旋风筒壁是蜗壳状，逐渐向内筒靠近，气流沿筒壁高速旋转不会受到阻碍，提高了分离效率，也消除了物料对内壁的冲刷。

图 3.1.10　LV 专利旋风筒

④ 旋风筒的锥体部分设计为内筒直径的 2 倍，斜度为 70°。增大旋风筒物料的出口尺寸，使卸料通畅，防止堵塞。

⑤ 旋风筒出口与连接管道取合理结构形式，保持连接管道合理风速，减少阻力损失。

新型旋风筒总压降不超过（4800±300）Pa，分离效率 η_1 介于 92%～96%。旋风筒截面风速为 3.5～5.5m/s，旋风筒高径比为 2.8～3.0，进口风速为 15～18m/s。

（2）高固气比技术的发展　中国高固气比专利技术，自 2002 年开始，相继在十余条生产线应用。从理论上讲，高固气比能加大废气与粉料的接触概率，提高预热器的传热效率。但它将旋风筒数量增加近一倍，预热器阻力理应提高，但认为浓度高的物料能减少对筒壁的摩擦力，抵消了阻力增加的能耗。实践证明：因换热能力提高，一级预热器出口温度确实降低 20～40℃，且系统负压并未提高。但至今能正常运转的生产线并不多，甚至有些企业因此而关门。其中的原因是：预热器换热仅完成熟料煅烧四大换热效率之一，分解、煅烧及冷却三阶段传热效率如无余量，每一阶段都会成为制约系统节能的瓶颈。再者，高固气比技术同样要求企业有相应的管理与应用技术基础。如果其他设备水平配置简陋，故障频发，甚至连矿山都不要，原燃料均化［见 1.2.3 节 1）］也没有，系统难以稳定，再好的技术也无法支撑。

（3）逆流旋风筒（CCX）的问世　最近史密斯公司开发的逆流旋风筒（CCX），将热交换与固气分离结合成一个过程，相当于比同规格普通旋风筒提高能力 1.8 倍，降低 40%～50% 的压降，每 1kg 熟料可降热耗 8～10kcal。由于热效率的提高，预热器也可由五级再减为四级，不但可降低预热器塔架造价，还为设备大型化创造条件。

（4）旁路放风技术的发展　当所用原燃料中有害元素较高时，由于废气排放温度低，致使它们在预热器内富集，而频繁结皮、堵塞。于是，国外早在三十年前就开发了旁路放风技术。

原旁路放风量是根据原燃料情况，通过计算确定。由于旁路放风装置要增大基建投资，且每 1% 旁路放风量约增加熟料热耗 17~21kJ/kg 熟料，故放风量不宜超过 25%，一般控制在 3%~10%。国内只是近十年才有企业尝试各类旁路放风，但仅有除氯旁路系统应用效果较好，可降低氯、硫及碱含量在 2% 以内；原有系统改造很少，不改变原工艺布置；热耗也不会为此升高；排出的灰也能合理使用，没有新的污染。

该放风技术是通过抽气探头，从窑尾与预热器交接处抽出氯气，以降低该处氯离子浓度。它的特点是：能在狭窄空间安装小型旁路探头，并带有抽气速冷功能；抽出粉尘经高效选粉机分选出含高浓度氯的细粉，粗粉再返回预热器；采取插板式间接冷却机作为高效热交换器，因不用外部空气冷却抽出的气体，便可省去大型收尘器及风机等装置，减少耗电及维护。

3.1.3　预热器的节能途径

1）提高预热器内的热交换效率

（1）延长生料与废气的热交换时间

① 选择合理的喂料位置。为充分利用上升管道的长度，喂料点应尽量靠近下级旋风筒的排风口，再被废气带起。为此，既能延长料气间的热交换时间，又防止喂料掉进下级，该距离应为 1m 左右。

② 适当的管道风速。为保证生料能悬浮于气流中，废气必须在管道内保持足够风速，一般为 16~22m/s。为此，管道内径不能太大，并在悬浮区适当缩小管径，提升局部气流速度。

③ 优化旋风筒结构。旋风筒结构应有利于物料分散，关注锥体角度、高度等尺寸，对来料落差及来料均匀性很关键，尤其是一级预热器 [见 3.1.2 节 2）（1）~（5）]。

④ 提高物料分散效果。为使物料在气流中高度分散，进料处应设置结构与形状合理的撒料板 [见 3.1.2 节 2）（6）]，确保全部生料被撒料板撞击、冲散并折向，呈悬浮状被气流带入旋风筒，并在每级旋风筒的上升管道内均匀分散、悬浮，增加与废气的最大接触与传热。

⑤ 喂料的均匀性。不仅要求预热器的总喂料量稳定 [见 3.1.4 节 2）]，各级旋风筒翻板阀要灵活、严密，控制下料时不能有下级漏风从此阀漏入，埋下塌料、堵塞的隐患 [见 3.1.2 节 2）（7）]，明显干扰下料均匀。

⑥ 生料细度的影响。研究发现，生料细度过细，不仅耗能高，而且"灰花"数量多 [见 2.1.3 节 4）]，之间吸附力大，增加凝聚倾向，会降低传热速率；当然，颗粒过粗同样影响传热效率。

（2）增加预热器级数　增加预热器级数，相当于增加旋风筒串联个数，可延长物料与热风间热交换时间。但增加级数越多，提高热交换效率的幅度会越小。如预热器系列由四级升至五级，熟料热耗下降 126~167kJ/kg，但由五级升至六级，熟料热耗仅下降 42~84kJ/kg，而且级数增加，势必增大系统阻力，生料提升高度也变大，都要以增加电耗为代价。

近年来，随着高效低阻 LV 旋风筒技术的发展，降低了系统阻力（≤4500Pa），六级预热器系统才具备了应用条件。提高热交换效率之后，一级预热器出口温度可达 $250\sim260\,^{\circ}\mathrm{C}$，标准状况下，粉尘浓度降为 $39\mathrm{g/m^3}$（原设计 $45\mathrm{g/m^3}$），系统分离效率 96% 以上。

（3）提高固气比　当单位废气体积中含有的生料比例越大，即所谓含尘浓度越大时，正如式（3.1.1）表明，固、气相之间热传导的效率，会因彼此接触面积 F 的增大而提高。但与此同时，随着固气比增大到一定值，气体量难以承受固体粉料重量时，物料就很难保持悬浮状态，原传热机理受到破坏，传热效率反而降低。因此，固气比也应该追求最佳值。

现今大多预分解窑的固气比是 1.0 左右，此时可适当提高固气比。但如果是靠增加旋风筒个数，就要加大为料、气运动所需能耗，也会加大散热、漏风等一系列耗能因素。

若能利用分解炉中煤粉的分散燃烧机理［见 3.4.2 节 2）（2）］，大幅提高煤粉的燃烧速率之后，能在系统用风量保持不变情况下，增加喂料量，就相当于提高固气比，表现一级预热器出口温度显著降低。显然能提高燃烧速率，有助于提高传热效率。

2）提高旋风筒的分离效率

（1）预热器各级分离效率的关系　旋风筒分离效率一般与各级热交换效率，都呈一次线性关系。

对于多级串联的预热器，各级旋风筒分离效率对总换热效率的影响程度并不相同，提高上一级的分离效率，比提高下一级更有效果；最上级旋风筒 C_1 是控制整个预热器塔分离效率的关键级，它应达到 $\eta_1 > 95\%$，故应保持顶端旋风筒采用高效旋风筒，虽会增大阻力多耗电能，但最后一级 C_5 是将已分解的高温物料及时分离并送入窑内，也有必要用高分离效率的旋风筒。至于中间各级预热器，可以采取一般降阻措施，保证一定分离效率，以降低电耗。各级旋风筒分离效率配置应为 $\eta_1 > \eta_5 > \eta_{2,3,4}$。

（2）提高分离效率的途径　应分别从旋风筒结构、物料与操作等环节落实。

① 旋风筒固有的结构尺寸应符合规律。

② 进旋风筒的风量与风速越高，分离效率越高。

③ 下料管翻板阀必须严密［见 3.1.2 节 2）（7）］。试验证实，漏风量≤1.85%时，分离效率降低较小；而≥1.85%时，分离效率下降加快。当漏风量大于8%时，分离效率几乎为零。

④ 物料自身的物理性能。如密度、粒径、黏度、含尘浓度等，都会影响分离效率。

⑤ 操作的稳定程度。当料量与风量频繁变化时，就不利于提高旋风筒的分离效率。

3）减少预热器压降所带来的电耗

任何节能措施都要付出代价，关键要以小代价换取大收益。上述提高气、固相传热效率及分离效率的措施，都会程度不同地增加预热器阻力，风机要为克服此阻力消耗更多电能。为此，落实上述任何一项措施，都要恰到好处。

为降低旋风筒阻力，应大胆尝试节能的旋风筒结构。如努力减小进口气流与出口气流间的干扰，就是重要的改进方向［见 3.1.2 节 2）（2）］。

各种增加预热器阻力的操作，如盲目增产，让喂料量、喂煤量严重波动，风、煤、料比例严重失调，加大漏风、增加表面散热等粗放管理与操作等，都会导致电耗增加。

4）降低漏风、散热带来的能耗

一级预热器筒体温度虽低，但它同样需要隔热。有的企业在此未镶砌硅钙板，一级出口温度虽然不高，但散热量却增加了。

（1）漏风　预热器系统各处都有可能漏风，这是高热耗、电耗的祸根。在系统高温点后的漏风，要让风机白白耗电，带入了并不需要的冷风；而高温点前的漏风，还要增加为加热这些冷风所需热量。显然，预热器各级旋风筒是位于烧成带下游，所以漏风更大程度是影响电耗。

漏风分两种类型：内漏风与外漏风。前者是指系统内各部位间的漏风，它不易检查发现，更值得警惕；后者是指系统与外界大气的漏风，从外部就能看到或听到，也容易处理。

预热器常见的漏风点有：各级旋风筒的下料翻板阀与下料口配合不严密，就产生内漏风，会大幅降低旋风筒的分离效率；翻板阀轴承处密封不严，即外漏风；旋风筒顶部浇注料施工孔在内部浇注料开裂或脱落时，也会外漏风；各处人孔门、测压、测温孔及风机前的冷风门都可能成为外漏风点。

消除漏风点的办法：一是要减少旋风筒个数；二是改善翻板阀密封性能；三是要优化旋风筒结构及制作质量；四是加强运行中的维护。

（2）散热 预热器系统的表面积很大，因此，用好隔热材料（见9.3.4节）是降低散热的必要措施。

一级预热器筒体温度虽低，但它同样需要隔热。如果在此未镶砌硅钙板，会造成一级出口温度不高的假象，但散热量却实实在在地增加了。

5）大型预热器塔的单系列化

在预热器塔的发展中，旋风筒的规格总是在追随窑产能的增加而增大，但旋风筒规格越大，就越难以让气流与物料传热与分离均匀，制作也越发困难。所以，最初有2500t/d产能的窑时，预热器塔就采用了双系列布置。但后来为5000t/d产能的窑，就必须破解旋风筒增大规格的困难，否则就得用三系列、四系列的预热器。而这一破解，就为2500t/d的窑用单系列预热器创造了条件，同样万吨产能的窑，也为5000t/d的预热器单系列化创造了条件。一旦单系列化，即可减少一半的旋风筒个数，其钢板用量、耐材及内筒、翻板阀等附件近乎少了一半，使整个预热器塔的载重量变轻了，更大的好处是筒体散热面积几乎缩小一半，工艺上无用的系统阻力也变小了，漏风点更少，也不会再出现双系列用风的不均衡，这有利于降低热耗与电耗。当然，单系列旋风筒，势必会增加预热器塔的高度，增加生料提升的高度，然而它与同样增加预热器塔高度的六级预热器技术相比，利肯定大于弊。

6）自动化与智能化控制

迄今为止，预热器的自控仅涉及由各级出口负压控制空气炮吹打频次，尚未考虑如何控制投料量与用风量的匹配关系，尽管系统用风量主要取决于煤粉用量，但若编制软件能用各级出口温度与负压，获取各级间温差与压差，再与智能编程的目标值校对，就可判断与控制预热器系统状态。不仅可尽早发现系统出现塌料、堵塞、偏风等异常征兆，还能及时发现撒料板、内筒、翻板阀等配件的损坏状况。作为运行中自动开启相应位置的空气炮处置，或订窑后修补或改造局部结构尺寸的依据。

目前对预热器系统还可进行局部智能控制。如对双系列预热器，为实现两个系列的喂料及阻力平衡，可监测一级出口负压与温度，调节喂料阀门。

3.1.4 预热器的应用技术

预热器设计与运行是否先进，一定要看它的热交换效率高低。在进入分解炉的物料温度相同，其漏风量、散热量等同条件下，一级旋风筒出口的废气温度应该最低。

1）需要的装备与条件

① 确保生料库下料均匀、可控，稳定入窑生料量，应采用粉流掣出料系统［见1.3.2节3）及1.3.3节5）］，及科里奥利粉体质量流量计［见10.1.2.4节2）（3）］。

② 正确选用耐火材料〔见 9.2.3 节 1)〕、隔热材料〔见 9.3.3 节 1)〕,并满足筑炉要求〔见 9.2.4 节 2)〕。

③ 正确选用生料入窑三通阀类型。为窑的投料、止料顺利,减少预热器结皮并挂好窑烧成带窑皮,在生料入窑或回库的三通处要设置阀门,它的选型至关重要(图 3.1.11)。如果在两个通道各配电动截止阀,因开闭需时较长(数十秒),系统负压与温度便会快速后移,不仅不符合投料的工艺要求,而且止料时小股料流会停留在旋风筒内结皮,且两个阀门开关很可能不同步,便会发生堵料或漏料。只要选用一个气动双位快速切换阀,从 A 态到 B 态仅需几秒钟。此阀板只要有刚度、平整度,确保阀板关闭时紧贴挡环,就可彻底截止料流,且开启通道侧阀板不会对下料产生任何阻力。

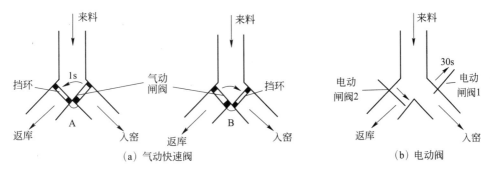

图 3.1.11 生料入窑三通的不同控制方式对比示意

④ 双系列预热器的喂料平衡。为减小投料前拉风对窑热工制度的破坏,喂料三通阀要在高温风机风门开启之前打开窑路、关闭库路,提前量等于物料在斜槽内的输送时间;而为控制双系列喂料的平衡,还要通过调节空气斜槽上的阀门实现。同时,为斜槽内冷空气不能入窑,还应配置专用小型袋收尘,在生料入一级预热器后开启,如果过早开启就会抽出高温废气,烧毁斜槽内透气层。

2) 控制入窑喂料量的稳定

生料从出库、计量、输送、与收尘灰混合,直至进入一级预热器之前的全过程,都存在可能破坏下料量稳定的因素。当入窑提升机电流波动超过 2A 时,或喂料秤数字显示跳动时,都表明入窑生料量波动明显,不仅影响预热器热交换效率与分离效率,也势必波及分解炉、窑及篦式冷却机的稳定运行。提高喂料量稳定的措施如下:

(1) 生料出库均匀性的控制 见 1.3.4 节 1) 和 2)。

(2) 对生料库内水分的控制 见 1.3.4 节 3)。

(3) 为稳定喂料量的操作原则

① 即使未直接调节喂料量,其他操作仍会间接改变预热器内的料量。比如增加系统用风或生料细度过细,都会加大细粉量排放,导致窑灰增加、系统内料量变少;但风量又不能过低,引起物料沉降,使系统内料量波动,甚至塌料。

② 当系统波动时,调节喂料量是最为敏感、有效的,比其他调节方式(如调整窑速)更为快捷、方便。但每次调整量不要超过 1%,最大不超过 5t/h〔见 3.3.4 节 6)〕。此时不需要相应调整用煤量及相应风机的风压、风量。

③ 加减料的前提是保持系统稳定,因此要对窑内温度分布的变化趋势有预见性,并准确判断原因,才能正确操作,尤其加料时更须慎重。

④ 当系统负压有急剧变化，且窑电流增加时，应判明是否有塌料、大量窑皮塌落、结大球等情况出现。此时需要果断大幅度减少喂料量，根据窑皮多少、塌料大小，可将喂料量降至原喂料的 $30\% \sim 60\%$，并随之大幅降低窑速至 1r/min，以快速扭转异常状况。

3）选定合理的最大喂料量

经对预热、分解、煅烧及冷却各阶段热交换效率综合平衡之后，所谓合理的最大喂料量，就是能获得系统最低热耗的喂料量，它是评价系统性能的关键指标。为达此目的，除了找出喂料量波动的合理范围，还要逐项落实以下内容：

（1）合理控制生料细度　生料细度分布宽窄受生料磨选粉效率所控制。生料过细除了产生灰花现象外［见 3.1.3 节 1）（1）⑥］，由于各级旋风筒作用，会逸出过多窑灰。当然，细度过粗会降低易烧性。因此，为提高各旋风筒的选粉效率，生料粒径范围应偏窄控制为好，尽量增加 $45 \sim 200\mu m$ 间粒径的比例，这必定有利于生料系统节电与烧成系统节煤。

细度控制与生料易烧性有关，难烧组分应偏细控制，所以才有对生料也应分别粉磨的设想［见 2.1.3 节 5）（3）］。

（2）生料率值的选配与稳定程度　熟料生产人员都会关心生料三率值，然而却常常忽视它的稳定，使得再好的配料方案都大打折扣［见 3.3.4 节 3）（1）］。生料入窑成分的波动，不仅增加喂料量的控制难度，而且随其标准偏差越大，只能降低允许喂料量的上限，以防成分变高，窑的热负荷及烧成温度难以承受，衬砖也不堪重负。

实现入窑生料成分的稳定，不仅应自矿山开采开始，要重视后续的生料配料、计量及可能的离析，更要关注煤粉灰分的稳定，因为它同样能改变配料结果。而煤粉灰分不只来源于煤中原有灰分，还来自烘干煤粉热风所带入的熟料（或生料）粉。窑灰大小还受磨机开停影响，也受发电锅炉清灰影响。总之，必须逐项按如下方式纠正或克服。

① 配置在线生料中子活化分析仪（见 10.1.2.3 节），并从控制入窑 CaO 合格率改进检验方法为 CaO 标准偏差，只有减小标准偏差，才表明入窑成分稳定性高。

② 稳定收尘灰量及成分。稳定电收尘或袋收尘的收尘效率，收尘及余热锅炉清灰间隔时间不能过长，让收下的回灰量均匀。

③ 设计有一定储量的小仓收集窑灰，才可均匀加入生料库中；还可直接作为水泥粉磨的混合材，增产水泥 $3\% \sim 5\%$，并改善水泥的泌水性。此方案应在工艺总图设计时综合考虑，否则，就需要专用罐车或料封泵完成输送。

④ 烘干煤粉的热风不论是来自窑头，还是窑尾，为尽量减少带入熟料或生料细粉的量，都应配置高效选粉分离器，降低灰分的来源。

（3）全面掌握系统物料的运动规律及相互影响　在生料经过预热器、分解炉、窑、箅式冷却机的每个阶段，都有各自的最大允许喂料量，它们中的最低值就是最节能的喂料量。

系统内物料会同时受重力、风力、热力、化学力及机械力的综合作用，使它的运动速度与方向发生变化。特别有些部位，如各级撒料装置、内筒及翻板阀、窑尾烟室结构、窑衬、箅式冷却机高温段、破碎机等处，它们一旦发生结皮、堵塞、塌料、窑皮垮落、结圈、雪人等故障，就会产生阵发性料量波动。而且操作中其他参数调节也会改变喂料量。

操作者需要对上述的内在关系融会贯通，在控制最佳喂料量时，充分予以考虑。如片面追求过大喂料量，预热器的传热效率就不可能高。

4）预热器塌料与各类堵塞的防治

在预分解技术运行初期，预热器的塌料、堵塞曾是遇到的最大难题，但随着对塌料、堵塞机理的认识，逐步改进旋风筒结构，也随着预热器的大型化，塌料、结皮、堵塞发生的频率越来越低。塌料不但造成系统的波动，而且也常成为堵塞的导火索。

预热器堵塞按起因可分四类（图 3.1.12）：结皮性堵塞、烧结性堵塞、沉降性堵塞、异物性堵塞。前两类属于高温化学性堵塞，只发生在底端旋风筒或特定位置。后两类为物理性堵塞，各级旋风筒都可能出现。

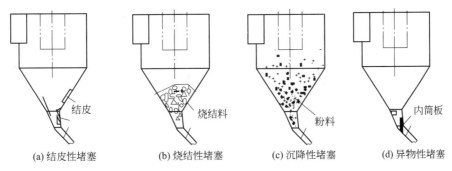

(a) 结皮性堵塞   (b) 烧结性堵塞   (c) 沉降性堵塞   (d) 异物性堵塞

图 3.1.12　预热器各类堵塞示意

（1）预热器塌料的防治　形成塌料的原因较为简单，只要预热器内有存料位置，且存到一定程度时，造成局部风速过高，存料就会突然下塌，正常气流根本托不住。因此，设计预热器结构，要避免水平连接管道，或入料溜子角度过缓，或局部位置风速偏低；除此之外，操作也要避免大风大料变动，重视风料合理匹配。

（2）结皮性堵塞的防治　结皮是由水或某种矿物熔体具有的表面张力，与纤维、叶状或板条状颗粒缠结后，再与窑衬黏结而成的一种异常症状。易形成结皮的三个因素是：物料中钾、钠、氯、硫挥发系数较大；对易烧性较差的物料提高烧成温度；物料中三氧化硫与氧化钾物质的量比偏大。

结皮形成的具体过程是：由于预热器废气排出温度低，为硫、氯等有害元素重新凝聚、循环与富集创造了条件，它们既可冷凝在生料上作为有害元素重新入窑，再挥发返回预热器，形成"内循环"；也可随废气排出预热器，经收尘器、增湿塔及生料磨凝聚在窑灰上，重新随喂料回到窑内挥发，形成"外循环"。无论哪种途径，都增加了结皮倾向。图 3.1.13 中 A 点到 L 点表示各窑不同原燃料有害元素的循环量，其结皮倾向差别很大。

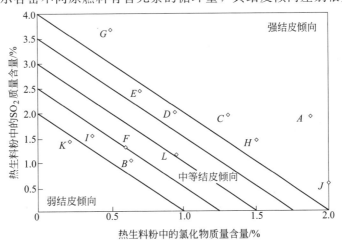

图 3.1.13　硫和氯循环量与结皮倾向的关系

对结皮试样进行 X 射线分析，发现它们都含有硫酸盐及以复盐形式存在的硫酸盐化合物，其中大部分都有灰硅钙石 $Ca_5(SiO_4)_2CO_3$（结构式为 $2C_2S \cdot CaO \cdot CaCO_3$）和硫硅钙石（$2C_2S \cdot CaSO_4$）。当有碱的氯化物作为矿化剂时，将含氯高（6.24%）的窑灰掺入生料，经 800℃ 加热，就会形成灰硅钙石。

结皮有三种类型，即粉料块结皮、酥松结皮、硬块结皮。粉料块结皮的化学成分与生料接近，其结构密实，主要靠表面力黏结，形成温度为 650～850℃；硫、碱含量稍高的结皮，结构酥松、多孔，主要靠产生的过渡液相黏结，形成温度为 850～1000℃；硬块结皮的硫、碱含量最高，主要是靠烧结产生大量液相黏结而成，故为硅酸盐熔体，并伴有大量新生矿物出现，形成温度为 1000～1200℃。故当窑尾温度大于 1000℃ 时，就易产生硬块结皮，它对生产的威胁最大。

结皮增厚不但会减小通道的通风面积，增大阻力，影响系统风量与风压，且一旦塌落，还易形成堵塞。排风机叶片上的结皮脱落，风机就会振动。结皮还会增高熟料中碱含量，不利于生产低碱水泥。

烧成系统每个部位，特别是排风机叶片、旋风筒锥部、后窑口区域、篦式冷却机进口等部位都可能形成结皮。不是所有结皮都易形成堵塞，只是窑尾烟室、下料斜坡、缩口及四、五级旋风筒锥体等部位，如处理不及时就会堵塞。

防止结皮的措施是：要减少使用高氯、高硫原料，以及高灰分和灰分熔点低的煤；如难以避免类似原燃料时，应将一部分窑灰另做处理，或采用旁路放风系统［见 3.1.2 节 3)(4)］。

（3）烧结性堵塞的防治　如果分解炉有未完全燃烧的煤粉或 CO 进入五级旋风筒，遇到过剩空气时，它们便重新燃烧，此时施放的热便加速熟料过早形成，尤其到锥部烧结，很快就会全筒堵死。这种极端堵塞情况一旦发生，处理十分费力，要等温度降下，切开旋风筒，用风钻逐块剥离。

对此，一定要防止五级旋风筒出口温度高于分解炉的温度倒置现象。其根本原因是煤粉必须在分解炉燃烧完全，且防止五级旋风筒漏风。

（4）沉降性堵塞的防治　当预分解窑系统有两台以上风机争风，或有局部严重漏风，形成的零压面［5.1.4 节 1)(3)］恰好在某级旋风筒内，该筒内的物料就难以悬浮，形成软绵绵的沉降性堵塞。此类堵塞并不难处理，只要发现及时，一两个班就能清净。但常因未找到原因而连续发生，刚投料就堵上，甚至一个月总忙于投料、捅堵，熟料却颗粒无收。此类堵塞很少发生在设计规范的预热器系统，只是技改或大修中对风机或风道随意而为才会发生。

（5）异物性堵塞的防治　当有异物，如内筒挂片、撒料板掉落、结皮脱落、掉砖等出现在旋风筒下锥部时，翻板阀不能翻转，物料无法卸出，便形成堵塞。为此，要经常检查翻板阀的翻转状态，如有异物卡住，应立即止料清除，更要防止运行中向预热器内投入异物。

上述各类堵塞结皮的原因，有时并不单纯，还会有交叉。为能及时判断各类堵塞，应该保持负压表的准确可靠［见 10.1.2.2 节 4)(4)］。

（6）主动防治堵塞结皮　至今还有不少生产线是在被动对待预热器的堵塞与结皮。安装数十台空气炮，并设定自动放炮时间，或人工用水枪、水炮、压缩空气等机械清除。所有这些被动方式，不仅要投资购置清障设施，还要为喷入大量冷风与冷水而破坏系统稳定付出代价，不仅消耗电能、热能，还不利于安全生产。这里更要强调，一定要杜绝用炸药爆破清除堵塞。

应该明确，只要重视原燃料的选择及均质稳定，采取保持系统稳定的一系列措施，并借助必要仪表对系统各处负压或压差进行智能控制，结皮与堵塞就可以避免。

3.2　分解炉

为了快速分解 $CaCO_3$，不但煤粉要尽快完全燃烧，还要将释放的热量尽快传递给生料，分解炉仍是以悬浮状态完成热交换的热工装备，要求风、煤、料分散均匀与合理配置。

3.2.1　分解炉的工艺任务与原理

1）分解炉的工艺任务

预分解窑与传统窑的最大区别是，石灰石分解已由窑内转移到窑外的分解炉完成，此时窑与分解炉有两个相互独立又相互影响的燃烧器，分别为生料分解与熟料煅烧提供燃料的热能。但窑、炉的燃烧过程与传热机理各有特色，需要分别讨论。

分解炉位于四、五级预热器之间（图 3.2.1），为它喷入的燃料，与三次风混合后燃烧，再与来自四级预热器的生料，在炉内以悬浮状态混合传热，完成生料的碳酸盐分解，然后物料再经五级旋风筒分离入窑。该过程经燃烧放热与分解吸热紧密结合，减轻了窑内 60% 热负荷，为提高窑产量 3 倍、降低热耗 60%、延长衬砖寿命创造了可能。因此，分解炉技术是熟料煅烧技术的重大飞跃之一。

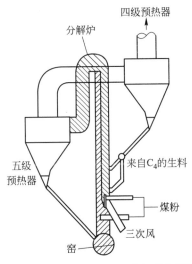

四级预热器

分解炉

五级
预热器

来自C₄的生料

煤粉

三次风

窑

图 3.2.1　Pyroclon-R-Low NO_x 分解炉与预热器关系

实现高效分解的关键是，燃料与炉内氧气充分混合，迅速完全燃烧；其次是生料要尽快吸收燃料释放的热量。这样碳酸盐才能迅速分解、排出 CO_2。为此，分解炉的结构特点如下。

① 分解炉类型、结构与布置，在于巧妙布局煤、风、料进炉位置，让它们入炉后尽快分散，按燃料燃烧、与料热交换和碳酸盐分解过程有序进行，相互紧密衔接又不相互干扰。但随着脱硝技术的进一步研究，燃料的燃烧宜在还原气氛中开始，因此，重新安排风、煤、

料进炉位置后，反而取得提高系统生产质量与降低热耗的理想效果［见 8.2.1 节 3）（2）］。

② 有足够大的炉容及合理的三维流场，确保气流与物料在炉内有足够悬浮滞留时间。

2）碳酸钙分解反应原理

分解炉是为粉状碳酸钙在悬浮状态下分解的专用设备，必须充分考虑影响碳酸钙分解速度的因素，探讨从颗粒到粒群的分解时间，以确定炉容大小。

（1）碳酸盐分解　$CaCO_3$ 分解反应方程式为：

$$CaCO_3 \rightleftharpoons CaO + CO_2 - Q \tag{3.2.1}$$

理论上，生料温度达 600℃ 时，碳酸钙就开始分解。而入炉的窑废气及三次风温度都比此温度高 250℃。从温度条件看，经分解炉的生料碳酸钙分解率达到 95%，并不困难。但该分解过程是可逆反应，为了使反应始终向右进行，必须保持更高的反应温度，并降低周围环境中 CO_2 的分压。正因如此，碳酸钙最初的分解速度很慢；待到 800～850℃ 时，分解速度才加快；至 900℃ 左右，分解将高速进行，CO_2 分压能达 1 个大气压。$CaCO_3$ 分解是强吸热反应，900℃ 时吸热为 1660kJ/kg。

该分解反应的另一特点是烧失量大。每 100kg 的 $CaCO_3$，分解排出的 CO_2 气体为 44kg，留下 CaO 为 56kg。在不过烧（低于 900℃）情况下，燃烧产物的体积比原来收缩 10%～15%，故 CaO 为多孔结构，有助于它与其他组分继续完成固相反应。

（2）碳酸钙分解温度与 CO_2 分压的关系　根据吉布斯相律：

$$f = C - P + 2 \tag{3.2.2}$$

式中　f——体系的自由度，或称独立变量；

　　　C——独立组分数，此时为 2；

　　　P——相数，为 3（$CaCO_3$、CaO 都为固相，CO_2 为气相）。

将 C、P 代入式中，$f = 1$ 说明体系中温度与压力只有一个独立变量，当分解温度确定时，CO_2 平衡分压就随之确定。反之，当 $CaCO_3$ 分解时，周围 CO_2 浓度一定时，其平衡分解温度亦随之确定。

因此，分解温度与 CO_2 分压有定量关系，并可由范特荷夫公式导出：

$$\frac{dlnK_p}{dT} = \frac{\Delta H}{RT^2} \tag{3.2.3}$$

式中　T——分解温度，K；

　　　K_p——恒压反应平衡常数；

　　　ΔH——恒压反应中，体系所吸收的热量；

　　　R——气体常数。

将式（3.2.3）积分：

$$\int dlnK_p = \int \frac{\Delta H}{RT^2} dT$$

$$lnK_p = -\frac{\Delta H}{RT} + 常数 \tag{3.2.4}$$

式中　K_p——$CaCO_3$ 分解复相反应的恒压平衡常数，在一定温度下，它仅与 P_{CO_2} 有关。

根据试验，求得 ΔH 及常数值，代入式（3.2.4），得出分解温度与 CO_2 分压间的关系：

$$lgP_{CO_2} = -\frac{9300}{T} + 7.85 \tag{3.2.5}$$

式中　　P_{CO_2}——CO_2 的分压，atm[①]；

　　　　T——绝对温度，K。

当 $P_{CO_2}=1atm$ 时，代入得　　　　　　　$\lg 1 = -\dfrac{9300}{T} + 7.85$

求得，$T=1184.7K$（911.7℃），即为 CO_2 分压达 1 个大气压（101kPa）时的平衡分解温度。

根据上式或试验得到：$CaCO_3$ 分解温度与 CO_2 平衡蒸气分压的 t-P_{CO_2} 关系曲线（图3.2.2）。

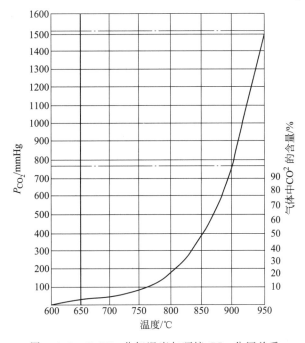

图 3.2.2　$CaCO_3$ 分解温度与环境 CO_2 分压关系

$CaCO_3$ 在 600℃ 开始分解，但分解出 CO_2 分压很低，且只有接触的气体不含 CO_2 时，分解才能进行；随着温度提高，CO_2 分压虽不断增加，但也只有分解 CO_2 压力大于环境 CO_2 分压时，分解才能继续进行；但分解炉中 CO_2 浓度同时来自于燃料燃烧及碳酸盐分解两条渠道，而且是燃料燃烧在先，所以，就必须提高对应的平衡分解温度，如表 3.2.1 所示。

表 3.2.1　炉内 CO_2 分压对应的分解温度

炉内气流 CO_2 浓度/%	CO_2 分压/kPa	分解所需温度/℃
10	10.1	730
20	20.3	780
25	25.3	810

炉中的实际温度，还要高于表中与气流中 CO_2 相平衡的分解温度，分解才能进行。当分解温度达 910℃ 时，物料分解放出 CO_2 的压力达到 1atm，如果这时气流中 CO_2 浓度为 0%，则分解的 CO_2 面向气流中扩散的推动力最大，有最快的分解速度。这就是说，分解出

[①]　$1atm=101325Pa$。

的 CO_2 分压愈高，烟气中原 CO_2 分压愈低，分解速度愈快。

一般分解炉内料粉的实际分解温度为 $820 \sim 860℃$，气流的温度比料粉温度约高 $20 \sim 50℃$，所以炉内的气流温度常在 $850 \sim 900℃$ 之间。即在正常情况下，炉温要稳定保持此值。

总之，分解炉内生料的分解反应与炉 $840 \sim 960℃$ 内温度密切相关，即一定的炉温对应一定的分解率，炉温越高分解率越高，分解速度也越快；但达到一定程度后，停留时间对增加分解率的作用并不会太大。

(3) 微观分析碳酸钙的分解过程　图 3.2.3 为一个正在分解的 $CaCO_3$ 颗粒。表面首先受热，达到分解温度后分解，并排出 CO_2，表层变为 CaO；当分解反应面逐步向颗粒内部推进时，如由 a 进入 b，反应要克服各种阻力，按下列五步进行：①通过颗粒边界层，由周围介质传进热量 Q_1；②将 Q_1 由表面传导至反应面，并积聚至分解温度；③反应面继续分解、吸收热量并放出 CO_2；④放出的 CO_2 从分解面通过 CaO 层向四周扩散；⑤扩散到颗粒边缘的 CO_2，通过边界层向环境扩散。这五步中，仅有③是化学反应过程，其余四步是物理扩散过程。

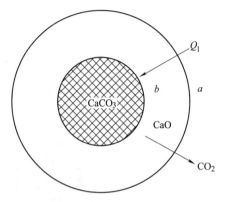

图 3.2.3　石灰石颗粒分解过程示意

从此微观分解过程看，每步对过程的影响程度都不相同，主控过程应是进行最慢的过程。处于悬浮态 $CaCO_3$ 的受热分解速度，受粒径影响比较大：当粒径 $d = 1cm$ 时是以传热传质的物理过程为主，化学分解不占主导地位；粒径 $d = 0.2cm$ 时，物理过程与化学过程几乎同样重要；$d \leqslant 0.003cm$（一般生料特征粒径），分解所需时间将由化学分解过程决定，即为化学动力学控制。

回转窑内碳酸钙的分解与其相比，料粉处于堆积状态，每个颗粒四周被 CO_2 包裹，使气流传热传质的面积减小，分解就只能由物理过程控制，因此，就一定要提高平衡分解温度。

(4) 分解炉中碳酸钙分解时间

① 由化学动力学方程计算单个颗粒的分解时间。只要生料粒径小于 $30\mu m$，分解炉中石灰石分解就是化学反应控制过程，所以分解速度的计算可大为简化，分解面向颗粒内心移动的速度可用福斯滕公式计算：

$$\overline{w} = \frac{1}{\rho_{CO_2}} K(P_{CT} - P_{CO_2}) \tag{3.2.6}$$

式中　ρ_{CO_2}——可以分解但还被石灰石结合的 CO_2 密度，其值为 $1.19g/cm^3$；

K——分解速度常数，一般可取 $190kg/(m^2 \cdot h \cdot MPa)$；

P_{CO_2}——分解炉中 CO_2 的分压，MPa；

P_{CT}——分解温度 T 时的 CO_2 平衡分解压力，MPa。

其中 P_{CT} 可根据希尔斯最新测定数值计算，其结果为：

$$\lg P_{CT} = -\frac{8550}{T} + 6.26 \tag{3.2.7}$$

根据式 (3.2.7) 可计算出石灰石颗粒的分解时间。例如当分解温度为 $820℃$，炉气中 CO_2 为 0% 时，对于粒径 $D = 30\mu m$ 的石灰石颗粒，其分解时间 t 的计算如下：

将 $T = (273 + 820)K$ 代入式 (3.2.7) 得 $\lg P_{CT} = -1.56$，则 $P_{CT} = 0.0275MPa$。

将 $P_{CT} = 0.0275\text{MPa}$，代入式（3.2.6）：

$$\overline{w} = \frac{颗粒半径}{分解时间} = \frac{15 \times 10^{-3}}{t/3600} = \frac{190}{1.19} \times (0.0275 - 0 \times 0.1)$$

求解后得到，$t = 12.3\text{s}$。当炉气中 CO_2 含量分别为 10%、20% 时，分解时间 t_{10} 和 t_{20} 分别为 19.3s 和 45.1s。这样，对于不同的分解温度 T_K，不同的 CO_2 分压 P_{CT}，可分别计算出 $30\mu\text{m}$ 碳酸钙颗粒的分解时间 t_z'，并作图 3.2.4。

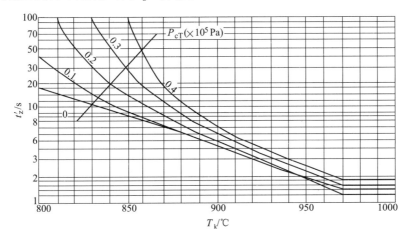

图 3.2.4　石灰石颗粒分解时间与温度、CO_2 分压间的关系

由图可知，影响石灰石颗粒分解速度的主要因素有：分解温度——温度愈高，分解愈快；炉气中 CO_2 浓度——浓度愈低，分解愈快，但温度高时影响并不明显；料粉的物理、化学性质——结构致密，结晶粗大时，分解变慢；料粉粒径——粒径愈大，时间愈长；生料的悬浮分散程度——分散性差时就等于加大了颗粒尺寸，降低了分解速度。

② 粉料颗粒群的分解时间。常用 Rosin-Rammler-Bennet 方程表示粉磨生料的颗粒分布：

$$R = 100\text{e}^{-\left(\frac{D}{D'}\right)^n} \tag{3.2.8}$$

式中　R——生料中某一粒径 $D(\mu\text{m})$ 的筛余百分比，$\%$；

　　　D'——特征粒径，对于一种粉磨产品来说 D' 为常数；

　　　n——均匀性系数，对于一种粉磨产品来说 n 为常数。

n 和 D' 表示了生料的颗粒分布情况。n 值愈大，颗粒分布范围愈窄，粒径愈均匀；D' 值愈大，表明生料平均粒径愈粗。

福斯滕实验和计算所用生料的颗粒组成及石灰石含量的关系见表 3.2.2。

表 3.2.2　三种水泥生料各粒级的数量 Δm 与石灰石含量 x

$D/\mu\text{m}$	$\Delta m/\%$	$x/\%$	$D/\mu\text{m}$	$\Delta m/\%$	$x/\%$	$D/\mu\text{m}$	$\Delta m/\%$	$x/\%$
>200	1.0	75.0	>45~63	9.4	77.3	>7~9	4.6	77.5
>160~200	2.4	71.7	>25~45	11.8	77.2	>6~7	4.4	77.5
>125~160	3.0	73.7	>19~25	6.8	75.5	>4~6	4.7	78.0
>100~125	6.8	75.3	>15~19	4.8	74.0	>3~4	5.6	77.5
>90~100	2.6	76.2	>13~15	2.6	74.2	2~3	3.1	77.5
>71~90	5.3	77.5	>11~13	4.5	76.7	<2	8.3	77.0
>63~71	5.8	77.3	>9~11	3.0	77.5			

为简化分析，对试验、计算条件作了下列假定：生料由 80% 的石灰石和 20% 的辅助原料组成；料粉为球形颗粒，预热器和分解炉无散热，不考虑粉尘的内循环，计算停留分解时间是依据纯石灰石的气压曲线。

根据福斯滕的研究结果，生料粉的平均分解率与分解温度、CO_2 浓度及分解时间的关系如表 3.2.3 所示。

表 3.2.3　生料分解温度、CO_2 浓度、分解率与分解时间的关系

分解温度/℃	炉气 CO_2 浓度/%	特征粒径 30μm 完全分解所需时间/s	平均分解率达 85% 的分解时间/s	平均分解率达 95% 的分解时间/s
820	0	12.3	6.3	14.0
	10	19.3	11.2	22.6
	20	45.1	25.1	55.2
850	0	7.9	3.9	8.7
	10	10.3	5.2	11.3
	20	15.0	7.5	16.5
870	0	5.6	2.8	6.1
	10	6.9	3.5	7.6
	20	8.7	3.9	9.6
900	0	3.7	1.2	3.9
	10	4.1	2.2	4.6
	20	4.7	2.5	5.0

表中的分解率是指物料实际分解率，而生产中常用表观分解率（本书均以五级预热器系统分析，此处就指包括 C_4 筒内及窑内料粉循环的分解部分），而 C_4 中及循环所分解的多为细颗粒，它们对颗粒群平均分解率影响不大。由表 3.2.3 可知，在一般分解炉中，当分解温度为 820~900℃时，料粉分解率为 85%~95%，需要分解时间平均为 4~10s。此外，随着分解温度的提高和 CO_2 分压的降低，料粉平均分解率达到 85% 或 95% 所需时间还会缩短。

（5）生料分解率与生料特征粒径及均匀性的关系　当分解温度和 CO_2 分压确定后，生料的平均分解率 $\overline{E}$ 就是炉内分解所需时间 t、特征粒径 D 及粉料均匀性系数 n 的函数，见图 3.2.5。图中共有四条曲线，分别为给定值 n 为 0.7、0.84、1.0 及极限值 ∞ 时特征粒径 D 的单颗粒的关系曲线。它们说明：

① 颗粒群的平均分解率，在分解时间 $t=0.4s$ 以前，均高于单颗粒的分解率。说明料粉颗粒群中含有许多细颗粒料粉，它们的分解速度快。在开始阶段（$t<0.4$，$\overline{E}<0.8$ 时），总的平均分解速度比单颗粒分解快。

② 因为 t 等于几倍于特征粒径（$D'=30μm$）的分解时间，说明大于特征粒径颗粒的分解速度较慢，故在 $t=0.4s$ 以后，粒群的生料平均分解率，远低于单颗粒粉料的分解率。生料均匀性系数 n 愈大（即颗粒愈均匀），分解率就愈高。所以，粉磨生料的颗粒越均匀，越有利于提高分解率。

③ n 为 0.84 的生料，当 $\overline{E}$ 分别为 90%、95%、99%、100% 时，t 则分别为 0.72、1、2、>3。这时粗颗粒虽在整个颗粒群中不多，但全部分解所需时间将是 90%~95% 分解所需时间的 2~3 倍。这说明，生产中出炉分解率不宜要求超过 95%，否则需要过大增加炉的容积；而且分解后接着是矿物形成的放热反应，环境很快过热超温，极易发生结皮、堵塞等故障，剩余少量经分解炉尚未分解的料粉，会在入窑后立即分解。当然，分解率若低于 90%，就会影响窑外分解技术的优越性。

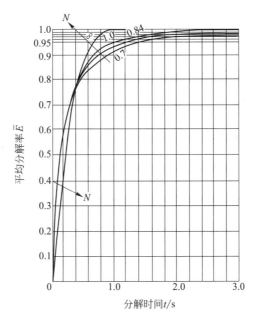

图 3.2.5 生料平均分解率与分解时间关系

3）分解炉煤粉的燃烧机理

（1）煤粉在分解炉中的燃烧特点 分解炉与窑内煤粉燃烧相比，具有以下特点：

① 当煤粉喷入分解炉后，立即遇到由三次风提供的 800℃以上热空气及窑内排出的高温废气，煤粉中的固定碳与挥发分会同时燃烧，不存在黑火头，看不到火焰形状，故称之无焰燃烧；此时烟煤与无烟煤的燃烧速度并不存在多大差别，还能添加有热值的固废及废轮胎等燃料。而窑头的有焰燃烧，其火焰形状与燃烧速度将十分明显受煤质影响。

② 一般分解炉都是 2～4 点加煤，让炉内横截面上温度分布均匀。现在为了提高脱硝效果，已成功尝试在窑尾缩口处喷入煤粉，而不像窑头只能一点集中喷入煤粉。

③ 它可以改变煤粉喷入的具体位置及角度，调节与生料、热风入炉的相互关系。不像窑头燃烧器只能固定一个位置与角度。

（2）无须使用三风道燃烧器 预分解窑技术能成功使用 100% 无烟煤的原因之一，正是上述分解炉的煤粉燃烧特点所决定的。因此，有人为加快窑头煤粉燃烧的燃烧器搬到分解炉，居然设计出炉用三风道燃烧器，并增设一次风鼓风机，实属画蛇添足。由于要向炉内喷入更多冷风，增加热耗与电耗，现已陆续被拆除，而为环保衍生出的脱氮燃烧器［见 3.4.2 节 2）（2）］才真正有生命力。

（3）脱氮燃烧机理 为了减少燃烧降低 NO_x 排放量，应加深对煤粉燃烧机理的研究，尽管氧化气氛有利于充分燃烧、快速发热，但也最易形成 NO_x［见 8.2.1 节 2）］。如果煤粉先在还原气氛中燃烧，虽燃烧不完全，会形成 CO，但若能在下游位置迅速补充新鲜的三次风，令其再次迅速二次完全燃烧，就能降低 NO_x 生成量。这种分级燃烧的概念，是设计各类分级燃烧分解炉的出发点，它也完全符合降低能耗的要求。

针对过程燃烧理论，专家们提出了扩散燃烧机理，即让煤粉入炉后瞬间最大程度分散，大幅提高煤粉不完全燃烧的速度，不仅为分级燃烧创造条件，还能提高再次燃烧的效果。当然，此类燃烧器同样要适应原煤性质与分解炉类型。

4）分解炉内气体运动的特点

分解炉内的空气具有供氧燃烧、浮送物料及作为传热介质的多重作用。为获得良好的燃烧条件及传热效果，要对分解炉各部位风量合理布局，并形成一定风速；为使生料、煤粉都处于均匀的悬浮状态，增加风、煤、料在炉内的接触时间，气流在炉内常呈旋流或喷腾状；同时，在满足上述要求的条件下，还要降低用风量，以降低能耗。

（1）对风速的基本要求　分解炉内的风量，不仅要保证能与燃料充分混合、充分燃烧，而且还要有一定流速，促进炉内生料充分悬浮、分散、受热、分解。以旋风型分解炉为例，它的进口风速一般在 20m/s 以上，出口风速相应减小，圆筒部分流速最小。用气体流量除以其容器断面积，计算出的断面风速取 4.5～6.0m/s，但它只用来比较负荷程度，实际风速往往不垂直筒体断面，而是回旋上升或下降，所以会更大。

为了保持上述炉内风速，分解炉出口必须具备一定负压，用于克服浮送物料的压头损失 ΔP_a 及气体流动的阻力损失 ΔP_m，计算公式如下：

$$\Delta P_a = (C + \mu_s) \times \frac{\rho_a}{2} \times \omega_a^2 \qquad (3.2.9)$$

式中　ΔP_a——物料从初速度为零加速到气流速度中所产生的压头损失，Pa；

　　　ω_a——气流速度，m/s；

　　　ρ_a——气流密度，kg/m³；

　　　μ_s——物料流量与气体质量流量之比；

　　　C——供料方式系数，其值在 1～10 之间。

$$\Delta P_m = \lambda \times \frac{\rho_a}{2} \times \omega_a^2 \qquad (3.2.10)$$

式中　ΔP_m——气流流动过程的压头损失，Pa；

　　　λ——分解炉的阻力系数。

设计分解炉时，要考虑气流运动方向为旋流时，让生料、煤粉悬浮，还要考虑为降低各处阻力所需优化的结构。一般旋风型分解炉压降为 500～1300Pa，RSP 型分解炉压降为1000～1600Pa，史密斯（喷腾型）分解炉压降约为 500Pa。

（2）物料要处于均匀悬浮状态　分解炉内物料均匀悬浮是燃料充分燃烧、提高传热速率及生料充分分解的基本条件。如果是煤粉分散不好，煤粉与氧气接触概率减小，燃烧速度变慢，发热能力降低，炉内温度下降，生料分解缓慢；如果是料粉分散不好，不能迅速吸收燃烧热量，炉内局部高温，引起结皮堵塞，物料也难以分解；如果是燃料与物料局部都分散不好，分布浓度不均，或时好时坏，则炉内局部温度会时高时低，炉内热工制度就要波动。

可用气流的浮送能力表示气流对物料的悬浮能力，它是指单位时间内，气流所能携带料粉的量，与紊流状气流所含料粉的浓度成正比，并与气体流量有关。料粉在容器内的悬浮，一方面取决于悬浮的动力，即风速与风向的控制；另一方面取决于物料所受重力，只有动力大于重力时，才能保持分散均匀，处于悬浮状态，而重力大小又由粉料的浓度与分散程度决定。

运动物料保持悬浮状态，会受容器横截面积变化改变断面风速使物料沉积。以分解炉为例：当物料由上级预热器喂入时，如果该级翻板阀距炉进料口有较大高差，物料就会以高速下冲，原上流风速也难以抵挡，而形成局部塌料，尽管其余物料尚在悬浮，但这部分料流却会直冲窑尾缩口，短路入窑。只要物料不能充分分散，就会有此效应。分解炉中物料与气流的关系同旋风预热器〔见 3.1.1 节 2) 和 4)〕极为相似。

对被输送或预热的物料而言，希望气流中含尘浓度高，还能悬浮而不发生塌料，就要少用风量，减小设备尺寸，降低废气带走的热损失。但是分解炉中的空气更要满足所需燃料的燃烧。例如 $1m^3$ 气体能浮送 0.6kg 的料粉，但它不足以供给这些料粉分解所需热量的燃料燃烧，即燃烧所需用空气量远大于浮送物料所需风量。因此确定分解炉用风量时，首先要考虑满足分解所需燃料的燃烧，这也正是分解炉可以应用高固气比技术的基本点。

正是由此确定气流对料粉的浮送量的限度。如果喂料超过此限度，不仅产生料粉沉积，而且所需燃料的用风也远远不够，分解率不会高。南京工业大学以旋风型分解炉为模型，得出的分解炉缩口风速与料粉进、出口极限浓度之间的关系，见表 3.2.4。

表 3.2.4　旋风型分解炉中允许的料粉极限浓度

分解炉缩口风速/(m/s)	8~10	10~13	13~16	17~18.5
料粉进、出口极限浓度/(g/m³)	300	600	900	1000

（3）分解炉中的旋风效应与喷腾效应　为了让煤与料在炉内有足够接触时间，不能只靠增大炉容，更不能靠降低风速，而需要气流在炉内产生旋风效应或喷腾效应，或结合成旋风喷腾效应。通过气流与料粉间的相对运动，旋转出的线速度更高，经过的路径更长，就会大幅度延长各自在炉内的停留时间。因此，设计中要了解旋风及喷腾两类效应的特点，制造适当的回流及紊流，降低系统动力消耗。

① 旋风效应是使气流作旋回运动，让物料滞后于气流的一种效应，见图 3.2.6（a）。

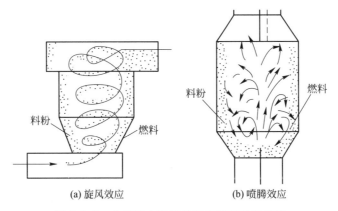

(a) 旋风效应　　　　　(b) 喷腾效应

图 3.2.6　分解炉内旋风效应与喷腾效应示意

在旋风型分解炉及预热器内，气流经下部涡流室造成旋回运动，并以切线方向入炉，在炉内旋回前进。悬浮的物料，在随气流旋转中，受离心力作用，逐渐甩向炉壁。粒径较大的料粉，因其单位质量的表面积小，在其离心向壁运动中，所受阻力小，要比粒径小的料粉更容易达到炉壁边缘。当它们到达炉壁的滞流层时，或与炉壁摩擦碰撞后，动能大大降低，运动速度锐减，某些颗粒会失速坠落，降至缩口后再被气流带起。

但在旋风分解炉中，料粉不会沉降，因为前面气流滞留下的料粉，又被后面气流继续推向前进，所以物料还是顺着气流运动、旋回前进而出炉。但料粉的运动速度已远落后于气流速度，延长了料粉在炉内停留时间，愈大的颗粒，滞留时间愈长。

② 喷腾效应是气流作喷腾运动，使物料滞后于气流的另一种效应，见图 3.2.6（b）。

这种炉的筒径较大，上、下部为锥体，底部为喉管，入炉气流以 20~40m/s 的流速通过喉管，在炉筒一定高度内形成上升气流，将炉下部锥体四周气体及料粉不断裹挟进来，再喷射上去，形成许多由中心向边缘的旋涡喷腾运动。

它造成气流由炉中心向边缘旋回。进入气流的料粉在喷腾口被气流吹起、悬浮，有的直接抛向炉壁，有些随气流作旋回运动，较大颗粒甩向炉壁，沿壁下坠，降到喉口再被吹起；较小颗粒在向炉壁运动中，或被下面气流带走，或到炉壁后进入滞流层。其中处于炉筒上部的，能直接沿炉壁被气流带走；处于炉筒下部的，则再进入喷腾层的气流。喷腾效应与旋风效应类似，大大增加炉内气流平均含尘浓度，延长料粉在炉内停留时间。

5）衡量分解炉性能的指标

① 判断分解炉热交换效率的直观参数就是分解炉出口温度，应在870℃以内，且不高于炉中温度，也不应低于五级出口温度。

② 生料入窑分解率应在95%左右。

3.2.2 分解炉类型、结构及发展方向

1）分类

国内外对提高分解炉效率先后开发出几十种分解炉。但从分解炉与窑的关系划分，基本上分为两大类：在线分解炉［图3.2.7（a）］与离线分解炉［图3.2.7（b）］。它们之间的根本差异在于：在线炉的窑废气全部进入炉内，因废气含有窑内燃烧后的CO_2，增加了炉内CO_2分压，对碳酸盐分解不利，但它方便操作，易于控制；离线炉的窑废气虽单独去预热器，不进分解炉，炉内燃烧用空气是高温度的三次风，没有CO_2对燃烧与分解的干扰。但此时炉与窑是两个并行系列，为同一窑尾高温风机作用，窑、炉用风阻力稍有改变［见3.2.3节4）（2）］，就会造成炉底积料，堵塞三次风进入，为此被迫在炉底增设排灰口而恶化现场环境，还成了漏风点。现在生产线的离线炉都已被改造；至于早期曾有不设三次风管的分解炉，窑内要提供更多富余空气量［图3.2.7（c）］为炉供氧，窑径过大，窑炉相互干扰，早已弃之不用。

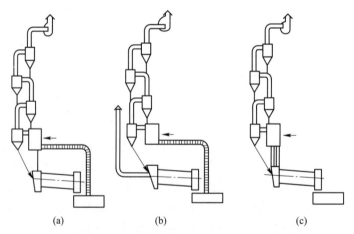

(a)　　　　　　　(b)　　　　　　　(c)

图3.2.7　分解炉与窑的废气三种关系

2）结构设计原则

分解炉的结构设计除考虑燃烧、传热、分解的容积之外，一定要从风、煤、料入炉相互位置服从工艺要求出发。大型分解炉的布局越复杂，就越需要精确。

① 最早设计的分解炉进煤点是最大限度靠近三次风进口，使煤粉一进入分解炉就能迅速燃烧。进煤管道与水平夹角略微向下倾斜，以扩大燃烧空间。喷煤口的数量，取决于分解炉的类型，要以煤粉在横断面分散均匀为原则。

分解炉需要初始燃烧区有较高的氧浓度和燃烧温度，三次风温达 800℃以上。当燃料燃烧后，炉中温度会更高（1020~1170℃）。此时非常需要生料来及时吸收热量，否则会威胁炉壁安全。尤其在使用无烟煤、劣质煤，甚至烧煤矸石、垃圾以及废轮胎时，更要恰当选取进料点的位置。

② 三次风进风口，理应在进煤点的气流上游，为煤粉的充分快速燃烧创造条件。

三次风应以逆时针（由炉顶俯视）、切线倾斜向下进入分解炉为宜，有利于形成良好的边壁旋流效应，降低内衬表面温度。

有的炉型将三次风分两点，以喷腾层及上部的涡流室两处引入，三次风之比为 6∶4 或 7∶3。让燃料燃烧及生料分解都是在喷腾床的"喷腾效应"及涡流室的"旋风效应"综合作用下完成。

③ 分解炉进料点应设在进煤点的气流下游，并确保入炉后能被气流吹散扬起，并根据煤粉燃烧速度确定与进煤点的距离：距离过近，煤粉尚未燃烧，就被粉料干扰；距离过大，煤粉燃烧并释放出大量热能，却不能被生料及时吸收，就会威胁炉衬安全，且延缓分解速度。由于进料已是 800℃以上高温物料，控制该距离将变得十分敏感。

该距离要适应煤质变化，当煤质挥发分含量低时，煤粉燃烧速度变慢，此距离就应适当加大，为煤粉燃烧留够空间；反之，则应缩短该空间，让料粉尽快接收到煤粉燃烧的热量。确保炉温介于 800~850℃之间，温差在 ±10℃之内稳定。

为适应生料与煤质的变化，下料点常通过分料阀分成两个。其作用有二：一是当煤质较差时，可适当减少下部的料量，甚至全部集中在上部喂入；二是将小部分料分到窑尾上升烟道，可降低窑尾废气温度，使废气中硫、氯元素凝聚在生料颗粒上返回窑内，减少烟道结皮。在下部喂入的物料一般不宜过多，否则也易结皮堵塞烟道。

④ 为考虑降低 NO_x 排放浓度的环保要求，上述关系已需重新考虑［见 8.2.1 节 4)（2）］。

在满足上述风、煤、料入炉要求的前提下，结构应以简单为宜。分解炉结构的演变也是由简到繁，再由繁到简，达到减少系统通风流体阻力，制作与布置方便，且满足燃料着火燃烬及生料分解条件的目的。事实证明结构复杂、投资多的分解炉，效果并不一定理想。

3）管道分解炉的衍生

该炉型为洪堡公司数十年发展进步的结果，已为近年设计的预分解窑普遍接受的炉型。其特点在于：将窑尾与最低一级旋风筒之间的连接烟道增高，并弯曲向下延长往返烟道，类似鹅颈，故称鹅颈管。

(1) Pyroclon-RP 分解炉（图 3.2.8） 这是最初型式，在窑尾烟室分成两个上升烟道、一个专用于分解炉 Pyroclon-RP 系列，形成双系列预热器及双排风机，各成系统。

(2) Pyroclon-R-Low NO_x 分解炉（图 3.2.1） 该分解炉是在上述离线型分解炉基础上改进的，目的是降低 NO_x 排放浓度。由冷却机来三次空气成锐角方向进入烟道式分解炉，使三次空气与窑尾废气有一段烟道分解炉是平行向上流动。在分解炉下部的窑尾废气区和分解炉稍高处三次空气区各设 1 个燃烧器。主要在窑废气区内燃料利用窑尾废气中过剩 O_2 燃烧，由于产生 CO 形成还原气氛，让 CO 与 NO_x 反应生成 CO_2 和 N_2，降低窑内废气中的 NO_x 为 35%~50%。另一股燃料遇三次空气后，再起火燃烧。两股料流与气流在 180°

弯头处，合并后进入预热器。

（3）Pyrotop 型分解炉（图 3.2.9）　在 Pyroclon-R-Low NO$_x$ 型分解炉基础上，在鹅颈管顶部增设 Pyrotop 混合室，让炉内上行的料流与气流至鹅颈顶部时，从混合室圆筒体下部切线方向旋流入室，将较粗物料及燃料分离，较细颗粒随气流从圆形筒体上部排出，再经下行烟道进入五级旋风筒。

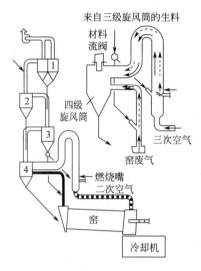

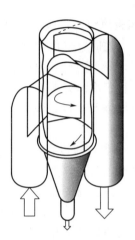

图 3.2.8　Pyroclon-RP 分解炉　　　　　图 3.2.9　Pyrotop 混合室

由 Pyrotop 混合室分离出的较粗物料及燃料，经下料管分料阀，一部分返回分解炉上行烟道继续燃烧和分解，另一部分进入下行管道，随混合室出来的料气流一起进入五级旋风筒。通过分料阀的调节，改变混合室出来的物料进入上、下行烟道的比例，从而控制物料的再循环量，便可优化入炉燃料的燃烬率和生料分解率。

（4）管道分解炉　将上述在窑尾烟室上的上升烟道、预热器及后面的排风机，简化为单个上升烟道、单个排风机，即使是双系列预热器，两个四级预热器下来的生料都喂入此管道分解炉，并用分料阀控制上、下各一喂料点入炉。鹅颈管顶部也无须混合室。鹅颈管上下行管长度可根据煤质燃烧速度调整。进煤点、三次风进口、进料点的布置完全符合相应的原则要求。

这种类型分解炉结构简单，燃烬速度及分解效率并不差，故被普遍采用。它的唯一缺陷是，由于气流在鹅颈管上端转向，所含粉料就会在此处少量沉积，造成无规律塌料，使系统波动。为此，管道此处从倒 U 形向倒 V 形过渡即可，或将原管内衬料浇注出倒 V 形。

3.2.3　分解炉的节能途径

从宏观过程看，分解炉中主要是煤粉燃烧、碳酸钙分解两个能量转换过程，以及生料与气流间热交换能量传递过程。依据装备节能五原则［见绪论 3）］，分解炉要实现节能，就是要结合炉中煤粉燃烧特点、碳酸钙分解特点，及气流与物料的运动特点，提高两个转换过程的速率，并延长热传递过程的时间。具体化工与热工条件，要关注以下几个环节：

1）加快分解炉内燃料燃烬速度

（1）分解炉内煤粉的无焰燃烧　煤粉在分解炉内形成无焰燃烧的条件有三：有足够含氧量的空气；空气要有足够高的温度；空气与煤粉混合足够均匀，并尽量少受生料干扰。

（2）按照煤粉的燃烧过程，提高炉内煤粉燃烧速度　为保证煤粉在炉内燃尽，避免五级或三级预热器仍有煤粉继续燃烧，就应设法提高炉内燃烧速度，达到用最少煤量，满足碳酸盐分解所需热量。分解炉设计，包括配置的燃烧器及生产操作，都应以此为目标。煤粉的燃烧机理〔见 3.4.1 节 2）和 3）〕决定燃烧器的结构。

分解炉温度介于 800～900℃ 之间，炉内煤粉的燃烧状况，除取决于自身燃烧性能外，还与空气的接触条件有关。为此有如下几个环节：

① 确定符合炉容设计的煤质并稳定。分解炉容积设计是依据煤粉热值与燃烧速度确定的，如果煤挥发分含量降低，燃烧速度过慢，煤粉就无法在指定位置燃烧。如果煤质波动，挥发分等含量忽高忽低，燃烧速度与燃烬状态就会不断变化。

② 合理控制煤粉细度与水分〔见 3.4.4 节 3）〕。

③ 适宜控制分解炉的空气过剩量。根据煤粉过程燃烧的机理，氧气总量不足，煤粉就可能有不完全燃烧，尽管局部还原气氛可减少 NO_x 生成量，但作为炉内空气总量，一定要有富余；但过剩量也不能过多，否则增加热耗与电耗。因此，应当按分解炉用煤量调节三次风量，让炉的出口废气中 CO 含量趋近于零，且氧含量不超过 2%。与此同时，还要实现与窑的过剩空气系数平衡，这就需要使用高温废气分析仪指导操作。

④ 篦式冷却机应为窑、炉提供足够高温、富氧且稳定的二、三次风〔见 3.5.4 节 3）〕。

⑤ 为让空气和煤粉混合均匀，三次风进风口应尽量接近进煤点，并让二者的角度、方向相互配合，有利于三次风与煤粉相互搅动，可在煤管入口加一定角度的风翅，促进煤粉扩散，加速空气和煤粉的均匀混合。但绝不应使用三风道燃烧器另行引入冷风增加热耗。

⑥ 合理确定下料点与喷煤点位置〔见 3.2.2 节 2）、8.2.1 节 4）（2）〕。

只要上述六大因素解决好，只要煤粉的燃烧速度足够，就不会有因煤粉在炉内停留时间不足，煤粉不能燃尽的情况。

（3）设法实施分散燃烧 如果用分散燃烧的理论重新调整煤粉燃烧方式，就会形成另一种结果，不但降低燃烧中 NO_x 的生成量，减少脱硝量，还能提升分解炉的节能降耗水平〔见 3.4.2 节 2）（2）〕。

2）让生料能尽快接受热量

分解炉的传热方式主要为对流传热，其次是辐射传热。燃煤与料粉同时悬浮于炉内气流中，先是燃料燃烧释放出热量，提升炉内温度，后再以对流方式将热传给物料。由于此过程中气固相充分接触，热的传导速率很高。又由于炉气中含有很多固体颗粒及较高的 CO_2，该气流也具有辐射传热能力。虽强度远不及窑内烧成带，但同样起到不可忽视的促进作用。

分解炉内传热公式可用下式表示：

$$\Delta Q = \alpha F \Delta t \tag{3.2.11}$$

式中　ΔQ——单位时间气流向物料传递的热量，kJ；

　　　F——气流与物料的传热面积，m^2；

　　　Δt——气流温度 t_g 与物料表面温度 t_s 的温度差，℃；

　　　α——对流及辐射综合传热系数。

传热系数 α 与颗粒直径 d_p、流体的导热系数 λ_g、流体的运动速度 ω_0 有关，也与流体黏度、密度等有关。有人提出分解炉中的热交换系数与气流速度的 1.3 次方成正比（流速在 3.5～6.5m/s 之间），也有人提出一般悬浮层中的传热系数约在 0.8～1.4W/(m^2·K) 之间。

从式（3.2.11）中可知：分解炉内传热最主要因素是增加传热面积，如果分解炉的所有空间内物料都能均匀悬浮，料粉与气流就能充分接触，其传热面积即为料粉比表面积，就能相互最大限度地传递热量。又因气流与料粉的温差很小（750～900℃），料粉升温完全可在瞬间完成。也正是燃料释放的大量热，能迅速被碳酸盐分解所消耗，才制约了气体温度的继续提高，避免了炉内局部高温，既实现了高分解率，炉内温度也能控制在950℃以内，分解炉出口温度不超过870℃。如此提高的传热传质速率，才使生料碳酸盐的分解过程，由传热传质的扩散控制，转化为分解的化学动力学控制。

3）生料接收热量后的碳酸钙分解

影响分解速率的两大影响因素是：生料粒径及炉内气氛。因此，为加速分解并提高生料入窑分解率，应当采取如下对策：

① 重视立磨或辊压机对生料成品粒径的控制［见 2.1.3 节 4）］，绝非是越细越好，而是要控制生料粒径的适宜范围与提高均匀性。

② 分解炉要保持足够温度，为保证分解速度创造基本条件［见 3.2.1 节 2）（2）］。但温度也必须控制适宜，过高不仅会损坏炉衬，而且分解率也不应超过 95％上限，否则就很难控制后续发生的放热反应，炉内形成熟料，造成分解炉的严重烧结堵塞。

如果从窑系统节能统一考虑［见 3.3.1 节 5）（3）］，在窑选用助熔剂或矿化剂时，也有降低分解温度 80℃的效果，使用比例将从窑单独使用的 5％，增加为窑炉共用的 6％，节省的能量将从 150kJ/kg 提高到 180kJ/kg。虽数量有限，但降低烧结温度的同时，可大量减少 NO 生成量，有助于降低脱硝成本。

③ 根据过程燃烧的机理，要准确控制分解炉内的气氛。为减少 NO_x 的产生量，分解炉内需要在不同位置形成不同气氛。最初为形成还原区，应有意欠缺供风，但为分解反应所需要的热及气氛，需要很快转为氧化气氛。所有在线分解炉，由于窑内废气带入大量 CO_2，还要考虑它们对炉内气氛的影响，要重视窑、炉的同步操作。

4）保持与窑的煤、风用量平衡

（1）窑、炉用风平衡的重要性　预分解窑的最大特点是，分解炉与回转窑分别加煤，完成各自分解与煅烧任务，但它们的用风，却都是来自窑尾一台高温风机的负压，大多从篦式冷却机抽来。而窑、炉内的实际用风量，会因窑、炉系列的阻力变化，相互牵制，甚至干扰，导致窑、炉内常会造成风、煤的配合不当，或形成不完全燃烧或过剩空气过量，都会影响生料的分解与煅烧，更会提高热耗。

预分解窑设置的三次风管，用于连接窑头罩与分解炉，并负责向分解炉供热风，并起到窑与分解炉用风平衡的作用。它由若干节筒体满焊成整体。当总排风不变时，窑系列阻力的任何增加都相当于降低窑内用风，并增加分解炉用风；反之，分解炉阻力的增加就等于是炉内用风会减少，窑内用风增加。此时即使调节总排风，也是阻力小的风路受调节的程度要大。因此，调节三次风闸板位置，匹配窑炉用风，是操作中不容忽视的重要任务。

（2）影响窑、炉系统阻力变化的因素　操作者必须清楚，即使未调节三次风管闸板，窑、炉间的用风平衡也会因以下各自阻力的变化而受到破坏。

影响窑阻力变化的因素有：喂料量改变或窑速变化都会使窑内填充率变化；窑内结圈或窑尾缩口结皮都会增大窑的阻力；窑口密封状态改变，漏风量增大意味着阻力增加；窑衬的逐渐磨蚀及窑皮的厚薄都会让窑内阻力变小；等等。

影响分解炉系列阻力变化的因素主要是：三次风管内的料粉沉积，会增加阻力；三次风管闸板等处漏风量增加，也等于增加阻力；而闸板损坏、衬砖磨蚀，就相当于减小阻力；等。

（3）实现窑、炉用风平衡的措施 这是预分解窑降低能耗所特有的要求与途径，很多生产线从设计开始就未满足过此要求，成为系统降低热耗的难点与潜力。

① 三次风管的设计。早期三次风管设计为 V 字形，为考虑气流中挟带的细粉不要积料，管道斜度要大于物料休止角，让积料靠重力流至 V 字形底部，再由设备输送到熟料储存地，以避免积料减小管道内径，影响通风断面，保持窑炉通风阻力的匹配。

现在三次风管已改为直通管道，合理选择三次风管内径尤显重要。应该在闸阀开启 90％时，窑炉用风基本平衡，即便要调节，范围也不应超过±3cm。若让三次风闸阀在管内 50％范围调节，此时闸阀对管道断面形成突变，必使管内气流呈涡流状，促成更多细粉落下。而细粉一旦落下，就很难重新扬起，只是随积料增厚、断面风速提高，才会有新的动态平衡。如果三次风管直径过大，完全可利用检修，增厚保温层，减小内径。

当分解炉有两个喂煤点时，为能分配两个下煤点的用风，三次风总管道会对应有两个进风口，但往往远端的分支因阻力大、风速低，同样造成熟料细粉沉降。因此，设计中要考虑分支管道阻力的平衡，而不要寄托闸板靠现场调节。

另外，三次风管的斜度如大于积料的休止角时，积料就很可能冲入篦式冷却机高温端，引起二、三次风温的阵发性波动。

② 三次风阀的设置。为控制窑、炉用风平衡，曾几经改型配置，最早期是在窑尾缩口处设水平浇注料闸板，用丝杆调节进出。但由于窑尾温度过高，闸板很易变形向下弯曲，无法调整。

后改在三次风管内用旋转式闸阀控制，也因材料耐不住高温，无法使用。现在使用浇注料垂直式闸阀，虽能勉强使用，但随三次风管径的增大，使用寿命都不足半年，而且因为过重，常靠人工用倒链现场费力提拉，还有靠从人孔门投取废砖改变通风面积的现状，极大影响着窑、炉的用风平衡。

在改善各类材质、结构的三次风阀中，用耐磨陶瓷［见 9.2.2 节 3）（5）］制作闸板，既耐磨又耐高温。为克服陶瓷等燃性差的缺点，管内部分使用耐磨陶瓷，管外部分可用耐热钢。中间的调整部位可用浇注料连接，确保不让陶瓷闸阀有暴露于大气的部位，就不会因自身温差而炸裂，其寿命便大幅提高，且重量也减轻一半，便于中控直接操作。

另外，三次风阀虽要准确调节，但调节量并不大，只要伸入三次风管 10cm 即可，调整幅度有±3cm 足矣，而现在的尺寸过长而笨重。

③ 三次风管入炉不要弯头。原设计三次风管在入炉前都设计有近 90°弯头，但它很难经受三次风内含熟料细粉的磨蚀，内衬与钢板很快磨破漏风。如果将三次风管取直对准分解炉，就能根治此故障。只是最初设计时要选用此方案，日后修改必花费过大。

5）选用先进的脱硝技术

通过分风分级燃烧和分煤分级燃烧相结合，可以降低喷氨量，甚至无需喷氨，保持生产连续稳定。这样不仅大幅度降低脱硝运行成本，还能降低热耗［见 3.2.1 节 3）（3）及 8.2.3 节 2）］。

6）走智能化控制之路

要想全面兼顾落实上述各项节能操作，唯有以智能化代替人工操作。

最早分解炉就有自动控制回路，即将分解炉出口温度与炉喂煤量连锁。尽管此回路能防止分解炉温度过高或过低所造成的危害，但不顾分解炉温度升降的原因，只采取调煤措施而不管风量，其结果不是燃烧不完全，就是空气过剩，很难实现节能。

为调整用风，不能只调整窑尾高温风机风量，必须用三次风阀顾及窑、炉用风平衡，并实现同步调整窑、炉用煤。为此，应同时在窑尾与炉出口设置气体分析仪［见 10.1.2.3 节 2）（2）］在线检测废气，通过测定 CO 与 O_2 含量，指导三次风阀的自动调节。

如果软件编程能考虑二、三次风温对风量的影响，再改变煤、风用量，其调节效果将更为智能，但首先要准确测定二、三次风温。说明智能化一定要配备若干先进的在线仪表，也必须有可靠的三次风阀［见 3.2.4 节 2）（2）］作为执行机构。

3.2.4 分解炉的应用技术

设计的分解炉再好，也需要正确应用，即需要合理的管理与操作。

1）需要配置的装备及条件

（1）保证入炉生料稳定及充分分散　除了要求入窑喂料量稳定的条件［见 3.1.4 节 2）］，还应关注料流的分散程度：

① 消除各级预热器的塌料现象［见 3.1.4 节 4）（1）］。

② 四级预热器的闪动阀应有特别好的结构，既锁风又下料均匀［见 3.1.2 节 2）（7）］。

③ 进入各级预热器的下料溜子角度不宜超过 50°，特别是四级预热器下料带分料阀时，低位料管的角度不应让入料形成较大冲力。入口处应有缓冲角，避免以大股料流入炉，影响炉内物料稳定传热与分解，更不能让生料短路入窑，形成夹心熟料。

④ 进入分解炉的下料管口，同样要设有用耐热钢制作的撒料板，板头仅比筒壁伸出 1cm，不仅自身不易烧损，而且也减少对炉内上升气流的阻碍；撒料板前端形状为水平状，让所有物料均布撒开，不要制成倒弧形，让生料易沿炉壁下滑入窑。

⑤ 窑尾烟室结构应避免风路与料路相互干扰。不允许入窑生料被扬起，重返分解炉，更不能让进分解炉的生料直接入窑［见 3.3.4 节 3）（2）］。

（2）确保入炉煤粉质量、喂煤量稳定及充分散开　分解炉所用煤粉质量可与入窑煤粉相同［见 3.4.4 节 3）］。

使用无烟煤时，有人曾尝试在煤磨设有不同细度的煤粉仓，让分解炉使用更细煤粉，以有利于提高炉内燃烧速度，但也有人尝试让更细煤粉不入炉而入窑也并无大碍。这表明煤粉细度对燃烧速度的影响远小于挥发分含量的影响。

另外，在利用窑头或窑尾余热烘干煤粉时，热风必会带入熟料细粉或生料细粉，等于增加煤粉的灰分，降低煤粉的燃烧速度与热值。为减少带入量，需要增设旋风筒，并提高选粉效率，而不能忽视旋风筒的性能，或漏风、或堵塞、或平白增加阻力。

（3）分解炉与三次风管的耐火与保温炉衬　分解炉内与三次风管内都需要有耐火窑衬与保温隔热层，其耐火材料与镶砌方法和预热器相同［见 9.2.4 节 2）］。

2）窑、炉用风的调节与匹配

（1）三次风的作用　三次风是指来自箅式冷却机提供给分解炉煤粉燃烧的高温风，它的作用是：

① 为分解炉煤粉燃烧提供新鲜空气，内有充足的氧，对于在线分解炉，它相对来自窑尾的废气，显得尤为珍贵，有利于加快煤粉燃烧速度及燃烧充分。

② 由于提供的三次风温足够高（＞800℃），它为分解炉带来大量热，降低炉内用煤量，随之减少用风量，也有利于减少 NO_x 产生，减少脱硝压力。

③ 合理安排三次风进入分解炉的方向与位置，控制空气与煤粉的混合时间，以利脱硝。

（2）三次风阀的作用　预分解窑系统尾部都设置高温风机，提供窑、炉燃料燃烧所需风量与风压。理论上窑、炉用煤比例为 4：6，除生料碳酸钙含量、生料易烧性及二、三次风温差等影响窑、炉用煤比例之外，就是操作控制用风的比例是否恰当，即确保入窑、炉煤粉完全燃烧，且窑尾及炉出口废气 CO 含量同时趋近于零，才算是用煤最省的分解与煅烧操作。因此，即使总风量合理，为适应窑、炉系列各自阻力的变化，就需要用三次风阀，及时准确平衡它们间的这种要求。

实际操作中，窑、炉的煤、风平衡并不易，将它们同步调整更不易，是因为不只缺乏废气成分分析的指导操作，还因大多三次风闸阀的调节困难。进而常常不是窑内氧气过剩，就是炉内空气不足。当窑风过大时，窑内高温就会后移；而炉风略显不足，五级预热器与炉出口温度就会倒挂；反之，炉风过大、窑风不足时，熟料煅烧就为还原气氛，窑尾温度与一级出口温度升高。无论哪种情况，都会增大能耗。由此看出，正确调节三次风阀是何等重要。

除此之外，在窑点火升温阶段及止火阶段也需要调节三次风阀位置。分解炉未加煤时，它可调整窑内负压大小，控制窑内升温速度；止火时，它也可控制冷窑位置与速度。

（3）判断分解炉的燃烧状态　分解炉应配置相应装置，以及时发现分解炉存在的不完全燃烧或燃烧过慢现象。

① 分解炉炉中与出口同时设置测温点，尤其管道式分解炉，比较两个温度高低，并参考其他位置温度、压力。当出口温度高于炉中时，表明煤粉燃烧速度慢，偏粗煤粉会到五级预热器内继续燃烧，出现"温度倒置"，甚至尾温也被连带升高，窑后部易结皮、结圈。如果四级闪动阀漏风，未燃尽的偏细煤粉会飞逸至四级以上预热器燃烧，导致一级出口温度过高。

② 在分解炉上部或出口附近设置观察口，或利用清灰孔，定时观察炉内是否为无焰燃烧。理想状况是全炉都呈均匀橘红色，不仅看不见有形火焰，也看不到任何火星，更无局部忽亮忽暗的变化，表明炉内燃料均匀燃烧，料粉均匀受热。若存在火星，就说明炉内有燃烧较慢的大粒煤粉，或燃烧条件不均匀。

③ 炉出口配置在线高温废气分析仪。为了确保窑、炉喂煤、用风合理、稳定，应在分解炉出口与窑尾成组配置高温废气分析仪，只有两处同时测出的 O_2 不超过 2%，CO 趋近为零时，才说明窑、炉各自风、煤配比合理，也表明三次风阀位置正确。这是只凭操作员经验无法达到的效果。

目前国内能如此配备并指导操作的生产线很少。固然现在仪表价格昂贵、维护要求也过高，但国内的外资企业，却无一例外均在配备使用。这种管理差距，必然影响节能效果。

分解炉煤粉燃烧的最终表现应当是：分解率应在 90%～95% 之间；控制窑、炉煤粉都能燃烧完全，窑尾温度低；现场观察炉内煤粉的燃烧状态满意；五级旋风筒出口温度不倒置；窑尾、缩口无结皮；一级出口温度低于 320℃。凡未达到这些要求，除窑炉操作存在其他问题外，三次风阀也并未合理到位。

（4）需要调节三次风阀的状态

① 为分解与煅烧所需热量平衡，不仅要控制窑、炉用煤量，更要匹配窑、炉用风量。每当发现窑、炉温度不足，不应只调节用煤量。

② 重视窑内与三次风管内的阻力改变。只要有一侧变化，窑、炉用风都会随之波动，且影响因素也很多。

③ 关注窑尾缩口断面确定。正确设计与控制窑尾缩口面积，是发挥三次风阀作用的另

一因素。确定缩口截面积的三项依据是：按窑设计能力 1.1 倍为产能基准，核算窑尾工况气体流量，实际风速≥25m/s；当三次风阀开至 90％时，窑炉两路的通风阻力应基本平衡；如果伸入三次风管内过多（＞5cm），窑路用风仍显不足，表明三次风管内径过大。

（5）调节三次风阀的操作原则

① 窑、炉用煤都能完全燃烧，且过剩空气不多。在需要单独增加窑用煤量而不增加炉煤时，就不是只增加高温风机总风量那么简单，三次风阀需要相应略有降低，以保证窑内风煤平衡。换言之，不论窑炉何处调节用煤量，都应该判断窑、炉各处的过剩空气量。即当窑、炉用煤比例合理后，窑炉用风也要跟着平衡。

② 无须过于频繁调节。影响窑炉平衡用风的因素虽然较多，但可分为两类：一类属于运行中渐变的因素，另一类属于人为突变的因素。渐变因素如窑内结圈或结皮、衬砖磨蚀、漏风程度变化等，都要累积到一定程度才需调整；而人为的突变因素，如调节风煤料或改变二、三次风温，都需要及时调节，而因煤质或配料成分改变，或因同时影响窑、炉，就需要静观变化后的趋势而定。

3）提高并正确使用三次风温

当入炉三次风温温度偏低，而二次风温并不低，分解炉就需提高喂煤量比例，同时上提闸阀，相应增大炉用风量。因此，提高三次风温并稳定住，是分解炉节煤的重要条件。但三次风温（≥850℃）大于炉温，甚至高于二次风温时，并不是好事，这样不仅威胁炉衬安全，也浪费了篦式冷却机的回收热。

提高三次风温，除了正确操作篦式冷却机外［见 3.5.4 节 3）～5）］，分解炉也要注意如下环节：

（1）三次风取风口位置 一般三次风都从窑门罩取用。但有的设计为减小窑门罩空间，将三次风取风口从窑门罩改在篦式冷却机高温段上方，降低三次风温约 100℃。故只能缩小窑门罩轴向空间，为恢复抽取热风位置而保留径向空间。

（2）减小三次风管散热量 三次风管全程都应使用保温层，并提高材质的隔热性能［见 9.3.2 节 2）（2）］，降低导热系数，风管表面温度可降低 100℃左右，大大减少数十米长三次风管的散热。但不能忽视因材料变薄增加的三次风管内径，会影响窑、炉用风阻力的平衡。

（3）防止三次风闸阀处的漏风 调节三次风闸阀升降的出口是三次风管最易漏风处，且闸阀位置离分解炉入口较近，高负压带来的负面影响更大，增加了用煤量。阀板与阀框间的活动间隙，应该用固定在框架上的弹簧顶住石墨块，实现密封。而检测三次风压的负压管，应装在三次风管阀板下游，距离分解炉入风口 1m 处，用以及时发现阀门附近的负压变化，检查漏风。

三次风温的准确测量直接影响对它的调节效果，应当重视［见 3.5.4 节 2）（4）］。

4）准确匹配风、煤、料入炉位置

每当改变煤种后，就应当重新考虑风、煤、料进口位置的相对关系［见 3.2.2 节 2）］，并检查下料、进煤是否均匀，分解炉出口温度、分解率是否合理。一旦分析清晰，就应利用停窑时间，调整相对位置，而不必为原有设计所约束。

值得提醒的是，改造成功后，也包括脱硝改造，对所有不用的进口孔洞都需用浇注料填死，并将表面涂抹光滑。不为燃料与生料滞留保存空间，是防止事故的基本要求。

5）重视操作手法

预分解烧成系统操作的最大特点是，至今仍有应对工艺波动的多种调节手段，但效果绝不相同。仅以炉内温度降低为例，现实中就有以下几种手法：

① 增加分解炉喂煤量，这是当今自控回路设计的控制模式。但此时并未增加用风量，若增加煤粉仍能燃尽，说明炉内原风量富余；否则，增加的煤粉产生了不完全燃烧。显然这种使风煤配比失衡的单一操作并不合理。

② 如果为分解炉加煤同时，提升三次风闸板，保持炉内煤风配比合理，但不调三次风闸阀，造成窑内用风减少，就会影响窑煤燃烧。

③ 如果窑、炉同时加煤，且增加比例相同，则可不动三次风闸阀，只要增加窑尾高温风机风量，就不会破坏窑、炉用风平衡。但更多操作者认为，分解炉加煤要比窑内加煤安全，损坏窑皮或衬砖程度较低。还有人认为提高分解率就可以减少窑内用煤等，由此形成单一操作炉煤的习惯。

④ 为降低熟料游离钙，增加炉用煤，降低窑速的操作更不恰当〔见 3.3.4 节 6）（2）〕。

⑤ 最科学的操作手法应当是微调喂料量，不动窑速，也不盲目增减窑、炉用煤。这种手法无须顾及窑、炉的煤风平衡，但改善了系统传热条件，是对系统稳定影响最小的途径。而且在窑、炉温度很快恢复后，再重新返回原喂料量即可。当然，在配备窑、炉废气分析仪之后，能指导调节三次风闸板高度，才使操作更为主动。

6）消除可能存在的结皮堵塞

一般分解炉少有结皮、堵塞等故障，除非物料入炉分散不开，或操作中追求极端温度或分解率，导致用煤过量，产生局部高温。如确实发生结皮堵塞，不要简单归结"有害元素富集"而束手无策，除参照预热器结皮分析与处理外〔见 3.1.4 节 4）（2）〕，还可采取如下措施：

① 不追求 95% 以上的分解率。

② 改变有害元素的结皮位置。通过改变炉的下料点与给煤点的分布，可以改变上升烟道与分解炉的局部温度分布，使易结皮处的温度降低而减少结皮；若将有害元素富集移至窑内，也能缓解缩口处结皮。

③ 追求窑、炉用风与用煤的平衡〔见 3.2.3 节 4）〕。

3.3 回转窑

回转窑是熟料烧成的核心设备，即水泥生产的"心脏"。它是将煤粉燃烧发出的热能，通过各种热传递形式传给生料，令其进行化学反应，生成具有化学活性能的熟料矿物。不同窑型与不同操作将决定这种能量转换的效率，影响熟料质量与能耗水平。

3.3.1 预分解窑工艺任务与原理

1）工艺任务

带预分解的回转窑比传统回转窑减少了 2/3 的热负荷，为了提高系统热效率，将预热、分解与冷却几个热交换移出窑外进行。而窑内分解后的生料，借助固相反应所释放热量，再与窑头煤粉施放的热能完成热交换，煅烧出应有矿物结构的熟料，令其获得化学潜能。

2）结构

回转窑作为钢板制筒体，外有数条活套轮带被对应的托轮支撑，筒体内镶有耐火材料衬里。通过支撑装置及传动装置，筒体按 3°～3.5° 的斜度、围绕纵轴以 1.5～4r/min 的转速旋转。生料从高端窑尾后窑口进入，与从低端窑头喷入的燃料燃烧形成的高温气流逆向而行，通过热交换发生一系列化学反应形成熟料，最终从前窑口卸出。

传统回转窑最大直径不足 4m，但可长达 150m，长径比为 32～35，最大日产能超 1000t；而预分解窑的最大直径达 6m，长度不超过 90m，普通长径比是 15。物料在窑内停留时间根据窑速确定，约为 20～30min，最大产量已达 12000t/d。

3）窑内物料的运动特点

只有明确物料在窑内的运动特点，才能有针对性地控制物料在窑内的停留时间、填充率、受热面积与传热速率等参数。

让运行中的窑突然停止，从窑头观察窑内物料，主要分布在窑截面的第四象限，如图 3.3.1。物料上表面与水平的夹角 θ，称为物料的静休止角（即一般物料休止角）。当窑恢复转动后，因物料与窑衬有摩擦力，它将随窑转动到高位（由 B 到 B' 处），形成新表面 $A'B'$ 后，表面物料又向下滚落，此时与水平的夹角要大于原静休止角，称动休止角 β。当 A' 点处物料再随着窑转到 B' 处时，重力让它再次沿 $A'B'$ 表面滚动下来。由于窑筒体有斜度，它不会再落到原来的 A' 处，而是向低端（前窑口）移动了一段距离 ΔS。

由图 3.3.1、图 3.3.2 看出：

$$\Delta S = h\tan\alpha$$

式中　　h——物料平面弦长；

　　　　α——窑筒体的斜度。

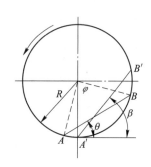 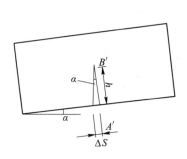 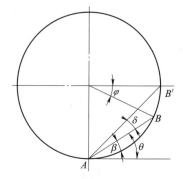

图 3.3.1　窑内物料运动分析（一）　　　　图 3.3.2　窑内物料运动分析（二）

根据几何学，可计算出图 3.3.1 中的 h：

$$h = 2R\sin\frac{\varphi}{2} \tag{3.3.1}$$

$$\Delta S = D_i\sin\frac{\varphi}{2}\tan\alpha \tag{3.3.2}$$

式中　　D_i——窑筒体的有效内径，m。

物料重复以上的运动过程，每翻滚一次，前进一个 ΔS。筒体回转一周，该处的物料能翻滚的次数要看一周中有几个 $\overparen{BB'}$。若将物料的动、静休止角投影于同一点上，并设 $\overparen{BB'}$ 的圆心角为 φ，则

$$\overparen{BB'} = R\varphi \tag{3.3.3}$$

若以 δ 表示 $\overparen{BB'}$ 的圆周角，则 $\varphi = 2\delta$；

图中 $\delta = \beta - \theta$，所以式（3.3.3）也可写为

$$\overparen{BB'} = 2R\delta = 2R(\beta - \theta)$$

则窑每转一周，物料翻滚的次数为

$$\frac{2\pi R}{2R(\beta - \theta)} = \frac{\pi}{\beta - \theta} \qquad (3.3.4)$$

当回转窑的转速为 n(r/min) 时，则物料沿轴线方向运动速度为：

$$W_m^0 = n\frac{\pi}{\beta - \theta}D_i \sin\frac{\varphi}{2}\tan\alpha \qquad (3.3.5)$$

式中　W_m^0——物料在回转窑内沿轴线方向理论速度，m/min。

美国矿业局提出了较为简便而常用的计算公式

$$W_m = \frac{\alpha D_i n}{60 \times 1.77\sqrt{\beta}} \qquad (3.3.6)$$

式中　β——物料的自然休止角，一般取 $35° \sim 60°$，随各带物料性质不同而异，烧成带 $\beta =$
　　　　$50° \sim 60°$，冷却带 $\beta = 45° \sim 50°$。

将速度除以窑的长度，理应计算出物料在窑内的停留时间。但窑内物料在经历生料向熟料的变化，是由粉体向粒状运动状态的衍变：粉体基本是向前流动，不存在翻滚休止角；出现液相，流动会更快；加上生料入窑从高处向下的冲力，甚至是窜料。与结粒物料的运动形式相比，极大缩短了理论停留时间，压缩了料、气在此段的热交换过程。此时提高窑速，增加了每分钟生料与窑衬的摩擦次数，部分抵消这些冲力，反而延缓了物料进入烧成带的时间。说明窑速对物料在窑内停留时间的影响，并不总是反比。

所以，掌握窑内物料运动速度，应采用实测法。常采用放射性同位素，如 ^{24}Na 等作为标记物，沿窑长排列若干个计数管，监视带有放射性元素物料的所在位置，从而计算物料的移动速度。如此测定的结果会比纯理论计算要准些，用时会短些，至于短到何种程度，将取决于窑内生料窜动的距离长短。尤其点火投料时，生料不见得会因慢转窑而不窜出。反之，如果操作正确，超短窑［见 3.3.2 节 3)(1)］内物料的停留时间并不见得短，而且从预分解窑的煅烧要求讲，并不需要物料窑内停留超过 30min。

当窑的喂料量恒定时，物料运动速度还影响物料在窑内的填充率（或称窑的负荷率），即物料在窑内的体积占筒体容积的百分比。各带物料填充率可用下式表示：

$$\varphi = \frac{m}{3600w_m \times \frac{\pi}{4}D_i^2\rho_m} \qquad (3.3.7)$$

式中　φ——窑内物料填充率，%；
　　　m——单位时间通过某带的物料量，t/s；
　　　w_m——物料在某带运动速度，m/s；
　　　D_i——某带有效内径，m；
　　　ρ_m——通过某带物料的容积密度，t/m³。

由上式看出，当喂料量保持不变时，如果提高窑的转速，窑的填充率就减小；反之，就要加大。但要想有稳定的窑内热工制度，首先应保持窑内填充率不变，φ 值一般为 $5\% \sim 17\%$。

4) 熟料煅烧对能量的需求

理论上，熟料形成热是指在一定条件下，用某一基准温度（一般是 0℃ 或 20℃）的干燥物料，没有任何物料损失和热量损失条件下，制成每 1kg 同温度熟料所需热量。即一定成分的干物料生产一定成分的熟料，获取进行物理化学变化所需要的热量。因此，它仅与原、燃料的品种、性质及熟料的化学成分与矿物组成、生产条件等因素有关。

根据熟料在窑内的各项物理化学变化，可以计算出熟料的形成热，见表 3.3.1。

表 3.3.1　熟料理论热耗计算

吸　热	热耗/(kJ/kg 熟料)	放　热	热耗/(kJ/kg 熟料)
原料由 20℃加热到 450℃	+712	脱水黏土产物结晶放热	−42
450℃黏土脱水	+167	熟料矿物形成放热	−418
物料自 450℃加热到 900℃	+816	熟料自 1400℃冷却到 20℃	−1507
碳酸盐 900℃分解	+1988	CO_2 自 900℃冷却到 20℃	−502
分解后自 900℃加热到 1400℃	+523	水蒸气自 450℃冷却到 20℃	−84
熔融净热	+105	合　计	−2553
合　计	+4311		

注：正号代表吸热反应，负号代表放热反应。

假定生产 1kg 熟料所需生料量为 1.55kg（生料配料石灰石与黏土为 78∶22）。据此，按物料在加热过程中的化学反应热和物理热计算，熟料的理论热耗为 4311−2553=1758kJ/kg 熟料。普通硅酸盐水泥生料配料，熟料形成热则约在 1630～1800kJ/kg 熟料之间。

由表 3.3.1 可以看出，熟料形成过程的吸热，以碳酸盐分解吸收的热量最多，占总吸热量一半左右；而在放热反应中，熟料冷却放出的热量最多，占施放总热量的 50%以上。因此，降低碳酸盐分解吸收热和提高熟料冷却热的利用，是提高热效率的关键途径。

对计算熟料烧成中的各项物理与化学反应的能耗作如下解析：

（1）理论热耗　在熟料形成热的基础上，当有氧存在时，还要考虑碱金属与二氧化硫的反应，以及一般原料中含有的有机材料的燃烧。故理论上熟料所需的总能量范围更宽，要在 1590～1840kJ/kg 之间。但无论如何，窑的分解和烧成所需的理论热耗，仅取决于生料性质。

（2）出窑废气带走的热量　它与气体的质量流量、废气的比热容及废气与环境之间的温度差成正比。如考虑不完全燃烧的能量损失，要通过废气中一氧化碳的浓度计算。

（3）窑的表面热损失　利用远红外测温设备测量表面温度、热辐射系数和热对流换热系数，并计算散热表面积的大小。系统中每台设备的散热损失需单独计算。

（4）出窑熟料所带走热量　它由熟料温度、熟料的平均比热容和熟料质量流量计算得出。

5）影响热能需求的因素

（1）从烧成系统看窑的煅烧条件　按预分解窑现在的实际水平，每生产 1kg 熟料，所需求的燃料能量约为 3000kJ/kg 以下（湿法窑是 5500kJ/kg），其中碳酸盐分解的能耗为 2100～2200kJ/kg，见表 3.3.2。

表 3.3.2　不同窑型烧成熟料的实际能耗

项目		回转窑			立窑
		旋风预热器窑	炉篦式预热器窑	湿法长窑	
熟料产量（t/d）		3000～5000	300～3300	300～3600	120～300
生产熟料所需热量 /(kJ/kg 熟料)	熟料形成	1590～1840	1590～1840	1590～1840	1590～1840
	水分蒸发	8～38	420～590	1670～2720	420～590
	废气（未净化气体）	600～1200	250～380	500～1050	80～840
	冷却机废气	0～500	0～500	0～300	—
	熟料带走热	40～210	40～170	40～210	80～250
	表面散热损失	250～750	330～670	330～700	20～80
	总计	3000～3800	3100～3800	5000～6000	3100～4000

项目	回转窑			立窑
	旋风预热器窑	炉篦式预热器窑	湿法长窑	
消耗的电能/(kW·h/t 熟料)	10～20	12～20	10～20	12～16
废气体积/(m³/kg 熟料)	2.1～2.5	1.8～2.2	3.2～4.2	2.0～2.8
废气温度/℃（含尘）	330～150	90～150	130～180	45～125

上表并未列出所有的可能热损失，它们对能耗降低是负面影响。如挥发性化合物的蒸发和冷凝，使得能量从高温区域转移到低温区域；碱金属氯化物在窑内的蒸发及在预热器内的再凝结；粉尘的系统循环；入口漏风；等。这些都需要相当大的热能来补偿。由于物料在窑系统内与气体是逆向流动，系统各部位的热交换效率会相互影响，从而影响着系统总能耗。有人统计如下部位的影响因子为：篦冷机∶回转窑筒体散热∶预热器≈1.5∶1.2∶0.8。

表3.3.2对降低能耗的正面影响也未列全，如利用高温废气干燥原料及余热发电等。

因此，分析窑的能耗影响因素，不能孤立进行，必须与预热器、分解炉及篦式冷却机等设备综合考虑，每台设备的变化都会改变熟料煅烧所需要的能量。表3.3.2列出了不同类型窑煅烧1t熟料的热耗，也列出了相应电耗，包括单位熟料为一次空气、冷却机风机、窑传动系统及废气排出所需的耗电。

（2）从窑的规格看窑的煅烧能力

① 回转窑的发热能力。它是衡量窑单位时间所发出的热能，计算公式为：

$$Q = MQ_{net, ar} \tag{3.3.8}$$

式中　Q——回转窑的发热能力，kJ/h；

　　　M——窑小时用燃料量，kg/h；

　　　$Q_{net,ar}$——按收到基的燃料发热量，kJ/kg。

② 窑的热负荷。又称热力强度，它反映窑在燃烧发热后所能经受的强度。窑的热负荷愈高，其发热能力愈大，对衬料寿命的影响也愈大。它的表示方法有：燃烧带容积热负荷、燃烧带衬料表面热负荷及窑的断面热负荷。这里仅介绍容积热负荷的计算：

燃烧带容积热负荷 q_v 指燃烧带单位容积、单位时间所发出的热量。计算公式为：

$$q_v = \frac{Q}{\frac{\pi}{4} D_b^2 L_b (1 - \varphi)} \tag{3.3.9}$$

式中　q_v——燃烧带容积热负荷，kJ/(m³·h)；

　　　Q——回转窑的发热能力，kJ/h；

　　　D_b——燃烧带有效内径，m；

　　　L_b——燃烧带长度，m；

　　　φ——窑内物料填充率，一般为 0.1～0.15。

由公式可知，对于一台设计、制造并投入运行的窑，其发热能力是固定属性，它与电机和设备的功率额定值一样，是不允许随意突破的，否则会威胁到窑机械包括窑衬的安全。因此，生产中即便不考虑热耗高低，单从设备自身安全考虑，也要约束产量的提高；相反，只有采取得力措施降低单位熟料的热耗，提高窑产才是正路。

（3）从生料成分、易烧性与结粒机理看窑的煅烧能力　在工业熟料烧成过程中，窑内生料结粒过程对化学反应有重要影响。达到烧成温度的生料，只有各组分堆积紧密，彼此扩散路径才短，靠粒径相近颗粒的聚积与细粒在粗料表面的沉积、滚层的联合作用（雪球原理），才能快速生成熟料。温度高于约 1250℃ 后液相出现，熟料本该更容易形成，但仍受生料结粒趋势所决定，要受生料固相组分及熔融物的物理性质控制，特别是受黏度和表面能控制。

形成的熟料随窑旋转，翻滚成松散状，沿窑的斜度缓慢向前窑口运动。这种翻滚会使熟料结粒致密，但也导致不同粒径熟料离析，较粗颗粒堆积在松散物料表面，较细颗粒聚集在内心。物料流的周边能快速升温，产生此现象既来自火焰直接热辐射，也有窑衬间接传热。自由表面还直接接触窑气，特别是氧气（或 CO）、SO_2、碱金属蒸气和粉尘。为此，单个熟料颗粒的内心和表层其成分及显微结构都会存在明显差异。

生料易烧性是决定熟料生产的重要性质。在试验炉内对代表性样品烧成，并用 1400℃ 后的游离钙含量表示该生料的易烧性，它取决于生料组分（特别是大于 $44\mu m$ 的石英含量、大于 $125\mu m$ 方解石含量）、细度、配料率值等。计算生料易烧性 BI 经验公式较多，其一是：

$$BI = \frac{C_3S}{C_4AF + C_3A} \tag{3.3.10}$$

式中　C_3S，C_4AF，C_3A——生料的潜在矿物组成。

计算的实际结果在 3.2～5.0 范围内，数值越高越易烧，一般介于 4～4.7。

研究发现，在煅烧允许的范围内，石灰饱和系数、硅率和铝率越低，颗粒尺寸越小，物料越容易烧成。生料石灰饱和比从 100 降到 88，能耗便可从 $3800kJ/kg$ 降至 $3400kJ/kg$，能量和原材料的 CO_2 排放量也降低了 10%，NO_x 排放量从约 $1400mg/m^3$ 降至 $850mg/m^3$。但 CaO 含量低的熟料，因 C_2S 由 7% 增加到 35%，熟料会更难磨。

Na_2O 和 K_2O 较高或者 SO_3 较高时，会有利于降低烧结温度。MgO 只能在适度范围内改进烧结。当评估粒度尺寸影响时，必须先区分它们的组成，分析其是粗颗粒的一致组分，还是由几种接近的共生体组分。

烧结所用时间对反应进程也有明显影响。迅速加热生料会有利于熟料生成，但会生成更多游离钙，除非生料颗粒极细。由于干法工艺大部分热能是用于碳酸盐分解，人们就以为：生产 CaO 含量较低、C_2S 含量高的熟料（贝利特熟料），水泥就能获得同样强度；或为快速冷却熟料，在生料中添加 Na_2O，以稳定活性较高的 α 或 α′ 型 C_2S 高温异构体等，这些措施都可节约更多热耗。但从技术和工业经济角度考虑，还是用足够的石灰生产熟料，并与其他成分（比如粒化高炉矿渣、火山灰、粉煤灰、油页岩或石灰石）混合，才会有更大节能优势。

6）衡量窑性能的指标

窑的产量主要取决于窑径，其次才是窑长。常用经验公式为：

$$G = KD_i^3 \tag{3.3.11}$$

式中　G——窑额定产量，t/d；

　　D_i——窑镶砌窑衬后的内径，m；

　　K——与回转窑窑型有关，预分解窑为 50～60。

公式中可看出，窑的日产量与窑内径的三次方成正比。为此，窑的结构要满足如下条件：

① 窑的热交换空间足够大，判断窑内热交换效率良好的最直观参数就是窑尾温度应该低。

② 窑筒体的两端漏风与窑中散热量应该最小。

③ 窑的机械性能优秀，运转平稳，极少有振动，运转电流低。

3.3.2 回转窑类型、结构及发展方向

1）类型

生产熟料的传统回转窑型很多，如中空干法窑、湿法窑、立泊尔窑（半干法）、余热发电窑等。随着技术进步，新型窑的任务发生重大变化，有预热器窑、预分解器窑等，后者根据长径比还可分为三档支撑的标准窑及仅两档支撑的超短窑。

2）回转窑的主要结构

由筒体、支承装置、传动装置和窑口密封装置等部分组成。

（1）筒体 窑是由不同厚度钢板卷成的数节圆筒，经焊接为数十米长的筒体。结构虽简单，但近年国内竟发生多条窑仅运转数年，筒体便发生整体断裂的重大事故。原因可能如下：窑内设计多余挡砖圈，与筒体轮带未保持足够间距；因为客户压价轻易减薄钢板；钢材质量经不起严寒环境；在不同厚度钢板间对缝焊接中产生应力；窑干镶内衬［见 9.2.4 节2）（2）］为废气腐蚀钢板创造了条件。

传统回转窑筒体曾为强化某阶段热交换功能，曾局部加大某段直径，衍生出前端扩大型、后端扩大型、两端扩大型（哑铃型）等窑型，但现今预分解窑已没有预热、分解及冷却等任务，简化成直筒结构最为合理。那些试图改变局部风速、扩大局部窑径的想法与实践，不仅使制作复杂，而且也不可能达到提产降耗的目的。

（2）支承装置 支承装置是回转窑的重要组件，它不仅承受窑的全部重量，还为窑体定位。支承装置由轮带、托轮、轴承和挡轮组成，见图 3.3.3。

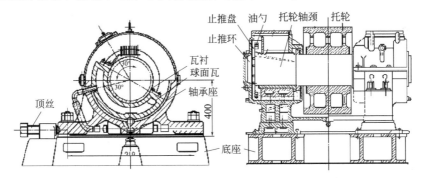

图 3.3.3 回转窑的托轮与轴承结构示意

① 轮带。轮带是坚固的大直径圆形钢圈，套装在窑筒体上，随筒体在托轮上滚动，不仅增加筒体刚性，还将回转窑（包括窑砖和物料）全部重量传给托轮支承。运转中因受接触应力和弯曲应力共同作用，轮带表面会呈片状剥落、龟裂，甚至径向断面断裂，所以轮带要有足够能力抵抗联合应力，且轮带安装应避开筒体接缝处，避免接缝承受筒体变形的各种应力。

轮带断面多为矩形，普遍采用活套式安装在筒体上。先在筒体上铆接或焊上垫板，然后轮带活套在垫板上，垫板一端自由，一端与筒体焊接，二者之间留有 3～6mm 间隙，确保筒体与轮带变形一致，既能增强筒体径向刚度，又不致产生大的热应力。

由于回转窑窑体和轮带的热膨胀率、刚性存在差异，轮带内径设计要比窑筒体外径大，这会使窑体转动时，与轮带的接触面产生滚动位移，而位移量即为它们的直径差。当窑由于各种原因造成窑体变形后，窑体运转会出现抖动，并磨损垫板和轮带。为此，轮带和垫板间必须有良好润滑［见 9.1.2 节1）（2）③］，缓解异常滚动位移，减缓垫板和轮带间磨损，降低运行耗能，也能

让窑衬少受异常应力。

②托轮。在每道轮带的下方两侧,都设有成对托轮作为窑重量的支承。为使回转窑筒体平稳转动,每个托轮中心线必须与筒体中心线平行。安装好的托轮,必须将其中心与窑的中心连线构成等边三角形,确保两个托轮受力均匀,使筒体"直而圆"地稳定运转。

托轮为坚固的钢质鼓轮状,通过两端轴承支承在窑的混凝土基础上。为了节省材料和减轻质量,托轮中设有带孔的辐板,托轮轴贯穿于中心,两端轴颈分别位于两端轴承。托轮的直径一般为轮带直径的1/4,比轮带宽50～100mm。窑托轮轴承润滑应选用有极高抗极压性能及抗高温性能的合成托轮油,代替常用的680号齿轮油及含沥青的汽缸油。而挡轮轴承可采用脂润滑或油润滑。

托轮硬度要高于轮带硬度HB30～HB40,由于轮带材质一般用ZG45,故托轮材质应为ZG55。托轮轴承的工作环境苛刻、负荷大、温度高、粉尘多,故一般采用滑动轴承。瓦衬镶在球面瓦上,球面瓦与轴承座是球面接触,运转中能自动调整。用油勺带油润滑,球面瓦用水冷却,轴端设有止推盘,轴肩设有止推环,用以承受轴向推力。轴承固定在底座上,并设有顶丝,用以调整每对托轮的间距,避免托轮中心线与窑体中心线偏斜。

为防止托轮出现歇轮,轴和止推圈能均匀散热,保持轴承温度稳定,可自制设置外循环油泵喷油装置〔见9.1.2节2)(3)〕。

③挡轮。回转窑筒体是以3%～5%的斜度支承在托轮上,当窑回转时,筒体需要在一定范围内上、下窜动,保证轮带与托轮间磨蚀均匀。为了控制筒体窜动量,在最靠近大齿轮的轮带两侧设有挡轮。挡轮能表示筒体在托轮上的回转位置是否恰当,能限制或控制筒体轴向的窜动量。挡轮已从不吃力挡轮、吃力挡轮,进化为液压挡轮,在大型回转窑上普遍应用(图3.3.4)。

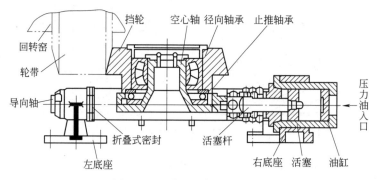

图3.3.4 液压挡轮结构示意

挡轮通过空心轴支承在两根平行的支承轴上,支承轴由底座固定在基础上。空心轴可以在活塞、活塞杆的推动下,沿支承轴平行滑移。这种挡轮可以让托轮与轮带完全平行安装,窑体在弹性滑动作用下向下滑动,到达一定位置后,经限位开关启动液压油泵,油液再推动挡轮和窑体向上窜动。上窜到一定位置后,触动限位开关,油泵停止工作,筒体又靠弹性向下滑动。如此往返,使轮带以每8～12h移动1～2个周期的频率在托轮上游动。游动速度不能过快,否则会使托轮、轮带以及大小齿轮表面产生轴向刻痕。

(3)传动装置 回转窑的传动装置由电动机、减速机、大齿轮、小齿轮等组成(图3.3.5)。其作用就是把原动力传递给筒体,并将转速降到所要求的范围。除了有主传动系统,负责正常点火与煅烧时使用外,窑还应设辅助传动系统,用辅助电动机或其他能源作为动力,以让窑能更慢旋转,在窑的启动、冷窑、检修、处理故障等情况使用,并在主电源发生故障时，能及时、定时转窑，避免筒体高温下停转时间过长而弯曲。

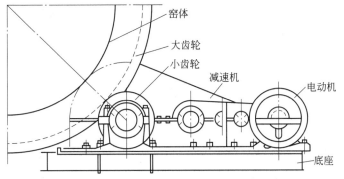

图 3.3.5 回转窑的传动装置示意

① 大齿轮。大齿轮由于尺寸较大，通常制成两半或数块，靠螺栓将其连接。它一般安装在靠近窑筒体尾部，虽传动力矩比装在中部大，但因远离热端，有利于平衡运转。为保证窑正常运转，大齿轮中心线必须与筒体中心线重合。目前有切向连接与轴向连接两种固定方式。从耐用角度出发，切向连接的弹性较大，能减少因筒体弯曲或开停车时对大、小齿轮的冲击，尽管制造、安装都较难，中心不易找准，但日后运转会更为可靠，理应首选。

切线连接：大齿轮固定在筒体切线方向的弹簧板上，如图 3.3.6。弹簧板一般用 20～30mm 厚的钢板，宽度与大齿轮相等，一端成切线与垫板及窑固定在一起，一端用螺栓与大齿轮接合在一起，接合处可以插入垫板，这样便于调节大齿轮中心对准窑体中心。

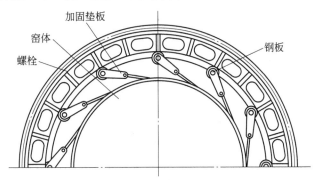

图 3.3.6 大齿轮的切线连接方式示意

要保证开式齿轮获得最佳承载能力及平稳传动，就要求应力在整个齿面上均匀分布，需要对齿轮正确加工制造，对传动装置精确找正（端跳、径跳、齿顶隙、齿侧隙等）。但开式齿轮传动，即使是最精密的制造技术和最严格的找正程序，也很难达到理想状态。为此，更需要选择合适的黏附性润滑剂及润滑方式［见 9.1.2 节 1）和 2）］，以弥补不均匀载荷分布，造成齿面擦伤、磨损、塑性变形、点蚀等损伤。

② 传动方式。回转窑的传动形式有若干种，有减速机传动、减速机与开式齿轮组合传动、减速机与三角皮带组合传动及液压传动等，最常用的是由电动机、减速机及小齿轮组成的减速机机械传动，减速机的高速轴用弹性联轴器与电机相连，低速轴用允许有较大径向位移的联轴器与小齿轮轴连接。这种传动布局紧凑，占地面积小，传动效率可高达 98.5%，而且结构较简单，部件少，安装时调整方便，生产故障少，部件使用寿命长。

当今传动技术正在向液压传动发展，它是在小齿轮轴两端各装 1 台油马达，内通有高压油驱动，油马达壳体上装有的扭矩臂固定在基础上，以承受壳体的扭矩反力。大型窑需要 8 台油泵、4 个油马达驱动及 2 个小齿轮。这种传动可消除传动中的振动，且占地小，改善传动装置的工作环境。但它的效率要比机械传动低 $10\% \sim 15\%$，增加了电耗，且零部件多，故障多，易影响窑运转率。因此，目前形势还应慎选液压传动。

（4）前后窑口装置

① 密封装置。用于回转窑口的密封装置曾有迷宫式、气缸接触式、石墨滑块式、薄片鱼鳞式、气密式等，但能在运行中持久实现密封的类型并不多。现推荐如下新型密封：

a. 加密鱼鳞片密封（图 3.3.7）。老式鱼鳞片密封是在窑口与回转窑之间增设一锥形套筒，套筒外圈均布若干窄长的耐热薄弹簧钢板，一端（锥尾）与窑口固定连接，另一端（锥头）连接弹簧片，利用其弯曲变形所产生的反弹力，自由压在套筒上，并在薄片自由端用一圈钢丝绳缠绕，绳端用重锤拉紧，确保弹簧钢板片像鱼鳞似的层层相叠，遮挡住漏风间隙。但此种密封由于弹簧片过于单薄，常因变形降低了密封效果。

加密鱼鳞片是在老式鱼鳞片密封的基础上密植，达到全圆周任何一点都有三层鱼鳞片叠加，弹簧片不再变形，也增强了耐磨性。再延长鱼鳞片长度，长过钢丝绳的加固位置，且弹簧片与窑的压角应有 $30°$ 左右，使它更适应窑筒体的径向跳动、轴向窜动，即使筒体变形、偏摆，仍能良好密封。鱼鳞片材质应为 $1 \sim 1.5\mathrm{mm}$ 厚的特种弹簧钢板，具有较好的柔韧性和耐热、耐磨特性。

该类密封常用于窑头与窑头罩之间。为此，还要设计一圈折流隔热板，以防弹簧片过热，并能挡住偶然正压吹出的尘粒，进入沉降室的灰斗内。这种密封能适应窑的弯曲偏摆，且零件加工、更换和找正都较方便。窑内原设有的迷宫式密封装置，仍为它的第一道屏障。

b. 复合式柔性密封（图 3.3.8）。该装置是由特殊的新型耐高温、耐磨损的半柔性材料，做成密闭的整体型锥体，紧贴回转窑端部，以完全适应其复杂运动。它一端密闭于固定装置一侧，另一端用张紧装置柔性地张紧在窑的筒体上，有效消除窑与固定装置间的轴向、径向和环向间隙，实现密封，且内部辅助设置了自动回灰和反射板装置。该密封装置采用柔性合围方法，集迷宫式、摩擦式和鱼鳞式密封为一体，充分发挥材料特性优势，突出刚性密封挡料、柔性密封隔风的特点，使得动、静密封体稳定在相应活动的区域内。此类型密封更适于窑尾与烟室间的连接。

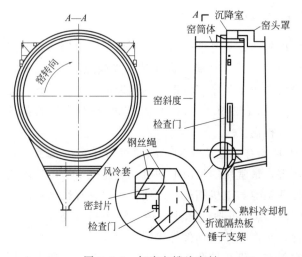

图 3.3.7 加密鱼鳞片密封

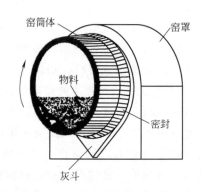

图 3.3.8 复合式柔性密封示意

② 重视后窑口结构与窑筒体的间隙。为保障窑尾密封耐用，需要妥善处理后窑口结构，既不能让入窑生料漏出，又要让窑能上下窜动，进料斜坡托板下侧与窑筒体转动周圈缩口间，应保持动态间隙 50～100mm，为窑变形摆动留有空间，并防止生料从间隙挤出损坏密封圈。为此，在前后窑口还需要配置窑尾斜坡骨架、窑头窑口护铁。

③ 窑尾斜坡骨架。为确保后窑口下料斜坡寿命长于一年，窑尾斜坡的骨架结构应由若干块单体组成，每块单体的两道加固筋之间，增加带有穿孔的加强筋板，并在孔内穿入平底波纹 V 形锚固件（图 3.3.9），使其具有更强的抗弯曲形变能力，并便于一半锚固件点焊其上。上面捣打的浇注料应光滑，斜坡角度在 55°左右，确保粉料自动进窑，避免粉料扬起，切忌使用空气炮。

④ 窑头窑口护铁。为延长窑头窑口及耐火衬料的寿命，在窑口内侧环向均匀分布 8～12 块带孔的耐热钢板，钢板一端焊接在挡砖圈上，另一端与窑口筒体螺栓固定；在耐热钢板孔内穿入大小尺寸不等的平底波纹 V 形锚固件，V 形口朝窑口内侧（图 3.3.10）。

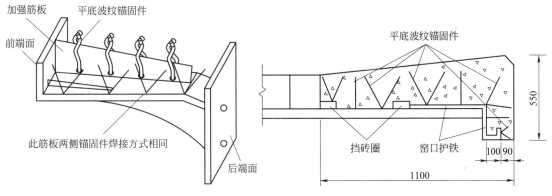

图 3.3.9　窑尾斜坡骨架结构　　　　　图 3.3.10　窑口护铁结构

在窑口护铁端面处、护铁平面处、护铁斜面处（窑口内侧水平面和护铁前端夹角为 135°的斜面）及挡砖圈筒体处，按不同尺寸及间距，焊牢 2～4 种锚固件，并与端面垂直，浇灌上耐热浇注料保护。

3）窑的发展方向

（1）超短窑的应用　作为预分解系统的回转窑筒体已非常简单，但仍需进步。其中，德国洪堡公司开发的超短窑技术，就是窑筒体在节能方向上的重要发展。

所谓超短窑，是指窑的长径比小。回转窑的筒体长度 L 与直径 D 的比值即为长径比，一般预分解窑此值为 15 以上，而超短窑则在 11 左右。

超短窑除了有散热低的明显优点外，机械上托轮支撑，由三点改为两点，受力更为合理，也更适于整体轮带，避免了轮带与托轮的脱空现象。同时，工艺上将物料进入烧成带之前的时间从 15min 缩短为 6min，使生料迅速进入烧成带，烧出的熟料矿物组成及易磨性更好。至今台商在大陆建设的生产线都是超短窑，而且已是 5000t/d 以上规模。大陆直到 21 世纪初才有天津院在鼎鑫示范线上的自行设计，后续才有发展。

（2）若干结构元件的进步

① 托轮瓦。生产中窑运行最常见的故障是滑动轴承烧损，威胁着窑的安全运转。但瓦的材料改用锌基合金制成，它具有高强度、高韧性；导热率比传统铜瓦高近一倍，故散热性能好，大大降低了拉丝、抱轴、翻瓦等事故的发生率；摩擦系数小，仅是铜材的 2/3，可以

为窑主电机电流降低近30A；还易于加工，精车后表面粗糙度可达1.6；铸造熔化所需要温度低，符合节能原则；重量轻，比铜轻近一半，整体瓦容易搬运安装；成本低，每单件比铜合金降低成本20％～30％。常用型号为ZA303。为防止伪劣产品，制造商可在瓦上附加同时浇注的拉伸试棒，用户可对它测试，验证材料强度、硬度及伸长率。

② 双传动系统（图3.3.11）。双传动的优点是：大齿轮同时与两个小齿轮啮合，传力点增多，运转平稳，齿的受力减少一半，其模数和宽度大为减小，可防止因齿宽过大，受力不均而造成的齿轮过早损坏，同时便于大型回转窑的制造。

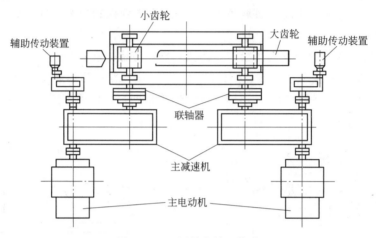

图3.3.11　回转窑的双传动

③ 整体锻造轮带。轮带制造中，应大幅减少筒体内衬承受窑变形的机械应力。曾选用槽齿轮带取代活套轮带，它与筒体切线受力，轮带和筒体间隙可增大至0.040D％，允许筒体和轮带温差≤360℃。与活套轮带相比，间隙值（0.020D％）与允许温差（≤180℃）都增大一倍，筒体变形的椭圆度可从（0.03～0.05）D％降至0.01D％。遗憾的是，槽齿轮带制作、安装、维护与润滑要求高，难以推广。但随着近2万吨油压机的问世，国内已能生产整体锻钢轮带，能减少筒体变形（椭圆度为活套式1/10），且焊接性能好。虽然重量大，耗材多，成本高，但它的散热好、温度应力小，更利于超短窑技术的推广。

4）沸腾炉的前景

先驱者大胆设想，既然预热器与分解炉已成功应用悬浮传热原理，那么煅烧熟料为何不能应用此原理突破现有热耗水平呢！于是，设计沸腾炉，试图取代回转窑。但经数十年实践，经国内外专家的众多尝试，最多有500t/d的规格，熟料结粒虽小，但强度明显提高，热耗显著降低，但始终未形成大规模工业化生产，其难点在于对原燃料更为苛刻的均化要求［见1.2.3节4）］至今尚未攻克，使熟料结粒不够均齐，难以使所有熟料都维持沸腾状。说明理论上再先进的设想，也需要相关先进技术的有力支撑。

3.3.3　回转窑的节能途径

1）确保窑筒体的容积及刚性

窑筒体是窑的主体，它的发热能力是设计与制作的关键指标，直接关系到窑的产能大小及热耗高低。从式（3.3.9）、式（3.3.10）可知，筒体所能承受的单位热负荷及运行填充率都有一定范围。因此，要想提高窑的台产，就应当加大窑的长度与直径，以增加容积，允许更多燃料能在其内燃烧发热。但不仅如此，还必须降低不该有的热损失，比如大直径窑所摊销在单位熟料上的散热与漏风量比小直径窑小，降低了热损失。这是人们追求建大窑的两个原因。但设计与制造只追求大直径，而忽视表面散热及密封要求，此窑并不见得有节能优势。更何况，随着窑径增大，对设备的机械强度与刚性要求就高，且窑的热惯性大、开停窑的热损失也大。因此窑径不是越大越好。

为此，筒体结构必须采取以下措施：

① 应充分增加筒体钢板厚度，尤其是轮带下钢板厚度，并选用耐高温和防腐蚀性较好的锅炉钢板，以同时减小支撑处筒体的径向变形（图 3.3.12），以及两支撑位置间的轴向弯曲。

② 加强轮带本身的刚性，严格控制轮带与筒体垫板间的间隙，以求筒体在热态下与轮带呈无间隙紧密配合，既要发挥轮带对筒体的支承作用，又要防止筒体产生"缩颈"，影响筒体自身性能，衬砖被挤碎脱落，酿成事故。

预分解窑通常为三对托轮支撑窑筒体。三档跨距的分布，主要是考虑筒体表面温度和附加弯曲应力。因入窑物料已经高度分解，一般烧成带长度约占窑总长 50% 左右，出窑熟料温度一般在 1370～1400℃，故筒体的高温区域长。窑皮的实际长度为 (5～6) D 左右，无窑皮处筒体表面温度会增高，常在 350℃ 以上。按等支撑反力原则分配跨距，则第 I、II 档处于高温区域，使轮带与垫板间隙更难控制。或操作升温太快，筒体更易产生"缩颈"。

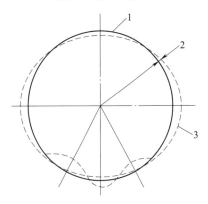

图 3.3.12　窑筒体变形处示意

回转窑还会因安装误差、各窑墩基础下沉不均、各档轮带、托轮、轴承磨损不同、托轮调整误差等原因，破坏了窑中心线的直线度，改变各档支撑反力，并产生窑内附加应力，降低窑筒体纵向刚度。

为保证横截面刚性，改善支承装置受力状态，不仅要考虑支承点的数量与跨度、两端的悬臂长（一般不超过 1.25D），还要在前后窑口分别装有耐高温、耐磨损的护板，并与冷风套组成环形分隔的套筒空间，从喇叭形端口吹入冷风，以冷却护板作为非工作面。另外，在窑头轮带下，应装有特设的风冷装置。

2) 提高为窑相配的装备水平

(1) 提高生料成分与喂料量的稳定　从原料采掘、破碎、生料粉磨直到入窑的流程中，应配置均化链设施 [见 1.3.1 节 1)]，稳定生料成分，并配置准确控制生料喂料量的计量设施 [见 10.1.2.4 节 2) (3)]。

(2) 提高火焰燃烧速度的燃烧器　窑头煤粉的燃烧速度，将决定窑内烧成带的位置。无论使用何种燃料，都要求煤粉必须在窑头燃烧完全，否则，就不能在窑头使用。除了要求煤质均匀稳定 [见 1.2.3 节 1) (3)] 外，更要求有符合燃料性能的燃烧器，满足应该有的火焰燃烧速度 [见 3.4.1 节 4) 和 5)]。

(3) 提高三次风阀的使用可靠性 [见 10.2.2 节 4)]，这是窑炉准确配风的前提。

(4) 提高检测仪表的配置水平　为能准确实现窑的风、煤、料配合，应该使用有检测高温废气的成分分析仪 [见 10.1.2.3 节 2) (2)]、检测窑内火焰温度的高温成像仪 [见 10.1.2.1 节 4) (4)]、检测筒体温度分布的远红外测温仪 [见 10.1.2.1 节 4) (3)]。购置并应用它们，不仅为窑的操作创造极好条件，而且是水泥生产实现自动化、智能化不可替代的工具。

3）提高相关配件的耐用性

为确保窑连续运转，减少窑的托轮、轮带、挡轮、大小传动齿圈故障，消除非计划止火或停车，应选购寿命高、抗疲劳强度的部件。这是降低窑能耗的坚实保障〔见 3.3.2 节 2）〕。

4）提高传热效率

窑内物料与气流的传热过程是高温火焰气流以辐射和对流方式将热量传给窑衬及暴露在气流中的物料。窑衬随着窑的转动，时而埋在物料下方，时而又暴露于火焰中，相当于窑衬随窑每转一周，受热与吸热各一次。当窑衬埋在物料之下，由于温度高于物料温度，它将蓄热 Q_{cm}^{cd} 传导给接触的物料；当窑衬暴露在气流中，高温气流将 $Q_{fe}^{R}+Q_{fm}^{c}$ 辐射传给窑衬升温。此过程表明窑衬不只是保护筒体，还起着蓄热作用，见图 3.3.13。此外，窑衬还会以热辐射方式向物料上表面传热 Q_{cm}^{R}，并同时经窑筒体外表面散热 Q_e。

因此，从物料填充截面的温度分布看：上表面接受火焰辐射、对流传热，温度最高；下表面接受衬料传导传热，温度次高；而截面中心的物料温度最低。因此，要想提高窑衬与窑皮在某断面的温度均匀性，就只有提高窑的转速，增加窑内物料翻滚次数。事实证明，随着转速提高，窑皮变得平整、稳定，降低了筒体受力变化的幅度。但窑速也不能无限增加，如果改变了窑内物料运动速度，缩短反应与传热时间，反而会降低传热效率。

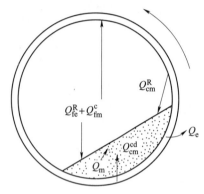

图 3.3.13 窑内窑衬的传热分析

5）窑速的设定与控制手段

一般预分解窑的斜度控制在 3‰～4.5‰ 范围，转速可在 0.4～4.0r/min 之间调节。设计中要充分考虑允许提高窑速的传动配制，综合考虑斜度、传动及电机调速方式。

① 斜度大的窑，提高窑速的余地就小。从提高窑的传热效率出发，在窑内物料前进速度及停留时间不变的前提下，窑的斜度应取下限为宜，才能允许窑的转速尽量提高，以增加物料在窑内翻转次数，使物料受热均匀。此设计方案也有利于窑挡轮的受力及窑上下窜动的调整，并改善窑衬的向下受力。因此，窑的斜度为 3‰ 时，窑速控制上限可以是 4.5r/min。

② 设计传动装置传动比时，应该按较高窑速计算。由于窑电机额定功率与窑的长度、直径及转速有关，为此，窑速不是越高越好。该极限应以正常煅烧温度下，物料向下翻滚的角度不应超过水平以上 10°，否则就不会增加物料翻转次数。

③ 为使回转窑载荷恒力矩、启动力矩大，需均匀无级调速，人们在不断改进窑电动机及调速方法，与直流电机可控硅调速、绕线转子异步电机的电阻调速或可控硅串激调速、滑差电机的电磁调速、整流子变速等诸多方案相比，发现变频调速技术〔见 7.3.4 节 1）（1）⑤〕最为节能、方便。

6）减少系统散热

预分解烧成系统的散热损失一般占熟料总热耗 8%～10%，其中窑筒体散热损失为 3%～5%。为降低散热损失，一方面，应设法减少设备散热的表面积，窑产量与窑体表面积分别是窑径的立方与平方的关系，显然，随着窑直径增大，产量增加得快，单位产量所摊销的散热量就小；另一方面，应该采用导热系数低的窑衬隔热材料和技术，减少散热量。而对连续旋转的窑筒体，两方面在实践上都有很好的发展前景。

一是推荐超短窑技术。即同样直径的窑，长度可缩短为原来的1/4，不仅相应减少筒体的散热表面，也相应降低了三次风管的散热面积，合计相当于每1t熟料节省标煤≥2kg。同理，5000t/d生产线的单系列预热器也有这个优势。

二是在窑内使用隔热材料，降低窑筒体表面温度。湿法窑曾尝试过如下方法，在原窑体无窑皮区增设内筒体，由耐热钢板滚轧焊接而成，并用5～10mm条形耐热钢板制作环形支架支撑内筒体。在它与外筒体间，用隔热且耐1400℃高温的锆铝棉板作为充填材料，内外筒体间距即为隔热层厚度。耐火砖将在内筒上直接镶砌。如果能使用气凝胶制品的隔热材料〔见9.3.2节2）〕，将会更大幅度降低筒体散热损失。

发展上述两项技术应当是降低窑散热的方向，至今仅停留于回收散出热量，如在筒体外覆盖多半圈冷却水罩，利用散热加热成热水利用。

7）做好窑口密封

回转窑是负压状态运行的热工设备，前、后窑口负压分别是−50Pa、−300Pa左右，对于动态旋转筒体与静态烟室或窑头罩间的连接密封难度较大，很易漏风，且漏风量与负压大小及漏风面积有关。在系统各处负压相对不变时，漏风面积又与窑径有关，它们是二次方关系，但产量与窑径是三次方关系，故大径窑单位产量所摊销的漏风量要小，这与大径窑单位产量的平均散热少是一个道理。

窑口漏风带来的热耗与电耗损失同样严重。窑头漏入冷风会降低燃烧温度，并阻碍高温二次风入窑；窑尾漏风会降低上升烟道温度，增加窑内通风阻力；还增加收尘与风机负荷。

8）发电必须使用余热

利用工艺已无法利用的废气热焓发电，才是余热发电。预分解窑的热效率已经比中空窑高了近一倍，使高温发电难以为继，因此才有了低温发电技术的开发，以进一步挖掘节能潜力。但如果只为追求单位熟料发电量，不顾熟料热耗提升，就要事与愿违。判断是否为真正余热发电，有以下几个标准：

①降低单位熟料的综合能耗。只有熟料热耗相同时，才能比较发电量。因为发电的热利用率最高20%，永远无法与熟料的热利用率60%相比。

②熟料热耗降低不能以发电量为标志，而应以排出废气温度为衡量，排出的废气温度低，虽发电量减少，但窑的热利用率会提高。如果为多发电，而提升一级预热器出口及窑头的废气温度，则窑的热利用率只能降低。

③提高单位熟料发电量的唯一正确途径是，努力采取稳定运行的各项措施，让窑系统的余热量恒定，确保进锅炉的废气温度维持定值。如果原燃料波动，就既不利于降低熟料热耗，也无法增加余热发电量。

④增加发电量应该建立在提高锅炉与汽轮机的热交换效率的基础上，这是发电领域的节能要求。但就其锅炉的规格而言，早已是发电行业淘汰对象，只是因为利用余热，才有低温发电技术的生存空间。水泥生产者不应将窑可用热量去发电，这才是要坚守的初衷。

9）实现智能化控制

上述节能途径虽能降低窑的耗能，但如果能实现智能操作，其节能水平还会提高一步，远高于人工操作〔见10.3.3节3）〕。

实现智能化控制，需要若干在线仪表对运行参数监测，从而获得控制信息。以对烧成核心参数——烧成温度在线检测为例，如果仍靠窑电流、窑尾温度，或抽测熟料游离钙等手段，不能准确快捷反映煅烧状态，智能控制就无从谈起。只有使用已成功开发的高温成像仪，并结合窑尾废气成分分析，才能准确反应烧成温度。再通过软件编程，将窑的喂料量、用煤量、用风量、三次风阀、窑速等手段，有机结合燃烧器、篦式冷却机的智能控制［见3.4.3节3）及3.5.3节8）］，才能从节能要求出发，综合各种影响因素，获取智能控制的最低能耗。

以窑内温度偏低为例，可根据降低的幅度与速度及相关参数变化，判断温度下降原因：如果幅度不大又不稳，多为生料或煤质成分随机波动引起，则不必调节；如果有意调整生料配料或煤质，就应适当改变喂料量，而无须变动窑速，并在稳定窑温后，再重新匹配系统用风量与喂煤量；如属窑上游气流、物料降温，窑电流大幅波动，应预料窑内会有异常塌料，应迅速减料，减慢窑速，让窑温迅速恢复。如果再综合其他相关负压与温度的变化，对若干组参数综合判断，发出的指令就会非常准确快捷，而这种智能化的优势一定会胜过人脑的反应速度。

3.3.4 回转窑的应用技术

再节能的窑型与结构，也必须要有相应的节能管理与操作。

1）熟料的形成过程

尽管熟料烧成过程有预热、分解、烧成与冷却四个阶段，但预分解窑内只剩下煅烧。按照窑内温度分布，虽仍有分解带、固相反应带（后过渡带）、烧成带及冷却带四个工艺带，但分解带相当短，仅有不足 5%CaCO$_3$ 有待分解，且大部分熟料冷却被移至篦式冷却机内进行；因此，窑的全长主要为固相反应与烧成所用。图 3.3.14 为 KHD 公司预分解窑（窑速 3.0r/min）熟料烧成各带时间与长度分布。

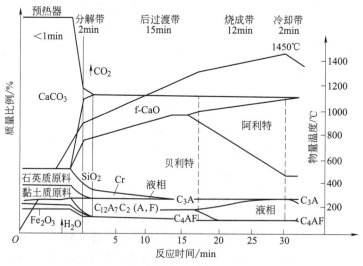

图 3.3.14 预分解窑（$L/D=14$）煅烧进程

在窑内，燃料燃烧释放热量传递给物料的主要形式为：火焰直接辐射、高温气体的对流及受热窑衬的热传导。由于生料从窑尾向窑头流动，窑断面的填充率仅 10%，因此高温气体经热传导让生料受热的比例很小，更多传热是以辐射与对流为主。具体各带的传热与反应特点如下：

（1）分解带　入预分解窑的物料温度在 860℃ 左右，入窑后的料粉随窑的转动，既有轴向的向前窜动，也有随窑衬旋转作径向运动，窑速越高，径向运动占比越大。显然，在料层表面的生料比在料层内部分解要快。说明此阶段需要较高窑速，可加快料层翻滚、减薄料层。

（2）固相反应带　完成分解的物料，受气流及窑衬传热，温度很快升到 900℃ 以上。刚从碳酸盐分解出的 CaO 非常活泼，一开始便与生料中 SiO_2、Fe_2O_3 和 Al_2O_3 等氧化物开始固相反应，因是放热反应，反应不断加速，料温迅速提高：

800～900℃ 时

$$CaO + Al_2O_3 \longrightarrow CaO \cdot Al_2O_3 (CA)$$
$$CaO + Fe_2O_3 \longrightarrow CaO \cdot Fe_2O_3 (CF)$$

900～1100℃ 时

$$2CaO + SiO_2 \longrightarrow 2CaO \cdot SiO_2 (C_2S)$$
$$7CaO \cdot Al_2O_3 + 5CaO \longrightarrow 12CaO \cdot 7Al_2O_3 (C_{12}A_7)$$
$$CaO \cdot Fe_2O_3 + CaO \longrightarrow 2CaO \cdot Fe_2O_3 (C_2F)$$

1100～1300℃ 时

$$12CaO \cdot 7Al_2O_3 + 9CaO \longrightarrow 7(3CaO \cdot Al_2O_3)(C_3A)$$
$$7(2CaO \cdot Fe_2O_3) + 2CaO + 12CaO \cdot 7Al_2O_2 \longrightarrow 7(4CaO \cdot Al_2O_3 \cdot Fe_2O_3)(C_4AF)$$

上述放热反应，发出热量达 480～500kJ/kg，足以让物料自身温度再升高 300℃ 以上，达到初步形成熟料矿物组成的温度，迅速开始烧结。

由于预分解窑的生料分解迅速，新生 CaO 晶体平均尺寸仅是传统窑型缓慢分解的 1/5，有助于固相反应，也能多质点形成 C_2S，形成的晶体也会细小，易在熔剂矿物中扩散，迁移速度快，反应能力强。此时同样需要高窑速，以提高各组分的均匀性。

（3）烧成带　当物料温度升至近 1300℃ 时，C_3A、C_4AF 等熔剂矿物会产生液相。达到烧结温度时，液相量占 15%～25%，特定生料可低于 15%、最高 30%。一般生料 1400℃ 时液相量的计算公式为：

$$S = 2.95 \times Al_2O_3(\%) + 2.2 \times Fe_2O_3(\%) \tag{3.3.12}$$

因熟料中部分 Al_2O_3 和 Fe_2O_3 会与 C_3S、C_2S 结合，故计算结果会比实际最多液相量还高 5%。液相一方面使物料结粒，一方面促进 C_3S 形成，并能吸收大颗粒的游离石灰及石英。

在生料化学成分稳定的条件下，C_3S 的生成速度随温度的升高而激增，因此烧成带温度成为关键因素：气体温度为 1800～2000℃，物料温度为 1300～1500℃。该温度范围实际是从出现液相开始到液相凝固结束。

具体需要的煅烧温度 t（℃）可根据熟料设计的矿物组成，按经验公式计算：

$$t = 1300 + 4.51C_3S - 3.74C_3A - 12.64C_4AF \tag{3.3.13}$$

当大部分 C_2S 和 CaO 很快被高温熔融液相所溶解，液相中会大量形成熟料主要矿物 C_3S，其反应式为：

$$2CaO \cdot SiO_2 + CaO \longrightarrow 3CaO \cdot SiO_2 (C_3S) \tag{3.3.14}$$

实践证明，在配料适当、生料成分稳定时，C_3S 生成量与烧成温度和反应时间有关，它是决定熟料质量的关键。若温度足够，生成的液相量较多且黏度较小，有利于 C_3S 形成，一般为 22%～26%。形成 C_3S 所需热量主要用于物料提升烧成温度。一旦达到 1450℃，C_3S 形成非常迅速，故燃烧器的火焰要能使物料达到此温度，并保持一定时间，使烧成带具有一定长度。故此时窑速无须过快，但温度不能过高、时间无须过长，否则，会出现液相量过多、黏度过小，还易出现结大块、结圈、烧流等症结，窑衬与燃烧器也易烧蚀，而烧出的

熟料会因 C_3S 晶相发育过大，活性变小，强度变低。

（4）冷却带　当熟料烧成后，温度开始下降，C_3S 生成速度不断减慢。待降到 1300℃ 以下时，液相开始凝固，C_3S 生成反应结束，熔剂矿物 C_3A 和 C_4AF 将随冷却析出晶体，冷却越快，析晶越少，形成玻璃体越多，还存有少量游离氧化钙。为熟料迅速离窑，需要高窑速进入篦式冷却机。

以上是根据熟料的形成机理，人为划分的各带，它们在窑内的实际位置和长度并非一成不变，而随物料与火焰改变而变化，彼此交错、进退。

2）提高熟料质量就是节能

就像粉磨产品的质量与性能关键是追求合理粒径组成一样，熟料煅烧的质量与性能关键则是熟料的微观晶相结构。任何配料与操作都要追求合理的矿物组成、含量、晶型与分布等微观结构，而不能只停留于立升重及游离钙。这才能使熟料质量与热耗获取双赢。

（1）正确评价熟料质量的方法

① 立升重的物理检验。立升重是最早检验熟料煅烧质量的物理方法，它可检测熟料颗粒的致密程度，但这不仅受熟料化学组成和孔隙率影响，也受熟料在窑内滚动时间的影响。滚动越多颗粒越致密，立升重越高。因此，传统窑的立升重比预分解窑高很多，质量并不比预分解窑好。故它不应成为熟料质量优劣的主要凭证。

② 化学检验游离 CaO 含量。在入窑原料稳定条件下，熟料中游离 CaO 含量能表明生料煅烧中它被结合的程度，因此它的高低直接影响水泥的安定性及熟料强度，但毕竟它不是水泥的最终使用性能，只是应该有的必要条件。测定它的方法也很多，有 X-射线衍射法、乙基法、乙酰法、乙酸法、乙酯法、异丁醇法或异丙醇酸滴定法等。

现在预分解窑控制游离钙的能力，已远远高于传统窑，控制 2% 以下毫不困难。但这不应是生产的终极目标：若游离钙低于 0.5%，熟料往往呈过烧、死烧状态，使熟料缺乏活性，强度并不高；窑衬也要承受过高热负荷而缩短寿命；同时增加热耗，游离钙每低0.1%，每 1kg 熟料就要多耗 58.5kJ 热；更何况残存游离钙在水泥使用之前，通过潮湿空气对它消解，不仅不影响水泥质量，而且产生的体积膨胀可为水泥粉磨电耗降低 0.5%。所以，游离钙指标只定上限、不设下限并不高明。为节约热耗，合理范围应改为 0.5%～2.0%，加权平均 1.1% 左右。

企业习惯用游离钙含量与合格率作为考核中控操作的指标，并不完全合理。如果操作员并未调节喂料量、喂煤量，游离钙却高低波动，只能说明原燃料成分不稳，此时从原燃料进厂及均化工序上追究责任才有效；但游离钙小于 0.5%，除了配料过低的极端情况，应由操作员负全责，不能鼓励操作员不顾热耗，过分压低游离钙的倾向。

③ 检验熟料微观结构的岩相。既然决定熟料质量与性能的关键是熟料的微观结构，即矿物组成和含量，就应充分重视岩相检验去认识熟料的本来面目，以确定改善质量的途径。通过对熟料颗粒切片，用反光显微镜观察抛光样片的微观结构（图 3.3.15），根据光的反射强度、酸洗程度、颜色，判断熟料内部各矿物的生成、分布及共生，确定生料成分、煅烧、冷却制度的合理性。

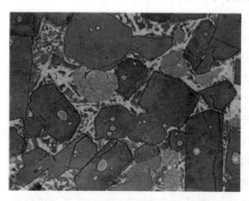

图 3.3.15　岩相观察的熟料矿物结构

从显微镜照片中，阿利特（C_3S）浸蚀程度较高，呈暗色，并按自身的晶形生长；贝利特（C_2S）浸蚀程度较弱，呈浅灰色，且多为圆形；而结晶的暗色铝酸三钙和浅色铁铝酸钙为主的熔体，填充在阿利特与贝利特间的空隙；偶尔看到游离钙的存在量。再借助计算机计算出阿利特、贝利特、熔体及游离钙的各自比例。

这类微观分析还包括定量 X-射线衍射分析及"奥诺"粉末岩相分析，它们同样采用图像分析系统和各相不同颜色，根据观察到的熟料矿物组成，判断烧成制度优劣，并指导改善配料与操作。遗憾的是，这种唯一准确评价熟料质量的科学方法，目前少有国内企业应用。

④ 熟料外观质量。人工观察熟料质量的经验是各种检验手段的最好补充，尤其在系统波动时。通过现场取样，并砸开大粒熟料，观察其颜色、致密程度等，通过黄心料及夹心料含量、粒径均齐程度、有无窑皮等现象，可以最简单、可靠、迅捷地判断窑况。理想的熟料外观应当是：颗粒均齐，介于 15～30mm 之间，少有小于 1mm 细粉；颗粒质地致密而未死烧，内核为暗灰色；不含有黄心或生烧料；也不能混有窑皮；若细粉过多，说明配料成分较高，形成飞砂料，或因冷却过慢发生贝利特晶型转化；普通波特兰水泥的典型颜色为表面带有浅绿色亮点的黑灰色，核心为较暗的深灰色。浅绿色亮点表明有氧化镁与铁酸盐组分形成的固熔相。尽管铬、锰等元素是微量存在，也会有绿色、蓝色及黄色等变化。熟料颜色，还受窑内气氛影响。

熟料中常伴有的夹心料，多是四级旋风筒进入分解炉过程中，有部分生料短路入窑，被大多数已经分解并已出现液相的生料包围而成。这种现象往往在窑运转一定时间以后会越发严重。只有停窑检查预热器内相关装置的有效性，才能恢复正常。

需强调的是，上述所有熟料质量的检测方法都属于离线进行，不能为操作及时提供信息，更不利于智能控制窑系统。

（2）配料的合理性

① 配料计算原则。石灰饱和系数表示生料或熟料实际存在的 CaO 含量与 CaO_{max} 的比值。CaO_{max} 表示在工业煅烧和冷却过程中，可以与 SiO_2、Al_2O_3 和 Fe_2O_3 结合 CaO 的最大量。因此，水泥生料和熟料组成一般用率值表征，即石灰饱和系数 LSF、硅率 SR 和铝率 AR。

生产中，熟料不会完全按照公式计算的组成存在，因为任何情况都有外来成分。只有当熟料熔体中的 C_3S、C_2S 与熟料，不仅在烧结温度下，而且冷却结晶过程中，始终都处于热力学平衡时，所计算的相组成才正确。只有此时，对应于 C_3A 含量的那部分 C_3S 才会完全被重新吸收。然而，生产无法满足这种先决条件，故导致计算的熟料组成中，C_3S 含量总是过低，C_2S 含量总是过高，二者可相差 10% 以上。

应当承认，在硅酸盐熟料中，C_3S 是关键矿物组成，它所占比例大小及结晶发育好坏，不仅关系到水泥强度，而且也影响熟料易磨性。为此，配料方案要创造贝利特向阿利特转化的最好条件：硅在生料中不应以粗石英存在；生料的石灰饱和系数应取高值；煅烧中要有足够液相量；硅率要高；等。不同类型的水泥，C_3S 的含量不会相同，即便同样的 C_3S 含量，结晶尺寸、矿物组成、热工制度都必须与之相配。

同时，还应关注其他矿物组成的分布形式，比如，C_3A 被包容在 C_3S 内，矿物活性就会改善。当然，也不应忽视熔剂矿物的量。

目前国内企业只是通过全分析计算，对 C_3S 进行控制，尚未开展直接检测。如果能每个季度做一次 C_3S 测试，用以指导配料将更有意义。具体做法是每 4h 或 8h 进行一次瞬时取样，连续做 3～5 天，计算其标准偏差，以分析并掌握主要氧化物随 C_3S 或 LSF 两项统计偏差的变化规律。

② 硫碱对配料的影响。如果生料与燃料中带入较高的硫和碱，等于改变了配料。它不仅直接影响水泥生产，造成堵塞、结皮等诸多故障［见 3.1.4 节 4）］，而且带到水泥中与集料发生活性成分反应，对混凝土产生破坏作用。故应对其按如下指标控制：热生料中 SO_3 应小于 3%，与 Cl^- 的总和应小于 4%；硫碱比应保持在 0.8～1.2 之间；熟料 SO_3 应为 0.6%，符合低碱规定（$Na_2O+0.658K_2O<0.6$）。水泥中 SO_3 应根据对凝结时间的要求及熟料含硫状态及量而定，一般在 2.5%±0.3% 之间；对于粒径分布正常的波特兰水泥 SO_3/Al_2O_3 最佳比值为 0.6，粒径分布较窄的水泥则为 0.8。

③ 微量成分对熟料生成及质量的影响。微量成分可作为助熔剂，降低烧结温度 200℃，热耗从 3100kJ/kg 减少到 2950kJ/kg，相当于节省 5% 燃料。

含硫添加剂可大大降低液相黏度及表面张力，促进熟料生成，熟料粒径变小；含氟添加剂能强烈促进硅酸三钙生成，C_3S 稳定存在的温度可从 1250℃ 降到 1200℃ 以下，生料中 F 含量达 1% 时，虽未改变熟料组成，却能促进熟料生成，降低烧成温度约 150℃；锌、铜、钴、锰、钛等金属添加剂也能促进熟料生成，添加量可达 2%～3%，Mn_2O_3 可达 1.0%，TiO_2 可达 4%，它们都能增加水泥强度；钼和钒氧化物能促进 C_3S 和 C_3A 结晶；生料中较高含量的 Cd、Pb 和 Zn，能够延缓水泥凝结，但降低强度；而添加较高含量的 Cr，能加速水泥的凝结和硬化。但磷酸盐添加剂含量高于 2% 时，会阻碍 C_3S 生成，只有 P_2O_5 含量低于 1% 时，才能促进熟料生成。

④ 配料思路的突破。国内专家曾提出五率值配料理论：生料中同时加入萤石（CaF_2）和石膏（$CaSO_4$）作为复合矿化剂，煅烧后低强矿物 C_3A 和 C_2S 会消失，而转化成高强矿物：

$$7C_3A + 10C_2S + CaF_2 \longrightarrow C_{11}A_7 \cdot CaF_2 + 10C_3S$$
$$3C_3A + 6C_2S + CaSO_4 \longrightarrow C_4A_3 \cdot S + 6C_3S$$

该成果曾得到不少知名专家关注并认可，并申报了技术发明专利，有的专家还建议将 C_3A 饱和度改为氟硫饱和度。该五率值配料曾在全国不少地区立窑推广，并受到肯定与重视，熟料标号提高 20MPa 左右，热耗大幅降低。但时至今日，立窑转型为预分解窑后，该理论与应用都已不再采用了。其原因是生产规模变大、配料组分过多时，配比难以落实，反而易发生结皮等故障。该案例再次证明：任何先进配料，一定要以能实现均质稳定生产为前提。

3）窑系统的稳定操作

毋庸置疑，相同条件下，任何稳定的系统都要比不稳定系统节省能耗。熟料生产要想稳定，就需要生料成分、喂料量、煤粉成分与喂煤量四个方面的稳定，这不仅需要配置必要装备，也需要对操作与管理采取相应措施。

（1）稳定入窑生料成分　配料不仅关注生料的三率值，更应重视率值的波动水平。因为生料成分的标准偏差越大，就越要限制最大允许喂料量［见 3.1.4 节 3）］，以防止成分一旦波动向上，就容易突破窑的热负荷。水泥生产之所以强调均质稳定，原因就在于此。

为实现入窑生料成分稳定，应该自矿山开采始，并控制好原料的进厂成分、均化设施的效果、配料的计量精准、窑灰添加量等环节，并减小库内物料离析、煤粉灰分变化等干扰因素。其中灰分不只为原煤成分，也有烘干煤粉中窑头或窑尾废气所带入的粉尘。此量又受磨机开停、发电锅炉、收尘器清灰振打频次的影响。为此，应缩短它们清除积灰的间隔时间，并设置专用小仓存放窑灰，以控制窑灰对生料成分的干扰。如果能将窑灰作为水泥混合材，不但水泥可增产 3%～5%，还能改善其泌水性。如设计考虑好输送方案，则更为方便。

生料的均化与计量控制手段，已在 1.2、1.3、10.1.2.4 等相关章节中介绍。

（2）稳定入窑喂料量　当入预热器的料量稳定之后，不见得入窑物料也能稳定。因为物料经预热器及分解炉时，除了有局部风速不足以形成塌料等干扰外，更要关注烟室部位的结构形状与尺寸。该部位包括分解炉底部缩口、烟室上拱门、烟室下斜坡及进料托板（俗称"舌头"），它们是连接窑、炉及末级预热器的咽喉。此狭小空间内，窑废气经拱门向上入炉，末级预热器料流顺斜坡向下入窑，风路与料路界限模糊，彼此极易混淆。结构稍不合理，如斜坡与拱顶的间距过于狭窄，或斜坡角度不当、出台，就可产生飞灰返回分解炉，减少入窑料量；或增加窑内阻力，增大窑尾负压，影响窑、炉用风平衡，甚至导致缩口结皮、窑尾结圈及后窑口漏料等故障发生。

为此，窑尾斜坡浇注料施工表面应光滑、倾斜向下，并分 2～3 个倾角（从 55°～30°）平缓过渡，严防出台；尽量增大拱顶到斜坡垂直距离；拱顶与烟室上沿应有 50° 倒角，与斜坡平行；控制托板端面伸入窑内的长度，既避免生料从后窑口逸出，破坏后窑口密封，也要避免斜坡堆料，该长度为窑挡轮游走下限位置时，后窑口端面应与斜坡端面平齐。

（3）控制原煤成分的稳定　见 3.4.4 节 2）和 3）。

（4）控制喂煤量的稳定　见 3.4.4 节 1）（3）。

（5）改善窑操作对实际料量的稳定　操作可以改变出窑熟料量，并影响篦式冷却机的运行，可归纳如下因素：

① 改变窑速将改变窑内物料填充率、窑内料量及出窑料量。

② 当窑皮、结圈垮落或预热器塌料时，窑内物料会瞬间增加，且严重破坏工艺稳定。相反，在挂窑皮或逐渐长圈时，或预热器某部位存料时，窑内物料实际是慢性减少。这种波动主要来自操作、配料不稳定及预热器结构不合理。

③ 煤粉灰分也是窑内料量的一部分，一旦原煤质量波动，也要影响窑内料量。

4）正确控制系统用风

（1）风量的选用　根据风、煤、料合理配合的煅烧原理：多少下料量，就应该为之供应多少喂煤量，保证熟料形成所需热量；而用多少煤量，就应该供应多少氧气量及风量，使之完全燃烧，放足热量；同时不要剩余过多空气，它们会多耗热量，还增加 NO_x 排放。

判断烧成总用风量合理的综合标志是：用高温废气分析仪，同时测定窑、炉废气中 CO 与 O_2 含量 ［见 10.1.2.3 节 2）（2）］；运行中没有塌料；系统内主要位置的负压值显示正常；热工标定所用风量在标准状况下应在 $1.5m^3/kg$ 熟料以内，且单位熟料热耗与电耗最低。

预分解系统的用风，并不只是为燃烧提供氧气，还要以一定风速携带物料悬浮，提高传热效率。它还要成为气、料在旋风筒内分离的动力。为提高断面风速常要缩小上升烟道、旋风筒等容器的断面尺寸，但要付出风压损失。因此，选用风机风量，必须同时考虑风压。

（2）风压的控制　预分解窑内的风速，取决于窑尾高温风机控制的风压，从窑头微负压（小于 $-50Pa$），直至窑尾低负压（$-300Pa$）。而该风机风压还要让窑能接受来自燃烧器的一次风后，还能接受来自篦式冷却机高温段的全部热风，作为窑、炉的二、三次风。为此，该风压要能克服窑、三次风管、分解炉、预热器，直至风机进口的全部沿程阻力，包括为携带物料的动力损失及漏风损失。

在系统有多台风机时，因为有些位置不只受一处风源作用，更何况预分解窑前后两处加煤。此时要准确控制每台风机的风量、风压，避免它们之间的相互干扰。对此，操作者需要掌握零压面概念［见5.1.4节1）(3)］，判断两台风机所形成的气流方向是一致，还是相反；是鼓风，还是排风［见5.1.4节1）(2)］；窑内气氛是氧化，还是还原。如果缺乏统筹考虑，不只增加能耗、影响熟料质量，还会出现工艺故障。

具体在窑系统中，就是要求窑尾高温风机与窑头风机相交的零压面，必须位于篦式冷却机高、中温段的分界面［见3.5.4节5）(1)①］。若窑头排风机风压过大，作用到窑门罩内时，虽窑头仍显示微负压，但已不是窑尾高温风机的作用，增加篦式冷却机高温风入窑的难度；反之，若窑尾风机风压过大，篦式冷却机中温段低温风被吸入窑内，同样降低二、三次风温，增加热耗。

调节风机风压时，不能仅凭负压表检测的数据，就轻易判断风速大小。不仅要了解风压的作用，还要掌握风压组成的概念［见5.1.4节1）(1)］，区分出风机动压与静压之差异，还要考虑管道阻力的影响。综合考虑这几种因素后，最终才能确定风压与风速的变化趋势。

(3) 风温的控制　影响风温的因素，一方面是燃料燃烧放出的热量、熟料形成热以及传热效率；另一方面则是系统的散热及漏入冷风的量与位置。在燃烧效率、反应速率、传热效率较好时，预分解烧成系统几个重要位置的风温应该是：

窑头废气温度<250℃（不掺加冷风及喷水的温度）；二次风温度>1200℃；三次风温度>900℃；窑尾温度<1050℃；分解炉出口温度<870℃；五级出口温度<850℃；一级出口温度<300℃；高温风机进口温度<150℃。当然，获取这些数值，还必须注意温度测点的代表性。

上述温度要求是指无余热发电时的五级预热器系统，带余热发电的系统，窑头废气温度就是进锅炉的废气温度。只要有一处温度不符合要求，就表明该部位前后存在需要改进的热交换。如果实际温度偏离要求，并非不能运转，只是热耗变大；同样，即便在此范围，也不意味系统已达节能最高水平。

窑系统实现风量、风压、风温控制的手法［见3.2.4节3）、3.5.4节5）］很多，但系统稳定程度与节能效果大不一样，这是对操作员理念与素质的重要检验。

5）控制最高烧成温度

(1) 确保煤粉迅速完全燃烧　煤粉在窑头烧成带完全燃烧，就是节煤的必要条件。不完全燃烧生成CO所发出的热量仅为完全燃烧形成CO_2的1/4，显然，不仅浪费了热能，且未燃尽的煤及CO，都会为系统下游安全带来极大隐患。

欲实现完全燃烧，首先要确保风、煤的合理比例，并提供风、煤间快速均匀接触的条件，且具备燃烧温度。既要防止用风不足，也要防止用风过量，才能节省用煤。性能优越的燃烧器，是加快实施这些条件的最简单有力的装置，能形成理想的优质火焰，但再好的燃烧器也不是无条件，必须使用稳定的、与之相适应的煤质［见3.4.4节2）］。尽管当今环保要求降低NO_x排放，最初燃烧需要局部还原气氛，但绝不意味分解炉不需要足够氧气。

优质火焰的判断标准是：黑火头短，火焰白色亮度区大而稳定，气流、火苗都应拢在火焰内，不能发散。表现为窑内有足够长的高温带，而窑尾温度受控（≤1050℃）。

控制最高烧成温度的操作，要落实在用风量调节［见5.1.4节1）(3)］、三次风阀调节［见3.2.4节2）(5)］、燃烧器调节（见3.4.4节）、篦式冷却机调节（见3.5.4节）的综合效果上。当窑尾在线高温废气分析仪缺位时，一般都会有意加大用风操作，竭力"避免燃烧不完全"。但大风量并不意味煤、风已混合均匀，也不能保证窑内没有还原气氛区域存在。

（2）保持窑、炉用煤比例合理　在总排风不变条件下，靠三次风阀控制窑、炉用风平衡，并与各自用煤量相适应，是预分解窑操作获取理想最高烧成温度的关键之一，需要特殊解决［见 3.2.3 节 4）及 3.2.4 节 2）］。

（3）学会使用仪表迅速判断　这是准确及时控制烧成带温度的必要条件，以前借用窑电流反映烧成带温度，即粗略又有其他干扰因素。随着检测技术的进步，应该使用如下仪表，综合判断：

① 使用窑尾高温废气分析仪。在窑尾与分解炉出口同时成组配置高温废气成分分析仪。通过对 O_2、CO_2、CO、NO_x 等的测定，能及时反馈风、煤比例现况，直接快速调节，控制烧成温度。

② 使用光学高温成像测温仪。通过多点温度的检测，可了解燃烧器调节效果、火焰形状与温度分布，指导调节。

③ 在使用高级红外筒体测温仪时，当发现热力图像高温区域后移，再观察二挡轮带滑移量小于其他两挡，则表明煅烧带已向后移，此时应调整燃烧器的火焰长度与位置。否则，窑筒体中部会受到较大扭力，耐火砖易脱落。

6）稳定控制与调节窑速

（1）应提高预分解窑转速　既然预分解窑内没有预热、分解与冷却，只剩煅烧，窑速就有可能快而稳定；而为达到合理的最高烧成温度，工艺制度要满足"三快"，即生料入窑之后，应尽快进入烧成带、快速通过烧成带、烧成后要尽快出窑，就必须靠较高窑速实现。

① 有利于降低热耗。提高窑速是加快窑内物料与高温气流热交换的唯一途径，避免 CaO、SiO_2 结晶过大，失去活性，为形成 C_3S，既不需要过高煅烧温度，也不需要延长熟料窑内停留时间。窑速应该以有利降低窑尾温度，也有利于提高熟料质量为准。超短窑并没有降低窑速，就是明证。

② 有利于提高台产。在同样产量条件下，高窑速可降低窑内物料填充率，利于传热。反之，填充率不变，加快窑速就能增加台产，所谓"薄料快转"的宗旨正在于此。

③ 有利于保护窑衬。高窑速使窑每转一圈所用时间缩短，从 1r/min 的 60s，减为 3r/min 的 20s，降低了窑皮、窑衬转动中的温差，使得预分解窑窑皮较为平整、衬砖寿命更为延长。

（2）预分解窑窑速应该稳定　很多人曾习惯在窑内温度降低或游离钙高时，就减慢窑速，以为能延长煅烧时间，改善熟料质量。而且每当窑速减慢后，窑电流变大，就误以为操作有效。实际上，事与愿违。尽管微量调节，但窑电流也会增加，表明填充率增大，在恶化传热条件；还会引起出窑熟料量波动，降低二、三次风温，牺牲窑的运行稳定与节能效果。因此，窑速不宜作为频繁调节窑内温度的手段。

窑速之所以用来调节窑内温度，是源于传统回转窑的生料未分解入窑，只能靠减慢窑速。但它当时是用直流电机，伺服喂料绞刀转速使喂料量与窑速始终同步，保持窑内填充率不变；而预分解窑并未有此设计，变慢窑速只能增大窑的填充率与通风阻力。

当然，窑速并非越高越好。降低窑尾温度，并保持窑能在高速下稳定数日不变，才是窑速控制的最高水准，它表明为窑内热交换创造了理想条件。

但并非不需要调节窑速，除开停窑阶段外，当出现窑内结圈、垮落窑皮、结"大球"、或预热器塌料、篦式冷却机结"雪人"、设备异常等情况，都需要及时调节窑速，而且一定要大幅减少喂料量 2/3 之后，迅速将窑速降至 1r/min 以内。

7）窑结皮的形成与防治

预热器和窑入口的结皮主因是碱循环富集，它源自原料和燃料的碱、硫酸盐和氯化物，使碱盐熔体在 650～900℃ 间形成结皮，因此它的化合物中除了生料、熟料成分外，可能有 $CaSO_4$（硬石膏）、KCl（钾盐）、K_2SO_4、$K_2SO_4 \cdot CaSO_4$、$2C_2S \cdot CaCO_3$（灰硅钙石）和 $2C_2S \cdot CaSO_4$（硫酸灰硅钙石）等。但不同部位的结皮，化学成分和矿物组成不尽相同。

回转窑内的结皮多表现为结圈：烧成带末端为熟料圈，再后部为生料圈或结皮，前窑口为煤粉圈。生料圈是由于窑尾高温使液相提前出现，C_3S 在 CO_2 作用下出现灰硅钙石固化而成，其结构既可多孔松软，也可致密坚硬，成分与窑的生料相近；熟料圈是由煤灰沉积在烧成带后部降低生料熔点而成，它主要成分是熟料，但富含铝酸三钙和铁铝酸钙。凡暴露于气流的表层结皮中碱含量比熟料低，但是深层结皮中含有方解石、灰硅钙石和硫酸灰硅钙石。煤粉圈是由于窑头温度过低不利于煤粉燃烧所形成的圈。所有圈都会影响物料和气体在窑内的正常运动，也会伤害正常窑皮。

直径 1m 以上的料球是有害物质的另一种富集，它的滚动、冲砸直接威胁窑衬寿命。防治结皮与结圈是窑节能的重要条件：唯有窑、炉操作统一，保持原燃料组成、细度和用量的合理与稳定，才能减少结皮形成；同时，降低气流中粉尘含量，结皮趋势也会减小。

8）耐火窑衬的镶砌与挂窑皮操作

耐火窑衬的镶砌与操作中有三大环节直接决定窑运转周期，也直接关系窑衬消耗量，包括：耐火材料的质量与适宜品种［见 9.2.1 节 4）、9.2.3 节 1）］、镶砌施工质量［见 9.2.4 节 2）］及本章所讨论的操作技术。

新换的烧成带耐火砖，要以最少烧蚀量挂牢窑皮，才可能为窑长期安全运转、降低能耗创造重要条件［见 9.2.4 节 4）（2）］。

窑皮是物料加热至 1280℃ 以上，生成的铁铝酸盐熟料液相与窑衬结合。烧成带只有形成 10～20cm 厚的均匀窑皮，才能保证生产正常，其不仅保护窑衬，还能减少此处 20% 的散热。而烧成带热工制度与配料的稳定才会减少窑皮的脱落。

3.4 燃烧器

对于任何窑，燃烧器是必备的热工设备。而且窑需要从窑头与分解炉两处同时喷入煤粉，又因窑、炉煤粉燃烧条件不同，必须选用不同结构的燃烧器。为此，不仅需要有符合煤粉特性的设计与制造技术，还需要有正确的使用与调节方法。

3.4.1 燃烧器工艺任务与原理

1）工艺任务

窑头燃烧器与分解炉燃烧器不仅工艺任务不同，而且它们的燃烧机理也不相同。

窑头燃烧器的任务是让煤粉与空气充分混合，使煤粉在窑的烧成带完成快速完全燃烧，满足窑煅烧熟料所用的热量。

分解炉燃烧器的任务不仅是为煤粉燃烧放热供生料分解之用，它更要将降低 NO_x 生成量，减少脱硝负担当作重点。

2）煤粉过程燃烧的机理

煤粉进入窑及分解炉后的燃烧过程都要经历以下四个阶段：

（1）干燥预热阶段 首先将煤粉所含物理水排出变成水蒸气，然后逸出挥发分，两者都会在煤粉颗粒周围形成气膜，减缓煤粉燃烧，使火焰根部有所谓"黑火头"。

（2）挥发分燃烧阶段 挥发分的燃点很低，只要见到空气，便能迅速燃烧，并形成明亮可见的火焰；而固定碳颗粒燃点较高，且被水汽、挥发分燃烧产生的 CO_2 所包围，难以与空气中氧接触，故暂时未燃烧，只进行焦化。

（3）固定碳燃烧阶段 挥发分燃烧及二次风引入获取足够热量，固定碳达到燃点后，又与二次风带入的氧燃烧，并释放出大量热。如果氧不充分，部分会先生成 CO，待再遇氧后继续燃烧，生成 CO_2。

（4）燃烧产物的扩散阶段 CO_2 生成后便向颗粒表面扩散，脱离表面，并作为燃烧产物排出系统。如果碳粒表面氧气不足，特别是处在煤粉流股中心的碳粒，CO_2 还可能被还原成 CO。因此在较高温度时，煤粉的燃烧速度还要取决氧对煤粉的扩散速度。

既然煤粉燃烧有挥发分燃烧与固定碳燃烧两个连续过程，由于前者速度很快，所以后者燃烧的快慢将决定煤粉燃烧的总速度或燃尽时间。

为加速上述燃烧过程，煤粉挥发分燃烧所需要的氧应该由一次风供应；而固定碳燃烧的氧应由来自篦式冷却机的高温二次风供给；在分解炉中，不论是挥发分还是固定碳，燃烧用的氧都由三次风供给。唯有如此分工供氧，燃烧不仅快速、完全，而且节煤。

3）燃烧反应机理与速度控制

根据煤粉燃烧的内在规律，关键是要同时提高煤粉的燃烧速率与传热速率。尽管人们已有上百年的燃烧实践，但对此规律的认识仍有待深化。比如立窑将煤粉与生料做成料球，以图煤粉燃烧发出的热量能快速而高效地传给生料，获取高的传热速率；但此时煤粉燃烧处于缺氧状态，大幅降低了燃烧速率。到了传统回转窑，煤粉通过煤管喷入窑内，这时燃烧速率会高很多，但传热效率却变差了，即使燃尽放出了热，但被生料立即接受比例不高，提高了窑尾温度。只有预分解窑的分解炉，风、煤、料亲密接触，同时改善煤粉的燃烧条件与传热条件，分解炉的热效率才得到空前提高；而要想提高窑头煤粉的燃烧速率与传热速率，只能借助高效燃烧器的性能，让煤粉与空气加速混合燃烧，并有充足时间将热量传给生料，控制火焰中心与四周温差在 5℃ 之内。

在碳的燃烧过程中，可燃物和空气分属固相与气相，即为异相燃烧。在燃烧过程中，碳历经初次反应（碳与氧的反应）和二次反应（碳与 CO_2 的反应），这些反应均在相界上进行：既可在碳的外表面，也可在碳的内部孔隙或裂缝的内表面。越强烈的异相反应，越容易集中在外表面上；而 CO 与 O_2 属同相反应，则易向内表面发展。

异相反应一般包括以下五个步骤：气相反应介质向反应表面传递；气体被反应表面吸附；表面化学反应；反应物质脱附；气相反应产物从反应表面排离。异相反应的总速度必将取决于速度最慢的那个步骤。

碳粒的燃烧过程可以用如下化学反应式表述：

$$C + O_2 \longrightarrow CO_2$$

一级反应 $\quad C + O_2 \longrightarrow 2CO$

$$2CO + O_2 \longrightarrow 2CO_2$$

二级反应
$$CO_2 + C \longrightarrow 2CO$$
$$\left.\begin{array}{l} C_x C_y + O_2 \longrightarrow 2CO \\ C_x C_y \end{array}\right\} m CO_2 + n CO$$

其中，m、n 取决于燃烧过程和条件，即碳氧结合比 $\beta = \dfrac{m+n}{m+0.5n}$。如果将碳粒的燃烧过程理解为燃烧物的消耗过程，就应利用单位时间内氧的消耗量（q_{O_2}）或碳的消耗量（q_C）表示燃烧速率。从化学反应角度考虑，反应速率方程：$q_{O_2} = K[co_2]$，式中化学反应速度系数 $K = K_0 \exp\left(-\dfrac{E}{RT}\right)$；从氧扩散角度考虑，反应速率方程：$q_{O_2} = \alpha |c_{O_2 \infty} - c_{O_2}|$，其中氧的扩散系数为 α。两式合并经整理后得：

$$q_{O_2} = \frac{|c_{O_2 \infty}|}{\dfrac{1}{K} + \dfrac{1}{\alpha}} \tag{3.4.1}$$

$$\alpha = \frac{24 \varphi D}{d p R' T_m}$$

式中　　q_{O_2}——氧消耗量，$kg/(m^2 \cdot s)$；

c_{O_2}，$c_{O_2 \infty}$——分别为反应碳表面的氧浓度及远处的氧浓度（或用氧分压代替）；

α——扩散反应速度系数，$kg/(m^2 \cdot s \cdot Pa)$；

K——化学反应速度系数，$kg/(m^2 \cdot s \cdot Pa)$；

K_0——频率因子，$kg/(m^2 \cdot s \cdot Pa)$；

p——远处气流中的氧分压；

φ——反应机理因子（当 $\varphi = 2$ 时，表面产物为 CO_2；当 $\varphi = 1$ 时，表面产物为 CO）；

$$D = D_0 \left(\frac{T_m}{T_0}\right)^{1.75} \tag{3.4.2}$$

式中　　D，D_0——分别为任意温度和参考温度 T_0 下，氧在气流中的扩散系数，m^2/s；

T_m——气流温度和碳粒温度的平均值，K；

T_0——参考温度，K。

因此，得出碳的消耗量为：

$$q_c = \beta q_{O_2} = \frac{\beta |c_{O_2 \infty}|}{\dfrac{1}{K} + \dfrac{1}{\alpha}} = \frac{\beta p_{O_2 \infty}}{\dfrac{1}{K} + \dfrac{1}{\alpha}} \tag{3.4.3}$$

式中　　q_c——比表面燃烧速率，$kg/(m^2 \cdot s)$；

$1/K$——燃烧反应阻力；

$1/\alpha$——扩散控制阻力。

当 K 远小于 α 时，则 $q_c \approx \beta K q_{O_2} = \beta K_0 \exp\left(-\dfrac{E}{RT_s}\right) p_{O_2 \infty}$，为燃烧反应控制过程（也称动力控制过程）；当 K 远大于 α 时，则 $q_c \approx \beta \alpha p_{O_2 \infty}$，为扩散反应控制过程；当 $K \approx \alpha$ 时，为中间控制过程，或为过渡控制过程。由上述分析，并结合图 3.4.1 可得出如下结论：

①当 $\alpha/K > 10$ 时，为动力燃烧区。在此区内为强化燃烧，最有效措施就是提高燃烧温

度。根据 $K = K_0 \exp(-E/R)$ 确定 T 值。

② 当 $\alpha/K < 0.10$ 时，为扩散燃烧控制区。在此区内为强化燃烧，最有效措施就是增加空气流与碳粒间的相对速度，提高氧与碳粒的接触概率或氧的含量。

③ 当 α/K 介于 $0.10 \sim 10$ 时，为中间状态区。此区内采用上述两种方式均可提高碳粒的燃烧速率。

综合上述计算结果可知：

当表面扩散控制燃烧速率时，它将与气流流速和湍流度密切相关，也与其初始直径的平方成正比，而受煤种、活性、反应温度的影响不大。

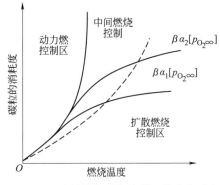

图 3.4.1　碳料燃烧速率控制区的分布示意

当化学反应控制燃烧速率时，它将取决于煤种及其活性，且与反应温度成指数关系，还与碳粒的初始直径成正比。

在煤种及活性的影响上，煤的燃尽时间主要取决于碳粒的孔隙率（取决于煤的种类）、碳粒粒径、燃烧环境的氧含量和环境温度等。比如，无烟煤焦炭粒子较致密，不利于氧气和燃烧产物 CO、CO_2 的扩散和热量传导，所以，它的燃烧速度慢，燃尽时间就要长。

上述分析的实际意义在于：生产操作中，系统温度不足时，并不是只要加煤就能升温那么简单。一定要先判断原因：在扩散燃烧控制区内，应当设法加快氧气与碳的接触机遇，此时应调整或更换燃烧器，并提高煤风与净风间的速度差；如果是在动力燃烧控制区，此时风量与煤量的配比不佳，或是需要加煤，或是需要加风；即使加风，究竟是加大一次风，还是加大二次风，仍有区别。为区别煤粉燃烧过程是处于何种燃烧区，就要使用窑尾高温废气分析仪在线监测废气成分，并观察调试后火焰燃烧的改善状态。比如无烟煤黑火头过长，就属于动力控制的燃烧状态，此时只有提高初始燃烧的环境温度，才最为有效。

4）燃烧器的设计原理

（1）燃烧器的推力　其是衡量燃烧器性能的重要设计指标。它按窑燃烧器所需能量的表示方法进行计算。

① 能量表示法。能量表示法也称动能表示法，即所需要的动能 E 等于一次风量中的净风风量与其所具有的有效压力之乘积，以下式计算：

$$E = L_{1j} P_u \tag{3.4.4}$$

式中　E——多风道煤粉燃烧器所需动能，bar·m^3/h[1]；

L_{1j}——燃烧器所供一次风量中的净风风量，m^3/h；

P_u——燃烧器风道喷出的空气所达到的有效压力，bar。

② 单位热量推力表示法。单位热量推力表示法是用燃烧器一次风中的净风所产生的推力，除以每小时煤粉燃烧所产生的热量，以下式计算：

$$F = \frac{P}{Q} \tag{3.4.5}$$

式中　F——单位时间热量所需的推力，N/(Gcal/h)；

---

[1]　1bar$=10^5$Pa。

P——一次风中净风所能产生的推力，N；

Q——烧成合格熟料时单位时间内所需热量，Gcal/h。

③ 相对推力表示法。即燃烧器的相对推力等于以百分数表示的一次风净风风量与其喷出速度的乘积，用下式计算：

$$F_0 = mv \tag{3.4.6}$$

式中　F_0——燃烧器的相对推力，% · m/s；

　　　　m——一次风净风的风量，它既可按一次风量占入窑总空气量的百分数，%；也可按每秒钟鼓入窑内的空气量，m^3/s；

　　　　v——一次风中净风的喷出速度，m/s。

从式中可知，如果喷煤管为具有一定推力，又要限制一次风量不能过大 ［见 3.4.3 节 2)（2)］，就只有提高一次风速。为此，不但风机要具备一定风压，而且喷煤管口径也需偏小控制。换言之，推力足够的喷煤管，也必须降低一次风量，才能有好的性能，大大降低热耗。传统回转窑使用的单风道喷煤管，口径难以减小，为保持出口风速，一次风量只能加大，这正是能耗不低的原因之一。当然，喷煤管的推力也不能过大，如果一次风的喷出风速远大于煤粉的燃烧速度，火焰就会脱火而熄灭。

燃烧器的相对推力应满足 1250～1850% · m/s，具体取值要根据煤质。着火点高的煤取大值，如烧无烟煤，应取 1850% · m/s，易燃煤则取较小值。

（2）燃烧气流的运动模型　窑内烧成带的气体流动，可以近似视为射流流动。而所谓射流，是流体由喷嘴喷射到较大空间并带动周围介质（二次风）形成流股（火焰）的流动。当流体受到空间的限制时，就属于限制性紊流流动的射流，即射流内气体质点做不规则脉动，它的脉动扩散和分子的黏性扩散作用，使得一、二次空气质点间相互发生碰撞，交换动量，并带动所有质点向前流动。在推动前面的气体前进时，后面的气体就变得稀薄而压力下降，喷嘴处便形成一定负压，使二次空气连续不断地被吸进流股内，继续与一次空气混合，并逐渐向中心扩散。对此过程，学者们假设了各种逐渐深入的运动模型。

① 受限射流。如图 3.4.2 所示，此时射流的特点是，静压随着远离喷口而逐渐增加，并形成回流旋涡（外回流），从而成为一种传热和传质的机制。

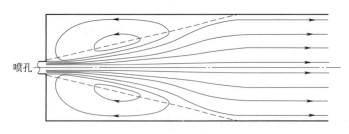

图 3.4.2　受限射流一般流线形态

射流出口段可以依靠燃烧器推力的卷吸作用，让燃烧废气与二次风混合。当推力超过卷吸全部二次风量的需要时，过剩的冲量还要卷吸燃烧产生的废气，即外部回流。燃烧器的推力越大，卷吸的气流越多；如果一次风量较小时，外回流量更大；适度外回流可以防止火焰扫窑皮；但外回流不可过大，否则会冲淡可燃混合物中的氧含量和挤占燃烧空间，从而降低燃烧速度，使火焰变长。

② 旋转射流。当喷口喷出射流时，不仅有轴向和径向速度，而且还伴随有绕纵轴旋转

的速度，故称之为旋转射流（图 3.4.3），多风道燃烧器都有圆环形旋转射流。

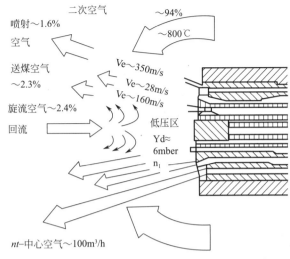

图 3.4.3　旋转射流内部回流旋涡的流线

轴对称旋转射流可用三个分速度表示：轴向分速 $\bar{u}$、径向分速 $\bar{v}$ 及切向分速度 $\bar{\omega}$。旋转射流的离心作用产生了轴向回流旋涡，使沿轴线向前的喷口方向，压力逐渐增大，直到较远的下游处，才趋近于环境压力。旋转射流会增加卷吸量，在旋流强度足够大时，还会产生轴线上的反向流动。

当燃烧器以旋转状态喷出空气时，呈螺旋式运动。当旋流度足够高时，气体将反向流动，形成中心环形旋涡。当旋流度为 1.57 时，在射流中心的旋涡内流动，就产生内部回流区。环形旋涡的核心长度，即燃烧器出口到流动反向点间的距离。

现在多风道燃烧器都有螺旋体，并借此产生具有内部回流区的环形旋转射流。此回流区的回流涡流愈大，就可以增加火焰的稳定性和燃烧强度，形成一种短而阔的火焰；还可以使下游炽热的燃烧产物回流到火焰根部，提高一次风和煤粉温度，促进低挥发分燃料的燃烧。

旋转射流的旋流数（喷口处角动量与线动量之比）是一个重要参数，它越大，表明旋流强度越高；射流角越大，最大速度的衰减程度也随之增大。旋流数能描述火焰形状，故也称火焰形状系数。随着旋流强度增加，火焰变粗、变短，对熟料的热辐射能力就强。但旋流过强会引起火焰发散，易使局部窑皮过热、剥落；再强时，黑火头都会消失，且烧坏喷嘴。因此，需要调节旋流风量、风速及燃烧器旋流叶片的角度，以控制旋流数。

③ 再循环射流。一次空气与燃料在喷嘴处的快速混合，只能解决煤粉中挥发分的燃烧，只有将二次风挟带到火焰中心部位，才能加快固定碳的燃烧。这种挟带速率及挟带量取决于一次风速，它越大，高温二次风进入火焰中心的量就越多，火焰燃烧就越快、越有力。此时燃料喷射的一次风动量要大，而二次风动量要小，两者相差要大，才能加快混合速度。这就是燃烧器设计的再循环射流，见图 3.4.4。

再循环火焰有利于火焰稳定。当燃烧器出口风速 ≥80m/s，而火焰燃烧速度不足时，火焰就很难稳定。只有性能优异的燃烧器才能提高燃烧速度，关键技术就是在喷嘴前方形成了内部再循环区，让燃气和一次风产生有限制的旋流，将燃气从火焰的下游拉回来，不断点燃喷入窑内的新燃料，这样加快燃烧速度，就把火焰稳定在喷嘴上。

另外，再循环不只有利于燃料速度，有利于稳定火焰，而且高动量比的再循环气体，可

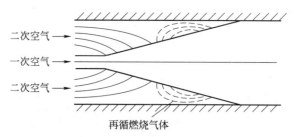

图 3.4.4　再循环射流的流动状态

以不断提供来自篦式冷却机的中性气体"幕"，防止火焰对耐衬的直接烧蚀。没有这种循环，火焰就难免发散，让还原气氛的热气体直接冲刷、烧蚀耐火窑衬。

国外曾有用压缩空气代替部分一次风（包括中心风）的改造，提高了火焰推力，改进了燃料与空气的混合力度，缩短了火焰，并能准确掌握一次风用量。

无论建立何种燃气运动模型，都是在解释并探索优异燃烧器提高燃烧速率，并保持火焰燃烧稳定，并保护窑皮。

5）控制火焰长度

除烧成带外，气体在窑内的流动近似于气体在管道内的流动，仍属于湍流范围。沿窑截面气流速度分布比较均匀，但在窑头及窑尾，往往由于截面变化和方向改变，而产生涡流，增大流体局部阻力。如果此处结构形式不当，就会影响窑内通风，使高温火焰不畅。

其中气体流速是重要参数。它一方面影响对流换热系数，另一方面影响高温气体与物料的接触时间。气体流速增大时，传热系数增大，气体与物料接触时间却缩短，总传热量反而减少，此时废气温度升高，熟料热耗增加，窑内扬尘增大；但流速过低时，传热速率就会降低，也要影响窑的产量。窑内气体流速，主要取决于窑内产生的废气量和窑筒体的有效截面积，而废气量又取决于窑的发热能力 Q。发热能力与窑内气体流速 W、窑内径 D 的关系为：

$$W \propto \frac{Q}{\frac{\pi}{4}D^2} \propto \frac{D^3}{D^2} \propto D \qquad (3.4.7)$$

由此可知，窑内气体流速与窑的直径成正比，即随窑径增加，窑内风速应该增加。但窑尾风速是否应该增加，要取决于飞灰从窑内的逸出量。窑径大于 4m 的窑，其烧成带的标准状态风速≤2m/s。一般窑尾实际风速≤10m/s（标准状态风速≈1～1.5m/s）。

烧成带火焰长度，主要取决于烧成带内气体流速，为了保持适当的火焰长度，标准状态下烧成带气体流速可按下式进行计算

$$W_0 = \frac{100Amq}{0.785 \times 3600D_b^2 Q_{\text{net, ar}}} \qquad (3.4.8)$$

式中　W_0——标准状态下烧成带内气体流速，$\text{m}^3/(\text{m}^2 \cdot \text{s})$；

　　　　A——1kg 燃料燃烧生成的气体量，m^3/kg；

　　　　q——熟料的单位热耗，kJ/kg；

　　　　D_b——烧成带内径，m；

　　$Q_{\text{net,ar}}$——燃料的应用基低位热值，kJ/kg；

　　　　m——回转窑的小时产量，t/h。

窑体内的气流是靠窑尾的负压压头，用于克服窑内的阻力。正常操作时，窑尾负压波动不大；如果窑内有结圈，负压就会显著上升；如果窑尾漏风过大，负压就会显著降低。

6）火焰的传热速率

窑内的燃料燃烧、气体流动、物料运动，归根结底都是为物料尽快接受热量、完成煅烧。虽窑内各带的气体温度不同，传热方式不一，但关键还是取决于烧成带的传热。

烧成带的火焰温度最高（约 $1600 \sim 1800℃$），且燃烧产物含有大量 CO_2 和煤灰、细小熟料及正在燃烧的焦炭等固体粒子，故火焰拥有一定黑度，具有一定辐射能力，此时高温气体向物料和窑衬的传热是以辐射为主，约占传热总量的 90%。而对流传热和传导传热为辅，仅占 10%。

因此，为提高该带的传热速率，除掌握物料与窑衬的传热规律［见 3.3.3 节 4）］外，还必须提高火焰对窑衬和物料的净辐射能力。假设窑衬和物料被封闭在一个圆筒形容器内，其平均温度为 T_m，火焰的平均温度为 T_f，则火焰向窑衬的辐射传热速率可用下式表示：

$$Q_{fm}^R = 5.67 \varepsilon_{fm} \left[\left(\frac{T_f}{100} \right)^4 - \left(\frac{T_m}{100} \right)^4 \right] \tag{3.4.9}$$

式中　Q_{fm}^R——在假设条件下，火焰向窑衬和物料辐射的传热速率，W/m^2；

　　　ε_{fm}——火焰与窑衬导出的黑度。

导出公式为：

$$\varepsilon_{fm} = \frac{1}{\dfrac{1}{\varepsilon_f} + \dfrac{1}{\varepsilon_m} - 1} \tag{3.4.10}$$

式中　ε_f——火焰的黑度；

　　　ε_m——窑内窑衬与物料的平均黑度。

用式（3.4.10）计算传热速率虽然不易，但可以用于分析影响该带传热速率的主要因素。

（1）火焰的黑度

① 黑度的计算。在煤粉燃烧的火焰中，具有辐射能力的物质有三原子气体（CO_2、H_2O 等）和固体颗粒（悬浮状态的焦炭、煤灰、飞灰、熟料细粉等）。它们的总体黑度与其颗粒大小、气体中浓度及射线平均行程有关，可用下式表示：

$$\varepsilon_m' = 1 - e^{-nfe} \tag{3.4.11}$$

式中　n——单位体积气体中的粒子数目，个$/m^3$；

　　　f——每个粒子的截面积，m^2；

　　　e——射线的平均行程，m。

火焰黑度可视为净气体黑度与固体粒子黑度的叠加，并对两部分间的辐射干扰进行校正，于是，火焰的黑度用下式表示为：

$$\varepsilon_f = \varepsilon_m' + \varepsilon_g - \varepsilon_m' \varepsilon_g \tag{3.4.12}$$

式中　ε_g——火焰中高温气体的黑度。

② 黑度的影响因素。由于固体粒子的黑度远大于气体，故火焰黑度主要取决于固体粒子的黑度。对于煤粉的火焰，它与煤的种类、燃烧过程及向火焰中补充固体颗粒有关，来自挥发分分解生成的碳粒子和挥发分逸出后剩下的碳粒子。随着燃烧进行，这些粒子的浓度不断减少，致使沿火焰长度，火焰黑度有所不同。黑度的最大值一般在燃尽率 $\varphi = 0.4 \sim 0.5$

处（图3.4.5），该处灼热的粒子浓度最大，是辐射传热速率最高点，也是烧成带的最高温度点，故称为火焰的热点，是操作所要控制的参数。

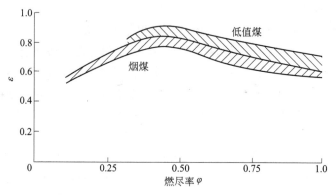

图 3.4.5　煤粉火焰的黑度

火焰中粒子浓度与煤的性质有关。例如挥发分高的烟煤和挥发分低的无烟煤相比，前者焦炭化学反应能力较强，燃烧较快，火焰中焦炭粒子浓度减少较快；后者则相反，焦炭粒子减少较慢。因而在火焰的同一位置上，两者焦炭粒子的浓度相差较大，使用含挥发分较高的煤粉时，火焰黑度可达 0.5～0.6。

火焰黑度除与固体颗粒的浓度有关外，还与火焰厚度有关，即也与烧成带直径有关，直径越大，火焰黑度越大，辐射传热能力越强，直径 4m 以上的窑，火焰黑度可近似等于 1；火焰的黑度还与固体颗粒的大小有关，颗粒越大（即表面积越大），火焰黑度越大，故窑用煤粉并不宜磨得过细。

（2）火焰的温度　辐射传热速率随温度的四次方而变化，因此提高火焰温度可以很有效地提高辐射传热能力。但是提高火焰温度，要考虑窑衬所能承受的耐火能力，更要考虑用煤量的经济性。预分解窑的火焰温度一般在 1800℃ 左右。

7）判断燃烧器性能的标准

① 形成的火焰高温区集中，使用高温成像仪测量四周温度均齐。

② 燃烧速度大，热量要在烧成带被生料吸收完成，追求最低的窑尾温度。

③ 燃烧器要有足够刚度，保持中心线不会受热变弯。

3.4.2　燃烧器类型、结构及发展方向

世界各大水泥制造商几乎都开发了各自的燃烧器。其发展方向都是提高它的推力，使火焰燃烧有力；而且调节灵活，适应性较强。最终表现是在其他条件相同时最节约煤。

1）燃烧器的开发史

燃烧器原来就是一根带有拔哨与平头（图3.4.6）的圆形钢管，称喷煤管。风与燃料同时从此管喷入窑内，那时欲改变火焰形状，只能改变出口管径、拔哨角度与平头长短，以影响燃烧速度，最多在管口增加各种角度风翅，与当今分解炉燃烧器有类似结构。现在将窑头喷煤管衍变有煤与空气分别入窑的多风道，以便灵活控制风量与风速，加上移动管架及调节装置，就是能实现优异火焰的燃烧器。法国皮拉德是该技术的专业公司，曾先后开发了旋流式三风道与四风道煤粉燃烧器，见图3.4.7。

（1）三风道燃烧器　三风道是指煤风、轴流风与旋流风各行其道。煤风是来自煤磨的罗

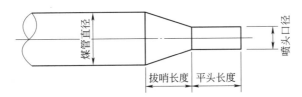

图 3.4.6 喷煤管原简单结构

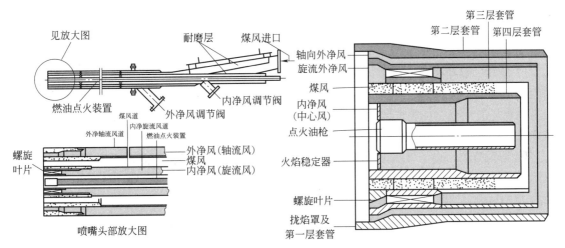

图 3.4.7 皮拉德旋流式多风道燃烧器

茨风机，负责输送煤粉入窑，走中间风道；而窑头罗茨风机为煤粉中挥发分燃烧提供一次净风，为调节火焰形状和刚度，它又分内、外风道，一般外风道是轴流风，内风道是旋流风（头部带螺旋叶片）。它们都靠进风管上的阀门分别调节。旋流风使气流扩张火焰变宽；轴流风为直流的环状或柱状，提高气流风速及火焰长度；煤风处于内净风、外净风之间，有利于风煤混合、煤粉燃烧。

点火用的燃油点火器设在燃烧器中心，但它不是中心风的风道，而只是点火用的油道。

（2）四风道燃烧器 四风道就是将内净风当作中心风，外净风分成两股：外层是稍有发散的轴向喷射，内层是螺旋风翅产生的旋流喷射，煤风位于两股外净风与中心风之间。它还应该配置如下构件。

① 风道断面调节阀。燃烧器不仅可以调节各风道的风量，还应该能调节各风道断面，尤其是调节轴流风的断面。当煤质有小范围变化时，就需要调节一次风量，而为满足出口风速，就要调节风道断面。

② 火焰稳定器。由于它的内净风道直径比一般燃烧器大很多，就需要在前端设置一块上面钻有若干小孔的圆形板，成为火焰稳定器。它可在火焰根部中心产生较大第一回流区，减弱一次风旋转，提高火焰温度；它还能减薄煤风的环形层厚度，使煤、风混合均匀，一次风易进入较薄的火焰层中部，缩短黑头长；煤风在两层外净风之内，可降低火焰根部的局部高温，抑制 NO_x 生成；外净风分轴流与旋流两股，它可大大提高轴流的外净风速，并在窑皮附近形成第二回流区，益于保护窑皮。

③ 拢焰罩。在燃烧器最外层套管伸出的钢板，将外层环形间隙改为间断间隙，有利于卷吸二次风进入火焰中心。拢焰罩通过碗状效应，可避免气流过早扩散，让火焰根部形成缩颈，降低窑口的火焰峰值温度，以延长窑口护板的使用寿命，避免窑口形成喇叭形筒体。但

拢焰罩既要耐高温又要耐磨，其材质寿命是攻克对象。

④ 轴向外净风多孔结构。轴向外净风采用均匀间断式小孔喷射。小孔的形状较多，其中有由第一层套管内壁加工出的矩形沟槽，再与第二层套管组装后，均匀排列。

2) 现代窑、炉对燃烧器的要求

不论各燃烧器结构有何特点，但都有其共性：

(1) 窑用燃烧器 一般为多风道燃烧器，有三风道、四风道，甚至有更多风道，但要具备下述性能：

① 能形成再循环（卷吸性）火焰。煤风速度较低、净风速度较高（＞270m/s），且轴流风风速应是旋流风一倍左右，既有利于风、煤混合，又不会伤害窑皮。

② 较高的煤粉燃烧速度。火焰黑火头短，形状完整、集中有力，对烧成带具有强而均匀的热辐射，烧出的熟料结粒均齐，窑皮稳定。为证明燃烧速度高，窑尾温度就不可能高，因为当煤粉能充分在烧成带燃烧后，所发出热量就能最大程度用于煅烧，当然窑尾温度就应当降低。如果用高温废气分析仪，就能查找温度高的原因。

③ 结构简单，自身气流阻力小。管身要具有一定刚度，不能弯曲；喷嘴、拢焰罩等材质耐磨、耐高温，使用寿命长，且具备调节轴流风与旋流风大小比例、各风道断面积的能力。

(2) 分解炉脱氮燃烧器 分解炉所用煤粉虽与窑一样，被罗茨风机直接送入，但炉温较高，成为无焰燃烧。为达到脱硝的分步燃烧效果，分解炉的燃烧器不但不能用多风道技术，而且应根据分散燃烧理论［见 3.2.1 节 3）(3)］改进结构与布局，使煤粉入炉后能快速分散与燃烧，打破原有过程燃烧。实现分散燃烧的改进过程是：

先将燃烧器从分解炉下部下移到窑尾烟室上部或炉锥部，此时供燃烧的氧气并不充足，燃烧产物几乎全部是 CO，热量仅释放 1/4，但它却延长了生料获取热量的时间；再对喷煤管端部由直空管改为有分散功能的喷嘴，让煤粉充分分散入炉，保证每粒煤粉以同等机遇同时燃烧；可加入部分生料延缓与空气的接触机遇，料也容易分解；只有待 CO 与新入炉三次风接触后，就能以爆燃高速着火为 CO_2，此时焰心温度瞬间比周围介质高 200℃，彻底改变"过程燃烧"的燃烧速率。部分燃烧器已证实它的热效率高、分解率高，且显著降低 NO_x、SO_2 生成量。为区别于传统的过程燃烧，称此燃烧技术为脱氮燃烧技术。

实施这种燃烧机理，不能简单模仿，因为烟室本身很容易结皮堵塞，如不能恰当选择加煤点避免结皮，就成为本技术成功实施的要害，而且每条生产线都不尽相同。

这种分散燃烧的理论，虽只在分解炉中应用，但明显改变了全烧成系统的熟料煅烧效果，提高了窑产量及熟料质量，且提高了分解炉用煤比例，窑、炉用煤比例从原 4：6 变为 3：7，开大三次风闸板；一级出口废气温度降至 200℃；脱硝变得容易，甚至无需再用任何脱硝剂。

3) 燃烧器的发展方向

① 双风道燃烧器。窑用煤粉燃烧器已发展为多风道，且以三风道和四风道燃烧器居多，提高了火焰控制手段的灵活性，但增加了管壁层数，就必然加大一次风的输送阻力。为此，有了与增加风道相反的设计理念，将轴流风与旋流风合并于一个风道，在前端设置旋流器替代两个风道，不仅简化操作，而且降低了燃烧器的自身阻力、增加推力。它已是近年来皮拉德等名牌公司致力于改进的方向。

此时一次风旋流是靠锥形喷嘴之前设置的旋流装置，引导部分空气经由径向风管穿过斜叶片形成。旋流强度仍由调节阀门的开度控制。

同时，借助风机变频技术的进步［见 7.3.4 节 1)］，一次风量可由一次风机变频转速控制，改变一次风速由锥形喷嘴出口截面的调节实现。

② 低氮燃烧器。随着脱硝任务的提出，为了降低 NO_x 的生成量，对窑头燃烧器主要是降低火焰中心高温区的氮、氧含量，即减少一次风的比例，减少它们在高温区的停留时间。为证实这类燃烧器的脱硝效果，应该用高温废气分析仪在窑尾随时监测［见 10.1.2.3 节 2)(2)］，看生成 NO_x 的减少量，但至今缺乏这类数据。分解炉的燃烧器，在炉内实现煤粉从过程燃烧到分散燃烧的转变，效益差距明显，数据仍待进一步准确核实。

③ 燃烧废弃物时，不论是窑头还是分解炉，对它们的燃烧器，也应当不断开发。

④ 为实现窑操作的自动化、智能化，燃烧器的所有调节手段应当从现场改为远程，由执行器完成。目前一次风机的风压调节已经改为变频控制，代替了现场的风门。但管道断面、内外风比例、煤管位置等调节仍在现场，尽管这类调节次数不多，但为适应智能化的优化操作，应该有自动调节的燃烧器诞生。

3.4.3 燃烧器的节能途径

为提高燃烧器的节能潜力，应从以下方面努力：

1) 要针对燃料特性个性化设计燃烧器

不同燃料必须使用不同特性的燃烧器，确保较低过剩空气系数下煤粉的完全燃烧，较少产生 CO 和 NO_x；既要形成较高的一次风速，以挥发分完全燃烧为前提，还要尽量减少一次风用量（一般小于 8%），以提高二次风比例，为降低热耗创造条件。

之所以要个性化设计与制作燃烧器，是鉴于不同煤质所含热值、固定碳、挥发分、灰分的差异较大。热值不同，喷煤量就不会相同；挥发分不同，不仅燃烧速度不同，所需一次风量也不能一样；灰分不同，更影响配料及易燃性。但任何燃烧器都需要提高煤粉出口风速，为此，燃烧器需要计算不同的出口口径及调整范围。虽然窑炉容积计算也要考虑煤质，但它可以加大保险系数，便于生产调整，但燃烧器却不行，为追求出口风速对燃烧速度的最佳适应，口径与管道截面必须适当，没有保险可言。

签订燃烧器合同后，制造商应该向用户索要原煤样品，但很少有能按原煤样品分析设计，并强调用户必须根据样品组织进煤的制造商，而几乎是在成批生产；而用户提供原煤样品时，常选取燃烧速度最差、热值最低的劣质煤，以为按此设计的燃烧器，优质煤不成问题，因此用户常根据原煤成本，随意更换煤种。可以这样说，买卖双方都忽视燃烧器与煤质的一致性，是导致当今不少燃烧器效率不高的关键。

2) 控制好一次风的风量与风压

(1) 一次风与二、三次风的差异　预分解窑系统对燃料燃烧提供的空气，按来源和用途有三股，习惯称为：一次风——通过主燃烧器与煤粉一起由窑头罗茨风机强制鼓入窑的自然空气（包括净风与煤风）；二次风——从篦式冷却机引入窑的高温空气；三次风——从篦式冷却机三次风管引入分解炉的热空气。每股风对燃料燃烧都有各自作用。二、三次风都是由窑尾高温风机被动吸入，因此它们的吸入量是从总排风量中扣除一次风量的能力。

(2) 一次风机的选择原则　燃烧器的设计与制作，不仅要与原煤质量一致，还要根据所需一次风的风压、风量，选定风机类型与控制方式。它将直接影响火焰形状及燃烧速度，而且还间接影响二、三次风用量，最终关系到熟料热耗高低。所以，慎选一次风机，是近年燃烧热力学重点研究内容之一。

经验表明，一次风机风压要让出口风速达 250m/s 以上；而一次风用量，为更多使用二、三次风，应尽量减少，如从 20％ 减至 10％ 时，熟料热耗就能降低 62.7kJ/kg 熟料（图 3.4.8），且每继续降低 1％，就可降 84kJ/kg 熟料左右，同时也降低 NO_x 生成量。但为保证足够高的一次风速，形成有力的再循环火焰，一次风量也不能越小越好；同时，一次风量要满足燃料中挥发分燃烧对氧的需求量，如烟煤所需一次风量理应比无烟煤要大，此时一次风速易满足，燃烧器管道断面也可大些，设计与制作要相对容易。

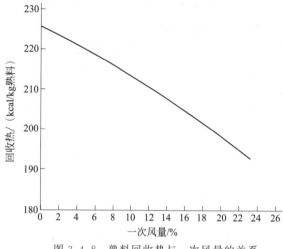

图 3.4.8 熟料回收热与一次风量的关系

（3）煤风在一次风中的作用 一次风用量，还包括输送煤粉用的煤风，它不仅取决于煤粉计量秤种类，也取决于螺旋泵性能［见 4.8.1 节 1）］。不同计量原理的煤粉秤，不仅计量精度有差异，而且为煤粉输送的料气比也不同。如申克煤粉秤的混煤和送煤是在煤粉出秤之后，料气比可高达 $4.0 \sim 4.5 kg/m^3$，其他秤只有 $2.0 \sim 2.5 kg/m^3$。节约煤风用量，就可增大一次风净风的调节余地，或增加二次风用量，罗茨风机可选小一个型号，年节电 140 万千瓦时［见 10.1.2.4 节 2）（2）③］。

入窑煤风的风压除取决罗茨风机风压外，还取决于煤粉输送管道阻力，大型窑的管道都有数十米长，所承受的风送阻力与能耗并不低。因此，提高煤粉输送料气比（1：3），设计好煤粉输送管径、走向、弯头数量等环节，是保证煤粉节能入炉的必要条件［见 4.8.3 节 1）］。

3）降低燃烧器自身阻力

将燃烧器理解为一次风机的排风管道，则它的阻力大小就决定该鼓风机的管道特性曲线，影响它的工作点与工作效率［见 5.1.1 节 4）］。因此，提高燃烧器制作精度，对风道内管壁加工光滑，不出现任何毛糙、出台，是避免产生涡流的基本要求。为此，判断优秀燃烧器的简单方法之一是用手触摸风道内的光滑程度。否则，会让一次风产生动力损失，不仅增加煤粉输送阻力、降低出口风速，还加剧了管壁磨损。

4）提高燃烧器的使用寿命

燃烧器的工作环境恶劣，既要耐高温又要经受内外物料的严重磨蚀，所以，再好的燃烧器寿命很难超过一年，它竟成为全烧成系统中最为短命的热工设备。当喷嘴磨损或结焦后，火焰就会发扎、发散，熟料粒径大小差异变大，各项参数已不在节煤范围之内，实属带病运转。因此，提高燃烧器的耐烧蚀、耐磨损性能，是该装备节能的重要方向。

为延长燃烧器外部浇注料的使用寿命，不仅要重视施工浇注质量［见 3.4.4 节 1）（2）］，也与窑总平面最初设计有关。当三次风管位于与篦式冷却机偏离窑中心线（取决于窑的旋转方向）的同侧，就能减少熟料细粉对燃烧器浇注料的冲刷机会，有利于提高寿命。

当然，燃烧器被磨损的速度，还与煤的磨蚀能力及煤粉细度有关，无烟煤及煤粉越细，磨蚀能力越强；也与燃烧器内的煤风风速有关，管道断面越窄，速度越快，磨损越快。

喷嘴头部的磨损与结垢，必将影响燃烧器的正常火焰。除了提高喷嘴头部材质的耐磨性能外，对喷嘴头部形成的结焦，可用简单机械及时清理。

5）开发智能燃烧器

在大多企业中，窑的操作很少调节燃烧器，甚至有的企业将其视为禁区，生怕心中没数将火焰调乱。但理论上只要改变窑内用煤量或煤质波动，一次风量都要随之改变。然而，靠人工操作很难跟上这种调节，而且燃烧器自身结构也未提供自动调节的能力，还需要人工现场费力调整，使保持最佳火焰煅烧只是一种理论。

在控制窑内煅烧温度，需要调整煤、料时，虽应调节燃烧器，但对它调节的四个顺序〔见 3.4.4 节 4）（3）〕中，目前只有一次风机尚能使用变频微调风量与风压，而对轴流风道、旋流风道的断面调节，以及内、外风阀门的调节，燃烧器自身都还缺少能远程自动调节的结构。

智能调节燃烧器的效果是达到较高的火焰燃烧速度，它不仅统一在窑的智能操作〔见 3.3.3 节 9）〕中，而且要表现为窑尾温度降低，以验证调节效果。

3.4.4　燃烧器的应用技术

1）燃烧器节能操作的装备条件

（1）一次风机选用及风管布置　既然一次风与窑头用煤量要高度一致，在选配一次风机时，燃烧器用户应高度重视如下细节：燃烧器净风用一次风机应选用变频罗茨风机，以满足一次风高风压、低风量的要求。罗茨风机的布置应考虑减小阻力损失，并省去在线备用配置〔见 5.2.3 节 1）〕。

很多用户订购新燃烧器时，都提出不更换原有风机为条件，以节约资金，制造商也只得点头许诺，但这却恰恰影响了燃烧器性能的发挥。未经验证原风机性能，尤其未用变频罗茨风机时，一定会影响燃烧器的使用效果。

输送煤粉用罗茨风机，同样应采用变频技术，避免采用放风手段调整送风量。这不只为节能，更是为调整用风的准确；切忌在风机轴承温度偏高时放风操作，致使送煤量波动；罗茨风机风压取决于送煤管道的沿程阻力，风量则服从煤粉秤的气料比需要。窑、炉送煤各需一台风机，同样应离线备用，以简化管路。

（2）延长喷煤管外壁浇注料寿命　燃烧器外管壁的保护要靠现场浇灌浇注料，但由于管道有数米长，施工难度较大，要求较高，否则很难保证燃烧器有一年以上的使用周期：

① 选择耐高温、耐磨的专用浇注料；用耐热钢制作扒钉，并做防氧化与防膨胀处理；扒钉呈梅花状分布焊在管壁钢板上；底部要有不小于 20mm 的焊接面，用 THA402 焊条焊接。

② 施工应以立式浇灌混凝土为宜，自下而上分段进行，控制浇注料厚度 80mm，对半的两块钢模要有一定强度并经得起振捣；每隔 1.5m 预留一道膨胀缝。

③ 必须严格控制浇注料的搅拌用水，不得大于 $6\% \sim 7\%$。浇注前，模具应润湿；既要充分振捣，又要防止粒径离析；养护时间依据环境温度而定，不得低于三天。

燃烧器一般应有备用喷煤管，并及早打好浇注料。否则，运行中如浇注料突然脱落，只好采用莫来石高强喷涂浇注料修补，仍待 16h 后方可入窑使用，也仅用 1 个月左右。

（3）煤粉计量稳定可靠　煤粉计量秤以进口原装的菲斯特或申克煤粉秤相对可靠，为省钱而随意购置计量秤，即使燃烧器再好，由秤引起的下煤量波动，就无法保证稳定准确的送煤，也不会得到稳定有力的火焰；尤其当发生冲煤或断煤时，生产都难以进行。如果选用输送煤粉用风量低的计量秤，还能减少煤风所占的一次风用量份额。

秤上方应设有中间仓，以保持对秤体均衡喂煤，不应轻易省去。

（4）配置窑尾高温废气分析仪 该仪器对燃烧器的火焰调节会起到关键指导作用。

2）煤质的稳定与均化

一旦燃烧器已经购置并安装，用户就应当固定煤质，与曾向制造商提供的煤样保持一致。不仅是热值、固定碳、挥发分、含水量、灰分等指标符合，还应均化后充分稳定。换句话说，不能只看它们的合格率，更要看它们的标准偏差及中心值的稳定程度。唯有如此，火焰才能以理想状态保持稳定，而且调节燃烧器也才有依据和意义。

正因为如此，不能以煤价为中心随意更换煤种。如要更换煤种，就应首先核实原有设计资料，包括燃烧器的订购条件；否则要重新订购针对新煤种的燃烧器。如果要广选供煤来源，就一定要对它们付诸严格的搭配与均化措施。至今国内水泥大多燃烧器未能充分用好，除了相当多制造商在机械仿造外，用户煤质的随意性更是难辞其咎。

在诸多煤粉物理指标中，灰分应为控制核心，兼顾热值、挥发分等指标。因为灰分不仅决定煤粉热值，影响使用量；而且还影响配料率值，决定生产质量。同时，灰分稳定不只要求进厂原煤质量稳定，而且煤粉生产工艺也要稳定，特别是烘干所需热风的含尘量应可以控制。当然，灰分提高火焰黑度，有利于热辐射，这些都在影响火焰燃烧速度。

重视挥发分含量的理由是：它过低，着火缓慢，且焦炭粒子较致密，黑火头与火焰都长，降低火焰温度，对熟料质量不利；但过高（＞30％），入窑煤分能快速燃烧，火焰黑火头都短，分离出焦炭粒子多孔，形成短焰急烧、热力过于集中，不仅易损坏窑衬，且物料受高温时间过短，同样不利煅烧。

除此之外，在选择煤种时，还必须考虑煤的含硫、氮量，它们会影响设备选型。

3）控制煤粉细度与水分

在处理煤粉细度、水分、挥发分关系中，经常会陷入以下误区，增加熟料能耗。

煤粉中的水分，燃烧中一定要变成水蒸气，对燃烧存在两方面影响：含有的少量水分（1％～1.5％）高温中发生活泼的 OH^- 反应，增加碳的氧化反应速率，有利于生成 CO 与 CO_2；但如果含水量过大，水蒸气升至火焰温度要消耗大量热。据统计，含水量每增加1％，火焰温度下降12℃，大幅降低窑的热效率，提高煤耗。

有人认为提高煤粉细度，增大固定碳的表面积，越容易与空气接触，提高燃烧速度，以弥补水分过大所造成的负面影响。但事实是，细磨煤粉中的水分更易逸出，且只要100℃蒸发，不但抢走挥发分燃烧发出的热，还会形成水蒸气薄膜包在固定碳表面，阻碍它燃烧，所以，煤粉再细也难燃烧，表现出的黑火头都很长。且不说磨细还要降低磨机产量，增加电耗。另外，从煤粉安全生产的角度出发，也应放宽煤粉细度。

因此，煤粉细度不应控制在 $80\mu m$ 筛余5％以下，甚至更低。国际上公认确定煤粉细度指标的公式是：200♯（75μm）筛余量不大于 $0.5\times$挥发分（％），即煤粉细度应取决于煤粉中的挥发分含量，挥发分越高的煤，越容易着火燃烧。由于它需要较多的一次风量，不仅煤粉可以粗些，而且燃烧器净风的管径可以大些，还能有足够风速。而且较粗煤粉能提高火焰黑度，有利于热辐射。只有挥发分低的煤粉才该细些，一次风出口管径不能太粗，否则为减小一次风量，降低了出口风速。为此，无烟煤细度，对着火与燃尽温度、燃尽时间比烟煤都要敏感。

挥发分含量30％以上的煤，$80\mu m$ 筛余量不应小于12％，而煤粉水分必须少于1.5％。

当原煤水分大于 10% 时，就应考虑专用烘干措施，而不能直接进入磨机。

另外，为窑、炉精心设计生产不同细度的煤粉，对窑、炉功能的平衡帮助甚微。与其如此，不如在提高煤质稳定上多做些工作，更有成效。

4) 学会用燃烧器控制火焰

(1) 控制火焰是窑操作的核心　常说窑操作的核心参数是烧成带温度，但它一定来自优质火焰，来源于燃烧器调整与煤粉燃烧特性的正确对应。它不仅提供煅烧熟料所用热能，而且对窑的稳定、熟料质量及耐火砖寿命都有重大影响。因此，在安装新燃烧器之后，或即将改变入窑煤粉特性时，都应第一时间找出两者对应关系。根据煤粉工业分析及调整方案，在喂煤量稳定时，应不断验证结果与预想是否一致。在一次风量最少、排放 CO 含量最低时的合理参数，以实现最低热耗。

原看火工是凭经验对火焰的直接感观控制，现改为中控窑操作后，尽管它们具备观察火焰的能力，尽管也有窑头摄像头，尽管可用岩相分析及熟料外观等手段，判断煅烧效果；或用红外扫描仪检测窑筒体温度分布与变化，间接判断窑衬状况。但它们仍很难具有看火工现场判断火焰变化趋势的能力，为此应该配置诸如高温废气分析仪、高温成像仪等反映烧成带温度的在线仪表。但决不应只凭一次风道上的压力表高低判断火焰燃烧速度，并作为调节一次风量的依据，因为它测的是静压〔见 5.1.4 节 1) (1) 及 4) 〕。

凭视觉观察优异火焰的特征是位置稳定、形状完整、燃烧有力，即为再循环火焰。

(2) 影响火焰改变的因素　除了燃烧器性能是决定火焰的要素外，煤粉质量、喂煤量、一次风压与风量、喂料量、窑内温度及气氛，都会对火焰发生至关重要的影响。

还应认识到，由于煤管内外都承受各种渐进的磨损过程，调整好的燃烧器，不只在煤质发生变化时需要调节，还应通过一次风压及火焰形状变化，察觉从量变到质变的磨损，及时调节。如果重新调节的参数难以满意（如风压过高或过低、出口风速偏低等）时，就应及时更换燃烧器，而不应勉强应付。因为燃烧器性能变得再差，也能照烧熟料，但所获效益就要天壤之别了。

喂煤量对火焰的影响同样显而易见。只有使用优秀的煤粉计量秤，送煤系统保障入窑煤粉量稳定，同时，尽量不随意调节喂煤量，用微量调节喂料量的方法克服窑内的温度波动。而少调节用风，操作会变得相对简单，且易稳定。

(3) 调节火焰的步骤　调节火焰一般有以下几个内容，并按如下步骤进行：

① 调节燃烧器与窑的正确相对位置、角度，确保形成的火焰方向与窑的轴向相同，火焰应在窑的中心部位，保证火焰顺畅，不伤窑皮、窑衬；此程序在更换新燃烧器时最先完成；

② 根据煤质变化，尤其是挥发分含量，变频调节一次风机的风量和风压与其适应；

③ 为形成稳定而高的一次风速，调节燃烧器轴流风道与旋流风道的断面，同时配合减小送煤罗茨风机的风压，以形成优质火焰；

④ 为满足窑内工况对火焰形状与高温区位置的要求，通过燃烧器内、外风阀门开度，调节火焰形状；

⑤ 当窑内出现结圈等异常状况时，也可调节煤管与窑口的相对位置处理。

由上述调节内容可知，在上述各条件稳定时，燃烧器不应频繁调节，只是在更新燃烧器或煤、料不稳定时，才应三班一致的调节。

目前的燃烧器结构，除变频用风是中控操作外，其他几个步骤都需现场人工操作，都不具备自动化条件，更无法实现智能调节。

3.5 篦式冷却机

熟料冷却设备是最后完成熟料烧成的热工设备。经过数十年发展，它已从最初的单筒冷却机、多筒冷却机进步到篦式冷却机（以下简称篦冷机）。提高系统热效率不仅是尽量少用冷风、完成熟料冷却，还要将受熟料加热的高温风，最大程度用于窑、炉尽量提高二、三次风温而不作它用，才能降低热耗。

尽管篦冷机要比单筒、多筒冷却机结构复杂，提高了投资与运行成本，但它的热效率之高、能量回收的效益之大，仍是当今所有冷却设备无法比拟的。

3.5.1 篦冷机的工艺任务与原理

1）篦冷机的工艺任务

只要正确操作，预分解窑内的冷却带一定很短，熟料出窑温度可高达1300℃，篦冷机要承受空前高的热负荷，并以约100K/min速度开始冷却，是传统窑内冷却速度20K/min的五倍。但它不单为了加快冷却熟料，提高熟料质量；还要从熟料中回收更多的热，让窑、炉煅烧可以节省更多的燃料。因此，篦冷机的热效率将决定熟料质量、热耗的水平，决定企业的经济效益。

2）熟料需要急冷的原因

经窑烧成带完成煅烧后的熟料，进入冷却带不但需要冷却，而且必须是急冷。这是因为：熟料的主要矿物组成C_3S在高温下并不稳定，冷却过程中，将有一部分熔剂矿物（C_3A和C_4AF）形成晶体析出，而另一部分却来不及析晶而呈玻璃态。故唯有急冷，才有助于保住硅酸盐矿物的高温相，防止晶型转变，保持熟料的水化活性。

① 可以充分保留生成的C_3S含量，避免在1250℃分解。如果熟料冷却速度慢，其液相会重新吸收C_3S，生成贝利特晶体。故窑冷却带过长，该过程甚至会发生在窑内。1250℃以下时，C_3S很难稳定存在，晶格中的二价离子将促进C_3S分解，生成C_2S和游离CaO。

② 可以减少熟料中C_2S在1000℃以下的晶型转化。C_2S一般有α、α'、β、γ四种结晶型态，在高温缓慢冷却时，α-C_2S会发生下列晶型转化：

$$\alpha\text{-}C_2S \xrightarrow{1420\pm5℃} \alpha'\text{-}C_2S \xrightarrow{630\sim680℃} \beta\text{-}C_2S \xrightarrow{<500℃} \gamma\text{-}C_2S$$
密度3.04g/cm³　　密度3.04g/cm³　　密度3.28g/cm³　　密度2.97g/cm³

熟料冷却速度慢，原高温熟料中唯一的α-C_2S会发生一系列晶型转变，最后变为γ-C_2S，在由β-C_2S转化为γ-C_2S时，密度减小，体积增加约10%，熟料结粒因体积膨胀而"粉化"成粉末状；且γ-C_2S几乎没有水硬性，降低了熟料强度。

③ 可以避免高铝率时的转熔反应。熟料冷却速度较慢时，L（液相）$C_3S \longrightarrow C_3A + C_2S$，生成贝利特晶体，释放出的CaO再用于$C_3A$晶化。因此，冷却越慢，该过程越强烈，熟料中$C_3A$的含量越高，水泥越易快凝。相反，熟料急冷可改善它的其他质量。

④ 急冷使MgO以玻璃体存在于熟料矿物中，或以细小晶体析出。当MgO含量低时，冷却速度越快，方镁石晶核尺寸越小，可以减轻由于方镁石晶体缓慢水化所出现的体积膨胀造成水泥的安定性不良。

⑤ 急冷可减少C_3A晶体析出，防止水泥出现快凝，提高抗硫酸盐侵蚀性能。更重要的

是，急冷是降低单位熟料生产能耗的关键工艺措施。

⑥ 急冷有利于将出窑熟料带出的热量在篦冷机高温带被回收，大幅降低熟料热耗。

⑦ 急冷使水泥熟料矿物内部产生应力，改善熟料易磨性，防止 C_3S 晶体长大，因为其会使强度降低，且易磨性变差，从而升高粉磨电耗。

水泥生产中提高质量与降低热耗是高度统一的，在篦冷机上再一次得到充分验证与理解。

3）篦冷机的高效冷却原理

篦冷机实现熟料骤冷的原理是，熟料在篦板上水平向前输送的同时，让垂直向上吹入的环境空气不断与其热交换，直到冷却低于 100℃ 后出篦冷机、进入熟料库；与此同时，冷却空气被加热到最高 1250℃，带着大量热焓，作为二次风入窑、三次风入分解炉，实现对熟料带出热能的再利用，以节约用煤。

要实现篦冷机的急冷要求，就要控制篦床上熟料层的厚度。因为厚度直接决定冷风与热熟料的热交换时间长短；又由于熟料冷却所需风量，一定比窑、炉燃烧所需风量大得多，故应该只让高温风进入窑炉；再加之熟料随篦冷机长度方向，一定是由高温向低温过渡。基于这三点，全篦床的料层应取不同厚度，按熟料前进方向划分为高温段、中温段与低温段，让带有不同热焓的热风有不同出路。高温段料层要厚得多，以得到最热的风才可以而且必须进窑炉；接着的中温段为减小阻力、加大传热面积，料层厚度要减半，它的热风也才能被发电、烘干等方面充分利用。只有那些低热焓难以利用的风，才直接排出系统。篦冷机正是依靠此办法，区分使用熟料热焓，实现对热的高效利用。

为此，要想提高二、三次风温，篦冷机不但要让全部高温空气进窑炉，还要防止中低温空气混入窑炉，这是系统获得高热效率的两个方面。所以，篦冷机的多余废气，在用于煤磨烘干、发电后，一定要经收尘系统从窑头方向排入大气。这里的关键是准确控制高温段用风，既要做到足量，又不能过量。

4）熟料落入篦冷机的离析现象

为提高篦冷机热交换效率，最先面临的任务就是：克服熟料落入篦冷机后产生的粒径离析现象，避免不同位置熟料所接收的冷风不均衡。因熟料落入篦冷机时，窑的旋转使它受到离心力大于重力，大粒径熟料被甩远，靠近篦冷机侧墙位置；细粉熟料甩不远，落在靠中位置；但更大块熟料，如窑皮、"大球"，离心力甩不动，只能靠重力落在窑中心线下方。窑与篦冷机落差越大，窑速越高，这种离析越严重。在篦冷机某一横断面上，因粗、细熟料分别集中在不同区域，使料层阻力存在明显差异：细粉熟料的料层阻力大，本该需要更多冷却风，却因阻力大而通过量很小；而粗粒料层的阻力小，本不需要太多冷却风，却更多冷风从此处通过，将其吹穿、形成"短路"（图 3.5.1）。无论哪种不均衡用风，都降低了冷风与熟料的热交换条件。

5）篦冷机性能的评价方法

评价篦冷机的性能，可以通过如下途径：

（1）用判断篦冷机性能的主要指标

① 入窑、炉的二、三次风温，表明它们从熟料中所回收热量。分别不应低于 1200℃ 与 900℃。

② 熟料出篦冷机温度能满足≤（65℃＋环境温

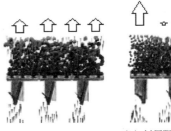

（a）料层阻力均匀时　　（b）料层阻力不均匀时
图 3.5.1　篦板上方的熟料层阻力
对通风的影响

度）。表示熟料出篦冷机所带走的热焓不高。

③ 废气排放温度较低，在不漏冷风、不喷水条件下，不应高于250℃。

（2）计算篦冷机的各种效率

① 空气升温效率 φ_i。熟料篦冷机空气升温效率 φ_i 的定义为：离开冷却机第 i 个室（推动篦式冷却机内篦下风室）的冷却空气和鼓入该室冷却空气之间的温度差，与该室内水泥熟料的平均温度之比。

$$\varphi_i = \frac{t_{a2i} - t_{a1i}}{\bar{t}_{clin}}$$

式中　t_{a1i}，t_{a2i}——分别为鼓入和离开冷却机第 i 室的冷却空气温度，℃；

$\bar{t}_{clin}$——在冷却机第 i 室内篦板上熟料的平均温度，℃，一般用进、出该室的熟料间的对数平均温度计算。

此效率的参数可以测定、计算，是后两个关系计算的基础。

② 冷却效率。即被系统回收的总热量与出窑熟料带入冷却机的热量之比。通常用下式表示：

$$\eta_L = \frac{Q_出 - q_料}{Q_出} = 1 - \frac{q_料}{Q_出} \tag{3.5.1}$$

式中　η_L——冷却机的冷却效率，%；

$Q_出$——出窑熟料带入冷却机的热，kJ/kg 熟料；

$q_料$——熟料出篦冷机带走的热，kJ/kg 熟料。

普通型篦冷机的冷却效率为60%～70%，空气梁、悬挂型及十字棒型篦冷机应在70%～80%。

③ 可用热效率。即从出窑熟料中回收并又用于熟料煅烧的热量，与出窑熟料带入的热量之比值，用下式表示：

$$\eta_c = \frac{Q_收}{Q_出} = \frac{Q_出 - Q_损}{Q_出} \tag{3.5.2}$$

$$\eta_c = \frac{Q_出 - (q_气 + q_料 + q_散)}{Q_出} \tag{3.5.3}$$

式中　η_c——冷却机的可用热效率，%；

$Q_收$——从出窑熟料中回收并可以用于熟料煅烧的热量，kJ/kg 熟料；

$Q_损$——冷却机总热损失，kJ/kg 熟料；

$q_气$——冷却机废气带走热，kJ/kg 熟料；

$q_散$——冷却机散热损失，kJ/kg 熟料。

从冷却效率与可用热效率对比可知，冷却效率高的篦冷机，可用热效率并不一定高。换言之，虽然被熟料带离篦冷机的热（$q_料$）不多，但不见得都被回收入窑炉，结果总热损失（$Q_损$）并不小，即被废气带走的热就多，机体散失的热也不会小。

（3）通过热工标定，经热平衡计算评价（图3.5.2）

① 入窑二、三次风带走的热焓越高，说明篦冷机性能好，使用水平也高。

② 冷却机废气带走的热焓越低，篦冷机性能越好。它与空气流量、比热、废气与周围环境温差成正比。由于粉尘浓度通常很低，故废气所含粉尘带走的热量损失可忽略不计。

③ 表面散热损失越小，表现为机体表面温度越低，篦冷机的性能越好。测量方法与窑

相同。

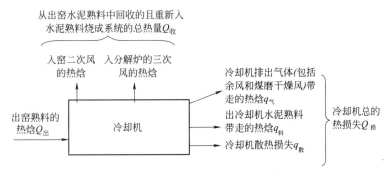

图 3.5.2　冷却机热平衡示意图

在以上三个评价篦冷机系统运行状态的途径中，第一个是关键，第二、三个则用以验证二、三次风温的真实性，但其中的热工标定中，如果不校准熟料与煤粉的计量秤，其结果将难以置信。

3.5.2　篦冷机类型、结构及发展方向

1）篦冷机类型的衍变

篦冷机的发展过程，就是不断提高热交换效率的过程。自篦冷机问世以来，按照影响篦冷机控制冷却用风的精准程度，大致分为四代：

第一代是斜篦床，篦下统一供风、薄料层操作。它由美国 Fuller 公司 1937 年参照锅炉篦式燃煤机的结构开发。篦下气室 2～3 个，1～2 台风机提供全部冷却用风。因熟料不同常发生粒径的离析，料层常被冷风"吹穿""短路"，篦板和侧板频繁烧坏。

第二代是平篦床，多室分别供风、厚料层操作。这是 Fuller 公司继而开发出的往复式篦冷机。篦下分 8 个气室，每室配有单独风机，独立控制冷却风压和风量，有 2～3 个单独动力驱动篦床。

第三代是空气梁供风为主、阻力篦板，单独脉冲供风、厚料层操作。在篦冷机热端，高压空气是通过空气梁供风冷却，且逐梁单独供风；并采用阻力控制流篦板、篦床采取窄宽度布置。德国 IKN 公司开发的悬挂式篦冷机，是将传统的滚动型磨损改为篦床支撑系统悬挂，配有高阻力篦板，篦板间隙从（5±2）mm 缩小为（2±1）mm，由于消除了气流短路及回流，热效率较高。它对供风设有自控调节系统，也配有人工调节阀门。

第四代是近十年国际水泥大牌制造商都在研发新型精准到每块篦板控风的篦冷机，如史密斯福勒开发的 SF 型十字棒篦冷机、伯力休斯公司的 Polytrack 篦冷机、CP 公司的 η-冷却机、德国洪堡公司推出的 Pyrofloor 篦冷机、TCFC 行进式稳流冷却机等。它们的结构虽有各异，但共同目标都是为不同粒径熟料能均等冷却，而冷却风量标准状况下均控制在 1.6m³/kg 熟料的水平，热效率超过 74%～76%，篦床有效面积负荷大于 45t/(m³·d)。

2）第四代篦冷机的结构特点

（1）使用自动控风阀精准控风　全部冷风都由逐块篦板下的自控风阀分别控制，使控风准确到以每块篦板为单位。比以空气梁为控制单元更精准及时，有如由线到点的进步，消除了气流"短路""穿孔""红河"等现象。

由于篦板下都装有气控阀，限制了每排篦板间的横向运动，无法再按传统方式推动熟料

前行，只好用两种方式改变原输送熟料的机理。

一种是通道式。它让各排箅板共同做纵向运动，并用四连杆机构或轨道等方式，避免箅板纵向运动过长容易产生的偏离与错位，箅板纵向运行速度靠气缸的冲程和频率调节，每条纵向箅板有"输送模式"和"回车模式"（图3.5.3）。在输送模式下，就推动熟料前行；待回车模式时，箅板将逐条交替退回，退回箅板上的熟料被相邻箅板的熟料摩擦，卸料出机。每条纵向箅板都可方便灵活地调整熟料的分布和厚度，控制热交换时间。箅冷机已是若干个标准充气单元组成（图3.5.4），并配有雷达测速仪、压力传感器及红外热扫描仪等仪表协助控制。

熟料层方向

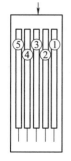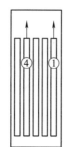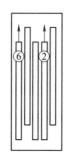

图 3.5.3 Polytrack 箅冷机熟料输送原理

图 3.5.4 充气单元

另一种是棒推式。它让箅板保持不动，用往复式推力棒在箅板上将熟料向前推进。沿箅床宽度，每排箅板上都有一根横棒，棒与棒之间，一根是活动棒，采用液压传动，可以在一块箅板的长度（300mm）上往复运动；另一根是固定棒，紧固在箅板框架的两侧，相互间隔布置在箅床全长方向上。两种棒都用紧固块卡在液压传动的推拉杆上，它们均用耐磨材质制成，使用寿命2年以上。

这两种输送方式虽成功改变了原箅板运动形式，但却迫使箅冷机只能单传动，即全箅床只有一个箅速，牺牲了高温段箅床应取厚料床的优势［见3.5.3节2)］，所有风机也相应只能选配一致风压。因此，一旦自控阀的可靠性与效果并不理想，第四代箅冷机的热交换效率反而不如第三代。

钝态熟料层

图 3.5.5 小充气室工作原理

（2）箅板模块化设计，组装更换方便　在制造厂按模数预制模块，仅需两种不同长度标准的组合，便能适于1000～12000t/d各种规格的箅冷机；同时结构紧凑，可设计有钝态熟料层（图3.5.5），让箅板不与热熟料直接接触：通道式运动使用改进型Mulden箅板，箅床上有静止低温熟料，只需专用"钢甲"保护；棒推式运动要在横棒与箅床间有大约50mm厚相对静止的低温熟料层。这就为避免熟料对箅板磨损和烧蚀，确保箅板不漏料，延长箅板寿命创造条件。

（3）确保箅床不漏料　箅冷机下部整个是模块式结构的通风室，能保证料层通风良好，也不需在该室下设置拉链机输送漏料，可大幅降低整机高度乃至烧成系统高度。通风室没有隔板时，可用几台鼓风机在通风室两侧的前、中、后部鼓入冷风；也可设隔板，采用若干小充气室均匀供风。

（4）自动调节阀有多种类型　自控阀是精准控风的关键元件，所以结构设计必须经久耐用，调节原理简单，能保持永远灵活可靠。如果原结构已经失灵，应更换更可靠的结构形式，但决不能一拆了之。图 3.5.6 是其中之一种，它是空心圆柱体，中心是套有弹簧的轴，弹簧力由挡板承受，弹簧可根据气流压力变化，上下移动，找到挡板平衡点。因用独特的接触式密封装置，有不漏料等优点。

3）箅板的分类

（1）分类方法

① 根据箅板的结构阻力，有高阻力、低阻力及中阻力之分。箅板这种分类的用意在于：改变箅板阻力与料床阻力的相对关系，减小料床阻力对鼓入冷风的阻力。设 R_r 为箅板阻力；R_g 和 R_f 分别为粗料层和细料层阻力；V_g 和 V_f 分别为通过粗料和细料的风量（图 3.5.7）。

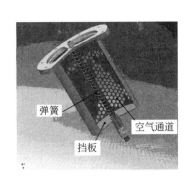

图 3.5.6　自动调节阀门

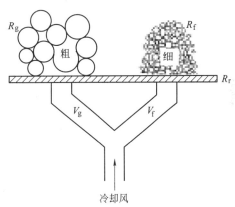

图 3.5.7　箅床阻力与用风分配

箅板阻力对空气分配作用的关系：

$$\frac{V_g}{V_f} = \frac{R_f + R_r}{R_g + R_r} \tag{3.5.4}$$

由上式可知，高阻力箅板提高了箅板阻力，让 R_r 远大于 R_g、R_f，$V_g/V_f \approx 1$，可减弱离析现象所带来的用风不均衡现象，但并未实现按需分配，这是第三代箅冷机选择的箅板。

但高阻力箅板毕竟要增加风机鼓入冷风的压头损失，加快箅板磨损。只有风道改善控制用风均衡状态，如 IKN 箅冷机，才可用中阻力箅板。

低阻力箅板只在自控阀的调控能够应用自如，实现细料多用风、粗料少用风的合理布局时，才能使用，如第四代箅冷机。

② 根据箅板功能，它又可分为固定箅板与活动箅板。在箅冷机高温进料端，需要数排固定箅板，用于承接熟料，并用一定斜度、采用偏梯形结构对熟料布料，减轻熟料离析所带来的料层阻力差异。在两侧使用 STOP 箅板，增加边料厚度，与中心料厚一致。其余位置均为活动箅板。

③ 根据箅板铸造工艺，可分为树脂砂模铸造及蜡模铸造等类。提高箅板寿命是长期保证箅板效率的前提条件，除结构特点外，在制造工艺上提倡使用蜡模替代树脂砂模，极大提高铸件精度，无须对铸件外形再磨削加工，避免热应力降低铸件表面强度。

（2）几种典型的高温段箅板结构

① IKN 箅板。图 3.5.8 为"控制流"中阻力箅板（CFG）、空气梁及其脉冲充气装置，其特点是：箅板上的箅缝狭窄，虽数量多，但也只占箅床面积的 4%。气流穿过箅缝风速为 25m/s；开口朝熟料前进方向，以让空气均匀地通过箅板内的凹槽，能消除熟料细粉漏料产

生的压损及料层阻力不均造成的弊病；篦板与支承横梁用螺栓固定，形成密闭的小空气梁；每排篦板分成两个空气梁，分别与带可调蝶阀的单独供风管道相连，并配有压力表，代替多排篦板的大篦下气室，通过轮流向相邻两排空气梁充气交替脉动于 $0\sim2m/s$ 之间，实现脉冲式的高速喷射，使细粒熟料处于流态化运动；篦板往复运动方式为慢推快退，始终保持高温熟料位于料层上方。

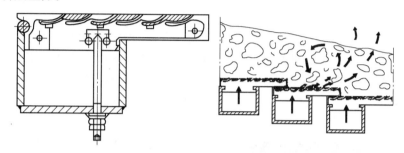

图 3.5.8　IKN 中阻力篦板、空气梁及其脉冲充气示意

② 阶梯篦板。固定式阶梯篦板（图 3.5.9），系水平出风槽，冷风通过箱形结构梁引入，以最佳状态进入熟料床，并防止热熟料从篦板下落。篦板上总保持有冷却熟料层，故篦板可免受热应力和机械应力。

③ Ω篦板。Ω篦板（图 3.5.10）让冷风通过箱形结构梁从篦板出口槽引出。篦板上小槽能堆积熟料，气流弥散式通过熟料层，气流分布均匀，熟料不会从篦板缝下落；篦板唇部有空气冷却，延长使用寿命。

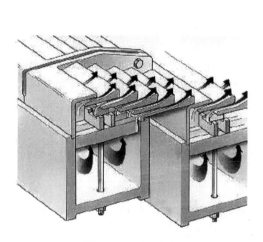

图 3.5.9　阶梯篦板

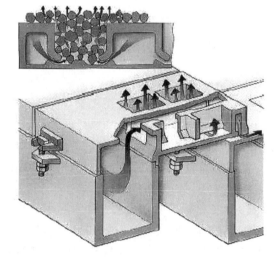

图 3.5.10　Ω篦板

④ 凹槽阻力篦板。CP 公司开发用于第四代篦冷机的篦板（图 3.5.11），整体铸造有 3 种型式：低漏料 Mulden 篦板、分室供风 Mulden 篦板和抗漏料侧篦板。第一种类似于 IKN 篦板；第二种能减少两篦板间搭接部分的横向间隙，代替老式带孔篦板；第三种可减少侧向间隙漏料及磨损。

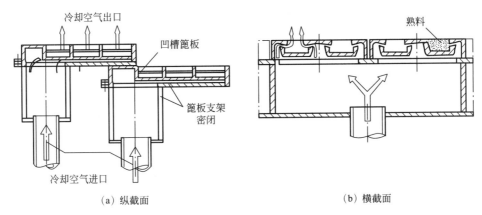

图 3.5.11　凹槽阻力箅板

⑤ TC 型箅板。它也属低漏料阻力箅板（图 3.5.12），气流出口为缝隙式、纵向宫式密封，并设有减磨损料槽，横向迷宫式密封。其高温变形小，气流流速及气流阻力高，低漏料。

4）箅冷机的润滑

箅冷机的润滑一般为智能集中干油润滑系统，采用复合磺酸钙基润滑脂。熟料破碎机轴可用高温聚脲基润滑脂，适于高温和高负荷要求，并具有卓越的抗水性、密封性及抗老化性。

图 3.5.12　TC 型箅板

5）箅冷机发展方向预测

至今国内开发的各类四代箅冷机热效率并未比第三代高，其原因均为自控阀的寿命短，加之它的熟料床厚度一致、高中低温段冷却方式相同。若在第三代箅冷机的基础上，针对熟料离析是在箅冷机纵向产生阻力差异，以纵向分隔箅下气室，这样的控风效果会更理想。法国圣达翰公司的技术要求，是在高温区就将风室按纵向切隔，且对箅室密封下足功夫，就能获取其他类型箅冷机难以取得的高效率。我国广东圣嘉机电有限公司已经熟练掌握此技术，经他们改造后的数十条箅冷机，都能提高入窑二次风温度到 1200℃，为降低熟料热耗创造了巨大效益。

展望箅冷机的未来，为从根本上避免熟料落入箅冷机的离析现象，国外新近研发出盘式箅冷机，让熟料进入箅冷机之前就均化粒径，采取钢铁工业用的旋转盘代替活动箅板进行热交换，它在进口安装的固定箅板与窑出口成 90°，由于箅冷机与窑中心已无偏离，熟料进入冷却机的粒径就均匀了，从根本上解决精准用风的难度。

当然，能从熟料煅烧制度改善结粒均齐，对提高熟料冷却效率才是根本措施。如沸腾炉试验成功［见 3.3.2 节 4）］，就能烧出结粒大小均齐的熟料，届时箅冷机必将与回转窑一同退出历史舞台。

3.5.3　箅冷机的节能途径

1）稳定煅烧熟料的热工制度

为实现熟料骤冷，首先应缩短窑内冷却带；并为熟料粒径均齐，可建立窑的配料与煅烧制度。

稳定预热、分解与煅烧的热交换状态，是箅冷机高效稳定运行的前提条件。比如，配料与配煤成分稳定，喂料量稳定，包括窑内煅烧各项工艺制度的稳定［见3.3.4节3)］，入箅冷机的熟料量及熟料结粒就会均齐、窑皮也不会时长时落。又比如，只有窑内火焰完整、有力、稳定，熟料粒径才会均齐，故需要正确调整燃烧器且不过于频繁［见3.4.4节4)（3)］。只有如此，箅板上的料层厚度才会稳定，并反过来促进熟料煅烧制度的稳定。

2) 选择适宜并稳定箅床料层厚度

为提高热效率，箅冷机应该对高温段与中低温段有不同料层厚度要求［见3.5.1节3)］，需要配各自独立的传动机构，控制不同箅速，即不同的箅板冲程次数（后段箅速比前段快10%）；箅板也需要不同结构与材料；箅下风室长度、风机选型也都须与之对应。高温段的风压要高、风量适宜，而中低温段风压要小、风量增加。更重要的是，两个温度段所交换出的热风应有不同走向。

因此，在设计箅冷机时，不仅要考虑冷却能力与窑的产能相匹配，而且要恰当确定高温区段的长短，即确定高温段与中温段隔离挡墙的位置［见3.5.4节2)（7)］，以及箅板与箅下风室的合理配置。高温区段过长，会超过窑炉用风需要，实际是降低了高温风的热焓，白白增大窑尾高温风机的排风量；高温区段过短，不能满足窑炉用风需要，抽吸中温段风补充，也要降低入窑炉热焓，而且这种配置不可能在运行中调整。根据工艺要求，窑炉用风量应与窑的产量紧密相关，设计者应该并只能按最大额定产量确定该长度。因此，凡操作中盲目突破熟料额定产量，箅冷机高温段就会显得偏短，高温风不足，导致二、三次风温下降，这种增产一定是以提高热耗为代价。

3) 合理精准配风

与选择箅床上料层厚度的原则一样，也要为高温段与中、低温段合理配置所需风量。前者取决于窑炉燃料燃烧的需用量；后者是为满足冷却熟料，且进一步交换出余热用作它用。两段分别称为热回收区及非热回收区。通过对箅冷机用风的进步与窑、炉用风比较：早期箅冷机典型效率为35~40t/(m²·d)，料床厚度为200~600mm，所需要空气量标准状况下大致为2~2.5m³/kg熟料，熟料离机温度才会低于100℃。标准状况下与燃烧所需空气量约0.9m³/kg相比，要多用1.1~1.6m³/kg空气，为此，要多耗大约418kJ的热；而新型箅冷机，标准状况下所用风量为1.5~2m³/kg，效率为45~55t/(m²·d)，多余废气量相应减至0.6~1.1m³/kg熟料。由此可知所谓多余风量是来自箅冷机中低温段，并当余热用至煤磨、发电锅炉或作为废气排走，与二、三次风无关。因此，提高箅冷机效率一定要少用冷风，尤其要严格控制高温段用风量，且中低温段风量不能进入窑炉。

为了解决熟料离析造成箅床阻力变化与不均，人们一直在探索让箅板下的进风量与箅板上阻力对应的方法。本来，风一定是走阻力小的地方，但箅冷机要求更多冷风要向阻力大的料层吹，少去阻力小的料层，以求高效率。箅冷机从第一代简单的箅下供风，逐步从二代的"风室"、三代的"空气梁"，发展为四代的"箅板下自控阀"，都是为此目标围绕均衡用风的课题精准配风，实现从"面"（风室）到"线"（空气梁）到"点"（箅板）的进步。

四代箅冷机机械式自控风阀的结构设计，用一定角度自动浮动阀门，实现风力开度与阀门重力平衡，保持冷却风量的均衡。它寄希望于按对应箅板上的料层阻力，实时调节其用风量。遇到偏粗熟料料层时，阻力偏小，自控阀在风力作用下自动关小，增大阻力，让风量变少。反之，细熟料处的阻力变大时，自控阀在重力作用下自动开大，减小阻力，以通过更多冷风。以此消除每块箅板对应的料床阻力差异，平衡整个料床的冷却速率。然而，在开发的各类自控阀中，耐用者不多。很多仿造者，根本未意识到它的作用及恶劣环境对它的要求；而且它的用量有上百块，与箅板数相同，失灵后的更换成本很高，为用户反感，导致很多自控风阀已被拆除。所以，四代箅冷机很难有高效运行的案例。

除此之外，合理精准配风不仅取决于自控阀的灵活可靠，还要求外部多台鼓风机的合理配置。凡设计用一台风机向多点供风，或多点向一处供风［见 5.1.3 节 4)］，虽然节省风机台数，但风量会向阻力小的位置涌去，违背了熟料阻力越大的箅板越需多用风的原则，降低用风效率。

还要重视风机质量，因为鼓风机要受前方阻力更大影响［见 5.1.4 节 1)(2)］，风机性能更受考验。

4) 正确选用与维护箅板

箅板在箅冷机中的作用不只是向前输送熟料，它既要允许箅下高压风穿过箅缝，又要尽量减少熟料漏至风室；而且设置箅板阻力去平衡料层阻力。延长箅板寿命的最佳措施是，让熟料与它接触中没有相对运动的钝态，甚至可通过箅板的箅孔尺寸与方向，让熟料保持流态化［见 3.5.2 节 3)(2)①］。

5) 加强风室密封

箅冷机箅板下都配有风室（配有集料斗），但鼓入风室的冷风可能有三个去向：正当去向是向箅床上方，与熟料层换热后，分高、中、低温度使用。另两个不正当去向则是从下料锁风阀逸出，或向相邻低压风室鼓入。为此，对这两个去向的密封能力必须大于箅板上的料层阻力，具体措施如下：

① 为克服弧形阀、双板阀漏风，应改用快速气动双重锁风阀，即使熟料卸空也能绝对锁风，能定时开启、四年免维护。第四代箅冷机因箅板不漏料，无须此结构。

② 为杜绝由高压气室向低压气室的泄漏，降低高温段风室风压应采用含金属丝的密封材料，代替石棉板或耐温橡胶等低档材料。

③ 杜绝同一风机向多点供风的设计，这实际是一种人为漏风。

完成上述措施，便可降低熟料冷风用量，杜绝污染箅冷机四周环境。

6) 选用辊式破碎机

新型箅冷机中部安装辊式破碎机，代替尾部锤式破碎机，可以让大颗粒熟料、窑皮等在箅冷机中部破碎，为低温段快速冷却，充分释放热量创造条件。但中部温度高，运行条件苛刻，需要用耐高温、耐磨材料制作。国内安装到机尾卸料端的辊破，转速比锤破低（2～6r/min)，电耗也能降 50%；如有遇到异物，辊子可自动反转，避免锤头被大块熟料压死；且辊齿采取表面硬化技术后，能延长使用周期，更换也较容易。尽管值得推广，但仍不如大块熟料早早在中部破碎后释放热量。

7) 配置并使用在线检测仪表

为箅冷机操作能获取最佳效果，应配置在线检测仪表与监测装备。其中对二、三次风温度［见 3.5.4 节 2)(4)］、风室压力、箅速检测等参数的检测及配备摄像头与高温成像仪［见 3.5.4 节 2)(3)］，一个也不能少。它们不仅为操作提供不可缺少的信息，更是实现系统自动化与智能化的必备条件。

8) 自动化与智能化控制

箅冷机常用高温段箅下压力与箅板冲程频次（箅速）联锁，尝试自动控制，即用箅室风压自动控制箅速。但箅下压力受干扰因素甚多，并不只受熟料量与粒径［见 3.5.4 节 4)

（1）］及各种漏风影响。连窑头负压也是双风机共同作用的结果［见 3.3.4 节 4）（2）］，它们都会成为信号误导的诱因。更何况，风压测点周围气流扰动常使风压控制失灵，不得不改由人工操作。故仅调篦速很难适应料量变化。

篦冷机的智能控制，应从篦下部分调节冷风风机改变篦下用风开始，满足篦下压力；而篦上部分则要通过对二、三次风温变化趋势判断，同时调节窑的尾排风机［见 3.5.4 节 5）（2）②］，尽力提高二、三次风温，以确认智能调节的有效性。

篦冷机智能控制表现出的最大效益，不仅能从热熟料中最大程度回收热，表现高的二、三次风温，而且能提高熟料强度。因此要对影响二、三次风温的因素逐项分析，才能有针对性编程。

如当窑头负压过低时，电脑编程往往要加大头排风机开度，但此操作不一定正确：若负压值反而变小，说明原负压已是窑尾风机所控制，此时应立即恢复头排风机开度，而增大窑尾高温风机开度；如果负压立即增加，证明原负压系头排风机所为，此时应关小其开度，同时加大窑尾风机开度，直至窑头负压满意为止。反之，如果采取减小头排风机开度的编程，若窑头负压变大，则说明窑的头尾排风存在争风，正被纠正，应继续关小，直到窑头负压最大为止；若窑头负压变小，表明头排风压未足以拉尽篦冷机中低温段鼓入风量，应重新开大，或降低此段鼓入风量。此判断过程，只有智能化才变得快捷、可靠。

也可智能判断其他参数变化，进行调节。比如增加中低温风机鼓入风量，若窑头负压增加，说明中低温风冲抵了头排风机形成的负压，证明窑头负压确实为头排风机所形成，已经与尾排风机严重争风，故应适当减小头排开度；若窑头负压变小了，说明鼓入的余风在向窑头流动，应加大头排风机。

篦冷机实现智能控制的条件：一是提高原燃料稳定性；二是所有风机正常状态都有调节余地。

3.5.4　篦冷机的应用技术

1）篦冷机的实际效率

评价篦冷机应用技术的高低，可比较实际热效率（η_S）式（3.5.5）与可用热效率（η_c）公式（3.5.3）的差异，便知遵循上述节能途径的程度与水平，还能比出带发电或烘干任务的烧成系统有多少不是余热。

理论上计算篦冷机实际热效率的公式应是：

$$\eta_S = \eta_c = \frac{q_风 + q_电 + q_煤}{Q_出}$$ (3.5.5)

式中　$q_风$——操作用风不当被废气带走的热，kJ/kg 熟料；

　　$q_电$——从高温段抽取发电用风的热，kJ/kg 熟料；

　　$q_煤$——从高温段抽取用煤磨烘干等带走的热，kJ/kg 熟料。

公式中热值只是理论分析用，实际生产中并不易测量。但只要观察入窑炉二、三次风温的高低，就能表明篦冷机的实际热效率。凡二次风温度未达到 1200℃±50℃，可用热效率并不高时，一定是操作应用中出了毛病，降低了窑、炉对熟料中回收热量的利用。式中 $q_风$ 直接受篦冷机废气带走热 $q_气$ 影响。

篦冷机的实际效率不只取决于篦冷机本身性能，它还受附属装备的影响。只关注熟料冷却的操作，一旦出机熟料温度偏高、威胁下游设备安全时，就开足所有冷却风机，甚至不惜在低温段喷水、打开冷风阀，其结果只能导致熟料能耗升高。

　　2）篦冷机节能操作的装备条件

　　篦冷机的实际热效率不只取决于操作技术，附属装备的条件也非常重要，当要求制造商配套它们时，也必须按如下要求明确性能，才可能发挥节能效果。

　　（1）风机的性能与配置　负责向篦冷机鼓入冷风的离心风机性能是关系篦冷机实际热效率的关键。

　　对于三代篦冷机，料层厚度不同，高温段离心风机的风压要达 8000～10000Pa，中低温段的风压也要 2000～5000Pa。对于四代篦冷机，整机料层厚度相同，所有风机风压均在 8000Pa 左右。

　　如果所配置风机的性能无法满足篦冷机所需风压、风量，熟料急冷与热回收就难以实现，还增加了自身电耗。其中高温段风机更为关键，应不惜重金购置高性能风机，尽管价格高出数倍，但当年所获效益，完全可收回此投资。

　　在高温段数台风机中，至少要保持 1～2 台风机留有调节余地，而且使用变频风机，以备在调整下料量及调整篦速时，能方便、准确地调整的风压与风量。而不应如现在大多风机都满负荷运转，无法调节。

　　另外，应该避免风机并联或串联使用［见 5.1.3 节 4）］，即不能一台风机向多点供风（图 3.5.13），也不能多台风机向一点供风，风道的制作与安装也应符合减少阻力的要求［见 5.1.3 节 3）、5.1.4 节 2）（2）］。

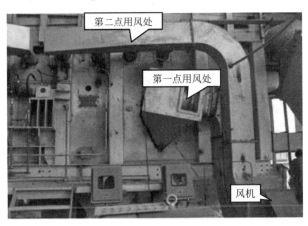

图 3.5.13　某篦冷机风机管道的不当安装

　　（2）应选择液压传动设备　篦冷机应选用液压传动，不仅运行平稳、可靠，而且节电 25%～30% 以上，并少故障［见 6.3.4 节 5）（4）］、近乎免维护、方便实现自动化。它与使用直流电机、链条传动相比，减少了直流电机碳刷更换、传动换向冲击大、链条磨损大、易发生窜轴等故障，虽价格高，但已是大型篦冷机的必选。

　　（3）安装摄像头对篦冷机熟料运行状态监测　篦冷机应选用高水平摄像头及高温成像监测系统，窄视野镜头获得高质量图像，为操作员随时观察到熟料在高温段的运动状态创造条件：红料区不超过 2m，风从熟料层上穿过，既不能表现如"窜天猴"短路，也不能无风透出，呈现死区，应表现为"煮粥开锅的沸腾状"，不断有小气流均布拱出。为在中控视屏上有好的视觉效果，摄像头应安装于高温段末的侧墙、高度 1.5m 处（图 3.5.14）开孔。

　　摄像头还能及早发现篦冷机"雪人""红河"等异常现象。"雪人"说明熟料中细粉过多且出窑温度过高；持久的"红河"表示篦下用风未对应上离析的粗细熟料区，或篦板几何形状已变形。

（4）测定二、三次风温的热电偶安装　既然二、三次风温是篦冷机性能高低的直观标准，首先就要正确选取它们的测点位置：必须避开火焰直接辐射，二次风温测点应在窑头罩靠窑的背风面、远离三次风管一侧的顶部［图3.5.15（a）］；三次风温测点应位于进分解炉之前1m，避开弯头，并偏于管道中心。热电偶都应由上而下垂直安装，避免水平折弯。不能小看此应用技术，它将决定二、三次风温的准确测量，每当为二次风温高低发生争执时，不是置疑测点不准，就是抱怨漏风影响，甚至以热电偶损坏太快为借口拆除，这样的管理，很难提高篦冷机的热交换效率。

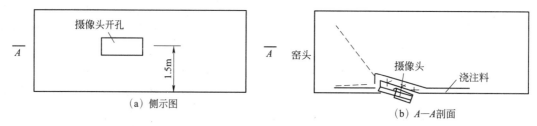

图3.5.14　篦冷机摄像头安装位置

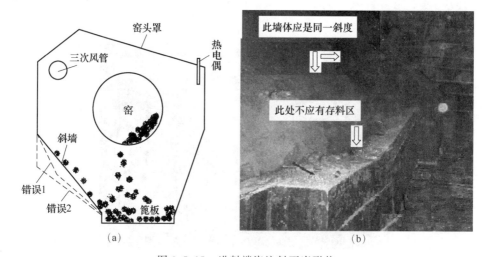

图3.5.15　进料端浇注料不当形状

窑头罩漏风会影响二次风温，三次风闸板处漏风会影响三次风温。它们对二、三次风温的影响，既可能只是影响测温，也可能是真实降温。但如果能按上述测点位置要求，测得结果就是真实的温度降低。

若认为热电偶寿命不长，也可选用红外测温仪表，利用感温头对准稳定的高温区。此仪表用于高温测定十分有效（如窑尾烟室）。其价格虽高于热电偶10倍以上，但使用寿命高、灵敏度高。

判断二、三次风温测量的准确性，还可观察其他温度。比如篦冷机出来的红熟料很多，或去发电废气温度很高，二次风温就不可能高，如果还高，就一定是测量误差过大。又如技改、大修前后如果二次风温升高，只要测点位置未变，就应承认技改效果。

（5）规范进料端浇注料形状　设计篦冷机进料端浇注料形状时，要充分考虑三次风管抽取位置，避免进三次风一侧浇注挡墙斜度不够或出台［图 3.5.15（b）］，由于能存住细粉，并产生阵发性塌料，让料量与粒径分布发生周期性紊乱。另外，前两排篦板的熟料区不能过窄、料层过厚，阻力大于后排篦板，使冷却风被迫绕到后排窜出，表现出三次风温高于二次风温的怪象。

（6）耐火与保温衬料的镶砌　详见 9.2.3 节 1）（8）、9.2.4 节 2）（5）。

（7）热回收区与非热回收区的隔离挡墙　为确保高温段热风为二、三次风专用，既避免高温气体被头排风机抽走，也防止中低温风混入窑炉，让篦床上两种气流有各自风路，而不成为涡流，应在料层上方零压面位置［见 5.1.4 节 1）（3）］设置挡墙。国外有用液压挡板，隔断效果显著；而国内有在零压面处顶部向下捣打出 1.5m 高的耐火浇注料悬空挡墙，这种固定形式的隔断，面积有限，下部窜风照样发生。而大多篦冷机连这类挡墙也已省略，表明设计方、制造方与用户，不重视它的作用。更何况生产不稳定时，高温段的长短都为变数，设置位置难以确定。为此，建议在零压面上悬挂耐高温耐磨钢板，既可调整高度，又不阻止物料且易更换。

（8）对篦速的自动控制　见 3.5.3 节 8）。

3）提高二、三次风温是操作核心

操作篦冷机有两大任务：第一是为提高熟料与冷风间的热交换效率，控制篦速改变料层厚度，调整鼓入冷风的风量、风压，并与料层阻力对应，努力提高高温风的温度；第二则是正确分配这些高温风能尽量进入窑炉，只让中低温风用于余热，利用后排出。概括这两大任务就是篦板下用风与篦板上用风两件事，而衡量完成好坏的标准就是二、三次风温。只要调阅每班二、三次风温的趋势图，看温度高低及保持时间长短，再比对各班煤耗，就可看出操作员的水平。从表 3.5.1 可知，二次风温越高，篦冷机的实际热效率才高。

表 3.5.1　二次风温与篦冷机热效率的对应

实际二次风温度/℃	篦冷机热效率/%
900	58
1100	75
1200	78

篦冷机的调节手段有：各段篦速、每台鼓入风机的风量与风压及全系统用风量调节。从此便衍生出多种操作手法，但能获取最高二、三次风温的操作手法，只能有一种。下面将逐项分析这些手段。

4）篦速调节与篦下压力

（1）调节篦速的意义　调节篦速是指篦板的运动速度，它可以改变料层厚度，以对应篦下压力，加强热熟料与冷空气的热交换效果。调节篦速前，首先要了解出窑熟料量及熟料粒径组成的变化、影响料床阻力的改变，然后才能确定所需要的篦下压力，确定篦速及料层厚度。

出窑熟料量不只与窑的喂料量有关，还与熟料烧结、窑况稳定水平有关，而这又受配料、煅烧温度、火焰形状等影响；它们都会影响熟料结粒大小及粒径组成。为此，篦冷机前端必须配置摄像头，让操作员能清晰看清高温段状态，以正确控制篦速、调整料层厚度。但系统较为稳定时，这种调节并不频繁。

第三代篦冷机高温区段篦速要满足 800mm 的熟料层厚度，冷风风压要足够穿过料层又不吹透；而第四代篦冷机却只有一个篦速，料层厚度为前后兼顾只能维持 600mm 左右，缩短了冷风穿过高温段熟料的热交换时间。仅此这点，四代并未比三代合理。

（2）善于发现各类漏风 篦冷机漏风的存在点较多，如篦板活动篦缝漏风、高压室向低压室漏风、弧形锁风阀卸料漏风、引风活动风管漏风等。一旦存在漏风，即便能开大风量弥补，但降低了热交换效率，不仅增加热耗与电耗，而且也影响自动控制连锁，乃至未来的智能操作的可靠［见3.4.3节5）］。

对于三代篦冷机，治理漏风的第一步是，要能及时发现它的存在：当篦冷机下方的熟料输送设备周围飞灰四扬，就证明气室有严重的外漏风。而当先启动高压风机，低压风机启动电流过高；或篦板漏料，一定会伴随高压冷风向上窜风。这都是气室间内漏风的表现。

四代篦冷机不该存在上述漏风，这是它结构上的优越之处。

（3）警惕篦下风压异常 操作员要善于判断篦下压力的异常情况：如篦床上熟料料层过厚，甚至出现"雪人"堆积；篦板下气室存有大量漏料，堵满气室、顶住篦板；空气梁被磨漏，进入熟料粉堵塞，无法吹入冷风。尽管这些极端现象很少发生，但如丧失警惕，必将导致重大故障发生。

5）篦冷机用风的调节

每台篦冷机都有10余台风机同时作用于它（图3.5.16），故用风调节要掌握两个关键环节：一是要篦下控制料层阻力与篦下鼓风平衡；二是要篦上兼顾窑头、窑尾两大排风对篦上气流的平衡，也要保持高温段的热风与中低温段的热风应有不同走向，且在零压面处分开。

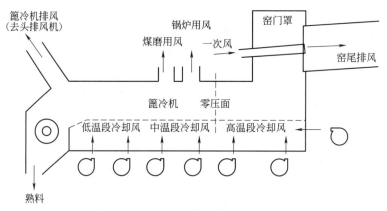

图3.5.16 篦冷机各部位用风的影响

（1）篦下冷风控制三原则

① 高温段用风。高温段总用风的原则是：风压取决于篦板阻力及料层厚度，不同类型的篦板阻力不同、允许的料层厚度不同，因此，风压会有差异。而风量取决于窑尾高温风机排风量与一次风鼓入量及漏风量之差，即等于窑、炉煤粉燃烧用的二、三次风之和。而窑尾排风还理应与喂料量相符，因此，高温段冷风用量一定要与喂料量变化相匹配。

不要认为增加高温段冷却风量，就可加速冷却熟料。其实用风过大，熟料带出的有限热量就会被多余的风争夺；如果还超过窑、炉燃烧所需，窑头就会呈现正压。此时若被迫开大尾排，零压面向窑头移动，部分高温热风被中低温风抢走；若开大头排，零压面就向中低温风段偏移，中温风混入高温风；当然，高温段用风过小，为满足窑炉用风，就要吸入中温段风量。无论何种情况，都在降低二、三次风温，降低系统热效率。故准确操作高温段用风与准确设计高温段的长度，二者意义完全相同。故判断高温段用风量是否适当，仍是入窑、炉的二、三次风温度。

调整好高温段的最佳风量后，一般不须调节高温段用风。只有较大改变喂料量、烧成系统总排风需要改变时，或煤质发生改变、窑头一次风用量也要变化时，高温段用风才需要调整。

② 平衡风机的使用。当高温段气室与中温段风量气室间密封不严时，风就会从高温段箅室窜向中温段箅室。这种窜风会降低高温段的风压、风量，此时常调整平衡风机的风量、风压抵消这种窜风，但要多耗电。如果风室间密封性很高，并不需要此风机。

③ 中、低温段用风。中低温段风机所需风压，同样为克服箅板阻力与料层阻力之和，包括箅下自控阀的阻力；而风量之和应等于窑头排风机的风量加漏风量。因此对它的调节只有在中温段的熟料温度发生变化，料层厚度与箅速需要随之调整时进行，且同时调节头排风机的风压与风量。

（2）箅上热风控制五原则

① 二、三次风量的确定原则。即使高温热风已全部作为二、三次风，仍有对二、三次风量的平衡与分配要求［见 3.2.4 节 2）］。

因为二次风温的重要程度远高于三次风温，不能因三次风温容易测定、相对稳定，就控制它代替二次风温。因为窑煅烧温度需要 1450℃ 以上，而炉分解温度仅在 900℃ 以内，显然，为降低煤耗，二次风温再高也需要，而三次风温则无须高于 1000℃，否则浪费热能，导致一级出口温度升高。一般这两个温度适宜相差 200℃ 左右，该差值与它们在箅冷机的取风位置及窑炉系统阻力有关。如"小窑门罩"设计，三次风温会降低 100~200℃；箅冷机进料口浇注料形式会导致三次风温过高。它们都是二、三次风匹配不当的典型结果。

② 窑头排风机的调节原则。头排风机专用于接收箅冷机中低温段排出的废气，其风压要能克服收尘管道、余热发电锅炉等的沿程阻力、夹带熟料细粉的重力及漏风的风压损失；其风量应该等于中、低温段的鼓入风量减去为煤粉烘干需用量。利用余热发电时，该风量也是余热锅炉所用风量。

如果此风机排风量过大，就会从高温区抢走更多热量，降低二、三次风温，虽能增加余热发电量，但更要提高熟料热耗；如排风量过小，中、低温段鼓入风量过多，多余的低温风就会挤入高温区，同样降低二、三次风温，直至窑头出现正压；如果锅炉反映用风过大，要求从箅冷机原废气管道短路排出部分废气，除非发电系统故障，就一定是中低温段鼓入风量过大，或发电通道争抢了高温风。

③ 煤磨排风机的调节与影响。煤磨的烘干用风多来自箅冷机的中低温段余热（用窑尾余热时另当别论），恰当选定煤磨排风机的风压与风量在先，向发电锅炉供风在后，两者不应平等，更不能颠倒。

煤磨停机时，会减少对中低温段的余风使用量，此时方可加大去发电锅炉用风量，或增加余风排量，或减少中低温段向箅冷机鼓入冷风。否则该部分余风会对二、三次风形成压力，使窑头形成正压。

④ 余热发电的用风。利用余热发电时，不仅要慎重选择从箅冷机的取风位置，更要重视风门调整：既保证所有中低温段热风在满足煤磨烘干后全部进入锅炉，也不能让锅炉与入窑、炉争风，为增加发电而降低二、三次风温。此处如用三通阀门，应选用切换截止阀，而不是有漏风的百叶阀［见 10.2.2 节 2）（3）②］。

⑤ 正确使用冷风阀［见 5.1.3 节 6）］。在执行箅上热风控制五原则时，要与箅下冷风

控制三原则紧密配合，尤其是高温段鼓入冷风量要与窑炉二、三次风用量配合，中低温段鼓入风量与窑头排风量配合。

不应随意采用喷水方式冷却熟料或废气，它不仅浪费水源及水泵用电，更与上述用风原则背道而驰。

（3）消除对用风的各种模糊认识　当以窑头负压或提高发电量为操作核心时，就会派生出各类误操作，忘记节能降耗的根本宗旨。

① 高温段用风能影响窑内煅烧气氛。箅冷机的高温段风机确实提供了窑内燃料燃烧所需氧气，它除了一次风机强制鼓入外，还从箅板上方及窑门罩源源不断吸入，进入的量主要取决于窑尾高温风机的负压，只要负压足够大，窑内就不会有还原气氛；更无须在点火升温、箅冷机尚无熟料时，就将高温段风机开启。反之，如果前窑口没有负压，高温段风机开得再大也无济于事。即便投料前高温风机开启的瞬间窑头负压极大，也应立即投料，而不是寄托开启高温段风机予以抵偿。

② 余热发电与二、三次风争夺热源。为提高余热发电量，常采用抢走二、三次风热源的做法。除非电价远高于煤价，增加的发电量经济上很难抗衡增加的用煤量，因为窑的热效率要远高于锅炉的热效率，故不能鼓励非"余热"发电。

③ 提高鼓入风量的温度。为了提高余热发电用的废气温度，利用箅冷机窑头排风代替箅冷机的鼓入冷风，以图提高冷风热焓。这种做法肯定会增加头排风机的排风阻力，提高电耗；而且降低了熟料与冷风的热交换效率，不利于熟料冷却速度。有些企业的实践证实，并未从中获益。

④ 用箅速调节窑头负压。当窑头负压变小时，有人将箅冷机高温段箅速打慢，以增加料层阻力，减小高温风的穿透量。这虽能暂时增加窑头负压，但它更降低了熟料冷却速率，直接降低二次风温，升高了热耗。

6）对异常状况的判断与处理

每当窑内掉落窑皮或"大球"进入冷却机，都表明系统原燃料成分及喂料、喂煤缺乏稳定，进而破坏了箅冷机的稳定运行。此时的被动应战，首先主动大幅减料，当它们即将进入箅冷机时，将箅速打慢，有意堆厚箅板上的料层，可缓冲它们落下对箅板的冲击，待它们落入后再恢复箅速。而且在没有辊式破碎机时，要防止它们压住破碎机，堵住熟料卸料口。

处理"雪人"的有效做法是，在高于箅板的端墙处预留数个 $50mm \times 50mm$ 方孔，平时堵上，清"雪人"时便可打开，伸入水枪即可清理。戒用空气炮处理"雪人"，不仅浪费压缩空气能源，且喷入的压缩风在破坏箅冷机热交换，还加快顶部浇注料损坏。严格遵循节能五原则［见绪论3）］才是治本。

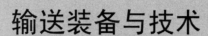

第4章

输送装备与技术

　　输送装备是完成原燃料进厂、成品出厂，及对窑、磨系统等主机间粉状、粒状物料传送任务的设备。虽然它们单台耗电量不大，但因台套数量多，总耗电量并不小，所以，它们也要挖掘节能潜力。按物料输送方向分为：水平输送、垂直输送、倾斜输送及定向输送。

　　完成水平输送的设备主要有胶带、拉链、螺旋绞刀、空气斜槽等形式，其能耗主要是克服物料摩擦阻力。完成垂直输送的设备是斗提机、提升泵、吊机等，它们的能耗主要用于克服物料与设备的自重。完成倾斜输送的设备有链式斜斗、大倾角皮带等，它比水平加垂直输送的总能耗要低。定向气力输送的设备有仓式泵、料封泵等，它们可按地形、障碍等要求灵活变换输送方向，但由于是气动、能耗会高，应与机械输送综合比较。

　　输送装备的节能原则是，优选工艺布局及类型。如物料进出厂应由高向低布局，充分利用势能；输送粉料宜用空气斜槽，也利于斗提降低高度；长皮带还可发电。

4.1　胶带输送机

　　当水平或小角度（≤15°）向上输送粒状或粉状物料时，胶带输送机是首选输送设备。

4.1.1　工艺任务与原理

　　1）工艺任务

　　现代水泥生产中，只要物料温度不高（<240℃）、不黏，即可选用胶带输送机完成水平输送。它特别适用远距离输送，可达数十千米，只要输送起点与终点相对固定，用它输送物料要比汽车、火车更具优势，不但节能、输送量大，还能保证连续输送，维护也相对简单。

　　2）工作原理

　　胶带输送机是一条环形胶带，绕在两端的传动辊筒与改向辊筒上，中间由各类若干组上下托辊支承（图4.1.1）。通过拉紧装置的张紧作用，使胶带产生足够张力。当驱动装置驱动传动辊筒回转时，通过传动辊筒与胶带间的摩擦牵引力，带动胶带运行。物料由喂料装置喂入到进料端胶带上，被胶带运行输送到卸料端，卸至下游设备或料仓内。喂、卸料过程都是靠物料自身重力完成。

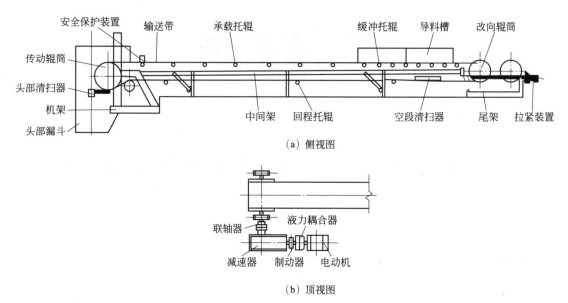

（a）侧视图

（b）顶视图

图 4.1.1　胶带输送机整体结构

4.1.2　胶带输送机的结构、类型及发展方向

1）通用结构

带式输送机主要由输送带、驱动装置、辊筒、托辊、拉紧装置、清扫装置、机架、卸料装置、导料槽、头部漏斗、电气及安全保护装置等结构组成。

（1）输送带　输送带是带式输送机的牵引和承载部件。根据不同的输送物料，输送带有橡胶带、塑料带、钢带、金属网带等不同材质。最通用的橡胶带也会用不同芯材，如棉织芯、合成纤维芯、钢丝绳芯、塑料层芯或整芯等，它们与不同的覆盖胶组成各种类型的光面或花纹输送带等，对它们可依据使用条件与工作环境选用。还要特别选定安全系数，不仅要安全可靠，还要对使用寿命、经济成本、现场条件等综合考虑。

普通型输送带的断面（图 4.1.2）是由帆布层和覆盖胶层两部分组成。帆布层主要起承受拉力的作用，帆布层越宽，层数越多，能承受的总拉力越大；但层数增加，胶带的横向柔韧性下降，胶带不能与其支承的托辊平贴接触，易使胶带跑偏而把物料中途撒出机外。覆盖胶层则主要起保护作用，它能防止物料直接冲击、磨损帆布层及保护帆布层不受潮腐蚀。在选用输送带时，既要考虑抗拉体帆布的类型，还要考虑帆布许用层数、覆盖胶层厚度、传动辊筒最小直径及安全系数。

图 4.1.2　普通橡胶输送带断面

工作面（与物料接触的面）和非工作面（不与物料接触的面）橡胶层厚度不同。前者共有 1.0mm、1.5mm、3.0mm、4.5mm、6.0mm 五种厚度；后者只有 1.0mm、1.5mm 和

3.0mm 三种。橡胶层厚度要根据带速、输送机长度、物料粒度等情况选择。一般带速越高、机身越短、物料粒度越大则胶面厚度应越厚些。橡胶输送带覆盖胶的推荐厚度见表4.1.1。

表 4.1.1　橡胶输送带覆盖胶的推荐厚度

物料性质	物料名称	覆盖胶厚度/mm	
		上胶层	下胶层
$\rho < 2t/m^3$、中小粒度或磨蚀性小的物料	焦炭、煤、石灰石、白云石、烧结混合料、砂等	3.0	1.5
$\rho > 2t/m^3$、块度≤200mm、磨蚀性较大的物料	破碎后的矿石、各种岩石、油页岩等	4.5	1.5
$\rho > 2t/m^3$、磨蚀性大、大块的物料	大块铁矿石、油页岩等	6.0	1.5

注：表中 ρ 为物料堆积密度。

常用橡胶输送带的帆布层数如表 4.1.2 所示。

表 4.1.2　常用橡胶输送带的帆布层数

带宽/mm	300	400	500	650	800	1000	1200	1400	1500
层数	3~4	3~5	3~6	3~7	4~8	5~10	6~12	7~12	8~13

目前，带式输送机大多采用橡胶输送带，受输送带材料性质的影响，对工作环境和物料温度会有一定限制，被输送物料不宜过湿、过黏、温度过高、粒径过大。它的输送能力取决于输送带的运动速度及输送带上物料断面的大小。

（2）驱动装置　中、大型皮带机的驱动装置由安装在驱动架上的电动机、联轴器、液力耦合器、减速器、减速机、制动器等组成（图 4.1.3）。根据需要，既可为单电机配置，也可为双电机或多电机配置。组合形式均可由设计者调整。

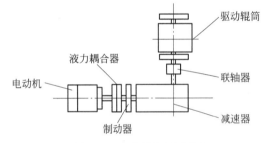

图 4.1.3　皮带机驱动装置

2.2~55kW 的小型皮带机就可将电动机、减速齿轮装入辊筒内部成为电动辊筒，直接驱动皮带（图 4.1.4）。它因结构紧凑、外形尺寸小，在环境温度小于 40℃ 的场合普遍选用。

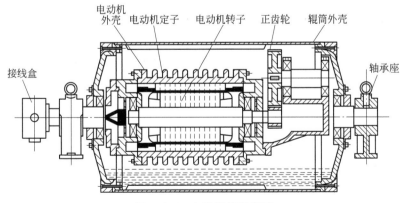

图 4.1.4　电动辊筒示意图

（3）辊筒　传动辊筒是将运动与动力传递到输送带上的主要部件。根据直径大小及结构分轻型、中型和重型三类。考虑它与传送带间的摩擦力，辊筒表面可分选为裸露的钢面、人字形和菱形花纹橡胶覆面，甚至采用硫化橡胶覆面。辊筒轴承全部采用油杯式润滑脂润滑。

用于改变输送带运行方向的辊筒称改向辊筒，180°改向时，放在运输机尾部或垂直拉紧装置处；90°改向时，要放在垂直拉紧装置的上方。承载能力也有轻型、中型、重型之分。

用于增加输送带与传动辊筒间的围包角的辊筒是增面辊筒，一般用于小于45°的场合。

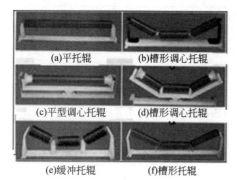

图4.1.5 托辊类型

(a)平托辊　(b)槽形调心托辊
(c)平型调心托辊　(d)槽形调心托辊
(e)缓冲托辊　(f)槽形托辊

（4）托辊　它是胶带输送机中数量最多的部件，沿着胶带运动方向均布全长，以支承输送带及承载的物料重量，确保输送带稳定运行。根据它的形状分为槽形托辊和平托辊（图4.1.5）。对于承载面的上托辊（承载托辊），槽形托辊用于输送散状物料，而平托辊用于输送成件物品。对于空行面的下托辊（空载托辊或回程托辊）均采用平托辊。

在接受物料的位置，为承受物料冲击，应安装缓冲托辊。为防止输送带跑偏，在承载边与空行边均应配置调心托辊。为清除输送带上的黏料，还可选梳形托辊、螺形托辊等。

准确控制托辊间距，是满足辊子轴承的承载能力及输送带下垂度的重要手段。其中最大下垂度将取决于该处输送带的张力：

$$h_{\max} = \frac{g(q_G + q_B)a}{8F_O} \tag{4.1.1}$$

式中　$h_{\max}$——两组托辊间输送带的最大下垂度，m；

g——重力加速度，9.81m/s²；

q_G、q_B——分别为该段输送带所载物料与输送带自身的质量，kg/m；

a——托辊间距，m；

F_O——该段输送带张力，N。

为保持胶带输送机稳定运行，下垂度应控制小于1%，具体托辊间距与所载物料的密度、粒径、胶带宽度、托辊的承载能力、托辊所在位置及落料的高度等有关，制造商常会提供相关表格核查。承载边托辊的间距及回程托辊的间距一般分别取1.1~1.2m、2.4~3m。

（5）拉紧装置　该装置既为保证输送带和传动滚筒间有足够的摩擦力，胶带在运行中不打滑；又要让各托辊间的胶带下垂度适宜，减轻运行负荷。该张紧力不仅要考虑正常运行，还要考虑启动、制动及空载各种状态。它还应设在输送带张力最小的位置，并尽量靠近传动辊筒，便于维修。拉紧装置有螺旋式、垂直重锤式（图4.1.6）、重锤车式、固定绞车式四类。它们有不同的张紧原理，适于不同的胶带输送机，也有不同的张紧行程长度。

螺杆式拉紧装置适用于小于80m、功率较小的皮带输送机。调节螺杆可使移动轴承座沿导架滑动，以调节带的张力。行程一般取输送机长度的1%，有500mm和800mm两种。

垂直重锤式拉紧装置的优点是利用输送机走廊的空间位置，便于布置，拉紧力恒定；缺点是改向滚筒多，且当物料掉入带与筒的间隙时易损坏胶带。当需要张紧行程很长时，它可与小车式联合使用。

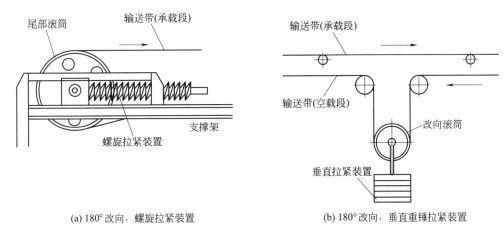

(a) 180°改向，螺旋拉紧装置　　　　(b) 180°改向，垂直重锤拉紧装置

图 4.1.6　两种拉紧装置示意图

小车式拉紧装置一般设在输送机尾部，通过坠重曳引拖动辊筒实现拉紧作用。它适用于长度 50～100m、功率较大的胶带输送机。缺点是工作不够稳定。

（6）清扫装置　为防止胶带上可能黏附物料，需要使用清扫装置（图 4.1.7），作为运行安全节能的附属部件。按安装位置分头部及空段两种，分别用于清除非工作面［图 4.1.7（a）］及工作面［图 4.1.7（b）（c）］的黏料。还可根据黏附物料的性质，恰当选择刮板材质的软硬。

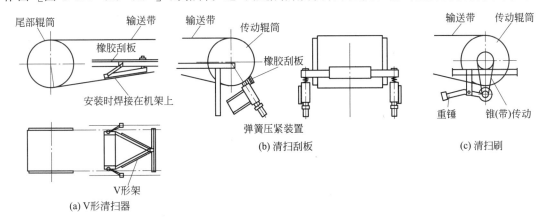

(a) V形清扫器　　　　(b) 清扫刮板　　　　(c) 清扫刷

图 4.1.7　几种清扫装置结构示意图

（7）机架　该部件是用于支承辊筒及输送带张力的装置。根据辊筒的类型不同，其结构亦不同。为了结构紧凑、刚性好、强度高，一般都采用三角形机架。

（8）导料槽、头部漏斗与卸料装置　头部漏斗是用于导料、控制料流方向的装置，也可起缓冲与防尘作用。为让漏斗落下的物料在达到带速之前，集中到输送带中部，它的长度要按落料速度与稳定带速之差选取。断面结构可分矩形和喇叭形两种（图 4.1.8）。

卸料装置、导料槽、头部漏斗的设计要取决于它们之间与输送机、清扫器的关系。

如果要在输送带中部任意点卸料时，就可用双侧、左侧或右侧三种可变槽角卸料器（图 4.1.9），它只能安装在带速不高、物料粒度不大、硫化接头的输送带上。

（9）电气及安全保护装置　国家相关的安全生产标准，规定了胶带输送机需加装如下控制仪表在线检测。常见的安全保护与监测项目有：输送带的跑偏监测；打滑监测；超速监测；沿线紧急停机的拉绳开关；来料库仓的堵塞信号；胶带纵向撕裂的制动；等。

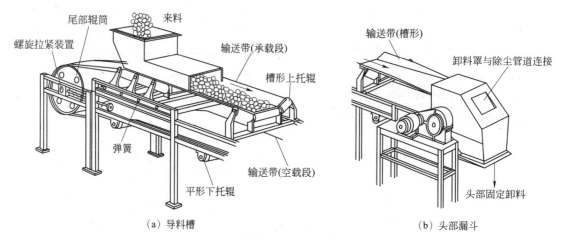

图 4.1.8　导料槽与头部漏斗结构示意图

（a）导料槽　　　　　　　　　　　（b）头部漏斗

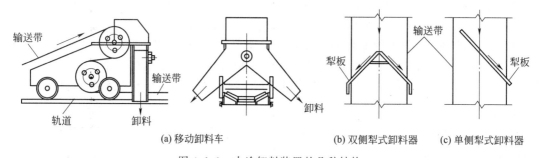

（a）移动卸料车　　　　　（b）双侧犁式卸料器　　（c）单侧犁式卸料器

图 4.1.9　中途卸料装置的几种结构

为预防输送机超负荷，使液力耦合器易熔合金温度升高而熔化，应该在耦合器内装设热电阻对温度监控，且当油温达 70℃时设置报警。

为防止物料突然增加时，传动辊筒与胶带打滑摩擦，压死皮带机。此时电动机虽在运行，但胶带只是滑动，并会很快摩擦着火，直到胶带断裂。故应将胶带机运行图标和负荷电流设置在主机操作画面上，出现电流显示及红色闪光报警，以随时提醒操作员。

在胶带输送机头部从动轮上设置速度传感器，也可随时发现胶带打滑现象。另外，在头部安装监控摄像头，能清晰观察到胶带机工作实况。

2）胶带输送机类型

胶带输送机的种类很多，根据结构不同可分成两类：一类是普通型，这类胶带输送机在输送物料的过程中，上带呈槽形，下带呈平形，主要有通用固定式、轻型固定式、钢绳芯带式等机型；另一类属特种结构型，这类胶带输送机其输送带的外表形态各异，为满足各种特殊输送需要，人们开发了可伸缩式、大倾角或垂直提升式、水平拐弯式、气垫式、管状带式、可逆式、双向运行式、压带式、U 形带式、移置式、钢绳牵引式等。其中有重大节能价值的类型将做重点介绍。

3）胶带输送机的发展方向

（1）超长胶带输送机　使用超长胶带输送机，需要关注如下技术。

①集中控制要求。数千米长距离的胶带输送机，常分为数条胶带接力输送，利用 Profi-net 和 Profibus-DP 总线相结合的通信方式，将 PLC 与人机界面、变频器及远程 I/O 相连接，通过集中控制系统，解决多设备集中控制的难度。从而实现主机设备与保护控制，成为

完整的集监控、保护和信号为一体的机电一体化；能保证每条皮带为现场验带慢速运行，实现软启动和软停车，避免"飞车"和撒料；做到多台输送机驱动电机的功率平衡，电流误差小于 3％；它们的控制与工厂 DCS 联网，实现集中操作和信息化管理；对跑偏、拉线、纵撕、堆料、打滑、信号、温度和压力保护等传感器，能在人机界面上一一对应显示。

具体方案为：制动方案经详细计算，中间部位输送带配置的变频器，仅需与配套的盘式制动器相互配合，而无须回馈制动功能，每条皮带均无超过同步转速的可能；通过多个控制站，分别设在每条胶带输送机头部和第 2 号输送机中间驱动部位，实现多点驱动控制和连锁集控；控制实现软件的多站点通信；多驱动点电动机的分时启动，避免某输送机转动惯量较大，紧急停车需要时间，使接力皮带因不可控停车时间而造成受料点堵塞；为确保多驱动点负荷均衡和速度同步，驱动电机间可为刚性连接或柔性连接：刚性是指两台电机同轴连接，柔性是指通过皮带连接。刚性连接是主机通过转矩控制速度；柔性连接中主机不能用转矩控制，否则会因从动皮带和滚筒摩擦力突然下降，引起飞车。

② 变频控制技术。为减少双驱动（头部、尾部）长皮带输送的停机现象，对它的变频控制应有如下改进。

采用编码隔离器（DTI），即数字测速机接口板，有效过滤来自周围无线电或雷达的信号，防止对变频电机上测速旋转编码器及对变频器 CUVC 板间连接用信号电缆的干扰。

此外，还应增加制动单元和能耗电阻各一组，以在同步转速下控制电动机转速。可避免皮带下坡阶段，物料在重力作用下的迅速下滑，使电动机转速超过同步转速，呈再生发电状态，头部变频器形成过电压而停车。

③ 使用液压调速制动器。事实证明，在运输量超载或上游设备连锁跳停时，使用逆变柜、更换大功率制动抱闸系统等措施，仍不足以防止"飞车"。而使用液压调速制动器，让控制器通过电液比例调速阀，使流量正比于皮带速度，即制动力矩永远与皮带实际载荷相对应，就能使皮带速度下降，实现制动，防止下坡"飞车"。将该制动器安装在电动机尾部，加长变频电动机转子轴后，经联轴器连接制动器的输出轴，制动压力设置为 35MPa。启运时，先投入制动器，控制皮带加速度，直到接近额定速度时，投入电动机，再使制动器卸载空转；当运行中遇超载时，则制动器启动，与电动机共同抑制皮带超载，待载荷恢复正常后，制动器才卸载空转；停车时，在电动机断电的同时，投入制动器，直到制动零速后，断掉制动器电源。

④ 转弯皮带的选用。对转弯处弧段的托辊改进后，让弧段不同位置的托辊保持不同的微小倾斜角度，让皮带机平缓转弯而不跑偏、撒料。目前水平能实现最小转弯半径 120m，最大转弯角度 47.7°。改用转弯皮带后，可省去转运站建设及相应收尘器、驱动装备、电机和控制电缆等投资，也免去大量日常维护工作。

（2）圆管带式输送机　圆管带式输送机比普通胶带输送机，有如下明显节能环保优势。

① 通过小半径三维空间转弯，可实现柔性布置，中间不用设置转运站，特别适合空间狭小、有障碍物的复杂环境，再加之输送倾角最大达 30°，可大幅缩短输送距离。

② 因以密闭形式输送物料，物料不飞扬、不撒落，输送中定能满足环保条件，且回程也成管状，可实现往返带负荷双向送料，大幅提高输送效率。

③ 节能幅度较大，且占地面积仅是一半。

（3）大倾角波纹挡边皮带　这是输送粒状物料的专用胶带装备，将橡胶带一次压制成型为适于 45°～70°大角度输送带（图 4.1.10），它不仅可以省去料斗等部件，而且简化了工艺流程，

图 4.1.10　大倾角输送中可漏出物料水分

替代两条平皮带、一台斗提机及相关物料转运中所需要的收尘器，为此，大幅降低了物料输送的电耗及维护量。该胶带的压制形状还适于输送含水较多的物料，在输送过程中可沥出水分。过去用黏结方式将波形橡胶挡板粘于皮带上，但温度稍高时挡板会脱胶，故被改进。但毕竟是胶带，仍不适于输送黏性物料及较高温度（＞200℃）物料，垂直高度也不宜高于 30m。

4.1.3　胶带输送机的节能途径

1）合理选择带速与带宽

确定带速取决于被输送物料的特性及输送量大小。带速过慢，输送量变小，单位物料的输送能耗就要提高；但带速过快，就要考虑物料的喂料与卸料能力，如物料易滚动、易产生粉尘、需要计量，此时就要求带速有上限：细粉物料的最大带速为 0.8～1m/s；采用犁式卸料器或卸料车时，带速不宜超过 2～2.5m/s；输送如袋装水泥等成件物品时，带速一般应小于 1.25m/s；等。

带宽的确定主要依据输送量、输送物料粒度和对输送带的张力要求。

2）合理选择输送带与辊筒类型

胶带输送机按输送带的材质有多种类型，辊筒表面类型也较多，两者间应有较大摩擦力，努力减少乃至避免打滑，才可能免去不必要的能耗。因此设计选型时，一定要结合物料特性，认真核实输送机的工作条件。

3）选择优质托辊

优质托辊的使用寿命要比一般托辊相差 5～10 倍，不仅如此，运行时所消耗的能量也会有 30% 的差异。因此，它很大程度决定了胶带输送机的寿命及运行能耗。

长期以来，对托辊端盖的密封要求，一直维持在相对概念上，最好的密封效果也只是 90%，包括进口托辊及盛行一时的唇式密封、王字密封，都无法实现绝对密封。但即使再少的进水和进灰，哪怕只有 1%，只要进入托辊，就会逐渐富集。而托辊轴承已被密封在辊筒内部，无法更换油脂或排出污染物，最终轴承难以转动、托辊卡死、滚面磨坏。

多年前，北京雨润华科技开发公司成功设计的托辊，利用无接触迷宫式密封，竟做到滴水不进、一尘不染，可以保证轴承中的抗氧化锂基酯 30 年不钙化，轴承始终处于良好润滑状态。这些托辊在水泥矿山实际使用时间已近 20 年，此实践证明，托辊寿命不只是轴承质量过关，更在于它的密封水平。

除了辊筒端部的绝对密封外，还应设法降低托辊的旋转阻力。旋转阻力≤1N 的托辊，轴承寿命可达 15 万小时；旋转阻力在 2.5～3N 时，托辊轴承寿命为 5 万小时；旋转阻力达 5～8N 时，托辊轴承寿命不会超过 1 万小时。为了降低旋转阻力，在制作辊体时，首先要使用高圆柱度的无缝钢管，以便加工中能保证滚筒两端轴承的不同轴度≤0.05mm。

与此同时，还要降低外圆径向圆跳动。钢管材质的托辊，外圆径向圆跳动平均≤0.3mm；包裹轮胎橡胶后，则≤0.1mm；模压超高分子量聚乙烯托辊，≤0.2mm。

此外，托辊管体材质的耐腐蚀和耐磨性也很关键。尤其在煤矿井下、焦化厂、烧结厂、矿山等处，它们的寿命最长也不足半年，故在滚筒外表用汽车轮胎橡胶包裹，其耐腐蚀性、耐磨性可以提高 10～30 倍（环境越差，相差倍数越大），寿命达 5 万小时。

由于胶带输送机的托辊数量众多，虽每个托辊的效益不大，但积少成多，对整条皮带机而言，就能减小带强和配置功率 40%～50%；延长胶带、滚筒胶面、减速机和电机寿命 5 倍以上；免除大量维修人力和物力；噪声≤40dB（1000r/min 时）。

4）配置自动检测保护系统

胶带输送机常见保护装置有跑偏开关、拉绳开关和速度开关，对电机功率、电流、带速及托辊旋转阻力的检测，应能及时反映出胶带输送机运行的异常情况。

（1）失速自动保护检测的进步　胶带运输机因皮带打滑、联轴器尼龙棒断裂、液力耦合器喷油等原因，会随时伤及本身及下游设备。对此，利用 XSA-V11801 型接近开关代替 DH-Ⅲ型失速开关，可避免检测轮磨损快、抗干扰能力差的弊病。而接近开关集成有脉冲检测、处理和信号输出转换功能，在皮带正常运行时，从动轮带动检测条同步转动，当每个检测条通过电子测速开关时，就会产生一个脉冲，当单位时间内脉冲数目达到预先设定值时，就说明皮带运行正常。如果未达到设定值，则说明皮带打滑，发出报警信号。

接近开关有 NPN 型和 PNP 型两种，要根据 PLC 数字量输入模块公共输入端类型选择。这种接近开关，是将宽度为 15mm 的检测片直接固定在胶带机从动轮的轴面上（对大于 30° 的胶带机，可装在加配重处的摆动轮上，以防抱闸倒料时撞坏测速装置），检测片的数量取决于从动轮转速，一般 4～6 个即可，其他安装要求可查阅相关资料。

当发生皮带撕裂、带料过多、摩擦等异常状况时，因阻力增加会造成电流明显上升，当高出正常工作电流时，就可报警和跳停。

在使用接近开关发出脉冲信号检测时，会因 DCS 隔离断电器频繁动作，影响使用寿命，又会因 DI 点是以数据打包形式上传，扫描周期内可能检测不到信号而出现误报。为此，建议将接近开关改为旋转探测仪，以脉冲信号常 1 或常 0 信号发送至中控即可。同时，再将信号与设备电流连锁，只有打滑信号与电流超限信号同时发生时，才会发出连锁跳停指令。

（2）防下料口堵塞的控制　胶带输送机都会因物料粒度过大或异物，发生在机尾下料罩内堵料。为防止堵料发生，可使用成本低廉的接近开关，自制皮带测速保护装置。

具体做法如下：在机尾辊筒边缘内侧，焊牢一长形铁片，以滚筒转动时不会刮碰到皮带为宜；与此同时，在基座上安装一支架（图 4.1.11），在该支架上安装性能稳定、不易磕碰、价值仅数十元的 LJ24A3-10-J/EZ 接近开关，并将接近开关与铁片距离调至小于 10mm。

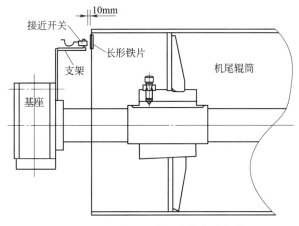

图 4.1.11　接近开关对胶带失速保护

当辊筒转动到接近开关感应区时，接近开关产生一个上升脉冲，传至 DCS 系统的下位机内。在皮带运行时，当任意两个脉冲间隔时间长于设定的间隔时间 2s 以上时，程序就认定皮带打滑或断裂，便发出停车指令。经现场检查、修复处理后，便可解锁程序、恢复连锁按钮，重新开车。

5）利用变频技术智能控制输送量

对于需要经常改变输送量的胶带输送机，如配料皮带秤等，应该采用变频调速驱动系统〔见 7.3.1 节 1)〕，并依据检测出的物料载荷及电机电流实现智能控制，会有明显的节能效益。

其他输送设备也可按此原理，根据载荷变化对驱动电机调速实施智能控制节能，并可用智能控制防止失速控制及防堵塞控制。

6）长皮带机势能发电

当胶带运输机从海拔由高向低且长距离输送物料时，完全可以利用高落差所拥有的势能转化为电能发电，既可节能，还有利于输送安全。

如果皮带机是采用变频驱动、能耗制动方式时，带料运行的电动机处于发电状态，使制动电阻柜持续高温运行，这样不仅浪费能源，还会因产生尖峰脉冲电压，冲击电机绝缘，酿成电缆击穿或电机烧毁，不利于设备安全运行。为此，可选择如下改进方式，提高发电效率及安全系统。

① 增加能量回馈装置，选用加拿大 IPC 公司的重载回馈装置，可按需配置容量，并适于各厂家变频器的回馈制动。针对皮带发电完全回收的要求，需切除原制动单元电阻器，并采取如下措施：加大单机回馈装置设备容量，用单机回馈方式取代原并联运行回馈；加大滤波器容量，改原内置滤波方式为外置滤波，并增加通风量；更换计量仪表，采用自带接口的紫光电能测控装置。按保守计算，此投资回报期约 14 个月。

② 使用四象限运行的 ACS800-17 系列变频器，可调反馈发电的电压，不仅有益于电动机绝缘，而且能利用反馈发电。它的整流不再是普通变频器用的整流二极管，而是用 IGBT 模块，与逆变器对称。能量可在电网侧与负载侧间相互流转。比采取降低喂料量、减小皮带下滑力、只求安全的消极方法，能主动取得更大效益。

③ 拆除原有两套机尾电动机、变频器中的一套，在原位置安装一台 150kW 的发电机和稳压调整回馈电路。前者与原有变频电动机，通过减速器和皮带机机尾辊筒连接；后者将发电机发出的三相电压 300V 交流电，经整流为 420V 直流电，再经回馈逆变调相输出 220V、50Hz 的三相交流电，又经升压变压器转成 380V，回馈到电网。这样，在皮带机正常运行时，可回馈电流约 70A，发电机功率约 55kW，产生制动力矩抵消势能做功，起到制动作用；当输送量减少时，只要皮带机本身刹车力和制动阻力足以克服产生飞车的热能时，回馈装置便自动退出，发电机空载运行。实现皮带输送能力既能满负荷，又能多发电的双赢结果。

4.1.4 胶带输送机的应用技术

1）对被输送物料物理性质的要求

（1）严格控制被输送物料的粒度 凡来自天然的原燃料进入生产线，一般要经过破碎才能被输送。对破碎后的粒径必须严格控制，若是其他工业的下脚料，进厂粒度不会过大，其最大粒径都应在 25mm 以下。因为物料粒度将影响胶带上的料层厚度，一旦有过大的石块出现，料层就要增厚，就会影响准确计量、破坏正常的除铁要求等，甚至会划裂胶带，发生堵料等威胁输送安全的事故。

（2）被输送物料的水分不能大于 1% 过大的水分会增加物料的黏度与湿度，直接影响输送过程中的进料与卸料均匀，甚至粘挂在胶带上，堵住进料口与出料口。至于高黏性的物料，就无法使用普通胶带输送。

（3）避免输送高于 250℃ 的物料 因为普通胶带的允许物料温度只是 80℃，即便选用耐高温胶带，也不能高于 250℃。

上述各项物理性质，只要有一项不符合要求的物料被输送，都属于带病运转。

2）胶带输送机的安装要求

它的安装质量不仅关系到胶带机的稳定运行，也直接影响使用寿命及电耗大小。

（1）机械尺寸精度 输送机头尾架、中间架与辊筒的纵横向中心线与安装基准线的偏差不大于 ±3mm；驱动、拉紧辊筒的轴线对输送机纵向中心线的垂直度应不大于 2mm/m；其横向中心线与纵向中心线的位置偏差不大于 2mm。中间架支腿的垂直度、中间架的间距、相对标高也都应有严格尺寸控制。

（2）胶带的粘接必须严格执行规范 尤其要根据棉芯胶带及钢丝绳芯的厚度与层数、胶料的不同要求，重视硫化温度、压力与时间，确保粘接后应有的工作拉力。

3）对胶带输送机的维护

（1）对钢丝胶带的维护 对使用 5 年以上的胶带，会出现鼓包及局部磨损与老化，应及时修补，将鼓包切开，清理、冷粘，破损处用硫化枪粘补；对磨损较快的滚筒，应定期修复菱形花纹，增加摩擦力，延长胶带寿命；对胶带交接落差较大处，应对溜子加装分料板和缓冲板，改变下料方向，降低冲击力，并减少扬尘；随着季节变化，要根据热胀冷缩及时调整胶带张紧度，避免打滑磨损；当边缘芯胶脱落时，要及时将裸露钢丝截断，用修补胶将钢丝头与芯胶粘接住，避免钢丝缠绕到辊筒上，酿成事故。

（2）预防胶带撕裂

① 改进入胶带机下料溜子，将前端的直面改为 30° 坡面，增大溜子空间，让有类似篦条等长形铁件进入溜子后，可以顺利随胶带送出，不能被挂扯。

② 在胶带上方安装除铁器，并配有监控摄像头。为防止大型铁件被除铁器吸出后不易排出，划撕胶带，应将下方托辊改为水平型，并要求除铁器与胶带间垂直距离大于 200mm。

（3）正确使用拉绳开关 随着皮带长度增加及使用时间延长，拉绳开关的可靠性就会降低，常因某个接点闭合不实，又是常闭接点串联，就会影响正常运行而不易查找，常为此将可疑拉绳开关短接，埋下了重大安全隐患。正确的办法是在拉绳开关外部装上 220V 的指示灯或发光二极管，以明确暴露故障点，能及时更换拉绳开关等配件。

4）及时发现并排除运行故障

（1）皮带机跑偏调整 首先要查出引起跑偏的原因：

① 中部跑偏时，可对在中间架上托辊组长孔的位置调整，皮带偏向哪边，该侧托辊就朝皮带前进方向移动；

② 短皮带跑偏时，安装调心托辊组较为有效，但对皮带磨损较大；

③ 长距离胶带机容易分段跑偏，此时要加装自动纠偏托辊组；

④ 将托辊架固定螺孔改成长孔，多组调整托辊角度，可改善皮带跑偏程度；

⑤ 在改向辊筒前几组的下托辊上，从两端分左右旋向缠绕上 $\phi16mm$ 的钢筋，纠偏效果明显；

⑥ 驱动辊筒与改向辊筒不垂直于皮带机运行中心线时，会产生跑偏，应调整驱动辊筒、

头部辊筒向皮带前进方向移动，尾部辊筒相反；

⑦ 张紧辊筒轴线与皮带纵向方向不垂直时，也会跑偏，应对张紧装置调整，根据张紧方式分重锤张紧、螺旋张紧及液压张紧等类型，调整原则与前相同；

⑧ 落料位置造成跑偏时，来料落点应有一定高度，避免物料在皮带上有偏斜，可借助挡料板及导料槽改变落点；

⑨ 可逆皮带跑偏时，先调整好常用方向的跑偏，再调整另一方向。

（2）皮带机撒料处理　皮带机转运点处常会撒料，取决于导料槽挡料橡胶裙板的安装位置与长短，且防止超载运行；凹段皮带在设计中应取较大曲率半径；若因跑偏撒料，则要按上述纠偏办法处理。

（3）皮带机压料处理　被输送物料如黏性较大或含有纤维性物料时，容易堵塞下料出口。在下料口处上方的壳体顶部，加挂一可以自由摆动的耐磨板，就可改变物料下落方向，予以缓冲。如再在耐磨板下方焊上若干小钩，就可将纤维性物料挂起，定时清理即可。

还可自行制作螺纹托辊，即在普通平托辊表面上同时缠绕三根 $\phi6mm$ 钢筋，小段左右旋对称焊接，焊制螺距相同，用割枪配合加热，用钳、压、敲，使螺纹高低一致。加热时要避免损伤滚筒两侧的尼龙轴承座。这类单旋向螺纹托辊数量不必过多，仅在皮带头部、尾部、改向辊筒及张紧辊筒处对称放置，且让螺纹旋向与皮带输送方向相反，使螺旋提升力朝向皮带中心，便可清理掉皮带表面95%以上的积料。

（4）皮带打滑处理　根据不同类型张紧方式，增加配重或增大张紧行程，若行程不够，可截去一段皮带重新粘接，或重新硫化。

（5）噪声处理　长距离皮带有 $75 \sim 85dB$ 噪声时，超过国家相关规定，应当治理（见8.4.3节）。

4.2　空气斜槽

空气斜槽又称滑槽，是利用空气动能使粉体物料流态化，形成流化床再靠势能输送的设备。有人将它误归为气动输送设备，但它只是物料进出口存在正高差的条件下，靠物料自身所具备的势能，不断转换为动能完成输送，风能只对物料起到流化作用。

空气斜槽所用气体是离心风机 $6kPa$ 的低压，它与用罗茨风机 $50kPa$ 中压的气力提升泵及用压缩空气 $0.2 \sim 0.5MPa$ 高压的螺旋泵、仓式泵等设备不尽相同。一般输送的气体压力越大，能耗越高，高、中、低压气体输送物料的能耗比大约为 $3:2:1$。

因此，不应将空气斜槽与后述的气助式链式输送机［见4.3.2节3）］视为气动输送设备。

4.2.1　空气斜槽的工艺任务与原理

空气斜槽只适用于小角度向下倾斜（水平夹角 $4° \sim 15°$）水平输送粉状物料，如生料、粉煤灰、煤粉、水泥等。这种输送设备的结构简单、输送能力大且电耗低，可改变输送方向、多点进出料，无运转零部件，运行无噪声、维护方便、造价低廉。

工作原理为：斜槽的主体是用充气层（或称流化板）将壳体隔离为上、下两个钢板槽体，物料从上槽喂入，成为流动层，下槽为空气室，由离心风机鼓入空气，所有空气都透过充气层进入槽上，让物料流态化，由高端走向低端。它之所以不能输送粒度大、水分大或比重大的物料，正是因为这些物料不易流态化。斜槽尾部的上端设有空气排出口，使多余的气体通过除尘器处理后排放。

4.2.2 空气斜槽的结构、类型及发展方向

1) 结构

空气输送斜槽由槽体、透气层、支架和鼓风机等组成（图4.2.1）。每节本体长度分标准节（2m）与非标准节（250mm的整数倍）组合连接，以满足工艺布置要求。

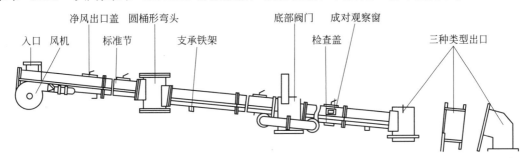

图 4.2.1 空气输送斜槽结构示意图

（1）透气层　透气层是空气输送斜槽的关键部件，它既要有一定强度、耐磨、耐温、耐磨蚀等性能，还必须有较高的透气性，透气孔要小而密，且均匀、连续、较低透气阻力。

透气层有两类材料——普通帆布织物及抗磨多孔板。要根据所输送物料选择得当，否则就会造成堵塞或寿命过短。当输送含有粗粉的半成品时，比如出辊压机、进选粉机物料、出选粉机粗料、中卸磨粗粉等，都应选用带抗磨性的多孔板作为透气材料，用普通帆布不足1个月就会磨穿。而输送生料或水泥成品时，就可用帆布织物，寿命也可达三年。

（2）气分式清渣器　当被输送粉料中混有异类块状物料（如碎钢球、铁渣）等料渣时，传统的磁选式和筛分式两种除渣方法，都有局限性，如能采用山西龙舟输送机械公司研制的气化沉淀方式除渣（图4.2.2），就能达到满意的除渣效果。对沉淀不多的料渣，可以停机后人工清理，但料渣较多时，就要选用液压推板式清渣，做到料封锁风，实现运行中出渣，这需要增设液压设备。

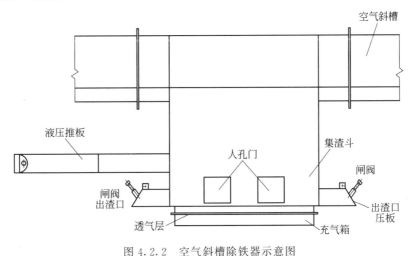

图 4.2.2 空气斜槽除铁器示意图

该设备除铁（渣）效率可达95%以上，料渣中含灰率低于20%、耗能低，功率仅

3.0～5.5kW；处理量大，在40～2000m³/h，既可用于空气输送斜槽上，也可用于溜槽上。它只适用含水小于2%、容重小于2×10^3kg/m³、无黏性、料渣含量低于3%的粉状物料。

2）分类

按照输送物料的进口与出口的相对位置及出口点，槽体可分为直槽、弯槽、三通槽和四通槽几类。

3）发展方向

降低透气层阻力将是空气斜槽进一步节能的方向。未来的智能化操作，要求对料层与用风量更精确控制。

4.2.3　空气斜槽的节能途径

1）合理选型

根据被输送物料的量及密度、斜槽倾斜角度，合理选择斜槽宽度。根据物料密度，如充气生料密度为0.7～1.0t/m³、充气水泥密度为0.75～1.0t/m³，计算空气消耗量，选配离心风机规格，过小不能完成输送任务，过大会增加能耗，可参考相关图表选型。

2）改善与保护透气层性能

经过不断改进，透气层从原有陶瓷多孔板、多层棉帆布等，现在已改为编织涤纶透气层，厚度4mm，透气阻力小，耐温150℃，使用寿命长。

为避免透气层直接遭受入料冲击，可在此处用多孔钢板遮挡，若被输送物料有较强的磨蚀性，则可在全程透气层上铺设多孔钢板。

如果进料的冲力较大，影响透气布寿命时，可制作更坚固的缓冲板（图4.2.3），即由若干双头螺栓组成的缓冲格栅，代替原有缓冲板，在斜槽两侧壳体上割出一个700mm×60mm的条状口子，将加工好的两块800mm×100mm×10mm的钢板分别焊到该条状口上，然后用长度比斜槽宽100mm的双头螺栓插入焊上的新钢板预留孔中，加垫圈后用螺栓紧固。透气布寿命便可延长至两年以上。

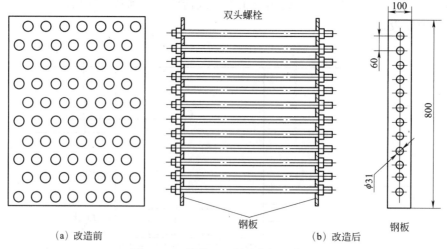

（a）改造前　　　　　（b）改造后

图4.2.3　斜槽入口缓冲格栅示意图

3）耗气量与槽体密封

满足输送气体压力0.04～0.06MPa的条件下，耗气量应介于1.5～3m³/(m²·min)之间。为减少阻力消耗，输送距离较长时，可在沿途增加进风口及鼓风机配置；为减少耗气量，壳体一定要保持整体密闭性。制作商出厂前均需试装，在压力 10kPa 时，应持续 15min 内不漏气，并提交气压试验报告。

安装中做好每段槽体间，上、下壳体间与夹有透气层间的密封，且要求透气层平直，具有一定张力。为此，要严格打孔、涂胶、坚固等每道工序要求，用好"日"字形橡胶垫片、302 密封胶、液态密封胶、石棉绳、铅油、橡胶条、毛毡垫等材料。

选用风机要根据不同透气层。空气斜槽用风量的计算公式为：

$$Q = 60qBL \tag{4.2.1}$$

式中　Q——小时斜槽耗气量，m^3/h；

　　　q——单位面积耗气量，$m^3/(m^2 \cdot min)$；

　　　B——斜槽宽度，m；

　　　L——斜槽长度，m。

风机风压一般取 6000～6500Pa。对于普通斜槽，q 取 2～2.5$m^3/(m^2 \cdot min)$；对于抗磨多孔板，q 取 3.2～3.5$m^3/(m^2 \cdot min)$。

利用斜槽料面流速的对称性，对有三通要求的斜槽，可以在斜槽内分支处直接设置分流导向板，而不用在两个分支后架设闸板截流阀，否则不但不易调节控制，而且还易堵塞。

如能让被输送粉料不含杂物，就可免去清渣器设置，节省专用风量与能耗。

4.2.4　空气斜槽的应用技术

1）控制合理的料层厚度

被输送物料含水量不能过高（≤1%），其中包括吹入的空气中带入水量在内。

斜槽越宽，允许的料层厚度越大，如 250mm 宽的斜槽，料层厚度为 46mm；而 500mm 宽的斜槽，厚度宜在 90mm；在控制料层厚度的同时，还应辅之以进风量的调节。

2）操作维护要求

① 开机前检查。斜槽内无杂物、无内漏风，检查门密封完毕，检查风机转向。斜槽检查门的设置不能过小，应在进料口及每隔 3～4m 处，设长方形（而不是圆形）检查门。

② 开车时，应先送风，再送料；停车时，应先停料，再停风。长时间停车，应将透气层上的物料清理干净，并保持透气材料干燥清洁。对三通槽、四通槽类上的闸板要关闭严密。

③ 当斜槽的上游设备下料波动较大甚至有塌料情况时，如旋风筒与所附分格轮间的密封条损坏，就会造成瞬间过大料量而"压死"斜槽。此时应针对塌料的原因对症排除。

3）定期检查

应定期检查与调整斜槽的斜度；检查门与观察窗不允许有堆料现象；定期摸索鼓风量最适宜开度；排风收尘装置应保证空气畅通；随时检查壳体的密闭性；每三年应重新拉紧、修补与更换透气层。这些都是保证输送量的条件。

即使开车初始就发现，斜槽底部有破损形成的短路风，下槽内也有漏料，但物料被流态化后，其流速就能克服少量漏料的阻塞，仍能维持主机运转。但一定要趁主机停机，利用接料板及除尘器滤布进行修补，开启鼓风机后见透气层上凸，说明下槽风道已正常。

4）除渣器的应用

除渣器应装在溜槽或空气斜槽中部，当粉料通过它的箱体时，受到底部充气箱的空气气化，较大比重的料渣就会沉淀到箱体底部，再由液压往复推板将渣子推到出渣管，料渣会被挤压密实，客观上形成对箱体的锁风效果，实现运行中出渣。

安装时要拆下准备装除渣器的原斜槽区段，此过程要严禁烫伤及机械损坏透气布；安装液压缸、液压站及油路系统，根据推板的工作位置固定行程开关；再安装罗茨风机及附件，注意液压缸和出渣口的相对位置。

投入使用前，要保证整个除铁（渣）器不漏灰、管道不漏风。投料后不久，应即刻开启出渣系统。出渣压板即向上顶开，此时出渣口不应漏气。

原斜槽充气箱最好不与除铁（渣）器的供气系统合用。各自保持独立供气，否则很可能导致除渣器供气压力下降。其后果是将降低除渣效率，不是堵料就是渣中含灰较多。

4.3 链式输送机

链式输送机简称链运机，是一种完成水平输送物料的设备。与空气斜槽相比，它能向上倾斜输送物料，与水平成最大夹角 20°。由于它的能耗会比空气斜槽高，因此，只有物料进出高差及温度偏高不能满足空气斜槽时才选用它。

4.3.1 链式输送机的工艺任务与原理

链式输送机能输送物料的物理性质为：松散密度 ρ 介于 $0.2 \sim 2.5 t/m^3$ 之间；含水量不能高，不能过黏结团，也不能过于坚硬或流动性过大；最大粒径取决于机槽的有效宽度。但相对空气斜槽及胶带输送机，可输送温度略高的物料。

其工作原理是：物料在断面封闭的槽形壳体中，当拉链被全部埋住且向前运动时，物料就会受拉链沿运动方向的推力，只要物料间的内摩擦力大于物料与槽壁和槽底间的摩擦力，物料就会随拉链向前运动。

4.3.2 链式输送机的类型、结构及发展方向

1）类型

最初链式输送机种类较多，但经发展筛选，现在常用的是 FU 型链式输送机。它有高温型与普通型之分，高温型能用于温度高达 400℃ 的粒状或粉状物料，如熟料、烟道灰等均可。

2）结构

它主要由槽形壳体、拉链、轨道、驱动装置及张紧装置等部件组成。

（1）槽形壳体　壳体应具有良好的密封和较高耐磨性能。所用侧板和底板普遍较薄（4～5mm），又因是矩形截面，侧底板会磨损很快。为此，需要限制物料速度，并采取壳体内衬耐磨衬板防护。为了克服中底部和两侧表面磨损，机槽应取某种独到的截面形状。

（2）拉链　拉链包括链条及其焊在链板两侧的 U 形刮板（图 4.3.1），为低碳合金钢制作，表面渗碳处理后硬度可达 HRC65；下底板安装耐磨方钢作为链条滑行轨道，减小运行阻力及磨损量。

图 4.3.1　空气链运机内部结构

（3）驱动装置 电动机与减速器分体，通过联轴节传递转速与转矩驱动，可提高机械效率近 5%，传动部件寿命增加 2 年以上。比用减速电机，链条传动的机械损失大，并加快链条磨损、变形。

3）发展方向

我国山西龙舟输送机械公司开发的气助式链式输送机，将气动助推原理应用到 FU 链式输送机上，它的底部装有充气箱，由一根主风管分成若干支网管供气，主风管由罗茨风机或高压离心风机作为风源，物料经气化后，减小了内部的摩擦力，提高了流动性。同样规格的链运机减小了链条规格，还大幅增加了输送量。虽罗茨风机也需要耗电，却能降低单位物料的输送电耗 40%，同时，也减小了物料对链条的磨损量，链条寿命比原来延长 1/4。如果用它代替短距离胶带输送机，改造工艺线，可以避免皮带跑偏、物料泄漏等故障，而且它壳体密封，能改善工作环境，但仍要比较电耗，比较总的得失。

4.3.3 链式输送机的节能途径

（1）推荐使用空气链式输送机。

（2）严格遵守安装规范 头、尾链轮应处于同一中心线；链轮轴应互相平行，两链轮中心线应与底槽中心线一致；支架顶部托轮应在同一平面上，径向中心应在同一直线上；链条平直，松紧程度适当。

（3）提高链条及滑道的耐磨性能 在输送熟料细粉等磨蚀性强的物料时，它们的寿命不仅影响配件成本，而且一旦有严重磨损，就会直接升高输送电耗。因此，有必要提高配件的耐磨性。

（4）提高生产系统的稳定性 保证输送负荷稳定及进料质量始终恒定，是输送设备节能的基本条件。如需要输送设备改变负荷时，可以根据负荷变化、电机电流大小，智能调节变频电机转速以节能。

4.3.4 链式输送机的应用技术

1）防堵措施

运行中常见链运机因物料黏湿而堵塞。除尽量放大下料口外，应安装过载报警器，还可在链运机出料方向端面改为铰接活动端板，过多物料可从活动端板自动挤出，以防堵料。

2）防止链条跑偏

为防止链条跑偏停车，可在上方机壳上焊接长 400mm 的压板，与链条上方距离 5mm，每隔 5m 一块，并在压板下面加废旧皮带，压住上链条。

3）输送高温物料的措施

链运机输送高温物料时，链条上滚子与套筒会因热胀卡死，滚子磨损成扁平状；链条在头轮上难以脱开；链轮及轨道磨损严重，尾轮光轮成齿状；尾部机壳易受拉开裂；进料口法兰变形；等。为此，可采取如下针对性措施。

① 接灰溜槽与链运机侧面的直接接口，可在物料溜槽距机壳 50mm 处制作接料口，溜槽长度 400mm 以上，接口内径比物料溜槽外径大 15mm。当物料溜槽受热膨胀时，因无接触为自由伸缩提供空间，使链运机不受热应力变形。但接口处需要有效密封，以防产生变形应力。

② 靠近头部托轮的中部机壳处增加一托轮，让受热后伸长的链条多一个支点，减少下

垂量；将尾部丝杆张紧改造成丝杆弹簧复合张紧，即在调节螺杆与尾部轴承间加一压缩弹簧，让原调节螺杆为粗调，压缩弹簧为微调，尽量消除温度变化对链条长度的影响；适当增大滚子与套筒间的间隙，避免热胀引起相互卡死；为降低链速，将驱动小齿轮齿数由原21齿减少为17齿；头部机壳用地脚螺栓固定，中、尾部机壳螺栓只有左、右方向限制，长度方向可自由收缩；螺栓连接采用砂封形式。

③ 改进原靠近主链轮前部的可转动托轮组。重新制作一根能伸长到链运机壳体外两侧各30mm的托轮轴，轴与托轮切面方向中心重合；增加一组固定于壳体两侧的轴承座底座；用密封压盖将柔性密封材料用螺栓固定安装在壳体上，实现轴与壳体的密封，彻底避免原轴承在物料温度较高时，对润滑与密封破坏所酿成的后果。

4）防止库顶带料

用FU链运机输送水泥至库顶入库时，如果有少许物料被输送链板带至机头，积累较多时，设备就会振动停车。为此，用橡胶带制作"士"字形清扫器（图4.3.2），用螺栓将清扫器固定在"士"字形钢板上，橡胶上螺栓孔开成长槽形用于调整，如果在每个沿途下料点都安装有这些清扫器，它们在入库点，将把手翻转90°并固定，通过柔性较好的橡胶与输送链板接触，便将链板上物料清理干净，再没有带料问题。

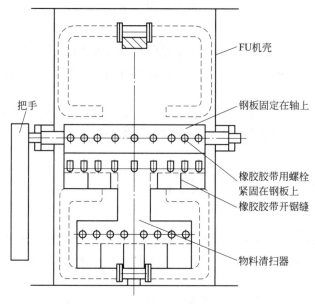

图4.3.2 "士"字形清扫器

4.4 螺旋输送机

螺旋输送机俗称绞龙或绞刀，是较为老式的水平输送设备。由于它的输送距离短，且单位物料的输送能耗较高，现代水泥生产线上已经少有应用。

4.4.1 螺旋输送机的工艺任务与原理

1）工艺任务

螺旋输送机既可输送粉状物料，也可输送粒状物料。最长输送距离仅数十米，输送倾角不能超过 20°。

由于螺旋输送机对被输送物料的适应条件较宽，还有个别位置不得不选用它。如增湿塔收下的烟道灰，其含水量、温度变化都很大，唯有选派它才能胜任。

2）工作原理

通过两端的端部轴承及中间数个悬挂轴承（吊瓦）将螺旋叶片支承在钢制密闭机壳内，螺旋叶片通过驱动装置旋转，推动壳体内散粒物料从入口运动至出口，实现对物料的输送，使物料不与螺旋叶片一起旋转的力是物料自身重量和机壳对物料的摩擦阻力。

4.4.2 螺旋输送机的类型、结构与发展方向

1）类型

常用有两种类型：GX 型和 LS 型。

GX 型的螺旋轴直径是叶片直径的 0.8 倍，有实体螺旋面和带式螺旋面两类。当被输送物料中有中等块状（>60mm）时，应选用带式螺旋面的叶片。

LS 型的螺旋叶片有单驱动与双驱动之分，是德国 DIN 标准产品。当叶片法兰与中间轴法兰频繁断裂时，除要注意安装精度外，还要加大法兰直径，增加法兰厚度，增加中间轴连接件强度。

2）结构

由机壳与进、卸料口、螺旋叶片、轴、中间轴承（吊瓦）、电动机与减速器组成（图 4.4.1）。

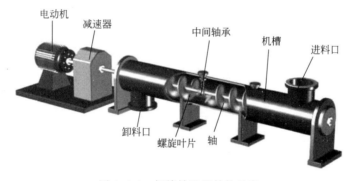

图 4.4.1 螺旋输送机结构示意

螺旋叶片的布置方式，会影响设备的正常运行。在物料出口应设置半圈或一圈反向螺旋叶片，防止粉料堵塞在端部；且驱动装置及出料口都应位于有止推轴承的头节，让螺旋管轴始终处于受力状态；进料口不应布置在机盖接头及吊瓦上方；尾部轴承及轴承座同样应为悬挂轴承倒支撑，并与其他悬挂轴承架保持应有精度的直线度。

3）发展方向

随着分别粉磨技术的开展［见 2.1.3 节 5）］，成品出库后必定需要混料设备，即混料机［见 1.3.3 节 4）（4）］，它实际是一种大直径螺旋输送设备，转速不一定高，但它与空气链式输送机原理一样［见 4.3.2 节 3）］，山西龙舟输送机械公司同样开创性地安装罗茨风机，借用气动助推原理，提高混料与输送效率，降低了能耗。

4.4.3 螺旋输送机的节能途径

（1）为完成物料水平的输送，应尽量避免选用螺旋输送，这本身就是最大的节能。

（2）增加机壳单节长度　在被迫选用时，应尽量提高螺旋轴强度，使吊瓦间距从 4m 延长至 6m，减少吊瓦数量，提高同轴度。否则节数过多，会增加连接部分的故障频率。若 5m 以上，在法兰与厚壁钢管焊接处，径向三等分焊三角筋，还能增加法兰的抗扭矩能力。

（3）中间轴承采用滚动轴承　代替惯用的滑动轴承，可以降低支承阻力。

（4）提高安装质量　要求各吊瓦的轴承中心应为同一直线，偏差＜0.5mm；螺旋叶片轴中心也应成一直线，与机壳两侧间隙应均匀，与机壳底部间隙不小于 10mm。

4.4.4　螺旋输送机的应用技术

1）轴端密封改进

螺旋输送机轴端因不易更换填料、润滑不当时，再加之轴有弯曲，就会产生间隙漏料。为此，改进填料函壳为分体式（图 4.4.2），以方便更换填料；采取填料加动态气流密封技术，以弥补轴挠度产生的间隙。

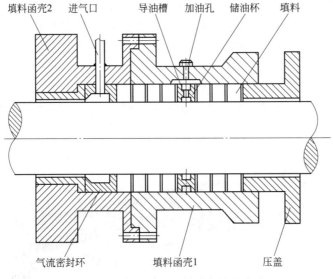

图 4.4.2　螺旋输送机轴端密封的改进

①填料函壳内加装气流密封环，上有三个进气孔，压力为 0.85MPa 的气体进入密封环腔体内形成正压，堵住了相对低压的粉料泄漏通道。

②增加一套加油装置，润滑脂随轴旋转到润滑部位，避免轴与填料干磨，函壳上应钻有加油孔。

③为避免工作温度较高，导致润滑脂流失，每 8h 应加油一次。

2）吊瓦吊轴改进

为避免吊轴螺栓切断，应改进吊瓦与吊轴连接结构、减少材质磨损，确保螺旋主轴有较高的同心度。

原有头尾轴结构是采用舌式嵌入连接，吊轴与主轴的法兰式连接原仅用两条螺栓，虽便于拆装，但同心度难以保证，更经不住磨损，甚至切断螺栓。将其改造为轴套连接方式，尾轴改为台阶轴孔式，轴与轴套间隙配合 0.5mm，由两根十字垂直螺栓固定传动。吊轴改为轴和轴孔式，吊轴两端各有两根十字垂直的高强螺栓固定（图 4.4.3、图 4.4.4）。同时，将材质由原耐磨铸铁，改为高锰钢 ZGMn13 增韧处理，表面硬度由 25HRC 升为 42HRC。

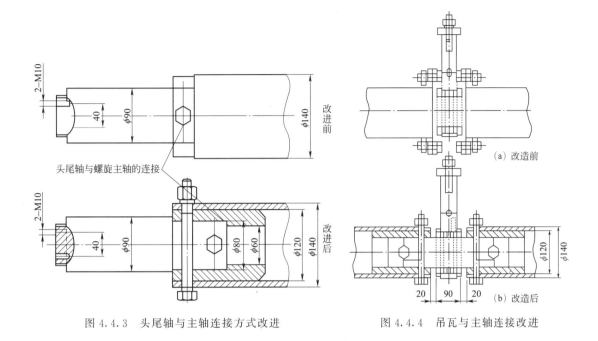

图 4.4.3　头尾轴与主轴连接方式改进　　　　图 4.4.4　吊瓦与主轴连接改进

4.5　链式斜斗输送机

链式斜斗输送机是一种重载倾斜输送设备，多用于输送熟料，比提升机安全可靠。

4.5.1　链式斜斗输送机工艺任务与原理

1）工艺任务

现代水泥生产中，熟料从篦冷机运入熟料库的输送高度近百米、熟料温度一百摄氏度以上、输送量 200～500t/h。面对熟料对设备磨蚀较大的苛刻条件，选择链式料斗轨道式倾斜输送，不仅利于熟料散热，也是最为安全、节能的方式。

2）工作原理

两条板链上装有众多料斗，料斗间相互搭接，确保进料时不会撒料。靠头部链轮转动带动链板运动，料斗随着链板一起围绕头部驱动链轮和尾部张紧链轮在轨道上运行。熟料由下方加料点入斗、从上方头部卸出入库，自下而上形成环线输送。

4.5.2　链式斜斗输送机的结构、类型

1）结构

链斗输送机的结构主要有：头部装置、尾部装置、传动装置、链斗运行装置、轨道与支架、安全防护装置几部分（图 4.5.1）。

（1）头部装置　由头轮轴、头部链轮、轴承座、头架、逆止器、防尘罩等组成。

头轮轴上装两个头部链轮，两端由一对滚动轴承座支承，滚动轴承座安装在头架上，头架经地脚螺栓固定在基础上。头轮轴一端与驱动装置连接，另一端装设逆止器，防止运行中突然断电、料斗带料逆转。

链轮有整体式和嵌齿式，为方便轮齿更换，应选用嵌齿式，且两个头部链轮应同步加工。

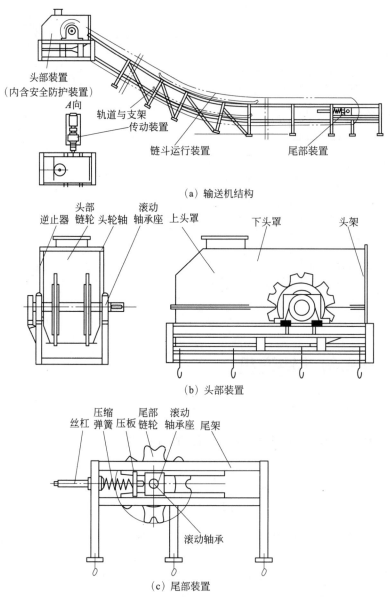

图 4.5.1　链式斜斗输送机结构图

（2）尾部装置　尾轮轴上同样装有两个尾部张紧链轮，其两端支承在一对滚动轴承座
上；轴承座的上下两面设有导槽，尾架上的两根导轨就嵌在导槽内，轴承座可沿导轨滑动。

尾部链轮设有两套包括弹簧、丝杠和压板在内的张紧装置，压板上下两面都设有导槽，
通过弹簧与丝杠在导轨上移动，保持链板磨损后的链条仍始终有一定张紧力；弹簧的另一作
用是当杂物卡住链斗时，可缓冲减少损坏；为保证两条板链受力均匀且料斗不歪斜，两个链
轮有一个由键与尾轮轴固定，另一个则是间隙配合，仅靠链轮挡圈轴向定位。

链轮由齿圈和轮毂两部分组成，齿圈分成 5 个扇形齿块，用螺栓与轮毂连接，并采用内
外锥套成对设计，以防连接孔磨损的链轮报废。但非减速器侧齿圈一旦连接螺栓掉失，内外
锥套及连接孔、头轮均严重磨损，个别齿块即将脱落，但减速器侧却完好无损。说明此侧链
条对齿块有外向推力，靠内外锥套的有限胀紧量难以承受。为此，取消轮毂与齿块的胀紧锥

套连接，只保留自制螺栓（图 4.5.2），光杆部分尺寸取决于孔内径，螺纹部分为 M36，光杆与连接孔为过渡配合，锤打螺栓轻敲进入孔内。自制垫圈厚度 5mm，采用双螺母防松。

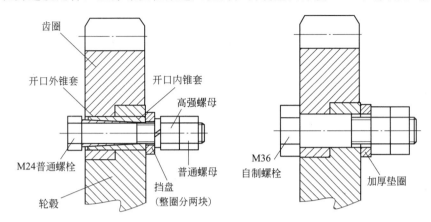

图 4.5.2　头轮齿圈与轮毂连接方式改进

（3）传动装置　由电动机、液力耦合器、减速机和联轴器组成。液力耦合器装在电动机、减速机之间，以减小电动机启动电流，防止电机过载，并通过降低启动的动载荷，保护板链安全。

（4）链斗运行装置　由若干套链斗、链条及轴套组成。链条分模锻链和板式链，以模锻链质量更优。

（5）中间部件　靠每个门式支架支撑在轨道上，再通过支架底部焊接在基础预埋钢板上，或地脚螺栓与基础连接。各段钢轨接头用鱼尾板和螺栓连接，并留有 6mm 间隙，在转变变向处设有上、下护轨。支架的制作要有胎具，保持尺寸正确、底面平整。

安全防护装置是保证人身与设备安全的必备设施。如安全网、钢丝绳拉线与开关、速度报警停车装置、紧急制动开关及相关位置的收尘装置等。

2）分类

按链斗与链条的组装方式分链斗式与槽式两大类，链条可装在链斗侧面的为槽式，装在链斗底面的为链斗式。两种不同组合方式各有千秋。

4.5.3　链式斜斗输送机的节能途径

1）应选用槽式链斗输送机

因为它降低了设备输送的重心，使牵引链条与承载物料的托辊始终在同一条线上，而运行平稳。它的每个料斗是独立载体，相邻料斗搭接而不接触，保持输送料流连续，也不会有料斗变形发生漏料。但此结构需要加固料斗侧板，比链斗式多用钢材 7%～10%。

链斗式虽省钢材，但会发生前进方向与轨道方向的跑偏而不稳定。

2）选用轧制工艺的链斗

链斗原结构是将侧板、底板、轴座分别单独成型后再焊接，现改为整体轧制工艺，具有效率高、质量好、成本低、减少金属材料大量消耗等优点。关键在于开发出对应底板和侧板的料槽底板轧制专机，使平板利用率由 88% 提高到 95%，制造装备总功率由 90kW 降至 45kW。

3）稳定熟料煅烧工艺

出篦冷机的熟料粒度均匀，少有大块及高温，是保证输送设备安全运行的前提条件。

4.5.4　链式斜斗输送机的应用技术

1）维护要点

（1）避免料斗搭接处互相碰撞及剐蹭　及时修整料斗变形斗唇；及时更换因磨损已伸长的链板；紧固料斗与链板的连接螺栓。

（2）防止链斗运行跑偏　当两条板链长度相差过大时，可将左右板链部分链节对调，或更换；头部链轮磨损后要修理或更换链轮轮齿；尾部张紧链轮要使尾轴与输送机纵向中心线垂直；调整回料溜子位置，以实现回料均匀；通过调整托架与轨道之间的垫片，确保同水平面上轨道高度一致。跑偏严重时，只有重新更换调整轨道、料斗及滚轮。

（3）滚轮不转动　保证轴承内润滑；清除滚轮与链板间的杂物；及时换下不转动滚轮，或磨出平面的滚轮。

2）防小托轮掉道

链斗输送机发生掉道，是为小托轮定位的外压盖已受力磨损，连接螺栓松动。如将压盖由螺栓连接改为内镶式（图4.5.3），靠孔用挡圈定位，就不会再掉道。

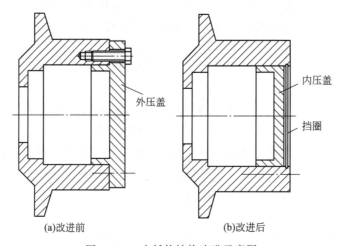

外压盖

内压盖

挡圈

(a)改进前　　　　　　　　(b)改进后

图4.5.3　小托轮结构改进示意图

4.6　提升机

提升机已是唯一胜任垂直输送物料的纯机械动力设备，它不像水平与倾斜输送，需要更大的空间。而且随着胶带提升机的问世与改进，单位能耗也在大幅度降低，它比各类仓式泵的气力输送能耗要低很多。

4.6.1　提升机的工艺任务与原理

1）工艺任务

在被输送物料出口比进口有较大高差时，就需要选用垂直输送设备，但它不仅要克服物料的重量，还要克服输送设备的自重。随水泥生产规模增大，提升机的能力及提升高度都要随之增加，为保证安全运转而节能，生产厂家都在不断创新设计与提高制作质量。

2）工作原理

提升机头轮通过电机与传动装置驱动旋转，对压在头轮上的牵引件（环链或胶带）自重及物料、料斗、尾轮、配重箱重量等产生了张紧力。通过它们与头轮的摩擦力带动牵引件及料斗运行。被输送物料从底部入料口进入料斗，提升到头部后，经头轮转向另一侧的卸料口卸出。

4.6.2　提升机的类型、结构及发展方向

1）分类

按牵引构件不同，分为三类：胶带提升机、板链提升机及环链提升机。胶带提升机适于粉状、温度不高（<120℃）、提升高度大（≤120m）的环境，由于胶带式自重轻，提升能力比环链式要高30％～40％，故障也少，方便整体修复，适于生料入窑等处使用；板链提升机适于输送块状、温度较高、提升高度低的物料，如各种原料、水泥提升至储库等；环链提升机因自身能耗高，已很少应用。

按结构不同，可分 NE 普通型和 NSE 快速型等类型。

2）主要结构

提升机总体结构见图 4.6.1。

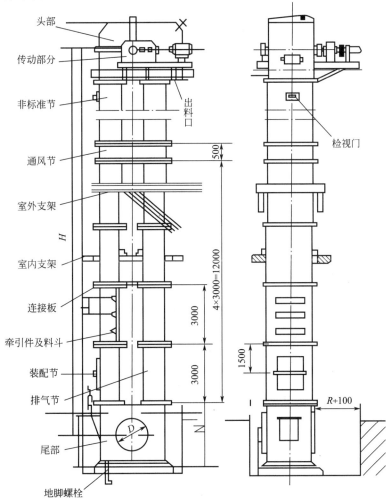

图 4.6.1　提升机总体结构

（1）头部 由壳体、主轴、头轮（链轮或胶轮）及轴承座组成。头轮分轮毂和轮缘两部分，轮缘为多块式结构，磨损后只需打开头部检修门就能更换。头部壳体应设有排风法兰接收尘器，尾部壳体装有可进气的排气节。

对胶带式斗提机，其头轮胶层原为整体式，磨损后胶带就会跑偏、跳停，且更换烦琐。只需去掉头轮胶层，改装分片式胶片（图4.6.2），就能简化维护。它的制作也简单，用8~10mm厚钢板卷制成圆筒，内径与头轮去胶皮后的钢轮外径相等，宽度与钢轮相同；钢筒表面刻有较密花纹，让钢筒与头轮瓦片结合紧密；用等离子切割机将圆筒五等分；制作专用模具，对每块钢片凸面，铸出10mm厚的胶层热压成片；两侧用沉头螺栓将瓦片与头轮连接。

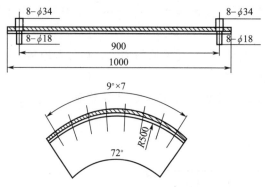

图4.6.2 分片式胶片垫片制作

（2）传动部分 减速机为硬齿面，电机和减速机间用液力耦合器连接，既保护电机免超载，又可带负荷启动。为防止工作中因故带料停机造成反转积料及检修时盘车所需，须装设逆止器、底座及辅助传动等部件。

（3）尾轮 它在提升机下部，呈悬浮状态而不固定在壳体上，以确保受磨损和温度变化后，不改变对头轮的张紧力。当它发生故障时，两侧密封板会受料冲磨。为此，可将滚动轴承改为滑动轴承，并改进密封结构及机尾配重结构。

（4）牵引件 各类提升机牵引构件不同，其连接方式也不同。胶带的结构是三层钢丝绳芯，一层为纵向，承受拉力；两层为横向，防止挂斗处撕裂。胶带硫化前应将若干单根横向钢丝与纵向钢丝绳，用机器打结成网状结构的结点，保证受载少有拉伸变形。即使胶带被磨损和老化，承载能力也保持不变。

（5）监测装置 它包括：料位计，安装在提升机下部，可自动控制下料，防止尾部存料过多；转数监视器，监视尾轮转数，在头轮打滑转数变低时，自动停机；两个防跑偏开关，分别装在头、尾轮，及时发现胶带跑偏。

3）发展方向

为了减轻自重，应该继续改进牵引件及料斗材质，尽量选用非金属材质，增进张力、提高其耐磨与耐高温性能；同时正确设计牵引件的运动速度，根据被输送物料的特点，控制物料的温度、湿度与粒度。

4.6.3 提升机的节能途径

1）选用最低电耗的提升机

提升机发展历史较长，种类繁多，制造厂商也多。在选型时，不仅要看耐磨等影响使用寿命的因素，更要看单位输送物料的能耗高低。如高效胶带型提升机，电耗仅为 $0.117kW \cdot h/m^3$，而高效环链型为 $0.183kW \cdot h/m^3$，其他类提升机却在 $0.2kW \cdot h/m^3$ 以上。因此，只要被输送物料能满足要求，粒径不大于 20mm，温度不高于 120℃，就应选用最节能的提升机。

2）重视进料口与出料口形式

物料进入提升机时，应沿斗宽方向均匀铺开，让全部物料进入料斗，不能漏到提升机底部；物料从顶部卸出时，既要让物料从料斗卸空，也不能回料，更不允许有物料堆积底部，甚至埋住下链轮。底部挖取堆料的进料设计，既多耗能量，又加快料斗磨损，应予摒弃。

为此，入料溜子角度很关键：当溜角过大时，需将进口底板由斜面改为平面，减缓物料对底板的磨损；而溜角过小、位置过高时，物料就会砸到料斗上，导致环链在头部脱链。

卸料时要更多依靠物料重力，而不是离心力，否则也会浪费更多能量。

3）根据料斗容积智能控制喂料量

当喂料量波动较大时，即使平均值满足生产要求，但过大会造成尾部堆料；过小时，提升机头轮打滑。如能根据提升机主电流大小或对来料量监测，可实现对变频电机的转速智能调整，保持 2/3～3/4 斗内料量，既减少故障，避免出现返料，又能降低电耗。

智能控制软件编程还可完成对返料，以及对轴承温度、链板间距、胶带跑偏等安全运行要求的监测，很多内容与胶带运输机相同［见 4.1.3 节 4）（1）］。

4.6.4 提升机的应用技术

1）稳定喂料量及物料的物理特性

这是降低单位物料输送耗能的治本要求。物料粒度不宜过大，含水量宜大于 1%，温度低于 100℃。如果物料湿度增大、黏度较大，很易粘附在料斗上，影响输送量，也易堵塞排料溜子。虽然能从防止粘附的措施上根除，如适当加大溜子角度及溜子内径、采用浅料斗尺寸，但还应从工艺条件整体上考虑，并努力维持进出料量恒定，避免物料中混有异物。

如果前道工序不能保证来料稳定，应在进料前设中间仓，缓冲来料波动。

2）安装要求

① 保证头轮主轴水平度及与尾轮间的平行度。如果头轮主轴水平度及与尾轮间的平行度不够，运行中牵引件就会偏向一侧，环链与轮槽内侧滑动，造成料斗抖动、链节受到弯曲应力，不是发生折断，就是提升机跑偏。

② 运行中不能存有异音。如果运行中发生某种异音，则表示如下配件运行不正常：机座底板与链斗相碰，可能是链条松弛，或有少数环链安装时旋转 360° 拧成结；传动轴、从动轴键松弛、链轮移位，使链斗与机壳相碰，应调整链轮位置，将键装紧，或调整机壳垂直度；导向板与链斗相碰，需修正导向板位置；导向板与链斗间夹有物料，应放大机壳的物料投入角；大块物料在机壳内卡死，立即停机清理；链轮齿形变化，与链条配合不当，应修正或更换链轮，或调整链条。

③ 电动机底座不能振动。引起底座振动的原因有：电机本身振动，要拆除后重找平衡；电机与减速机安装不同轴，需重新调整对轮间隙；电机底座水平度不够，需重新调整；头轮与尾轮的两条传动链轮间距必须保持相等，安装的松紧度应适宜，避免脱轨或轮缘严重磨损。

④ 不能漏灰。机壳法兰部密封垫损坏或未装，更换新垫并涂密封胶，拧紧法兰螺栓；若物料投入的高差过大而起灰，应增加下料缓冲装置。

⑤胶带提升机安装后不能随意割短胶带，因为胶带中钢丝很难伸长。

3）维护要点

①杜绝出现返料。当发现提升机底部有返料时，此时不能只靠减料、调节入磨粒径等办法解决。而应检查下料口和接料板间隙，不能超过斗深的1/3；若还有返料，可在原接料口下部1.5m处，增加高900mm、宽1500mm的新接料口，并用ϕ280mm料管将此口接到的物料，直接返回原设备。观察提升机主电流变化，便可证实返料是否解决。

②应用无线测温技术检测轴承温度。使用无线测温技术，便可对斗提机轴承温度监测［见10.1.2.1节5）（2）］。

③对于板链式斗提机，不仅在底部有检查下链轮的检查门，还应在便于检查的高度上，增设能关闭自如的检查门，门两侧有螺栓活扣与销子连接。此处可检查提升机链板、料斗及销钉的拉长或磨损状态。检查频次可根据磨损速度确定。

④为保证提升机运行寿命，除重视减速机与链条润滑［见9.1.3节3）（1）］外，不允许钢丝胶带跑偏，不允许发生料斗碰撞提升机壳体等现象。

⑤长期增减料量，应与现场巡检工联系。及时调整提升机张紧装置配重，以保证整机张紧及上下链轮平行，防止下链轮跳链。

4.7 板式喂料机

板式喂料机简称板喂机，与其说是输送设备，不如说它是为满足设备运行的喂料设备。水泥生产曾用过各类喂料设备，如皮带配料秤、空气斜槽、提升机、圆盘给料机、双管绞刀、电磁振动给料机等。

4.7.1 板喂机的工艺任务与原理

1）工艺任务

重型板喂机是为破碎机喂料的专门设备，适于大块物料（≥25mm）的输送与喂入。矿山开采下的大块矿石（800mm左右），通过矿车直接倾倒到钢筋混凝土料坑内，首先由坑底（如平洞竖井开采，就是在井底）设置的板喂机接住矿石，承受大块矿石的直接冲砸，并将矿石运到破碎机入口。因此，其结构必须具备高强度与刚性，并有足够牵引能力。

中、小型板喂机将承担接受料库（仓）底的卸料，它能根据成分的检验，直接调节转速，改变配料量，与皮带秤配合，完成对生料或水泥配料任务的同时，向磨机喂料。

随着对主机稳定运行要求的提高，必须要求喂料设备与各类秤体紧密结合、严格密封、调节灵活与计量准确，板喂机就成为理想的喂料设备之一。

2）工作原理

板喂机是以链条作为牵引的输送机械。驱动装置减速器的空心轴靠锁紧盘与传动轴连接，传动轴上装有链轮，前后链轮带动链条运行，链条上安装有承料槽板，物料不间断加载于由链板组成的槽板上。它一般安装在料仓（库）下面，将尾部加入的物料随链板运至头部卸出，向下游的设备连续、均匀喂料。

4.7.2 板喂机的类型、结构

1）类型

根据被输送物料的粒径大小与输送量，可分为重型、中型、轻型几种。石灰石的破碎机应为选用重型；原煤、石膏、砂岩等破碎机，一般选用中型；用于配料站各库（仓）下出料的板喂机，物料粒径≤25mm，偏于选用轻型。

2）结构

它主要有机架（包括上、下导轨）、链轮装置与驱动装置、张紧装置、两根无端链条（关节处装有滚轮）及链板组合装置（图 4.7.1）等。

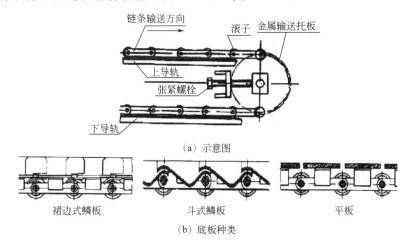

（a）示意图

裙边式鳞板　　　斗式鳞板　　　平板

（b）底板种类

图 4.7.1　板喂机结构示意图

（1）链板组合装置　由牵引件链条、输送底板、滚子构成的封闭装置。其中底板是固定在两根链条上，由若干块板片连接。

物料直接承载于底板上，底板分鳞板与平板形状，而鳞板又有裙边式及斗式两类。裙边式鳞板适于水平或小角度输送散装物料；斗式鳞板适于大角度输送，但不适于黏性物料，比裙边式能够缩短输送距离而节能。若输送整件物品时，底板可为光面，但角度只能15°。

（2）链轮装置与驱动装置　链轮装置由链轮、链轮毂、链轮轴及轴承组成。链轮有三种形式：传动链轮、张紧链轮及改向链轮。由于板喂机运动速度较慢，故驱动的转速比要大，除要用多级减速的减速机外，还需增设传动皮带、传动链或传动齿轮等，以增大转速比。

（3）张紧装置　为增加板喂机牵引张力，常用弹簧式和螺旋式两类张紧装置。弹簧式的张紧是由一对拉紧螺旋杆、压缩螺旋弹簧及支座、紧固件构成，通过弹簧的自由压缩，自动调整牵引件链条张力；而螺旋式的拉紧是由一对拉紧螺杆、滑块式轴承座及支座、紧固装置等组成，它的结构简单、造价低。

4.7.3　板喂机的节能途径

（1）破碎机设计标高要保证卸车坑的容量足够大，应是破碎机台时产量的 1/4～1/3，才能根据破碎能力调整板喂机的运行速度，确保底板上有足够厚料层，避免它们直接受过大冲击力。而出料口宽度要比最大矿石粒径大三倍，才能避免矿石在料仓中"蓬"住。

（2）选取板喂机合理的运行角度，一般是向上倾斜23°～25°，最大45°。角度越大，输送长度便能缩短，而提升高差不变，设备电耗并未提高，从而降低了总功率消耗。该角度还取决于板喂机的底板形状。

（3）应选用变频调速手段，根据主电机电流，实现智能调节板喂机运行速度，让料层厚度不仅与破碎机能力匹配，还要以最合理料层厚度节电运行。

4.7.4 板喂机的应用技术

1）安装要求

头、尾链轮中心线偏差不得大于1mm，横向中心距偏差不大于±1mm；链轮轴的水平度为0.1mm/m；各道托辊中心线与链轮中心线偏差不大于±1mm；托辊横向中心线平行度为0.5mm/m；托辊与送料带始终保持接触良好，且能自由转动。

2）运行维护要求

试车与运行时，槽板间不允许有剐蹭和异常声响；不能允许头、尾轮与链条间有啃咬现象出现；该设备运行速度虽慢，但不能疏忽润滑脂添加，尤其头、尾部及裙板间发生漏料时，张紧装置下端润滑点就可能被掩埋而影响润滑。

3）现场控制要求

当喂料量不稳定时，要有现场控制箱，实施现场急停功能，并显示变频电动机当时的运行频率。当改由岗位人员现场直接操作时，无须再受中控遥控操作，否则既不安全又无法实现节能控制。

4.8 泵送设备

仅由于物料输送位置的特殊要求，至今还有螺旋泵及料封泵等设备在水泥生产中使用。

4.8.1 泵送设备的工艺任务与原理

1）工艺任务

所谓泵送设备，就是以某类风泵提供高压气体，与被输送物料混合，作为粉料输送的动力，通过管道完成料粉输送。由于风能是来自电能的转化，不仅增加转换次数，且效率不高，它们从单体上已缺乏节能优势。

但粉状物料需要长距离输送，特别是在遇到障碍物需要逾越或需要较多转弯时，用一台气力泵送设备，虽单台耗能较高，但从总体看，却代替了多台输送设备。在输送量不大时，反而成为最实用的节能输送。

如将煤粉从煤磨煤粉仓输送到窑头、分解炉的燃烧器，需使用螺旋泵来完成。它能通过调节螺旋轴转速控制给料机的输送量，输送过程均匀无脉冲，至今仍为典型设计。至于将水泥从水泥磨房输送入水泥库，也曾使用单仓泵、双仓泵，再至福勒泵；将粉煤灰从车、船卸到储库内等更多采用料封泵等。这类仓式泵必将由更为节能的机械输送设备所取代。

2）工作原理

（1）风动输送的工作原理　按风动设备系统的压力可有三种类型：吸入式、压入式及混合式（图4.8.1），各自原理有所差异：即输送系统被风动设备所形成的环境是负压还是正压而区分，输送的粉料或被吸入或被吹入系统内。在粉料被送入料库之前，粉料与空气通过旋风分离器被分离，气体经收尘器净化后排空。混合式就是将吸入式与压入式的组合。吸入式的供料装置简单，可多点供料；压入式可满足长距离输送，卸料简单，可多点卸料，且风动设备不受磨损。组合式可以形成集团气力输送系统。

根据所用气体与物料量的比例，气动输送又可分为稀相输送与浓相输送。

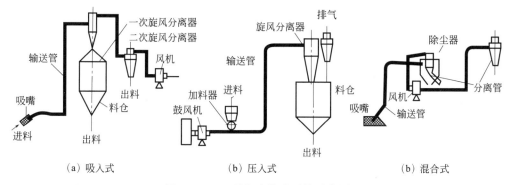

图 4.8.1　三种气力输送系统示意图

（2）螺旋气力输送泵的工作原理　在螺旋气力输送泵（简称螺旋泵）的泵腔内有一根水平螺旋轴，支承在泵体进出口两端的滚动轴承上，通过联轴器与电机相连，并以相同转速旋转。因为采用沿混合箱方向螺距逐渐变小的变距螺旋，成为推动物料前进的动力，所以使被输送物料始终受到挤紧，防止作为风送动力将混合箱内物料压缩反吹回入料箱；螺旋轴出料端设有调节阀盖，配有重锤和杠杆控制，以保持螺旋管末端的压力，使物料始终紧密；如果来料不足，调节阀盖将自动关闭；为避免料粉进入轴承座，让少部分压缩空气通过支气管在此形成气封；被输送粉料由泵顶仓进入进料箱，再由螺杆推进混合箱；此时 0.3MPa 的压缩空气从主气管经喷嘴高速喷入混合箱下部，与粉料充分混合呈流态化，沿管道送至输送终点。

在此输送过程中，螺旋泵既要有自身电机动力，还要有外来压缩空气的动力。而压缩空气也是双重责任，既要输送物料，还要密封轴承座。所以，螺旋泵不仅能耗高，而且两种动力的配合也使操作复杂得多。它的唯一优点就是现场工艺布置方便。

（3）料封泵的输送工作原理　在技术改造中，常由于供料与主机位置距离较远，或输送路径障碍物较多又不宜变迁，只要是输送粉状物料，选用料封泵反而最为简单便捷。

3）螺旋泵输送轴功率的计算

以下螺旋泵轴功率的计算公式［式（4.8.1）］，不仅是选型电动机的依据，还可看出影响螺旋泵能耗高低的因素。该公式不只用于设计选型，还能指导操作。

$$BHP = \frac{ApKCfv}{33000E} + F \tag{4.8.1}$$

式中　BHP——轴功率，hp[●]；

A——管道截面积，mm²；

p——管路压力，kPa；

K——管路压力常数，当管路压力介于 5～35 之间时，该常数介于 0.30～0.42；

f——摩擦系数，取 0.14；

C——物料常数，水泥为 1/0.85，生料为 1/0.55，煤粉为 1/0.35；

v——螺杆回转速度，r/min；

E——效率，与泵的规格有关；

F——螺旋回转传递功率，hp。

这是转速为 1160r/min 的轴功率，如果不同转速，需乘以转速系数。此式可说明，当

[●]　1hp＝745.6999W。

选取管道内径越大,管路压力越高;输送速度越快时,虽输送量会大,但所需能耗也会越高。

4.8.2 泵送设备的类型、结构

泵送设备包括供气风动设备(泵、风机、空压机)、供料器、管网、气固分离系统(分离器、过滤器或收尘器)及储存仓等。

1)类型

螺旋泵早期是单支承的悬臂型(L),后来改进为两端支承型的简支型(LJ),输送量大大提高,可根据螺旋轴的直径区别规格。该技术源于美国福勒公司,故也称福勒泵。最大输送能力为 $500m^3/h$,最远输送距离 1000m。

料封泵不能定型生产,制造商要能根据物料性质、输送量、料仓储存物料的允许高度及欲输送的距离与高度,完成特定设计,如:扩管与缩管尺寸;调节器螺杆间距;罗茨风机风量及输送管道的内径。应能 100% 符合用户要求,且用风量最少。输送距离长达 200m 以上时,应采取两个以上料封泵接力使用;对料仓高度不足的现场,可采用并泵或串泵解决。

一般选用罗茨风机作为泵用风源,以满足风量小、风压高的要求。

2)螺旋泵结构

螺旋泵由进料箱、螺旋轴、套筒、混合箱、出料箱、轴承座等部件组成,与电机及联轴器连接驱动,见图4.8.2。

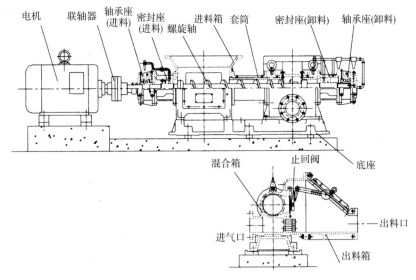

图 4.8.2 LJ 型螺旋泵结构示意

这些部件的作用与质量要求如下:

(1)螺旋轴 由于螺旋轴要高速运转,且承受较大扭力,对它的制作与安装,要求水平度很高,故螺旋叶片的焊接要连续进行,易磨损表面硬度应不低于 HRC500,动平衡应不低于 G100 精度等级,保证运转时它不会发热。

(2)混合箱 一般为铸铁件,材料符合国标规定,退火处理后不应有裂纹、缩孔、疏松等缺陷。对箱体要进行水压试验,最低压力为 0.8MPa,输送煤粉为 2.2MPa。

(3)套筒 由于是主要耐磨件,多采用耐磨铸件,磨损面硬度不低于 HRC45。

3）料封泵结构

料封泵的壳体外形为圆形或方形，输送量较大时宜选用方形，便于安装充气箱与喷嘴。它的喷头、扩管与缩管均为铸钢耐磨材料制作，一般选用耐磨铸铁，使用寿命 5 年以上。

喷嘴进气管与微调用蜗杆减速机油箱之间的密封必须可靠。一般选用 O 形密封圈，前端三道，后端两道。它的动力一般来自罗茨风机，以适应输送阻力变化较大，而风量不大且较稳定的要求。

4.8.3　螺旋泵的节能途径

1）根据管道特性确定输送管道管径与布置

影响管道阻力的因素有：管道长度、管径粗细、管壁粗糙度、管路弯头数量、管路走向角度等管道特性。其中管道走向常被忽视，为满足稀相输送、双相输送的稳定输送形态，管道只能是水平走向、垂直走向两种，而不能"抄近路"斜向走向，造成脉冲输送、塞流输送，无法稳定输送物料。

当风送粉状物料时，设计输送系统需要两个基本参数：一是粉状物料的输送量与输送空气的质量比（即料气比），稳定输送一般要求为 3∶1，为罗茨风机选型风量的基础；二是输送煤粉的管道风速，一般≥25m/s，为管道系统阻力计算及罗茨风机选型压头的基础。

其中管道内径可由式（4.8.2）确定

$$ID^3 = \frac{LPD \times TRH \times 47148.7}{kC} \tag{4.8.2}$$

式中　ID——管道内径，m；

　　LPD——最长泵送距离，m；

　　TRH——生产能力，t/h；

　　　C——物料常数，输送距离≥150m 时，为 2100；<150m 时，为 2200；

　　　k——随管路压力决定的系数，由相关经验表中查得，并加以修正为整数值。

值得提醒的是，在输送煤粉时，如输送距离超过 200m，需要增加缓冲器保证安全，为防止回火，燃烧器前需加隔阻阀。

2）根据操作条件提高料气比，减少输送所需空气量

操作条件主要包括输送速度、固气质量比和输送压力等。凡用风力作为动力输送物料的设备，只有减少单位被输送物料的单位用风量，才有可能节能。显然，它与输送管道内径、压力、所用空气温度及海拔高度等因素有关。

但螺旋泵的料风比，还不止取决于这些因素，还与工艺与其他设备对空气量的需求有关。如在煤粉输送中，理论上标准大气压 1kg 空气，不考虑阻力最多能输送 6kg 煤粉。但实际输送中，它还取决于煤粉计量秤类型［见 10.1.2.4 节 2）（2）③］。

在煅烧熟料时，螺旋泵所用风量是一次风量的一部分。为少用一次风量，就要节约煤风用量［见 3.4.3 节 2）（3）］，从此意义讲，高料风比的螺旋泵也有节能优势。

3）关注管路尤其是卸料口的密封状况，封堵任何可能的泄漏

4.8.4　螺旋泵的应用技术

1）运行与停机检查

螺旋轴绝不允许与套筒发生碰撞，否则螺旋轴会弯曲；严禁金属碎片进入螺旋泵，它们

会聚集在进料箱底部，使运转失去平衡。

为检查螺旋轴需停机进行。要根据负荷大小、工作压力和所输送物料的物理性质，确定螺旋轴的更换周期。当发现螺旋叶片镀层以下的基体金属有磨损时，或周边上镀层厚度小于4mm时，或螺旋轴上装的耐磨套有损坏时，必须及时更换。但更换螺旋叶片不能超过三圈，否则就应当全轴更换，这样才最为经济。

2）稳定被输送粉料的物理性质

物料和气体性质主要包括气体的密度、黏度、压缩性、颗粒粒径、粒度级配、形状和密度等。螺旋泵是容积式装置，粉料密度与粒度的任何变化，都会影响输送量。粒径越粗的物料，电机的电流就会越高，此时输送量就要减少；但输送料量不能过多波动，否则会引起电机的电流不稳。同时，保持进料箱上部的负压通风。

3）输送量不足的处理

当物料压紧状况由于压紧物料不多，影响卸料口物料密封不足时，就会造成空气回流，大大减少泵对物料的抽吸量，降低输送量，此时还伴随空气回冲及电机电流降低等现象。但由于物料密封过量时，将造成耗电过多，且加快零件磨损。

① 确定平衡锤与垫块的组合位置，螺旋泵便可实现以最小功率，改善密封状况，达到理想输送量。将平衡锤在平衡杆上位置拉远或增加附加重物，加强密封，就能限制出卸料口的料量。但此调节要以电机不超载为限，否则要卸除位于止回阀后的垫块，并在重新安装止回阀时，改用较短螺栓。

② 防止驱动端吹洗系统用的空气过量，让进料箱中物料密度变小，降低物料输送量。当压缩空气来自空压站时，在靠近过滤减压阀的活接头上，应装有孔径适宜的孔板，保证该阀的调定值正确。

③ 检查输送管道通风与压力，要保证管道出口能通过集尘器良好通风，如果此处有正压，也会减少输送量；若此时有异常高压，应检查管道是否阻塞；若换向阀安装不当或进气口有障碍，也会影响所需排气量。

第5章

风动装备与技术

大多水泥设备是通过电动机（见第7章）用电能直接转换为机械能做功，但风动设备是将电能转换为风能，对用风设备间接做功，如离心风机、罗茨风机及空气压缩机等。

风动设备绝非水泥行业所专用，但水泥生产工艺的进步，如预分解烧成及料床粉磨等，都大幅增加了对风动的依赖性，其耗电已达全厂总耗电量的20%。因此，将风动设备的制造技术与正确应用紧密结合，乃是水泥生产大幅降耗的重要渠道。

5.1　离心风机

离心风机是通过风叶强制气体流动的设备，为了使用最少电能，让一定气流以一定速度送入所需系统或从系统中排出，就必须设计合理的机壳与风叶的形状来减小阻力损失。同时还要重视风机的应用技术，尽量减小包括输送管网在内的各种阻力损失。

5.1.1　风机的工艺任务与原理

1）工艺任务

大自然中气体流动是靠不同位置气体的温度差与密度差所形成，工业用烟囱的原理也是如此，而生产中风机是用电能转化为机械能带动风叶的设备。它是靠风叶将其动能，克服各类阻力后，再传递给气体作为流动所需的动能。

水泥生产所用大型离心风机，主要用于窑前后排风、篦冷机鼓排风、煤磨排风，以及各类磨机排风、选粉与循环用风等用途。某水泥厂大型离心风机分布图见图5.1.1。小型风机则用于空气斜槽、小型袋除尘等。

新型干法生产中，空气动力担负着众多职责：它除了在整个窑系统中，承担传热介质的重任之外，还负责为窑内燃料燃烧提供氧气；为生料能在预热器与分解炉中保持悬浮状态；为旋风筒、选粉机中将粗细粉分离提供风力；等等。因此，风机质量的好坏不仅影响自身能耗高低，还涉及各用风设备工艺指标完成的效果［见5.1.4节1）（4）］。另外，被输送气流中常含有高浓度粉尘，还要增加能耗，而且壳体、风叶及管道还不得不承受严重磨损。

2）风的特性

风是气体的定向流动。在生产中为表述风的特性，主要用三大参数——风压、风量、风温，它们就是对风机选型的根据。

（1）风压　表明风所具备的动力，表现出风在克服各种阻力后的运动速度。风压常是以

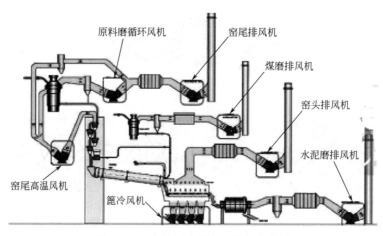

图 5.1.1　水泥厂大型离心风机分布图

风速大小表示风所具备的动力。但风不仅受风速 v 影响，还与气体的密度 ρ 及所携带的粉尘量对 ρ 的影响有关，而成为动能的全部含义（$\rho v^2/2$）。

（2）风量　表明单位时间内被输送气体的体积，它既是风温与风压的载体，还受理想气体方程中表述的温度与压力对它的影响。

（3）风温　表明风所具有的热焓，它的高低不仅影响燃料燃烧的速度及化学反应的快慢，而且根据理想气体方程对风量及风压形成影响。

至于气体的含尘量、含水量、含油量等指标，有时也很需要，比如对压缩空气。

（4）理想气体方程

$$\frac{P_1 V_1}{T_1} = \frac{P_2 V_2}{T_2} = R \tag{5.1.1}$$

式中，P、V、T 分别表示气体的压力、体积与绝对温度，1 与 2 分别表示同一气体系统中的两种状态；R 是空气的气体常数，为 288J/(kg·K) 时，$\rho=1.2\text{kg/m}^3$。该方程揭示了对于某一指定系统，气体的压力、体积与绝对温度之间的关系是正比关系，而气体压力与体积是反比关系，且三者之间的比值是一个定值 R。

3）离心风机的性能

离心风机的基本性能，通常是以它在进口处标准状况下的流量、压头、功率、效率、转速等参数表示。

（1）风机的风量　风量是单位时间内经过风机进口处所输送的气体体积，以 Q 表示，单位为 m^3/min 或 m^3/h。

（2）风机的全压　气体的全压（压头）是指单位质量气体经风机输送后所获得的有效能量，表示这些气体在风机进、出口间所增加的能量。即风机出、进口截面上的总压之差，就是全压，用 p 表示，单位为 Pa、kPa 或 MPa。风机全压也可理解为流动某一截面上的动压与静压之和。

动压 p_k 是指单位体积气体所具备的动能，它表述管道内气体流动的动力大小，是气体流动速度产生的动力。

静压 p_{ST} 是指气体给予与气流方向平行的物体表面的压力，为单位体积气体具有的势能。

（3）风机功率　电动机将电能传到风机轴上的功率，就是输入功率，也称轴功率。而风机轴的输出功率才是有效功率，它表示被输送的气体单位时间内从风机获得的能量。输入功率与输出功率之比为风机效率，表示风机的关键性能，此效率越高，说明风机越节能。

为风机选配电机时需要有一定的储备系数，电机越小，就需要越大的功率储备系数，对应用于有粉尘及高温条件下的风机，储备系数一般取 1.2 及 1.3。

（4）风机转数　指风机叶轮每分钟的转数，以 n 表示，单位是 r/min。转数高的风机，风压越大，但风机的耗能、振动、噪声都可能要大。

4）离心风机的调节原理

（1）离心风机的特性曲线　离心风机的特性为软特性，即每台风机的风压与风量之间有相互依存的固定关系。将此关系绘制成固定的风机特性曲线，以确定它的风量、风压与功率的关系（图 5.1.2），供使用者作为调节风机工作点和效率的依据。

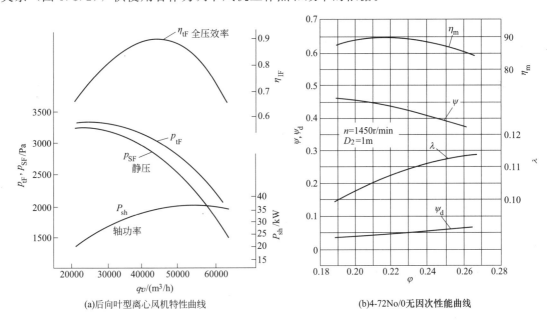

(a)后向叶型离心风机特性曲线　　　　(b)4-72No/0无因次性能曲线

图 5.1.2　离心风机特性曲线

（2）管道系统的特性曲线　在输送气体时，由于管路系统存在摩擦阻力、局部阻力，风机在做有用功之前，就要消耗能量。每当阻力改变时，风机全压的损失量也随之改变，风压与风量都会随之不同。因此，确定离心风机的工作状态，必须与它所连接的管道所具备的特性曲线统一考虑。

当风机进出口的压力均为大气压时，管路的 p-Q 特性曲线就是一条通过坐标原点的抛物线（图 5.1.3）。

（3）离心风机工作点的确定　同时满足风机特性曲线与管道特性曲线的点，即这两个特性曲线的交点（图 5.1.3 中 A 点），就是风机的工作点。离心风机的调节方法之一，就是设法改变管道阻力特性曲线（图 5.1.3 中虚线），改变交点（图 5.1.3 中 A' 点）后，离心风机将以新工作点的风压或风量工作。

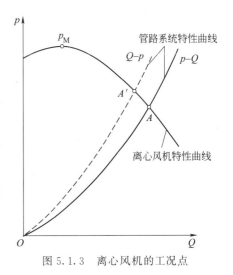

图 5.1.3　离心风机的工况点

(4) 离心风机工况调节的方式　为了满足生产工艺需要，就需要调节离心风机的相应风压与风量。一般可在如下三种调节形式（图5.1.4）中选择其一，所获取的节能效果大不相同。

① 节流调节。用调节进气管路上的阀门开度，通过改变管路特性曲线改变风机的工作点。如果是为减小风量，则风压会按风机特性曲线增加，若关小风门，就是在增加管道阻力，为克服它，风压提高受限，导致了风机效率下降。因此，此调节方法并不经济，尤其是后向式风机［见5.1.2节2）（1）］。但只因它简单，却一直被广泛采用。

② 转速调节。这种调节是改变风机自身的特性曲线，而维持原管路的特性曲线，这时若减小风量，风压也会同时减小，但没有增加附加阻力，因此效率较高。但风机转速调节需要变频装置或变频电机，要增加一次性设备投资，如变频器等；同时还要防止变频对电路的干扰。因此，对要求运行范围较大、需要经常调节的风机，应选用此种耗能最小的调节方式，为此节省电能的效益会大大超过投资。

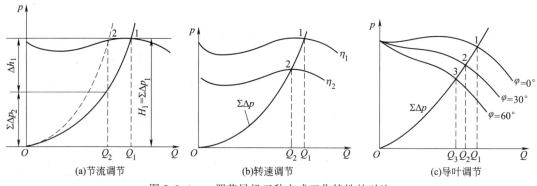

图5.1.4　调节风机三种方式工作特性的对比

③ 导叶调节。有的风机为调节气流方向及进气流量，在机壳吸入口或之前装有进气导流叶片。它是通过改变导叶的开度改变进风的阻力，虽与节流调节的原理相同，但它是让气流进入风机叶轮前先行转向，从而改变风压与风量。虽然它也降低了风机效率，但在调节幅度不大时（<70%），能量损失比节流调节小，甚至可与转速调节的经济性媲美，且结构也不复杂，故在大、中型风机中也有应用。

5.1.2　风机的类型、结构及发展方向

1）风机的分类

(1) 按风机工作原理分类　按风机工作原理的不同，有叶片式风机与容机式风机两种类型。叶片式是通过叶轮旋转将能量传递给气体；容积式是通过工作室容积周期性改变将能量传递给气体。两种类型风机又分别具有不同型式。

① 叶片式风机。按介质在风机内部流动方向，可分为离心式、轴流式和混流式三类。介质沿轴向进入风机，但在叶轮内，它们却分别沿径向、轴向及斜向流动。现代水泥生产中最多使用离心风机；轴流风机只用在窑筒体冷却等个别位置，结构原理简单得多；斜向风机很少使用。

② 容积式风机。它包括往复式风机、回转式风机。

(2) 按风机工作压力（全压）大小分类

① 风扇。风机额定压力范围为 $p < 98Pa$。此风机无机壳，常用于建筑物通风换气。

② 通风机。设计风机额定压力范围为 $98Pa \sim 15kPa$，一般风机均指通风机。按产生的

压力大小可分为高压、中压与低压风机：以风机全压值 100mmH$_2$O（约 981Pa）、300mmH$_2$O（约 2943Pa）两个界限划分。它的应用最为广泛。

③ 鼓风机。工作压力范围 15～196kPa。压力较高，篦冷机需要鼓入的冷风即由它完成。

④ 压缩机。工作压力范围大于 196kPa，或气体压缩比大于 3.5 的风机，如常用的空气压缩机。

（3）按风机的结构与性能划分　与离心风机不同的是罗茨风机（见 5.2 节），仅用于水泥生产中需要风压高、风量小的位置，如将煤粉送入窑炉内时或料库下为松动粉状物料时。

2）离心风机主要结构部件

离心风机的基本构造为叶轮、机壳、机轴和轴承、集流器等，每个部件的结构设计，都为谋求风机的高效率，如图 5.1.5。

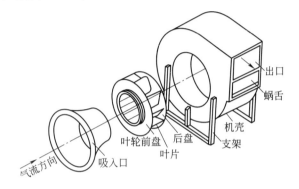

图 5.1.5　离心风机结构示意图

（1）叶轮　叶轮是离心风机传递能量的核心部件，由前盘、后盘、叶片及轮毂等组成（图 5.1.6）。

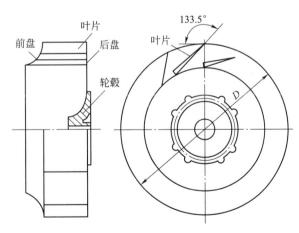

图 5.1.6　离心风机叶轮

叶轮上的叶片形式有三类：机翼形、圆弧形、平板形，见图 5.1.7。机翼形叶片强度高，可在较高的转速下运转，且风机的效率较高，但它不适于含有磨蚀性较强颗粒的气体输送，若一旦叶片磨穿，粉尘便进入叶片内积灰，破坏动平衡；平板形叶片制作简单，但效率低；圆弧形叶片的设计要求较高，但唯有它才能取得较高的效率。

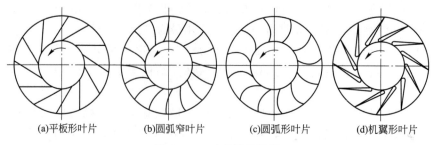

(a)平板形叶片　　　(b)圆弧窄叶片　　　(c)圆弧形叶片　　　(d)机翼形叶片

图 5.1.7　叶片形状类别

风机叶轮的叶形有前向、径向与后向之分，前向叶形的叶轮可以获得最大的理论风压，但能量损失较大，总效率较低；而径向叶形、后向叶形的叶轮则相反，尤以后向叶形的叶轮效率最高，风压虽小，但可通过加大尺寸满足相同风量的要求。大型风机几乎都采用后向叶形的叶轮。

前盘的形式有平直前盘、锥形前盘及弧形前盘三种，见图 5.1.8。其中平直前盘制造简单，但气流进口分离损失较大，使风机效率低；弧形前盘制造工艺复杂，但气流进口后分离损失小，效率较高；锥形前盘介于二者之间。高效离心风机都应采用弧形前盘，大型风机就要用双吸弧形前盘叶轮。

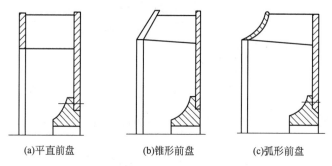

(a)平直前盘　　　　　(b)锥形前盘　　　　　(c)弧形前盘

图 5.1.8　不同的叶轮结构形式

（2）集流器（即空气吸入口）　集流器安装于叶轮前，它的作用在于让气流能均匀地充满整个入口截面，且对气流阻力最小。在现有的五种集流器形式（图 5.1.9）中，应以锥弧形最佳，是高效风机的首选。

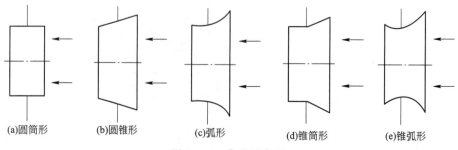

(a)圆筒形　　　(b)圆锥形　　　(c)弧形　　　(d)锥筒形　　　(e)锥弧形

图 5.1.9　集流器类型

（3）机壳　离心风机机壳呈螺旋线形，故常称为蜗壳。它不只是叶轮的壳体，还要能汇集叶轮中甩出的气流，并在气体导向的出口，尽量少地将气流的动压转换为静压，以提高效率。为了有效利用蜗壳出口处气流速度所具有的能量，蜗壳出口处需装设扩压器。因气流从蜗壳流出时是向叶轮旋转方向偏斜，所以扩压器一般向叶轮一侧扩大，扩散角通常为 $6°\sim 8°$。蜗壳出口附近有舌状结构的蜗舌，用于防止气体在机壳内循环流动，以提高离心风机效率。它又分为尖舌、深舌、短舌及平舌四种，其中以尖舌的效率较高，但噪声大；平舌效率低，但噪声小（图 5.1.10）。

3）风机制造技术的进步

从以上风机各部件的结构，可比较出节能的发展趋势。以往制造商更多注重提高机械加工精度及材料的耐磨、耐高温性能。但到了现代风机的制造，仍要进一步优化每个部件的结构尺寸，它与风机输送的气体性质、所需要的风压、风量、功率、转速、进出口方向等诸多因素都十分有关，所以它不再是按现成标准成批生产

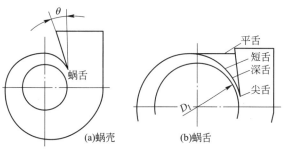

图 5.1.10　风机蜗壳与蜗舌

的产品，不能只按风压、风量直接采购，而是要根据使用要求逐台定向打造，尤其是大型风机；在对老旧风机技术改造或主机系统改造时，既需要现场标定，也需要综合设计，更要有定货周期。一般国际大牌风机公司，都有自行开发的设计软件，供设计者选用，其他制造商很难模仿。

我国风机制造技术是二十世纪末由国外引进，确实提升了风机运转寿命，但世界先进的设计理念业已更新换代，能耗仍存在较大差距，若再用进口风机更换原有风机，其节能效益当年就能回收投资。

5.1.3　风机的节能途径

1）合理选择风机结构

风机结构的不断进步，已使其效率从原有不足 60%，提高到如今 80% 以上。因此，订购风机时，应选用近十余年发展的先进风机，在达到要求的风压与风量条件下，能耗最低。且优秀风机制造商，一定是根据使用要求定型设计，而不是只遵照现成图纸批量生产。

2）正确选择电机拖动模式

随着电机拖动技术的发展，大型风机慎选电机配置及拖动模式已成为节能的重要环节。除了考虑风机本体技术参数外，还要考虑所配电机和电控装置。常用的拖动模式有：直接（全压）启动、水电阻启动、降压启动、软启动、变频启动或几种启动方式的组合。这些启动方式中，它们各有优缺点，也有各自适用范围，但在满足电机的启动特性、电网状态、设备运行可靠性、风机的调速要求后，应以变频启动为最佳［见 7.3.4 节 1）（1）④］。最终还是看节电效果，它是通过可控硅先整流、再导通与关闭，从而改变频率。它除了可以平滑降低启动电流，减少对电网冲击和要求的供电容量，还可以设定任意转速运行，方便节能控制。

水泥生产所用大型风机的拖动模式，可按如下建议选型：原料磨循环风机可选用绕线式电动机，以液体电阻启动器启动；窑高温风机宜采用变频器加工频手动旁路液体电阻启动；窑头排风机、窑尾排风机、煤磨排风机都可选用 690V 变频器启动；水泥磨排风机采用液体电阻启动；辊压机循环风机新建项目可用变频器加工频旁路液体电阻启动，若为改造项目，考虑电控室空间有限，选择液体电阻启动加转子变频运行模式。

3）降低风道的系统阻力

（1）系统阻力决定了风机能耗　系统管道阻力决定了风机的工作点，故即便不考虑人为调节状态，影响系统阻力变化的因素仍很多，比如管道断面随时受磨损、衬料脱落或物料沉积的影响，管道表面粗糙程度也受磨损改变，从而改变了管道特性曲线。所以，系统运转一段时间或检修前后，即使风机什么都没变，工艺上所用的风量、风压也都会变，操作要求也不应相同。

（2）重视风机管道的接通方式、位置及距离　在非标制作与安装中经常认为：只要管道连通，气体能通过而不漏风就行。但如果有涡流在管道内形成，或大幅度增加沿程阻力，都会严重影响风量、风压，使风机从开始就处于效率低下的工作点。现场经常见到以下错误的连接方式：

① 三通管道的连接中，连接应当尖角密贴，要求有较高非标下料水平，不能随意采用带弧度的慢弯连接，否则，很易改变部分气流方向，形成涡流［图 5.1.11 中（a）（b）］；

② 有的三通连接会由于空间不够，勉强将管道做直角连接［图 5.1.11 中（c）］，形成了强烈的涡流。这是导致工艺线上，后一风机风量比前一风机还小的主要原因。

③ 风的管道如有突然变径及死角，就会使料粉积存，造成塌料。

④ 设计管路时，弯头曲率半径不应过小，并尽量减少无端的弯头数量［图 5.1.11 中（d）］。

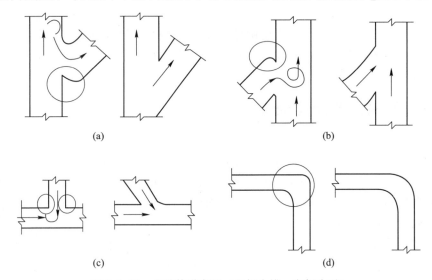

图 5.1.11　几种管道布置（左侧为错，右侧为对）

管道的随意连接，不仅损失较大风压，也加大粉尘对管道的冲刷，也会带来不稳定状态。

（3）不能忽视任何一个会增大阻力的微小结构　仅以收尘器的清灰结构（图 5.1.12）为例，原设计结构只为清灰方便。但只要提高气缸提升阀位置（由 100mm 改为 240mm），就可减少主管道气流的阻力；再在原脉冲阀下喷吹管处加接一弯头，减少脉冲气流对主风道的干扰，便使主机通风量增加，产量增加 10% 以上。

（4）关注物料性质对系统阻力的影响　当粉磨入磨物料温度偏高、含水量偏大、粒径偏粗时，都需要适时增大用风量。这将有利于加快磨内物料流速，降低磨内温度；有利于将磨机内符合产品细度要求的微粉尽快拉出；有利于降低产品含水量。

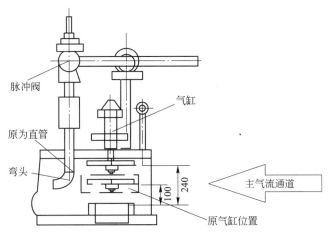

脉冲阀

气缸

原为直管

弯头

240

100

主气流通道

原气缸位置

图 5.1.12　减小收尘阻力示意图

总之，影响风机阻力的因素无处不在，降低阻力的任务就不应该停止。

4）避免风机串联与并联使用

技术改造中，经常遇到风机能力不足时，不是将风机并联，就是串联，而且尽可能启用闲置风机，有时虽能解燃眉之急，应付生产，但绝不是节能方案，有时则无法正常生产。随意串、并联风机所面临的情况，不外乎以下几种：

（1）同型号风机并联　人们会以为通过并联可以获得风压不变，风量叠加的效果。事实上，从风机特性曲线看（图 5.1.13），系统的风量与风压都增加了，但每台风机送风量要小于原单台风机的风量，风压却大于单台风机的风压，故并联后的总风量一定小于单台风机的 2 倍。小于的程度还取决于管路的特性曲线，越陡所增加的风量越小。也就是说，当管道阻力偏小时，并联达到的效果会略好些。且在风机并联时，一旦有一台停机，风道的串联必然成为巨大漏风源。

（2）不同型号风机并联　这种并联的效果会更糟，只有管道阻力较小时，系统的风量与风压才比单台风机略大。而更多情况下，管道阻力稍有增加，都会让大风机的风量向小风机倒灌，这时小风机或是干转不出风，气体在风机内只能往复旋转而发热；或是干脆被大风机吹得叶轮反转。无论哪种情况，小风机白白消耗了大风机的电能。

（3）同型号风机串联　原认为风机串联可让系统内风压加倍，风量维持不变。实际上，根据特性曲线（图 5.1.13），风量也要增加，而风压却未成倍增加。在管道阻力较大时，这种串联会有一定作用，但耗能量要比设计用单台的风机高不少。

（4）不同型号的风机串联　两台风机串联一定是大风机向小风机送风，而不能相反。即使如此，也只有在管道特性曲线陡峭时，才会有风压与风量同时增加的效果，否则，小风机不仅不会起作用，甚至要起反作用，等于是大风机在耗费能量推动小风机旋转。

总之，上述任何一种情况，风机共用的效率都要比单台风机效率低，更何况，两台风机的风压与风量很难完全相同，还要取决于管道阻力大小，更多情况是：管道阻力大时，并联不如不并；管道阻力小时，串联不如不串。为此，当系统要求改变风量与风压时，不如重新订购一台新风机，让风机独自具备自身的气流管道，而不是与其他风机共用。

然而，为减少风机数量，简化工艺布置，很多设计是让一台风机同时向两处以上供风，阻力大处的用风很难得到满足，并改变了风机工作点。这种明显违背原则的案例比比皆是：

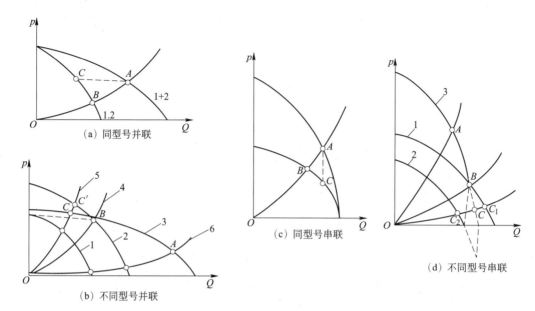

图 5.1.13　两台离心风机不同方式共用时的特性曲线

箅冷机高温段一台鼓风机同时向空气梁、风室多点供风；而一台收尘风机带动多点收尘等，不是同一风机设置多个出口，就是多个风机向同一进口供风。

5）应用变频技术代替阀门控制风机

最初调节风机工作状态都依靠阀门，如百叶阀、单板阀、截止阀、快速切换阀等，每类阀门各有特点，也各有适应范围［见10.2.2节2）（3）］。但不论选用何种阀门，都要增加风机能量消耗，且效果粗糙。随着变频电机技术应用，对需要频繁调节工作点又未满负荷的风机，应尽量使用变频电机或加装变频器调节风量、风压参数，并拆除原阀门。

6）杜绝系统漏风

漏风比设备漏油、漏电、漏水、漏蒸汽更难防范，它不只让风机白白耗能，还要改变管道特性曲线，影响风压、风量及风温等参数的选定，间接降低风机效率。漏风分内漏风与外漏风两类。系统与外界空气间的外漏风，容易发现。系统内设备之间的内漏风，因不易发现，其危害程度更大，比如各级预热器翻板阀的漏风，箅冷机各气室间的漏风，收尘器回转锁风阀的漏风等等。漏风起着破坏工艺操作参数选定的作用，操作与管理者不应掉以轻心。

风机管路调节阀门的选型，就直接影响漏风程度。如余热发电的三通管路中的阀门选用，应是一套非此即彼的二位快速气动切换阀，而不是调节用、有5％内漏风的百叶阀；也不应选用两套尚未同步开闭且动作迟缓的电动截止阀［见10.2.3节1）］。

正确操作冷风阀也是防止漏风的重点。本在余热发电、煤粉烘干、废气排风机管道上，设置为保障安全运行的冷风阀，只有危及风机安全时，这些风门才会自动连锁打开，引入冷风降低系统温度。如果冷风阀制作与安装质量不高，或有意用此阀漏风作为调节手段时，就相当于人为漏风。而且它离风机位置较近，漏风损失也很大。

漏风的最大特点是，系统虽然运转，却严重影响能耗，因此常被疏忽。当然，不同位置及程度的漏风，对能耗的影响程度并不一样，治理可分轻重缓急，但都不能容忍。如窑口漏风的损失最大，治理难度也大，应当重点解决［见3.3.2节2）（4）］。

7) 防治风机噪声

风机噪声不只污染生产环境及四周社会环境，也必然高额耗费能量。因此，降低风机噪声已是环保的硬性要求［见 8.4.2 节 1)］。

8) 智能化控制风机

对窑、磨的智能控制中，离不开对用风量的控制。因此，风机的智能控制，首先是对风机工作参数要符合窑、磨需要的智能控制；其次才是降低自身能耗的智能控制，监测风机振动的振幅与频率，风机的功率与电流，并用风机功率表自动验证。

以影响工艺状态的重要参数——风速为例，它在受多因素作用。比如当风温提高时，根据气体理想方程，系统内风量会受热膨胀增大，且空气密度同时变小，导致风压变低，根据风机特性曲线，工作点还会向增大风量移动。这种风温对风量、风压的叠加影响，唯有靠智能控制的综合考虑，才能迅速判断系统内风速的变化趋势与幅度。这就需要对风温、风量、风压，乃至废气成分分析等在线仪表的监测（见 10.1.2 节），提供大量信息数据，再经缜密思维的编程，才能获取系统稳定且节能［见 10.3.3 节 3)］的结果。诸如此类的影响分析不止于此。

罗茨风机、空压机等风动设备欲实施智能控制，其内容与风机相同。

5.1.4　水泥生产中的风机应用技术

预分解窑工艺的进步，正是有风机的杰出作用，才极大地促进拥有如今水平。但欲想进一步提高风机效率，不仅要优化设计与制造水平，更要掌握风机的使用技术。

1) 风机应用的基础知识

(1) 伯努利方程　伯努利方程为空气动力学的经典公式，它表明每台风机总压头是恒定值，并在出厂前由制造商测定了特性曲线。在风机运行中，该总压头可以解析为四大部分组成（图 5.1.14)：

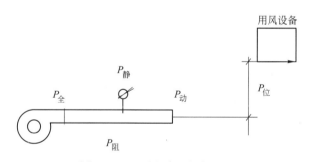

图 5.1.14　风机全压解析图示

公式表示为：

$$P_全 = P_位 + P_阻 + P_静 + P_动 \qquad (5.1.2)$$

可具体分析如下：风机所处海拔高度决定的位压头 $P_位$，即重力势能，它对操作影响不大，对于某一系统相差很小，可以忽略；风机出来的压力首先要遇到沿程阻力 $P_阻$，风机做功之前必须要克服，为降低这种无端消耗，设计者应尽量减少管道长度、管径变化与弯头设置等；接着气流的扩张要对设备管道壁做功，克服对它的约束力，即为静压 $P_静$，或称压力能，它与流体的重度有关；最后剩下的动力，才是完成气体做功的能量，为动压 $P_动$，具体表现出气体的流速，即

$$P_{动} = \rho \frac{W^2}{2g} \tag{5.1.3}$$

式 (5.1.2) 就以另一种形式表示:

$$P_1 + \rho g h_1 + \rho \frac{W_1^2}{2g} + r_1 = P_2 + \rho g h_2 + \rho \frac{W_2^2}{2g} + r_2 \tag{5.1.4}$$

式中　ρ——气流密度，kg/m^3;

　　W——气流速度（风速），m/s;

　　g——重力加速度，取 $9.81m/s^2$;

　　h——海拔高度，m;

　　r——管道阻力。

式中每项下角标注的数字 1、2，是表示它在同一系统中不同位置的截面。

公式说明，即便没有人为调节，只要系统内有相应阻力变化，就能改变风机的静压与动压，且动压变化将首当其冲；因为风机在克服阻力后，剩下的动力还要满足静压的变化需要；最后才是决定气体继续流动快慢的动压，即风速高低。这在表明，压头变小时，为测定静压的压力表并不能反映出来。如燃烧器管道上所测的一次风压力虽不小，但它的出口风速很可能因阻力增大而已经变低；预热器所测出的负压虽不小，但风速并不见能足够高到让物料全部处于悬浮状态。这说明，当所剩的动压头小时，风速一定会减小，只是压力表无法测出而已。尽管在调整全压的多数情况下，动压会与静压成正相关，即静压大时，动压也大。但遇到阻力过大，剩余动力很小时，为了维持静压不变，动压就要减小，甚至为零，比如生产中管道堵塞就属此例。还比如气体处于相对静止的容器内（如气包、气球等），压力会很高，但它都表现为静压，风速为零，动压就是零。

所以，现场用负压表测定的风压只是静压，是反映容器内气体对容器壁约束力的反作用力，对于相同的风量，受约束的空间越小，压力表上的数值越大，因此，千万不能将测得的压力大小，误解为风速高低。知道所形成的风速，只有靠毕托管测量与计算得出风的动压。

（2）排风机与鼓风机的差异　风机按为系统提供风压的性质——正压或负压，可分为鼓风机与排风机两大类。

离心风机在向系统外拉风与向系统内鼓风时所表现的阻力不同：鼓风机使系统处于正压，它的管道特性表现在出风管道，与风机特性共同作用，表现为出口风速的吹力；排风机是让系统形成负压，它的管道特性是指进风管道，它与风机特性共同表现为进口风速的吸力。

当系统阻力增大时，风机的工作点虽都改变，但鼓风机很少有专用风道去用风点，对它的控制比排风要难。如箅冷机的用风点是在熟料料层，当箅床阻力增大时，鼓入的风既可向邻近的低压风室去（风室间的密封不好时），也可向箅下的料仓弧形阀冲。这正是箅冷机高温段鼓风机的运行写照，此时越提高风机压力，跑掉的风越多，而熟料得到的冷却风量并未增加。而排风机是在入口的专用管道上调节阻力，只要提高风机功率，增加压头，就能让系统形成负压。只是排风出口所具备的风速，却成了无法利用的能量。该分析说明，对鼓风机的性能要求与设备密封条件都要比排风机更高。

二者面对管道漏风的表现也不相同：排风状态易被人忽视；而鼓风状态因污染现场，威胁操作安全，容易发现和治理。

（3）避免系统内多台风机的相互干扰　在现代水泥系统中，常有多台风机共同作用。它们既有排风机也有鼓风机；产生的气流方向既可相互一致，也可相反；彼此既可互不干扰，也可相互交汇、叠加或抵消。操作者不应对此掉以轻心。

① 零压面的概念与形成。当两台风机反向作用于同一位置时，会有三种情况：若能力都偏小，会形成零压区，即有一段空间没有风压，物料会在此处沉积、堵塞；若两台能力足够而平衡时，就形成零压面，彼此间不会形成干扰；若两台能力过剩时，不但各自要增加动力消耗，还会让气流形成涡流。

② 控制零压面的意义。

a. 能判断物料在系统中状态。当需要物料在空气中悬浮时，尤要控制物料随风运动的方向与速度。当风向相反的两台风机在系统中争风时，零压面位置发生变化，就会使物料在该悬浮的位置沉降而堵塞。如果沉降的是煤粉，形成长期滞留就会有自燃、明火、燃爆的风险。

b. 能判断系统各风机的用风。准确调节用风的标准之一是对系统内各风机正确分工。当同一系统两个风机相互争风时，不但缩短风机使用寿命，而且彼此抵消能量，大幅增加能耗，若零压面的位置改变，必然破坏原工艺要求。此时风量的调节肯定有误。

如篦冷机的零压面，本该位于高温段与中低温段的交界面（图 5.1.15）；但如果头排风机风压过大，零压面就会向窑头移动（图中 B）；或移入三次风管（图中 C），甚至到旋风筒（图中 D）［见 3.1.4 节 4）（4）］。反之，尾排风机风压过大时，零压面就会是 A 位置。无论是哪种情况，风的相互冲撞、拉扯，轻则造成中低温风入窑，降低二次风温，重则物料沉积、堵塞。

c. 能判断空气所带热量的利用效果。以篦冷机内的零压面位置为例，它将直接影响二、三次风温高低，也直接影响熟料的冷却速度及质量。

d. 避免系统气流产生涡流。当两个反向风机同作用于一处且风机能力过剩超过其规定范围时，如果并未作用在同一轴线，哪怕只偏斜几厘米，对流平行擦肩而过，也必然形成涡流，甚至紊流，不仅浪费两个风机的动力消耗，而且使所携带的料流变得紊乱。

③ 如何准确控制零压面的位置。系统中的气流在靠压力驱动时，它就是所携带粉料的动力。两个方向相反、动力大致相同的风机的系统内，往往应出现零压面。此时最重要的是控制好零压面位置，即两个风机作用范围的交会面。

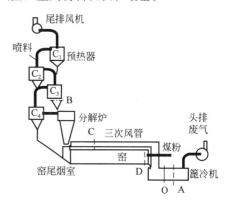

图 5.1.15　双风机相互作用示意图
A、B、C、D、O 均可能为零压面位置，但只有 O 为正确位置

实际运行中很难找准平衡的零压面，但应当尽量减少风机的过剩能力，减少气流的涡流量，如篦冷机内应有的零压面处就可设置挡墙［见 3.5.4 节 2）（7）］。

在理解双风机相互作用的基础上，才会分析多个风机间的作用。篦冷机、立磨、旋风筒等设备内，均可有多个风机共同作用的部位，搞清此关系是正确操作的前提。

（4）风机效率对工艺节能有重大影响　风机效率不只对自身能耗影响重大，对生产工艺指标的完成也有直接关系，其并在更大层面影响系统能耗。比如：燃烧器用风不好，直接关系火焰优劣，煅烧温度高低；预热器用风不当，热耗与电耗就会同时增加，甚至塌料、堵塞；篦冷机用风不当，不仅降低二、三次风温，热耗升高，而且熟料冷却速度变慢，质量下降；磨内用风不足或过量，也要表现粉磨效率不高、电耗增加；选粉机用风不当，选粉效率也会降低。所有用风不当造成的生产损失，远比风机自身电耗损失更大，及时更换低效率风机，是节能的英明决策。

2）节能操作的装备条件

提高风机的应用技术，就要具备如下装备条件：

（1）正确选用控制机构与阀门类型　为确保风机在理想工作状态下运行，首先要选择控制风机的方式［见5.1.1节4）（4）］。在采用节流式调节方式时，应恰当选用阀门类型，以减小阻力或漏风量［见5.1.3节6）］，并提高用风调节的灵敏度与有效性。

① 阀门的配备要求。风机阀门应安装在进风管道为宜，有的阀门不得不装在出风管道上，就会对风叶运转形成阻力，风机轴承还要承受冲击而振动，缩短寿命。且无论何种阀门都有使用寿命，当风叶或闸板已损坏变形，或阀片脱落、不能转动时，控制就会失灵，须及时修复。

风机不允许带负荷启动，包括机壳内有异物、叶轮正在倒转、风门关闭不严等各类形式的负荷。因此，风机启动前应确保风门关闭，现场应检查确认，或设置自动报警功能。

② 执行机构的可靠性。执行机构是中控室远程调控风机的必要设施，在试车前，应该先调整执行机构量程与阀门对应位置相符。否则很难确保调节风量的准确程度与效果。

③ 尽快淘汰液力耦合器。对于大型风机，也有将阀门全开，用液力耦合器调节风机转速代替阀门控制的，类似于变频调节的效果。其虽比阀门调节准确度高，但却比变频调节耗能大，已为落后技术。

在选择转速调节方式时，需根据风机功率大小，配备质量可靠的高压或低压变频装备，既能让风机平稳调节，又确保运行节电，还要防止变频器对电路干扰［见7.3.3节3）］。

（2）对风机管道的要求　管道壁及容器壁不仅要表面光滑，减少各种阻力［见5.1.3节3）］，还要有足够刚度，能经受住内外压差的作用力，否则，运行后管道就会被负压抽瘪或正压吹爆。有些风管需要外保温或内衬料。

为尽量减小风机外风道阻力，管径应适宜，弯头应尽量少，以减少实际风压损失。另外，尽量不在出口管道上安装阀门，其不仅增加阻力，也对风机寿命不利。

（3）强化对检测仪表的配置，并在中控显示检测数据

① 在风机座上设有振动传感器，及新开发的、灵敏度更高的脉冲传感器，以随时观察风机振动的变化趋势［见本节5）］。

② 气流管道上应设有准确的压力表，并确保畅通无误。

3）稳定被输送气体的含尘量、含水量

（1）含尘量　水泥生产用的风机，在输送气流时经常要携带粉料。为此，气流必须具有一定风速，即足够动压：气流自下而上流动时，要克服所含粉料的全部重力；气流水平运动时，也要有不让粉料沉积的风速。同时，还要限制气流的含尘浓度，增大喂料量就要同步增加用风量，否则可能发生塌料、堵塞。

某些系统中很可能存在含尘量剧烈变化的不稳定因素，如某些余热发电锅炉的积灰管道与高温风机入口相连，只因振打频次不够使管道积灰，就会突然塌料。此时风机电流瞬间成倍增加，转速大幅下降，并发出"哼哼"的沉闷声。不仅缩短风机寿命，还使高温风机负压大幅波动、预热器塌料、窑头正压、生料磨振动跳停等故障相继而来。

（2）含水量　被输送气体的含水量同样值得关注，因为原燃料向系统带入的水分，虽然仅百分之几，但它们既遇热为水蒸气而吸热，增加热耗，且增大气体重度，升高风机电耗。这两项能耗的累积，说明廉价采购原料常是得不偿失。

4）要印证动压已满足生产要求

无论采用何种调节手段，风压要比风量、风温更显重要。但它要用毕托管测定，不能在

线获取。还可结合各部位工艺现象，判断其风速，即动压大小。以下现象可印证烧成系统各主风机的动压正常：

① 高温风机的风压，要确保全系统无不完全燃烧煤粉；废气中 CO 含量趋近于零、O_2 含量不高；没有向外冒灰位置；也没有塌料、沉降性堵塞等症状［见 3.1.4 节 4)（4）］。

② 窑头排风机的风压，要与高温风机、冷风鼓风机配合，实现二、三次风温最高［见 3.5.4 节 3)］。

③ 篦冷机鼓风机的风压，可借助摄像头观察篦床上料层的运动规律，判断其大小［见 3.5.4 节 2)（3）］，且在熟料卸料出口不能有正压冒灰迹象。

④ 一次风机风压让燃烧器火焰黑火头短而有力，窑尾温降至最低［见 3.4.4 节 4)（3）］。

⑤ 磨尾排风机的风压，应保持磨头为微负压，使出磨物料温度不会太高［见 2.1.4 节 5)］。

⑥ 立磨排风机的风压，应以获取最大而稳定的磨内压差为目标，并保证碾压后的物料被气流带到选粉设备后，返回磨盘的粗料不多［见 2.2.4 节 2)（3）］。

⑦ 辊压机的循环风机的风压要与主排风机协调，尽量降低入磨机的物料粒径，而回辊压机的物料粒径，要与入磨物料粒度匹配［见 2.3.4 节 2)（3）］。

另外，⑤～⑦的迹象还可判断粉磨系统主风机的风压。

除观察上述系统各状况外，还要结合系统风压、风温分布及变化趋势、物料运动方式等，综合判断某台风机的风压是否恰当。唯有如此，才可能确认风机处于节能状态运行。

5）对风机振动的控制

风机是高速运转的设备，应时刻保持动平衡运行，但也不会没有振动。超过允许范围的振动，不仅要过分耗能，而且对自身安全运行有重大威胁。为此，有必要在此讨论。

（1）风机振动的描述及危害

① 振动的类别与描述。任何设备的振动，都有稳态振动与随机振动两大类，稳态又有周期与非周期之分，随机也有正常与异常之分。维护者的责任就是将振动控制在周期振动的正常范围内，并尽量减小振幅与振频。

描述振动的 3 个参数值是位移、速度和加速度，它们分别表示设备位置变化的极限值、设备零件的变形能量与载荷的循环速度（即疲劳寿命），以及惯性力的影响。振动速度有效值（均方根值）常作为风机振动的评定参数。

风机支承有刚性支承与挠性支承之分，风机固有频率与工作主频率相比，固有频率高就是刚性，工作主频率高就是挠性，对它们的极限要求分别为 ≤4.6mm/s 和 ≤7.1mm/s。

② 喘振的发生与危害。如图 5.1.3 所示，压力最大值 p_M 左侧是风机的喘振区，即非工作区。尽管风机工作点一般不会落在此范围，但当风机流量很小，或因管路阻力过大，引起叶片通道中气流严重脱离时，风机的效率会迅速下降，而无法向管路供气。此时风机剧烈振动，噪声增大。故风机性能曲线中 p_M 左侧部分应设计尽量短些、平坦些；且出风管路要短些，必要的阀门、喷嘴等应设置离风机近些。

（2）引起风机振动的几种因素

① 运动部件的质量不平衡。可能质量不平衡的部件很多，如运转部件材质不均匀、加工装配有误差、轮毂和主轴配合不当、转子主轴水平偏差较大等。为此，制造者不仅要提高风叶材质的均质性与耐磨能力，提高支撑部件及管道的刚度，还要优选偏低风机转速的工况，减少风机叶片的线速度，并通过加大风叶宽度，满足风量要求；在风机出厂时，制造商要出具符合要求的动平衡试验报告；使用者要努力降低系统阻力，只要满足工艺要求，不应

追求过高转速与风压。

②土建基础与安装不符合要求。导致振动超差的因素包括：安装中对基础验收不严格；地脚螺栓松动；管道、大型阀件、调节装置等较重构件无单独支撑而直落在风机上；入口风管水平段长度小于风管直径1.5倍，会形成空气紊流振动；百叶阀调节门进风旋转方向与风机叶轮不一致；风机与管道间无软连接接头；进出气管的支架未考虑管道的热胀冷缩；风机轴与电动机轴的同心度、联轴器两端面的超过允差；壳体与叶轮摩擦；风机叶轮与进风口间隙不均匀等。为此，在新风机或大修重新安装后，都必须经过动平衡的复查。

③运行中风叶的动平衡被破坏。这些破坏包括机械元件的损坏，如发生风叶开裂、叶轮歪斜与机壳摩擦、轴承润滑不良、滚珠碎裂、温升过高等情况；包括设在风机出口管路的阀门，使风机轴承超负荷承载而振动；也包括粉料成为叶片上的结垢附着物，局部脱落后的不平衡。这些都需停车重找动平衡，计算需补焊铁块的重量与位置，其中风叶的耐磨寿命非常关键［见9.4.3节1)］。

④管道特性曲线因工艺不稳定而经常变化。为此，优选并稳定工艺状态，始终是减小振动、实现节能的首要条件。

⑤同一系统各股风源之间的作用不当。包括风机的串联与并联使用不当［见5.1.3节4)］，都会引起争风而振动。

按振动方向测定振动频率，分解出轴向振动（水平振动）、垂直振动、径向振动，这样分析，有利于找到振动原因，如轴向振动值较大时，多为平行不对中；而径向振动值也大时，就有可能是两轴非平行、不对中等原因。

(3) 风机减振的措施　风机的任何振动只有及时发现，并准确判断发生原因，才可能解决。所以，风机基础部位必须加装振动传感器。风机振动的测点应设在风机左右轴承及电机前后轴承四点上。

风机的减振首先应按频谱图特征进行，使用HY-106C工作测振仪，并利用在线监测的振动传感器，绘出频谱图，用于随时分析振动的变化规律，利用振动参数变化特征、频谱图和时域无量纲指标分析法，便可从中得出故障来源及类型，采取对策排解故障。

随后再考虑采取隔振和减振等被动措施，它们只为改善工作与生活环境的环保要求，不会有任何节能效果。

5.2　罗茨风机

罗茨风机是容积回转式鼓风机（图5.2.1），凡需要风压较高（10～200kPa）、风量偏小（0.15～1200m³/min）的用风设备，都能选用它。它工作适应性强，结构简单，维护方便，但致命缺点是能耗高、噪声大。

图5.2.1　罗茨风机

5.2.1　罗茨风机的工艺任务与原理

1) 工艺任务

罗茨风机的最大特点是，在设计的最高压力范围内，能适于管道阻力幅度较大、要求流量不大且稳定的场合。水泥生产中，常用于煤粉输送、窑燃烧器一次风、松动库内物料的风源，料封泵［见4.8.2节3)］的动力等。这些场合都需用较大风压，具备足以克服沿程阻力的压力，将粉料送达目的地或将高速气流喷入装备内即可。

为松动库内物料用风时，本应缓解库内粉料滞留，但若吹入气体含水或油，就会事与愿违，加剧物料结块与堵塞。随着太极锥技术的成功应用［见 1.3.2 节 3)］，克服了库内存料，罗茨风机此项功能便可退出历史舞台。

2）工作原理

罗茨风机的工作过程是：靠转子回转从吸气口带入气体，经隔声罩进气窗、空气滤清器、消声器进入，见图 5.2.2。两个（或三个）叶型转子在气缸内作相向旋转，其轴端靠同步齿轮啮合，由每一凹入的曲面与气缸内壁组成的基元工作容积（图 5.2.3）挤出气体，并在与排气口相通的瞬时，因较高压力气体回流，工作容积中压力突然升高，气体被压出口，经消声器、三通体、逆止阀和挠性接头被排出。转子间互不接触，经严格控制间隙实现密封，排出气体不会带出润滑油。

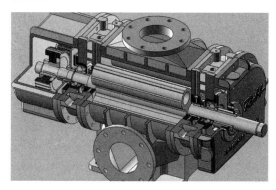

图 5.2.2　罗茨风机的内部结构

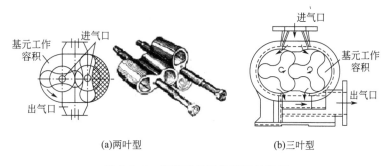

(a)两叶型　　　　　　　　　　　　(b)三叶型

图 5.2.3　罗茨风机工作原理示意图

罗茨风机特性与离心风机不同，其工作特性属于硬特性，即当需要在允许范围调节压力时，风量变动甚微。以往在启动或非要改变风量时，只能靠打开出口管道阀门放风，但风压大幅衰减，增大能耗。现在靠电动机变频调节，既节约电耗，又能准确控制。

5.2.2　罗茨风机的类型、结构及发展方向

1）类型

① 按结构型式分，分为立式与卧式：立式是两转子中心线在同一垂直平面内，气流水平进、水平出。卧式是两转子中心线在同一水平面内，气流垂直进、垂直出。

② 按传动方式分，有直联式、皮带轮传动式、减速器传动式。

③ 按叶轮头数分，有两叶式及三叶式，三叶型转子每转动一次是由两个转子进行三次吸排，故比两叶型的气体脉动性小、振动小、噪声低。

2）结构

罗茨风机结构由主机、辅机、电机三部分组成。

（1）主机的组成　包括机壳、墙板、叶轮、齿轮传动。

机壳用来支撑墙板、叶轮、消声器，并予以固定。墙板用来连接机壳与叶轮，支撑叶轮旋转，并起到端面密封作用。消声器是用来减小罗茨风机进出气流的振动所产生的噪声。

叶轮是罗茨风机的旋转部分，每个叶轮都是采用渐开线或外摆线的包络线为叶轮加工线。无论是两叶型，还是三叶型，每台风机的叶片都完全相同，不仅降低加工难度，并保持运行中的最小间隙。罗茨风机叶轮与轴的装配部位较长，轴与叶轮须一起更换，对轴测绘后加工轴，叶轮孔直径实际值应比测绘值小 $0.02\sim0.04mm$，轴材为 40Cr 钢调质处理，轴表面粗糙度达 1.6 以上。

齿轮是风机最精密元件，分主动齿轮和从动齿轮。它不仅要传递一半驱动功率，而且要确保二转子同步与间隙分配，因此，从动齿轮一般为周向可调。齿轮的轴向定位采用锥度配合。材料采用铬钼钢，渗碳、淬火后再精磨而成。轴承一般选滚动轴承，检修方便、缩小风机轴向尺寸，润滑方便。罗茨风机机壳密封要在传动轴与伸出机壳部位进行，有迷宫式、涨圈式、机械式或填料式各类。轴承油封应采用耐高温氟橡胶骨架式油封或迷宫密封装置。

（2）辅机　由滤清器、进出口消声器、低压安全阀、逆止阀、减震器、挠性接头、三通、隔声罩等部件组成。

① 滤清器。即为空气过滤器，对进入风机前的气体过滤，保证进入风机的空气高度洁净。

② 进出口消声器。采用阻性消声器，以消除鼓风机进、出口气流振动为目标，由外筒、内筒、法兰等件焊接而成，内外筒之间有吸声材料。该装置重量轻、阻力小、消声效果好。

③ 低压安全阀。低压安全阀是系统的保险装置，当系统工作状况异常，阻力高于额定值时，安全阀开启，排出气体，防止风机和电机过载。如安全阀开启，长时间不恢复闭合，则需停机，排除故障。

④ 逆止阀。用以防止停机时，系统高压气体倒流。使风机转子反转，导致管网失控，发生故障；同时还能防止系统灰尘的倒流。

⑤ 挠性接头。它具有良好的减振和隔声效果，是由橡胶钢骨架压合而成。

⑥ 减震器。为对设备有良好的减振效果，它要根据承载干扰的频率大于自振的频率计算选取。

⑦ 隔声罩。它采用薄板压制而成，其内壁镶衬聚氨酯泡沫塑料作为隔声材料，所有对口结合面均用橡胶泡沫垫密封。隔声罩外表面用粉末静电喷涂工艺。

（3）电机　为 Y 系列交流电动机，功率范围为 $0.75\sim1000kW$，转速为 $150\sim3000r/min$。

3）罗茨风机的发展方向

引进的 R（AR）系列罗茨风机，提高了零部件加工精度要求，齿轮、轴承、叶轮等关键零部件设计寿命延长，从而整机使用寿命长，具有体积较小、重量较轻、整机设计更紧凑等特点。叶轮型线采用复合摆线叶型等，容积效率较高。

近年来，高效节能、省材型的高速罗茨鼓风机系列产品，以 S 系列三叶型为代表，具有高转速、高度集成、结构紧凑、主机承载能力强、效率高、能耗低（较 R 系列可节省 3%～8% 电量）的优势，且重量更轻、使用寿命更高、系统安全保护措施更全面。该系列机型目前最大流量约 180m³/min，对于中、小型罗茨风机，正在淘汰 L 系列产品。

从节能方向看，问世不久的气悬浮离心鼓风机会更胜一筹。它采用气悬浮轴承，无须润滑、维护便可长期稳定运行；再配上高效的永磁同步电机［见 7.1.2 节 3)］，使用 85% 效率的三元流离心叶轮；加之使用大于 97% 效率的高速矢量控制变频器，可根据负荷自动调节电机转速，对气压与流量实现智能控制。预计此新型风机寿命达十年之久，节能 25%，且无噪声。

5.2.3　罗茨风机的节能途径

1）选型与台数确定

在变频技术之前，罗茨风机不便调节，只靠制造厂提供的产品系列型号，对风压、风量谨慎选择，更要重视用风所需管道长度、管径、弯头数量，才能最终确定所需风压。为此，工艺布置应尽量缩短罗茨风机与用风设备距离，以减少压损。

罗茨风机已属于经久耐用的设备，无须在线备用。万一紧急更换，也只需拆装管道法兰接口与基础，数十分钟便可完成。如按典型设计在线备用，不仅增设管道与闸阀，还无端增加风机压损与耗能，包括可能的漏风，累积损失不容忽视。

2）用变频技术改进调节手段

由于罗茨风机的恒转矩负载特性，属于典型的恒压变流量输出供风。采用变频技术降低罗茨风机转速之后，它便可按规定压力、低流量运行。由此，罗茨风机输入功率与流量近似成线性关系，变频调速必然呈现显著节能效果。

应用变频电机调速，不仅电机启动上有若干优势［见 7.3.1 节 1)②］，大幅节电，而且降低了不必要的转速，减少机械磨耗。系统采用压力闭环控制方案后，可实现自动控制。如作为窑头燃烧器一次风机时，变频调速有助于形成优质火焰［见 3.4.4 节 1)(1)］，相对原靠阀门开度调节用风的传统方式，可避免电能浪费，并能实现精准调节。

3）提高风叶的设计与制作质量

为降低能耗，除了要选用叶轮形线的节能设计外，制作时要提高对风叶间隙，机壳、墙板与叶轮间隙的精度控制，还要提高密封性能。这是优质名牌制造商所具备的优势。

4）送风管道的空间布置

在输送粉料、煤粉等粉状物料时（如向窑、炉输送煤粉），与它相配的出风管道只能水平或垂直布置，不允许不同标高间斜向输送，以防止对料粉的脉冲输送，避免喂煤波动，且节省能量。

5）罗茨风机的智能控制

它的智能控制用风与离心风机原则相同。此外，还能对罗茨风机的安全操作提供保障。

5.2.4　罗茨风机的应用技术

1）正确操作

① 严禁带压启动，启动前应先打开放空阀，待风机运转正常后方可打开出风阀，并缓慢关闭放空阀，逐步调节到额定压力，满载运行。风机启动后，严禁关闭出风道，以免爆炸。

② 为保证罗茨风机风压，应提高主要零部件的质量与承载能力、整机的维护便利性，

以及系统安全保护等。定时对过滤网清灰，防止堵塞；定期检查出口处的止回阀状态、转子间隙磨损状态，确保工作压力及出口风速。

③ 用罗茨风机送煤粉等粉料时，每次停车前，应让风机适当延长运转数分钟，确保吹净管道内粉料，避免受负压影响，剩余煤粉回流，造成下次开机困难。在输送管道螺旋泵一端加单向阀，将有利于防止煤粉逆流。

④ 输送介质的温度不得超过 40℃，工作压力不得超过铭牌压力。其主油箱与副油箱油位必须在规定油线之内，既不能高，也不能低。

⑤ 降低噪声，因为噪声不但污染环境，而且它是来自空气与设备的高频振动，本身在大量耗能。因此，要努力提高主机气动对裸机噪声的控制水平。

2）罗茨风机间隙调整

① 叶轮间隙调整。将叶轮转到与水平方向 45°角位置，并将从动齿轮对准主动齿轮标记压入轴上，依次安装齿轮挡圈、锁母等。将塞尺放入调整好间隙的叶轮中间，旋转从动、主动齿轮数圈后取出塞尺，固定住可以周向调整的从动齿轮。再用塞尺检测下叶轮间隙，直到合适为止。

② 轴向间隙调整。装配墙板要先保证轴向总间隙，再通过调整轴承座上垫片厚度，保证两端间隙。

③ 径向间隙调整。径向间隙是通过机壳与侧板精密配合定位保证，一般不需要调整。

3）防止齿轮箱漏油

凡输送气流含油，管道壁结有油垢，多为罗茨风机齿轮箱漏油所致，如齿轮箱与轴间的密封为沟槽迷宫型，则可做如下改造：拆下沟槽处支座（图 5.2.4），将沟槽用车床车出一台肩，再根据尺寸 D 及轴径选择合适的骨架油封镶嵌在内，成为骨架密封，便可阻挡油液流到中腔内止住漏油，由此每年可少耗油 400L。

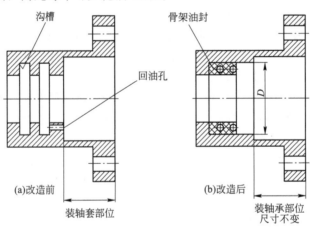

图 5.2.4　治理漏油方案示意图

5.3　空气压缩机

空气压缩机简称空压机，为现代生产及生活提供高压风源的动力设备，已被广泛使用，但由于耗能较高，寿命周期内的运行电费竟是设备购置费的 15～20 倍。为降低水泥产品的单位能耗，理应掌握空压机的耗能特点与降耗途径。

5.3.1　空压机的工艺任务与原理

1）工艺任务

现代水泥生产中，压缩空气已成为不可缺少的生产动力、清障动力与控制装备，比如处理预热器等处结皮所用的空气炮、袋收尘清理滤袋积灰的脉冲动力、对各种仪表表面降温与清灰、包装机灌装与脱袋等，都离不开耗电较高的空压机所制造的压缩空气。

2）工作原理

空气压缩机是将动力设备（电动机或柴油机）输出的旋转机械能转换为气体压力能，为生产系统提供压缩空气的设备。以新型单螺杆压缩机为例，图示其工作原理，见图 5.3.1。

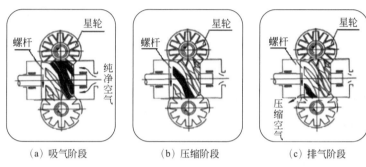

（a）吸气阶段　　　　（b）压缩阶段　　　　（c）排气阶段

图 5.3.1　单螺杆压缩机结构与工作原理

将所有空气压缩（包括柱塞式）的工作视为循环过程，分三阶段完成：

（1）吸气阶段　它的机壳内装有由一个圆柱螺杆和两个对称的平面星轮组成的啮合副。螺杆螺槽、机壳（气缸）内壁和星轮齿构成封闭容积。动力传到螺杆轴上，带动星轮旋转。随着螺杆转动，气体通过吸气口进入螺杆齿槽。当星轮与螺杆齿槽啮合时，星轮齿面将机体与螺杆齿槽形成了密闭空间，完成吸气过程。

（2）压缩阶段　星轮的作用相当于往复活塞压缩机的活塞，当星轮齿与螺槽相对运动时，气体（工质）由吸气腔进入螺槽内，封闭容积逐渐减小，气体受到压缩，再由排气孔口和排气腔排出。在压缩腔的前沿即将与排气口连通前，完成了压缩过程。

（3）排气阶段　压缩腔前沿与排气口接通后便开始排气，直到压缩腔完全连通排气口后，完成排气过程。单螺杆压缩机的螺杆具有 6 个螺槽，星轮有 11 个齿，相当于 6 个气缸，两个星轮同时与螺槽啮合。螺杆每旋转一周相当于 12 个气缸在工作。

上述三个阶段在螺杆旋转一周后，由于两个星轮在螺杆的两侧对称布置，它的每一个齿槽都完成两次吸气→压缩→排气的循环过程。

3）做功特点

空压机先消耗电能完成对空气体积的压缩，并以势能形式储备；在使用过程中，它又通过恢复体积、重新施放为动能。因此，一方面要减少制造每立方米压缩空气所消耗的能量，表明空压机技术的进步；另一方面就是要对压缩空气合理使用，提高应用技术。

4）空压机的单位能耗效率

衡量空压机单位能耗效率的关键指标是比功率，它表明单位体积同等压力的压缩空气所消耗的功率。比功率越小，说明效率越高、能耗越低。在单螺杆与双螺杆的行业标准中，单螺杆空压机的比功率应小于 7%，而双螺杆空压机标准为 8.5%。

5.3.2　空压机的类型、结构及发展方向

1) 类型

按结构和工作原理不同，可分为活塞式、螺杆式、滑片式、离心式、涡旋式五类；按工作压力等级，可分为低压（供气压力<1.3MPa）、中压（供气压力为1.3～4.0MPa）、高压（供气压力>4.0～40MPa及以上）三类；按压缩气体的形式，可分为容积式和速度式两种；按气体压缩过程是否与润滑油混合，可分为有油润滑和无油润滑两种；按使用过程是否需要移动分为固定式和移动式两种；按运动方式不同，分为回转式空压机和往复式空压机，回转式空压机比往复式先进，而回转式空压机中以螺杆式结构最为合理，螺杆式又有单螺杆与双螺杆之分。

2) 单螺杆压缩机主机结构

(1) 组成　单螺杆压缩机为单级、背压喷油、回转式压缩机，主要由壳体、螺杆、两个对称布置的星轮、电磁阀、卸载阀、降噪装置等组成，如图5.3.2。

图 5.3.2　单螺杆压缩机局部结构简图

(2) 构件特点　主机壳体采用整体结构设计，星轮侧有大窗口，为方便快捷的维护提供条件。

压缩机是空压机整机的核心，而螺杆和星轮又是压缩机主机的心脏，它们的型线设计直接关系其啮合效果，成为螺杆主机的核心技术。制造商应当拥有高分度精度的专用数控机床，掌握浮动星轮技术。分度误差应≤10s，才可能加工出高精度的螺杆和星轮，成为节能的空压机。

由于两个星轮对称配置在螺杆两侧，使作用于螺杆上的径向及轴向气体作用力各自互相抵消；又由于在螺杆的两端面间设有引气通道，螺杆不承受任何径向和轴向气体作用力，实现了理想的力平衡。其结果使星轮齿的气体受力仅为双螺杆压缩机的1/30，轴承只承受微小的重力和摩擦力，使用寿命延长。

该压缩机良好的受力平衡性，加之啮合副型线的先进设计，又无增速齿轮，故运行噪声低，螺杆每旋转一周产生12个压缩循环，每分钟排气达35760次。排气基本无脉动现象，振动极小，对设备基础无特殊要求，空压机满载时，一枚硬币直立在机身上可以不倒。

星轮片采用进口聚醚醚酮碳纤维复合材质（PEEK）精加工而成，平均寿命3万～5万小时。

轴承采用进口，寿命长达10万小时；电磁阀、卸载阀等关键部件均采用进口优质元件。

为降低压缩空气中含油量，使用三级分离方法。第一级采用旋风分离，压缩机排出的油气混合气体切向进入筒体，沿筒内壁流动，在离心力、重力作用下，油滴聚合在内壁上旋转沉降出95%油。第二级为隔板拦截沉降分离，在油气混合上返中拦截出油滴。第三级分离器滤芯分离，让含少量油雾气体进入滤芯，被最后拦截和聚合，实现精确分离。三级过后，压缩空气含油量仅为2×10^{-6}。

3) 空压机的技术发展

空压机类型的更新换代，是旨在降低它的比功率。从靠活塞在气缸中往复运动压缩空气的传统机型，演变成螺旋叶片在气缸中单向旋转连续挤压空气，省去了活塞往复运动必须克服的惯性，因而显示出节能优势。

最近问世的 Z 系列双级永磁变频螺杆空压机，为国内宁波企业研发的，是在机头使用双级压缩、四个转子，让空气再次压缩，以低功率达到高排气量，比功率是5.8～6，比同

等流量的其他空压机节能 20%。

5.3.3　空压机的节能途径

1) 要选择节能型空气压缩机

不能为节约资金，再购买过时的往复式压缩机。高效节能空压机的结构特点是：

① 容积效率高，不存在余隙容积。单螺杆压缩机工作时，螺杆每转一周，每一螺槽均被使用两次，螺槽空间被充分利用，与其他回转式压缩机相比，其结构尺寸更小。此外，螺杆的螺槽深度随压缩腔增大压力而变浅，排气结束时余隙容积理论上为零，故容积效率高。

② 独特的气量调节方式。控制系统具有伺服式无级自动调节气量、让用气量和排气量自动平衡，实现自动卸载与负载转换、自动停机与自动启动等功能，最大限度地降低电能消耗。如空载运行时，能耗可降 60%。

③ 使用高效弹性联轴器。它的传动效率高达 99% 以上，传动平稳、效率高、使用寿命长。不宜用刚性连接（齿轮），因压缩机与电机轴对中困难，使轴承额外受力，缩短寿命，传动效率仅为 93%；且设备启停时，还易发生敲击现象，加速齿轮和转子磨损。

④ 比功率低。

2) 提高相关设备配件的质量

① 选用节能电机、选用无功补偿提高功率因数［见 7.1.3 节 1)］；对于空压机组群，至少要选一台使用变频控制，以满足智能节电系统的设计。

② 选用传动效率高的传动方式与联轴器［见 6.2.3 节 1)］。

③ 选用高质量的气动控制元件［见 10.2.2 节 3) (1)］。

④ 降低送风管道阻力［见 5.1.3 节 3)］。

3) 提高冷却器的换热性能

空压机压缩气体的过程有等温压缩、绝热压缩和多变压缩三种。在相同的初压和终压条件下，等温压缩消耗的循环功最少，冷却效果越好。而且越接近等温过程，循环功越少。但实际压缩过程为多变压缩。为了降低此过程能耗，在冷却水系统增设中间冷却器和后冷却器，以保证各级吸入空气的温度基本一致。因此，应提高中间冷却器的换热性能，使二级进气温度接近等温压缩的进气温度，保证回冷完善；应降低各级气缸温度，使每级压缩过程接近于等温压缩。对此采取的措施有：降低冷却水入口温度，提高冷却水流量；清净冷却器管束中的沉积物，保证气体与管束接触均匀，避免短路；采用水处理药剂软化冷却原水，提高水质。

4) 选择空压机管网控制技术

对于多点共用压缩空气的空压站，始终保持生成量与使用量高度一致并不容易，但它却是空压站的重要节能措施。为开发空压机的智能控制系统，曾有过各种模式：

① 电气联锁控制技术。随时比较空压机供气量与用户需气量，根据管网压力的上升或下降、按照设定的压力极限，联锁信号，控制压缩机的停开；但当负荷变化较大、储气罐容量较小时，使启停过于频繁，电流波动 5~7 倍，势必对电网及其他电路有较大冲击且较高耗能，电机使用寿命缩短。

② 恒压变频控制技术。空压机变频调速的优点是：电机实现软启动，降低启动电流，且启动平滑，无机械冲击，因而延长设备寿命，对电网冲击减小；输气压力稳定，调整可靠性高；节能效果约为 30%~40%。但若仍为恒压变频控制，只根据压力设定值控制整条管路压力，就不能随用气负荷和压力自动调节，仍有能源浪费。

③ 自动加卸载控制技术。当总管管网压力不用压力设定值，而自动调节进口导叶。但进口导叶阀开度与上、下限设定值有差异：无论管网压力继续上升达到卸载压力，还是逐步下降至加载压力；主电机与压缩机根据要求会自动脱离或自动对接；进口导叶阀逐步关闭或打开，以达到管网供、用气平衡，保持管网压力恒定。但这种有级控制，卸载时的耗电量大约为额定运行的 10％左右，仍有无偿消耗。

④ 优化控制空压站机群运行时间。空压站联网根据系统压力和流量等变化，开停合适数量和容量的空压机，以满足用气要求同时，尽可能少让空压机处于未满负荷状态，降低每台空压机平均运行时间。但需要对压缩机运行系统多区域测控，及时了解各区域空压机运行情况、管网压力及各储罐储气量等。

⑤ 智能控制预测调压控制。它由预测控制器作为前级控制。通过自动检测各空压机电机电流、放空阀开度、输出流量，采用先预测未来的输出状态，后控制当前动作，获得空压机运行状态与压缩空气压力设定值，确定均衡调节空压机出口压力，避免空压机卸载操作和管路放空操作。

5）采用智能控制系统

建立在厂区管网信息化基础上，根据供气管网压力信号变化，实现集中管理、分散控制的先进管理与控制策略。采用微电脑控制器，根据使用压力需要，再测定实际风压，由它配备上位机联网控制软件对比，根据压缩风量需求的波动幅度，确定需要变频控制空压机的台数，实现多机联控及远程监控，并通过自动化调节变频器改变电动机转速，控制空压机出气量与供气量平衡，实施优化调度策略，成为智能控制雏形。

空压机智能控制的效益在于：既可降低空载能耗，通过对空压站 $1 \sim N$ 立方的自动调节按需产气，降低电耗及维修成本；又可减少爬升能耗，让压缩空气系统压力维持在 ±0.2bar（1bar＝10^5Pa）间运行，减少压力频繁爬升的耗能，且压力稳定，也有利于延长终端用气设备、仪表的使用寿命（图 5.3.3）；还能实现故障短信自动报警，实现无人值守，提高劳动生产率。

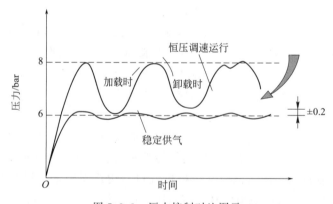

图 5.3.3　压力控制对比图示

5.3.4　空压机的应用技术

1）全厂空压机的合理布局

水泥企业窑、磨较为集中的区域，常将数台空压机布置于专用的空压机房内，靠人工值守维护。但现今空压机提供了可靠性，且能远程控制。故无须再集中放置，为靠近使用设备，降低压缩空气长距离输送的阻力损失创造了条件；而且为了节能，尽管压缩空气使用量不断改变，但生产量完全可以按需控制，并利用现代网络技术让压缩机组经济运行。如果个别袋收尘远离生产中心区上百米距离，只选用一台小型空压机附近放置即可。

合理布局不仅省去建站的基建费用，也降低了空压机的运行自身耗能。

2）不应随意浪费压缩空气

水泥生产中使用压缩空气有如下情况：袋除尘清灰、空气炮除障、在线仪表的控制保护。随着电除尘技术进步［见8.1.2节4）（1）］，已经用不着压缩空气清洁积灰，即使小型袋除尘不可替代，也应该用引射脉冲清灰技术，节约压缩风用量［见8.1.2节4）（2）］；至于在预热器、篦冷机清堵工作中，空气炮并不是万能，它不仅浪费电能，而且喷入的冷空气会增加热耗，为系统带来更不稳定。实际上，提高工艺稳定及处理的有效性，就能避免发生堵塞与结皮［见3.1.4节4）（6）］。同时，不应该将压缩空气当作冷却风使用，或作为清洁地面与设备的动力，至于无视压缩空气管道、阀门的泄漏，更是典型浪费。

3）正常使用维护

① 重视空压机周围空气的洁净与低温，加强对入口空气的过滤保障。对出气中含油超标的空压机，不仅影响使用质量，而且增加油耗。应在冷干机前后分别配置过滤器，除油精度分别为 $0.1mg/m^3$、$0.01mg/m^3$，除尘精度为 $1\mu m$、$0.1\mu m$。定期清洗与更换过滤器，达到精度要求。如含油仍多，可排查如下情况：滑油量的正确油位应高于油视镜的一半；回油管无堵塞；机组运行时，排气压力不能过低；油分离芯未破裂；分离筒体内部隔板无损坏；机组无漏油现象；润滑油未变质或超期使用。

② 储气罐应配自动排水器，保证气罐内少含冷凝水，管道低点应配良好的排水阀，并定期放水，不仅是为保证压缩空气质量、节能，而且是冬季防冻所必须。当环境温度高于 $4℃$ 时，应使用冷干机连续工作除去水分，温度低时要停运；否则要配置吸附式干燥器。入冬前清净储气罐中油泥。

③防止持续高温运行。高温的原因可能有三：机房温度过高；测温元件报假；进出口温差在 $5\sim8℃$ 间。若温差过大，说明机油流量不足，油路有堵塞，或温控阀未完全打开。可取下阀芯，封闭温控阀一端，强迫机油全部通过冷却器；若仍未解决，就应判断油路堵塞；若温差过小，表明散热不良，检查散热器及散热风扇，它们的异常会使风量不足或散热差；若温差正常，机器依然高温，说明机头的发热量超出正常范围，需检查是否超压运行，油品、油质是否合格，以及机头轴承或端面是否有摩擦。

④ 防止油冷却器堵塞。当水冷空压机油冷却器堵塞严重时，空压机轴承温度就会过高。而堵塞原因常是冷却塔等处脱落下的材料、循环水池杂物、沉淀淤泥及结垢等混入其中。为此，在进水管道上加装网孔为 $2mm$ 的筛网，过滤较大杂质；装置除垢剂的测定装置，不断对内壁的结垢清洗；加装增压泵，适当提高冷却水循环速度，避免污物在冷却器沉淀。

⑤ 空压机不加载原因。如设定卸载压力为 $0.77MPa$，加载压力为 $0.66MPa$。当管路压力高过卸载压力而不卸压时，会发生油气分离器内油气混合压力过高，导致空压机安全阀连续动作，油气混合物喷出机外。此时应检查：电脑是否未传达卸载指令；控制回路的电磁阀是否未动作；空气过滤器内进气阀膜片转换器动作是否不灵活；冬季进气口温度是否过低（$-2℃$），不满足使用要求。为此，重新设定卸载值降为 $0.69MPa$，加载值为 $0.61MPa$，增加进气阀膜片转换器动作次数，提高灵活度；同时冬季将进气口由室外改为室内，提高进气温度大于 $4℃$。

第6章

动力传动装置

大多设备在启动与调节转速时，都不是从动力设备直接接受动力，离不开减速机、联轴器或液压系统等动力传动装置。这些装置自身没有动力，却为能量转换与传递消耗能量。为此，对它们的设计、制造与应用，同样有减少能耗的要求。

6.1 减速机

大多水泥生产设备都是以低于电动机的转速运行，从风机每分钟上千转、几百转到磨、窑数十转、数转。对此，除选配各类电动机（见 7.1 节），通过极数、频率变化等手段与其匹配外，应该选用减速装置。对于功率不大、减速比小的设备，常用皮带或链条传动，通过皮带轮、链轮直径比实现变速，虽结构简单，但会因皮带打滑、链条变松等增加功率损耗；对于大功率设备，最该选用各类减速机，通过齿轮传动实现刚性减速。

6.1.1 减速机的工艺任务与原理

1) 工艺任务

减速机可以让电动机满足工艺对设备转速的变化要求，并符合启动与正常运行的力矩要求，而且能减少自身能耗，高效率转换与传递能量。对于启动转矩过大的设备，还需要配置专门的辅助传动减速机。

2) 工作原理

不同类型减速机有不同原理，但都是以齿轮、蜗轮等作为减速机的核心部件。为让齿轮在传动中有最大承载能力，能较强适应负载的复杂变化，其齿廓将以选用渐开线作为主导技术。由于它具有可分特性，即当两啮合齿轮中心距因轴承磨损略有改变时，仍能保持精确的传动比，有低噪声、低振动、平稳传动的优势。通过减速机内部构件间的传动，将电动机转矩变为设备转矩，并改变进、出转速。

3) 传动功率的计算

该计算是选取减速机规格的重要依据，但不同设备传动功率的计算方法不同，其中以窑与磨机的传动效率计算较为复杂。

(1) 回转窑的传动功率　窑回转中所消耗的功率包括：窑内物料运动所消耗的功率 N_1（kW）；托轮、挡轮轴承的摩擦阻力所消耗的功率 N_2（kW）；轮带与托轮表面间滚动摩擦所消耗的功率 N_3（kW）；传动装置的传动效率 η。而忽略窑头尾密封装置的摩擦阻力的消耗功率。窑内物料传动功率分析见图 6.1.1。

$$N_1 = 0.0592D^3 \sin^3\theta Ln \tag{6.1.1}$$

$$N_2 = \frac{GnD_1}{1950}\left(\frac{f_1\cos\beta d_1}{D_2\cos\alpha} + \frac{f_2\sin\beta d_2}{D_3}\right) \tag{6.1.2}$$

$$N_3 = \frac{G\cos\beta n(D_1 + D_2)}{975000D_2\cos\alpha} \tag{6.1.3}$$

$$N = \frac{1}{\eta}(N_1 + N_2 + N_3) \tag{6.1.4}$$

式中　　　　　G——窑筒体回转部分质量，kg；

　　　　　　　n——窑的转速，r/min；

D，D_1，D_2，D_3——分别为窑净空内径、轮带外径、托轮外径、挡轮外径，m；

　　　　d_1，d_2——分别为托轮轴轴径与挡轮轴轴径的直径，m；

　　　　　　　L——筒体段节长度，m；

　　　　　　　θ——弓形物料截面所对应的中心角的一半，(°)；

　　　　　　　α——托轮中心和通过窑中心的垂直线夹角，(°)；

　　　　　　　β——窑的斜度，(°)。

该计算结果是在窑的安装正常并托轮已经调整合格的基础上进行的。

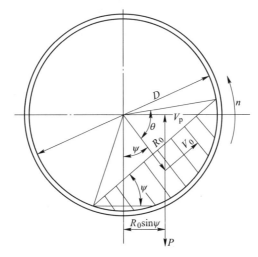

图 6.1.1　窑内物料传动功率分析

从图 6.1.1 可知，当窑以转速 n 回转时，物料由于摩擦力作用会随筒内壁升起。当物料表面与水平面夹角大于物料休止角 ψ 时，物料将受重力作用向下滑落，使物料表面与水平面夹角始终保持为 ψ 角。这时由于物料重心偏移，其质量 P(kg) 产生一反转力矩，欲克服该力矩所需的功率就与提升物料的垂直速度 V_p(m/s) 有关，而 V_p 又受 n、ψ 及弓形截面重心至窑中心距离 R_0(m) 影响。

（2）磨机的传动功率　该功率是维持载荷重心处于动平衡位置的净功率及摩擦损失和传动损失功率之和，如图 6.1.2。

$$N = \frac{xD_iQ\pi n}{30} \tag{6.1.5}$$

该式可简化为：
$$N = cQD_i n \qquad\qquad (6.1.6)$$

式中　N——传动功率，kW；

　　　Q——研磨介质装载量，t；

　　　D_i——磨机衬板内径，m；

　　　n——磨机每转一周所用时间，min；

　　　c——功率消耗系数，$c = \dfrac{\pi x}{30}$；

　　　x——充填率和研磨介质尺寸的函数。

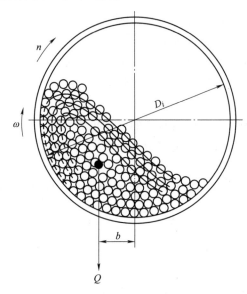

图 6.1.2　磨内负荷传动功率分析
b—磨机负荷的重心与磨机中心线的距离

6.1.2　减速机的类型、结构及发展方向

1）类型

不同水泥机械所要求的减速机类型不会相同。水泥生产的主机设备，如窑、管磨机、立磨、辊压机等都有与之配套的专用类型减速机。除此之外，还有通用的圆柱齿轮减速机、圆锥齿轮减速机、硬齿面齿轮减速机等，用于各类辅机。

2）通用减速机结构

通用减速机结构的主要组成是机箱、齿轮、输入轴、输出轴等，并配有轴承、润滑与密封等设施。机箱为低碳结构钢焊接而成，机盖与机体沿齿轮中心线剖分，用螺栓连接；在完整齿轮箱的壳体内，有若干齿轮组（2～4级齿轮）相互啮合，从输入轴到一级齿轮，最后由末级齿轮会至输出轴，完成能量转换与转矩传递的过程；轴承为成组双列调心滚子系列；润滑采用油池润滑与强制润滑结合的方式；减速机有多种散热方式，包括箱体自然散热、冷却盘管、冷凝器及稀油站；密封常用骨架油封，有单、双之分。为适应不断进步的水泥装备要求，通用减速机种类繁多。

这里仅以 YNF 硬齿面齿轮减速机为例介绍，如图 6.1.3：

YN 系列减速机是圆柱减速机，第一级为圆柱齿轮传动，有从单级传动到四级传动的四

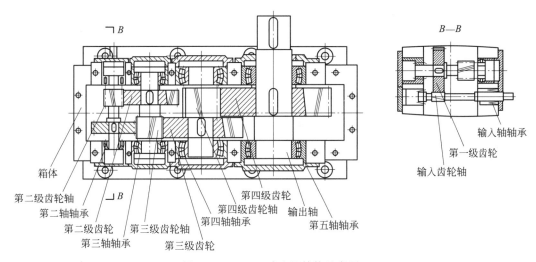

图 6.1.3　YNF 减速机结构示意图

箱体

第二级齿轮轴　　第二轴轴承　　第二级齿轮　　第三轴轴承　　第三级齿轮轴　　第三级齿轮　　第四级齿轮　　第四级齿轮轴　　第四轴轴承　　输出轴　　第五轴轴承

输入轴轴承　　第一级齿轮　　输入齿轮轴

大类；YK 系列减速机是圆锥齿轮减速机，仅第一级是圆锥齿轮，有从两级传动到四级传动三个类别。两系列齿轮精度均达到国标 6 级。YNF 是四级传动，它的输入轴位于第二轴的正下方，而不是左侧，长度尺寸更小。

对于水泥行业的专用减速机，输出功率至少应是额定承载功率的 2.5 倍。为实现此目标，设计中取定齿轮模数与齿数，既要考虑到能承受的弯曲疲劳强度，又要兼顾有足够的接触疲劳强度。即做到正常运转与负荷条件下，不断齿，齿轮表面耐磨蚀，不出现点蚀。为此，对结构件的质量要求如下：

（1）齿轮　不仅齿轮材料为低碳合金钢，材质为 20CrMnTi（Mo）、20CrNi2MoA、17CrNiMo6 等，而且加工齿轮的设备——磨齿机，也应是世界名牌，确保产品能达到六级加工精度标准，为此，关键工序应在恒温条件下进行。

（2）减速机箱体　要有不出现铸造缺陷的工艺手段，保证箱体的制造质量；有足够厚度的壳壁，为承受机械负荷要有足够重量及足够刚性，避免有大的变形。箱体孔中心线误差不得超过 0.03mm，以保证齿轮的啮合精度。

为确保减速机不漏油，箱体的密封是重要要求，因此密封件是关键，以往普遍使用沟槽密封，现应改用骨架密封。办法较简单，即车削掉原有沟槽，形成一个台肩，选择匹配的骨架密封安装在台肩内，并尽可能多装几个油封，与轴形成紧密地弹性接触，便不再漏油。

（3）外协件　齿坯锻造比不能小于 3；轴承、逆止器、风扇都应为名牌，骨架密封应确保一年不漏油。

3）几种大型减速机的结构

（1）DBS 单边双传动减速机　该类减速机是边缘传动原理（图 6.1.4），磨机筒体上安装一大齿圈，减速机输出端开口，由用于输出的两只小齿轮直接与筒体大齿圈啮合，带动磨机筒体转动。故它与同样是边缘传动的 MBY/JDS 减速机相比，缩短了传动链，零部件数量大幅减少，从而减少故障发生概率及维护量，且所占空间小，因此，它普遍适用中小型磨机。

该减速机为三级分流式圆柱齿轮传动，采用功率双分流技术与鼓形齿浮动均载技术。即

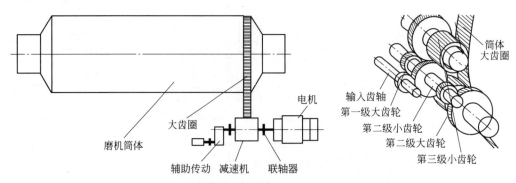

图 6.1.4 DBS 单边传动减速机布置与传动

在第二轴由两对第二级齿轮副实现功率分流，再由垂直布置的两只第二级大齿轮带动第三级小齿轮，驱动磨机筒体大齿圈转动。同时，因两只小齿轮啮合状态总处于变动状态，为改善这种高强的附加载荷，并未在轴上直接套装两只驱动小齿轮，而是通过球面轴承、鼓形齿与轴连接，其轴线可以在微小角度内摆动。当大齿圈的齿向误差或基础沉降等原因影响它与小齿轮的啮合时，由于这种摆动实现齿牙在整个齿宽方向的均载。

（2）MFY 中心传动的磨机减速机 该减速机是由两级圆柱斜齿轮组成，两级齿轮副通过挠性轴连接，输出轴经膜片联轴器与管磨机筒体连接（图 6.1.5）。电机传递的转矩自输入齿轮轴传入，该轴同时与两个大齿轮啮合，将功率一分为二，经两个第二级小齿轮合流至第二级大齿轮，再由输出轴传递至磨机。由于是功率分流结构，在合流时，因各种原因，并不一定能保证两端的第二级小齿轮能同时达到良好的啮合状态，此时需要均载措施实现均衡性与等寿命。上述的挠性轴就是靠自身的柔性，沿转矩方向旋转一微小转角，便可实现均载。

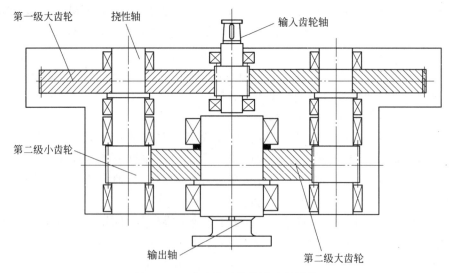

图 6.1.5 中心传动磨机减速机结构

（3）JLMX 立磨减速机 JLMX 立磨减速机是安装在立磨下部的代表性减速机，不仅要放大并传递扭矩，还要承受磨盘与磨辊的重量及由液压装置所产生的粉磨压力。这种力带有相当强的冲击性及不稳定性。该减速机有二级传动与三级传动之分，二级传动的结构由三部分组成：圆锥齿轮、行星齿轮与止推滑动轴承及箱体部分。三级传动则是在圆锥齿轮与行星齿轮之间，再加一级圆柱齿轮传动（图 6.1.6）。

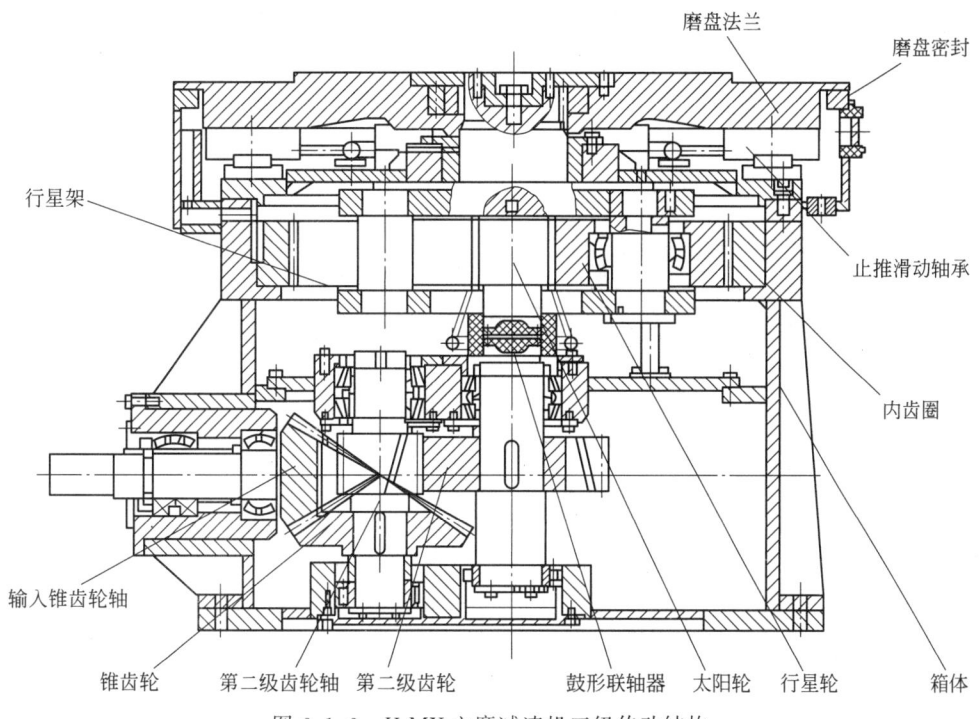

图 6.1.6　JLMX 立磨减速机三级传动结构

　　锥齿轮传动是独立装置，通过鼓形齿联轴器与行星传动的浮动太阳轮相连，并实现均载。行星架与磨盘法兰连接为整体，悬挂在止推轴承上，通过箱体将重力传递到地基上。内齿圈镶嵌在箱体内，不仅是行星传动的构件，还对磨盘径向轴承起到对中作用。由于止推轴承、内齿圈与箱体的平均直径接近，即使轴线载荷再大，也能均匀传递到地基，而不会产生弯矩。对于大型立磨，磨盘的止推轴承是靠全静压滑动轴承，始终以高压油支撑磨盘悬浮。对于中小型立磨，可用动静压轴承，即启动时先用高压油支撑磨盘悬浮，正常运行后，再改用常压润滑，让动、静环之间形成油膜，支撑磨盘。止推轴承由 8～15 块扇形止推瓦组成，轴瓦材料已进步为弹性金属材料，承受的比压可达 4.5MPa，以取代巴氏合金。

　　(4) JGX 辊压机减速机　JGX 减速机是双级行星减速机 (图 6.1.7)，专用于辊压机的行星传动装置，通过锁紧盘与辊轴连接，输入轴靠万向联轴节与主电机相连。每台辊压机的固定辊轴系与移动辊轴系各配备一台减速机，其输出转矩采用扭矩支承装置平衡，通过反力矩支架与之相连。它的均载传动是靠第二级太阳轮与第一级行星架之间以鼓形齿连接完成的。两级行星传动结构相同，最后由第二级行星架将减速后的转矩传递至辊轴。第一级行星架完全浮动，第二级行星架由行星架轴承支撑，固定回转轴线。对于大型辊压机，其轴承均为双列调心滚子轴承，以适应经常变化的强冲击载荷，且采用油泵或稀油站强制润滑。

　　该减速机扭矩输出是采用锁紧盘装置，是将它的输出轴与辊轴输入部分相套后，收紧锁紧盘螺栓至要求的扭矩值，输出轴孔缩小后紧箍在辊轴上，实现连接。

　　(5) JY 窑用减速机　大型窑一般为减速机经边缘的开式齿轮传动，带动并调节窑转速 [见 3.3.2 节 2) (3)]。

　　JY 窑用减速机的传动布局与边缘传动类似 (图 6.1.8)，一般为三级圆柱斜齿轮传动，其工况属于低速、重载、低冲击与高温的类型。减速机内采用成对比双列调心滚子轴承。为适应高温高粉尘环境，在输入轴与输出轴端，须采用耐高温密封材料制成的密封件。在各轴承与齿轮副啮合部位，设置专用的润滑喷管用于润滑。

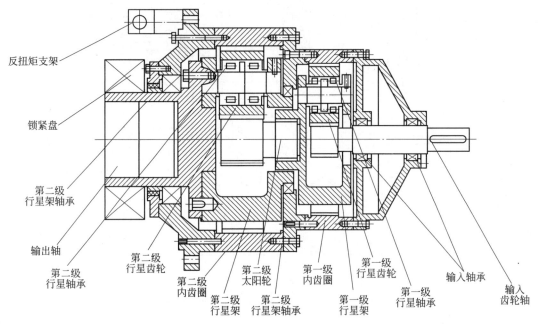

图 6.1.7　JGX 辊压机减速机结构

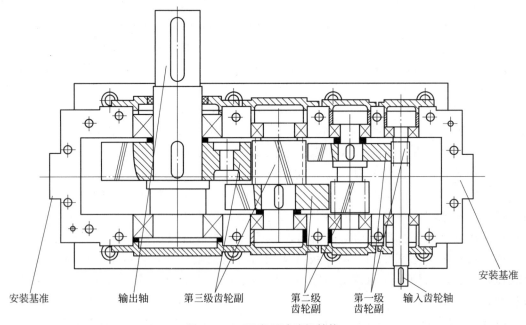

图 6.1.8　JY 窑用减速机结构

4）传动结构与减速方式的改进

（1）输出空心轴改进　为方便拆卸行星减速器输出空心轴，可有两种结构性改进，如图 6.1.9。

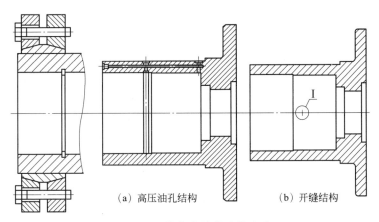

（a）高压油孔结构　　　　　（b）开缝结构

图 6.1.9　锁紧盘结构及其改进

① 高压油孔结构。在轴端面沿轴线方向钻一深孔，并在径向适当位置取两截面钻两通孔，孔的上端用高压螺栓堵住。拆卸时，先松开锁紧盘的全部连接螺栓，用斜锲分开锁紧盘的两块压板，此时锁紧盘内锥套完全松开；再在轴端面内螺纹接口处接高压油管接头，逐渐加压 5～10MPa，"涨开"空心轴，产生的径向力和轴向力足以使其产生轴向移动，取下整机。

② 开缝结构。沿轴线切两条缝，缝宽 2～3mm，并确定根据结构缝长，末端开止裂孔。锁紧盘达到额定力矩时，空心轴同整体结构一起传递扭矩。当锁紧盘全部松开时，空心轴会产生轻微"开口"，以便拆卸。此结构要求锁紧盘必须达到额定力矩锁紧，不能有滑动，否则空心轴会损坏，并应经常检查锁紧螺母是否达到要求。

（2）对主、辅传切换的改进　大型设备在启动或检修时会用到辅传，它的切换动作由多用双轴主电机、摆线针轮减速器，通过两半联轴器的脱离与扣合完成。但这类设备价格较高，如改换为大小链轮，用链条传动，则只要单轴主电动机，可降低 10% 费用，且因辅传运转时间不多，此改进完全可靠。

减速机最好不要随主机订购，因为它的制造商专业性很强，与主机制造根本不是一回事。因为要拥有减速机精度的检测手段，如检测箱体的三坐标检查仪、检测齿轮精度的检查仪等。拥有静扭矩试验台，通过人为设定的试验扭矩，测试减速机真正的过载能力，以评价减速机的性能，但这些对主机的制造商而言，显然是勉为其难了。

（3）彻底代替减速机的功能

① 对重载慢速的设备，利用永磁直驱电机［见 7.1.2 节 3）（1）］代替靠绕组旋转建立磁场的电机，彻底省去减速机而直接驱动设备。如磨机、胶带输送机、提升机等设备都有成功案例，不但免去对减速机的投资与维护，而且还能节电 3% 以上。

② 对于高速设备，如风机、水泵等，可以不用减速机，而利用电机的变频技术［见 7.3.1 节 1）］满足风量、水量变化，既节能又能平滑变速、调节灵活。

6.1.3　减速机自身的节能途径

1）合理设计选定减速比与减速级数的关系

减速机的减速比越大或减速级数越多，能量消耗就越大。为满足完全相同的减速要求，究竟是提高减速比合理，还是增加减速级数划算，需要设计的综合考量：不仅考虑制作难度，更应兼顾使用寿命与能耗。但无论如何，应当提高齿轮制作精度（至少六级），增大齿轮啮合度，才可能获得较高传动效率。

如窑的旋转首先是用减速机将电动机的动力传递到小齿轮，再由它带动大齿圈转动，即由一套开式齿轮传动，控制窑的转动；而管磨机最初也用小齿轮带动大齿圈边缘传动，后来才进步为由星形减速机四级齿轮的中心传动。因此，设计既要满足工艺对设备转速及扭矩的需要，还要找到最符合节能原则的传动方式。又如立磨减速机有二级、三级传动之分，它们的电耗水平肯定会有差异，级数少会减少传递中的能量损耗，但却增大各级负载，要求提高齿轮材质，否则易损坏。

2）降低设备的振动频率

任何设备只要运行，都会有振动，但振动的幅度与频率却有高有低。它不仅影响自身运行安全，还直接关系到能量的损耗。因为振动自身且伴随的噪声及温升，都需要耗能。因此，要严格控制设备振动处于最小状态，并控制噪声（＜65dB 与温升＜30℃）。

当电动机底座振动时，应先检查水平度；再确认电机与减速机同轴度及联轴节间隙［见6.2.3 节2）］；其他原因的振动，如传动链轮安装松紧度不当或齿形不良，均应对症处理。

在安装传动装置后，应该用百分表和塞尺找正，确保液力耦合器、电机输出轴、减速机输入轴的径向跳动和轴向跳动≤0.3mm；与工艺设备连接时，如有逆止器，应确认逆止方向，再用百分表确认相关轴的同轴度≤0.05mm。

当检修复紧地脚螺栓后，应重新复测电机与减速机联轴器同轴度，并认真观测运行后的电机轴瓦温升速度，如前后轴温差过快、过大，都应及时停车，重新检测、调整。

3）始终维持良好润滑状态

提高减速机润滑质量，保证设备始终处于理想润滑状态，是提高传动效率及使用寿命的基本条件，也是减速机自身节能的根本条件，其中保证润滑油品质［见9.1.2 节1）（2）①］最为关键。随着润滑装备的进步，必须建立与之相适应的新润滑制度。

使用在线滤油机，将其放入减速机油箱内，可保持润滑油污染度始终与新油一致；并配用可现场检测油品的仪表，10min 便能完成油品检测［见9.1.3 节4）］，确定滤油机开停时间。与传统离线滤油、降级使用旧油、委托专职机构检验油品等制度对比，不仅大幅提高了润滑档次，而且节约润滑油与换油工作量。但国内达到此润滑水平的企业并不多。

除此之外，减速机还必须有良好密封，不允许漏油。

4）配齐检测仪表

大中型减速机轴承座上应加装温度传感器和智能温度变送器，并配有横向、纵向振动传感器，在线提供检测数据，才能确保轴承与齿轮润滑处于最佳节能状态。

大型减速机应备有一套扭矩传感器的监测系统，它由转速传感器、扭矩传感器、XY 方向振动传感器、加速度传感器、振动检测单元、DALOG 监测系统和分析软件组成。既能预警、检测与分析故障类型，又可避免其他设备故障对它冲击。

对重要减速机，还要在油路上安装压差控制器，及时检查油路畅通，并在油站出口装电接点压力表，合理设置最低油压报警点，并定期检查这些仪表的可靠性。

对大型设备可安装冲击振动传感器检测微小异常，其要比一般振动传感器更为敏感，可以更早发现减速机的异常运行。

5）智能控制减速机的效益

降低减速机自身耗能，除取决于设计结构、加工及安装精度外，如能使用上述在线滤油机及在线检测油品仪表［见 9.1.3 节 4）］，并结合在线冲击脉冲传感器的监测数据，通过智能编程，就能确保减速机处于高润滑水平，控制滤油机开停时间，获得节能效益。也只有通过智能控制，才能有效综合上述各种安全监测手段。

6.1.4 减速机的应用技术

1）安装要求

（1）保持整体刚度　安装电机与减速机的底座必须有足够刚度，12mm 厚钢板架上槽钢，避免减速器及电机与减速器不同轴、尼龙棒断裂。

安装输入、输出轴传动部件，如联轴器等，须先预热并保温。不能强行打击、冲击装配。

（2）做到密封防锈蚀　安装程序应紧凑，不要持续时间过长，尤其炎热多雨、昼夜温差较大地区，要提高施工密封、防潮板的防锈漆处理水平。否则，雨水进入齿轮箱内结雾，润滑油混入较多水分。

（3）同轴度找正要点　分别安装减速机输入端与电机输出端的轴套后，先粗找两轴的同轴度，控制 1.5～2mm 左右；为地脚螺栓孔一次灌浆，并养护到规定强度 75%，再精找同轴度（图 6.1.10）。现场制作找正支架，并用螺栓固定在减速机轴套上，支架另一端用磁力座固定两个百分表，表的触头与电机端轴套的圆柱面和端面接触；地脚螺栓紧固；盘动减速机输入轴，消除调整端轴承间隙，找正电机中心线同轴度，记下数据，并根据数据松开底座相应位置螺母 1～2 扣，调整底座下斜垫铁，精确找正电机与减速机中心线同轴度 ≤0.05mm 为止；最后二次灌浆。

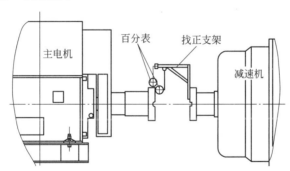

图 6.1.10　电机与减速机找正示意图

2）巡检维护

不同减速机，应有不同巡检周期、巡检重点，但有相同的巡检维护原则。仅以辊压机用的 RPG 型减速机为例说明按日、周、月三级定期维护不同内容：

日检查内容：检查齿轮箱油位、油温（温升）；观察油泵和冷却水、润滑油路、通气帽；观察辊压机电机的电流、辊压机磨辊压力；观察减速机轴端是否漏油，温度是否过高；润滑油及轴承温度分别超过 70℃、80℃时，应停机检查；自制专用听筒，检查减速机每级传动音响是否正常；若发现齿轮箱密封处有锈水渗出，说明齿轮箱内已有锈蚀。

周检查内容：清洗过滤器、同时注意润滑油油质，如有铁质杂质出现，说明齿轮有点蚀发生，应及时停机拆卸后，送专业厂点维修；通过输入端、输出端防尘盖上的接头式压注油杯添加润滑脂；检查各螺栓连接处是否松动。

月检查内容：拧紧齿轮箱各连接部位螺栓和锁紧盘螺栓，防止松动；检查扭力盘支撑摆动是否灵活；检查冷却器是否需要清洗；检查上一次换油时间，发现油质突然变脏、变质、乳化等，就需停机检查原因，并更换新润滑油。

3）中控室应设计以下五类故障报警

①扭矩最大值报警。可能原因为：减速机损坏；主要轴承损坏，同时会有轴承温度上升；磨盘内混入异物，同时有冲击报警。

②扭矩均值报警。可能原因：设备过负荷运行；启动时阻力过大；物料不易排出；对其施加压力过大；主要轴承损坏，伴有转速低等现象。

③扭矩峰值冲击报警。起因为：启动设备时，离合器间隙大；设备内出现金属异物；设备零件落入设备内；减速机损坏。

④负扭矩报警。引起诱因是：设备非稳定运行、振动大；减速机出现断轴或断齿。

⑤动态值报警。原因可能是：设备运行不稳定、振动大；设备主件出现裂缝、断裂或剥落（比照特征曲线分析）；设备衬板出现坑洞、开裂。

4）操作要求

①运转前应开启 4 台高压油泵 10min 以上，保证推力瓦与磨盘间形成稳定等厚的油膜。长时间停车后，再次启动前应由人工盘动输出轴一周，确认没有卡阻现象，再行开机。

②为防止减速机上端透气帽冒油，除油量适合、油质洁净，且要根据季节更换油种外，运行中要控制稀油站油箱温度，低于20℃时，开启加热器，并间歇开启低压油泵进行热循环，泵出口压力要高于 0.25MPa，监测油路过滤器的差压信号。规定推力瓦油温在 25～75℃ 间，不得超过 85℃；并记录每个高压油管的压力值（空载 1.5～3MPa，有载 5～12MPa），瓦的压力值 3～6MPa。遇到异常情况应及时处理。

③停机较长时间时，可打开检查门，检查机内润滑油与齿轮磨蚀状态。

5）故障隐患排除

（1）轴承升温的排除　每当更换齿轮时，为避免减速机运行升温的膨胀，应根据当地温差及最高工作温度充分留足轴向游动间隙量。如发生升温，势必又加大膨胀。

立即重新核算二级轴膨胀量，需要在线加大间隙，将二级轴一端的闷盖压盖螺栓均匀退出 1.0mm，拆除原装 0.2mm 铜皮垫，并清净，再制作 0.7mm 调整垫，在垫子上将各螺栓内侧一次性剪成开放性插孔，把调整垫平均分为两半，回装此垫，将剖分接口留在水平位置，以免接口漏油。此处理须有各种应急手段，动作迅速，轴承不能大幅游动，防齿轮副打齿。

引起油温突然升高的可能原因有：减速机有异常噪声，尤其轴承有异声；润滑站过滤器堵塞需要清洗；进出水温差小，进水应小于30℃；热电阻接线松动，所测温度不实。

（2）防止漏油　相当多减速机都存在漏油现象，表现为管理不当。

①安装未达精度，使底座螺栓松动、减速机振动，磨坏高、低速轴孔处密封圈。

②减速机的内外压力差较大。因减速机箱内齿轮摩擦累积热量，温度逐渐升高，压力随之增加，飞溅在箱体内壁的润滑油在压差作用下，从缝隙向外渗漏。为此，可制作油杯式透气帽焊在盖板上，孔盖加厚至 6mm，透气孔直径为 6mm，实现机内外压力均衡。回油用油杯加入，可减少漏油机会。

③ 需疏通润滑油回流通道。轴承座下瓦中心开一个向机内倾斜的回油槽，且在端盖直口处开一个正对回油槽的缺口，让齿轮甩在轴承的多余润滑油，沿此方向流回油池。

④ 采用新型密封材料。在静密封点结合面可采用高分子密封胶，运行中若还有漏油，可用表面工程技术的油面紧急修补剂封堵。

⑤ 认真维护与检修。油封件不可反装，唇口不可损伤，外缘不可变形，弹簧不可脱落，结合面不可留有污物，密封胶不可选择不当或涂抹不匀，加油量不可超过油标刻度，油品不可过高追求黏度，存在问题不可不及时更换。

当发现减速机输入轴轴头出现摆动，就会破坏骨架油封唇口，一定是轴承间隙过大，此时，应当拆下输入轴承端盖，通过加调整垫，减小轴承轴向间隙，提高输入轴中心精度。

当发现因骨架油封长时间在轴头上摩擦，磨出小沟槽时，轴端也会漏油。此时可躲过沟槽，改变密封唇与轴颈接触位置；或用AB组分的LOCTITE轴面修复剂对沟槽处修复；或为密封位置单独设计衬套更换。

(3) 严防研轴现象发生　当减速机轴与相配伍的轴承内圈发生相对滑动时，轴就会磨损，称为"研轴"。此现象应及早发现，运行中发出间断杂音，便可判断，但最有效方法是：打开轴端盖，在轴端与轴承内圈间划好粗细不同的连线标记（图6.1.11）。运行一段时间后，再打开端盖检查，若此标记线发生错位，就表明有研轴发生。

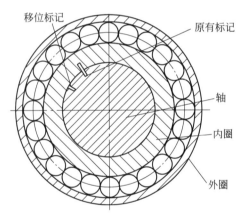

图 6.1.11　用标记移位判定研轴

6.2 联轴器

联轴器是负责设备之间传递能量的连接元件，严格说它也只是装置。它的结构与技术一直在演变和发展，以不断提高它对能量的传递效率。

6.2.1 联轴器的任务与原理

1）任务

在电机与减速机两轴之间、减速机与工作机之间，都是依靠各类联轴器连接，并传递转速、扭矩，完成动能转换。为了满足设备启动与传递中的各种要求，它们的结构性能、找正水平及维护程度，不仅直接关系到能量的传递效率，影响单位产品能耗，而且也是设备安全运行的重要保障。

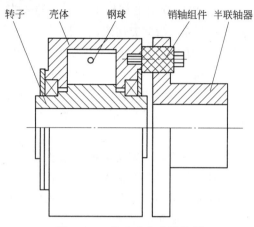

图 6.2.1 软启动安全联轴器

2）原理

不同类型的联轴器，工作原理将完全不同，例如：摩擦式电磁离合器，其工作原理是靠线圈吸合动圈，靠左半联轴器的摩擦片带动右半部的摩擦片，起到联轴作用。

软启动安全联轴器（图 6.2.1）是靠机械连接高压电机与减速机，避免了传统液力耦合器的质量大、尺寸大等缺点。其工作原理是：主动轴带动转子旋转，转子上的叶片将壳内腔体分成 2～6 等份，并推动空腔内的钢球做圆周运动。钢球靠离心力沿联轴器径向运动，逐渐贴紧壳体内壁并滑动，随着转速升高，钢球与壳体内壁间摩擦力达到定值时，钢球带动壳体形成同步旋转。壳体通过销轴组件带动半联轴器旋转，将动力传递到工作机。

6.2.2 联轴器的类型、结构及发展方向

原有的传统式联轴器类型很多，如摩擦联轴器、凸缘联轴器、蛇形弹簧联轴器、尼龙柱销联轴器、十字滑块和挠性爪型联轴器、齿轮联轴器等等。它们至今还会在很多设备连接中使用，但已经越来越多被新型联轴器所取代。还有金属柔性联轴器、鼓型齿式联轴器、膜片联轴器等近代联轴器，但也因存在的各种缺陷，正在被改进。

（1）软启动安全联轴器 在球磨机和辊压机的减速机与电机之间，已流行采用软启动安全联轴器。其特点是：软启动性好，在启动初期近似空载启动；当工作机过载或卡死时，它可打滑限制功率增加，可靠保护过载电动机不被堵转，并调节钢球填充量，可调整过载保护功率；减振性好；节能及维修费用低；安装拆卸方便。特别适于冲击载荷频繁的场合，如辊压机，当辊面剥落时，它可避免系统强烈振动及冲击载荷，缓解减速机点蚀与断齿。但该联轴器不适于频繁启动与转向。

（2）弹性圈联轴器（图 6.2.2）

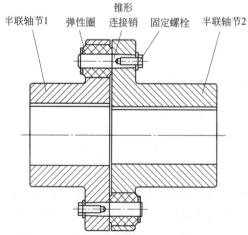

图 6.2.2 弹性圈联轴器

万吨熟料生产线的链斗输送机用联轴器传递扭矩达 345kN·m。为解决大型联轴器安装找正困难，装配钢芯弹性柱销的两个半联轴节孔，设计为圆孔与锥孔交错布置，安装时将两个半联轴节靠拢，锥孔端具有自动找正对中作用，无须其他辅助工具，操作简单。弹性柱销是锥形钢芯连接销外包弹性橡胶圈结构，橡胶圈材质为高密度合成橡胶，强度高、耐磨、耐老化，与销轴装配的内孔壁采用两层加强纤维，提高传递扭矩。

（3）弹性柱销式联轴器 磨机的辅传使用此类联轴器，代替鼓型齿式联轴器，便对两轴相对偏移具有补偿能力，符合主减速机要求。又因为辅传只在磨机检修时使用，故运行时可将弹性柱

销取出。为了增加它的可靠性，制作两个比柱销孔直径小 2mm 的钢销，对角装入，而其余柱销直径比销孔小 1mm，长度比销孔长 30mm，可方便取出。该联轴器无润滑要求，允许有微偏心。但装置中橡胶不耐热，易受化学和紫外线腐蚀。如设计的固定内挡板使两半联轴器轴向无活动余地，端面间隙不合要求，尼龙销就易折断。只有取消原有顶紧螺栓（图6.2.3 黑圈内），才能避免。

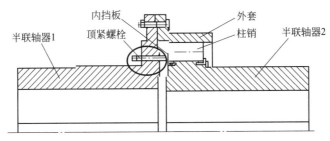

图 6.2.3　弹性柱销式联轴器内挡板改进

（4）梅花形弹性联轴器　它与弹性套柱销联轴器相比，更具有补偿两轴相对偏移的能力，可减小同轴度误差，实现减振、缓冲，且结构简单、制作容易、维修方便、可靠性强。如当稀油站齿轮泵振动较大时，会伴有异常而有规律的冲击声。如原用弹性套柱销联轴器，可改用此类联轴器，以减小电动机输出轴与齿轮泵输入轴的同轴度误差。

（5）液力耦合器　优点是能按照要求启动，允许一定程度的偏心，并可通过喷油方式提供过载保护，但所用传输液会危害环境。

（6）磁力联轴器（磁力耦合器）　磁力耦合器由分别连在电动机端与负载端的导磁体和永磁体两部分组成（图 6.2.4）。通过它们的相对运动，在盘状导体中产生涡流，形成磁场，靠磁体相互吸引，永磁转子和导体转子两转子通过空气间隙为电机与负载传递力矩，形成所谓软连接。

图 6.2.4　磁力耦合器结构原理

它与其他传动方式相比，其优点在于：降低驱动电机电流、提高效率而节能；靠空气间隙传动扭矩，可实现对负载无级调速；是无接触连接，无须润滑，无磨损部件，且连接应力均匀，对中性能好，承载能力高，设备振动降低 80%，延长电机及轴承使用寿命；设备实现柔性启动，对电动机与负载过载保护，且不会污染环境。

它按结构有牙嵌式与摩擦式之分。但用牙嵌式因耦合器换向频繁，易造成动圈带弹簧螺栓松动，很快摩擦刮坏线圈的外保护层。如侧式刮板取料机〔见 1.2.1 节 6）（1）〕的电机与调车电机之间就为牙嵌式磁力联轴器连接，建议改用摩擦式代替。

按使用特性，它还可分为延迟型、限矩型和调速型等类别。

6.2.3　联轴器的节能途径

1）正确选型联轴器

在电机和机械设备中选用联轴器，应先从给定参数中获取电机输出扭矩与转速的特性曲线，以及电机定子电流与转速的特性曲线，联轴器必须同时满足电机输出最大转矩与电机最高转速两个要求。

软启动安全联轴器，通过软启动，可以降低启动电流、缩短峰值时间，降低了能耗，显然在启动不太频繁的设备上宜选用。

目前以磁力型联轴器最为节能，但必须根据主从动轴径、轴孔长度、转速等条件，选择适合的电机、减速机与负载特性类型；对重载设备应提高一挡选用矩形磁力耦合器。它不能用于变频调速设备，因为低频时机械特性太软，电动机容易堵转。

对中情况适应性较好的蛇形弹簧联轴器，可降低因热膨胀量不同所能引起的振动。

2）严格控制联轴器的端面间隙

控制联轴器的端面间隙将直接影响能量传递效率，也直接威胁联轴器的安全寿命。间隙大，就会增加扭矩，增加能量损失，也增大设备运行风险；间隙小，两个半联轴器间就会有可能碰撞与刮擦。

即使同类型不同规格的联轴器，具体数据要求也不相同。有的直接是端面间隙，有的则指外齿轴套端面间隙，有的要求两轴有不同轴度允差，但它们都与联轴器外形最大直径有关。一般直径越大，允许的间隙也越大。因此，安装与运行时，都要认真检查该间隙实际状况。

3）严格控制找正误差

联轴器的同轴误差大小，直接影响设备运转的振动大小、能量传递的效率、轴承的承受弯矩等，也是设备运行稳定、减小振动、延长使用寿命的保障。当今这项工作尚需人工停机完成，但不妨设想，如能有检查同轴度及端面间隙的在线检测仪表，就可实现自动报警；如有能遥控调整同轴度与间隙的执行机构，就可实现智能控制，为能量传递付出最少能耗。

6.2.4 联轴器的应用技术

1）安装要求

各类联轴器的安装要求不尽相同，但核心要求都是严格控制联轴器相关间隙。如膜片联轴器连接的减速器与电动机，除了要满足同轴度、垂直度外，特别要调好它们的垫片厚度。即安装后，打开主电动机轴瓦上盖，在主电机轴与轴瓦配合处，应实现两台轴肩与轴瓦端面间距相等，以保证电机磁力中心线符合电机铭牌要求。

2）快速调整同轴度偏差的方法

既然联轴器安装十分重要，但大功率设备盘车困难，为提高一次调整到位率及安装效率，可使用作图法求解同轴度偏差。

同步转动两半联轴器，每隔90°测得四组轴向 a 值、径向 b 值，测量表座如图6.2.5所示，分别记录图中方格的圆内和圆外。若四个位置 a 相等，表明两半联轴器端面平行；b 值相等，表明轴向平行。a、b 都相等，表明它们同心。安装中可随时检测轴向、径向跳动值。

计算结果正确与否取决于准确测量及测量方法正确。用 $a_1 + a_3 = a_2 + a_4$、$b_1 + b_3 = b_2 + b_4$ 验证数据，若等式不成立，说明表架可能松动或测量轨迹上有油污或锈斑。图6.2.6中 L 并不是联轴器端面至设备底座前支点的距离，而是径向百分表测点至底座前部调整垫片的距离，这样才能避免外圆出现倒角，或安装敲击为表面留下缺陷；同时，百分表安装位置应便于测量和读数。图中 D 是联轴器转动时轴向百分表测量点所形成轨迹圆的直径，并不一定是联轴器外径。

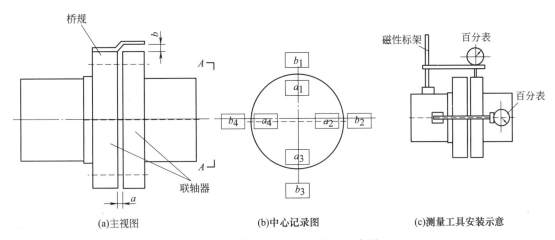

图 6.2.5　联轴器中心找正原理示意图

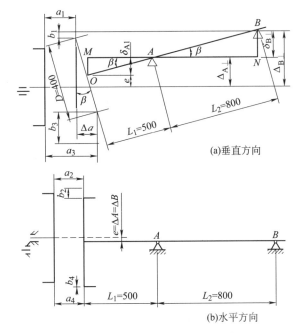

图 6.2.6　联轴器调整量的计算

3）巡检内容

当联轴器轴向窜动量过大，就会引起主电机轴瓦发热，乃至烧瓦。因此，必须对联轴器定期巡检，特别在膜片联轴器跳动量过大或有异常响声时，要及时停机检查。如连接螺栓松动或断裂，必须更换膜片，甚至更换联轴器。

当输出端轴承发热时，表明电机、联轴器与主机三者同心度超差；或冷却油系统油路不畅；或轴承损坏；更可能是联轴器膜片厚度不均或间隙量大。膜片的安装距离应严格设定在 $\pm 0.50\text{mm}$ 以内，最小可到 $\pm 0.20\text{mm}$，为提高膜片使用寿命，应严格控制此对中数据。

4）掌握不同类型联轴器的使用条件

使用磁力耦合器时，用防护罩避免环境温度过高，且确保通风良好，在增加导风叶片或导风孔时，适当将间隙放宽些；对有过载保护的装置，一定要保持上游设备连锁跳停，否则造成它们压料；试机要点动进行，确认电动机转向无误后再运行，但要限制连续启动次数。

5）故障预防

（1）尼龙柱销折断　使用对轮联轴器时，若对磨机边缘传动的大齿圈翻面使用或小齿轮更新，如原啮合传动有微小弹性变形，且为永久变形，就须用样板和角磨机均匀研磨小齿轮啮合面1.5mm，有60%接触面后，才能加载运行。否则，小齿轮齿侧间隙不足，加载后发生卡顶、加大啮合阻力、柱销折断。

（2）重视齿轮联轴器润滑　如果齿轮联轴器因端盖密封不好，不能保持专用液态润滑油位时，就会加快齿面磨损。当内套连接端面的轴向与径向偏差都在1.5mm以上时，即使更换高温锂基脂，外端盖也会很快破裂，内套齿圈完全损毁。

6.3　液压系统

为提高电动机与主机间的能量传递效率，液压传动是一种新型传动装置，它可代替很多机械传动、电力传动、气力传动，越来越普遍应用于水泥设备的传动。

液体作为传动能量的工作介质有两种形式：一种是液压传动，是利用液体的静压力传递能量；另一种是液力传动，是利用液体的动能传递能量。本节只讨论前者。

6.3.1　液压系统工艺任务与原理

1）工艺任务

由于液压系统动力传动中具有可调性，所以，它除了为设备提供稳定的推进力与挤压力、完成动力传动外，能实现对设备的控制；当设备出现故障时，还可安全减退压力。

它比其他传动形式所拥有的优点是：可实现无级调速，调速范围大；完成相同功率能量转换的元件体积小、重量轻；工作平稳，换向冲击小，适于频繁换向；可实现过载保护；工作油液能兼作润滑，传动部件寿命长；便于实现自动化。

它的缺点是：由于液体易泄漏和可压缩，传动比难以恒定；对油温变化敏感，应严格控制工作温度；传动能量损失大，效率不高，不适宜远距离传动；发生故障因素多。

水泥生产主机常用液压系统传动的有：取料机、窑、立磨、辊压机、篦冷机等。

2）工作原理

液压装置是以液体作为工作介质的能量转换装置（图6.3.1），通过动力元件液压泵将原动机（如电动机）的机械能转换为液体压力能，通过管道、控制元件（液压阀）将有压液体输往执行元件（液压缸或液压马达）再转换为机械能，完成动力传递，驱动负载运动。

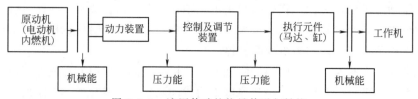

图6.3.1　液压传动的能量传递与转换

液压系统的油路较为复杂，共有五类。进油路为油泵→电磁换向阀带电右位接通→液压缸上腔；回油路为液压缸下腔→球阀→常闭型先导式电磁溢流阀→油箱；加压油路为油泵→电磁换向阀带电左位接通→左右加压阀→单向阀→液压缸下腔、蓄能器；卸压油路为液压缸上腔油→退压阀→油箱；紧急卸压油路为液压缸下腔、蓄能器→常闭型先导式电磁溢流阀→油箱。

液压系统中的压力设定值很重要：系统压力 7MPa，压力上限 8MPa，下限 7MPa，上限 10MPa，过高自动卸压；泵站溢流阀 10MPa；退辊溢流阀 3MPa；电磁溢流阀 8MPa；蓄能器 5.5MPa。

液压站油压分三种状态加载，有停机油压、启泵油压、停泵油压，有不同的调节要求，应严格遵守主机 PLC 程序，才能为液压提供适合的压力工作区，保障工作机效率。当压力升到停泵油压时，液压油泵停；压力降到启泵油压以下停泵时，油压信号提前消失，油泵再启动；如压力一直降到停泵油压以下，则主机连锁跳停。现场为阀加压后，要注意阀的泄压区间。油压上升时，调整停泵油压；油压下降时，调整启泵油压。

蓄能器（氮气囊）是系统的稳压装置。为延长使用寿命，需设置三种压力：P_0 为预充气压力；P_1 为最小工作压力；P_2 为最大工作压力，三者关系为 $P_0 = (0.6 \sim 0.9)P_1$，且 $P_0 \leq 0.25P_2$，要根据原材料特性和设备能力预先设置 P_0。此压力过低不能稳压，在系统压力及间隙波动大（投料、止料）时，会有过大间隙差引起跳停；但此压力过大，与工作压力接近，就要产生振荡。因此工作机不需高压时，P_0 应当减小。

6.3.2 液压系统的类型、结构及发展方向

1）类型

按液压回路的基本构成，可分为开式系统和闭式系统。开式为泵从油箱抽油，经系统回路返回油箱，为企业生产通用型式，油箱要足够大；闭式为马达排出的油液返回泵的进油口，多用于车辆的行走驱动，用升压泵补油、冲洗阀局部换油。

按速度的控制方式，可分为阀控制和泵控制。阀控制是改变节流口的开度控制流量，从而控制速度，它还按节流口与执行元件的相对位置分进口节流、出口节流和旁通节流几种情况；泵控制是改变泵的排量来控制流量，继而控制速度，故效率较高。

2）结构

液压系统是由原动机、动力元件、执行元件、控制元件、辅助元件、工作介质（液压油）及液压油站等组成。

（1）原动机——电动机或内燃机　由它们向液压系统提供机械能。

（2）动力元件——液压泵　液压泵是能量转换装置，能将原动机提供的机械能转换为液压能，是液压系统工作的能源，负责向系统输送足够量的压力油。按其结构可分齿轮泵、叶片泵、柱塞泵、螺杆泵等多种类型，它们又有很多分支；按压力可分为低压泵、中压泵和高压泵；按其流量的调节可分定量泵和变量泵。

各类液压泵虽结构不同，但它们的工作原理却是相同的，都是通过密封工作腔容积的改变，通过阀门的控制，先从油箱吸油，再向系统压油，传递机械能，见图 6.3.2。

描述液压泵的性能有如下参数：

① 工作压力 p(Pa)：是指实际工作时输出的压力，它取决于执行元件的外负载，而与泵的流量无关。它不能超过泵铭牌上规定的额定压力。

② 流量 q(m^3/s 或 L/min)：是指泵在无泄漏时，单位时间所排出的液体体积 V，若泵的转速为 n(r/min)，则泵的理论流量 $q_{Vt} = nV$，额定流量就是额定压力下所能输出的实际流量 q_V。随着工作压力升高，泄漏量的增大，实际流量会变小。

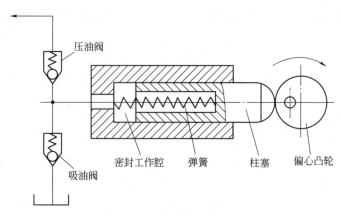

图 6.3.2　液压泵工作原理

③ 效率：液压泵在能量转换过程的功率损失所占总功率的比例。它由两部分组成：容积损失 η_V 与机械损失 η_m。前者为泵内泄漏造成的流量损失；后者为运动零件间及与液体间的摩擦，流体从进口到出口所受阻力等所产生的损失。

液压泵的总效率：　　　　　　　$\eta = \eta_V \eta_m = $ 容积效率 × 机械效率

式中，$\eta_V = q_V / q_{Vt}$；$\eta_m = T_t / T_i = $ 理论所需转矩/实际输入转矩。

各类液压泵中，柱塞泵的主要零件都是受压，可在高压下工作。它比其他泵的结构紧凑、体积小、质量轻。其中以轴向柱塞泵的总效率最高，达 0.85～0.95，能得到较大的流量，且容易实现调节。齿轮泵与其相比效率最低，为 0.6～0.85。但轴向柱塞泵的结构较复杂，制作精度要求高，价格较高。

（3）执行元件——液压缸　液压缸是液压传动系统的执行元件，它是将液压能转变为机械能做直线往复运动的能量转换装置；而液压马达、摆动马达分别为输出旋转运动、往复摆动的液压执行元件。它们都负责驱动负载做功。这里只介绍液压缸。

液压缸的种类较多，可按运动方式、作用方式、结构形式分类。它的主要组成除缸筒外，就是活塞或柱塞及活塞杆（图 6.3.3）。活塞在缸内即可由油液压力驱动工作，也可靠自重、负荷或弹簧力返回。活塞可以一侧有活塞杆，也可双侧都有活塞杆。活塞与活塞杆二者只需一个固定，另一个移动。对其结构应有如下要求：

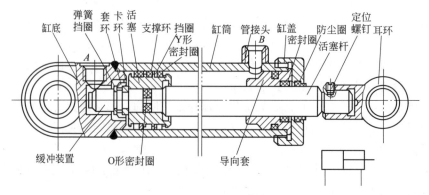

图 6.3.3　单杆活塞液压缸结构

① 保持液压缸活塞与缸盖、缸底间隙。缸筒与缸底、缸盖的连接有多种形式，如焊接、丝扣、卡键、法兰等，与缸底多用焊接，而与缸盖多用螺纹。活塞在缸筒中运动，与缸盖、缸

底应分别保持间隙为 20mm、40mm。

② 关注密封圈的可靠性。缸筒的结构主要取决于它与缸盖、缸底的连接形式。为了装配不损坏密封件，缸筒内壁应加工成 15° 的坡口，且要求安装好的 Y 形密封圈不能翻转。

③ 改进液压缓冲器。为了避免活塞在行程两端撞击缸盖或缸底，液压缸两端常需要放置缓冲装置。当发现原液压缓冲器缸径太小，承载能力不足，水平振动大；且充氮位置不合理，无法充分吸收与释放压力，被迫频繁更换密封时，可适当扩大液压缸直径与长度，提高液压系统承载能力 1 倍以上；将氮气腔从前端改到后端，并加大氮气腔容量，提高缓冲能力；增加液压腔与阻尼管，可限制活塞推进速度，加大对活塞的反作用力，极大缓冲来自非驱动的负荷，如图 6.3.4。

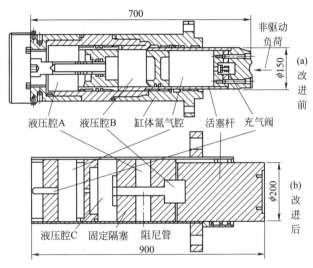

图 6.3.4　液压缓冲器改进

（4）控制元件——液压控制阀　它是控制和调节工作液体压力、流量及方向的元件。按用途分类，可分压力控制阀、方向控制阀、流量控制阀；按控制方式可分为开关控制阀、比例控制阀、伺服控制阀、数字控制阀等。压力控制阀又分溢流阀、减压阀、顺序阀、压力继电器等几类，以控制从液压泵到执行元件的油液压力。

随系统液压泵的不同，溢流阀所起的作用并不相同，如图 6.3.5。

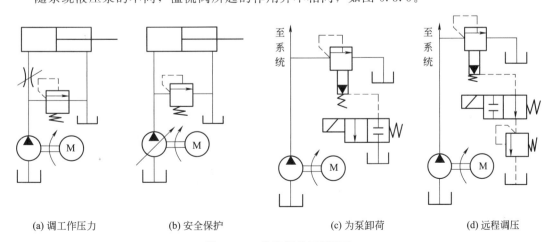

(a) 调工作压力　　(b) 安全保护　　(c) 为泵卸荷　　(d) 远程调压

图 6.3.5　溢流阀的不同用途

① 当系统是用定量泵供油时，通过与油路上的节流阀、调速阀的配合，它处于常开状态，调节弹簧的压紧力就可调节系统工作压力 [图 6.3.5 （a）]。

② 当系统采用变量泵供油时，其工作压力由负载决定，此时与泵并联的溢流阀为常闭，只在过载时才打开，起到保障系统安全的作用 [图 6.3.5 （b）]。

③ 采用先导式溢流阀高压的定量泵系统，让阀的远程控制中阀的远程控制口与油箱连接时，其主阀芯在进口压力很低时即可迅速抬起，使泵卸荷，以减少能量损耗 [图 6.3.5 （c）]。

④ 当电磁阀不通电时，先导溢流阀的外控口与低压高压阀连通，可远程调压 [图 6.3.5 （d）]。

减压阀能控制出口压力低于进口压力的阀，使同一油源能同时提供多个不同压力输出；顺序阀是利用油路中压力的变化控制阀口开闭，实现执行元件的顺序动作，它有时也可起到平衡与卸荷的作用；压力继电器是利用液体压力来启闭触点的液电信号转换元件，通过它发出电信号，控制电气元件的动作，实现泵的加载、卸荷，执行元件的顺序动作、保护和连锁。

（5）辅助元件——液压辅件　液压系统的主要辅件有油箱、管路、过滤器、密封件、蓄能器及热交换器。

① 油箱。油箱不仅是储存足够油液，而且要宜于散发热量，分离油液中的气体及沉淀污物，有开式与闭式两种。油箱位置不应太高，距离液压缸不应太远，尽量减少油管弯头，以保证液压油回油畅通而不过多耗能。另外，可适当加大储能器，以有效缓冲振动波动。

② 管路。液压管路的材质较多，有钢管、纯铜管、橡胶软管、尼龙管、塑料管等。设计管径时不应让液压油流速过高，要减少流动阻力；避免高压软管的抖动；尽量减少软管与油缸连接的弯头及变径处，且缩短输送距离。

③ 过滤器。为消除液压油的杂质，降低油液污染度，过滤器是保持油液清洁的重要辅件。

因为只要液压油污染严重，尽管溢流阀无泄压、管路无泄漏、过滤器未堵塞，但密封圈、齿轮泵轴承就会加快损坏，必然增加对它们和液压油的更换频次。故随着滤油技术的进步，液压系统应配置在线滤油机 [见 9.1.3 节 2）]，不仅提高运行的可靠程度，还可延长对液压油质检查、过滤的周期。

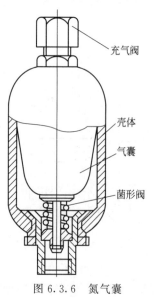

充气阀

壳体

气囊

菌形阀

图 6.3.6　氮气囊

④ 密封件。它是确保阀门调节有效的重要条件。其原则为：根据密封件工作压力，选择其形状和材料的抗变形力；不能增加密封件唇边或棱边长度，因为这样反而更难承受高压，而要提高密封件材料强度；在低压情况下，为兼顾密封间隙润滑和密封效果，可组合硬质与软质材料；进口液压设备应使用原品牌密封件。

⑤ 蓄能器。蓄能器是能以一定压力储蓄液体能量，需要时释放的容器。根据工作液的物质不同，它可分气体加载式及非气体加载式两类。辊压机就是用气体加载式的氮气囊，如图 6.3.6。

应将它的油口向下垂直安装，尽可能靠近振源处吸收冲击和脉动压力，但要远离热源。需配有单向阀与截止阀。要重视充气方法与气压，应排净容器中残留空气后，再充入纯净氮气，并控制充气压力在设置范围内。

常见的氮气囊损坏原因有三：蓄能器壳体内胆受金属杂质损伤；工作机状态不稳定引起蓄能器疲劳损伤；氮气囊预充气压力

设置未满足要求。

为避免液压管道随磨机振动，振松丝扣，损坏管道密封而漏油，可将蓄能器底部原卡套式连接改为双法兰连接，且将原 $\phi3.5\text{mm}$ O 形圈增大为 $\phi5\text{mm}$，上部法兰内孔按菌形阀的螺纹尺寸制作，下部法兰制作后直接从外部焊接在管道上，用螺栓固定上、下法兰。

⑥ 热交换器。为控制油液温度，油箱上常安装有储运器和加热器。若油箱工作环境较差，可使用循环冷却水代替散热器，只要水箱容积足够大，冷却管外水在循环，冷却管里是液压油通过，并设水温与水位报警，就可保证油箱在正常温度下运行。

(6) 工作介质　工作介质主要包括液压油、乳化液和合成液压液。通过液压系统方可进行能量和信号传递。工程上的液压系统通常使用以矿物油为基料的液压油，其主要参数是黏度及指数、凝点、闪点等，常有抗磨液压油、低温液压油、低凝液压油、航空液压油等类别。液压油的牌号以 40℃ 时的黏度值为主参数，如 32、46 等。

3) 发展方向

为提高液压设备性能，必须提高各类元件的质量。目前，国内产品质量与国际水平还有相当差距，如液压电磁阀与气动电磁阀寿命，仅有先进值的 $1/3 \sim 1/5$；中高压叶片的噪声，也相差 10dB 以上；而 6mm 通径电磁阀的清洁度，先进水平是 $1 \sim 5\text{mg}$，而国内却是 $10 \sim 20\text{mg}$。这些差距都会使国产液压系统能耗更高。

6.3.3　液压系统的节能途径

为提高液压系统的传动效率、降低其自身能耗，应掌握如下几大环节。

1) 使用节能液压系统

(1) 选用高效液压泵　高压泵在低压区运行，或低压泵在高压区运行，都不会高效。为此，要根据使用压力合理选择液压泵类型：2.5MPa 以下应选用齿轮泵，$2.5 \sim 6.3\text{MPa}$ 范围选叶片泵，6.3MPa 以上选柱塞泵。然后选择泵的最佳转速范围，$1000 \sim 1800\text{r/min}$ 时效率最高。若转速过高，流量虽成比例增加，泄漏量减小，容积效率提高，但相对滑动表面摩擦增加，机械效率降低；而转速过低会造成吸油不利，滑动表面不易形成油膜，同样降低机械效率。

(2) 选用高效液压阀　为实现高容积效率，就要确定液压阀滑动表面的合理间隙：间隙小能大幅减少泄漏量，但过小会增加黏性摩擦阻力，引起功率损失；同时又要提高压力效率，要求实际流量小于液压阀额定流量，将局部阻力损失降至最小。

2) 选用节能的液压元件

(1) 变量柱塞泵所用的负荷敏感式元件　传统变量柱塞泵有中位开放式、中位封闭式两类，系统可根据压力及流量综合控制以节能。但开放式系统流量不可调节，功率主要以热能形式损失；封闭式虽可调节流量，但工况流量大、压力低时，也会损失较多能量。

使用负载敏感系统，为变量柱塞泵配有特殊感应油路、控制阀及液压执行元件：用一外控负荷敏感口，采集指定管道的负荷信号，随负载变化自动调节泵的排量；并装有高压补偿器及压力-流量补偿器，负责调节泵的待机工作压力和最高工作压力；控制阀一般选用中位封闭，引入的油路作为反馈油路接入压力-流量补偿器，初始控制电压信号通过放大板转换成比例电流信号，作用于阀的电磁铁上控制开度和方向；液压缸便可对任一工况流量及压力做出瞬间响应，调节泵流量及压力输出。因此，凡用液压传动的各类水泥装备中，负载敏感系统都大有可为，比恒压传动节能达 30% 以上，且工况变化越大，效益越大。

（2）变截面液压缸　由于液压油可在变截面缸体中作"体内循环"，能实现上下相同的空行快速，油缸的进油流量与排出流量都大幅下降，油泵及电机功率便会降低。

（3）自保持型电磁阀　它只需瞬间通电，便可完成阀门开关动作，无须用电保持阀芯位置，不仅节电，还不会有温升影响线圈寿命。

（4）插装式锥阀（二通插装阀、逻辑阀）　用该阀启闭主油路通断，可最大程度减少每条流道串联的阀数量，简化大流量的主回路。与同直径滑阀相比，该阀开启度大、流动阻力小、密闭性好，降低了压力损失及泄漏损失。

3）重视选择液压油油质

液压油作为系统的工作介质，很大程度决定液压系统的工作性能。当液压元件已经定型，液压油必须与之完全适应，否则将威胁系统可靠性。

首先液压油的氧化稳定性要好，并要符合环保要求。经专门设计能确保空气迅速释放，不出现过量泡沫，最大限度降低气蚀对液压油和设备的氧化，延长液压油的使用寿命。

（1）选用要求　一要符合进口的液压设备要求；二是符合液压元件类别、系统压力、工作温度、环境和经济性等因素要求；三是应选择可降解的合成油。

（2）选用的参考指标　包括工况环境、温度、负荷、介质、密封材料、闪点、倾点、黏度指数、消泡性、破乳化性、抗氧防锈性、叶片泵磨损测试等。

其中黏度指数尤为重要：黏度过高，虽可减少泄漏、容积效率高，但内摩擦阻力大，管道压力损失增加，机械效率降低，并导致泵的自吸能力下降；但黏度过低时，效率同样也低。如天气寒冷时，液压油黏度$\geq 1000 m^2/s$，液压系统就不易启动，应选用低温抗磨液压油，如L-HV及L-Hs等型号；低温还会使油品中水分凝固，并附着在阀的零件或滤油器表面上。

（3）使用中的检测指标　使用中应定期检测黏度、酸值、机杂或元素浓度、水分等，并应通过过滤提高油品的清净度。常见的液压油规格有：HL、HM、HV、HS、HG、HFC、HFDU。

各类泵选用黏度的参考数据见表6.3.1。

表 6.3.1　黏度参数

泵型	最高黏度/(mm²/s)	最低黏度/(mm²/s)
叶片泵	500～700	12
柱塞泵	1000	8
齿轮泵	2000	20

4）防止阀门泄漏

阀门泄漏是直接影响液压效率的重要因素，分内泄与外泄两种情况：

内泄即液压缸内工作油腔与非工作油腔之间泄漏油液。多为系统不稳定，纠偏加压次数增多，加速阀件、油泵磨损，导致密封件损坏。但该泄漏在加压与静止状态时并没有表现，压力表也无显示。只有停机后，拆开非工作油腔回油管，再开启工作机，看活塞杆移动时是否漏油，方可判定。伴随的表现症状是：少量油经回油管流回油站；间隙或压力有较大波动；加压阀频繁加压，油泵电机连续工作。依据工作压力、动作频次，快速泄压阀是最易泄漏的阀门，而减压阀、液控单向阀、溢流阀A及B的泄漏程度依次减少。

外泄原因及解决对策是：管道接头处松动，应紧固接头；若部件之间的接合面不紧贴，应增大预紧力；如密封件损坏，应及时更换。

5）保持工作机的状态稳定

液压系统为之服务的各类工作机运行稳定，才是它们保持高效运行的基本条件。

如立磨进料量及进料粒度忽大忽小、工况不稳、张紧拉杆振动变大、动作距离波动，就容易导致蓄能器的氮气囊频繁爆裂；辊压机进料量或进料粒度不稳定，或辊面局部凹坑、左右辊缝间隙大，就会不断进行自动纠偏加压，必将影响油泵及阀件寿命。同样，箅冷机的来料不稳，均化堆场进料波动都会影响液压系统的传动效果与寿命。

6）智能控制液压系统

由于液压系统本身具有控制优势，对它实现智能控制要比对机械减速传动装置要容易得多。但它的智能控制内容，除能及时发现运行中各元件与油质异常及原因外，更重要的是能保持它与被传动工作机的智能控制一致，选择最合理的流量与压力及开停机的安全保障。

6.3.4　液压系统的应用技术

使用液压系统固然有很多优点，但它的操作与机械传动有很大差异，绝不能一概而论。

1）安装要求

（1）密封件装配要点　装配密封件时，除了按厂家要求选择密封件材料和形状外，一般要关注两点：一是更换轴承或老化的密封件；二是修复或更换超出配合间隙的摩擦副。密封件的装配水平是修复难点。应该使用专用装配工具导入，以防止伤害密封件棱边而损坏；在需要油浴加热时，要控制好油温；维修拆除阀件和管路接头时，先放掉一些油，防止带入污染物；为防止密封件可能滑入间隙，建议采用支撑件或挡圈配合；与密封件接触的液压元件不能有尖角、毛刺等，如有局部拉伤，需要精加工抛光处理。

（2）管路安装　液压管路安装质量直接关系到液压系统的工作性能，其中安装的清洁要求最为关键。

设计应减小管路的压力损失。控制液压管路中吸油管内流速小于 $1\sim1.2\mathrm{m/s}$，压油管小于 $3\sim6\mathrm{m/s}$；减少管路长度和局部阻力点。两个局部阻力点间距离应大于 20 倍管道直径，避免相互干扰的阻力；管道内径合理，过流断面不能突然扩大或缩小。同时，使用高压胶管代替原焊接弯头，两端焊接高压活节，以避免液压缸往复运动冲击液压油管，甚至开裂漏油。

液压管路的安装必须在主体工程安装完成之后。安装前，要检查所有管路材料经酸洗磷化，保证管壁无氧化层和浮锈等物，并且要密闭包装；安装中，每个管件切口必须内外倒角，切口无金属屑留边；先进行预安装，以完成配管及管路布置，才能正式安装。

应从比例换向阀接口分别向液压泵站及液压缸接口配管；严格按尺寸或样板；必须由切割机或锯床切割钢管，不允许用电焊、氧气；严禁其他焊接作业用钢管打火引弧；焊接管路前先清洁切口，要求用氩气保护电弧焊，至少打底时不能直接用手工电弧焊；每层开焊时，要清理下层焊渣；不允许混用不同规格钢管。

在高压软管与密封件安装中，要求软管不能有脱胶、破损，在软管外加保护套或防摩擦件；安装前要洗净螺纹，并要用相应密封垫；要求密封件质量，注意唇口方向，不能划伤，确保密封严密，不漏油。

安装结束后，须认真清洗掉剩余或再生的污染物；选用低黏度油液、以较高流速（$\geqslant1.5\mathrm{m/s}$）和油温（60℃）对管路打压循环约 12h，冲洗过程中需用振动器定时振打管路。

(3) 重视高寒地区液压和润滑系统防冻 当环境温度低于−35℃时，金属管路与高压胶管的韧性都会下降，发生破裂及油液泄漏，密封件折断。因此，这些设备必须放置在封闭、采暖的空间内，对管沟实行密封并做好排水工作，液压油站要选用大功率加热器，对管路及执行机构保温。

2) 对液压系统的维护

(1) 运行三个月内检查内容 对新的或大修后的液压系统，要检查液压泵、管路的运行振动和声音；检查液压油、管路、液压缸、各控制阀的温度变化及与室温关系；分析液压油油质有无劣化及水分；压力表指针摆动和控制阀的稳定性；每周检查过滤器堵塞状况，并判断系统受污染程度。

(2) 运行三个月后检查内容 检查油质变化，必要时应清洗整个系统，去除残留油液及污染物。当发现中控给定值与现场显示偏差较大时，除确认液压部分正常外，应检查各电气控制柜的接线端子是否松动。凡遇停机，应紧固接线、对应比例电流、及时校对调整放大器内的电位器、标定零点和量程。

(3) 设备较长时间停机的操作 应及时卸压，否则，必然会降低液压系统中诸多元件的使用寿命。但短时间停机，不必对液压油缸卸压，否则反而易漏油。

(4) 对油质的维护要求

① 保持液压油清洁。首先应在液压油缸中使用在线滤油机及在线检验油品 [见 6.1.3 节 3)]；添加合格新油时应过滤净化，过滤芯等级为 $3\sim10\mu m$；确认符合管路安装要求和安装后的冲洗要求；当系统压力无法保持时，且伴随阀芯长时间通电，电磁线圈发热时，应及时滤除絮状物或化纤物，避免它们卡塞在比例阀芯上，影响阀位动作。

② 初次运行或检修油缸运行前要排尽空气。避免形成气穴，破坏流动性，并防止局部高温，使油变黑，使与油接触的金属疲劳。

③ 应及时处理漏油；检查加压油缸的防护罩，更换易损件，以保护油缸防尘密封圈不受损伤；定期检测油质，及时换油并记录台账。

④ 在处理阀件故障时，应在卸压后进行，避免液压管道爆裂伤人。

3) 正确操作与调整

(1) 及时调整缸筒与缸底、缸盖间隙 该间隙与工作机要求位置有关。如辊压机新磨辊两辊间隙为 15mm 时，在辊面磨损或重新堆焊后，随着辊径变化，该间隙也要变化，为此，调整挡块的厚薄为 10~15mm。缸体与活塞间轴向运动距离越长，缸体使用寿命就越长。

(2) 及时更换密封圈 当油缸加压不保压时，就需拆开液压缸检查，如果无杆腔与有杆腔的密封圈两个方向都翻转时，应检查密封件尺寸、缸筒失圆、沟槽加工及表面粗糙度等环节；当更换新密封圈后，仍有翻转、泄漏现象，就必须更换活塞。

(3) 准确调节阀门 为检查时调节流量，就需要加压节流阀，一般工作时应全开，在检查阀门泄漏时只开半圈，检查完仍要全开；为调节减压速度，就要用减压节流阀，工作时只开 2 圈；与蓄能器组成回路的节流阀是系统的稳压装置，一般要求左右开度一致，以打开 6 圈为宜；若某侧间隙变化大，可适当调小此侧开度。

4) 典型的故障排除

液压系统的故障，应从机械运行阻力、液压系统自身以及电控系统三方面查找。

查找顺序是：先关闭通入液压缸的阀门 1 和 2，再开油站，系统能遵照指令正常运行，则表明液压缸存在故障；如液压管路无压力，应查找液压管路系统。

（1）液压系统频繁加压

① 系统内存在内、外泄漏点。

② 信号隔离器损坏，干扰了压力传感器信号，使控制系统误检测，以为压力低而自动加压，造成实际压力不断上升，甚至超限。

③ 加压阀前节流阀在正常时应全开，如开得太小，加压效果差，就会频繁加压。尤其在处理故障需要减小时，运行后没有及时恢复。此时只能停机卸压后，再打开节流阀。

④ 油泵失效，供油压力达不到要求。当压力达不到12MPa时，就需要更换新泵。

⑤ 控制系统中某些参数设置不合适。预加压力与工作压力间差值过小、加压纠偏强度低、压力跟踪精度小、纠偏调节周期长等，都会增加加压次数。

（2）系统液压加不上

① 进料气动闸阀未全开，接近开关未动作。此时，关闭进料气阀后，重新开启即可。

② 运行中任何一侧间隙小于初始间隙3mm以上时，程序认定进料气阀未打开，不会执行加压动作，尤其是自由端（一般为右侧），轴承座的摆动量稍大，程序只控制它的最小值。此情况在位移传感器松动、开机时显示原始间隙很小、辊面磨损较大时多见。

③ 辊子两侧间隙差大于3mm时，即使小端未达到预加压力值，加压阀也不会加压。

④ 压力传感器损坏，误认为工作压力正常，而不加压。

⑤ 当左右两侧压力差大于2MPa，且间隙差不大于最小纠偏间隙3mm，系统不加压。

⑥ 现场电控箱位于单机模式，系统不连锁。此时将控制模式转换为中控模式，纠偏方式转换为自动控制即可。

（3）液压系统发热　液压系统发热的原因可能有：系统设计不合理，需修改；油液污染超标，待换油；压力损失过大或负载过大，减负载；冷却系统散热不好，检查并排除冷却水或风冷通道堵塞；油站油位不合理，应调整；系统元件有较大摩擦，需及时消除。如是油压缸活塞密封件安装后，与缸套配合较紧，可强行风冷，数小时后降温正常。

液压油温升高有两种原因。一是单向阀或电磁换向阀故障造成油路堵塞，油泵回油只好靠溢流阀返回油箱，而溢流阀开启压力（12MPa），明显大于正常工作压力（8.5MPa），油泵负荷的增加，必使油温升高；但溢流阀压力过低时，泵无法达到设定压力，油泵一直以最大流量输出，电机就长期处于最大负荷工作状态，回油量大，油温也必然升高。二是阀件有少量泄漏及纠偏加压，使油泵负荷加大，无法兑现10min内不加压就停泵的设计保护措施，油温也要升高。及时检查、更换阀门就可排除这两种原因。

另外，液压泵通风不好、油箱电子温控器损坏、油冷却器结垢或堵塞、循环油和回油过滤器已有脏物、液压油经旁路管回油、冷却器损坏、冷却器脏等，都会导致油温升高。

如动辊左右侧蓄能器温度差异较大，或有泄漏的油缸存在，因它不断补充冷却油，会比无泄漏、自循环的油缸温度低；或蓄能器充氮压力不同，偏高一侧已接近预加压力，系统再加压，也只能进入少量油液，该侧间隙变化速度慢，动作次数少，温度就低。应重新调整两侧气缸充气压力、节流阀开度；也可停机待系统泄压至零，储油回到油箱冷却再重新启动。

5）水泥设备的液压系统常见故障

（1）取料机液压故障　当取料机料耙突然频繁卡死，液压缸推不动料耙，表明伸缩压力偏低。如果是逐渐变低，应是液压泵损坏或缸体有内漏；若是突然降低，应是管控压力的溢流阀故障。

当取料机行程频繁超限时，如限位开关正常，就是中位机三位四通电磁阀的换向阀出现异常，若中位机阀体两侧电磁线圈磁力不一致，属电路故障，更换电气元件后排除。当料耙工作角度从 34°调到 38°～42°之间，实际角度 40°时，工作油压也会下降 1～1.5MPa，不但方便取料，而且液压油管也不易爆管漏油。

如果料耙左右压力差异较大（7MPa 与 10MPa 之差）时，应检查主梁上的手摇钢丝绳滚筒的位置是否在料耙左右行程中心，导致料耙行走两侧滚轮受力不均，甚至料耙重量仅压在一侧滚轮上。此时需停车，重新核实主梁结构和钢板承重强度。

（2）立磨液压故障

① 表现研磨压力不足。立磨开机、磨辊下降后无压力；现场无法手动升辊、中控无法操作压力；立磨跳停后，磨辊无法正常泄压，或液压泵频繁启动、反向压力自动降低。这些现象都说明相关电磁换向阀卡死，或液压油泄漏、油箱油位低、吸油滤油器堵塞、溢流阀失效、蓄能器氮气不足等，需立即清洗或更换。

② 磨辊抬不起来。在油泵压力正常时，要检查电磁阀 Y1 的带电与接触（图 6.3.7）压力仍为零，要检查溢流阀 1、2；当抬辊压力特别高，要检查电磁阀 Y5、Y7 的得电或泄压，只有泄压，它的有杆腔才无备压，无杆腔才可能推动有杆腔；还要防止系统充液阀卡死不能打开。

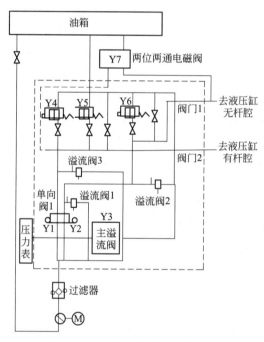

图 6.3.7　生料立磨液压系统原理

当立磨加压抬辊又自主加压落辊时，应检查电控系统，说明电磁阀虽失电，但油泵仍在运行，继续给有杆腔供油。此时油泵电机供电开关的接触器仍然吸合，主触点被烧融。表明接触器容量偏小，或因立磨工艺不稳，液压电机频繁启停，接触器触点过热熔合。

③ 频繁补压使油站温度升高。如系统保压效果正常，但控制系统上下偏差都设定为零；若系统不保压，要先检查电磁阀 Y4、Y5，可能阀芯受卡无法复位而泄压。可依次关掉各阀瞬时检验，判断泄压位置；如关掉两个仍不保压，再检查溢流阀 3 受卡，经清洗或更换仍不保压，就要检查单向阀 1。

④ 频繁抬辊。因磨机振动，磨辊低限位已改变。

（3）辊压机液压故障

① 工作压力加不上去。当只能靠手动加压，液压油温偏高时，电磁溢流阀正常，泵站溢流阀卸油管温度偏高，说明此阀设定压力低，或阀芯被卡有泄漏。先清理阀芯，再调阀设定压力至 10MPa 后，重新运行 2min，便能达到要求压力。

② 一侧不加压。属于一侧加压阀线圈烧损，可用退辊阀的线圈临时替代。

③ 两侧均不退辊。因退辊阀被卡死在开位，液压油直接流回油箱。清洗之后，可用烟气吹入阀芯，在手动推杆配合下，观察换向时的烟气通路正确。

④ 一侧辊不卸压。停机后，现场控制柜卸压按钮，一侧辊不能卸压，另一侧辊正常。说明此侧加压阀或电路异常，清洗后如仍异常，就要检查线路连接。

⑤ 系统压力不随泵站压力上升。此时为局部憋压。电磁换向阀没有打开，因泵站压力表是装在该阀之前，造成泵站压力高。此时需清除换向阀的异物。

⑥ 液压泵启动时，高压过滤器报警。液压泵停止，报警消失，说明需更换受堵滤芯。

（4）篦冷机液压故障　应选用电液比例方向阀代替电液动换向阀，通过比例放大器控制比例电磁铁，对其压力、流量、方向实现无级调节，减轻对系统的冲击与管路振动。

液压驱动频率正常时，可通过比例阀开度，调整油缸推动频率，以控制篦床速度，适应料层阻力变化。若只在低频时，现场反馈保证与中控给定值一致，超过某值后，尽管 100% 开启比例阀，却保持不动，就须提高比例阀规格，如从 190L/min 增大为 220L/min。

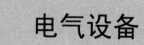

第7章

电气设备

电气设备是完成从电能转换为其他形式能量的设备，分一次设备与二次设备：一次设备是指直接产生、传送、分配、利用电能的设备，如发电机、变压器、配电柜、电动机等；二次设备是指对一次设备测量、监视、控制、调节、保护的电气设备，如电气仪表、控制开关与电缆、继电器、继电保护等装置。本章只学习水泥生产中由于一次设备进步的节能作用。

用机械能转换为电能的设备是发电机；从电能转换为机械能的设备是电动机。如果仅在电能形式内部进行转换，改变输入出电压的设备就是变压器；改变输入出频率的设备就是变频机；改变输入出相位的设备就是进相机；而改变交直流的设备则为变流机。

7.1 电动机

7.1.1 电动机的工艺任务与原理

1）工艺任务

电动机是利用电磁间的感应关系，将电能转换为机械能做功的最基本电气设备，成为水泥生产中应用最广的动力设备，也可充当对生产控制调节作用的装置。

电动机可以有多种划分类型，如交流与直流、异常与同步、鼠笼与绕线等，以充分满足水泥生产工艺的需要。

2）基本原理

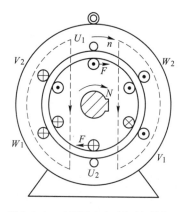

图 7.1.1 三相异步电动机转动原理

以应用最广的三相异步电动机为例，它的能源转换原理为（图 7.1.1）：当异步电动机的三相定子绕组通入三相对称交流电后，气隙中就会产生一个同步转速为 n_1 的旋转磁场；旋转磁场与转子绕组的相对运动，转子导体切割旋转磁场产生感应电动势，并在自成的闭合回路中形成感应电流；此感应电流与旋转磁场相互作用，产生电磁转矩驱动转子沿着旋转磁场方向以转速 n 转动；当转轴带上机械负载后，电动机就拖动机械负载做功。至此，电动机完成了由定子绕组输入的三相电能转化为轴端输出机械能的过程。

在电能经磁能再变为机械能的过程中，每次转换都要损失能量，如何减少损失、提高转换效率，就是电动机技术进步的本质。所以，靠电动机驱动的水泥装备，如何降低对电能的需求量，不仅取决于各类设备的自身性能外，也取决于对电动机性能的选择与使用。

3）异步电动机的转差率与运行状态

异步电动机做功的关键是靠转子的转速 n 与旋转磁场转速 n_1 的差异，产生了相对运动，才会有感应电动势与感应电流，才会有电磁转矩。它们之间的转速差反映了转子导体切割磁感线的快慢程度。因此，常用转速差（n_1-n）与旋转磁场同步转速 n_1 的比值来表示异步电动机的性能，称为转差率，通常用 s 表示，即：

$$s = \frac{n_1 - n}{n_1} \tag{7.1.1}$$

转差率 s 一般介于 0.01～0.06 之间，它是用于分析异步电动机运行性能的重要物理量，它的大小与正负可确定异步电机的运行状态（图 7.1.2）：当 $s>1$ 时，为电磁制动状态；当 $1>s>0$ 时，为电机驱动状态；当 $s<0$ 时，为发电状态。

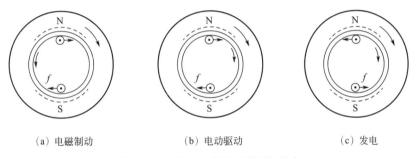

(a) 电磁制动　　　　　　(b) 电动驱动　　　　　　(c) 发电

图 7.1.2　异步电动机三种运行状态

4）额定功率

三相异步电动机的额定功率是指从转轴上输出的机械功率，与额定值之间的关系为：

$$P_N = \sqrt{3} U_N I_N \cos\varphi_N \eta_N \tag{7.1.2}$$

式中　P_N——电动机的额定功率，kW；

U_N——额定运行时，定子绕组所加的线电压，V；

I_N——额定运行时，定子绕组所流过的线电流，A；

$\cos\varphi_N$——额定运行时，定子电路的功率因数，一般为 0.8 左右；

η_N——电动机的额定效率。

7.1.2　电动机的结构、类型及发展方向

1）结构

以广泛应用的笼型三相异步电动机为例进行介绍。

笼型三相异步电动机主要由固定的定子和旋转的转子两大部分组成，定子与转子间的空隙称为气隙，为了减小空载电流，气隙应尽量小，一般保持在 0.2～2.0mm。

（1）定子　定子的主要作用是建立旋转磁场，它是由定子铁芯、绕组与机座组成。

定子铁芯是电机主磁路的一部分，为了减少铁芯损耗，它通常由 0.5mm 厚且片间绝缘的硅钢片叠压而成，并固定在机座内；为了嵌放定子绕组，铁芯内圆要冲出若干相同形状的槽，高压大中型电机用开口槽，其他电机有半开口槽或半闭口槽。

定子绕组是电机的电路部分，通入三相对称交流电流时，产生旋转磁场，电能便向机械能转换。它是带绝缘的铜导线绕制而成，小型电机采用高强度漆包线，大中型电机采用漆包扁铜线或玻璃丝包扁铜线。

机座用于固定与支撑铁芯，有足够的刚度与强度，中小型电机一般为铸铁制作，外表面有散热筋；大型电机为钢板焊接，机座内表面和铁芯间有适当的空腔便于散热。

（2）转子　转子的主要作用是利用旋转磁场感应产生的转子电流，进而产生电磁转矩。它主要由转轴、转子铁芯、转子绕组组成。

转轴用强度和刚度较高的中碳钢加工而成，在支撑转子铁芯的同时，起到传递功率的作用。整个转子通过它，由轴承和端盖支撑着。

转子铁芯也是电机主磁路的一部分，也是 0.5mm 厚的硅钢片叠压成圆柱体套装在转轴上。

转子绕组是对称多相闭合绕组，它嵌放在转子铁芯表面均匀分布的槽内，其作用是产生感应电动势，完成电能向机械能的转换。

（3）滑环　对转速较低的电机（8 极电机），可选用普通滑环。但对高速电机，需要使用带螺旋槽的特制滑环，用以导出碳粉，防止滑环与碳刷因接触不良而产生打火，并增强通风散热能力。

（4）电刷　影响电动机安全运转的瓶颈，往往是电机电刷，因此提高它的使用寿命，就成了关键。为此，除了要关心电刷压力、电刷长度及整流子表面光滑程度外，还要慎选电刷材质，如增加电刷长度 10mm，可以延长使用时间，但与选用进口石墨材料比，提高了材料价格。

2）类型

（1）按电压高低　可分为高压、中压、低压电机。

（2）按电源类型　可分为交流电机与直流电机。

（3）按容量大小　可分为大型、中型、小型电机。

（4）按转子结构类型　可分为鼠笼型电机与绕线型电机。

鼠笼型电动机的转子绕组结构简单（图 7.1.3），由嵌在转子铁芯槽内的铜条或铸铝组成，两端分别与两个端环连成一个整体，形成闭合回路。

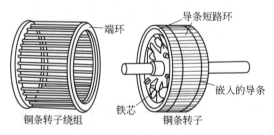

图 7.1.3　鼠笼型转子外形图

绕线型电动机的转子绕组与定子绕组相似，也是三相对称绕组，其极数、相数和定子绕组相等，转子三相绕组末端接在一起，始端分别引至轴上的三个互相绝缘的铜质集电环上，即为星形连接。集电环再经过电刷接在转子回路的可调附加电阻上，然后短接（图 7.1.4）。

绕线型电机可以改变转子回路串入的附加电阻，改善电动机的启动性能或调节电动机的转速。但它的结构复杂、维修量大、造价高。所以，它适于启动性能高、调速频繁的场合。

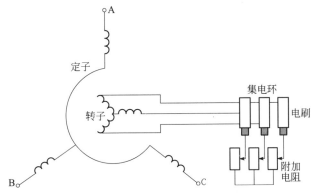

图 7.1.4　绕线型异步电动机接线

3）新型电动机

（1）永磁直驱电动机　永磁直驱电动机的驱动系统由永磁同步变频电动机、伺服控制器与负载构成，与传统驱动相比，取消了减速器、机械软启动装置、高速联轴器等中间传动装置，也取消了定子磁化过程所需要的能耗，故具有功率因数高、电机效率高、启动转矩大、过载能力强、安全可靠、维护简单及保护、通信功能齐全等优点。经永磁电动机与异步电动机的性能比较（图 7.1.5）可知，它的技术核心在于，将钕铁硼稀土元素为主的永磁材料作为电机的磁场来源。

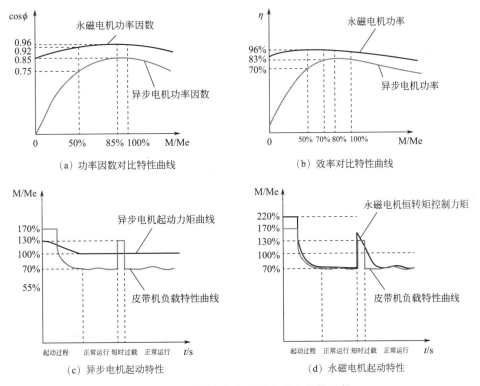

图 7.1.5　永磁电机与异步电机的性能比较

当今各行业中需要大功率（30～3000kW）、转速慢（30～300r/min）的电动机，都可用此类技术改造。水泥行业也在起步应用，重点是磨机、皮带输送机、提升机等设备。

球磨机应用时，可节约用电量 20%，无功功率减少 88%，电流降低 45%，功率因数提高 49%。

（2）同步异步电动机（亦称三相感应同步电动机）　由于电动机配备了励磁装置，使电机在启动后很快以同步状态运行，即使励磁装置有故障，还可转入异步运行，并维持额定功率；为充分考虑同步与异步两种运行状态，它的气隙被固定；采用磁性槽楔代替绝缘槽楔，使其效率比一般普通绕线式异步电机高 1%～2%，转子槽数要多一半以上，具有节能优势。它的启动特性与绕线型异步电机相同，运行特性与同步电机相同，因此启动电流既小、功率因数又高。但因价格较高，限制了对它的应用。

7.1.3　电动机的节能途径

1）合理选用电动机类型

凡仍大量采用 JO2 系列电动机的生产线，均可选用效率高、节能、启动性能较好的 Y 系列三相异步电动机，可提高效率 0.413%。如果改为 YX 系列高效电动机又比 Y 系列效率平均高 3%，损耗降低 20%～30%，虽然后者价格高，但从长期运行考虑，经济性相当明显。

选型时还需遵循以下原则：为求转子高效率，宜优先选择鼠笼型电机；为求功率因数高，宜优先选择高速电机；而在负载较大时，宜优先选择高压电机。

2）合理选用电动机的额定容量

三相异步电动机规定有 3 个运行区域：负载率在 70%～100% 之间为经济运行区；负载率在 40%～70% 之间为一般运行区；负载率在 40% 以下为非经济运行区。若电动机选过大容量，虽设备能安全运行，但不仅增加投资，还降低效率和功率因数，造成电力浪费。因此，既要满足水泥设备运行需要，又能尽可能提高效率，企业一般负载率应保持在 60%～100%。

3）合理选择电动机启动和运行形式

（1）低压笼型大中型电动机　采用电动机软启动，可避免全压直接启动方式。电动机软启动器，可避免对电网过大冲击、机械振动小，具有启动平稳、启动电流与启动时间可调等优点。

（2）高压笼型电动机　它的传统启动方式多为电抗器、自耦变压器等形式，但并未满足启动要求，为了用较小启动电流，获取足够大启动转矩的平稳启动，可在电动机定子回路串接热变电阻软启动装置。

（3）大型绕线型电动机　这类电机多采用水电阻启动器，它通过机械传动装置逐步缩近极板距离，直至接触，利用两极间水电阻变化，让串入转子回路的电阻逐渐变小至零，实现平滑启动，启动电流小，不冲击电网，热容量大，可连续启动 5～10 次，但仍比变频启动落后［见 7.3.4 节 1（1）③］。

4）采用新型高效节电装置

这类装置因内部并联了自耦固定式调压器，将较高电压调整到合理范围，并调节内部电感量，利用磁电交换、磁势再分配，使三相电压保持平衡；串联电抗器，抑制电动机启动电流，降至额定电流的 2～3 倍；并联线圈消除高次谐波，抑制低压设备产出的谐波电流，降低线路、变压器及电机绕组铜损；并依靠线圈移相，调整组别接线方式，提高功率因数。

进相机也是节电装置，但选择类型、规格，都要根据电动机负荷特点选择［见 7.4.3 节 1）］。

5）智能控制电动机的效益

电动机的智能控制是主机智能控制的一部分，它通过对电动机功率、电流与频率的在线检测，对选择设备最适宜的转速、负载，随时给予准确的配合与反馈。

7.1.4 电动机的应用技术

1）安装要求

安装中要确保减速机输入端与电机输出端的同轴度〔见6.2.4节1）、2）〕。还有两点安装细节值得注意：

① 即使是同一制造厂家、同一型号大型电机，其中心高也会相差2～3mm，应备有总厚5mm的底座调整垫片，以便在更换备用电机时，方便调整电动机与减速器的同轴度。

② 电机轴瓦润滑回油管道的水平段节应尽量缩短，并采用90°变径弯头，加大回油管道内径，使回油管到油站尽可能有倾斜角度，保证回油顺畅。

2）重视电动机的启动与调速

（1）降低启动电流的途径 普通三相异步电动机启动时，往往启动电流很大，是额定电流的4～7倍，从而威胁到供电变压器及供电电网的安全，为此要设法降低启动电流。

一种途径是降压启动，如对三角形连接的鼠笼型电机，可用Y-Δ变换启动器降压启动，改为星形连接，比直接启动的电流要小1/3；又如对高压电动机，可在定子回路上串电抗器降压启动；还如用自耦变压器降低加在定子绕组上的电压，不受电机绕组连接方式的制约；也可通过电子软启动器，实现平滑软启动。

（2）增加启动转矩的途径 上述降低启动电流的方法，却因启动时功率因数不大，且过大电流使得气隙磁能量减小，反而减少了启动转矩。为此，就需要选用价格昂贵的绕线型电机，以适应大转矩设备启动的要求。它的启动方式将是：在转子回路上通过集电环、电刷串入电阻（启动变阻器），随转速上升逐级切除所串入的启动电阻，使启动转矩达到最大值；也可使用频敏变阻器代替变阻器，不需要分级切换电阻，电动机就能迅速而平衡地升至额定转速。

（3）调节电机转速的途径 水泥生产中有很多设备需要调速，如窑、选粉机、风机等以控制流量，原只有直流电机才能有较好的调速性能，但近来电子电力技术的发展，使异步电机的调速性能并不逊色。

异步电机的转速公式为：

$$n=(1-s)\frac{60f_1}{p} \tag{7.1.3}$$

从式中可知，改变电动机的转速，可分别从改变电动机电源频率f_1、定子绕组的磁极对数p、转差率s入手：

① 改变f_1，即变频调速，可以实现平滑且范围较广的调速，但需要专门一套变频设备。

② 改变p，即变极调速，它只适于鼠笼型异步电动机。

③ 改变s，即变转差率调速，只适于绕线型异步电动机，用改变回路电阻来改变转差率。

3）日常维护

（1）控制绕组的温度与温升 虽然10kV电机F级绝缘的最高允许值为155℃，但电机也不应在较高温度下长时间运行。关键是要降低定子电流，包括降低负荷及增加静止式进相器提高功率因数；控制滚动轴承温度上限为75℃。

（2）加强对电机的振动监测 判断机械负荷、联轴器、轴承状态对电机的影响。

（3）电机外观无油渗漏，冷却设备运行正常　对稀油站润滑的电机或用滑动轴承的电机，要特别关注油压及油量，油位应位于观察窗的一半，过多会甩至机壳内；轴承润滑油路畅通；油质符合要求；滚动轴承注入的润滑脂，不应多于 2/3。

（4）准确设定综合继电保护装置及电机差动保护的整定值

① 应在各电机配电柜中，配置一组合式过电压保护器。电流整定时，除了关注装置动作一次电流与电机额定电流的比值外，还要重视"比率制动系数"：该值大，说明保护动作区小，灵敏度高，不易动作；该值小则反之。否则，电机的电缆较长，配置的断路器瞬时脱扣线圈动作电流和保护器过电流速断保护的动作电流，被整定大于线路末端短路电流时，仍有可能被烧毁。如果电机轻载正常，重载差动动作，说明此整定值偏低；当电机单独带电启动，若差动保护还有动作，则极可能接线错误。

② 定期做预防性测试。要及时处理报警信号，检查电流、电压互感器变比及保护定值符合正确设置，运行设备严禁随意修改参数；防止电机绝缘材料逐步老化；检测各相线圈直流阻值的平衡、绝缘材料交直流电压的耐压值等；及时发现线圈匝间、相间有无短路，焊接点及接头部位有无缺陷发热等隐患；检测保护插件的灵敏度，不允许电流超过 110% 时尚未动作。

（5）轴电流短路电刷应接触良好，转子绝缘电阻应不小于 0.5MΩ　可用 500V 兆欧表定期检查。漏电保护动作后，必须排查原因后再送电。

（6）重视开机前的设备检查　鼠笼式要检查液力耦合器；绕线式要检查水电阻液体量，启动时要观察碳刷是否打火，且冷态启动不能连续 2 次。

4）避免谐波电流干扰

当某些技术环节处理不当时（如电动机磁不平衡、静电感应等），尤其采用含较高次谐波分量的变频调速、逆变供电电源时［见 7.3.3 节 3）］，高压电机转轴与轴承间就会产生轴电流，不仅危害轴瓦安全，热电阻也要误报警。为此，变频器输出频率越高、轴电压产生的感应电流越高时，应强化电机外壳接地：从电力室接地网直接引 50mm² 地线到电机本体，10mm² 地线到各组装件；重新处理前轴瓦端盖的前轴伸接地碳刷，并加装一个前轴伸的放电碳刷；为避免热电阻假报警，用热缩绝缘管套住热电阻钢制套管并加热，收紧后再次装入，即可避免套管与后轴瓦座拉弧，也避免上下瓦背绝缘垫失效，导致轴瓦接地。

5）故障预防

（1）防止设备负荷波动大，甚至瞬时超负荷运行　当基础螺栓松动、联轴器间隙过小时，运转中会产生轴向力，发生定转子摩擦、线路触点接触不良、断条等现象，引发缺相运行、过载运行、绕组接地、漏电，甚至异常振动及撞瓦。

（2）避免水、油进入电机　每天测量电机对地绝缘、相间绝缘、轴承温度并做好记录；定期测量电源电压及空、满载电流，努力稳定电压。

（3）气隙不均处理　运转数年后的电动机，定、转子间气隙会有变化，当上下、左右、前后偏差大于±10% 时，就会产生较严重的高次谐波，电机电流波动幅度大于 10A。当现场能听到异常间断撞击声响，除了要停机检查电机轴瓦外，还要检查电机内气隙。

7.2　变压器

变压器是利用电磁感应原理，将某定值的输入电压（电流）变成频率相同的另一种或几种定值的输出电压（电流）的静止电气设备，以满足高压输电、低压配电及其他需要。

7.2.1 变压器的工艺任务与原理

1）工艺任务

电网为了输电节能，都要采用110kV以上的超高压；而水泥生产作为用电大户，设备一般使用两种电压标准，一类是大功率设备，用6kV高压，如大型风机、磨机等；另一类是普通机械，为380V电压设备。而检修照明中为人身安全，还需要36V、24V电压。为此，对电网输入电压，需要通过一级、二级乃至三级变压，满足现场所需输出电压的要求。

2）原理

当变压器一次侧施加交流电压U_1，一次绕组中产生一次电流i_1，便在铁芯中产生交变磁通Φ，并根据电磁感应原理，在一次绕组中产生自感电动势e_1，二次绕组中产生互感电动势e_2，大小分别正比于一次、二次绕组匝数，即$U_1/U_2=N_1/N_2$。二次绕组生产电动势e_2，

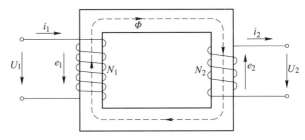

图7.2.1 变压器工作原理示意图

输出端便形成电压U_2，接上负载后，产生二次电流i_2，向负载供电，从而实现电能传递。改变一次、二次绕组匝数，就可以改变一次、二次绕组的感应电动势，从而改变输出电压，如图7.2.1。

7.2.2 变压器结构、类型及发展方向

1）结构

变压器主要由铁芯、绕组和附件等组成，下面以油浸式电力变压器为例，分析其结构及主要部件的作用。

（1）铁芯 铁芯是变压器的磁路部分，为提高铁芯的导磁能力，减少铁芯内部的涡流损耗和磁滞损耗，铁芯一般采用0.35mm厚且表面有绝缘漆或氧化膜的硅钢片叠压而成。

（2）绕组 绕组是变压器的电路部分，一般用扁铜线或扁铝线绕制。变压器中接电源的绕组称一次绕组（又称原绕组、原边或初级），接负载的绕组称二次绕组（又称副绕组、副边或次级）。绕组的作用是在通过交变电流时，产生交变磁通和感应电动势。

（3）附件

① 油箱：既是变压器的外壳，又是变压器油的容器。它既保护铁芯和绕组不受潮，又有绝缘、散热的作用。

② 油枕：油枕与油箱连通，它的作用是防止空气进入油箱。

③ 气体继电器：气体继电器是装在油箱与油枕之间的管道，当变压器发生故障时发出报警信号。

④ 分接开关：当变压器的输出电压因负载和一次侧电压发生变化时，分接开关将通过改变一次线圈的匝数来控制输出电压在允许范围内保持相对稳定。

⑤ 绝缘套管：将油箱中变压器绕组的输入、输出线从箱内引到箱外与电网连接。

2）类型

（1）按用途可分为 电力变压器、仪用变压器、试验变压器、特种变压器。

图 7.2.2　油浸式电力变压器

（2）按相数可分为　单相变压器、三相变压器。

（3）按冷却方式可分为　干式变压器、油浸式变压器（图 7.2.2）。

（4）按绕组形式可分为　双绕组变压器、三绕组变压器、自耦变压器。

3）发展方向

变压器将向容量特大型、超高电压、组合化发展，具有低损耗、低噪声、高阻抗、节能环保、高可靠性、防爆等一系列降耗、高安全性能。

7.2.3　变压器的节能途径

1）选择低损耗节能变压器

变压器的空载损耗和负载损耗约占总损耗 30% 左右，降低这种损耗，将是变压器实现节能的关键。水泥企业变压器需长时间运行，应当选用新材料、新结构、新工艺制造的低损耗节能变压器，逐步更换高损耗变压器，如 S9 系列变压器要比 S7 系列可降低空载损耗与负载损耗各 10%。为此，人们仍在不断研发新型变压器。

2）合理选择主变压器容量

主变压器容量应根据用电负荷、供电电压等级，遵循如下原则选择：

① 变压器的理想运行负荷应在 60%～70% 左右，此时变压器损耗较小，运行费用较低。

② 在 35kV 及以上供电电网中，每提高运行电压 1%，可降损 1.2%，新型干法水泥生产线应直接用 110kV 或 220kV 高压引入总降压变电站，既可提高输送容量，又能大幅降低线损率。配电网的供电电压等级越高，线损就越低，与电压平方成反比下降。新建的水泥企业供电电压已从传统 6kV 提升为 10kV，一次性投资虽稍有增加，但运行成本降低更快。

③ 变压器容量选择应留有余地，为日后设备开停调度及技术改造创造条件。但余地不宜过大，否则会向供电部门支出更高年费。

3）合理选择变压器短路阻抗及接地方式

① 适当设定短路阻抗。正确选择变压器额定容量和短路阻抗，将直接影响低压电气设备的选择及无功补偿。对较大容量的车间配电变压器，应适当增加短路阻抗，为经济选择低压电气设备，且补偿低压侧无功损耗所增加的成本；而对主变压器，因电压等级较高，短路电流较小（低于 40kA），不能轻易增加短路阻抗，对无功产生不利影响。

② 正确选择接地方式。主变压器接地方式，应根据供电电压等级 Yd 或 Dy 型级别选择，工厂接地系统应与地区电网完全隔离，应采用直接接地，或故障电流在 200A 以下时选用低电阻接地。此时，不会因为单相接地故障电流，增加开关设备成本，且提高零序电流保护的灵敏度。

7.2.4　变压器的应用技术

1）变压器经济运行

为满足电力用户对用电的需求及安全，使变压器处在电能损耗最低状态下运行，所采取的一系列技术管理措施保持高效能运行，即为变压器的经济运行。对数台成组并列运行的变压器，可按每台变压器的技术性能参数，以总损耗最小的目标，合理地组合、分配各自负荷。

2）日常维护

① 运行监视。对无人值守的变电站，应按规定巡视。此外，还应有计划安排变压器的停电清扫，保证变压器完好带电运行。对检修后或长期停用的变压器，应当检查接地线，核对分接开关位置和测量绝缘电阻。

② 定期用红外线测温仪检查变压器上层油温。不仅检验绝对值，还应根据以往运行经验，对每台变压器负荷大小、冷却条件及季节不同，比较油温变化。

③ 变压器油质应为透明、微带黄色。油面应符合与周围温度相应的标准线。油枕油面应正常无渗漏。

④ 正常运行应发出均匀的嗡嗡电磁声响，如声音有所改变，应仔细观察。

⑤ 高低压套管应清洁、无裂纹、无破损及放电烧伤痕迹，螺丝紧固。

⑥ 一、二次引线不应过紧或过松，接头接触良好。硅胶吸潮不应达到饱和，应无变色，变压器外壳和零线接地应良好。

3）防止故障措施

按故障原因可分为电路故障和磁路故障。电路故障主要指线环和引线故障，如常见的线圈绝缘老化、受潮，切换器接触不良，过电压冲击及二次回路短路引起的故障等；磁路故障一般指铁芯、轭铁及夹件间发生故障，常见硅钢片短路、穿芯螺丝及轭铁夹件与铁芯间的绝缘损坏，以及铁芯接地不良放电等。

① 分接开关的故障。主要原因是相间触头或接头放电，造成构件表面灼伤与熔化。应采取的措施：不允许连接螺丝松动；保证分接头结缘板绝缘级别满足变压器运行要求；将带载调整装置配备到位。

② 防止二次谐波造成差动保护误动作。当变压器空载投入或故障切除后的电压恢复阶段，变压器铁芯磁通严重饱和，相对导磁率接近1，变压器绕组电感降低，并伴随出现大数值的励磁涌流，产生以二次谐波为主的高次谐波，出现尖顶形状的励磁涌流，达到额定电流的 6～8 倍。但它们的起始瞬间衰减很快，中小型变压器为 0.5～1s 之后，为额定电流的 0.25～0.5 倍；而大型变压器是 2～3s 后，瞬间流入，此时变压器内虽无故障，CT 本体及线路也属正常，但差动保护会误动作，还会在与其并联的其他变压器中产生浪涌电流。

为克服此励磁涌流，可采取如下措施：使用带有速饱和变流器且波形对称原理的差动继电器；根据二次谐波制动原理，利用智能控制手段；鉴别短路电流和励磁涌流的波形。

7.3 变频器

变频器是应用变频技术与微电子技术改变输入、输出频率的电气控制设备。一般工频交流输入电源的频率为 50Hz，变换成低频交流电源，便可实现电动机的调速运行。相对曾用过的其他调速方法，变频调速驱动系统既能节能、降低生产成本，又为自动化、智能化控制设备创造条件。

7.3.1 变频器的工艺任务与原理

1）工艺任务

现代水泥企业中大多大型风机与水泵常常不会满负荷运行，且为满足工艺需要而调速，如高温风机、窑头及窑尾排风机、煤磨、生料磨和水泥磨的循环风机、罗茨风机、选粉机、水泵等，传统调速曾是晶闸管串级、直流、电磁滑差、液力耦合器或异步电动机变级等方式，但都有传动效率低、耗电、控制精度差等缺点。唯有变频调速能显示出如下优越性，才可成为受欢迎的节能控制手段：

① 可实现平滑的无级调速，精度高，范围宽（0～100%），效率高达95%以上；

② 启动转矩大，启动电流小，电动机的转矩脉动小，可实现电机的软启动，大大减少了对电动机、风机、风门等设备的磨损以及对电网的启动冲击，运行平稳，延长了使用寿命；

③ 安装容易，调速方便，操作简单，容易与可编程逻辑控制器、分布式控制系统衔接；

④ 减少电能损耗，降低成本，具有显著的节电效果；

⑤ 拓宽了系统的调速范围，提高系统运行的灵活性。

随着大功率变频技术的发展，高压变频装置已普遍用于水泥生产，如用大功率变频器取代传统阀门或液力耦合器控制大型风机，或代替直流装置对回转窑调速等。

2）变频器工作原理

电动机转速的表达公式：

$$n = 60f(1-s)/p \qquad (7.3.1)$$

式中，n 为电动机转速；f 为电动机频率；s 为电动机转差率；p 为电动机磁极对数。

由上式可知，改变电动机转速有改变频率 f、改变转差率 s 或改变磁极对数 p 三种方法。

变频器就是利用转速 n 与频率 f 的正比关系，通过改变电动机工作电源频率 f，改变电动机的同步转速，从而改变电动机转子转速 n。这就是变频调速的基本原理。

7.3.2 变频器的结构、类型及发展方向

1）结构

本书以交-直-交通用变频器的结构为例说明，如图7.3.1。变频器主要由整流器、储能环节、逆变器和控制系统等组成。

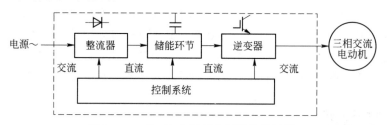

图 7.3.1 交-直-交通用变频器结构框图

① 整流器：把工频三相交流电源整流转换成直流电源；

② 储能环节：通过储能元件（电容或电感）滤波并缓冲无功功率；

③ 逆变器：通过大功率开关器件通断，把直流电源逆变转换成频率、电压均可控制的三相交流电源输出供给电动机；

④ 控制系统：主要由运算电路、检测电路、控制信号的输入、输出电路等构成，完成逆变器开关器件控制、整流器电压控制及实现各种保护功能。

2）类型

① 按变换环节，可分两类：交-交变频器和交-直-交变频器；

② 按直流电源性质可分为电流型变频器（储能环节为大电感）和电压型变频器（储能

环节为大电容);

③ 按调压方式可分:PAM(脉幅调制)控制变频器、PWM(脉宽调制)控制变频器和高载频 PWM 控制变频器;

④ 按工作原理可分:V/f 控制变频器、转差频率控制变频器和矢量控制变频器。

3)技术发展方向

当今的矢量控制技术(有无速度传感器)、直接转矩控制技术、PWM 控制技术、数字化控制技术等,都是控制变频调速的先进技术,能明显提高系统动态响应性能,降低电动机损耗。

为降低对输出交流电压谐波对电机及电网输入功率因数的影响及本身能耗,变频器性能还应继续发展。随着新型电力电子器件和高性能微处理器的应用,以及上述控制技术的发展,变频器在调速范围、驱动能力、调速精度、动态响应、输出性能、功率因数、运行效率及使用方便性等方面,越发大大优于其他调速方式,体积越发变小、性价比越发提高。变频器技术发展的总趋势是:驱动交流化,功率变换器高频化,控制数字化、智能化和网络化。

7.3.3 变频器的节能途径

1)合理选择变频器类型

① 回转窑、窑头余风风机及窑尾排风机等设备一般功率在 800kW 以下,应采用"高-低"式结构变频器。即选择 690V(>300kW 电机)或 380V 低压电机,用低压变频器。但低压变频器一般为六脉冲结构,其谐波较高,可达 40%以上,为防谐波对电机及设备的危害,应选择专用变频电机,如功率较大时,应考虑采用滤波装置及谐波抑制措施。

② 高温风机、立磨循环风机等设备,功率较大,转矩为随速度平方变化的负载,一般可选用通用型 u/f 控制变频器(即 vvvf 变频器)。

2)合理选择变频器容量

一般变频器功率应大于或等于电动机额定功率的 1.1 倍,按电机的实际功率选择变频器:

① 电机加载后总的负荷电流不得超过变频器的额定电流;

② 负载峰值电流不得超过变频器的过载量。变频器最小容量不得小于电机容量的 65%。

3)合理采用抗干扰技术

(1)干扰的来源 变频器由主回路和控制回路两大部分组成:主回路由整流电路、逆变电路组成,这两种电路都为非线性特性的电子器件,且运行中开关动作快速,必然产生高次谐波干扰;而控制回路的能量小、信号弱,极易受其他装置产生的电磁波干扰。有三类干扰与变频器有关:自身干扰、外界电磁波干扰、它对其他弱电设备的干扰。也有三类干扰与受干扰对象有关:对电子设备(属感应干扰)、通信设备及无线电的干扰(为放射干扰)。

变频器的干扰途径主要来自电路耦合、感应耦合和电磁辐射三种形式。

电路耦合是电源网络传播,使网络电压畸变,并借助网络及其他配电变压器将干扰信号传得很远,影响其他设备,甚至民用电,需要在变频器输入侧与电源间安装输入滤波器。

感应耦合是变频器的输入、输出电路与其他电路邻近时,高次谐波信号通过感应,耦合到其他设备中,故应将变频器放置在独立隔离室,而不要在配电室内。

电磁辐射是干扰信号以电磁波方式通过空中辐射,是由频率很高的谐波分量所为,它的辐射强度取决于干扰源的电流强度、装置的等效辐射阻抗以及干扰源的发射频率,且辐射场中的金属物体还可形成二次辐射,更是由电缆屏蔽不到位或接地不符合规定所致。

（2）干扰的危害　干扰的危害表现有：电机运行中突然停机；电机转速时快时慢，不稳定；若变频器供电电源受污染、交流电网干扰后，电网噪声由电源电路会干扰变频器，表现为过压、欠压、瞬时掉电、浪涌、跌落、尖峰电压脉冲、射频干扰等。

（3）抗干扰措施

① 隔离：在电源和放大器间的线路上安装噪声隔离变压器；

② 滤波：在变频器输出侧设置输出滤波器，还可在输入侧设置输入滤波器，提高抗干扰能力，当干扰信号脉冲短时，适当延时过滤处理；

③ 屏蔽：变频器本身用铁壳屏蔽，输出线用钢管屏蔽，当用外部信号控制变频器时，信号线应在 20m 以内，并用双芯屏蔽，与主电路及控制回路完全分离；

④ 接地：有不同形式，多点接地（用于高频）、单点接地（用于低频）及经母线接地，变频器本身有专用接地 PE 端，接地电阻＜4Ω；

⑤ 加装电抗器：在变频器输入端加装交流电抗器，可抑制变频器输入侧的谐波电流，改善功率因数，若在输出端加装，也能改善变频器输出电流，减少电动机噪声。

7.3.4　变频器的应用技术

1）安装改造与使用环境要求

（1）对原有系统相关设备的改造

① 在更换变频控制成功后，将风机入口控制阀门切除，彻底消除风门阻力。

② 原来采用的液力耦合器，可以取消原联接尺寸设计，做一套联轴器代替液力耦合器；安装高压变频器时，仅需将原液力耦合器拆除，将连接轴代替作少量调整即可。

③ 对原采用绕线式电机转子串接水电阻调速，可将转子短接，使电流不再通过滑环，用 5mm×50mm×170mm（视电机大小而定）的三块铜排短接电动机转子引线，改用变频启动方式，取消串接水电阻降压启动，转子回路集电环不再要碳刷与滑环换向。所有改造的潜在效益，不仅节约了水电阻、碳刷，还减少为此更换的停窑时间。

④ 风机改用高压变频器控制后，应该为变频器配置激磁涌流抑制柜，接入变压器中性点（0 或＋5 分接头），使内置限流电阻，在上电瞬间串联在电路中，以有效降低充电电流和激磁涌流，高压开关柜从此不再跳闸。

⑤ 窑主传动应用交流变频调速系统，会直接控制转矩，增大低速转矩，静态机械特性变硬。但此时要适当提高变压器参数，降低变压器二次输出值，以防直流母线过电压。

⑥ 当发现用变频器后，启动力矩过小时，应修改为 DTC 直接控制模式，代替 SCALAR 的标量控制模式，让传动单元精确控制转矩，使启动转矩增大，此时运行电流较小且平稳。

（2）使用环境温度的要求　变频器是发热量较大的设备，变频器工作温度一般为 0～55℃，最好在 40℃ 以下，相对湿度为 20%～90%，才能保证变频器标注的额定容量。

水泥厂在使用大功率变频器时，为考虑降温，一般按变频器容量的 3%～4% 的功率核算变频器的发热量，并采取专用的室内空调；为确保散热设备有效工作，应设计 DCS 回路，让变频器与散热风机开停连锁，并增加温度变送检测回路。

2）消除变频器谐波干扰的安装要求

① 安装布线要分开电源线和控制电缆，各自使用独立线槽，如要相交，必须为 90°；

② 在屏蔽导线或双绞线与控制电路连接时，未屏蔽之处要尽可能短，且用电缆套管；

③ 当变频器的继电器对控制柜中的接触器控制时，一定要有灭弧功能，交流接触器采

用 R-C 抑制器或压敏电阻抑制器；

④ 电机接线用屏蔽和铠装电缆时，要将屏蔽层双端接地；电压源型变频器的安装位置不宜离电动机过远，不仅电缆过长，而且会在电机侧出现高反射电压，威胁电机的绝缘安全；

⑤ 变频器柜的放电电阻不应安装在柜背面，避免投入时一旦烧毁，危及控制柜内的通信和可控硅触发光纤。柜门的连锁装置必须可靠，不能因振动出现误动作。

3）日常维护与操作要求

严格按照制造商编写的维护要求及企业规定的操作规程。

4）故障预防

(1) 运行频率不能过低　变频器的运行频率既不能低于 25Hz，又不能超过 45Hz，否则，变频器温升较快，运行不安全。如当变频器输出频率只有 3～4Hz，电动机长时间在低转速下运行，其自带风机的转速无法冷却电机温度，设备就会因温度过载跳停。此时需将电动机减速机减速比提高，电动机转速提高，变频器输出频率提高。

(2) 使用变频手动旁路　变频调整系统采用手动一拖一方案，它由 3 个高压隔离开关和高压开关、异步电动机组成，其中两个隔离开关应存在机械互锁逻辑，不能同时闭合，并靠它们完成变频与工频运行的相互切换，且能快速、自动切除出现故障的单元，保证系统继续正常运行。当功率单元故障时，通信电路将报警信号传输给主控系统，经对故障种类判断、协调满足条件后，用最短时间将故障功率单元旁路切除。

上述措施若能通过智能控制完成，变频器的使用将更为安全可靠。

7.4 进相机

进相机是改变电能输入与输出相位的电气设备，为大中型电动机进行无功补偿、减少无功损耗、提高功率因数的节能装置。

7.4.1 进相机的工艺任务与原理

1）工艺任务

电动机等感性负载是引起电网无功损耗的主要来源，而水泥生产大中型电动机是主要的用电设备，其中破碎机、球磨机等各类磨机占 70% 电能，风机占 20% 电能。因此，有效减少大中型电机造成的无功损耗，就成为水泥生产降低电耗的重要途径。在电机转子回路上串接进相机，是就地补偿电动机无功功率的主要方法之一。减少了无功损耗，便可提高电机自身效率和电机过载能力。

2）工作原理

以静止式进相机为例阐述进相器的工作原理（图 7.4.1）如下：

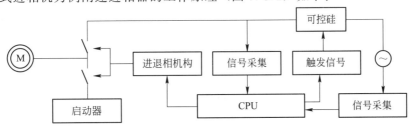

图 7.4.1　静止式进相机原理图

将进相机串接在电动机回路中，当电动机运行时，采集到的转子电流和同步电压信号，经微处理器 CPU 处理后，给可控硅发出触发信号。由可控硅组成交-交变流器，将工频电源变为和转子电流同频率的电源，加在电机转子回路中，改变了转子电流和电压的相位关系，再通过磁场，改变定子电流和电压的相位关系，减小功率因数角，提高电动机的功率因数。定子电流下降，获得电机补偿的附加电势。从而降低电动机自身的铜损和温升，提高电动机的过载能力，改善运行状况，达到节能降耗效果。

3）进相机的特点

不用电容机及运转部件，适应环境能力强；采用先进的交-交变频技术和微机控制技术，可靠性高；显著降低电机温升，大大提高效率及过载能力，延长电机使用寿命；降低电机定子电流 10%～20%，降低线损、铜损 20%～30%；具有自动保护功能，操作简单，维修保养不影响生产；补偿性能远优于电容补偿，同时提高线路与电机本身的功能因数。

7.4.2　进相机的结构、分类

1）结构

进相机主要由进退相机构、信号采集与单片机 CPU 处理单元、可控硅变频装置及操作控制回路四大单元组成。

① 进退相机构是在进相补偿时，将电机转子切换到进相机；退相不补偿或进相机出现故障时，将电机转子切换到电机启动器的星点短接接触器上，防止转子开路。

② 信号采集与单片机 CPU 处理单元，负责采集工频电压信号和电机转子电流信号后进行处理，给可控硅发出触发信号，同时监测工作情况，做出自诊断。

③ 可控硅变频装置的作用是根据触发信号，完成进相原理的核心部件。

④ 操作控制回路是用来进行进、退相操作和故障自动退相。

2）分类

进相机分为静止式进相机和变负载进相机两大类，分别用于工作性质不同的电动机。

7.4.3　进相机的节能措施

1）正确选型

应当根据电机类别正确选用进相机，对于负载比较稳定，变化幅度不大的电机，如球磨机、风机等绕线型电机，应选用普通静止进相机，便能有较好补偿效果；而对于负载变化幅度大、速度快的电机，如破碎机、辊压机等设备，应采用变负载进相器，以适时根据负载变化调整相关参数，进行动态补偿，始终保持功率因数处于最佳状态。对绕线型异步电动机，静止式进相机适用范围为 90～6000kW，变负载进相机适用范围为 75～10000kW。

选择进相机规格也要根据电动机类别与规格选择，既不能发生轻载补偿不足，也不能发生重载过补的现象。

要选择有资质的制造商产品，并核实产品说明书，没有合格操作规程说明的产品，同样应视为不合格产品，拒绝使用。

2）降低使用环境温度

进相机工作中会发热，为避免高温，现场通风条件不仅要好，而且必要时该有降温设施，如冷却风机等。

7.4.4 进相机的应用技术

1）电气设备应以节能为指导思想

没有进相机，电机可以照常使用，增加它反而要增加操作程序和维护工作量。因此，用不用进相机，是在检验企业的经营理念。只有将功率因数作为关键考核指标，追求节能，才表明电气人员的高素质。使用进相机，需积极对它维护与保养。凡全厂电路功率因数低于0.95 时，就先要检点进相机的定期维护是否落实。

2）防止电路干扰的安装要求［详见 7.3.4 节 2）］

3）故障预防

进相机出现故障时，一般应按先查弱电、后查强电的顺序进行，即先检查控制单元（控制板）是否正常，再查强电控制回路。

为防止进相机的可控硅等弱电元件损坏，引起主电机（如磨机）某种保护措施跳闸，引起电压升高，并因连锁关系造成水电阻、进相机跳闸，可在中控程序中为主电机跳闸加 2s 延时，为进相机提供先行退相的时间，便可确保主电机保护性跳闸，进而保护进相机安全。

检查可控硅接线是否符合柜内所标方向，否则会引起进相电流过大，造成熔断器熔体熔断。当发现可控硅变流装置中有一个可控硅损坏或阻值有偏差时，就应及时更换，否则，会导致可控硅全部击穿。

当进相机大修或重新启用时，第一次进相前应观察柜内控制单元指示灯，确认电动机启动并正常运转后，才可投入进相机。若进相后，电机定子电流出现大幅波动，应立即退相，查出原因并排除故障后，方可投入使用。

第8章

环保装备与技术

水泥生产的环保要求中，废气排放的治理难度和工作量最大。其中粉尘、NO_x、SO_x等有害成分含量的排放标准提高，且降低自身耗能，治理任务仍在路上。至于废水排放、废渣处置、噪声防治，都已有成熟的配套措施予以控制。

当今水泥生产对环境生态的影响，不只是污染对环境的负面效应，更有预分解工艺能消解各类工业废渣、危险固废与生活垃圾的正面效果，它如今已在社会循环经济中扮演重要角色。

8.1　除尘装备与技术

水泥生产所造成的粉尘污染，分有组织排放和无组织排放两类，前者主要通过烟囱形成，在排放前须经各种除尘器治理；后者则是来自物料运输、堆卸过程所产生的扬尘，自卸汽车及铲车作业是主要污染源，这类排放将威胁企业员工健康、设备维护。

8.1.1　除尘设备的工艺任务与原理

1）工艺任务

除尘设备的任务是降低废气排放前的粉尘含量，并收集下来继续为生产原料所用。因此，无论何种除尘技术，首先要看它的除尘效率。

除尘效率是指单位时间内经除尘器收集下的粉尘量与进入除尘器的粉尘量的百分比：

$$\gamma = \frac{G_1}{G_2} \tag{8.1.1}$$

式中　γ——除尘效率，%；

G_1，G_2——单位时间进、出除尘器的粉尘量，g/s，其中，G_1无法直接测出，需测出除尘器进、出口的含尘浓度和相应风量，并经下式计算：

$$\gamma = \frac{Q_1 C_1 - Q_2 C_2}{Q_1 C_1} \tag{8.1.2}$$

式中　Q_1，Q_2——分别为除尘器进、出口风量，m^3/s；

C_1，C_2——分别为除尘器进、出口的含尘量，g/m^3。

2）粉尘与废气特性

粉尘是指能大量悬浮在排放气体中的颗粒物（Particulate Matter，简称 PM），它对空气有严重污染，它有如下特性将影响处理它的效率：

（1）粉尘粒度　粉尘过细不利于除尘，故应控制$\leqslant 0.07\mu m$粒径粉尘的含量。

（2）粉尘的黏附性　过黏的粉尘易黏附在电极或滤袋上，不易除落，直接影响除尘效率。

（3）粉尘的比电阻　指单位面积（cm^2）上，沿高度方向$1cm$厚的粉尘电阻值，单位为$\Omega \cdot cm$。它表示带电粉尘释放电荷的速度，对于电除尘，此值越低，释放电荷的速度越快。当它小于$1\times 10^4 \Omega \cdot cm$，即低比电阻时，负电荷粉尘到达收尘极表面就很快释放电荷，并获得正电荷，与收尘极形成排斥，出现跳跃现象（图 8.1.1）；如果大于$1\times 10^{11}\Omega \cdot cm$时，就是高比电阻粉尘，释放电荷慢，粉尘层与收尘极间产生强电场，消耗电能就很大。这两种情况的收尘效率都低，故粉尘比电阻须介于$10^4 \sim 10^{11}\Omega \cdot cm$之间。

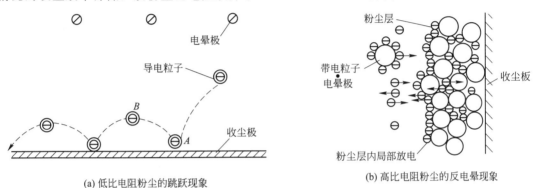

(a) 低比电阻粉尘的跳跃现象　　　　(b) 高比电阻粉尘的反电晕现象

图 8.1.1　比电阻对收尘效率的影响

主机需要处理的废气粉尘比电阻一般都较低，它受废气的温度、湿度（图 8.1.2）所决定。只要增加烟气中的含水量，降低废气温度，粉尘比电阻就能满足除尘需要，所以除尘处置前需要增湿调质，关键是调质的用水量既不能少，更不能多，而且调质前的水要充分雾化分散，需要配置专门的增湿调质装备。

SO_3、Cl^-和H_2O会降低碱性粉尘的比电阻，故须严格掌握废气中的这些成分。

（4）水泥生产废气特性　水泥生产过程的每一阶段都会产生粉尘，尤其产生废气有组织的排出，就会带出大量粉尘。水泥粉尘的特点是：浓度高，温度高，电阻率高，湿度大，露点高。而废气的温度、压力、化学成分、流速和含尘浓度都会影响除尘效率。

其中，废气含尘浓度一般在$20g/m^3$（标准状况）以上，但 O-Sepa 选粉机靠袋除尘器收集粉尘，进口最高浓度可达$1000g/m^3$（标准状况）；预分解窑的废气温度，进入除尘器前一般在$250 \sim 350℃$；废气化学成

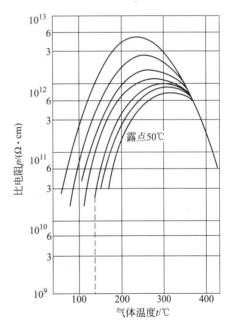

图 8.1.2　比电阻与温度、湿度关系

分也很复杂，其中 CO、H_2 等可燃成分含量过高，表明窑炉内煤粉燃烧不完全，易在电除尘器内燃烧、爆炸。

(5) 除尘设备的发展历程　除尘技术是针对废气中各类粉尘的性质，根据不同除尘机理，制造出相应装备。有组织排放曾先后有机械除尘、湿式除尘、电除尘和袋除尘等类型；而无组织排放是以减少物料倒运、降低装卸落差等手段控制。

经过近百年除尘实践，现只存电除尘和袋除尘两大类，它们还在此起彼伏地竞争。最早是袋除尘，但滤袋易被粉尘糊住，电除尘技术问世后，便很快风靡一时。而在滤料透气性有了质的提高后，排放浓度竟能降到 $30mg/m^3$ 以下，使得电除尘 $150mg/m^3$ 排放标准相形见绌，于是，袋除尘重新占据统治地位，"电改袋"便风靡一时；但在电除尘电源技术技高一筹后，它的排放浓度也能控制在 $20mg/m^3$ 之下，且自身耗电很低，再次向袋除尘技术发起挑战。这段历史说明，除尘技术通过实践不断检验其生命力，需要以辩证观点全面平衡它们对生态的保护程度，不仅要看排放水平，还要比较耗能水平。

3）袋除尘器的工作原理

袋除尘器是利用具有过滤粉尘能力的滤料，制成数百条滤袋，挂在除尘器箱体内，当废气通过箱体排出前，将它所携带的所有大于滤料孔隙的粉尘截留在滤袋表面上，以净化废气。为保证滤袋能连续使用，需配置各类清灰装置，及时清除掉滤袋表面的粉尘，并送回生产线。

衡量袋除尘器性能的主要指标，除了除尘效率以外，还有：

(1) 运行阻力　除尘器的阻力就是除尘器进、出风口处全压的绝对值之差，它表明气流通过除尘器时所要做的功，所以它必须消耗电能。它由结构阻力 ΔP_e 和过滤阻力 ΔP_f 两部分组成。

① 结构阻力 ΔP_e。它是由袋除尘器进出风门、阀门、灰斗、箱体、分布管道引起的局部阻力，及进风道与袋室的过流截面和沿程阻力所组成。摩擦阻力和局部阻力可由计算公式得出。滤袋越长，内壁越粗糙，除尘器过流截面越小，气流上升速度越高，摩擦阻力就越大。

局部阻力的计算公式为：

$$\Delta P_j = \xi_j \frac{\rho v^2}{2} \qquad (8.1.3)$$

式中　ΔP_j——除尘器局部阻力，Pa；

ξ_j——局部阻力系数；

ρ——处理气体的密度，kg/m^3；

v——气流速度，m/s。

此式说明，局部阻力主要受气流速度和局部阻力系数影响，与操作所用风速及除尘器结构有关。通常结构阻力为 $200\sim500Pa$，它不应超过除尘器总阻力的 $20\%\sim30\%$。

② 过滤阻力 ΔP_f。它是袋除尘器过滤元件本身形成的局部阻力，为洁净滤料阻力 ΔP_0 和粉尘层阻力 ΔP_d 之和，计算公式分别为：

$$\Delta P_0 = \xi_0 \mu v_f \qquad (8.1.4)$$

$$\Delta P_d = a m_d \mu v_f \qquad (8.1.5)$$

式中　ξ_0——滤料阻力系数；

μ——气体的动力黏性系数，$Pa \cdot s$；

v_f——过滤速度，m/s；

a——粉尘层比电阻，m/kg；

m_d——粉尘负荷，kg/m^2。

洁净滤料阻力、滤料阻力系数都与过滤速度成正比，与滤料纤维、滤料结构及后处理方式有关；粉尘层阻力受粉尘粒径、气体含尘浓度、粉尘负荷、滤料材质、过滤速度等因素影响。通常情况下，它们分别介于 $50\sim200Pa$、$500\sim2000Pa$ 范围内。

（2）过滤风速　它是指含尘气体通过滤料的平均速度 $V_V(m/min)$，

$$V_V = \frac{Q}{60A} \tag{8.1.6}$$

式中　Q——单位时间的处理风量，m^3/h；

　　　A——除尘器滤袋的总过滤面积，m^2。

选取过滤风速，要取决于滤料性质、被处理的粉尘浓度、粉尘分散度及清灰方式。

（3）过滤面积

$$A_1 = \frac{Q}{60A}$$

$$A_2 = A_1\left(1 + \frac{1}{n}\right) \tag{8.1.7}$$

式中　A_1——净过滤面积，m^2；

　　　A_2——总过滤面积，m^2；

　　　n——分室数。

该面积是在确定过滤风速之后被确定。

因此，袋除尘效率最高可达 99.9%，它取决于滤袋透气性与耐磨性、箱体等通道的严密性、脉冲阀及单板阀的灵活与密闭等，特别适于高比电阻粉尘。但适应粉尘特性的滤袋成本较高，而且滤袋阻力造成的耗电较高，仅此使它丧失不少竞争优势。

4）电除尘的工作原理

（1）基本原理　电除尘是利用粉尘颗粒电荷在电场中运动轨迹的不同，实现捕捉。

当气体进入高压电场后，会被电离出大量电子和阳离子，它们碰撞到粉尘，使其带电，并在静电力作用下，分别被电场阳极板和阴极线所吸附，废气开始被净化。当极板与极线上富集的粉尘足够多时，就需要振打，将附着灰落入灰斗、卸出并送归工艺线上。

电除尘产生电晕放电有三个基本条件：两个对置的阴极与阳极，分别充当电晕极和收尘极；施加电压后两极之间形成非均匀的高压静电场；供电电源为负极性的高压脉动直流电源。电除尘的除尘作用力是静电力对荷电的粉尘吸附能力，同时也受扩散附着力、惯性力及重力的复合作用。

电除尘器分为供电电源及除尘本体两大部分。本体包括放电极系统及集尘极系统。

（2）伏安特性曲线　电晕放电特性是描述电场放电时，电子与离子的产生量、阴阳极间距及施加的电压与所耗电流的关系。电压越高，电晕电流越大，将它们的关系绘制成的曲线即为伏安特性曲线。用它评价电晕电流的大小对电除尘器除尘效率的影响程度。当此关系为抛物线形式时（图 8.1.3），伏安特性可由下式计算：

$$\frac{J}{U} = C(U - U_0) \tag{8.1.8}$$

式中　J——电晕线的线电流密度，mA/m；

　　　U——施加电压，kV；

　　　U_0——起晕电压，kV；

　　　C——与电除尘器结构和离子迁移率有关的常数。

（3）粉尘其他电特性　除比电阻之外，电除尘工作时，粉尘还有如下现象：

反电晕现象：当粉尘在收尘电极上形成粉尘层后，两者之间产生了强电场，减弱了电极间的电场强度，不但影响对粉尘的继续收集，而且粉尘层孔隙间还会发生局部击穿，电晕电流增大，电压降低，电场内阴阳离子中和，闪络频繁，粉尘二次飞扬严重。

电晕封闭现象：当废气中含尘浓度较高，即含尘离子数量多或电场风速过高时，粉尘离子的电晕电流不大，而空间电荷却很大，使带电粉尘在电场内运动速度很慢，在中心空间形成封闭圈，严重抑制了电晕极的放电，使大量粉尘不能充足带电。

（4）常规电除尘的放电特性　如图 8.1.3 所示，两极之间电压由 O 至 U_0 的区段，气体未被电离，没有电晕电流，此区称为非击穿区。其不消耗功率，也没有除尘效果。从 U_0 开始，气体被击穿，形成了电压、电流，分别称起晕电压、起晕电流，随着两极间电压升高，电晕电流迅速增长，直至 U_f 开始火花放电，此点称为火花始发点。所有这些点集合起来，便是一条平行时间轴的直线（图 8.1.4），除尘已在此区间完成。在火花始发点临界处，除尘效率最佳，但超过火花始发点 U_f，进入火花放电区后，就成了全击穿区，此时虽耗能，但对除尘不起作用。全过程说明气体导电并非线性。

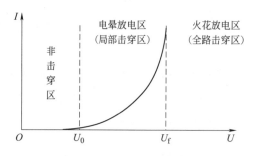

图 8.1.3　电晕放电特性曲线

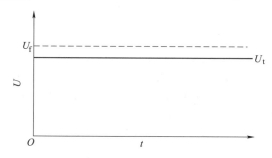

图 8.1.4　火花始发点集合图

（5）常规电源与原理　20 世纪初问世的常规电除尘，供电电源为 220V 或 380V，通过铁芯变压器一次升压至几万伏，再整流为硬特性的脉动直流，如图 8.1.5。此硬特性电源，波形属于脉动性，见图 8.1.6。

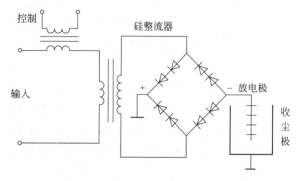

图 8.1.5　常规电除尘器电源原理

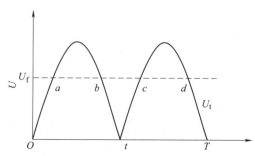

图 8.1.6　常规电除尘器电源电压波形图

当时电除尘的权威观点如下。一称"脉动直流电压肯定比稳定直流优越，因脉动直流的峰值能提高除尘效率，谷值则能抑制火花放电"。二称"电源工作电压最佳点是在火花始发点以上某一处，但又不能太高"，电除尘每个电场都有火花放电速率的最佳值，每分钟 100 次左右。提高电压所获效益，恰能抵偿火花放电的能量损失；而电压再大就会得不偿失。

其论点一、论点二至今都是自动调压系统的理论基础。国内外大规格除尘器所用的常规电除尘，都是使用未滤波的脉动电源，并且设立火花自动跟踪、自动抑制，实现所谓"最佳火花放电速率"的状态的最佳电压。一直以多依奇公式，作为设计电除尘器本体与除尘效率的关系：

$$\eta = 1 - e^{-\omega A/Q} \tag{8.1.9}$$

式中　　η——除尘效率，%；

　　　　A——集尘极总面积，m^2；

　　　　ω——气体驱进速度，m/s；

　　　　Q——处理的烟气量，m^3/s。

其中将 ω 看成常数，只与煤种有关，作为衡量除尘难易的参数。设计时，根据生产所需处理的烟气量 Q 和除尘效率 η，设计除尘极板总面积 A，实际就是确定电除尘器尺寸、耗材及成本。因此，电除尘效率将取决于电场电压的高低、振打装置的有效性、箱体的密封性、烟气调质中增湿效果的控制等等。

电除尘器可在 $300 \sim 400℃$ 的高温烟气中，捕集小于 $0.1\mu m$ 粒径的粉尘，效率可达 99%。即使烟气各项参数在一定范围波动，它也能保持良好的捕集性能，处理风量大至每小时几百万立方米。该处理风量越大，就越比袋除尘经济。

8.1.2　除尘设备类型、结构与发展方向

1）调质装备

为提高除尘效率，需要对含尘气体的温度、湿度和粉尘比电阻作预处理，即所谓烟气调质。目前常用的调质装备有增湿塔、增湿管道及冷却塔等。

（1）增湿塔　按喷水与废气流动方向，增湿塔可分逆流与顺流两类。国内常用顺流：通过高压水泵，将水经高压喷嘴以小于 $300\mu m$ 的雾滴喷入高温废气中，雾滴吸收热量后迅速变为水蒸气，使烟气降温。这种降温不仅确保除尘器安全运行，降低烟气处理量，对袋除尘，还可降低对滤料的材质要求；而对电除尘，让粉尘比电阻从 $10^{12}\Omega \cdot cm$ 降至 $10^{10}\Omega \cdot cm$，对除尘效率更为关键；除此之外，增湿还对烟气中 SO_2 有吸附作用，利于脱硫。

增湿塔包括筒体、喷水系统、锁风排灰装置、保温材料和控制系统等部件，如图 8.1.7。

① 筒体。采用碳素钢加工成筒式装置，长径比 $4 \sim 5$。烟气经上部渐扩管、布风板均匀进入；渐扩管下端有雾化水枪；下部设出风口；最下端为收集湿灰出口。此处要严防吸入冷空气，不仅提高能耗，水蒸气也会过早凝结成水，出现"湿底"。现常用料封绞刀，应用连锁控制负压与转速；筒体外侧要有良好保温。

② 喷水系统。由喷嘴和供水系统组成，喷嘴多采用碳化钨硬质合金。现在多用双相流的气助式结

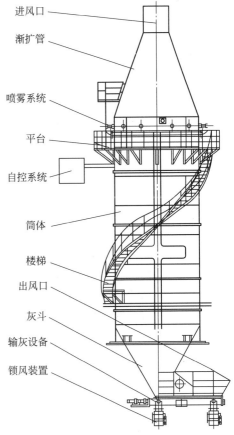

图 8.1.7　增湿塔结构示意图

构，用≤0.4MPa压缩空气雾化水，且水泵水压仅0.5MPa，代替1.5～3MPa高压泵，可省更多电能；且喷出雾滴更细（<200μm），减小塔筒容积，延长水泵寿命。

（2）管道增湿技术　当除尘器处理风量不大时，可将原入风机管道当作增湿筒体代替增湿塔，使调质更为简单。只要配置上恒温喷雾系统，出塔温度控制在120℃±5℃，就能保证效果可靠。还可在除尘器入口加冷风阀，在入口温度高于220℃时自动开启；低于180℃时，自动关闭。该结构不仅系统运行稳定，还能降低处理风量，降低除尘耗电量。

上述增湿调质的两种方案，分别在窑高温风机之前或之后。之前方案能缩短预热器与增湿塔间管道，减少阻力损失，它适合要求风量大、风温低的粉磨工艺。但此时增湿塔为高负压状态，要求筒体刚度及密封程度较高；之后方案使增湿塔处于正压状态，可减少漏风量，它适合要求用风少、风温高的粉磨工艺。

但从满足全系统稳定要求考虑，为避免废气温度影响废气量，导致系统负压改变，进而影响窑炉燃烧状态及温度分布，增湿塔应位于高温风机之前，用智能控制对增湿搭的喷头状态、水泵压力、水源状态等调节，使废气温度波动在±10℃以内，限制风量变化对窑炉影响；若增湿塔位于风机之后，风量失去增湿的保护屏障，一旦电余热发电等故障，就会引起废气温度猛增，此时智能编程只能打开冷风门，减少喂料，但必将让系统出现巨大波动与能量损失。

（3）空气冷却器　此设备只能降低废气温度，不能调节湿度及比电阻，只是为窑头袋除尘的袋子安全，且是箅冷机效率不高时的消极办法，不应提倡。

该冷却器的框架钢结构（图8.1.8），由若干立柱支撑，上部设有渐扩管，中间为钢制列管束，侧面有轴流风机吹入常温空气；下部装有除灰装置，将收集下的飞灰送走。

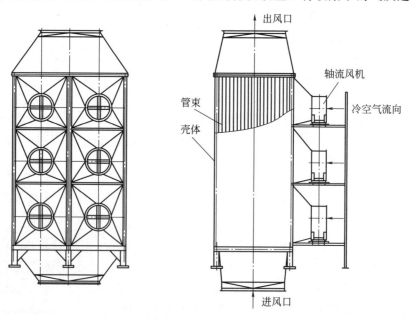

图 8.1.8　空气冷却器

2）电除尘器的分类与结构

（1）分类　按收尘极的极型分，有管式和板式两类。板式又分为平板式、棒纬式、管极式；管式可分为同心圆式、管束式和列管式。

按气流方向分，有垂直流动的立式、水平流动的卧式。上述管式常为立式。

按清灰方式分，有干式和湿式两种。湿式多用于管式电除尘。

按处理气体的温度与压力分，有常温与高温、常压与高压之分。

为扩展应用领域，还有很多其他特殊类型，如宽间距式（极间距大于400mm）、屋顶式、冷电极式、管极式、旋转电阻式、移动履带式等。

（2）结构　电除尘器由以下部分组成：

① 壳体。壳体包括框架、墙板和灰斗三部分。框架由立柱及下部支承、顶大梁、底梁和斜撑构成；墙板包括两侧板和顶板及若干加强筋；灰斗用于收集清灰，分锥形斗、槽形斗，分别用闸阀、埋刮板卸灰。灰斗内设有料位计，控制积灰高度，用料封方式避免漏风造成二次扬尘。

② 支架基础。用于支撑电除尘器本体，既可用柔性钢结构，也可用钢筋混凝土，由支柱和角钢等构成。

③ 烟箱。按气体进出方向分水平、上方、下方三种类型，第一种为喇叭形，后两种为竖井形。为保证气体流速从管道8～20m/s，均布降至电场内0.6～1.2m/s，管道与电场间应设置由钢板制作的渐扩式烟箱，小口处流速保持13～15m/s，大口同电场断面积，形成的夹角不小于60°。

④ 气流分布装置。均匀分布气流对除尘效率的影响极大，因为除尘效率在气流速度高处的下降幅度远大于气流速度低处的上升幅度。但仅靠烟箱自身形状，还不能使气流断面均布，还需在进电场前需设置1～2块平行的、多种形式的气流分布板（图8.1.9），在气流转弯处加设导流叶片。

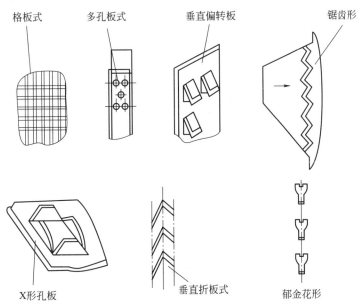

图8.1.9　分布板类型

⑤ 电晕极（阴极）系统。该系统是发生电晕放电，并与收尘极共同构成高压电场的核心组件。它包括电晕线、阴极大小框架、悬吊装置、支撑架和保温箱等。电晕线等距离被固定在阴极小框架上，小框架再按同极间距逐排架设在大框架上；电晕线两端应以螺杆螺母坚固连接加焊接，避免断线；为保证电晕极与收尘极有足够绝缘距离，还需设置由吊杆、高压

绝缘套管、圆螺母、上下球面垫圈、防尘罩、下端固定双螺母等零件组成的高压悬吊装置；大框架的中横梁上装有振打轴及轴承座，供机械清灰用；吊杆固定在大框架上。

该系统应该起晕电压低、电流密度大、传递振打力效果好、易清灰，不易扭曲变形、断线等。电晕线型式有数十种（图 8.1.10），但最常用管芒刺（RS）线、锯齿形线、V15 线、V25 线、V40 线，其中 RS 线最符合上述要求，且不易在芒刺点上积灰（图 8.1.11）。

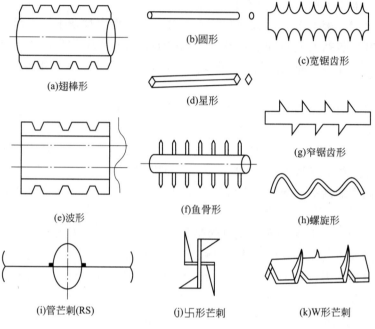

图 8.1.10　各种形式电晕线

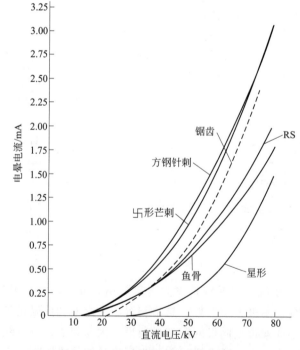

图 8.1.11　各种电晕线伏安特性

⑥ 收尘极（阳极）系统。它是收集荷电粉尘的核心组件。若干块极板组成一排收尘极，若干排等间距的收尘极排组成了电场。每一极板排由支承小梁、极板、振打杆连接组成，既可紧固吊挂，又可自由吊挂，自由吊挂又有偏心与不偏心两种。

阳极板表面的场强分布、电流分布应该均匀；极板表面开关应具有屏蔽气流作用，确保清灰效果、减少气流重返的损失。为保证收尘效果，板面投影面积要大，板要有足够刚度、平面度与直线度，高温下不能有蠕变扭曲变形。

极板的形式有十几种，其中 BE 形、ZT-24 形、Z 形 385mm 板为国内通用。部分极板示意见图 8.1.12。

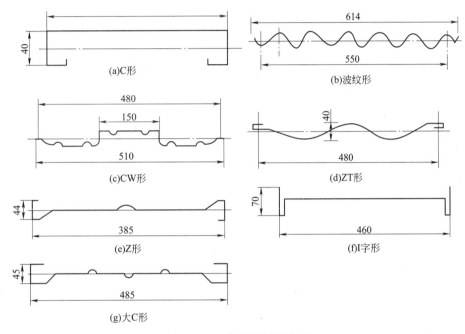

图 8.1.12　沉淀阳极板类型

⑦ 振打装置。阴、阳极上的积灰都需要及时清理，振打装置是除尘器正常工作的基本条件，既要振落积灰，避免电晕闭塞，又不能振打过量，让粉尘重返气流。

它由振打机构及传动机构组成。振打机构包括振打轴、锤头、联轴节、尘中轴承和底座，目前多用腰部切向振打、顶部电磁振打；传动机构由减速电机、齿轮传动件、传动轴等组成。

⑧ 供电装置（电源）。电源类型将决定电除尘器的除尘效率和工作稳定性，供电方式有：常规电压、超高压、脉冲电压（分宽脉冲、窄脉冲及间歇脉冲三种）、三相全波等。衡量电源优劣不只看提供的粉尘电荷及收尘所需电场强度和电晕电流，还要看自身所耗电能大小。

3）袋除尘器的分类与结构

（1）袋除尘器分类　按处理废气温度可分为高温袋除尘器与一般袋除尘器；按清灰方式可分机械振打型、分室反吹型、脉冲喷吹型等，曾用过的分室反吹风式、低压长脉冲式等已落后而不再用。

① 气箱脉冲袋除尘器。该类除尘器的清灰属于高压强力脉冲型，当含尘气体由灰斗处的进风口进入箱体后，除了较粗颗粒被碰撞沉降在灰斗外，大部分粉尘随气流上升进入袋室，被滤袋阻留在袋外侧，唯有气体由滤袋净化后进入箱体，再由排风口排入大气（图 8.1.13）。

同时，滤袋外侧积尘逐渐增多，当某室运行阻力增高达到设定值（1245～1470Pa）时，清灰控制器将控制提升阀关闭阀板孔，停止进气；同时打开该室的电磁脉冲阀，以0.1s时间向箱体内喷入0.5～0.7MPa的压缩空气，涌入滤袋内，靠气体的快速膨胀，将黏挂在滤袋外壁的粉尘受滤袋变形振动，落入灰斗内；清灰完成后，再重新打开该室提升阀，重新进入待处理的废气。

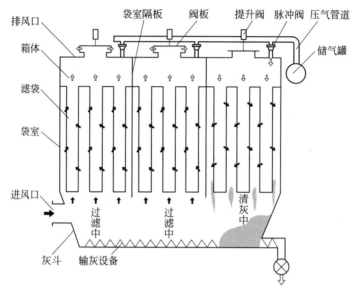

图8.1.13　气箱脉冲袋除尘器结构示意图

该类大型袋除尘器，一般用于主机后的大风量处理，如窑尾、煤磨、立磨、管磨等。

② 小型节能型袋除尘器。小扬尘点用的袋式除尘器，都使用脉冲喷吹式，其滤灰原理与清灰原理，虽与大型除尘器类似，但清灰方式仍在不断改进，即：由气箱脉冲清灰进化到行喷脉冲清灰，再由行喷脉冲清灰提高到脉冲引射清灰，每一次进步都是为降低清灰能耗。

所谓行喷脉冲清灰，即每行滤袋只用一个脉冲阀、一根喷吹管，每次只启动一个脉冲阀，使压缩空气的压力集中，逐行清吹滤袋。PLC控制，当监测除尘器的压差达到1000Pa时，启动脉冲清灰，因降低了清灰频率，既节约用风，又成倍延长滤袋使用寿命。

（2）袋除尘器结构　袋除尘器包括箱体与外部平台、袋室、灰斗、滤袋与框架、提升阀、清灰机构、卸灰装置、自动控制仪等。各部件的主要要求是：

① 箱体。全密闭型式的箱体，不允许有任何漏风，必须有能承受系统压力的强度，内部能固定袋笼、滤袋及气路元件，并分有若干袋室。顶部设有人孔门。

② 袋室与灰斗。该净化烟气的核心部件位于箱体内中下部，主要由花板、隔墙组成。花板厚度不小于5mm，内部容纳滤袋。气流中粗颗粒先在灰斗中靠重力沉降分离，再由滤袋过滤细粉。下部有翻板阀锁风，在排出粉尘的同时，严格控制空气漏入。

③ 滤袋。用有机或无机纤维织成的毡或布作为滤料，根据烟气温度、湿度和化学特性，粉尘的大小、重量、形状、磨蚀性，以及含尘浓度、过滤速度、清灰方式、排放浓度等工况进行选择，再按照需要尺寸制成圆筒或扁平形滤袋。

要求滤料材料质地结构均匀致密、透气性好，又耐热、耐腐蚀，并有足够强度。

针对水泥生产的粉尘特点，煤磨滤袋为抗静电涤纶材料；窑尾选用玻纤维和P84料；

窑头用诺麦克斯材料，可适当提高过滤风速；而其他袋除尘都用涤纶滤料。为尽量减少粉尘层阻力 [见 8.1.1 节 3）（1）②]，可对滤袋使用覆膜技术或喷涂树脂处理，使其表面光滑、摩擦系数小，粉尘不会进入滤料内部。

④ 反吹风系统。清除滤袋积灰早已由最早的机械振打、风扫的反吹风系统衍变为风扫脉冲形式。它的结构组成是反吹风机、风管、气缸、电磁阀、测压装置、阀板等，与压缩空气处理设备（包括油雾器、滤水器和调压阀）的气源成为三联体。但使用压缩空气是增加了耗能的因素。

⑤ 袋笼。在过滤与清灰过程中，为支撑滤袋始终保持一定张紧形态，袋笼必须与滤袋外形一致。按装卸方式它可分为上装式、侧装式两种，按结构可分为笼式、拉簧式和分节式三种。袋笼除了要有足够强度外，特别要求与滤袋的接触光滑，不能有任何毛刺、焊疤等刮划滤袋的缺陷，并做喷塑、电镀处理。

4）电除尘与袋除尘的发展方向

（1）电除尘采用软稳电源技术　所谓软稳电源是指供电电源采用了软特性准稳定直流电源，它的技术路线是对怀特传统理论的巨大挑战。事实证明它能提高电除尘的除尘效率且节能。

相对常规电源硬特性，软稳电源属于软特性（图 8.1.14）；相对常规电源脉动性，软稳电源波形稳定为一条直线（图 8.1.15）。它是由工频的 220V 或 380V，经整流滤波成为直流电源，提供给振荡电路产生高频高压，再经几倍压整流迭加而成。

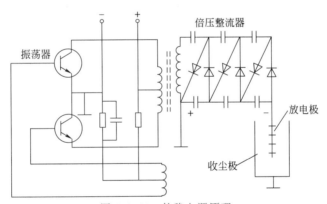

图 8.1.14　软稳电源原理

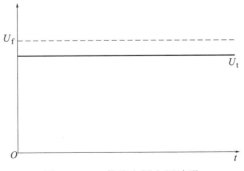

图 8.1.15　软稳电源电压波形

原怀特的电晕放电特性曲线（图 8.1.3）上，两极间电压达到 U_f 临界处时，电晕功率最大，除尘作用最佳。但电压一旦进入火花放电状态，正、负电荷的碰撞，就会有光和热释放能量，开始浪费能量。故电除尘，唯有电晕放电才是除尘需要的，接近火花放电始发点临界处的 a、b、c、d 四个点才是高效（图 8.1.6），低于这四个点都是低效，超过四个点就被击穿而无效，所以追求"最佳火花率"实属误导；软特性的准稳定直流电源的电压，始终控制在火花始发点以下，控制点的集合便是一条平行时间轴的稳定直线，说明此周期只保留电晕放电，都处于高效状态。这正是"软稳"电源先进的理论依据。

在设计常规电除尘本体时，ω 被看成不变，此时想要提高除尘效率 η，只有加大除尘极面积 A，所以有四电场、五电场想法，其结果是或增大设备投资，或放弃电除尘技术。但 ω 通过供电电源的性质、波形、工作点和本体电极结构、安装方式、气流走向以及振打清灰等多方位改变，可最大限度提高，从而降低成本，提高除尘效率。

让电压波形稳定成直流，常规电源并非不能做到。怀特之所以未得到此结论，是因它是用硬特性的常规电源（图 8.1.16 中 a）。而"软稳"电源的软特性（图 8.1.16 中 b），一旦要火花放电，输出电压就立即下降，避免火花发生。即只有软特性电源，才能维持高效。

为进一步确认软稳电源原理，还可通过图 8.1.4、图 8.1.6 结合为图 8.1.17 分析。

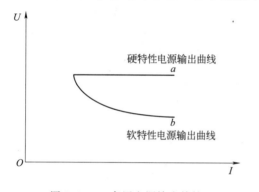

图 8.1.16　高压电源输出特性

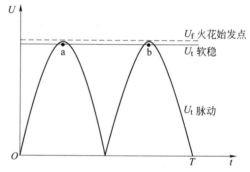

图 8.1.17　软稳电源减排原理

粉尘有效驱进速度为

$$\omega = \beta U^2 \tag{8.1.10}$$

式中　β——常数；

　　　U——正负极之间电压，V。

此式说明，粉尘有效驱进速度 ω 与两极间的电压平方成正比，若确认火花始发点以下都是最佳极限值，那么常规电源只有 a、b 两个峰值，其有效值是峰值的 $1/\sqrt{2}$；由于软稳电源最佳点是火花始发点以下临界处平行时间轴的一条直线，故整个周期都能是常规电源的峰值，即为常规电源有效值的 $\sqrt{2}$ 倍，即：

将 $U_稳 = \sqrt{2} U_{常规有效值}$ 代入式（8.1.10），得到

$$\omega_稳 = \beta U_稳^2 = \beta(\sqrt{2} U_{常规有效值})^2 = 2\beta U_{常规有效值}^2 = 2\omega_{常规} \tag{8.1.11}$$

由式（8.1.11）看出，两种电源都处于最佳点极限值时，软稳电源的有效驱进速度是常规电源的两倍，一级软稳电源供电的除尘效果相当两级的常规电源供电。

通过对同一旋窑单电场除尘器的本体（卧式），对比测试软稳电源及脉动电源两种除尘器的效率，证明前者明显高于后者。现场实测数据如表 8.1.1。

表 8.1.1 软稳电源及脉动电源供电除尘效果比较

序号	供电电源工作状态	粉尘浓度（标准状况下）/(mg/m³)		除尘效率/%
		入口	出口	
1	软稳电源 40kV、30mA		192.42	70.4
2	脉动电源 40kV、30mA	651.94	298.86	54.3
3	脉动电源 40kV、200mA		189.44	70.9

从表 8.1.1 中可知，电场电压升至 40kV 时，开始发生火花放电。序号 1 软稳电源及序号 2 脉动电源工作将发生火花放电，但还没火花放电状态。在功耗相同的情况下，前者除尘效率为 70.4%，后者除尘效率仅为 54.3%。根据（8.1.9）式可导出：

$$\omega = \frac{Q}{A}\ln\left(\frac{I}{1-\eta}\right) \tag{8.1.12}$$

将软稳电源和常规电源的除尘效率 70.4%、54.3% 分别代入此式，可看到前者的粉尘有效迁移速度为后者的 1.6 倍。即软稳电源供电的 1 个电场效果等于常规电源供电的 1.6 个电场。由于试验条件复杂，此值与理论值相比，存在 20% 误差。

序号 3 是常规电源处于"最佳火花率"状态运行的排放浓度，与序号 1 软稳电源排放浓度基本相同，但序号 1 电场能耗仅为序号 3 的 15%，即电场节能约 85%。

综合采用软稳电源、宽极距、横向槽板、移动式集尘极等措施后，电除尘器的设备投资可以减半，运行节电 90% 以上，粉尘排放却趋近于"零"。

近来宣传有各类新电源，如"三相电源""恒流高压直流电源""中频高压直流电源"及"高频高压开关电源"等，但它们都存在火花放电。只不过加上"快速""智能"的形容词，且为脉动波形，频率高低略有差异，故很难达到软稳电源的水平。

（2）采用引射脉冲技术清灰的袋除尘 引射脉冲清灰同样采用下进气分室结构。它的特点是，没有提升阀机构，减少了运动部件，可减少维修成本。它利用脉冲引射装置（图 8.1.18），用脉冲压缩空气将经过滤的部分干净气体引射至滤袋内部，经滤袋出口，通过内置的大文丘里管，一起引入净气室。这是国内借鉴日本技术自主开发的专利。

它能形成数倍于自身用风的二次空气，在箱体内高速膨胀，让滤袋外附着的尘饼变形脱落。如此对各室滤袋依次清灰，最后剩余的气流才经系统风机，从

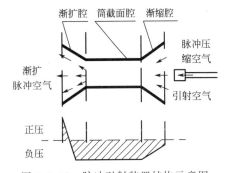

图 8.1.18 脉冲引射装置结构示意图

净气出风口排入大气。清灰全过程均由清灰控制器自动控制，并有定时式和定阻式两种控制方式。

引射脉冲除尘的节能优势之所以明显，是因为如下原因：不需要运动部件本身的耗能；花板开孔率低，阻力损失与箱式脉冲除尘器相比小 300~500Pa；大文丘里管所产生的诱导气流于压缩空气中，节约了压缩空气用量；属于在线清灰，不需要每个滤袋都安装文氏管，滤袋过滤面积被充分利用。

该清灰方式可适合不同工况，标准状况下进气最高含尘浓度可达 1300g/m³，且能降低露点，因为大文丘里管的诱导作用，为净气室带进 3~8 倍的有热量气体，提高了压缩风的

温度。

表 8.1.2 列出 LJP41-6 分室引射除尘器与 LPF8/8/6 脉冲除尘器的配件数量。

表 8.1.2　LJP41-6 与 LPF8/8/6 的配件数量对比

分类	净过滤面积/m²	布袋数/个	袋笼数/个	脉冲阀数/个	提升阀数/个
气箱脉冲式	327	384	384	6	6
分室引射式	348	246	246	6	0

一台单体除尘器有如此节能优势，对于有近 60 台除尘器的 5000t/d 熟料生产线，足以见其效益之大。

8.1.3　除尘设备的节能途径

1）制订合理的排放标准

为了环境保护，并不是排放指标越低，效果就越好。因为治理任何污染都要付出代价，只要增加耗能，就一定增加碳排放，就等于变相抵消了治理成果。科学的排放标准，不仅要比排放量，更要比治理的耗能水平。过低的指标，过高的耗能，实际是破坏环境。

治理粉尘排放只认定"电改袋"，却不问电耗高低，就是一种片面倾向。

2）提高生产稳定性

重视生产的均质稳定才是治理污染、降低排放的根本条件［见 1.2.1 节 1）］。如原燃料波动，运行风量及粉尘排放量就难以稳定，必然要降低除尘效率。又如生料磨或煤磨停车，瞬时提高进除尘器的废气温度，威胁除尘器效率，尽管能自动对烟气调质，但也要损失能量。所以，为追求谷价用电的频繁停磨，或打着环保旗号的错峰停窑，并不符合环保要求。至于只要排放不合格，就下令停产的做法，只能增加单位产量能耗，加重每单位产品的环境成本。

因此，凡不符合稳定生产要求的规定或指令，不可能有好的环保治理效果；由此还可推断，能耗高的生产线本身就不符合环保要求，只要求排污达标而不节能，等于对高能耗现状姑息迁就。唯有技改或淘汰去除这种产能，才是从根本上进行环保治理。

3）主机运行应处于最佳工艺状态

除了生产稳定之外，还应稳定在最佳工艺参数上，即单位产品应处于最低能耗水平。唯有追求到最佳工艺参数，主机烟气排放量及粉尘浓度就一定最低。为了减轻除尘器工作负荷与耗能，企业就应当为此付出努力。如提高各级旋风筒，尤其是一级预热器的选粉效率；使用废气分析仪控制系统排风量、降低废气温度；降低系统各处漏风；等等。

4）重视除尘前的烟气调质

烟气调质的总要求应当是对电除尘，控制废气增湿的温度降至高于露点 50℃ 以上，即 120～150℃ 左右，比电阻小于 $10^{11}\Omega\cdot cm$ 即可。对窑尾废气一般用水量为 $50g/m^3$，产生的水蒸气为原气体量的 10%。

对袋除尘，温度控制取决于滤袋承受能力，应偏低控制在 250℃ 以下，降低待处理风量。

5）降低系统漏风

漏风率是衡量除尘装备整体性能的指标之一，不应大于 3%。漏风不仅影响主机系统可用风量，除尘器清灰时，会因风量不足设备冒灰，且增加运行阻力；还会增加设备内壁结露，造成"糊袋"、设备锈蚀；卸灰处漏风会造成二次扬尘，降低除尘效率。除尘器箱体的主要漏风部位是顶部人孔门、反吹风阀门、下游卸灰和回灰设备、壳体漏焊开裂等处。

为防范漏风，应采用内换袋结构；做好人孔门、反吹风阀门、系统下料器、与输送设备连接管道及检查门等处密封工作；壳体有足够强度与刚度，优化安装程序，消减累计误差，避免焊接中产生变形及应力；适当设取脉冲喷吹压力，压力过大，不仅滤袋易坏，而且自身就相当于增加漏风量。

6）降低除尘器自身阻力

电除尘器的能耗除供电装置建立电场外，还要克服设备的阻力损失、加热保温及振打电源等。电除尘器之所以阻力小，就在于箱内结构只有极板与极线，仅 200～300Pa，约为袋式除尘器的 1/5，故耗能比袋式除尘器低很多。

因此，袋除尘要想节能，就要减小系统整体结构阻力，它由机械阻力和过滤阻力组成，一般进出口压差应控制小于 1200Pa。在设计与订购配件时，因特别重视滤袋阻力，关心滤袋质量及清灰效果，却忽视对机械阻力要求时有发生。

机械阻力是指进出风道截面尺寸（风速高、阻力大，8～10m/s 为宜）、风室数量、均风装置及锁风、检修门密封（不漏风）和设备保温；侧进风形式的阻力小、效率高；清灰气动元件的阻力，包括脉冲阀和进、出气阀门气缸的阻力，风道连接及阀口变径，每个气室阀门的关、开程序等，都会影响弯头及管道阻力。

7）追求先进的节能除尘技术

先进的除尘标准，不只除尘效率高，而且必须自身节能，这是提高除尘效率的原则。

比如一律将电除尘改为袋除尘，即便高效低阻型能略降低粉尘排放量，却耗电更多，就违背此原则。曾推行复合除尘技术，即前用电除尘、后用袋除尘，虽两者优势可以互补，但它使废气调质要求相互制约，管理与操作也变得复杂。

改造除尘器时，要重视对烟气露点、湿度等废气条件的要求，正确选型。不能忽视对原总排风机规格与性能的审核，也不能忽视自身阻力差异及漏风量对风机风压的影响。

8）除尘排放效果的自我检测

除尘设备的智能控制内容是：要能自身主动检测粉尘排放浓度，一旦发现排放超标及耗能超标，就应报警，并查找原因，及时排除。

目前自我检测粉尘超标的技术如下：

交流耦合技术是利用粉尘颗粒流经实心不锈钢探头时，被探头间动态电荷感应，并产生信号，监测精度可达 0.01mg/m³，探头应加特氟隆镀层表面保护；安装在被检测设备下游，考虑足够的操作空间；并要求避开断面剧变的弯头、阀门等位置。直道长度与上下游最小距离，分别为管径的 2 倍、4 倍，且上游直管段应长于下游直管段。

另两类检测技术为直流耦合或光电技术，都需压缩空气，不仅价格高，也要额外耗能。

对于耗能超标的检测相对容易，随时与风机电流上限额定值比对，当发现阻力过大，电流超标时，即可开动自动清灰系统，而无需定时清灰提高耗能。

8.1.4 除尘设备的应用技术

1）袋除尘器的正确操作

（1）合理选择滤袋的过滤风速 滤袋过滤风速过低，处理同等风量所需要的除尘器袋子数量要多、体积要大。但过滤风速过高，不仅加快滤袋磨损，提高滤袋成本，同时增加系统阻力，消耗更多能量。故选型与操作中，控制除尘器断面风速宜在1m/s左右。

（2）摸索最佳振动清灰频率 根据烟气排放的粉尘浓度、压缩空气压力、滤袋材质、清灰效果及脉冲阀性能等条件，为保持滤袋粉尘层合理厚度，正确调节电气控制装置，恰当设定清灰间隔时间。不应消极维持出厂设置的5s时间，而应逐台在2～30s间调整，以较少压缩空气消耗、延长滤袋寿命，达到除尘效率。

（3）防止"糊袋"现象 有可能发生"糊袋"的条件是：壳体密封不严，漏入的冷空气就会在滤袋上结露，也容易被雨水淋湿渗入；清灰效果不佳，粉尘含水量高，甚至滤袋悬挂不当。

2）滤袋的维护重点

（1）安装要求 制作的袋笼除符合要求外，上部不要加保护套；安装中不可与硬物碰撞、钩划；滤袋尺寸与袋笼配合不能过松；滤袋间距及与壳体边距，应取0.5倍袋径，最小边距分别不低于40mm及100mm。

滤袋、袋笼与花板之间的配合相当关键：先将滤袋由箱体花板孔中放入袋室，将袋口上部的弹簧圈捏瘪，放进花板孔中复原，将其紧密地箍在花板孔四周；然后将袋笼从袋口轻轻插入，直到袋笼护盖贴实在花板孔上为止（图8.1.19）。

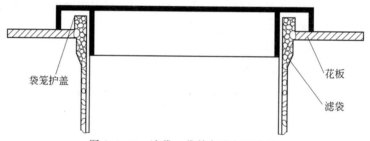

图8.1.19 滤袋、袋笼与花板的安装

（2）运行前的准备条件 根据工艺要求，首先要选择适合过滤风速和介质温度的滤袋材质。新滤袋应预涂生料粉，以防点火时有油烟黏附难以清除，增大滤袋阻力。

（3）保证压缩风质量 压缩空气压力应稳定在0.2～0.4MPa的某一定值上，且必须洁净，不能含水。这样既保证清灰质量，又不浪费能耗，提高滤袋寿命。清灰应逐室按顺序进行，但每个袋室应采用间隔喷吹，确保气包及时补气。

（4）及时发现破袋 应能及时发现滤袋破损，防止提升缸活塞杆及风机叶片被粉尘黏结。可选用摩擦起电原理制作摩擦电粉尘监测设备，记录、放大监测探针与尘粒间摩擦电荷形成的电流，传输到监控平台上，根据显示波形，迅速找出破袋位置。

（5）脉冲阀工作压力 其不能大于0.35MPa，对于颗粒较粗、含水较低的粉尘，压力还应低些；喷吹管和滤袋须保持同心；管的喷吹口直径应均匀；对窑尾袋除尘，建议使用集束喷头的低压喷吹系统，它比文丘里管阻力还低。

新安装或维修后的脉冲阀，在与高压气管道连接前，都要用高压风管吹净管道内的焊渣等杂物，避免运行中被风带入阀体、卡死阀芯而无法工作。

当脉冲阀膜片老化或磨损时，或气缸电磁阀状态异常时，应及时更换，避免浪费风源。

3）电除尘器的正确操作

① 做好升压试验与启停。升压试验时，只有第一电场升压正常并稳定后，才可试验第二电场，并不要关闭第一电场；待全部电场升压完成后，启动全部振打装置，此时二次电

压、电流应无变化；停机时，应先停止向电场供电，再切断主回路和控制回路电源；若停机超过 24h，切断电加热器电源。

② 保持烟气以正态均布气流进入电场，及时处理均布板的堵塞或冲刷损坏，确保阻流板、折流板完好；避免各种旁路窜风（图 8.1.20），使部分气体在除尘器内由于压差而走顶部或底部灰斗；不能随意在壳体、灰斗处开孔而漏风。

③ 除尘器上应装有自动控制装置，当窑废气中可燃气体含量超过 0.2% 时，应予报警；达到允许极限 0.6% 时，或入口气温超高时，电除尘器高压电源应自动跳闸。

④ 对露点较高、烟气湿度较大（30%～40%）的废气，除设计时要重视灰斗及排灰系统的控制要求，操作时要提前启动灰斗上的加热器外，还要关注灰斗温度，不能低于露点；配置灰斗的高料位报警，防止灰粉输送装置出现故障，灰斗积灰过满，造成事故；停窑后，振打器要继续运行一段时间。

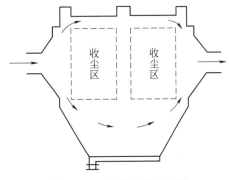

图 8.1.20　旁路窜流示意图

4）对极板的维护要点

① 防止二次电压闪络，严格按照高压电源的技术性能要求进行，防止电流、电压同时从近额定值时出现瞬间衰落一半的"落电流"。

电场之内要防止除尘极板变形，两极间局部距离过小；防止阳极板或阴极线挂有杂物；雨雪之后，要防积水渗入电场，也要防电场外保温箱或绝缘室温度不够，绝缘套管内壁受潮漏电；还要防电晕极振动装置绝缘套管受潮、积灰造成漏电；保温箱内出现正压，含湿烟气从电晕极支承绝缘套管内排出；电缆击穿或漏电等。

② 确保极板清灰功能完好，振打机构健全有效，防止极板出现"包灰"。

防止阴极线断裂和松弛，造成电场短路。除加强安装前的矫正外，应改进阴极线安装程序，在安装受力后，应先确认刚装完的前数根极线的张紧受力均匀，才对这些根极线点焊，并以每个小框架作为调整单位。

8.2　脱硝装备

当今水泥生产中的脱硝如火如荼地开展着，但离正确途径还有较大距离。增加能耗，却使降低排放的水平并不理想，值得研究与重视。

8.2.1　脱硝装备工艺任务与原理

1）工艺任务

熟料煅烧的废气排放中含有大量 NO_x，其中 NO_2 溶于水，生成硝酸，具有较强腐蚀性。而更大危害在于：NO_x 与烃类、太阳紫外线可形成光化学烟雾，又称为洛杉矶烟雾，是一种光化学氧化剂，刺激人的眼睛和呼吸道。因此，必须严格控制其排放含量。

2）NO_x 形成机理

针对以下三种不同来源的 NO_x 形成机理，才能采取有控制形成的对策。

（1）热力型 NO_x 的产生机理　在高温下空气中的 N_2 与 O_2 所生成的 NO_x，这种与燃烧

温度直接相关的 NO_x，即为热力型（也称为温度型）的 NO_x，它的产生是一种连锁反应：

$$O_2 + N \rightleftharpoons 2O + N \qquad (8.2.1)$$

$$O + N_2 \rightleftharpoons NO + N \qquad (8.2.2)$$

$$N + O_2 \rightleftharpoons NO + O \qquad (8.2.3)$$

故 NO 和 NO_2 的总生成反应式为下式

$$N_2 + O_2 \rightleftharpoons 2NO \qquad (8.2.4)$$

$$2NO + O_2 \rightleftharpoons 2NO_2 \qquad (8.2.5)$$

当燃烧空气中的氧含量偏低，即在还原气氛中，氮被氧化的可能性一定会减小。

（2）燃料型 NO_x 的产生机理　在燃烧过程中，燃料中氮化物主要是氮的有机化合物在燃烧初始阶段热裂解产生 N、CN、HCN 等中间产物基团，然后被氮化形成的 NO_x，称为燃料型 NO_x。

其中挥发分的 N 与焦炭中的 N，仍有不同机理。一般讲，焦炭中的 N，受气氛影响较小，产生的 NO_x 量也低。而挥发分中 N 的去向要与燃烧气氛有关：还原气氛中，它们都趋向于向 N_2 转化，甚至已形成的 NO，也被还原成 N_2；氧化气氛中，就直接向 NO 转化。

（3）瞬时型 NO_x 的产生机理　低温火焰下燃料燃烧中间产物，即煤挥发分中的 CH 基，冲击靠近火焰的氮分子，会快速生成 NO_x，就是瞬时型 NO_x。主要有三组反应和一组可能的反应，形成了反应阵列。其中起主导地位的反应是：

$$CH + N_2 \rightleftharpoons HCN + N \qquad (8.2.6)$$

90% 的瞬时型 NO_x 是来自 HCN。它的活化能低，低温下反应速度快且对温度依赖性不高，在燃烧前期就出现 NO_x，故称为瞬时型。

废气中 NO_2 的量仅占 NO_x 总量的 5%～10%，但排入大气后，NO 容易被 O_3 和光化学作用，氧化成 NO_2，故计算 NO_x 对环境的影响，仍以 NO_2 计算。

3）影响 NO_x 生成量的因素与措施

（1）热力型 NO_x　从上述反应式可知，影响热力型 NO_x 形成量的因素，主要是窑炉内的最高温度、气体中的氧含量及气体在窑炉内的停留时间。

为了既满足熟料煅烧的足够高温，又不能温度过高甚至局部高温，必须选用优良燃烧器[见 3.4.3 节 1）]，还要会调节出优良火焰；全系统 NO_x 生成量与窑炉气体中氧浓度的平方根成正比，故要设法让燃料燃烧先形成局部还原气氛，然后再转化为氧化气氛；还由于热力型 NO_x 生成量，与气体在窑内停留时间呈近似线性关系，所以窑内风速不能过低，让它们的停留时间太长。

（2）燃料型 NO_x　影响燃料型 NO_x 生成量的因素不像热力型那样，它更与煤粉的物理和化学特征有关，通常挥发分和氮含量高的煤种生成的 NO_x 较多。同时，这种生成量还与煤粉细度有关，过细或过粗都可降低它的生成量。原煤为燃料时，这种类型的 NO_x 是 NO_x 总量的 60%～70%，理当是降 NO_x 的主攻目标。从此角度，稳定进厂原煤质量也是必要条件，只有如此，才能根据煤质确定煤粉的适宜细度。

（3）瞬时型 NO_x　它的生成量受氧含量、燃料的特性影响，而与温度关系不大，而与燃料中的挥发分中间产物基团有关，对于以煤为燃料时，可不用对它过多关注。更何况，瞬时型 NO_x 总量也只是全部 NO_x 量的 5% 以下。

4）脱硝原理与技术

当今为降低 NO_x 的排放量，更多还是依赖脱硝剂，将已生成的 NO_x 还原，显然这种被动措施，只能消极应对。

（1）烟气脱硝技术　即在煅烧系统中添加脱硝剂（氨基还原剂、氨水或尿素），即选择性还原法。按使用机理又分催化还原法（SCR）及非催化还原法（SNCR）：

① SNCR 法。它是在合适区域（如窑尾烟室或分解炉内 1000℃ 左右的位置），将脱硝剂喷入，并被迅速热解为 NH_3 和 NH_2，将已生成的 NO_x 还原为 N_2 和 H_2O，一同随废气排出系统。整个过程在有 O_2 存在条件下，不使用催化剂。

用氨水的反应式为：

$$4NH_3 + 4NO + O_2 \longrightarrow 4N_2 + 6H_2O \tag{8.2.7}$$

$$4NH_3 + 2NO_2 + O_2 \longrightarrow 3N_2 + 6H_2O \tag{8.2.8}$$

用尿素的反应式为：

$$2CO(NH_2)_2 + 4NO + O_2 \longrightarrow 4N_2 + 2CO_2 + 4H_2O \tag{8.2.9}$$

$$6CO(NH_2)_2 + 8NO + 5O_2 \longrightarrow 10N_2 + 6CO_2 + 12H_2O \tag{8.2.10}$$

由于不靠催化剂促进 NO_x 的还原速率，因此选择喷入点将成为关键。

对比两种还原剂的脱硝效果，氨水在投资与运行成本上有优势，脱硝效率也能达 $50\% \sim 70\%$，而尿素要低 20%，因此，应首选氨水为还原剂。

② SCR 法。此法是在预热器与增湿塔之间增设一反应塔，当废气从一级旋风筒出来进入该塔后，便与喷入的氨水混合，在塔内多层催化下，完成脱硝反应。由于此过程反应时间较长，脱硝效率较高，可达 $80\% \sim 90\%$ 以上，也不易有氨逃逸现象发生。

有氧时，氨水与 NO_x 的反应式与 SNCR 法相同，无氧时，反应如下：

$$NO_2 + NO + 2NH_3 \longrightarrow 2N_2 + 3H_2O \tag{8.2.11}$$

$$2CO(NH_2)_2 + 6NO \longrightarrow 5N_2 + 2CO_2 + 4H_2O \tag{8.2.12}$$

使用催化剂是该技术的核心，可以降低 NO_x 还原温度至 $300 \sim 420℃$，如果脱硝率降低到 80%，温度还可降至 $150 \sim 200℃$ 反应，完全在预热器外脱硝，丝毫不影响预热与分解的热耗。但此法投资要比 SNCR 法高近 5 倍，消耗催化剂的运行成本也不低，而且催化剂易中毒、载体易堵塞，操作复杂，故至今在水泥行业推广很少。

有人设想将 SNCR 法与 SCR 法组合使用，可以发挥两者的优势，既可降低 NO_x 排放，又可降低脱硝剂、催化剂使用量，降低成本。但两者结合，管理更加复杂，至今少有尝试。

（2）分级燃烧降氮技术　从减少分解炉 NO_x 生成量出发脱硝，才是积极环保的一次措施。通过设计分解炉煤粉的分级燃烧，让煤粉燃烧先生成 CO，再二次燃烧为 CO_2。即在分解炉喂煤口与三次风入口之间，包括窑缩口和炉的下锥部分，都保持还原气氛，NO_x 被还原为 N_2，生料中 Fe_2O_3、Al_2O_3 都起脱硝催化剂作用；同时，对来自四级预热器的生料与三次风，有意识地将进料口与进风口配合煤粉的燃烧，在分解炉上部形成氧化气氛，使 CO 迅速完全燃烧。

这种对风、煤、料进炉位置的重新配置，使分解炉内分别形成热解区、贫氧区和富氧区，煤粉燃烧也分为主燃区、再燃区、燃尽区。让高温与富氧条件在不同地区形成，不仅降低了 NO_x 的生成量，而且有利于分解炉容积的明确分工，挖掘出提高产能的潜力〔见 3.4.2 节 2）（2）〕。

（3）开发出新型脱氮燃烧器　为降低 NO_x 在分解炉内的生成量，需要煤粉入炉后迅速高度分散，为此开发了各类脱氮燃烧器，它的结构与尺寸将决定分散燃烧的水平，决定脱硝剂的使用量，也决定节煤幅度及熟料质量提高的水平。

8.2.2 脱硝装备的类型、结构及发展方向

既然相当多生产线仍依赖于脱硝剂加入，就不得不投资实施SNCR或SCR脱硝法。

1）所用设备配置

（1）SNCR法 如果使用浓度约20%的氨水，所需要的组成装置如下：

① 存储罐。使用尿素时，为保证尿素的溶解及不重新结晶，此罐应配有电加热并有保温。

② 脱硝剂溶液输送泵站。包括输送泵一备一用，及控制阀、管道等。

③ 稀释装置（混合罐）。负责脱硝剂与软水的在线稀释，通过在线检测控制两个输送泵的流量，恒定脱硝浓度要求。再经过缓冲稳压分配器，送到喷射口，由压缩空气将其雾化。

④ 稀释软水输送泵站。负责软水输送，并在停机时清洗喷枪。由两台泵及控制阀组成。

⑤ 压缩空气调节装置。由压缩空气控制脱硝剂喷入的流量，它由调节阀、流量计和压力表等组成。

⑥ 双流体雾化喷枪。按安装形式分为可伸缩式和带风冷套两种配置。区别在于停止运行时保护喷枪的方式不同：前者可以从分解炉内自动退出，并自动关闭进出口；而后者是靠外置风机强制冷却喷枪。

⑦ PLC控制单元。实现上述功能的自动控制，根据检测数据进行必要的调整。中控室设单独界面。如果用尿素，要增加溶液制备的装置，使用时在搅拌罐内用热水搅拌。

（2）SCR法 较SNCR法要增加一套体积较大的反应器及催化剂系统，因此主要结构与组成是：

① 催化剂。它的主要成分是V_2O_5，及少量的MoO_3或WO_3、TiO_2。其类型常用沸石催化剂、氧化钛基催化剂、氧化铁基催化剂及活性炭催化剂等。根据不同催化剂，可分高温、中温、低温几种不同工艺，水泥企业由于还有低温余热发电系统，所以只适于低温工艺。

催化剂的化学寿命主要取决于有无使其中毒的砷元素、烟气中灰尘浓度是否过高而堵塞、长期暴露于高温引起活性物质烧结等因素。

② 催化剂的载体床层。从外形分有蜂窝式、板式和波纹板式等，各自都有优缺点，材料载体均为锐钛型TiO_2。选择类型时要根据烟气参数、煤灰性质、系统要求性能等因素。

它仍需要还原剂，除用氨水与尿素之外，还可用带压的液氨。它是通过蒸发器产生的蒸汽、热水或电来减压蒸发后，经空气稀释注入系统烟气中。

2）发展方向

熟料煅烧已经发展到无需添加还原剂、催化剂，就可实现脱硝达标，再次证明节能与环保的一致性。现在有待更为翔实的数据确认后，便可加速推广［见3.2.1节3）（3）］。

8.2.3 脱硝装备的节能途径

1）端正脱硝的宗旨

正确的NO_x治理指标应当是以降低耗能量为前提，减少脱硝剂用量，还能降低排放量。

降低NO_x的生成量，首先要降低熟料单位能耗。预分解窑技术比其他窑型可以省50%以上的煤，为减少NO_x生成量创造了先决条件，而今各企业间熟料热耗仍有20%以上差

距，还有很多节能措施尚待应用。最科学的脱硝方向是将环保与节能紧密结合。因此，那些熟料热耗还远高于110kg标准煤的企业，首先要努力节煤，不能只为应对环保检查。

因此，一次措施脱硝最为简单，如选用低氮燃烧器［见3.4.2节3）（2）］或设计分级燃烧的分解炉［见3.2.2节2）（4）］，已有成功达标排放的生产线，大多数也能降低脱硝剂使用量。

如果认定脱硝排放越低越先进，而不考虑氨水量及熟料煤耗，就是污染转移。先进工业国家的脱硝标准（标准状况下）是$300\sim400\text{mg/m}^3$，国内提倡比150mg/m^3（标准状况下）还低，效果却不好，原因如下：

① 脱硝所用的氨或尿素自身，也要消耗能量、增加污染。如每生产1t氨水，要用1.3t标准煤、1280kW·h电。它们为大气同样贡献NO_x，过多使用它们，本身就是污染。

② 为喷入脱硝剂，熟料煅烧就要增加煤耗、电耗。过多脱硝剂带来的影响越大。

③ 靠提高脱硝效率，就要产生更多的氨逃逸（图8.2.2），逃逸越多，不只增加成本，而且实实在在地制造着二次污染。

更何况，从地球整体环境出发，大气在剧烈流动，局部地区不可能长期保持低氮环境。不计能耗的减排，只是促进污染在各企业与地区间不停地转移。

2）合理选择脱硝技术方案

选择方案不仅要比较排放浓度的高低，比较投资费用与运行成本，更要对比单独为脱硝增加的能耗量。如比较SNCR法与SCR法时，第一笔账应是SNCR法要提高热耗的大致具体量（约2kg标准煤/t熟料），这将增加脱硝剂的使用量；SCR法虽不影响热耗，却要增加系统风机的电耗，以克服催化塔的$500\sim1000\text{Pa}$阻力。第二笔账是比较单位熟料生产对脱硝剂与催化剂的消耗量，换算为生产、运输过程增加的能耗。选择中必须综合考虑这两笔账，谁的耗能大，谁对环境保护的反面效果就大。

从降低NO_x生成量的一次措施出发，同样是预分解工艺煅烧熟料，为什么NO_x生成量会天差地别，有的比400mg/m^3（标准状况下）低，有的却比1000mg/m^3（标准状况下）还高。如果只盯住脱硝剂的使用量，就不可能对环保做出真正贡献。只有充分创造局部还原气氛的各类煅烧技术，努力降低NO_x的生成量，就可减少甚至根本不用脱硝剂，实现排放达标。

3）提高生产稳定性是高效脱硝的条件

与粉尘治理的要求如出一辙，生产的稳定与脱硝效率间存在必然联系。但脱硝推行者却常常忽视，似乎生产波动是天经地义，而脱硝则势在必行，在他们看来，脱硝无须过问生产稳定条件。然而，道理很简单，生产不稳定，NO_x生成量就波动，很难控制氨水用量，效率就会降低。因此，不稳定的生产线，首先不是投资脱硝，而应投资于稳定生产。

然而，谁都知道连续生产是稳定生产的前提，但却盛行频繁避峰停磨节约电费，明知要增加氨逃逸量，于是修改PLC程序，从允许8×10^{-6}升至50×10^{-6}。为破坏稳定宁可付出代价，成了掩耳盗铃式的脱硝。

4）学会使用先进的在线检测仪表

实现科学脱硝就需要在线检测废气中NO_x含量，以准确指导煅烧操作及脱硝剂添加量，这对于缺乏稳定的生产线尤为重要。但指导脱硝的检测与验收脱硝过关不是一回事，不能靠低温检测一级出口废气，而应对分解炉与窑尾废气出口进行高温检测，及时了解窑炉NO_x生成量。但高温检测难度较高，使得至今100%生产线虽在脱硝，但在线配备高温废气分析仪的生产线却少得可怜，严重制约了脱硝效果。其中有大多废气检测的防堵技术尚未过关的客观原因，但更有对该仪表指导操作缺乏理解的主观原因〔见 10.1.2.3 节 2）（2）、10.1.4 节 2）（4）〕。为此，尽快购置防堵的在线废气检测仪表，会使脱硝成果有更大进展。

5）智能控制脱硝

在废气分析在线检测数据的基础上，结合对风、煤、料的配比状态监测，用智能编程确定最佳氨水加入量，要比人工控制取得更好脱硝效果。

8.2.4 脱硝装备的应用技术

这里只讨论 SNCR 法的应用。为提高脱硝效率，减少使用脱硝剂用量，不仅选型设计阶段要重视，而且操作与管理阶段更要认真对待如下几个环节。

1）控制还原剂喷入点的温度

氨水的反应温度是 900～1100℃ 范围（图 8.2.1）。炉内环境温度过低，还原反应太慢，以致氨逃逸而不起作用；温度过高，会发生 NH_3 的氧化竞争反应，反而产生更多 NO_x。

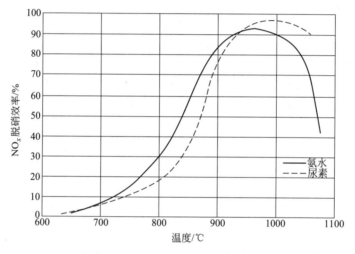

图 8.2.1　脱硝反应温度与效率的对应关系

生产中能准确确定适宜温度并不容易，不仅因分解炉内气流运动复杂，温度场并非按断面形成，又被物料、燃料干扰，使同一断面温差很大；而且更难的是，影响因素很多，只要系统稍有波动，脱硝效率就发生变化，氨水喷入位置还不能随之调整。

2）加强混合均匀性

只有提高还原剂喷入烟气的均匀程度，才能保证脱硝反应的进程和速度，SNCR 脱硝效率在实验室能高达 80%，但生产线上却仅有 50%，这就是不均匀、让相当量反应物接触不上的后果。当 NO_x 局部浓度或高或低时，对脱硝的影响与反应温度一样，都不会有好的影响。而混合均匀性不只与喷枪性能有关，也受喷入点附近气流与料流的影响。

3）控制反应时间

任何化学反应都需要一定时间。如果氨水喷入点靠近分解炉出口，它在炉内停留时间就会过短，缺少还原时间；但时间也不能过长，因为是可逆反应，脱硝效率也不会高。

4）控制氨氮比

按照 SNCR 法反应，还原 1molNO，需要 1mol 氨气。但实践中，即使混合均匀，还原剂也要富余，即宁可适当增加氨的逃逸量，才能提高脱硝效率（图 8.2.2）。

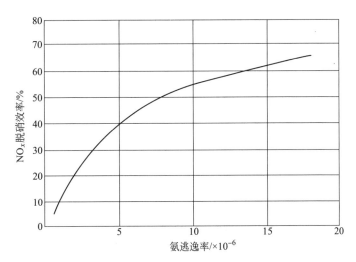

图 8.2.2　氨逃逸率与脱硝效率关系

5）控制烟气中氧含量

根据反应原理，只有微量的氧参与，才会让 NO_x 还原。但氧也会降低反应温度，从而降低脱硝效率。因此，分解炉中氧的浓度应控制在 $1\%\sim4\%$。当然这也与三次风入炉位置及与窑的用风平衡有关。

还要防止操作参数并未变化，系统氧含量却突然增加 $2\%\sim3\%$，此时要检查取样管连接阀体存在微漏风，也会使氨水用量增加 $0.2\sim0.5\text{m}^3/\text{t}$。

综合以上温度、均匀性及反应时间，对脱硝影响的敏感性，表明脱硝剂选择喷入点十分重要。只有在确定分解炉温度与气氛后，才可能准确选择喷入点，即应随温度与气氛改变而调整。因此，对经常变换原燃料的系统，应当设置备用喷入口，以能及时相应调整。有人建议用含 CO、H_2、醇类有机物的添加剂，以适应低温状态，但炉内环境必须稳定。否则任何脱硝都要付出更大代价，再缺少高温废气分析在线检测，这种代价就更大。

6）操作与维护要求

① 防止氨水喷入故障，是维护正常脱硝的重点。在 $-20℃$ 时或含有杂质时，氨水输送管道都会发生结晶堵塞，此时除用水清洗外，应停止氨水泵运行，全开回流阀、DDM 柜气动调节阀旁路及气动球阀，氨水靠重力作用回至储罐。

当出口压力表现异常时，表明喷头气孔及管路被异物堵塞。需关闭液路，让气路对喷枪头降温；再关闭气路，拔出喷枪，冷却后拆下喷头，检查清洗；再次回装前要紧固螺栓，且不能损坏石墨密封垫圈。如检查管路应停泵，打开回流，放空管道内氨水。应卸下过滤器及减压阀检查、清洗异物，然后装回。

② 在 DCS 系统中直接植入 NO_x 的折算浓度，并设置高低限报警，确保排放达标，又节约氨水。定期更换采样过滤器、老化的取样管道，并用标准气体校验、检测监测室内温度。当流量反馈过小且管路发热时，表明无氨水通过管路，定子和转子已严重腐蚀，需要将泵拆下，更换损坏部位，清除杂质。

③ 加强操作中的风、煤配合；用支路上闸阀开启圈数调节脱硝效率，在未用氨水时，逐圈开启闸阀数，每开一圈观察窑工况 1h，若窑况开始恶化，再减少一圈。以此试验确定闸阀开启的最佳圈数，再投运 SNCR 系统，效率可达 65%。

④ 加强对进厂氨水质量管理，确保氨水浓度，储罐上安装液位计，清晰观察存量。

8.3 脱硫装备

随着对环境保护的重视，脱硫要求已经提上水泥生产必须解决的日程。

8.3.1 脱硫设备的工艺任务与原理

1) 工艺任务

水泥熟料煅烧过程中，硫会以各种形式被原料与燃料带入，其中原料带入的硫化铁（FeS_2）等，600℃左右便氧化为 SO_2、SO_3，是硫排放的主要来源。SO_x 对大气污染极为有害，水泥生产中也是弊大于利，为此必须控制它的排放量。

2) 硫对大气的污染过程

SO_2 是大气污染物中最常见、数量最大的有害成分，由于它能溶于水，且溶解度为 11.5g/L，可以与水化合为亚硫酸；硫进入大气后的第一步是氧化成 SO_3，再溶于水成为硫酸。该氧化过程受温度、湿度、光强度、大气传输和颗粒表面特征等因素的影响。具体转化途径有两种：一种是靠大气中某些过渡金属离子（Fe^{3+}、Mn^{2+}、Cu^{2+} 等），以它们的微粒凝聚成核或水分成液滴，实现催化氧化；另一种是靠直接光或间接光氧化，特别在被 CH、NO_x 污染的空气中。形成的硫酸与水结合成为硫酸雾，当有氨或其他金属离子存在时，转化为硫酸盐，形成大气中的硫酸盐溶胶，甚至成为"酸雨"，直接危害人的健康及农作物生长。

基于预分解熟料烧成工艺，窑系统排出的 SO_2，主要由煤粉的燃烧产生。从某项目设计的配料和燃料含硫量的案例中，计算排出的废气中 SO_2 年排放量为 186.99t/a，排放浓度为 49mg/m³。其中硫平衡是以干基计算，S 的转化率 100%，见图 8.3.1。

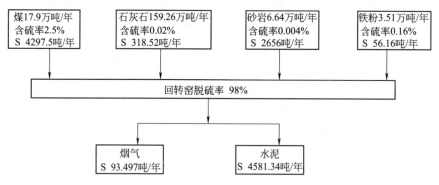

图 8.3.1 硫进出窑的平衡计算案例

3) 硫对水泥生产的利与弊

在预分解窑中，硫是引起预热器结皮堵塞的有害元素之一。

但由于熟料烧结过程有吸硫作用，当窑内温度在 800~1000℃ 时，大部分 SO_2 被生料中氧化钙等碱性氧化物所吸收，吸收率高达 98%，形成硫酸钙及亚硫酸钙，是不易挥发的硫酸盐，它在窑内的循环量远低于氯化物，80% 可通过熟料带出。故常有意选用含硫较高的原燃料，控制硫碱比在适当范围，以缓解其他有害元素的不利影响。

4) 治理硫污染的原理

SO_2 属于酸性物质，只要利用与碱性物质充分接触，如石灰石、石灰、石膏等，进行吸附与中和，就可形成较为稳定、挥发性不高硫酸盐，其容易被熟料裹挟带走。还可以借助物理方法，用石灰石等辅之吸附作用，提高治理效果。

8.3.2　脱硫的方法、类型及发展方向

1) 一次措施

治理硫的污染与脱硝一样，应当尽量优化生产工艺，努力降低其生成量。其中包括：

(1) 选择合适硫碱比的原料　在钾、钠含量偏高的原料中，增加含硫较高的原燃料，由于窑内有充足的钙和一定量的钾、钠，可以形成挥发性较差的硫酸盐带入熟料中，也缓解它们对烧成的不利影响。

(2) 利用生料磨内的吸附作用　将窑尾废气引入生料磨，利用挤压过程中石灰石产生的新生界面，具有很高活性，即便温度不高，对 SO_2 也有较强吸附能力，且磨内蒸汽会加速该吸收过程，将 SO_2 转变成 $CaSO_4$。此吸附率可在 20%～70% 之间，其影响因素较多。除原料湿度外，磨内温度、物料在磨内停留时间、生料细度及粉尘循环量都会对其影响。

(3) 预热器系统的吸附　预热器对 SO_2 有吸附作用，约为 40%～85%，具体取决于蒸汽含量、废气温度、粉尘含量和氧含量。

(4) 利用收尘器粉尘的中和作用　当烟气中的 SO_2、NO_2 等酸性物质经过收尘器时，必然遇到滤袋或极板表面捕集的粉尘，由于它们是碱性物质，可与其中和成盐类，降低它们在排放废气中的浓度 30%～60%。

2) 二次措施

当一次脱硫措施尚不能达到排放要求时，才需要二次措施，如增添强制脱硫设备。

(1) 喷入消石灰法　当原始 SO_2 排放量为 $1200 mg/m^3$ 以内时，可使用干吸收剂法，即在生料粉或废气中加 $Ca(OH)_2$；若排放浓度更高，还可应用洗涤法或循环沸腾床加干吸收剂法。这是将分解后的活性 CaO，当作最好的脱硫剂。同时，要有严格的温度与湿度环境，才会增强对 SO_2 的吸附。

脱硫剂的制作工艺是：从生产线上取出含高活性 CaO 的 880℃ 高温气体，经冷却器冷却并稀释至 400℃，将旋风分离器收集出的物料通进 $40 m^3$ 的制浆罐中，加水制成 20% 浓度的 $Ca(OH)_2$ 浆液，用循环泵打入储存罐中。使用时利用喷雾技术，选配喷枪数量与位置，通过浓度计、液位计控制，并防止浆液内颗粒物堵塞喷头，就会取得理想脱硫效果，将 SO_2 控制在 $200 mg/m^3$ 以内（标准状况下）。

洗涤法的费用是干吸收剂法的 6～10 倍，沸腾床法又是洗涤法的 2～3 倍。但干吸收剂法的颗粒难以分散均匀，往往要加入过量，而且所吸收的 SO_2 形成硫酸盐或亚硫酸盐，会随生料或窑灰重新入窑，引起结皮或堵塞 ［见 3.1.4 节 4) (2)］。

(2) 使用 D-SO_2 旋风筒法　从出分解炉管道中抽出约 5% 的烟气，直接向上接到顶部的收集旋风筒内，收下的粉尘含大量新生 CaO，将其喷入预热器中 FeS_2 转变温度的位置，并控制 CaO 与 SO_2 物质的量之比为 10～12。

(3) 加入外购消石灰　如果当地能购到消石灰，从预热器第二级或第三级旋风筒，按钙硫的物质的量比 3.0～5.0 直接喷入，此方法最为简单，比用抽气法得到的消石灰成本还低，而且也比喷在增湿塔及立磨中的效果好、效率高。

(4) 烟气脱硫技术　借鉴电厂的脱硫技术，用石灰石-石膏法，不但原理与方法简单，脱硫效率能接近超过 90%，特别适应大规模生产线，成本低，其副产品就是石膏，可直接

用于粉磨水泥。不同技术措施的脱硫效率如图 8.3.2 所示。

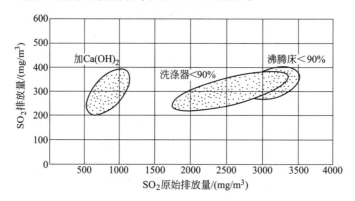

图 8.3.2　不同二次技术脱硫措施的降低量

8.3.3　脱硫过程的节能

1）稳定原燃料成分的硫碱比

脱硫并非是所有生产线的普遍需要，只要掌握好原燃料的硫碱比，不需要增添任何设备。即使添加任何吸收剂用于脱硫，也要稳定添加量，并能均匀分散在被处理的废气中。因此，降低硫排放同样要求原燃料均质稳定，才能以最低代价使废气硫排放达标。

2）优化烧成工艺

通过对烧成系统详细诊断，确定系统内硫化物的高温特性，探明 SO_x 排放超标的原因。在工艺参数设定和运行上，充分发挥预热器的脱硫功能（$SO_2 + O_2 + CaO \rightleftharpoons CaSO_4$），让硫组分最大程度被熟料带出，降低 SO_x 的排放浓度。同时与脱硝分级燃烧技术相结合，对预热器的撒料板、窑尾缩口等处进行局部改造，优化煅烧熟料的气氛，在确保实现 SO_x 排放达标［$\leqslant 200mg/m^3$（标准状况下）］的同时，抑制 NO_x 产生，减少脱硝的氨水使用量。

3）智能控制脱硫

在窑系统智能操作基础上，定时输入原燃料中硫碱比的变化数据，在已经确定的脱硫工艺条件下，智能控制脱硫剂的加入量。

8.3.4　脱硫技术的应用

① 提高均化堆场对原燃料的均化效果［见 1.2.1 节 1）］。

② 实施二次脱硫措施要因地制宜，根据需要与可能选择。

③ 使用脱硫生产的熟料磨制水泥时，需调整石膏用量。

8.4　降噪装备

现代社会文明要求降低噪声，并上升到对生态保护的高度。

8.4.1　工艺任务与降噪原理

1）工艺任务

降低噪声不只是改善它对大气产生的间接污染，而且大幅减少对生产工作及居民生活质量危害；声波造成振动，不仅影响设备运转的寿命及仪表使用精度，更重要的是，克制带来噪声的振动，本身就是节能，提高设备对能量的利用率。

2）噪声产生类别与消除原理

由于物体振动，就会使四周空气质点交替产生压缩、稀疏的波动，人耳能接受到的 20～20000Hz 频率，就称其为声音。所以，声音是一种振动波，也是一种能量形式。而噪声则是各种不同频率和声强的声音无规律地组合。水泥生产中的噪声按产生源头，可分空气动力性噪声、机械性噪声、电磁性噪声和交通性噪声。

（1）空气动力性噪声　主要为风机、空压机运转产生空气振动形成，有旋转噪声、涡流噪声等，如果风机出口直接排入大气，还有排气噪声。旋转噪声是叶轮上均匀分布的叶片打击周围的气体介质，引起周围气体压力变化产生而形成，它与叶轮圆周速度的 10 次方成正比；涡轮噪声是因气流流经叶片时产生紊流附面层，旋涡间分裂脱体，引起了叶片上压力脉动，它与叶轮圆周速度 6 次方成正比。总之，风机转速越高，噪声越大，并随叶轮直径的增加而增大。

（2）机械性噪声　它由固体振动产生，在撞击、摩擦、交变的机械应力作用下，机械的金属板、轴承、齿轮等发生振动而形成。水泥生产中，主要是由磨机、破碎机、电机及输送设备的运转产生。

（3）电磁性噪声　电动机、变压器等电气设备由磁场脉动，引起电气部件振动而形成。

（4）交通性噪声　运输车辆在行进中产生的噪声。

按照噪声产生的部位可分为五种，出口噪声、进口噪声、电动机噪声、机壳噪声和管道辐射噪声。

3）噪声的测量

测量噪声等级的仪表是声级仪，它将声信号通过传声器，把声压转换成电压信号，经放大后通过计数网络、检波线路和指示电表，显示出分贝值。

测量噪声时要注意四个环节：测量前须用活塞发声器或落球发声器，校准传声器或声级计，精度应在 ±0.2dB 以内；为避免失真放大，可调节衰减器，宁可牺牲信噪比；对于相对稳定的噪声，根据观测时间内电表指针的平均偏转位置取值，声压级波动介于 ±（2～5）dB 时，可用慢挡；波动大时，则用快挡。传声器是声级计的关键部件，故声级计的取向决定传声器的取向，常用的场型传声器，高频端的方向性较强，在 0° 入射角时具有最佳频率响应。

4）噪声的治理

噪声既然是在设备振动时，不同频率、音强声能的无规律组合，治理噪声的基本思路就应从源头上降低噪声，降低设备振源的振动频率，特别是风机这类高频振动的设备［见5.1.4 节 5）（3）］。然后才是采用先进的隔振与减振材料，隔离、隔绝传播途径，减弱噪声，或从受体个人防护措施上杜绝或减轻伤害，但这已是满足环保要求的被动措施，不可能有节能效果。

5）治理效果的评价

可用隔振系数（或称振动传递率）K，表示减振系统传递给支承结构的传递力 F 与振源振动总干扰力 F_0 之比，即 $K = F/F_0$，来表示治理效果。当忽略阻尼时，K 可以按下式计算：

$$K = \frac{1}{\left(\frac{f}{f_0}\right)^2 - 1} \tag{8.4.1}$$

式中　f——弹性减振体系（振源与减振器的组合体）的固有频率，Hz，等于 $50/\delta^{1/2}$（δ 为振源不振动时，弹性构件的静态压缩量）；

　　f_0——振源干扰力的频率，Hz，为 $n/60$（n 为振源的转速，r/min）。

当 $f < f_0$ 时，$K > 1$，表明隔振系统未起到减振作用；$f/f_0 > \sqrt{2}$ 时，$K < 1$，减振器才起到减振作用。但一定要避免 $f = f_0$ 的情况，此时会出现共振现象，反而要成倍加剧系统振动。

8.4.2　降噪装备的类型、结构及发展方向

降低噪声的途径一般是从声源、传声途径和接收者三方面努力。而且以处理声源最为有效，即从降低设备的振动出发减振与隔振。

1) 减振

从消除或缓和设备振源的频率或幅度出发，就可降低噪音的分贝值。

风机噪声按产生的部位和声级大小可分五种：出口噪声、进口噪声、机壳噪声、管道辐射噪声，以及电动机噪声。某一风机的声功率级 Lw 可按下式估算：

它受风机的风压 H 与风量 Q 影响：

$$Lw = 5 + 10\lg Q + 20\lg H \tag{8.4.2}$$

它还受风机转速 n 的影响：

$$(Lw)_2 = (Lw)_1 + 50\lg(n_2/n_1) \tag{8.4.3}$$

说明声功率随转数的 5 次方增长，当转数增加 1 倍时，声功率约增加 15dB。

当风机直径 D 不同时，声功率级还会变化：

$$(Lw)_{D2} = (Lw)_{D1} + 20\lg(D_2/D_1) \tag{8.4.4}$$

表明风机直径增加 1 倍时，声功率级约增加 6dB。

为降低风机的噪声，在选型时，保持相同风压与风量条件下，选用低速后弯叶型离心风机，并使工作点接近风机最高效率点运行，压头不要留有太多余量；风机与电动机采取直联，并安装在隔振基础上；主风道风速不得超过 8m/s，风道上应少设调节阀；进出口应避免急转弯，并采用软性接头；等。在运行时，保持风机的动平衡、提高传动设备与主机的同轴度，提高设备基础的刚性等。

还有另一种减振方式，实际是振动阻尼。这是用高阻尼材料涂敷在噪声辐射体表面，以减少振动表面噪声的辐射。最近新开发一种称为减振合金的新型减振材料，将其做成片、环、塞等形状元件，粘贴在发生振动的元件表面，用以降低振动的辐射噪声。但这种减振，严格说只是减少振动的传递，并未减少振源的振动耗能。

2) 隔振

用隔振材料或隔振构件，断绝设备与空气间或基础间的振动传播，将噪声闭在一个有限的空间内，不再污染空间以外的环境。

隔振器是采用如塑料、橡胶、软木、酚醛树脂玻璃纤维和金属弹簧等具有弹性的材料制成的设备，分压缩型、剪切型、复合型几种（图 8.4.1）。我国生产的橡胶剪切型减振器，可按照机组重量及静态压缩量选用，它是由丁腈橡胶材料制作，经一定温度硫化，再黏结在

金属附件上，减振效果较好。但若干年后会老化，需要更换。

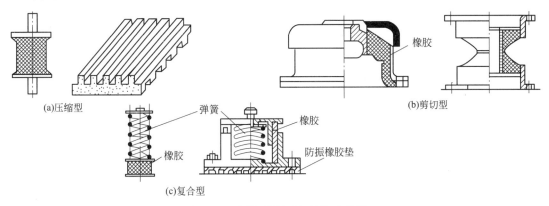

(a)压缩型　　　　　　　　　(b)剪切型

(c)复合型

图 8.4.1　隔振器类型与结构示意图

减振与隔振既可单独使用，也可同时使用，尤其是由固体结构、基础传递的噪声，除了消除它们之间的刚性连接外，就更需要隔振措施。

8.4.3　降噪声的节能途径

① 在降噪的两种途径中，减振是主动节能的唯一措施。故积极从源头化解设备振动，从根本上杜绝振源的无端消耗能量，实现理想的节能降噪。

② 选择优质的降噪材料，利用多孔结构的优势，类似于隔热材料（见 9.3.1 节）。

8.4.4　降噪声技术的应用

以长距离胶带输送机为例，先从减振着手，然后才是隔振：

① 将普通托辊更换为降噪托辊，即托辊管体采用高分子复合材料制作，有利于吸振。

② 加固支撑与结构桁架，提高刚度，令其不成为振源。

③ 铺设隔声板，在胶带机下方加铺底板，在距板 5m 处噪声可下降 7dB。

④ 优化防雨罩结构，采用整体弧形防雨板，减少拼接点。

8.5　固废协同处置装备

当今各类工业废弃物、污水污泥及生活垃圾等已成为破坏生态公害的源头。利用水泥煅烧熟料的预分解窑高温焚烧，并将灰烬直接作为熟料成分，已公认为当今无公害化处置的良方。为此，各类为水泥窑协同处置固废的装备得到了快速发展。

8.5.1　协同处置固废装备的工艺任务与优势

1）工艺任务

用水泥窑协同处置固废，不只是被动消除它们对社会生态的污染，还能主动利用其中所含热值，回收各种有用成分，多方为节能降耗做出重大贡献。

协同处置固废过程可分为预处理、入窑焚烧、后处置三个阶段。预处理主要对欲处理的固废，经过若干预处理程序，使其具备入窑焚烧条件；入窑焚烧是在窑内 1400℃ 以上高温，伴随加入的石灰石，生成二氧化碳和碳酸钙，成为熟料一部分；后处置则是要妥善处理焚烧产生的有害气体和废渣，达到相关要求。由此可以看出，协同处置的关键装备在于对固废的前期预处置。后两个阶段的装备多为原水泥窑所兼容，无须单独设置。

2）水泥窑处置固废极大优越于焚烧炉处置

在热解炉预处理垃圾技术应用之前，人类处理垃圾常是垃圾填埋、堆肥和焚烧等途径，现在仍最流行焚烧炉，但处理效果无法与水泥窑协同处置相比：

（1）环保效果好　焚烧炉处理垃圾过程中，其中氯经氧化生成二噁英，一般占总排放量50%。二噁英是一种严重污染物，可通过多种途径被人体吸收，损害人类健康。但它的熔、沸点高，常温下是固体，不溶于水，易溶于四氯化碳。一般加热到800℃能够分解，但高温下重金属的热态活跃原子仍以还原触媒方式，让二噁英在300～500℃重新合成。

除此之外，焚烧炉还要产生自身无法处理的飞灰，它的高氯盐、高重金属难以避免形成二噁英。因此不允许随意掩埋在土壤中，污染地下水，从而增加继续处理的任务。

但水泥窑的协同处置，焚烧温度高且有足够停留处置时间。窑内物料温度一般高于1450℃，气体温度则更高。且焚烧状态稳定，又是碱性气氛，便于净化尾气，有效抑制二噁英形成，减少有毒气体排放。固废中有机物将彻底分解，焚毁去除率接近100%，彻底消除固废中有毒有害成分。分选出来的无机渣土、二次衍生燃料及飞灰全部熔入熟料中，没有废渣排出，且绝大部分重金属固化在熟料晶格中，最终进入水泥成品，不仅不影响水泥质量，而且漫长岁月的使用证明，重金属很难从混凝土中释出。

（2）有利于节能　在热解处置中，H_2O、CO_2比例减少，它的气体热值更高，更少需要助燃空气，还减少NO_x生成量；可燃性固废能部分取代部分矿物质燃料（煤、天然气、重油等），不但为社会总体节能创造条件，而且产生的废气（CO_2、SO_2、HCl等）排放量也大为减少。

而用焚烧法处置垃圾，就需要为炉提供$3500kJ/m^3$（标准状况）以上热值的燃料，若垃圾含水较高，所需热值就更高。如要发电，则更要补充更多燃料。

（3）处置固废的适应性强　预分解窑的预热器、分解炉与窑尾，对固废加入焚烧有多点可供选择，且相对整个物料流量而言，固废量相对较小，对危险固废配伍的要求相对宽松。又由于预热器对废气有良好的冷却和收尘，可以重新收集与利用。

8.5.2　协同处置装备类型、原理及发展方向

1）生活垃圾预处理装备类型

不同的固废需要不同的预处理装备，现在常用的有三种：对城市生活垃圾使用RDF技术或热解炉技术，及对城市污水污泥采用的干化技术。

（1）RDF预处理系统　该系统将垃圾加工为垃圾衍生燃料（即RDF），即经库存计量、除臭、筛分、粉碎、发酵、干燥、成型等一系列工艺，便可生成热值高而稳定的燃料，再投入分解炉使用。史密斯的热盘炉及波里鸠斯的预燃烧室技术都属此类。它们对生活垃圾处置后，分为筛上的可燃物和筛下的不可燃物，并获得合理使用。

该协同处置技术，除利用水泥窑原有的进料与烧成系统、生产辅助（办公、化验、供电供水等）设施、烟气净化、污水处理外，还要新增加如表8.5.1装备。

表 8.5.1　4000t/d 熟料生产线协同处置项目工程组成表

工程类别	项目	建设内容及规模
主体工程	接收、贮存系统	固废储存 4 个不锈钢四角锥斗仓内,体积 720m³,每仓 180m³,其中 3 个接收储存一般固废,1 个暂存不明固废
	预处理系统	建筑面积 450m²,设置空气净化系统一套
环保工程	臭气处理系统	设置风机及管道,将臭气抽至窑头篦冷机处焚烧,配备一套等离子空气净化系统,在水泥窑检修时,用于净化车间环境
	雨水沉淀池	在车间下游设置 15m³ 初期雨水沉淀池
	事故应急池	车间下游建设 30m³ 事故应急池
建筑物	固废主车间 1 座	建筑面积 800m²,全封闭负压车间,包含卸车区、固废暂存区、搅拌区、提升区

　　主要设备有:固废抓斗桥式起重机 1 台 10QZ10180-0-0;回转式剪切破碎机 1 台,S300 破碎能力,15～20t/h 破碎粒度为<(150～160) mm;浆状污泥混合器 1 台,型号 SIDMIX 10000,10m³ 输送能力为 10～20t/h;螺旋输送机 1 台;单腔柱塞泵 2 台,型号 SPPs35;TD75 型防腐胶带输送机 3 台,10～20t/h;双层防腐棒条阀 1 个,LB-Ⅱ;电动葫芦 1 个;防腐棒条阀 2 个,LB-I;计量投料板喂机 2 台 DH1200,5～50t/h;80% 水分污泥储罐 1 个,80m²;气动闸板阀 8 个;螺旋输送机卸料器;泵送管道 1 套。

　　5000t/d 熟料生产线的垃圾日处理量为 200～500t,可降低原熟料煤耗 3%～6%,电耗增至 3～5kW·h,并略降低 CO_2 及 NO_x 排放量,折合每吨熟料成本降低 5 元,假如政府对每吨处理垃圾补贴 100 元(远低于现在政府投入),约十年便可回收需投资 8000 万元。

　　(2) 回转热解炉原理(图 8.5.1)　焚烧生活垃圾的另一种预处理装备是热解炉,或称联合气化炉(图 8.5.2)。它不同于回转窑,是让常温垃圾与升到较高温度(650℃)的固体热载体在炉进料端混合,并接受热量,在无氧或少氧状态下,达到 400～450℃垃圾所需热解温度,生成热解气和渣。渣在窑的出料端继续加热至 650～750℃后,在炉内筛分,粗渣用于水泥配料,部分高温细渣再次返回进料端与垃圾混合热解;热解气先作为热解炉的燃料,多余再作为分解炉燃料,并在炉内降解;热解气在热解炉中燃烧后,产生严重缺氧的 800℃高温烟气,从炉头向炉尾流动,对垃圾继续热解。由于此热解是采取固体热载体法和高温烟气接触法,高分子有机物碳氢链便裂解为低分子碳氢化合物、中等分子的燃气及炭黑等。

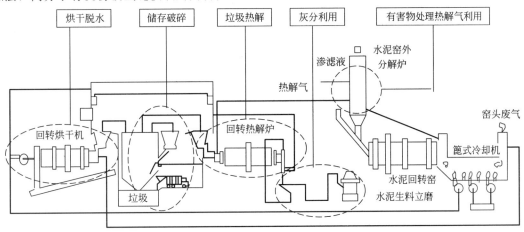

图 8.5.1　回转热解炉协同处置工艺示意图

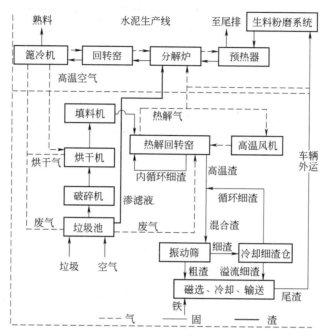

图 8.5.2　热解炉协同处置垃圾流程

该过程所用预烘干技术是将垃圾经储存发酵后，含水量从 50％降至 15％，经来自篦冷机 250℃的废气烘干，降至 120℃，再用作篦冷机冷却用风。它涉及一系列新技术，如热解技术、气固热载体技术、砂冷却载体技术、分拣技术、垃圾池负压操作技术、有害物的无害处理技术、灰渣利用技术等。

利用热解炉处置固废，虽需对原工艺设备和给料设施进行必要改造，并新建固废储存和预处理设施，但约需 1 亿元。不过比新建焚烧炉，仍是大大节省。它的投资回报率与 RDF 技术的情况大致相同。

（3）处置污水污泥的干化预处理系统　系统因热源与污泥接触方式、干化效率不同，分为增钙热干化技术、直接接触干燥技术、导热油干化技术、污泥燃料化技术等。最早为日本、意大利等国开发的涡轮薄层技术。

它通过污泥干化系统，利用水泥厂余热直接或间接烘干湿污泥，从含水率 80％降至 30％以下，最低达 5％；烘干废气另行处理；所得干粉粒径可在 10mm 以下，热耗高达 14000kJ/kg，再经输送与喂料设备送入水泥窑。其中热值可替代部分燃料，SiO_2、CaO 等可当作替代原料。它的核心设备是热交换器及干燥机。现在 5000t/d 生产线的日处理量为 500～600t 污泥，降低熟料吨煤耗约 6kg，NO_x 排放量约少一半，同时降低余热发电量 20％。投资约 8000 万元，按政府每吨污泥处理补助 100 元，回收期约为 6 年。

2）发展前景

当水泥窑能成功协同处置固废之后，水泥生产才从对环境的被动污染，转为对环保的主动贡献。虽然还有若干技术瓶颈有待解决，市场化也仅处于启动发展阶段，但从发展趋势看，处置固废装备必将成为破解城乡垃圾困境的良方，有更为广阔的发展前景。

然而，为实现此美好前景，就一定要保护并合理珍惜石灰石矿山资源。这点至今仍被人们忽视，处境并不乐观。石灰石绝不是取之不尽的资源，且不像钢铁、玻璃等经回收能重新加工。现在有很多本可不用石灰石作原料的产品，却因它的成本低廉，因而加速攫取，包括电石、混凝土骨料等。如果有朝一日，地球上石灰石资源耗尽，这些水泥窑协同处置固废设备与技术，将和当今水泥生产工艺一起告别这个世界，这不过仅有数十年光景。

8.5.3 协同处置装备的节能途径

（1）谨慎选择协同处置方式 不同处置方法不仅有不同的治污效果，而且对熟料生产能耗也有不同影响。

在处置生活垃圾时，不要轻易使用焚烧炉技术，它与水泥窑协同处置技术相比，处理相同的垃圾量，水泥窑增加的投资只是建焚烧炉的 5%～10%；如窑的年运转率再高些，实际年垃圾处理量还能高 17%，而发电焚烧炉仅是窑的 72%；更为关键的是，焚烧炉无法处理飞灰，还需要水泥企业另行投资。西方国家之所以都采用水泥窑处理垃圾，原因就在于此。而我国却因环卫部门已有的局部利益，仍在建焚烧炉。

在回转窑协同处置垃圾的两种方法中，对年处理固废量 6 万吨的生产线，RDF 技术的投资要节省 20% 左右，只占入窑物料总量的 2.77%，小于 5%。每年需用水 $1488m^3$，电 10.2 万千瓦时，但减少了生产用水与原料用量。按照水分平衡，为降低生料磨温度，每天需加水 $240m^3$，若固废平均含水 65%，相当于日入磨水分 $125.8m^3$，可减少原磨需水量 $114.2m^3$，原料不需做大的调整，也不会影响磨与窑内温度、湿度和窑的用煤量，固废有机物在窑内完全分解，灰分中所含硅质和钙质成分均可替代磨的原料（表8.5.2），物料平衡仅略有改变（图8.5.3）。

表 8.5.2 实施协同处置固废后熟料生产线原辅材料变化表

名称	处置前总耗量/（万吨/年）	处置后总耗量/（万吨/年）	变化量/（万吨/年）
石灰石	162.51	161.08	−1.43
砂岩	6.99	6.93	−0.06
页岩	24.13	23.92	−0.21
铁矿石	3.82	3.82	不变
燃煤	19.1	19.1	不变
处置固废量	—	6	+6

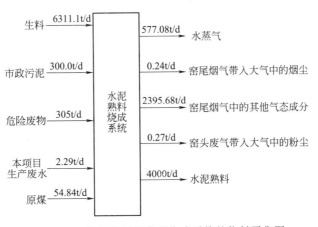

图 8.5.3 协同处置固废后烧成系统的物料平衡图

（2）协同处置固废与脱硝紧密结合　若用热解炉配套建设 SNCR 脱硝装置，该工艺是以 20% 氨水作为还原剂，将其喷入分解炉内，在有 O_2 存在、温度约为 860～1050℃ 时，与 NO_x 进行反应，使其还原为 N_2 和 H_2O，从而达到脱硝的目的 [见 8.2.2 节 1)（1）]。

（3）严格控制原燃料的氯含量　此举可减少因氯排放形成二噁英的可能，也尽量减少为此而增加的旁路放风量，并摸索出旁路放风的最佳效率。

8.5.4　协同处置装备的应用技术

1）重视固废成分对窑稳定运行的影响

固废中不同含量的成分，对窑的稳定运行与熟料质量有如下影响：

硫在窑内富集后含量高达 13% 时，容易在窑尾烟室、上升烟道、五级锥部形成结皮，甚至堵塞；氯的含量高时，同样会在二级预热器出现凝聚，造成堵料（图 8.5.4）。

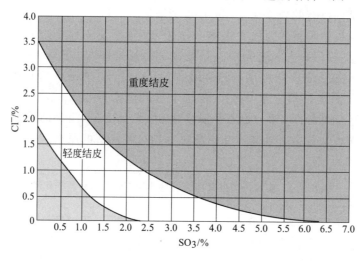

图 8.5.4　氯离子和 SO_3 对结皮概率的影响

与此同时，可挥发有害成分还会影响耐火窑衬寿命 [见 9.2.3 节 5)和 9.2.4 节 2)（2）]。对此的具体对策有：

（1）仍要遵循固废成分的均质稳定　除严格控制原燃料中氯含量外，也要对生活垃圾严格分检，并定期检验垃圾的热值及可燃物灰分。经实践摸索出的实用检验方法是：先对垃圾烘干，测出水分，经过 10mm 筛子筛选，去除渣土以后，筛上剩余物料蓬松，不再有粘附现象，再对此物料分拣，确定垃圾的主要成分，便可判断垃圾的特性与热值。加强对入窑热生料中硫、氯等成分的分析，不仅要减少含量，更要防止大的波动。

（2）慎重选择固废的投入位置　不同固废，需选择系统的不同投入位置，经过认真摸索，就可变废为宝。如从窑头喷入褐色液体的精馏残留渣，熟料煤耗可从 155.6kg/t 降至 134kg/t；含有较高热值的油漆渣不宜从窑尾烟室投入；等等。

（3）正确搭配不同协同处置物　选择含硫较低的废弃物，其热值不能过低，也不能过高，以满足控制分解炉温度需要。虽然对固废配伍要求相对宽松，但对带有放射性、爆炸物及反应性废物等固废应严加限制。

（4）尽量少用被动处理措施　如用高压水枪处理严重结皮、在旋风筒锥部环吹压缩风，甚至用旁路放风技术等，都是破坏稳定生产为代价的不得已措施。迄今为止，只要对策得当，并未发现熟料质量会因硫、氯含量改变而受影响。

　　2）治理恶臭气体

　　生活垃圾与污水污泥都会极大厌恶人的嗅觉器官，不利于员工与周围居民的身心健康。它们的主要成分是 H_2S，产生于窑协同处置的垃圾储坑及渗滤液储槽等环节。

　　处理它们的流程如下：渗滤液过滤后进入储存槽，污水经密闭耐腐蚀输送泵提升并喷入气化炉分解，多余送入窑分解炉内高温氧化处理；同时，对垃圾储坑和处理厂房实施全密封，并用风机抽出粉尘及臭气，送入气化炉作助燃空气，经燃烧消除恶臭物质及粉尘；再专门设置一套臭气净化装置，负责在窑炉检修时，抽取垃圾储坑内臭气，经除臭器净化后排出；对运输垃圾车采取密闭方式，严防输送中遗洒，卸料时设置密封门；垃圾前处理及供料系统均位于处理厂房内；另外，为让操作人员不接触任何有害气体，需对控制室独立密封。

第9章

设备的防护材料

为了延长水泥设备的使用寿命及节能效果，需要一类具有保护性功能的材料，如润滑材料、耐火材料、隔热材料与耐磨材料等。它们在维护设备中不断消耗自己，因此，在考核它们履行保护效果的同时，还要比较它们的自身寿命。这些材料在使用中已发展成独立学科。

9.1 润滑装备

世界上近 1/3 能源是消耗在无用的摩擦上，有近 80% 零部件是因摩擦过度而损坏或报废。于是，人们开发了各类润滑油与润滑设备。

9.1.1 润滑装备的工艺任务与原理

1) 润滑的工艺任务

提高设备的润滑水平应该是设备维护的核心工作。良好润滑恰恰体现在降低能耗与提高运转率的相互促进。具体作用如下：

① 润滑是维护设备安全运行的必要条件。因为润滑剂在元件表面上形成的均匀油膜，避免了设备元件间的直接摩擦，减少设备的维修成本。

② 降低摩擦副间的摩擦系数，能使被润滑设备在节能中运行，降低单位产品电耗。

③ 润滑也常用于设备密封，也间接保障降低系统的热耗与电耗。

④ 对设备已存在的某些故障，润滑还有改善功能与自愈功能。

水泥设备多在高粉尘、重载、冲击、高温下运行，更要求提高润滑技术和润滑质量。提高油质自身的使用寿命，延长换油周期，就是提高装备节能水平的重要途径。凡用能耗指标挂帅的企业，就不会忽视对润滑的管理。以皮带输送机的小小托辊为例，单个耗电量很小，但若采用高水平密封托辊［见 4.1.3 节 3)］，不仅保证润滑条件，托辊寿命能延长十年之久；而对有数百个托辊的皮带机，总电耗能下降 30% 以上。

2) 现代润滑机理

润滑是把具有润滑性能的物质，加载到设备机件的摩擦副上，形成油膜，将摩擦副间的直接接触，变成与润滑剂分子间的摩擦，从而降低设备元件间的摩擦能耗，并减少磨损。

具体讲，将含有极性基团的油性添加剂添加到基础油中，当金属表面为中等温度与负荷时，极性物质与金属表面形成物理吸附膜；当承受更高温度和负荷时，则要添加极压抗磨添加剂，分解出硫、磷、氯等极性物质，与金属表面生成化学反应膜。形成这两种膜，才能防止金属表面过度磨损，增强摩擦副承载能力。

3）黏附性润滑剂的基本组成

高质量的基础油并不是原油经过炼制减压蒸馏后，就能获取，它们还含有影响黏度、温度和流动等特性的有害组分而老化。为消除这些组分，要进一步对基础油精制，成为高品质基础油或全合成基础油，始终将性能指标保持在合格范围内。

用基础油与高性能添加剂调和，成为专用润滑油。目前较为流行的添加剂种类有：抗磨剂、极压剂、抗腐化剂、抗氧化剂、固体润滑添加剂等。如增加润滑油的抗磨损性能，就要采用高质量抗磨添加剂，以实现在各种运行条件下的高效，包括低负荷和极端高负荷条件。

在合适黏度的优质基础油内，添加恰当比例的极压（EP）添加剂、有层状点阵晶体结构的固体添加剂（如石墨），有时也需要合适的增稠剂及其他一些特殊添加剂，以满足使用中流体摩擦和边界摩擦，以及紧急润滑等方面的综合要求。

采用性能优异的添加剂，并能通过 DIN 51524 标准认可，有助于降低污染物对过滤器阻塞的影响，既可以延长滤芯的使用寿命，又可用更加精密的过滤器，加强设备保护。

9.1.2 润滑装备的类型、结构及发展方向

1）润滑剂种类

（1）润滑脂与润滑油的差别　润滑脂不需时常添加，适于不易换油、供油的设备；可简化润滑系统设计（脂有一定结构性，不易流失，不易飞溅）；密封保护性好，防止锈蚀和灰尘；适应高温、低速、冲击负荷等苛刻工作条件。而润滑油黏滞阻力低，启动力矩小；流动性好，能带走润滑部位的热量和杂质；换油较方便。

（2）现代水泥设备常用润滑油　如下案例便可说明润滑油的种类繁多及必要性：

① 大型减速机润滑油。润滑油应具有极佳抗磨性及氧化安定性，凝点低，与金属铝、铜等合金相容，抗剪切机械安定性能稳定，黏温性能好，摩擦系数低，且该油能在接触面形成软表面微观层，明显降低设备噪声。

② 开式齿轮润滑油。在水泥行业中，开式齿轮传动是回转窑及球磨机等设备采用的传动方式。它的传动主要特征为：重载、低速、结构尺寸较大且齿面粗糙度较高；工作条件苛刻（如灰尘、高温等）；齿面承受极高的各类应力；除在节圆位置为滚动摩擦之外，在啮合过程中还存在大量的滑动摩擦，故常呈混合摩擦状态。因此，它需要使用合适的粘附性润滑剂。

开式齿轮的不同运行阶段，应有不同的润滑要求，润滑油需要予以对应：初始阶段的涂底润滑，试运转阶段的磨合润滑，运行阶段的操作润滑，以及在齿面损伤较重时用特种修复功能的自愈合润滑。其中磨合阶段的技术要求十分严格。它们适用于自动喷洒系统、飞溅润滑、油池润滑、混合润滑（飞溅＋油池）等各种润滑形式。

即便是开式齿轮，油位也不能过高。否则导致油流入齿间，被两齿啮合力作用挤出，而产生异响。在设备全新状态时，加油让各处挂好油膜运转，待油位稳定后，用油尺测量静态油位，在最下面轮齿的齿根上 15mm 即可。

③ 高温合成油。它在窑的轮带与垫板间充当润滑作用，内含固体润滑剂石墨。随着窑的转动及重力作用，基础油带动固体润滑剂在轮带一侧与垫板间流动，形成良好油膜，高温时基础油完全挥发，固体润滑剂干膜可稳定在 600℃，良好润滑作用能持续 10d。用便携式手动加油泵点射式喷加到轮带与垫板结合间隙处及轮带侧面与挡块接触位置。每周润滑一

次，每次约 5L。

用石墨取代高温轮带油润滑，既节约费用，又简单可靠，并有两个安装位置，如图 9.1.1。

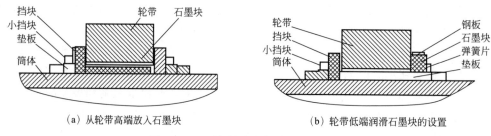

（a）从轮带高端放入石墨块　　　　　　　（b）轮带低端润滑石墨块的设置

图 9.1.1　石墨块润滑轮带方案示意图

a. 从轮带高端放入石墨块［图 9.1.1（a）］。轮带和挡块、垫板之间形成朝向空气方向的空腔内，装入特定设计的 L 形勾头石墨块，长边稍短于轮带宽度，短边稍长于挡块与轮带侧面的接触高度，石墨块能在空腔中活动，保证轮带内通风。窑的斜度不会让石墨块掉出。为让轮带靠窑头端的内表面润滑，再加装几块长度与轮带宽度相当、没有勾头的长方体石墨条。

b. 在轮带低端设置石墨块［图 9.1.1（b）］。当窑况异常时，轮带在窑头向端面会与挡块摩擦，为此，此方向需要加装几套石墨装置。选择两个挡块之间且与轮带端面保持一定距离，顶面焊一块钢板，与两挡块间构成石墨块的活动腔，并在外侧用两孔弹簧片顶住，一孔穿入螺栓固定弹簧片，另一孔穿入螺栓用螺帽调节力度。石墨块长度应保证它在空腔内滑行。

石墨块在两种位置中，经轮带端面与挡块间摩擦都成为石墨粉，满足窑上、下行的润滑。

2）润滑装置类别

（1）稀油站　为提高润滑油的冷却效率，应选用新型的列管式冷却器，采用窜片式列管冷却翅，大幅度提高冷却效率，每次循环都可降低油温 8～10℃，不仅延长润滑油使用寿命，也为同样润滑效果，节能冷却水及电能消耗。

油箱密闭性好，杜绝渗水可能，彻底消除油水混合的油液乳化；系统的出口压力及流量、滤筒压差、油水混合、渗油等报警功能控制齐全。

出厂清洁度好。润滑产品交付后的整个油站内的过流零部件必须洁净，经过高压空气吹扫、清洁、面沾、冲洗等清洁措施，出厂试车后，确保油站清洁度达到标准，使更换第一次滤网时间可延至运行半年后。

稀油站一般备有两台油泵，一主一备，彼此必须并联，并给备用泵加一延时，避免两台油泵同时启动。若将两个断路器保护（包括加热器断路器）串联，或根本没有中间断电器，备用泵的开启保护就会导致主机跳停。

（2）智能集中润滑系统　智能集中润滑系统是由主控设备、油站、电磁给油器、给油管路、控制及信号线路组成。由西门子可编程控制器作为指挥中心，负责油站启停、电磁给油器开闭、收集现场信息、监控各润滑点状态，调节和显示循环时间、供油量及故障报警；并通过触摸显示屏，实现人机对话；油站负责将润滑脂输送到管路、电磁给油器、每个润滑点。该润滑系统不能离辊压机过近，以防重力传感器精度受设备振动干扰。

辊压机主轴承润滑采用该系统后，符合润滑少量频加的原则，其油泵压力及单次供油量可调。每间隔 1h，运行 7min，周期性工作，如果 PLC 连续 4 个周期未收到信号，就会发出系统停机信号。智能润滑系统不仅解决某些点的润滑与检查，而且极大提高润滑质量与效率，既提高轴承运转寿命，又节约用油。

（3）托轮外循环油泵喷油装置（图 9.1.2） 该装置可防止托轮出现歇轮时，或非正常停窑后带负荷重新启动时，因润滑不良和没有油膜而烧瓦，并让托轮轴和止推圈能均匀散热，保持轴承温度稳定。

安装喷油管时，水平段与竖直段油管到止推圈的距离都为 30mm。通过检视孔，调整水平段油管油孔的喷油方向，应以停窑状态下喷出的油，能沿托轮轴表面流到轴瓦入油口为准。

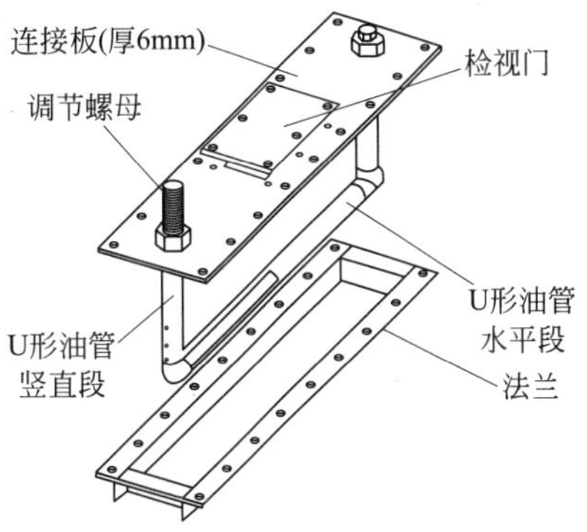

图 9.1.2 自制喷油装置结构示意图

9.1.3 润滑的节能途径

1）选择润滑油品的依据

设备选择润滑油的性能，要满足工作速度、载荷大小、环境温度、冷却条件、摩擦表面的具体特点、润滑方式等。关键是确定油的黏度：速度高、轻载、温度低、冷却差的部位，或形成油楔能力强的设备，应选用黏度低的润滑油；而对摩擦表面间隙小及压力循环中油温高的设备，就应使用黏度较大的润滑油。润滑油黏度过大的代价是，增大泵送阻力，柱塞泵等元件易损，并增加能耗。温度变化大的机件，还要重视油的凝固点、闪点。

除此之外，高速有利于在轮齿接触面间建立润滑油膜，对油搅动小，功率损耗少；对于承受大重量的机件，润滑油应该耐高压；机械循环润滑系统，需要流动性好的润滑油；液压系统润滑油的氧化稳定性要好，确保空气迅速释放，延长液压油使用寿命［见 6.3.3 节 3）］。

优质润滑油要能防止高热与化学变质，最大程度减少油泥形成，且在潮湿条件下，仍具有良好稳定性。而高稳定性和高清洁度，是提高润滑油工作寿命的基本条件，可降低腐蚀和生锈风险。

2）改进润滑油过滤方式

以往减速机润滑油使用一定周期后，要求彻底更换新油，旧油经滤油机过滤后，降级使用。这种制度是以耗费大量润滑油为代价换取设备的可靠运行，但设备并未始终在合格油质中运行。更何况，企业中一台滤油机难以保证所用润滑油、液压油、变压器油的区分。

发达国家早已使用在线滤油机，将滤油泵放置在减速机油箱内，连续不断对润滑油过滤，实现对油品污染度的恒定，是维持润滑油品质量、降低电耗的根本措施。

3）润滑制度的科学化

实现设备的良好润滑，不只是要选对润滑方式与润滑设备，还要使用相应质量的润滑剂，并保证不变质，更要有正确的润滑制度与操作。

（1）选用与润滑要求一致的润滑方式 润滑方式可分为油池润滑、强制润滑、手动润滑、自动润滑、油浴润滑、喷式润滑、自动加脂器润滑等，以满足设备零件对润滑的需要。其中油池润滑是靠齿轮转动带出油池中的油至齿轮啮合表面及轴承部位，从而实现润滑；强制润滑是通过稀油冲洗，将润滑油喷入齿轮副啮合表面与轴承滚动体上。

选择合理的润滑方式，是实现节能润滑效果的关键。如磨机的电机轴承原为上下式滑动轴瓦，润滑方式为双油环、飞溅润滑，循环油冷却，但油温常达 70℃。只将轴瓦进油由侧面改为上部淋油、将进出油管端与底部的连接由绝缘胶木改为塑料后，即便不用电扇，最高瓦温也仅60℃；又如多点润滑方式，由集中润滑泵通过分油器按比例定时加油，但只要某一油路受阻，整个系统则停止供油，并发出报警信号，显然此种方式并不合理。

推荐以下设备的常用润滑方式：普通滚动轴承为润滑脂润滑；磨机滑履轴承普遍采用动、静压结合润滑 [见2.1.2节2)(6)]；传动齿轮为浸油润滑；立磨磨辊采用稀油循环润滑，控制润滑油量、油压和油温；链条采用定时定量滴油式润滑，在旁边设置稀油润滑站，通过油管和给油指示器实现润滑；等等。

改进润滑结构就是改进润滑方式。如回转窑大、小齿轮的润滑，取消带油轮的带油润滑；将原油箱底板抬高，并有一定斜度，将齿轮罩下壳体与小齿轮底座直接焊接，形成密闭油箱，并在上沿口焊有和大齿轮罩连接的法兰；油箱内注入的油面，恰使小齿轮运转时，将下齿根淹没在润滑油中，成为油浴润滑；当油位超低限时，设置的液位控制开关便报警或停机。

（2）符合润滑方式的润滑材质　对应不同的润滑方式要用不同润滑油种类，才能保证润滑效果。

如用干油或稀油润滑的轴承，密闭都要采用橡胶骨架油封及气封；传动系统的润滑应该用稀油完成，确保散热效果好，对环境适应性强；对集中润滑系统，润滑油的泵送性要好；某些油脂要含有特种抗磨添加剂，如精细石墨和二硫化钼固体润滑剂，但固体粒径要小，避免堵塞滤网及细长输油管。

水泥生产中，配用集中润滑系统的主机设备有：管磨减速机低压润滑系统、管磨高低压润滑系统、立磨减速机高低压润滑系统、箅冷机干油润滑系统等。

（3）遵循正确的润滑制度　虽然润滑制度有千条万条，但最重要的润滑要求如下两条：

一是必须做到洁净润滑，避免润滑油使用前或使用中的任何污染。为此，改进润滑油的包装，在运输、储存等使用前的所有过程，都能严格防止粉尘、水分、空气混入的可能。同时，对被润滑的设备摩擦副表面，在添加润滑油剂之前，必须进行打磨清洗，清除所有氧化皮、粉尘及杂质；待装配的零件也需同样处理，并酸洗润滑管线，清除焊渣。试运行规定时间后，仍坚持重新更换新润滑油。

二是要保持润滑油量恒定，坚持"少量多次"的原则，控制合理油位。标准油位应分静态油位、动态油位。全新状态时，让各处挂好油膜运转，待油位稳定后，用油尺测量静态油位。如空压机的正确润滑油位，应不高于油视镜一半；皮带机托辊腔不能靠润滑脂填满密封，增加托辊旋转阻力；对于高温物料的润滑点，润滑油量也不能太少，以防迅速蒸发并碳化。能使用自动润滑系统，可方便确定恰当的加油间隔时间及每次的加油量。

4）润滑油品的在线检测与智能控制

配备包括对污染度、金属磨粒、油品性能三种检测指标的成套油品检测仪，10min之内便可现场测定油品水分、黏度、酸碱度、铁磁颗粒及相对污染度等指标，不但保障润滑油始终高清洁度运行，延长使用寿命，还为经济使用在线滤油机提供依据，其已在国际流行。

使用在线滤油机，并不需要24h不间断润滑，而是根据润滑油质的变化，控制它的开停，以节约用电及提高效率。只要企业自备一套上述检测仪表，就能及时判断油品状态，确定滤油时间，彻底改变油品送检专门机构的陋习。如果油品检测能在线进行，将为智能控制滤油机、保证油品质量创造条件，而开发此功能并不困难。

9.1.4　润滑装备的应用技术

1）建立正确的设备润滑维护理念

水泥设备种类繁多，大至回转窑的齿轮、托轮，小至皮带输送机的内托棍轴承，其结构、工作条件差别很大，需要建立不同的、专业的润滑管理体系。因此，提高操作层面对设备润滑的正确认识，才可能正确贯彻润滑制度。检查润滑效果，最终要看设备摩擦件寿命、润滑油耗量及设备相同运行的电耗。

（1）提高摩擦副使用寿命的途径　不能只靠改进摩擦副材料材质、改善热处理工艺、提高配合精度、提高表面光洁度等，还必须改善设备润滑条件，才能提高摩擦副承载耐磨能力数倍、数十倍。

（2）润滑油的洁净对摩擦副使用寿命至关重要　SKF 的大量试验表明，润滑油中，只要清除 $2 \sim 5 \mu m$ 的固体颗粒，滚动轴承寿命能延长 $20 \sim 50$ 倍。

（3）彻底改变全厂统一使用一种润滑脂、一种机油的状态　要针对不同应用条件，选择专用润滑油产品。对特殊润滑点，如开式齿轮应该专用开式齿轮润滑剂。而且要针对新设备、新工艺，对润滑油产品标准合理升级，与时俱进。

（4）润滑油绝不是加得越多越好　理想的润滑量是，要缓慢而均匀地微量流到润滑点，即细流持续润滑。要使用专门的油气润滑装备，才能均等、精确分配润滑油进入摩擦副之间。这样不仅延长摩擦副使用寿命，而且还节省润滑油，节约冷却水。

2）确保润滑油质量始终如一

（1）润滑位置严防高温氧化、变质　液压油超过 $60 ℃$，理论上使用温度每增加 $8 ℃$，油品老化速度就要提高一倍。

（2）严禁进水　水是润滑油的大敌，它破坏了润滑油对金属表面的附着力，摩擦高温还会使水分子"炸裂"，使金属面产生微细毛孔，水的继续渗透使摩擦表面崩溃。SKF 试验证明，润滑油中含有 3% 的水分，将会使轴承寿命减少 85%；杜邦等公司证实，每升润滑油中含一滴水，可使设备寿命减少 48%。

（3）严禁混入各类杂质　避免过量空气搅动，甚至有催化油品老化的金属成分，都将不可避免的引起润滑油老化。

为达到上述要求，润滑点需有可靠的密封装置；或在轴承腔安装双唇边油封，采用正压保护；或在旋转轴上设置两个耐高温密封圈，封在无螺纹衬套内，并在密封圈内注满长效润滑脂。

3）高低压稀油站调试前检验

调试前，应在低压管进油口加设不锈钢网，打循环 2h 后，检查网上的杂物及碎屑；如发现有铁锈，说明减速机在运输或存放阶段有雨水浸入，中心盖板等处密封不好；除此之外，还应检查轴承与齿轮磨蚀情况。

开机前要检查高压油泵的润滑压力及润滑部位的油量，管路上不能漏油，以为滑履瓦润滑充足。要处理好冬季各油站加热器与冷却水关系，先开油泵让油循环，并迅速加热。

核实稀油站控制编程的合理性，防止编程缺陷；主备泵转换控制程序，在启动备用泵到油压正常后，不应停止备用泵，而且在油压过低需停主机时，应有 2s 延时，给备用泵启动加压时间；当油泵热继电器信号表示过载时，应切断该泵回路，待故障排除后，由人工复位启动该泵；主备泵主回路空气开关辅助触点不应与 PLC 串联，而改为两路空气开关的辅助触点各自单独控制；将油泵运行信号引入 PLC，便于监督启动后的实际状态；在加热器回路里串入两个温度数显报警表，增加按复位按钮停止加热器的功能，避免无限制加热，并允许人工调整电接点温度表。

4）润滑油池的维护

立磨中采用油池润滑的磨辊轴承，由于磨辊为倾斜工作状态，轴承一侧要全部浸入油中，需经定向导油叶片将油导入磨辊支架端的圆柱滚子轴承中。轴承盖上配有三个呈120°间隔的磁性螺塞，加油时让其中两个连线呈水平状，打开螺塞，一个加油，一个放气，当油位到油孔位置后，拧紧螺塞，用铁丝将三个螺塞连起，防止松动；一般运转3000h需换油，每月应检查一次油位，两个月检查一次清洁度（检查螺塞上有无铁末）；排油时将一个注油孔调到最低位，打开螺塞即可排油。

每个轴承润滑油池都设有测温电阻监控：任一点大于100℃，就应报警；大于120℃，磨机自动跳停。不得随意摘除控制连锁或改变设定值。油池温度一旦超标，首先检查磨辊油位、油质，再看密封风压及管路严密状态，最后检查限压阀。当磨辊温度升高时，腔内压力超出了限压阀设定的放气压力（7kPa），为保证磨辊腔内正常压力和温度，限压阀就应自动卸压。如能排除上述因素，就可能轴承内部有异常情况，需要检查。

油位偏低控制时，主轴承腔至稀油站的回油管上要增设一球阀：开机时，阀打开，让回油畅通，并将稀油站的油位补足到稍高位置；停机时，将阀关闭，不让主轴承腔中的油回流到稀油站，防止溢出。

5）严格控制稀油站润滑油温度

对减速机润滑不能过分冷却，导致两个齿轮传动副间产生过大温差，使其膨胀量不同步，让齿轮齿尖运行异常受力，造成齿轮传动的周期性振动、异响和磨损，酿成重大事故。如水泥磨的DMG2-22边缘双传动减速机，当大齿圈温度已达73℃时，小齿轮冷却温度宜由循环水冷却控制在50℃，而不应降至20℃。

同样也要防止稀油站过度加热，否则轻则造成整箱油液报废，重则仪表及油泵损坏。有几种致热可能：供油设备自身故障，如齿轮啮合不良、轴承磨损或与轴配合松动等，发热量过大；稀油站选型偏小；冷却器选型偏小，管内结垢；环境温度高；人工现场按钮只开忘关，或是自动控制温度反馈信号出现故障。

南方冬季停机时，也应放净冷却水，避免胀破冷却器端盖密封垫或端盖破裂；油温低于20℃时应使用配置的加热器。

因此，应在稀油站控制电路中，加装一只与控制电源并联的继电器 KAX。一旦 QF1 失电，高压柜就能收到 KAX 常闭点故障信号，使中间继电器切断主电路，确保主机安全。

当管内结垢时，应及时清除。使用在线超声波防垢除垢技术（ZNCF）清洗循环冷却水换热器，它相对于酸洗、碱洗和机械清洗等方法，有更大优越性。它不再腐蚀设备，设备延长寿命2年以上；当管内无垢存在时，换热器对数平均温差可提升50％以上，相当年节约标煤600t，还能在线连续工作，自动化程度高，安装方便。

6）润滑系统的维护

由于立磨润滑系统的组成复杂，故对它详细介绍：

（1）立磨减速机的润滑站维护　该站由循环泵、检修油泵各1台、高压泵4台及一组双筒复式过滤器、滤油器、油冷却器组成。维护时，应关闭油站上三个手动切断阀；把滤筒下排油阀打开，排出筒内油污，并取样化验；取出滤芯后，用新毛巾或白布擦洗筒底内油污，并检查金属颗粒量或形状；定期从油箱底部、高压油区、滤筒取油样做在线分析；检查各管道法兰连接螺栓或接头，须勤紧固振松处，防止渗漏的油伤及立磨混凝土基础；定期清理油冷却器管壁内结垢，提高油冷效果；当油温≥25℃时，循环油泵开启；轴温≥25℃时，四台高压泵启动；北方冬季开机时，应先将加热器打到"现场"位置，让高压油仓的油温快速升高，待止推轴承温度≥25℃后，将加热器改到"自动"位置。

（2）Atox 立磨的磨辊润滑系统维护　每个磨辊的外循环润滑系统，都由供油管、回油管和平衡管组成，分别有回油泵及供油泵，维持油箱与磨辊腔平衡，平衡管连接二者，使磨辊与大气压相同，在回油管不畅时能起到溢流作用。润滑站正常运行的标志是：回油泵连续工作，供油泵间歇工作，它的开停由回油管真空度控制，即由回油管路上的测压点——真空开关的负压上下限控制，为避免磨辊轴承腔中润滑油过多，设计要求回油泵能力要大于供油泵。

它的常见故障有：润滑站油箱油位明显下降；润滑油颜色改变；供油泵长开不停或长停不开；磨辊轴两侧密封处漏油；回油过滤器上有金属杂质。会发现连通管路中有液体、触摸屏上真空压力值变化、回油管路有渗漏、磨辊内外侧漏油、润滑站油箱油位迅速下降等。

将 Atox 立磨由真空负压润滑，改用强制润滑后，会有如下优点：可取消连通管路；中心架和磨辊轴加工简单；加油泵和供油泵均为间歇运行，有益于提高泵的寿命；也不会造成轴承腔内润滑油过多或过少，磨辊密封处不会因润滑失误而泄漏；每个磨辊润滑站油箱独立，一个磨辊出现问题不会殃及另两个轴承。通过对回油温度和过滤器监控，确保轴承安全。

（3）Atox 立磨的选粉机润滑维护　装配有盘柜型定时定量添加油脂装置，对轴承润滑，它由内部配电气控装置、7～8L 油脂桶、装在桶底的液位开关、油泵、24V 直流电机、油脂分配器及接近开关、供油管路及安全阀等组成，盘柜上设有数字计数显示器及就地启停操作按钮。寒冷地区还配有温控的自控加热器，油管上敷设自调温度伴热带。维护工作中，应当遵循以下各点：

① 该装置应安装在距离轴承润滑油管接口最近的位置。避免受选粉机平台振动损坏电气元件。安装油管连接时，要保证清洁，并无泄漏。

② 先用手动泵或其他机动润滑脂回流设备，对油管及轴承充填油脂，待有油脂从回油管出口溢出时，再接上本装置供油管路。

③ 如果发生低油位报警，应在运行中向油桶添加润滑油脂；如果发现安全阀出口有油脂溢出，则表明油路堵塞或油泵故障，应及时排除。所有工作要在 24h 内完成。

7）润滑站常见故障的排除

（1）供油泵不能按设定负压值启停　影响测量点负压值的主要因素有：一是长期运行后，油管变窄、粗糙度增大，使负压值过大，很难在规定 20min 之内达到启泵的设定值，磨机系统跳停。二是油温较高，油黏度变小，流程损失小，供油泵让负压值升到停泵设定值，需要更长供油时间，为此，轴承腔内油位升高，加速了油温升高，待回油温度超过设定值时，磨机早已跳停。三是回油管上测量真空度的压力变送器不准确，供油泵仍保持运行，可视窗中可见到大量润滑油回流油泵，使磨辊轴承腔内充满润滑油，损坏油封而漏油。此时需用万用表验证压力值，并将相关信号引进中控。四是回油管接头松动或油封磨损，使回油管进气，并集聚憋在回油管进口，使油泵空转、油封泄漏，当油箱内油空，便发生重大事故。此时及时松开回油泵进口管接头，排空回油管空气，再复接管接头，并在回油管上安装流量计，规定时间内应无流量检测报警。

为此，有必要调整供油泵的控制参数设定值。但在调整之前，应先排除供油泵控制元件存在的故障，可以逐个更换元件予以确认。然后再设定控制参数，使供油泵在较长时段（40min）内，供、停时间比大约为1：2。此比值需根据季度温度变化调整。长期运行中，只要重视该供停时间比即可。夏季如回油温度超高，当磨辊回油温度达64℃时（报警68℃），可现场人工排油一次20min；冬季则可人工升高磨辊油位，不损坏磨辊油封即可。回油温度就会迅速上升正常，磨辊润滑站全能恢复自动运行。

当油管阻力确实大到需要人工清理时，可将油管断开，用压缩空气清吹管道，直到洁净为止。但这种万不得已的方法，一定要保证清下的污染物能清理出管道，压缩空气也必须保证清洁。可靠做法应使用真空抽吸装置代替压缩空气。如能改造为强制润滑方式就简单许多。

磨辊回油管负压决定了磨辊腔内的油位，尽量保持不变。应配置并正常使用回油管、平衡管的伴热带，但回油温度过高时使用，会使电器发出错误信号。

冬季时润滑油的黏度较大，流动性差，就需要在启动磨机2h前，用电加热器加热润滑油，油站自循环阀门全开，逐渐升高润滑油温度，然后再分多次关小，并逐渐加大热润滑油进滑履的循环量，控制油站油位不低于下线。停机时应将冷却水断开，用压缩空气吹扫冷却器，防止冻裂冷却器，可在管路上敷设温控伴热电缆，并在外边包裹50mm厚的岩棉保温层，确保油温控制在15℃±5℃；夏季清洗油冷却器时，使用国产一次性滤芯、半年更换一次的办法代替高价的进口滤芯；取油样化验并记录回油温度；全部更换润滑油前，应彻底清洗油箱，方可注入新油；辅传润滑为油池润滑，每次停磨时，6000h更换一次新油，放油时检查渗漏情况。

（2）供油压力低　设备原因为：油泵磨损、备用泵单向阀泄漏、过滤器堵塞使进出压差过大；但更多是操作原因，为降低供油温度，错误将供油口球阀全开，但定量油泵不会影响供油量，反倒使供油压力过低而报警、跳停。只有适当关小球阀，提高供油压力设定值，保护装置才能发挥作用。若因环境温度高降低了润滑油的工作压力，可在管道上更换小孔径的节流孔板。

（3）油耗大　设备周围环境差，密封不好，油质很快变差报废；油温高也易让油氧化变质；润滑与冷却管路泄漏。迁移稀油站到干净低温的位置，若距离延长，可加大回油管直径。

（4）发现油箱内润滑油呈乳白色　表明油被水污染，应查找冷却器水路的泄漏部位，并及时更换漏水的水管。

8）几种典型漏油状态的处理

稀油站漏油不只是润滑的大事，也是困扰设备维护的难题，仅以如下案例剖析解决：

（1）磨辊轴承两侧漏油　Atox立磨的磨辊内侧油位比外侧低，若密封件损坏，内侧漏油，如外侧也漏油，说明磨辊内油位偏高。为提高密封效果，在磨辊轴两侧双骨架橡胶密封件组装前，中间添加耐高温KruberBE41-1501润滑脂，运行后每年添加4~6次，每次外侧加110cm^3，内侧180cm^3，分三份随磨辊转动1/3加入一次，磨辊两侧同时完成。新密封加入量为正常量的3倍。但此量过多会进入轴承腔内，不仅污损轴承腔润滑油，破坏密封，且回油过滤器也会频繁堵塞。

① 当平衡管出现溢流现象时，说明回油泵压力不足，此时会因油品变质，未及时更换滤芯，回油中带有杂质，导致密封件磨损。因此，应尽快检查回油管，更换滤芯或回油泵。

② 磨辊内侧密封圈渗油，并不一定是密封圈损坏，而是因回油速度慢，磨辊腔内油位升高所致。为磨辊密封圈添加符合要求的润滑脂，适当调小磨辊回油压力，就不会再有渗油出现。磨辊润滑应建档，定期定量为密封圈加油，以保证磨辊腔内润滑油位正常。

③ 外侧密封圈漏油则是密封圈损坏造成。凹凸密封间隙磨损达 2.5mm（正常为1.5mm），密封套也出现 1mm 的沟。此时密封风机也多为异常，4 个风道会有来自滤网的絮状物堵塞，使得凹凸密封处没有风量，才会磨损加剧，进而磨辊密封失效。为保证密封风机压力不低于 20mbar，滤网应用不挂絮材料；定期补加密封油，且一次加量适宜，最多30g，且在两个回油孔中加 10g 后，将磨辊盘动数圈再加，让油均匀布满密封圈。

（2）选粉机漏油　稀油润滑选粉机的密封质量是造成漏油关键。在上、下透盖中都装有骨架油封和 O 形密封圈（图 9.1.3），上轴承室装有放气阀，轴下部与下透盖中的骨架油封配合处，装有随轴一起运转的镀铬密封套，套内装有 O 形密封圈。

为保证环行腔内润滑油只受重力，可在此密闭环腔设一放气阀，排出油气，且小孔向下，为防止漏油，应保持此阀畅通；并且油品恰当，既有流动性，又能形成油膜，冬季用 ISO VG220，夏季 ISO VG320；运行 1 个月须换油，以后根据油品理化指标检验确定，约一年一次；稀油站操作压力应介于 0.15～0.25MPa，且流量适宜，过大就会从放气阀流出，严重时冲坏上部骨架油封油唇，密封失效；控制润滑油温度介于 20～45℃，用好电加热器及冷却器。

此处还应有气封设计：因选粉机为负压操作，为封住微粉，不能通过镀铬密封套与下透盖间隙进入下轴承室，用压缩空气或专用风机引入清洁空气从环行间隙向下吹出，气封压力一般为 2500～3000Pa，流量为 0.5～1L/min，便可保护零件。

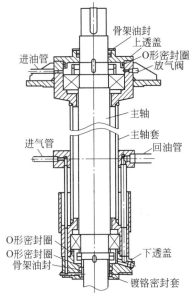

图 9.1.3　选粉机稀油润滑

（3）电机瓦漏油　采用稀油润滑的端盖式滑动轴承的高压电动机，即使供油压力在规定 0.04～0.05MPa 范围，也普遍存在漏油，尤其安装找正精度不高、基座不平或电机磁力中心线不符要求时。运行中，电动机一旦窜轴，轴瓦端部和轴肩就会摩擦升温，导致跳闸，提高油压，更易漏油。

究其原因，凡回油不畅的各种情况，都是管路堵塞、破坏密封的结果。

① 所设浮式密封的下半圈靠滑动轴承侧，只有第一道迷宫留有三个回油孔，但第二至第四道迷宫仍有油回流不畅情况，使污染物沉淀，最终填满迷宫，失去密封作用。为此，几道迷宫同样钻孔，确保油顺利回流，密封不易破坏。

② 储油室和电机端盖只保留一个排油孔，且用塑料软管代替橡胶管连接，做好密封，从下端盖最低螺孔中引入油盒，而另一侧盲死；且确保出滑动轴承的回油管为水平，回油视镜后 150mm 处作弯头，使回油管垂直或向下倾斜，让回油畅通，以防油黏度大，很难从排油管流出，轴承室内呈微正压而漏油。一旦发现排油管有油流出，应停机检查。

③ 冬季要为供油管路保温，以防油黏度过高。

9.2 耐火材料

耐火材料绝非为水泥窑所专用，已经发展为所有工业窑炉服务的专门学科，而且材料的范围越加广泛。

9.2.1 耐火材料的工艺任务与原理

1）工艺任务

一般窑炉设备筒体都是 A3 钢等金属材料制作，为了能在 ≥300℃ 的温度条件下正常工作，就需要有耐更高温度的非金属材料，即耐火材料作为内衬，以保护设备筒壁不受高温火焰与酸碱气氛的氧化与腐蚀。水泥生产中所有热工设备都有如此要求。

耐火材料对水泥烧成系统的工艺任务在于，为窑提供熟料煅烧需要的条件，免受高温及酸碱对筒体的烧蚀和腐蚀，通过提高自身的使用周期，保证设备筒壁的安全运转。已经使窑的安全运转周期达到 400 天以上。作为窑衬还起着提供蓄势与传热的热交换介质的作用，因此，对它们的要求不只是耐火度与高荷重软化点，而且要有好的热震性能。

2）材料的耐火原理

任何物质都是由原子组成，它也是研究耐火材料的最小单元。根据原子在化合过程中能将电子吸向自己的能力（即电负性），可有金属键、共价键、离子键，还有氢键、范德华键等各种结合方式。但它们的结合力相差较大，形成不同类型的物质结构，分成金属与非金属等类别，使这些材料的力学特性，或表现为强而韧，或表现为硬而脆。当材料受高温作用后，离子键与共价键结构的滑移量、塑性变形相差很大，破坏方式也很不相同。如陶瓷材料的弹性模量和硬度很高，即使受到很大应力，也只有很小变形，而一旦超过极限，裂纹就会急速扩展，发生断裂性破损。

3）耐火材料的物质结构

对耐火材料可分为纳观、微观、细观和宏观四个层次的结构研究。

纳观结构的标尺长度为纳米（10^{-9}m），主要用以研究耐火材料晶体、晶界和玻璃体的结构。它很大程度上决定了耐火材料的真密度、热膨胀、比热容、导电性等许多重要性质。

微观结构的标尺长度为微米（10^{-6}m），主要研究耐火材料的骨料和基质中，主晶相、结合相、气孔相、玻璃相或杂质的组织形式，彼此的数量、尺寸、分布、形貌特征及结合方式对性能的影响，这是研究性能差异的主要内容。

细观结构的标尺长度为毫米（10^{-3}m），研究内容是粗、细骨料及基质的种类、品质、数量、粒度和分布的差异，通过对这些参数的选择，最大程度发挥耐火原料的特性。

宏观结构的标尺长度是米，这是应用耐火材料时关注的结构尺寸。在设计、砌筑、使用或维护窑衬时，最合理的宏观尺寸是发挥耐火材料功能的必要条件。

4）耐火材料的性能

根据耐火材料的使用条件，对它要求的质量指标较多，包括：耐火度、高温荷重软化性能、抗化学侵蚀能力、抗热震性能、力学强度、膨胀系数、导热系数、挂窑皮性能、气孔率、抗水化性能、环保指标等。

（1）气孔率、体积密度　耐火材料是由固相和气孔组成的非均质物质，气孔的数量、大小和形状对材料的性能有很大影响。气孔分闭口气孔、开口气孔和贯通气孔，后两种气孔统称为显气孔，它的体积 V_1 与总气孔体积 V_0 的比值就是显气孔率 B。

$$B = \frac{V_1}{V_0} = \frac{V_1 + V_2}{V_0} \tag{9.2.1}$$

式中　V_2——闭口气孔体积。

体积密度 D_0 是制品单位体积 V_0 所含物质的干燥质量 G，即：

$$D_0 = \frac{G}{V_0} \tag{9.2.2}$$

显气孔率与体积密度都有国家标准规定的测量方法，并可推算出吸水率。

气孔率对耐火材料的结构和性能有很大影响（图 9.2.1）。如气孔率 18%～22% 时，此时耐火材料能满意地统一强度与抗热震性间的矛盾；又如增加气孔率，可以提高材料的隔热能力，但却降低了强度，这就是隔热材料选定气孔率的依据。

（2）机械强度　机械强度是指材料抵抗极限机械应力的能力。它包括耐压强度、抗折强度，也有常温强度与高温强度之别。对它们的检测也有国家标准，计算公式分别为：

耐压强度 S：

$$S = \frac{P}{A} \tag{9.2.3}$$

式中　P——试样破坏时的最大载荷；
　　　A——试样受压面积。

抗折强度 R：

$$R = \frac{3}{2} \times \frac{FL_S}{bh^2} \tag{9.2.4}$$

式中　F——试样断裂时的最大载荷；
　　　L_S——跨距；
　　　b——试样中部宽度；
　　　h——试样中部高度。

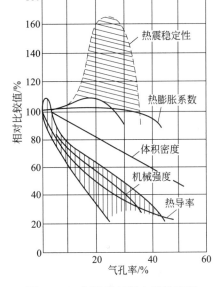

图 9.2.1　气孔率与耐火材料物理
性能的关系

（3）热学性能

① 热膨胀。它是物体体积或长度随温度增高而增大的性质。设计工业窑炉时必须要考虑使用耐火材料的膨胀率，因为耐火材料的膨胀或收缩，都会受到窑炉筒壁的反作用力，或鼓胀、垮塌，或开裂、剥落。这种特性常用线膨胀率表示：

$$线膨胀率 = \frac{L_T - L_0}{L_0} \times 100\%$$

式中，L_T、L_0 分别为试样在温度为 T 及 0℃ 时的长度。

② 热导率（导热系数）。这是表征耐火材料导热能力的物理性能，其数值为热流密度除以负温度梯度，即是指单位时间、单位温度梯度下，通过被测材料单位垂直面积的热量。此值越大，传热越快，传热过程中试样内的温度差就越小，热应力越小，耐火材料也能经久耐用。如含碳的耐火材料因导热率较高，它的抗热震性能就越好。

（4）高温性能

① 耐火度。是指耐火材料在无荷重时抵抗高温作用而不熔化的性能。

② 荷重软化温度。是指耐火材料在恒定荷重下，抵抗高温和机械压力共同作用而不变形的性能。

这两项高温性能指标是耐火材料性能的最突出指标，都有国家检测标准。

（5）耐磨性和耐冲击性　磨损是物体互相接触且发生相对运动引起了表面损耗。国标规定了常温下对材料的测试标准。在水泥窑炉内的磨损主要有黏着磨损、磨粒磨损和腐蚀磨损三类。

黏着磨损主要是高温下磨损所造成的损坏，是指在法向荷载作用下，窑炉内物料和耐火材料表面的相对滑动所产生的接触破坏；而磨粒磨损则是低温下的磨损破坏，它又可分为凿削式磨损、高应力碾压式磨损和低应力擦伤式磨损。第一种是物料磨粒能凿入到材料中，经滑动能切割下部分材料表面的磨损；第二、三种的区别在于磨粒所受到的应力是否超过磨粒自身的强度，磨粒是被碾细、还是仅磨钝，进而对材料的破坏是碾压破坏，还是擦伤破坏。一般讲，磨粒硬度越高、数量越多，与材料的相对运动速度越大，磨损就越严重。

对于陶瓷性的耐火材料，由于它的硬度高，承受的应力又很集中，自身又缺乏抵抗裂纹扩展的能力，故抗冲击能力较差，因此在选用陶瓷耐火材料时，这是必须考虑的指标。

（6）抗热震性　当耐火材料因温度快速变化时，在材料内部产生过大热应力，而引起破坏。这种特性是与材料的导热性能、弹性模量及断裂功（裂纹扩展增加单位面积所消耗的能量）的综合反映，表示材料在热震中的强度损失快慢及发展趋势。图9.2.2中按各材料的抗热震性排序为 $A > C > B$，而 E、D 的热震性不合格。

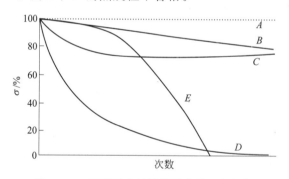

图9.2.2　不同耐火材料热震中的强度损失

除此之外，还有对耐火材料抗侵蚀性、抗断裂能力等内容的研究，不再详述。

然而，任何材料不可能同时具备上述这些性能，而应该针对某几项关键指标，制作不同种类、性能的耐火材料。

9.2.2　水泥窑用耐火材料类型及发展方向

1）耐火材料的分类

按照砖的化学成分，大类可分为碱性砖及酸性砖。碱性砖用于碱性气氛中，如耐碱砖、铝镁尖晶石砖等。酸性砖则适用于酸性气氛中，如硅砖等。如果按原料的成分来源细分，则有镁铬质耐火材料（镁砂与铬铁矿）、镁铝质耐火材料（镁砂与高铝矾土，或烧结、电熔镁铝尖晶石）、镁铁/铁铝尖晶石耐火材料（镁铁砂的镁铁尖晶石与铁铝尖晶石）、镁钙质耐火材料（白云石砂与镁钙砂）、高铝质耐火材料（按氧化铝含量分为半硅质、黏土质、高铝质及刚玉质四种）、铝硅质耐火材料（石英、莫来石与钾长石等）。

按照使用要求，可分为耐火砖、耐磨砖、抗剥落砖、耐碱砖等；按照产品的使用方式，可分为定形砖及不定形的浇注料等。

2）不定形耐火浇注料的分类

在设备筒体表面不规整的位置，如窑尾烟室、窑口、预热器进出口等处，选用耐火浇注料会比用定型耐火砖方便、可靠、廉价，尽管它的施工程序比直接砌筑复杂，需要支模板、焊铆钉、振捣、养护、拆模等环节，但它毕竟要比定购、烧制定型的异形砖简单、快捷。

不定形耐火材料的种类很多，根据其中基质之间、基质和骨料之间的结合方式，可分为水泥结合、化学结合与凝聚结合三类。每类中也因组成及用量的多少又有很多种。

所谓水泥结合，虽都是靠铝酸盐水泥在耐火材料中发挥作用，但又可按 CaO 的含量，分为普通（2.5%）、低水泥（2.5%～1.0%）、越低水泥（1.0%～0.2%）、无水泥（0.2%）等性能完全不同的浇注料。其中水泥用量越多的类型，浇注料高温性能变差，但价格便宜，耐碱浇注料就属普通型；低水泥型浇注料则要添加耐火微粉、少量化学外加剂等组分，以提高浇注料的高温性能，是现在最常用的提高型浇注料。为进一步提高性能，还可添加碳化硅、红柱石、刚玉等特种组分，以满足特殊部位使用。如在窑头罩、篦冷机高温段及燃烧器头部，所选用的既耐磨又耐高温的浇注料，就是由刚玉当骨料、铝酸钙水泥为结合剂，以及纯度90%碳化硅、硅微粉外加剂、三聚磷酸钠减水剂制成的浇注料。由于有高分子聚合物，与基层混凝土黏结牢固，能经受最为苛刻的使用要求。又如新开发的无水泥耐火混凝土，所用原料为黏土、莫来石、铝矾土和管状氧化铝，因含有不同孔径微孔，可迅速排出溶胶混合物的吸附水。窑的升温曲线推荐时间为36h，与低水泥耐火混凝土相比，其柔韧性、耐火度、抗硫碱等性能均优，寿命延长约10倍。

化学结合的浇注料主要是用磷酸盐或水玻璃作为结合剂的不定形耐火材料，常用于用作耐火泥、耐磨或抗热震的材料。

耐火浇注料成型的方式也多种多样，分浇注、捣打、喷射、预制数种，如在篦冷机矮墙、三次风闸板、三次风管弯道等处，因用量较多且形状较为统一，就可按预制件生产浇注料砖，利用工厂批量机械化生产，预制施工条件规范，便于严格控制水灰比，并经足够烘干、焙烧，养护一段时间后比现场施工质量高，并节省大量时间和劳动力。又如在预热器旋风筒顶部使用的浇注料，最好使用捣打方式。

常见的自流型、泵送型及喷射型浇注料，它们可满足不易振动成形的部位，或距离长、高差大的部位，或不易支模部位的施工要求。如窑头罩顶部浇注料就可使用此方式施工。但这种浇注料的流动性决不应该来自水化，需要超低水泥含量，使用特殊的铝酸盐水泥，并使用硅溶胶作为辅助结合剂。

3）新型耐火材料的发展

新型耐火材料制作的发展方向是原料高纯化、材质复合化、工艺自动化。近来发展的几种新型耐火材料如下：

（1）高强低导镁铝尖晶石砖　使用原位合成的微孔镁铝尖晶石作为原料，制成以微孔镁铝尖晶石为主骨料，镁砂为基质的高强低导镁铝尖晶石砖，是一种创新产品。因它的气孔率高，可以降低导热系数，减少散热，改善窑筒体温度，减少筒体变形，延长自身使用寿命；而每个孔的直径微小，又保证材料仍具有较强的抗碱侵蚀能力、良好的高温性能。而且它与硅莫砖相比，当窑内是焚烧固废、垃圾时，更能耐受气氛波动较大的使用环境。

（2）莫来石复合砖　莫来石复合砖以烧结莫来石、黑碳化硅为主要原料，添加刚玉细粉、红柱石细粉后，高压成型，高温煅烧而成。本产品具有传统硅莫砖性能没有的如下特点：

可避免矾土在二次莫来石化过程中所产生的体积效应，使用中体积稳定，不会出现"抽签""爆头"等现象；莫来石可以明显提升高温抗折和荷重软化温度；特有的柱状结构保证材料在抗机械应力及热应力中有良好韧性；刚玉细粉及高温煅烧的莫来石可明显提高耐磨能力；又因体积密度低，可以降低窑负荷4%～6%；导热系数低，可减少筒体散热。

（3）镁铁铝无铬砖　它是含有氧化铁的烧结氯化镁作为原料，用合成亚铁尖晶石作弹性剂，通过特殊煅烧而成。由于亚铁尖晶石的化学成分与铬矿石成分接近，较镁铝尖晶石更易让 Al_2O_3、MgO 或 FeO/Fe_2O_3 取代 Cr_2O_3，制成无铬耐火砖。亚铁尖晶石不与周边物质反应，抗熟料侵蚀性强，更能抗碱侵蚀；同时，镁铁尖晶石、C_2S 等易与生料作用，生成黏性高的铁酸钙和铝酸钙化合物，可提高挂窑皮性能。它还具有优良的弹性和抗热震性能，蠕变应力低，抗热应力、机械应力优秀，在合适的耐火度下，耐压强度高约20%。因此，它必将成为预分解窑烧成带及上过渡带的理想耐火材料。

（4）白云石砖　该砖并不是新型耐火材料，但在我国很少应用。但该砖不但无铬污染，且使用寿命一年以上。原因在于：它的铝、铁含量较镁铝砖低4/5，减少了低熔点矿物相组分与熟料的反应，砖不会因此受损；它可在砖内形成微裂纹，有效限制应力裂纹发展，提高砖的热震稳定性，减少温度变化引起的砖剥落及断裂；又由于它有较高氧化钙，易与熟料中 C_2S 发生反应，极易形成厚而稳定的窑皮；因它的杂质含量极少，很少形成低熔化合物，砖内很难存在变质蚀层，具有变形而不裂的特点。只是在运输与储存过程中有较严格要求，不能被水化。现在已经有铝膜真空包装技术，再经普通胶带粘贴，保存期已超过一年；但停窑若长于一个月，需简单处理砖表面，以防止水化。

（5）耐高温陶瓷　以刚玉为主要成分的陶瓷既能耐高温，又能耐磨，是不可多得的耐磨高温耐火材料。但它一是价格昂贵，二是性质脆而易碎。因此水泥窑炉中很少用作衬料。但近年作为预热器出口内筒［见3.1.2节2）（3）］及三次风闸板［见3.2.3节4）（3）②］都有上好表现，获得其他材料难以承担的效果。

9.2.3　使用耐火材料的节能途径

1）选择适宜的耐火材料品种

为选取最适用、寿命最长的耐火材料，不只要了解每种耐火材料的特性，更要了解窑炉各段工艺对耐火材料的要求，并随时关注这两方面的技术进步，才可能获取最大节能。

（1）下过渡带　窑头距窑口约0～1.6m的一段，兼有冷却作用。此部位环境温度高，温度变化范围大，熟料磨损与含尘气流冲刷严重。因此，耐火窑衬应具有较高抗热震性、耐侵蚀性和高温耐磨性：前0.6m常选用高纯铝镁尖晶石质、莫来石质、刚玉质等浇注料，后1m选用电熔镁铝尖晶石砖、高耐磨砖、硅莫红砖Ⅰ型、硅莫砖等。最近又有适于恶劣工况的铝矾土碳化硅砖，专门用于窑口及窑头罩等处。

另外，该部位的耐火材料还有与窑口护铁的结构合理配合的任务。

（2）烧成带　该部位的长度约为窑径的4.5～6倍，热负荷高，可以形成稳定窑皮，能缓解火焰及熟料对耐火砖的直接侵蚀。此部位应选用有良好抗热震性、耐侵蚀性和挂窑皮能力的砖，如镁铁尖晶石砖、镁钙锆砖、镁铝尖晶石砖、白云石砖等，而不应再选用对地下水有严重污染、国家已禁用的镁铬砖。

（3）上过渡带　主窑皮（烧成带）后 5m 左右的区段。每当窑内热工制度变化，此位置就成为窑皮长落区，耐火砖就会直接面临高温烧蚀与磨蚀，反而成为全窑窑衬寿命最短的位置。此处用砖应该能抑制可挥发有害成分渗透与它反应，应选高致密度的电熔镁铝尖晶石砖、硅莫红砖 I 型等，并增加 SiC 成分，使其具有最好的抗热震性、抗侵蚀性，且高温耐磨。但高密度砖的导热系数高，会提高筒体表面温度 30～40℃，增加散热。

超短窑与普通窑只是缩短了这部分窑衬的长度，即只减少硅莫砖与硅莫红砖的用量。

（4）放热反应带　从上过渡带至后窑口为窑内温度相对较低的部位，常选用硅莫红砖、硅莫砖、抗剥落砖等耐碱性和高温耐磨的耐火砖。此部位的使用周期较长，一般可超过 2 年。

（5）后窑口　此部位耐火衬料应具有良好机械强度和耐碱性，可选高铝低水泥质和莫来石质浇注料。

（6）三次风管　由于三次风温度介于 800～1000℃，可选高强耐碱砖。在其内径确定后，衬砖厚薄还要影响窑、炉阻力平衡，一般为 180mm 厚，再有保温层 140mm 厚度，使用与管道曲率半径相同的弧形硅酸钙板，以能紧贴钢板；如选用新型气凝胶隔热材料，既简单又扩大风管内径。

（7）预热器　预热器内的温度不超过 900℃，耐火衬料只需使用耐碱砖及耐碱浇注料，可用五年以上。

（8）篦冷机　篦冷机前端及顶部主要使用耐碱浇注料；两侧墙体 1.5m 以下部位，应使用预制的定形耐磨浇注料砖，上部用耐碱砖。

窑衬的检修更换，一般是利用每年水泥市场滞销期统一进行一次，而上述前窑口、后过渡带及喷煤管等处所用衬料，往往是提高安全运转周期的瓶颈。

2）保持稳定的高窑速

预分解窑的高窑速对耐火窑衬寿命的影响分正反两方面，由于窑速快，使窑衬每转一周所产生的温差减小了幅度，有利于窑皮与窑衬的稳定，这是正面影响；但增加了单位时间物料与无窑皮位置窑衬的磨擦频次，也增加了筒体钢板椭圆度变化的频次，窑衬所受应力为此变化频繁，这是负面影响。但正反因素的比较，还是正面影响更大，预分解窑的窑衬寿命远长于传统回转窑的事实，其原因正在于此；尽管预热器窑有碱、氯、硫有害元素的循环富集，窑衬要承受更大的化学腐蚀等。

为克服窑的旋转对窑衬的不利影响，除选择对应的窑衬材质及改善筑炉工序外，窑的轮带应使用整体锻造工艺，以减少筒体变形对窑衬寿命的影响［见 3.3.2 节 3）（2）③］。

绝不应沿用改变窑速控制窑温的陋习，它会让窑衬受到过多应力变化，而且也成为破坏窑皮与窑衬稳定的因素之一。

3）保持窑、炉稳定的热工制度

频繁开、停窑，会引起系统热工制度的最大波动，加速耐火材料在温度应力下的体积变化，是对砖热震性能的严重挑战，应该尽量减少这种对衬砖寿命的威胁。

在窑的点火升温阶段，要严格按照升温曲线，不允许过快而导致筒体膨胀过大，加之镁砖导热系数高，较为容易被轮带挤压成永久形变。在油、煤切换阶段，要避免油滴溅落在砖面上燃烧。冷窑时要规范用风制度，降低高温风机在止料、止煤后的用风量；篦冷机用风，也要服从慢冷窑的要求。

除此之外，正常煅烧时，要确保燃烧器火焰形状完整，不伤害窑衬。

4）窑炉筒壁的上弧曲率半径不宜过大

窑径越大越不利于顶部衬砖形成拱力支撑，如 $\phi 4m$ 窑相同部位衬砖的寿命可达一年以上，而 $\phi 6m$ 窑就只有半年。衬砖随筒壁旋转到上部或静止在大曲率拱顶上而不坠落，都是借助两侧砖的拱力。如果窑筒体曲率半径过大，砖间拱力就小，若靠其他外加应力保持，砖就容易损坏。这就说明，窑径越大对窑衬寿命越不利。

5）克服挥发性组分对窑衬的腐蚀影响

含有钾、钠、氯、硫等元素的物质在高温中的挥发，凝聚在窑内富集后，SO_3 含量要高 $3\sim5$ 倍，K_2O 或 Na_2O 含量富集 5 倍，Cl 含量更高达 $80\sim100$ 倍，它们不仅对耐火砖侵蚀，让衬砖发生碱裂；这些物质还会引起某些部位结皮，无论是水枪、空气炮清理，都会加快砖的剥蚀。为此配料时应予以关注〔见 3.3.4 节 2）（2）②、7）〕。

6）智能控制在窑衬上的应用

耐火材料与隔热材料的使用效益应表现为正常运行时系统散热损失最小，为此需要红外扫描仪对系统各处表面温度进行加强监测，并靠智能编程及时记录、报警，并配合窑尾、分解炉等处的温度，适当调整灶的风用量，还要确定对它的更换时间。

9.2.4 耐火材料的应用技术

为提高窑衬使用寿命的环节有三个：选择性能对路的筒壁衬料材质，可靠的筑炉质量及合理的煅烧热工制度。

1）耐火材料质量的选购

购置耐火材料的质量，对于定形砖，不只要关心其荷重软化点、强度、加热永久线变化、抗热震性等理化指标，还必须严格要求几何外形尺寸的误差小于 0.5%，因为它能反映制作过程中，配料、成型压力及煅烧温度等是否在精准控制；也是镶砌中保证砖缝均齐、提高砌筑质量的基本条件。更何况，它是验收时比理化指标最容易检查与落实的指标。

对于不定形浇注料，关键在于允许的最大用水量，需水量越低，越有利于未来使用寿命。

2）确保筑炉质量

耐火窑衬施工质量是关系窑衬使用寿命的三大环节之一，应重视如下要点：

（1）镶砌前要做好放线工作 保持纵向基准线平行窑的轴线，环向线垂直于窑轴线。通过加纸垫或钢板在径向缝、环向缝和纵向缝，注意留匀膨胀缝，减少膨胀产生的应力。

（2）砖的镶砌排布方式 有横向环形镶和纵向交错镶两类。前窑口、烧成带宜用横向环形干法镶砌，其余无窑皮部位应采用纵向交错湿法加火泥镶砌，以避免窑内有害气体从砖缝渗入，腐蚀筒体钢板。特别是协同处置固废的窑，更加剧了有害气体对砖的腐蚀程度。

（3）购置、善用高铝质耐火胶泥 此火泥要具有黏结强度高、抗冲刷、耐化学侵蚀、耐磨损、施工方便、保存期长等性能。中温时，以化学黏结为主，改性胶液冲破耐火砖界面，进入砖面开口空隙内；高温时，窑衬出现早期液相，使烧结温度变宽，基料中多种化合反应形成针状莫来石，形成大分子结构和环状四面体骨架，产生"陶瓷烧结"，有利于提高窑衬的高温耐磨性、抗震性、耐冲击和抗剥落性。内在的膨胀剂在高温下产生永久性膨胀，以补偿升温引起的砖缝收缩。

（4）控制用水量 是浇注料施工关键，一般不宜超过 $6\%\sim8\%$，要严格按照厂商规定的比例。凡为快捷、省力施工,用水过多者,浇注料寿命必然缩短,甚至炸裂。振动棒分层振实时,既要让表面振出浆液,避免空洞,又不能振动过度,产生离析。另外,还要重视锚固钉的材质、形状及焊接程序等影响浇注料使用周期的因素。

各级旋风筒顶部用浇注料,要比用定形耐火砖方便可靠,但要使用含水量低的捣打浇注料,可免去支模工序,并与耐火砖呈放射形交叉筑炉,获得更为稳定的结构。

(5) 对锚固件、锚固砖与托砖板、挡砖圈的使用 在篦冷机及预热器中,会遇到大面积的直墙或平面需要砌筑耐火砖时,应根据面积大小适当布置数个锚固件,并通过挂钩铸件拉住砌在墙上对应位置的锚固砖,再靠锚固砖拉住整面直墙。它可防止直墙的温度反复变化而"鼓肚",与壳体脱开直至塌落。

锚固件有金属制作的 Y 形、V 形、L 形等各种形状,直接焊接在需隔热的筒体钢板上,以强化耐火材料与钢板为一体;锚固砖是四面斜度与周围砖相配,中间预留孔洞,能被锚固件拉住的异形砖;托砖板是垂直墙体之间增焊一块钢板,以分散砖的自重;挡砖圈则是在窑内用以分散砖因窑斜度对窑口的压力,在窑的适当位置焊接的钢板圆圈。

在使用耐火浇注料又要用硅酸钙板隔热时,应在设备钢板表面焊牢锚固件的直杆,再插入整块钙板后,然后在端部焊接叉头,最后施工浇注料,见图 9.2.3。

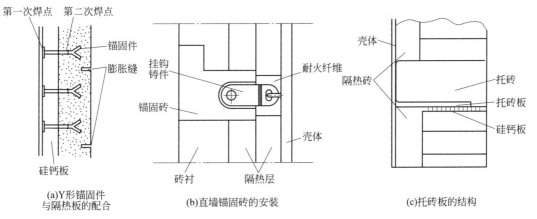

图 9.2.3 锚固件、锚固砖、托砖板的使用示意图

现在很多大集团都自备或聘请专用筑炉队伍施工,但每个生产现场都需有熟悉施工标准及要点的工艺工程师(或中控窑操)负责,如果由窑操直接参与砌筑,更有利于施工质量。

3) 配全筑炉机械

随着窑径的扩大,窑内耐火衬料的镶砌工程都应使用拆砖机与镶砖机,并辅之若干根可调丝杠,正确使用它们不仅能保证施工安全,更能保证施工质量。

4) 合理的操作环节

操作中应有掌控火焰长度及一次风用量的能力。

(1) 控制升温与降温速率 正确的投料与止料是点火后的重要操作环节。窑温的升降速率控制将是影响使用寿命的关键。升温时要按升温曲线规定,采用"慢升温,不回头"原则,在耐火材料结合水脱水的 500~600℃ 阶段,要防止内部产生的内应力开裂,甚至大面积剥落;为了确保烘干窑衬烘干程度,可用玻璃片放在各级预热器顶部浇注孔的排气口检查。

当停窑不准备更换窑衬时,止料后降温速度不能太快,需自然冷却 4~5h,待 400℃ 以下后,才能强制通风快冷。

（2）烧成带窑衬与窑皮的关系　与烧成带耐火砖表面融合的一层熟料就是"窑皮"。它的作用是：

① 保护烧成带耐火砖不直接受高温及化学侵蚀，延长耐火砖使用寿命。

② 可以减少烧成带筒体向环境散发的热量，提高窑的热效率。

点火后首要任务是为烧成带窑衬挂牢窑皮，并以最少耗砖为代价，这是重要又敏感的操作环节。关键操作在于，恰到好处掌握好物料到达烧成带的时间与烧成带所保持的温度，只有系统预热器、分解炉、突发温度都符合要求，喂料量为设计能力的 30%～40%，并在高窑速下投料，一个班内便可挂好窑皮。

9.3　隔热材料

隔热材料与耐火材料相比，有独自的特性与要求，它们之间相互依存、相互补充。

9.3.1　隔热材料的原理与工艺任务

1）工艺任务

由于隔热材料是独具的内部多孔结构，使其导热系数很低。常用于设备作外隔热与内隔热两种用途。对于高、中温热工设备，为减少工艺的系统散热，降低热耗，在设备壳体与耐火材料间砌筑上隔热材料，成为内隔热材料。而对于中、低温设备，它又可包在中、低温容器与管道，如增湿塔、蒸汽管道等外部，作为起隔热作用的外隔热材料，防止热量散失，既可节能，又避免设备内壁上结露。但无论哪种情况，它们都是为减少设备筒壁向环境散发热量损失的隔热材料，它们都很难承受高载荷要求。本章着重介绍内隔热的使用。

另外，隔热材料的众多细小空隙，比重轻，还常用于设备的隔音降噪，成为降噪材料。

2）隔热的原理

（1）气孔对导热的影响　描述物体间的传热速率的物理单位是导热率，空气是最好的隔热介质，导热率仅为 0.025W/(m·K)。隔热材料就是内部含有大量气孔的固体，它的导热率是固相与气相传热及辐射传热的叠加，而它们间的导热却忽略不计。因此，材料中的气孔数量、大小、连通程度和材料的透光率，将决定隔热材料的导热系数。

固体导热有声子导热和光子导热两个途径，它们的主要影响因素分别是声子、光子的平均自由程。低温下，增多气孔就减小了声子的平均自由程，降低材料的热导率；但随着温度升高，辐射和对流越来越重要。而光子导热，气孔尺寸越小，孔壁阻断辐射的概率越高。

气体传热有对流和辐射两种形式，气孔尺寸越小，阻断对流传热的概率越高。图 9.3.1 中曲线 1 是用于对比氧化锆陶瓷材料的气孔尺寸和温度对热导率的影响；曲线 2、3、4、5 分别是气孔 5mm、1mm、0.1mm、0.05mm 时辐射传热时温

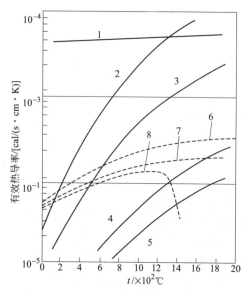

图 9.3.1　气孔尺寸和温度对热导率影响

度与热导率的关系；曲线 6、7、8 分别是气孔尺寸为 1mm、0.1mm、0.05mm 时的气体导热温度与热导率的关系。此图说明，温度越高，气孔的导热和辐射传热能力越大；气孔尺寸越大，随温度增加，气孔传热能力增加越快。但是当气孔尺寸足够小而温度又足够高，致使气孔尺寸和气体分子运动的自由程大小接近时，将会出现曲线 8 所示的随温度升高，出现热导率不升反降的现象。

（2）材料内形成气孔的方式　可采用烧尽法、化学法和泡沫法三种方式成孔。烧尽法为加入易燃物，高温烧尽而成孔，如加入 1~2mm、数量 5%~15% 的聚苯乙烯球制作成多孔耐火材料；化学法可加入氢氧化铝、碳酸钙等原料，高温下加入的成孔物质分解，脱除气体后形成多孔组织；泡沫法是加入松香皂、皂素脂等起泡剂，用机械办法打出泡沫，经固化而成多孔材料。这三种为材料增加气孔的方式，正是生产轻质耐火砖的途径。

（3）提高材料隔热能力的途径　热在隔热材料中的传递有固相与气相两种路径，为了减少固相的传递，除选择热导率低的固相外，应尽量减少固体粒子之间的接触面积。尽管气相的导热率相对固相可以忽略不计，但仍应降低气孔尺寸，以降低气相中的对流传热和辐射传热。

所以，增大气孔率、降低气孔尺寸、增大各级组织结构的复杂性，减少固相间的接触，并增加遮光物质，阻碍辐射传热等的材料，都能提高材料的隔热性能。

3）衡量隔热材料性能的关键指标

（1）材料的热导率 K_e [W/(m·K)]　是指单位时间通过单位面积材料的热量：

$$K_e = (1-P)K_s + PK_g + 4d\sigma T^3$$

式中　K_s，K_g——分别是固、气相的热导率；

P——材料中的气孔率；

d——材料中的气孔径；

σ——玻尔兹常数；

T——材料的平均热力学常数。

该系数越低，性能越好。不同隔热材料的热导率如图 9.3.2 所示。

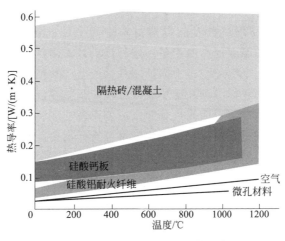

图 9.3.2　不同隔热材料的热导率

（2）机械抗压强度　具有一定的机械抗压强度，方便运输、储存与镶砌。

9.3.2 隔热材料的种类与发展方向

1）种类

（1）轻质砖 曾有三种典型生产方法：采用氧化铝空心球、电熔刚玉粉、SiO_2 微粉等制备的氧化铝空心球砖；采用聚苯乙烯泡沫球、膨胀珍珠岩粉等，经过挤压成型为隔热砖；还有用蓝晶石为主要原料，以白水泥作为结合剂生产的钙长石结合莫来石隔热耐火砖。这些砖虽然比一般耐火砖有很好的隔热性能，而且砌筑方便，但毕竟不能单独耐高温，使用中要占据较大窑炉空间，使用成本也较高。

还有一种低导热、多层复合莫来石砖，显气孔率 ≤ 20%，综合导热系数 1.65W/(m·K)，可用在窑过渡带，筒体温度平均降低 50～80℃。

（2）隔热耐火混凝土 有泡沫耐火混凝土及轻骨料耐火混凝土两类，但水泥企业更多用后者。轻质骨料的主要成分是轻质熟料、耐火空心球、陶粒、漂珠、膨胀珍珠岩等。它与普通浇注料一样，专用于形状复杂的隔热衬里，现场制作，免去其他材料的施工程序，而且可以按需要分层喷射，制作复合隔热衬里。它的最大难点在于要控制各组分的配比，提高流动性，防止喷射管路堵塞，并控制减少回弹量，需要较为复杂的设备（图 9.3.3），并需要促凝剂控制初凝与闪凝时间。

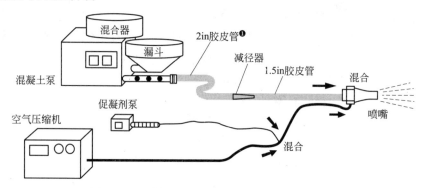

图 9.3.3 喷射隔热不定形耐火材料的设备组合

（3）硅酸钙板 目前使用最普及的隔热材料应该是硬硅钙石，它的最高使用温度为 1000℃，其隔热性能随使用温度提高而变差。这种材料是采用自磨的石英粉与石灰消化机制成的石灰乳配制，再经高温反应釜与压力锅炉供汽生产出硅酸钙水化物，压制成的不同厚度及不同形状的板状产品，将它们镶砌在预热器、分解炉及篦冷机等静态设备上，有良好的隔热效果。已在预分解窑的预热器、篦冷机等静止热工设备上广泛使用，将它置于耐火材料与筒壁之间，比用轻质砖会有更好的隔热效果，成本也要低很多。

2）发展方向

气凝胶制品是最新可用作隔热的隔热材料，已有用于预分解窑的三次风管、分解炉、窑头罩、篦冷机、预热器等位置的案例，已为降低热工设备的散热损失做出贡献。它实际是一种无机纤维材料，与耐火材料及少量有机结合剂经特殊工艺加工而成。其种类繁多，有隔热板、隔热毡及超级导热板等，导热系数比常温下空气的导热系数还低。只要砌筑、粘贴正确，与硅酸钙板相比，筒体表面温度可降 50℃以上，大幅减少散热量。

---

❶ 1in＝0.0254m。

(1) LAN-B1180 耐高温隔热板　它的原料是以无机纤维棉、天然耐火材料及少量有机结合剂为主，采用微米级直径的无机絮状纤维棉，在全自动控制连续生产线加工制成。产品尺寸精确、平整度好、强度高，拥有轻质抗热震、抗剥落等优点。它能在 1000℃ 以上的热面温度下，仍具有较低导热系数，且强度基本没有损失，5MPa 压力下仍然压不碎，耐火度超过 1700℃。由于该材料能及时吸收耐火砖体或耐火浇注料体加热过程中产生的膨胀力，避免了因应力造成砖体或浇注料产生裂纹的可能，且同时具有强度和韧性。故它能减少炉内温差，减少备件消耗，延长炉体寿命，也不怕碰、摔、撞，方便运输、存储和施工。

(2) LAN-P750 纳米绝热毡　它是采用无机纤维丝为基材，通过微观纳米级多孔伪真空复合工艺，制成柔性材料，其隔热性能极佳。由于它的孔径尺寸低于常压下空气分子平均自由程，因此在纳米空隙中，空气分子近似静止，避免了对流传热；它的极低体积密度及纳米网格结构的弯曲路径，又能阻止气态和固态热传导；无穷多的空隙壁，还可以使热辐射降至最低。这些结构特点阻断了对流、传导及辐射的所有热传递途径，比常温下空气的导热系数还低，其他隔热材料无法与其比拟。而且该材料在受 80MPa 面压力时，绝热性能并不降低，反而更好。减少平板与曲面间的空隙，适于在各种形状的钢板内侧紧贴。

(3) LAN-S1380/S1480 超低导热板　充分结合微纳米技术和红外遮蔽技术，通过特殊工艺制备而成，具有纤维纳微米多孔网络结构和巨大比表面积，在 1000℃ 以上热面温度下，它仍具有超低导热系数，可有效提高窑炉热效率，降低炉壁表面温度。该产品加工特点是非脆性材料，弹性好；拥有刚性、能自支撑；能抗风蚀，具有优良的抗热震性；良好的抗剥落性能；易成型、切割等。

以上三种隔热材料的主要技术参数对比见表 9.3.1。

表 9.3.1　推荐的新隔热材料的技术参数对照表

隔热材料品种	LAN-B1180 隔热板	LAN-P750 隔热毡	LAN-S1380/S1480 超低导热板	
			1380	1480
加热后线收缩率	950℃×24h≤-2.5%		1050℃×24h≤-3%	1200℃×24h≤-3%
理论热导率（用热面温度）/ [W/（m·K）]	800℃≤0.116	600℃≤0.034	1000℃≤0.09	1200℃≤0.1
		400℃≤0.025		
		200℃≤0.021		
耐压强度（厚度方向压缩 10%）	≥0.1MPa		≥0.1MPa	≥0.1MPa
理论体积密度	220kg/m³	220kg/m³	300kg/m³	300kg/m³

9.3.3　隔热材料的节能措施

1) 选择隔热性能好的材料

为减少系统散热损失，除了选用散热面积小的工艺设备，如超短窑、单系列预热器等之外，更需要在设备筒体与窑衬之间增砌隔热材料，阻止热量向外散发。但隔热层要占据设备容积，因此要求隔热材料导热系数越低越好，以减薄隔热层，但也要有最低要求的高温强度。为此应积极尝试更低导热系数的新型隔热材料——聚凝胶。

2) 优化设计复合衬里

根据炉内与环境的温度差，在窑炉衬里总厚度确定的前提下，合理分配耐火材料与隔热材料的厚度比例，是工艺设计对此类装备的考虑重点。

现在开发出的复合砖（图9.3.4），俗称"板凳砖"，是为减少窑筒体散热所采取的积极措施。但它并不符合优化要求，此砖长度方向两端的支撑脚没有隔热，仍是耐火材料在大量散热；而且筒体钢板无法散热均匀，便产生应力，况且它会大幅增加制作成本。

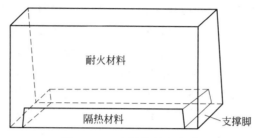

图9.3.4 窑用简易复合砖

3）智能技术

其应用效益与耐火材料［见9.2.3节6）］相同。

9.3.4 隔热材料的应用技术

1）提高砌筑施工质量

预热器与篦冷机都要砌筑隔热材料，因为它们的表面积很大，散热损失会占全烧成系统的40%左右，故正确选用并提高砌筑质量，是降低系统散热损失的关键。

隔热材料的强度普遍低于耐火材料，施工中绝不应其随意切割、掰碎，再用浇注料填满空隙。这将大幅提高导热率，降低隔热效果。因此，订购时要关注尺寸，且施工时理应将Y字形扒钉改用倒T字形，待完整穿插进硅钙板后，再用细铁丝在扒钉头以网状焊牢，只有如此，才能避免扒钉干扰整块硅钙板的镶砌，获得理想隔热效果。

如果设备壳体为圆弧形，应定制相同曲率半径的弧形硅钙板，以确保紧贴容器内壁。

严禁用硅酸铝纤维毡作为硅酸钙板的替代隔热材料，因为不仅它的导热系数高，而且使用后易粉化，在检修更换时，危害操作人员健康。

使用气凝胶制成的隔热材料，施工方法要比硅钙板简单，只需专用胶黏结即可。

2）及时检查与更换

运行巡检中应关注筒体表面温度的变化，并做好记录。每次更换窑炉衬料检修时，应当与耐火材料同时检查并更换隔热衬料，不应以抢工期、程序烦琐为理由省略隔热材料。

9.4 耐磨材料

耐磨材料是综合电、磁、光、声、热、力、化学以及生物功能的一类特殊新型材料，是信息技术、生物技术、能源技术等高技术领域和国防建设的重要基础材料，对改造某些传统产业也具有十分重要的作用。

9.4.1 耐磨材料的工艺任务与原理

1）工艺任务

水泥生产中，某些配件为延长自身寿命、降低能耗很需要高耐磨性，甚至是高温耐磨性。它需要针对配件磨损的两种机理，一种是主动磨损，即自身充当粉磨介质，在研磨物料同时，必然被物料磨损消耗，如球磨机钢球、衬板，立磨磨辊、磨盘，辊压机磨辊，破碎机锤头、衬板、篦条等；另一种是被动磨损，是在物料或气流输送中不希望发生的，如风机叶片、选粉机叶片、设备壳体等。既要提高材料的耐磨性能，也要设法利用物料间相互做功，还要通过物流与气流的合理规避，减轻被动磨损的发生。

烧成工艺中存在的高温磨损更是难题，也更显迫切，如燃烧器喷嘴、篦冷机篦板、三次风闸板、预热器内筒等配件。这更多寄希望于非金属材料，如高温浇注料、高温涂料、耐火陶瓷等。显然，它们与金属耐磨材料分属于两大学科。

生产中每当某个配件损坏时，并不是都能立即停磨或停窑更换，有时甚至还久未发现。因此配件的寿命，不仅关系到配件的费用成本，而且还必将决定生产的耗能。例如：磨机会因钢球磨损而降低台产；立磨、辊压机会因磨辊磨损而减产；风机叶片磨损会导致它的风压与风量不足，影响电耗与产量；窑预热器内筒的损坏，或燃烧器喷嘴磨蚀，火焰会伤及窑皮，不仅增加电耗，也会提升熟料热耗。因此，提高耐磨件的寿命事关重大。

比较易磨损件的使用寿命，统一为如下计算公式：

$$T = kG \frac{Q}{g} \times 10^6 \qquad (9.4.1)$$

式中　G——易磨损件的质量，t；

　　　Q——磨机产量，t/h；

　　　k——磨损系数，指允许的磨损程度，可取 0.4～0.6；

　　　g——磨耗量，g/t。

2）磨料受磨损的不同机理

为叙述方便，被粉磨物料统称为磨料，研磨体的材料称为研磨材料。

（1）按磨料的磨损机理分类　据此可以清楚了解磨损过程的本质。

① 切削磨损：在切应力作用下，磨粒从材料表面切过，表面便产生一定深度的犁沟，而被切削下来的材料类似于机床的切屑细末。

② 疲劳磨损：两个相互滑动的研磨材料表面，磨料在表面间滑动，会使材料内部产生周期性应力变化，形成亚表层的裂纹并扩展。如果磨料比材料软产生的就是应力疲劳；如果工况是磨料使材料多次变形，就会产生应变疲劳，产生薄片状磨屑。

③ 黏着磨损：在压应力作用下，两个材料表面的凸起部分产生黏合，此时再受到相互滑动的切应力，黏合部位就会从母体分离和脱落。

④ 腐蚀磨损：在遇到腐蚀介质时，磨损与腐蚀的交互作用，更要加速磨损，并继续腐蚀磨损后的新表面，加快了材料磨损过程。

⑤ 冲击磨损：当磨料以较高速度冲击切入材料表面时，在较大冲击载荷作用下，会在材料亚表面形成裂纹，并以 45°方向扩展，形成锥形坑。

（2）按磨料与材料相互作用的状态分类（图 9.4.1）　据此分类更为简便。

① 凿削式磨料磨损：当磨料中存在大颗粒，且还拥有尖锐棱角，金属表面就会有大颗粒金属脱落，形成严重的凿槽或犁沟。

② 高应力磨料磨损：当尺寸较大的磨料不断被碾碎时，磨料与金属表面接触处的最大压应力一定大于磨料的压碎强度，这种碾碎式磨损，使得金属表面被拉伤的同时，韧性磨料就会产生塑性变形或疲劳，脆性磨料就会碎裂或剥落。

③ 低应力磨料磨损：当应力不超过磨料本身压碎强度时，金属表面只产生擦伤。

(a) 凿削式　　　　　　　　　(b) 高应力　　　　　　　　(c) 低应力

图 9.4.1　磨料磨损的三种类型

3）耐磨铸钢件的失效方式

在选择耐磨材料时，要重视它们即将面对的工况，为此要了解它们的三种失效方式：

（1）磨损失效　其指在磨料磨损过程中，耐磨材料逐渐流失所导致的最终失效。耐磨件磨损后的硬度将是影响此失效的最主要因素。因此，耐磨材料的硬度应当高于磨料硬度的0.8倍以上，但硬度过高则会产生显微裂纹。

（2）断裂失效　当耐磨铸件在使用中受到较大冲击载荷时，就可能断裂，尤其安装不到位时。为此，应该减少铸件内部缺陷，提高铸件的冲击韧度和断裂韧度，降低裂纹的扩展速率；同时，应减少铸件结构的应力集中处及螺栓孔数量。

（3）变形失效　当耐磨材料的屈服强度较低时，如高锰钢铸件，使用过程中受外力而发生严重的宏观塑性变形，铸件将因形状改变而失效。

4）耐磨性与材料硬度的关系

耐磨性是指抵抗摩擦作用的能力，这种能力的因素不仅取决于成分、组织和性能，还与制作中的拉伸工艺及使用条件密切相关。

硬度是衡量材料软硬程度的一项重要的性能指标，它既可以理解为材料抵抗弹性变形、塑性变形或破坏的能力，也可表述为材料抵抗残余变形和反破坏的能力。

材料的硬度越高，耐磨性越好，故常将硬度值作为衡量材料耐磨性的重要指标之一。但耐磨性不等同于硬度，耐磨性好的材料不一定硬度高。比如最常用的耐磨材料铸铁，硬度并不高，发动机的凸轮轴就是用铸铁。它的耐磨性好是由于灰铸铁内含有片状石墨，石墨的润滑性减少了磨损，提高了耐磨性。除此之外，材料表面的光洁度对耐磨性也有影响。

总之，对于切入式磨损，提高表面硬度，就可显著提高耐磨性；但对于冲击性磨损，则不会有太好效果。

5）对耐磨材料耐磨性的影响因素

尽管不同材料有不同的耐磨性能，但影响因素可以归类为：

（1）化学成分　以宏观硬度识别某些钢板耐磨性而不用化学成分判断时，有时会有所偏差，比如 HB500 的耐磨性并不一定高于 HB400。以碳化铬材料为例，按化学成分应有：低碳低铬（碳为 2%～3%，铬为 10%～20%），中碳中铬（碳为 3%～4%，铬为 20%～30%），高碳高铬（碳为 4%～5%，铬为 30%～40%）三类。它们相对热轧热处理钢板，其致密性及平整性并不好，不同点位的硬度相差较大。虽宏观硬度同是 HB500，但与低碳低铬复合板的耐磨性也要低一半以上。

因为材料只有微观硬度高，才有高耐磨性，而复合板耐磨层表面有应力裂缝及气孔，又由于碳铬含量不同，其硬质颗粒的形状、数量也很不一样，因而，不同点位的微观硬度竟有 500HV 与 1700HV 之差，但它们的宏观硬度却相差无几。这就是硬度高并不表示耐磨的原因。

而通过化学成分的改变，也旨在改善微观硬度，如为满足高温磨损，就可加入相当数量的钼、铌、钨等元素。理想的配方为：C 是 4.5%，Cr 是 30%，Mo 是 6%，Nb 是 5.5%，W 是 2.2%，V 是 1.5%。又如加入少量硼元素，可以改善低碳低铬生成的金相组织。但在大应力磨损中，由于硼减少了共晶体碳化物数量，还会降低耐磨性。

（2）金相组织　金相组织比化学成分更重要，因为硬质相分布、形状、数量不一样，C 为 4%～5%，Cr 为 30%～40%配方所产生的硬质相数量多，并呈六角形柱状。这种硬质颗粒的微观硬度就在 1700HV 以上，而且奥氏体结合的强度也高。高碳高铬形成的碳化铬硬质颗粒越大，数量越多，分布越均匀，微观硬度越高，耐磨性能就越突出。而低碳低铬没有这种金相组织，尽管宏观硬度也有 500～700HB，但使用的耐磨性却要相差一半。

（3）焊接中的稀释率　在明弧焊或埋弧焊工艺生产堆焊耐磨复合板时，会发生材料局部稀释，从而降低材料的耐磨性。这里有两个原因：焊丝钢带成分高碳铬铁粉约 60%会融入耐磨层，大大降低其中的碳、铬含量，需要加入金属碳化铬粉；用电弧焊加热融化时，基板微观硬度只有 700HV，稀释了耐磨层与基板的结合层。

（4）致密度及变化幅度　耐磨板即使有相同化学成分，但若耐磨层的致密度及变化幅度不同，表现其气孔率、表面平整度、波浪线落差等差异，就可辨别耐磨性能的高低。

耐磨层微观硬度的下降幅度，直接受复合板生产工艺及生产设备控制，其下降幅度取决于稀释率。幅度下降越大，耐磨性越差，即使表面耐磨，内部也不耐磨。通过对耐磨层分层切割至基板结合部，做金相分析及测试硬度，便可了解该幅度大小。

（5）加工性及结合强度　碳化铬复合板在火焰切割或焊接中，由于高温退火作用，耐磨性下降非常明显。当耐磨板的化学成分优于焊材时，焊道的磨损要明显快于耐磨层。

对复合板的强度与耐磨性有极高要求的工况（如高速风机），必须采用高强钢做基板。

9.4.2　耐磨材料的类型、结构及发展方向

1）耐磨材料的类型

由于设备配件的耐磨性直接影响它的使用效率与寿命，随着多材料学科的共同发展，材料的耐磨性能在快速提高，而且耐磨产品的种类也琳琅满目，如：复合钢板类（1～3）、耐磨焊丝堆焊类（4）、耐磨铸钢类（5～6）、耐磨涂料类（7～9）、耐磨陶瓷类（10～11）等。1～6 六类为金属耐磨材料，7～11 五类是非金属耐磨材料。它们的性能、生产成本与价格都相差较大。可以针对某种具体工作环境与要求，谨慎选择。

（1）复合耐磨钢板　它的种类多，以最早出现的 UP 板为代表，但随着工艺进步，现在有更高性价比的复合板。它们比最初的锰钢板、哈道斯板的使用寿命提高数倍。如使用碳化钨耐磨板对 Atox 立磨选粉机修复，寿命还可提高 3～8 倍，无须更换新转子。它是依靠在 16Mn 钢板表面涂碳化钨材料，经高能离子注渗钢基体内，形成 1.2～1.5mm 厚高耐磨合金。

（2）碳化铬复合板　国内使用碳化铬耐磨复合钢板已有十几年，但并没有统一生产标准，大多采用明弧焊或埋弧焊工艺，主要材料是高碳铬铁粉，耐磨层表面都有明显焊道及粗细不一的应力裂缝。为此，有必要全面比较它们对碳化铬复合板与热轧热处理钢板的质量。

最有挑战性的耐磨钢板，当属美国的信铬钢，它的使用寿命是 UP 板的 2 倍左右，是国产碳化铬耐磨板 3 倍左右。

（3）JFE-EH-SP 超级耐磨钢板　它不但具有良好的焊接性和可加工性，而且还有比以往 HB500 级别更高的耐磨性，利用碳化钛析出相的超高硬度，无须提高材料硬度，便可实现超级耐磨性能。

（4）高铬合金铸铁类药芯焊丝　分埋弧和明弧两类，两种焊接方法中，明弧焊稀释率为2mm，但焊道飞溅多，气孔多，表面粗糙，致密度不够理想。而埋弧焊正相反，稀释率高至 3mm，而致密度较好。

根据不同工况要求，该药芯焊丝分三类：一类为不加其他合金的高铬铸铁类，它适应工况较好、磨损不甚严重的场合；二类为高铌高铬铸铁类，适应能力居中；三类为复合型多元合金高铬铸铁类，它适于工况恶劣、磨损严重的场合。

耐磨焊丝用于在耐热铸钢件表面堆焊，焊丝品种也在不断改进。ZD501 焊丝比原用 MD501 焊丝的性能更优越，它并非是增加材料的硬度，而是在优化熔敷金属的微观组织结构，实现材料的抗冲击和抗剥落性能，所堆焊的耐磨层特别适合于粉磨易磨性较差的原料，如钢渣、水渣及含硅高原料等。还有 ZD901-O 及 ZD902-O 系列高铬铸铁焊丝产品，也在磨辊的堆焊中，表现出显著的耐磨性。

（5）高铬铸铁　当组织的各相，通过相互支撑，就可极大提高材料的耐磨性，尤其对抗低应力磨料磨损，性能非常优异。铬含量 15% 时，随着碳含量增加，共晶碳化物量逐渐增加，当碳含量达 3.86% 时，得到过共晶组织，出现初生碳化物 M_7C_3。

然而，目前铸造工艺很难实现过共晶组织，充其量只是亚共晶或共晶，这是因为：

① 碳含量增加过高（3%）时，高温浇注中因补碳无法充分，出现大量显微空隙的针状晶体，磨损中它们极易脱落，从而缩短寿命。

② 铸造中产生的巨大热应力难以释放，铸件易变形或开裂。

改用堆焊工艺后，只要确保堆焊金属与母材结合，且释放应力时只产生垂直于焊缝的裂纹，就可得到超高碳、高铬合金组织。

（6）合金铸钢　它的耐磨层组织为"碳化物＋马氏体＋残余奥氏体"，材质为 CrMoWVNb 系的高耐磨钢，通过高速离心铸造一体成形。由于在离心力作用下，碳化物颗粒细小、弥散，而 Mo、V、W 等元素在纵向形成多层支撑点，硬度可达 HRC58～64。又由于花纹层直接浇铸成型，对磨辊可实现 1 万小时免维护。又因钢基材料可焊性好，能多次堆焊，正常使用寿命大于 5 年。

这种材料维护程序简单，可焊性好，不仅费用低，还极大缩短维护时间（3～5 天）。

（7）高聚陶瓷耐磨涂料　这是一种水泥基复合干粉砂浆，是一种具有特色的耐磨耐腐蚀材料。它与耐磨钢板、堆焊钢板相比，强度高、耐磨性好、与混凝土黏结强度高、体积稳定，由水泥、矿物掺合料、超微粉体、高强耐磨骨料、增强材料以及外加剂组成。开始使用之前约 30min，将双组分材料按一定比例拌和均匀，利用其热反应，直接涂抹在粗化处理后的母材构件上，使用非常方便。拌和要加清水，不能用胶水。因是不同级配使颗粒达到最紧密堆积，常温强度达 150MPa 以上。为提高耐磨涂料附着力，涂层内部加设强度网，以防脱落。

水泥生产中，选粉机异形分级叶片表面及出口、磨机溜槽、下料斗、筒仓锥体内壁、输送弯管、三次风管等都可使用这种耐磨涂料。另外，它的耐酸耐碱能力，在窑的处理垃圾中，能得到充分展示。它的无缝施工特点，比陶瓷片粘贴也有较大优势。

（8）免烧结耐磨陶瓷涂料 这是一种非金属胶凝材料，通过特殊处理方法、严格配料，使其在常温下形成极高强度和硬度的化学反应，韧性好、耐磨性高、高温性能稳定，且由骨料、超细结合粉及纳米、微米超微粉不同粒径颗粒，形成最大堆积密度，达到陶瓷结合强度标准。再加入金属龟甲网，形成网状长纤维，提高抗冲击能力。

（9）复合高聚耐磨材料 它是由聚氨酯添加有机合成材料热塑而成的非金属耐磨材料。这种材料的物理性能仅适合于干态80℃低温下应用；添加一定比例的无机耐磨材料，可提高到120℃。因它的密度较小，可以降低动态元件的重量，有利于降低电耗，还能实现以柔克刚的超强耐磨性。

（10）纳米级 SiC 金属表面耐磨技术 这是在微米、亚微米金属陶瓷耐磨表面技术基础上，开发出的高性能新型表面处理技术。在特殊添加剂作用下，它的微粒上带正电荷，并按比例加入电解液中，利用电沉积方法将表面活化的纳米陶瓷微粉和基质金属，按顺序共同沉积到普通碳钢分级叶片表面上，形成复合耐磨层。它既具有硬而不脆的高磨蚀性，又有与不锈钢类似的高耐腐蚀性，耐磨性是高铬钢的13倍。但若只采用普通碳素钢且叶片刚度不够时，作为选粉机叶片使用，将被金属异物打弯变形而无法运行。

（11）95 互压式防脱落耐磨陶瓷片 磨损严重的壳体内衬、转子主轴套外壁和出风管，都可用它实现防磨保护。它的 α-Al_2O_3 含量≥95％，厚度 5～15mm，硬度≥HRC80，密度≥3.53g/cm^3，耐温范围（－50～600℃）由黏结剂决定，黏结剂不允许海水浸湿。贴片表面光滑平整，可以粘贴在特殊形状的钢板上，通过互压式和螺丝固定式，确保不脱落。

2）耐磨材料的发展方向

（1）耐磨金属陶瓷 金属陶瓷是在工作面上嵌入抗磨性能高的陶瓷物，使陶瓷与金属能相互渗透复合，组成整体陶瓷芯板的耐磨表层，是一种由20％到80％质量的氧化铝和其余为氧化锆的均匀固体溶液组成。如将陶瓷颗粒镶嵌在立磨铸造辊套内，磨损面增宽，磨损变得均匀，运行压力变低。

① 所用原料。复合整体浇注耐磨陶瓷是属无机非金属耐磨材料，使用高纯度氧化铝（纯度＞95％的 α-Al_2O_3）为主要原料，添加多种稀有元素及耐磨的陶瓷碎粒，经过电熔而成为复合耐磨陶瓷。

② 四种基本复合方式。将陶瓷粒与铸铁整体浇注成型；陶瓷先烧制成圆柱形、棱柱形等后再与金属浇注成型；陶瓷成型为网格状预制体，然后浇注金属熔液；先将高铬铸铁浇注成留有孔的铸件，再将复合陶瓷浇注入孔内。目前第三种工艺在国外已成熟，且根据所侧重的使用特性，或耐冲击，或耐磨蚀，可选用不同的施工工艺。

③ 所具有的优异性能。

a. 重量轻。密度为 3.6g/cm^3，不足钢铁金属材料的一半，能降低设备运转负荷。

b. 超高强耐磨性和优良的抗冲击性能。超高硬度为洛氏硬度 HRA80～HRA90，仅次于金刚石。可以制成复合整体浇注耐磨陶瓷衬板、陶瓷复合管道、陶瓷滚筒、耐磨陶瓷部件等产品，可提高易磨损配件寿命20倍以上。

c. 耐高温。1700℃高温下烧结而成的刚玉陶瓷材料，使用温度可高达 1600℃，不但不会变形，且不损失耐磨性、工作表面光滑、摩擦系数小。

d. 耐腐蚀。能适应设备的各种酸碱的工作环境。

故由这种材料制成的立磨磨辊辊套、磨盘衬板使用寿命能比现在提高1倍以上。

（2）超声速火焰喷涂技术　超声速火焰喷涂技术的原理是，将燃气和氧气分别在700kPa压力下输入燃烧室，混合燃烧形成高压气流，通过喷嘴进入受水冷壁的长管压缩后，在出口处燃烧，形成高温射流，并迅速膨胀，其焰流速度是普通火焰喷涂的4～5倍，也远高于等离子焰流速度。此时，将涂层粉末由氮气或压缩空气送入喷枪喷管的轴向同心圆处，对金属表面喷涂。

该喷涂工艺制备的优点是：涂层致密，结合强度高，孔隙率小，涂层残余应力小，可喷涂层厚；且火焰温度低，粒子飞行速度快，被氧化程度低。其喷涂层耐磨性是16Mn的六倍以上。故适于修复磨损后的材料，远比堆焊及粘贴陶瓷效果理想。

该工艺分基体表观预处理及喷涂两个阶段：预处理阶段包括对磨损部位的局部更换，恢复原始尺寸，喷砂除油和除锈，使表面呈金属本色，且无气孔、裂纹和焊渣等缺陷，圆滑过渡；喷涂阶段则按优化的工艺参数进行，喷涂工件温度要小于150℃，避免开裂或剥落，对严重磨损区域可加厚喷涂层0.1mm，并确保表面平整，减少风阻和冲刷。

（3）表面纳米化提高金属材料耐磨性　材料的磨损起源于表面，金属材料的摩擦磨损性能与表面结构密切相关。利用表面纳米技术在金属材料的表面，制备出一定厚度的纳米结构表层，便可提高金属的耐磨性。

在块体材料表面获得纳米结构表层主要有3种基本方式：表面涂层或沉积、表面自身纳米化和混合纳米化。专家认为表面纳米化从两个方面影响材料的摩擦磨损行为：一方面是因为纳米表层具有较高的强度和硬度，磨粒压入表层的深度小，在摩擦磨损试验中，所配的副相对样品表面运动的阻力较小，所以表面纳米化样品的摩擦系数及磨粒磨损所造成的磨损量都比未处理样品的小；另一方面是因为表面纳米晶组织能有效抑制裂纹的扩展，因此在相同的荷载下，表面纳米化样品较未处理样品更难于发生疲劳磨损。

但是，不能简单地认为表面纳米化后的材料耐磨性一定提高，因为材料的摩擦磨损行为还要取决于纳米结构表层的厚度和表面粗糙度，也与荷载有关。

9.4.3　耐磨材料的节能途径

使用耐磨材料，同样要以节能思路分析：材料的磨损本身就是耗能过程，不仅要改善耐磨材料的耐磨性能，还要最大程度避免或减少设备运行中的无谓磨损。两方面同时努力，既能降低对耐磨材料的消耗量，又能最大幅度节能；与此同时，再提高设备的产能效率，就能降低单位产品的耗材量与耗能量。

1）按使用的磨损工况条件选择耐磨材料

（1）根据受力特点掌握材料的硬度　并不是硬度越高的材料就越耐磨。材料的硬度与韧性是相互对立的指标，往往硬度越大，韧性越差，脆性越强。有时由于配件缺乏韧性，还未磨损多少，却过早碎裂报废。

$$\varepsilon = f(H_m / H_a) \tag{9.4.2}$$

上式说明，选择的耐磨材料硬度 H_m 与磨料的硬度 H_a 的比值 $k(H_m/H_a)$，与耐磨系数 ε 具有函数关系，ε 随硬度的提高而增加。但当 $k \geq 1.3$ 时，ε 就不会增大，而此时研磨介质的韧性却大幅降低，使配件的易碎性提升。这就是选择耐磨材料硬度的依据。

为验证材料硬度与韧性的统一性，应该实践对比验证。比如，为确定风机更适于指定工况下的风叶材料，就可用不同材料制作同尺寸形状的风叶，以间隔对称方式装在同一叶辐转子上，经一段时间运行后，便可对比出最适宜的耐磨材料。

（2）综合考虑使用寿命与性价比　以耐磨钢板为例，市场上的厚度规格从 3＋3（指"基板厚度"加"耐磨板厚度"，单位为 mm，余同）至 15＋15，其中能保持碳 4％～5％、铬 30％～40％者才为先进的生产工艺。水泥行业最常用 6＋4 复合板。但同样的 6＋4 复合板，基板厚度不同（6mm 或 8mm）、高碳铬铁粉用量不同（20～30kg），耐磨性能差异同样甚大。

根据设备检修周期，再从性价比综合效益考虑，选用低碳低铬复合板并非不合理。因为每提高 1％含铬量，成本要提高 4％。

（3）水泥设备的主要耐磨配件推荐

① 破碎机：锤头可使用双金属复合或镶嵌粉末合金钢制作［见 1.1.2 节 2)（3)］。篦板可用高锰钢材质。

② 管磨机：当有预粉磨设备时，入磨物料粒径小于 1mm，研磨体直径小于 40mm，应选用陶瓷球。其衬板原为高锰材质，可向陶瓷衬板过渡。隔仓板、筛板用高锰钢板。

③ 立磨：辊套与磨盘使用 12～17Cr 之间的高铬合金铸铁铸造。现正向嵌砌陶瓷块的金属陶瓷过渡。

④ 辊压机：磨辊采用整体式磨辊表面堆焊。

⑤ 选粉机与风机：撒料盘及静动叶片，用复合钢板硬化表面堆焊。

⑥ 设备内衬与壳体等薄壁配件：采用热喷涂、等离子喷焊、喷合金粉末、纳米喷涂等先进工艺，实施表面处理技术。

⑦ 回转窑：要求使用耐高温的耐磨材料，将逐渐向非金属材料发展。

⑧ 窑口护板：应综合考虑耐磨耐热及抗氧化的角度，耐热钢含碳量介于 0.25％～0.40％之间。

⑨ 四、五级预热器内筒挂板：原为耐热铸钢制作，可改为高温陶瓷制作。

⑩ 三次风闸板：原为耐火浇注料制作，也可用高温陶瓷制作。

⑪ 燃烧器端部及拢焰罩：用从美国进口的信铬钢制作。

2）严格控制磨料的粒径范围

对不同粒径的磨料破碎或研磨，应选用不同的设备与方式。大粒径磨料，就更需要研磨体对它的冲砸，如破碎机的锤头、磨机内的大钢球；而小粒径物料则要靠研磨体对它的碾磨，如磨机内的小钢球、磨辊与磨盘间的碾压。因此，既不能不加区分地使用研磨体，也不能让磨料粒径范围过宽，混合施用冲砸、粗磨与细研过程［见 2.1.1 节 2)，2.2.3 节 1)，2.3.3 节 4)（1)］。否则，不但加快研磨体消耗，而且使整个粉磨系统电耗升高。

3）稳定合理的工艺参数

正确的工艺参数就包括要求对耐磨材料的磨损最少，但它必须是以能耗降低为前提。比如有人称磨机直径增大，磨机的转速减慢，都会降低材料的磨损。但如果因此而增加了单位产量的能耗，这种降低磨损就没有丝毫意义。

又如管磨机内只有合理的球料比、合理的球与料的填充率，才能避免研磨体之间在相互磨损，却少对磨料做功而没有产量。另外不仅要合理，还要稳定，如喂料量的稳定、磨机内的钢球级配的稳定，保持住合理参数，让磨机高效运行的同时，也能降低研磨体的损耗。

其他耐磨件的工作要求也是如此。

4）正确控制相对研磨体的料流与气流方向

一方面充分利用研磨材料与磨料间的工作路径，增加它们的接触时间、充分做功。如各类磨机衬板的设计，就是设法让钢球拥有更多动能。另一方面对不想发生的磨损要尽量避免，利用磨料之间的碰撞动能，加快自身的破碎，便可减少对锤头的磨损。如设计给料辊［见1.1.2节2)(7)］，准确控制石块进入破碎机的位置，及使用波辊给料机的预筛分［见1.1.2节3)(2)］，都可减少对锤头磨损。又如风机风叶的叶形由前向向后向的改变，能合理规划气流与料流方向，不但提高风机效率，而且会减少粉尘对风叶的磨损［见5.1.2节2)(1)］。

5) 智能技术的应用

最快确定耐磨材料的使用状态，便能准确掌握更换耐磨配件的时间，这是耐磨材料应用智能技术的优势。只要在主要设备与电机上配置振动传感器、冲击脉冲传感器及功率电流表，准确获取这些信息，经智能程序判断后，就会发出相关配件需要更换的指令。

9.4.4 耐磨材料的应用技术

使用不同的耐磨材料，应用的技术也会各有不同。

1) 复合耐磨钢板

(1) 应用前提　制作加工前都要检查材料有无缺陷，特别是堆焊层与基板结合层间不应存在裂纹。

与热轧热处理钢板相比，碳化铬复合板不同部位的硬度测试数据相差很大，特别在有应裂缝及气孔的部位。由于稀释原因，基板的机械性能已下降，故设计结构件时，基板强度必须有足够余量，而应忽略耐磨层的强度。

多数复合板为$1.5m \times 3m$，无应裂缝复合板宽只有650mm，很少超过2m。用户选用复合板，要着重关心它的面积与宽度，以减少焊接工序，提高材料利用率。且复合板的平整度应控制在整张板$3mm/m^2$误差内，千万不要只凭样品判断平整度。

(2) 使用原则　因复合耐磨钢板表面都有应力释放裂纹，因此在制作各类配件时，要考虑使用后的物流及气流方向，合理规避裂纹方向，以延长使用寿命。如当用作含尘气体输送管道及设备壳体衬板时，堆焊纹路（与微裂纹方向平行）应与含尘气流方向垂直，减少尘粒对裂纹的冲刷；如用于制作输送块状物料的管道及壳体时，堆焊纹路应平行料流方向，即与裂纹方向垂直。

由于焊缝的耐磨性比耐磨板要差，故焊缝将置于磨损较小的部位。而对冲击较大（如矿山卡车、冲击严重的管道）的工况，要首先判断复合板耐磨层与机体间的结合强度。

复合耐磨钢板在焊接时，要让耐磨表面正对转子转动的迎料方向。

(3) 机械加工的特殊要求

① 切割。采用碳弧气刨、等离子、线切割、电火花、激光切割、水刀等方法均可加工，其中激光切割、水刀法成本较高；而等离子切割外观质量较好，虽精度要求较低，但为满足维修现场要求，在切割时要保留切割缝隙，在划线时需预留$3 \sim 5mm$，避免装配间隙过大。同时，在选择切割方向时，应沿焊纹纵向切割出长边，整体成一直线。

② 焊接。复合板间的焊接有平面对接、直角对接、插入连接等方式。为保证焊件结构整体性，堆焊层要充满覆盖整个区域，特别对受力、受压、受冲击部分。它与普通板焊接时，应先挖开复合板堆焊层，露出基板，并用耐磨焊条堆焊焊缝。

③ 弯曲。要满足材料允许的最小弯曲半径，对$6+4$的耐磨复合板，约为150mm，若适当加热，可减小弯曲半径；还要选择弯曲方向，对耐磨层应向内弯曲；如需向外弯曲，弯曲

半径要增大一倍；弯曲后如有裂纹、开裂或崩脱，就要用与复合板堆焊层型号、规格相对应的焊条焊补。

④ 开孔。对精度要求不高的孔可用手工操作；若精密开孔，需用电火花方法加工。

2）高铬合金铸铁类药芯焊丝

（1）用于磨辊堆焊有三种情况

① 制造复合辊。采用低合金铸钢作母体，根据磨损情况，加工出磨辊外形尺寸；采用不同过渡层材料，如低合金结构焊丝、不锈钢药芯焊丝作打底层；再堆焊耐磨层，以提高辊体抗裂性和韧性。

② 修复铸造辊。因原母体材料较脆，需先对辊体全面探伤，判断其修复价值，然后再选堆焊焊丝修复。

③ 修复堆焊辊。此类磨辊使用表面坑洼不平，对辊面需要前期处理，再采用特殊过渡层堆焊 2～4 层，找出辊面平面度，再堆焊硬质耐磨层。

（2）辊面堆焊修复原则

① 对磨盘、磨辊堆焊时，为让堆焊材料与原材质形成金属间有效结合，可用双机头对称堆焊，尽量减少释放热量，降低堆焊层与基体间产生的热应力，使耐磨程度远高于原母材。

② 辊面修复分在线与离线两类，当在线修复已有几次后，就应离线到专业厂家修复。而在线修复又有表面耐磨层、辊面局部剥落及辊面疲劳剥落三类程度不同的修复。每层应合理选用焊丝，不是越耐磨的焊丝效果就一定最好。每种修复特点如下：

a. 在线表面耐磨层修复。只需用耐磨焊丝（如 ZD3），焊接工艺良好，抗裂性能优良，冷焊、多层焊效果好，焊接硬度达 HRC55；表面耐磨花纹则用高合金堆焊材料（如 ZD310），耐磨硬度达 HRC55～HRC59；确保堆焊后，辊面保持高度圆形。

b. 辊面局部剥落修复。先用打底焊丝（如 ZD1），提高其韧性，可作为止裂过渡层将剥落的凹坑补平，留下 5mm 左右余量，用耐磨层补焊；最后用高合金耐磨焊丝堆焊花纹。

c. 辊面疲劳剥落修复。此时需用碳弧气刨清理整个耐磨层，露出金属光泽，而不能只用电动钢丝刷清理，用乙炔焰吹烤。

d. 离线到专业厂修复。用短电弧切削专用机床对辊面彻底清理干净；再用超声波探伤，检查内部组织的裂纹与疏松；各层用不同焊丝焊接，打底层用 1 号、过渡层用 2 号、耐磨层及表面纹用 5 号；进行整体消除焊接应力热处理，恢复辊体的强韧性。

（3）对辊面修复的认识误区　在选择堆焊修复辊面时，经常会有如下认识误区：

① 一味追求硬度，而忽视韧性、抗裂性和抗疲劳程度等性能。过硬材料很易出现大面积剥落，甚至裂纹延伸至磨辊母体，反而降低使用寿命。

② 盲目相信进口焊丝质量，认为其质量一定高于国产焊丝，不看使用结果。

③ 在线修复还是以半自动焊为好，因为辊面清理后表面仍不平整，焊丝会随着凹凸不平辊面变化，焊缝不均匀，反而容易夹渣。只有离线修复才该使用自动焊。

④ 以为在线预热修复，可防止热应力，以图代替离线修复，但不仅会威胁轴承过热，效果也不好。应该购买备用辊，以准备离线修复时使用。

⑤ 正常花纹未磨完也没有硬伤时，不要过早补焊，否则易伤害原耐磨层。

3）高聚陶瓷耐磨涂料

采购该产品时，要关注供应商是否具有全套工艺生产能力，每次使用都应是同批次产品，且能出具相关证明，否则会因材料质量差异而降效；订购应明确使用环境温度，才能选用合理涂料；耐磨陶瓷涂料的施工厚度要根据接触材料的粒径，对于块状物料，厚度应为 $50\sim60mm$，而对于粉状物料，厚度可为 $20\sim30mm$；钢纤维加入量一般只为干粉的 5%，掺入时应缓慢均匀，不能形成块状；严禁多加水，或搅拌不匀。

4）耐磨陶瓷

选用耐磨陶瓷片和磁性耐磨陶瓷片组合，成为复合陶瓷片，可大幅提高使用寿命，节约成本；还可提高粘贴工作效率；小块陶瓷片能防止随设备振动脱落。具体做法是：将磁性陶瓷片平放，再将 A、B 胶 1∶1 混合均匀，涂抹在表面，截取与其面积相同的耐磨陶瓷片粘贴在磁性陶瓷片上，晾干后即为复合陶瓷片。在对壳体粘贴时，先将磨损部位挖补为光滑平整表面；然后打磨除锈，用清洗剂清除壳体表面异物，将瓷片直接吸附在壳体上粘贴。

修复前应全面了解配件的易磨损部位及使用寿命，更应掌握现场工况，包括使用温度范围、含尘量、含尘粒径、风机参数等，再确定修复方案。

修复后要定时检查效果，有瓷片脱落时，应及时修补，防止管道及壳体上有金属物脱落。

旋风筒、蜗壳等很多位置，会因风速较高，磨损严重，此时可试用陶瓷片粘贴。

第10章

控制装备与技术

　　未来任何生产都将采用自动化、智能化的控制手段。但它需要各类在线检测仪表与现场总线技术集合为信息采集系统；由 DCS 与传感器综合而成的信息传递处理系统；由各类变量、变压、变阻、变频、变位的控制器、执行器等组成的执行系统；再通过逻辑编程软件对生产线发出控制指令。它们不仅反应灵敏、准确无误、经久耐用，而且自身耗能很低。

10.1　在线检测仪表

　　从一系列在线仪表检测中获得准确信息，是当今人工正确操作的主要依据，更是未来实现自动与智能控制的必要条件。依赖数学模型推算相关参数，或用人工取样检测相关半成品质量数据，甚至依靠便携式仪表离线检测，都无法代替在线仪表检测对生产的自动控制。

10.1.1　工业仪表的基本概念

1）工艺任务

　　工业仪表要完成的任务是：对工业生产需要控制的过程工艺参数（如温度、压力、成分、流量、料位、粒径、振动等）实时检测，以及时掌握、监视和控制过程状态，并不断提高在线检测精度，为人工操作或自动控制提供依据，使生产过程能按一定规律达到预期目标。

2）组成

　　一套工业仪表都要由测量仪表、显示仪表、控制仪表和执行器四部分组成，如图 10.1.1。

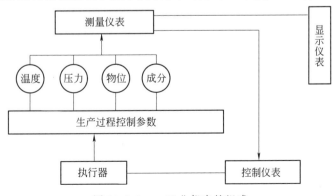

图 10.1.1　工业仪表的组成

测量仪表负责对生产工艺参数测量和变送，包括传感器、测量电路，并常与显示仪表合并在一起，具有显示功能与报警功能。它是由敏感元件和转换元件组成的传感器，将感受到的规定被检测参数，按照一定规律转换成可用信号，并经变送器滤波、线性化，将功率放大成标准的电信号输出。

执行器由执行机构与控制机构两部分组成。它根据生产过程中控制器发出的控制信号，直接改变能量或物料的输送量，实现对温度、压力、流量等参数的调节。

3）仪表的分类

工业仪表的分类方式很多，主要有以下几种：

① 按仪表所用能源分，有气动仪表、电动仪表和液动仪表。

② 按仪表组合形式分，有基地式仪表与单元组合仪表两类；区别在于对测量、变送、显示和控制功能的仪表是集中组装，还是独立单元分装。

③ 按仪表信号显示形式可分为模拟式、数字式、图像显示式等。

④ 按仪表安装形式可分为现场仪表、盘装仪表、架装仪表（不需要操作）、台式仪表及便携式仪表等。

⑤ 按防爆能力分普通型、隔爆型、安全火花型等。

⑥ 按测量方式可分直读式与比较式两类。

10.1.2 对各项参数的检测作用与原理

工业控制常用的工艺参数有温度、压力、成分、流量、料位、粒径等，设备参数有转速振动、电流、电压、功率等。

10.1.2.1 对温度的检测

1）温度的概念

温度是表征物体冷热程度的物理量，它表示物体分子所具备的动能大小。受热不同的物体之间会通过热传导、对流及热辐射三种形式进行热交换。正是物体接触后能进行热交换，才最先有了用仪表检测温度的可能。

为了计量物体的温度，必须建立一个衡量温度的标尺，即温标，规定温度的起点及其基本单位，国际上最普遍用三种温标：摄氏温标（℃）、华氏温标（℉）和国际温标（K）。摄氏温标规定标准大气压下纯水的冰点为 0℃，纯水的沸点为 100℃，中间划分为 100 等份，每一份为摄氏一度，单位用℃表示，温度符号为 t；华氏温标是规定纯冰的冰点为 32℉，纯水的沸点为 212℉，中间划分为 180 等份，每一等份为华氏一度，单位用℉表示，温度符号为 t_F；国际温标规定水的三相点热力学温度为 273.15K，水的沸点 373.15K，之间均匀地划分为 100 等份，每一等份称绝对温标一度，单位用 K 表示，温度符号为 T。

三者的换算关系为：

$$t_F = \frac{9}{5}t + 32; \quad t = T - 273.15 \tag{10.1.1}$$

2）温度检测的意义

在水泥生产工艺系统中，有很多重要位置的温度需要显示并控制。其作用如下：

（1）温度是控制化学反应进行的条件　煅烧熟料就应当控制碳酸钙所需要的分解温度、矿物晶相的形成温度等。水泥粉磨虽不是靠化学反应，也需要掌握物料温度，以有利于粉磨顺利进行，防止石膏假凝等现象发生。

（2）温度可以反映能量转换的程度　煤粉燃烧将化学能转变为热能，而燃烧熟料又是将热能转换为化学能，每个过程的转换程度都需要用温度表示；如温度突然升高时，就须及时查找有无内燃发生；当进出口温差过大时，就一定存在漏风待查。而检测温度的仪表类型将直接影响对温度控制的结果，如选用铜制热电阻，且套管直径不能过大，就可缩短测量的反应时间，有利于控制进入除尘器的废气温度。这样既可避免温度过高损坏滤袋或极板，也能防止温度过低引起结露。

（3）温度可了解系统某处向外散热的程度　可将温度作为计算散热量的基础。

（4）温度是保护设备正常运转的基本条件　当设备轴承或相关部件在运行中会发热，必须检测温度的变化，防止超过允许值而损坏。如热电阻 WZPM-201（pt100）常用于监测轴承温度，成为保护轴承的必要措施。

（5）温度是生产过程实现自动控制与智能化操作的必要参数　如烧成带温度的检测就是准确控制用煤量与用风量的重要又无可取代的依据。

3）温度检测仪表的原理

不同检测仪表有不同的原理：

（1）接触式仪表　有热膨胀式温度计、压力式温度计、半导体温度计、热电偶温度计、热电阻温度计等。此类检测准确度低，感温元件易受腐蚀，被测物体的热平衡也受到干扰。

用接触式测量固体表面温度时，精度将取决于四种不同的接触方式（图 10.1.2）：点接触、片接触、等温线接触和分立接触。点接触导热误差较大，等温线接触的测量端散热最小，故准确度高。

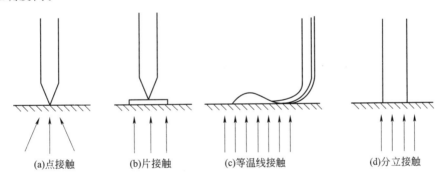

(a)点接触　　(b)片接触　　(c)等温线接触　　(d)分立接触

图 10.1.2　热电偶与被测物体的接触形式

（2）非接触式仪表　当被测对象的现场位置很苛刻时，很难接近被测气流与粉尘，或被测对象总在运动状态，根本无法用接触仪表，此时只有选用先进的辐射式仪表。如窑烧成带温度测定，只能选用高温成像测温仪，窑筒体表面温度只能选用远红外测温仪等非接触方式。当被测环境恶劣，接触式仪表寿命偏短时，如窑尾烟室或窑头罩等处也建议由接触式的热电偶改为红外原理的非接触式测温，避免了高温腐蚀与磨损，寿命从一个月提高到五年以上。但在用非接触式测温时，要注意测量距离、背景辐射的影响。

非接触式测温原理有两种：

一种是利用光的热辐射原理的测温仪表，它由光学系统、检测元件、转换电路和信号处理等部分组成（图 10.1.3）。它基于任何受热物体都有部分热能转变为辐射能，不同物体对其吸收、透射、辐射程度不同，利用它们与温度的关系，测出对应温度。常用的辐射式仪表有光学高温计、比色高温计、红外光电温度计等。因低温物体辐射能力很弱，故它们只能检测 700℃ 以上的高温。而测温上限不受测温传感材料限制，可达 2000℃ 以上。由于此测量不需要与被测对象达到热平衡，故能快速测温得出检测数据。

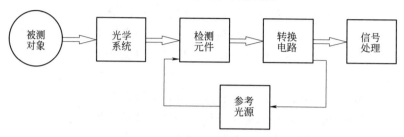

图 10.1.3　辐射测温仪表结构示意图

另一种是利用红外光原理，通过优质的红外感温头，接收物体发射 $0.8 \sim 100 \mu m$ 波长的红外光谱，物体温度越低，向外辐射的红外能量越多，被另一物体吸收并转换的热能也越多，由此可遥测运动物体的温度。故此类仪表称为红外式，它的测温范围为 100℃ 左右。只要感光通道未堵，测量精度就很高。如采光通道内配置自动清理结皮装置，测量精度就更能保证。

4）水泥生产常用的测温仪表

工业最常用的接触式测温仪表是热电偶与热电阻。非接触式测温仪主要有远红外测温仪及高温成像测温仪。

（1）热电偶

① 检测作用。它可在线检测系统不同位置的温度，指导操作合理控制各点温度，并检验控制的结果是否符合要求，为降低热耗创造条件。

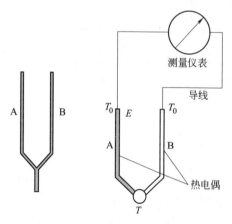

图 10.1.4　热电偶测温系统

② 原理。热电偶是由两种不同材料作为导体 A 和 B 焊接而成，焊接端为热电偶的工作端或热端，与导线的连接端为自由端或冷端（图 10.1.4）。A 和 B 组成闭合回路后，只要两个接点的温度不同，回路中就会存在接触电势和温差电势，产生电流、电信号，即有了热电效应，其电动势表示为 $E(t、t_0)$。热电偶的材料不同，所产生的电势信号与待测温度的对应关系也不同。实际测量时，将热端插入需要测温的设备中，冷端置于设备外端，此时热电偶产生的电势信号与测量显示的温度值一一对应，通过查阅分度表，便可得到热端的温度。

所谓分度表是冷端温度为 0℃ 时，热端温度与电势值的对应关系，标准热电偶都有统一分度表。但实际测量时，冷端很难是 0℃，需要补偿或校正，才能得到准确数据。常用两种方法：一种是补偿导线法，用与热电偶 0～100℃ 范围内热电特性相近的导线，将热电偶冷端延伸到温度恒定的方便位置，使用此法要注意不能接反补偿导线极性；另一种是零点校正法，即在测试前，用仪表机械零点校正到 t_0，此法条件是热电偶冷端温度 t_0 相对恒定。

③ 分类。热电偶工作时，需要良好的电绝缘，并要有保护套管将其与被测介质隔开。

国家规定的标准热电偶全部按国际标准生产，分度号 S、R、B 属于贵金属热电偶，分度号为 N、K、E、J、T 属于廉金属热电偶。水泥企业常用 S 和 K 两种。

S 型热电偶即为铂铑 10-铂热电偶，正极铂铑合金，负极为纯铂。它的长期最高使用温度为 1300℃，短期可至 1600℃。其优点是准确度高、稳定性好、测温区宽、使用寿命长。但价格昂贵，且因热电势率低，灵敏度稍差。

K 型热电偶即为镍铬-镍硅热电偶，正极为镍铬，负极为镍硅。适用于 -200~1300℃ 的氧化或惰性气氛中，而不宜在还原气氛、弱氧化气氛或高温含硫气体中。K 型热电偶测量数据的线性度好、热电动势较大、灵敏度高、稳定性与均匀性好，而且价格便宜，应用广泛。

还可根据检测温度范围不同，选择 T 型铜-康铜热电偶、B 型铂铑 30-铂铑 6 热电偶等。

④ 结构。工业用的热电偶分普通型与铠装型两类：

普通热电偶为免遭有害介质侵蚀和机械损伤，需要装在带有接线盒的保护套管中（图 10.1.5），热电偶通过接线盒内的接线柱连接连线，配有安装螺钉及法兰。它的结构组成为：

a. 测量插芯。内有温度传感器及焊在一起的两根热电极。可用点焊、对焊与铰接点焊三种形式焊接。焊点应光滑、无夹渣、裂纹，焊点直径不应超过热电极直径的 2 倍，这样测温才能可靠与准确。

b. 保护套管。用于各种检测环境中保护测量插芯，并可在生产不中断条件下，更换或重新标定传感器。保护套管分无缝直管护套与深孔棒材护套两类。可根据被测介质、温度和过程压力选择不同类型的连接方式，如焊入式/插入式、螺纹连接或法兰连接等。不同材质适应不同工作环境：温度范围，316L≤600℃、321≤800℃、哈氏合金 C276≤1100℃；压力范围为 40~100bar，最高 700bar。选型还要考虑可能的应力。水泥生产中，被测介质的黏度、流速，也会降低最高温度和压力的结果。

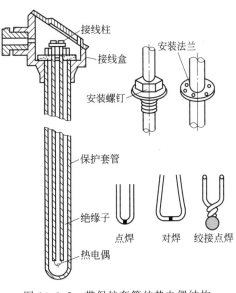

图 10.1.5　带保护套管的热电偶结构

c. 延长管。用于连接保护套管与接线盒，并作为冷却段，将接线盒内电子元件与被测介质隔离。

d. 接线盒。它是温度变送器或接线座的外壳，在危险测试环境中，负责保护电气连接。

而铠装热电偶是由热电极、绝缘材料和金属套管三者组合加工而成。绝缘材料为氧化铝、氧化镁等，介于热电极与套管之间。

(2) 热电阻

① 检测作用。热电阻与热电偶的检测作用相似，尤其介于 -200~850℃ 之间的温度范围，其优点是输出信号大、能远传、无需冷端温度补偿、灵敏度高、互换性好、准确度高。缺点是感温部分体积大，热惯性大。

② 原理。利用金属导体或半导体电阻值随自身温度变化的特点，确定函数关系后，制

成热电阻式温度计。试验证明：大多数金属温度每升高1℃，阻值增加0.4%～0.6%，而半导体阻值要减小3%～6%。金属导体电阻与温度的关系为：

$$R_t = R_{t0}[1 + \alpha(t - t_o)] \tag{10.1.2}$$

式中　R_t——温度为t时的电阻值；

　　　R_{t0}——温度为t_0时的电阻值；

　　　α——电阻温度系数，即温度每升高1℃时电阻的相对变化量。

由于一般金属材料的电阻与温度的关系并非线性，故α值也是随温度变化而变化。而且，并非所用金属都能用来制造工业用的热电阻，故需选用线性关系好、纯度高、电阻率大、复现性好的金属。

③ 分类。热电阻可分为金属热电阻和半导体热电阻两大类，适于做热电阻的金属有铜、铂、镍、铁等，常用的是铂电阻与铜电阻；半导体有锗和热敏电阻等。如用温度传感器的薄膜铂电阻器，最高检测温度是400℃。

④ 结构。热电阻一般由电阻体、引线、绝缘子、保护套管及接线盒组成。外形与热电偶相似，也有普通型与铠装型两种类型，见图10.1.6。普通型热电阻温度计结构如下：

a. 电阻体。为热电阻丝绕制在绝缘骨架上制成。铂丝多为ϕ0.07mm裸线，铜丝多为ϕ0.1mm漆包线或丝包线。为消除电感，通常采用双线并绕。缠绕好的电阻丝应经退火处理。

b. 引线。用于将热电阻体线端引至接线盒，再与外部导线及显示仪表连接。引线材料类似于电阻丝材料，引线直径要粗，与电阻丝的接触电势要小，以降低附加电势。

c. 绝缘子。将绝缘子套在引线上，防止引线之间及引线与保护套管之间短路。工业上一般采用圆柱形双孔绝缘瓷珠。

d. 保护套管。一般有黄铜管、碳钢管和不锈钢管几种，根据可能遭受的腐蚀类型选定。

e. 接线盒。由铝合金制成，用于固定接线座与外部连线连接。

铠装式热电阻温度计是由金属保护管、绝缘材料和感温元件（电阻体）三者组合，经冷拔、旋锻而成。电阻体是用细铂丝绕在陶瓷或玻璃支架上制成，引线一般为铜导线或银导线。

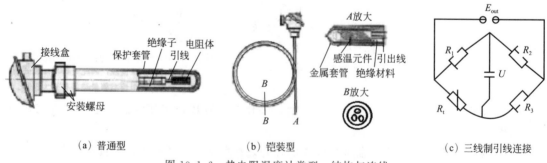

(a) 普通型　　　　　　　　(b) 铠装型　　　　　　　　(c) 三线制引线连接

图 10.1.6　热电阻温度计类型、结构与连线

该类热电阻的热惰性小、反应迅速，如ϕ4.0mm金属套管的测温时间常数仅为5s，而普通型铂电阻的时间常数要25s；它还具有可弯曲性能，适用于结构较复杂而空间狭小的位置测量；它的插芯有出色的抗振性能；寿命也更长。

热电阻引线对测量结果有较大影响，工业电阻引线多用三线制，即一端将分别连接两根导线，其中一根为电源线，另一端连接一根导线。当热电阻与电桥配用测量时，两根引线接入两个桥臂，能较好消除引线电阻的影响，提高测量精度。

（3）远红外窑筒体测温仪

① 检测作用。

a. 可以 360°全覆盖在线监测窑筒体高中温段的筒体表面温度，间接显示窑内高温区的煅烧、窑皮与窑衬状态。

b. 对突发高温点有敏感的探测跟踪能力，可清晰确定高温点具体位置，实现高温报警，并预测窑衬脱落的面积与位置。

c. 通过配套软件，计算窑筒体每小时的散热量，用以分析热耗。

d. 可以计算窑筒体热变形，监测轮带的滑移量，及早发现筒体温度过高导致的筒体椭圆度形变和径向弯曲，预测轮带处筒体缩颈，防止轮带崩裂。

② 结构。美国开放性 DeltaV 系统，是以网络控制为基本框架、以现场总线标准为基础的规模可变控制系统，由智能通信控制器、I/O 接口板和同步触发装置组成。

a. 采用线阵列红外热像仪或光学同步线扫描、红外测温仪的光电转换，速度快、测量频率大于 30Hz，能满足快速旋转的全窑筒体温度检测。

b. 为让特定波段的红外能量尽量多地反射到光电转换器上，应使用好的镀膜材料、特种锗玻璃镜片，并配置参考黑体用于适时校准。

c. 获得的数据信号可采用工业以太网传输，还可实现远端调焦，以获取更清晰的画面，使测温准确性达到 ±1℃。

（4）高温成像测温仪

① 检测作用。

a. 通过提供流程的彩色成像，对多达 32 个温度测量区（TMZ）连续监测，得到窑内烧成带火焰、气流最高温度、物料温度及火焰长度、形状和方向等多个变量数据。在处理不同类型废弃衍生燃料时，可自身重新设定 TMZ，帮助操作人员选择最佳状态。

b. 能及时反映煤粉质量的稳定程度，通过火焰温度的分布状态，能判断燃烧器性能的优劣与变化。反馈火焰方向上的变化，以保证不损伤窑皮。

c. 通过监测到的物料温度，能反映生料成分变化，指导调节煅烧用适宜的风煤比例，降低 NO_x 生成量。

d. 通过对窑衬表面温度的监测，及时发现窑衬薄弱环节，正确调节火焰位置。

e. 监测篦冷机内部时，可监视窑出口处熟料结粒和温度，提供熟料运动的被冷却状态，监视"红河""雪人"等异常现象，为优化冷却用风、掌握料层厚度，提供信息。

② 原理。高温成像是视频成像技术结合电脑控制的高温探测器，在监视屏的成像中观看到特定区域（由操作者选择）的温度。光学信号由仪器头部的分光镜分成两束。一束去中控视频摄像机，一束传递到高温扫描仪。由于摄像机对红外线十分敏感，即使在篦冷机的黑暗环境下，也能获得足够清晰的图像。传感器的端部有高温计定位、信号调节元件，对来自摄像机和红外探测仪的光学信号和原始数据，通过视频电缆传送到中控的微处理器中。

③ 分类。根据测量方法可分为：单波长测量和比例双波长测量。但双色法可以消除很多受单色法高温测量的影响。尤其观测水泥窑内，只要粉尘对两个波长的影响相同，输出比值相同，就能克服因粉尘等恶劣环境阻碍视线所造成的测量误差。同理，物料辐射率的变化，也不会影响温度测量，故它的温度精度为满量程的 1%。

④ 结构。为了获取优质成像细节，摄像机的光学物镜位于有冷却的镜头保护套管内，并插入冷却器中。物镜被蓝宝石镜遮挡，提供环境保护。物镜的广角图像通过系列透镜，传

递到摄像机和高温扫描仪上（图10.1.7），物镜套管可以选用不同的视角和光学通道。摄像头整体安装在窑头罩或篦冷机上，具体位置将取决于观测需要及熟料温度和结粒。为了让监视屏探测器能扫描到32个测温区，需要 X-Y 转换平台。高温探测器的安装平台，能扫描到摄像机视角范围内任何一点。

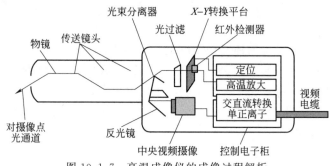

图 10.1.7 高温成像仪的成像过程解析

5）温度检测技术的发展趋势

（1）选用一体化温度变送器 可减少接线费用，降低成本；并放大测量点处的传感器信号，转换为标准信号格式，提高信号的抗干扰性；还可在接线盒中安装 LCD 就地显示模块。

（2）使用无线测温技术（GRCW-II型） 将感温元件测得温度，通过电磁波传输信号，取代实体导线与连接的检测。如轴承温度在 100℃ 以内，且位置空间不大，采用无外置天线的内置型传感器，便可直接粘贴在电动机两端及相关设备两侧。该装置能同时支持 18 个无线温度传感器显示，带背光 LED 显示屏，能显示 6 个通道温度值，且有报警与跳停保护功能。经与离线红外线测温枪对照，误差小于 1℃。用它检查提升机多个轴承温度，要比热电阻更方便。

10.1.2.2 对压力的检测

1）压力的概念

将垂直均匀作用于单位面积上的力，定义为压力，通常用 p 表示。在国际单位制中，规定 1 牛顿（N）垂直均匀作用在 $1m^2$ 面积上所形成的力为 1 帕斯卡，简称为帕（Pa），以统一多种压力单位，如工程大气压、标准大气压、巴、毫米水柱、毫米汞柱等。

压力在工程上会有以下几种检测与表现形式，它们所对应的测量仪表各有不同：

绝对压力：是指实测介质作用在容器表面上的全部压力。

大气压力：由地球表面空气柱重量形成的压力，它随地理纬度、海拔高度及气象条件而变化。通常用气压计测定。

表压力：通常是指压力测量仪表测得的绝对压力与大气压力之差，即所谓表压。在没有特殊说明时，各种压力表的指示值都是表压。

真空度：当绝对压力小于大气压力时，表压为负值，它是与大气压力差的绝对值。

压差：系统中任意两点压力的差，即为其压差。

这几种表示方法关系如图 10.1.8。

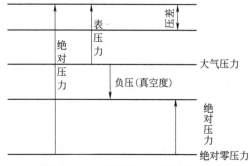

图 10.1.8 不同压力表示法的关系

2）对压力检测的意义

掌握系统容器内各点的运行压力及相互之间的压差，其意义在于：

（1）表明系统各处对被测流体所具有的阻力 以确定某点气流所具有的动能大小，并判明气体的流动方向与实际速度。

（2）表明系统维持某点压力所具备的能量 指导对风机风压与风量的调节，满足系统内流体运动的需要；在拥有两个以上风机的系统中，该点压力值的变化判明系统此处接受风压的状态。

（3）表示系统容器壁所承受压力的大小 可作为选择容器材料厚度的依据，还能随时反映系统容器的密封水平与状态，为减少漏风提供指导。

（4）检测设备润滑中的润滑油压 可以表示润滑的正常状态；液压油的油压表示设备的动力状态；设备冷却水的水压可反映正常的冷却条件。

（5）自动控制中离不开压力检测 即便最简单的粉煤灰罐车的自动控制入库，需使用压缩空气，并伴随库顶除尘器及风机的开停作业。如能在压缩风管上加装电接点压力表，便可实现自控：随压缩空气阀门开闭，其上限 0.15MPa 接点便能接通或断开；还可按相邻罐车间隔时间长短，设置延时，以减少空压机开停次数。在复杂的水泥生产工艺中，更需要对系统若干点压力进行检测。

3）压力不同检测方法的原理

（1）用重力平衡的压力表 分两类：或根据液体静力学原理的液柱式压力计，或根据重力平衡原理的负荷式压力计。

液压式压力计的结构形式有三种：U 形管压差计、单管液柱压力计（杯形压力计）和倾斜压管微压计（图 10.1.9）。它们都是利用液柱产生的重力与被测压力相平衡，通过液柱高度测定。U 形管仪表结构简单、读数直接、精度高，可以用于现场标定，但不能远传数据；也可用于测量位置不太远的两点压差。后两种压力计为实验室常用。根据所要测定的压差范围，可以选择不同密度的管内封液，一般有水银、酒精、水和四氯化碳等。

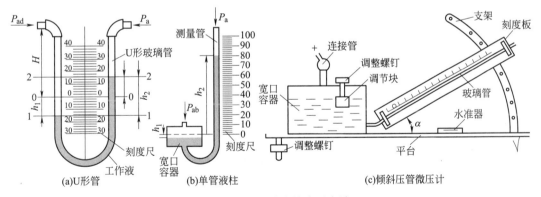

图 10.1.9 三种液柱式压力计

将 U 形管一端通大气，另一端与被测容器接通，两边玻璃管内就会显示两个液面的高差，根据静力学基本方程：

$$p_{ab} = \rho g h + p_a$$
$$p = p_{ab} - p_a = \rho g h \tag{10.1.3}$$

式中 p_{ab}——被测压力（绝对压力），Pa；

p_a——大气压力，Pa；

p——被测压力（表压），Pa；

ρ——U 形管内工作封液的密度，kg/m^3；

h——管内封液高度差，m。

（2）弹力式压力表　该类压力表是利用各种类型弹性元件受力后所产生的弹性变形大小，来反映已承受的被测介质压力。它的优点是结构简单、使用可靠、测量范围广、精确度足够等。为它配上取样管、变送器及负压表等附加控制元件，就可实现压力的记录、远传、报警、自控等功能。

作为弹性元件的材料有：铜、铁、镍、铌等弹性合金，及石英、陶瓷和硅材料等。衡量这些材料的弹性特性的参数是：刚度、弹性滞后、弹性后效、温度系数等。

（3）物理测量方法　所谓物理测量方法，是借助测压元件在压力作用下，所发生的某些物理特性变化，通过测量这些变化，间接测量到被测压力。

除此之外，还有机械力平衡等方法，但平衡结构复杂，不适于测量气体压力。

4）水泥生产常用的压力检测仪表

（1）膜盒压力表　这是弹力式测压表中常用的一种。它的感压弹性元件是由金属或非金属材料制成的具有弹性的一张膜片 ［图 10.1.10 中（a）］，或用两张同心波纹膜片沿周口对焊为一个空心膜盒 ［图 10.1.10 中（b）］，或内充液体（硅油等）。当被测介质引进波纹膜盒后，膜盒受压扩张产生位移，并通过弧形连杆带动杠杆架使转轴转动，以驱使指针在刻度盘上指示压力。

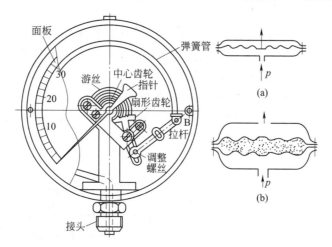

图 10.1.10　弹簧管压力表结构

（2）电气式压力表　电气式压力计就是利用测压元件的压阻、压电等特性，用各种电量值转换为被测压力。也可借助在弹性元件、液柱式压力计所产生的微小位移所产生的力，将其转换为电信号输出的压力计。它是由压力传感器、测量线路和信号处理装置组成（图 10.1.11）。压力传感器将压力信号检测并输出，再由变送器把输出信号变换成标准信号。当前通用的国际标准信号有：直流电流信号为 $4\sim20mA$，空气压力为 $0.02\sim0.1MPa$。与之相配的变送器类别较多，如霍尔片式、应变式、压阻式、电容式差压等。

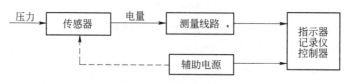

图 10.1.11　电气式压力计组成

（3）智能变送电容式差压变送器（图 10.1.12）它的差动电容是检测部分，变送器是转换部分。先将被测的压力差经差动电容膜盒转换为电容量变化，再经变送器转换为电压，最后由运算放大器变为 4～20mA 的标准电流信号输出。正因为如此，它没有机械传动与调整，结构紧凑、准确度高、抗震性好，且参数调整方便，零点调整与量程调整互不影响。它的原理是：当被测压力 p_1、p_2 分别进入左右两侧正负压室的空腔后，由两侧隔离膜片传压，其压力差使中心感压膜片凸向一侧，该位移使两个固定电极与中心感压膜片间的电容量发生变化。在位移量、压力差和电容的变化为线性关系，经适当的变换电路，将电容量的变化转换成反映被测差压的标准信号输出。

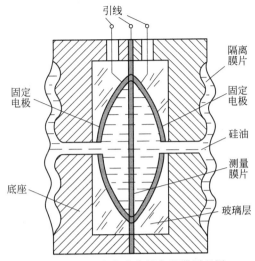

图 10.1.12　电容式差压变送器原理图

（4）智能型压力变送器　真正的智能型变送器应当全数字式，而目前还是模拟信号与数字信号的混合，先主要传递 4～20mA 模拟信号，然后再叠加数字信号用以远程设定零点、量程以及对变送器校验、组态和诊断，因此它是向智能化过渡的产品。它整体上由硬件与软件两大部分组成，电路结构上包括传感器与电子部件两部分。

它的测量精度能达到 0.1%～0.2%，测量范围宽，量程比达 40、50、100、400。它的检测部件中有感温元件，可以修正环境温度对检测的影响。这是最大优势，不仅有手操器上远程组态需要的参数，更能与 DCS 系统实现数字通信，为全数字化的现场总线提供控制条件。

10.1.2.3　对化学成分的检测

1）化学成分检测的意义

（1）对于任何发生化学反应的生产过程　对固体原燃料还是产品中所含的 Ca、Si、Al、Fe 等含量的检测，就能创造生产过程的稳定状况。准确掌握水泥生产中原燃料配料，控制生料的饱和比及三率值，为以最低能耗获取最佳熟料质量创造条件。

（2）对窑、炉各自出口高温（>900℃）废气　检测其 O_2、CO、CO_2 及 NO_x 等成分含量，既能起到合理风、煤配比的指导作用，也能有利于窑、炉使用风、煤的平衡，实现系统节煤与安全操作。

与此同时，检测出窑尾废气的 NO_x 含量，操作员便能最快捷、可靠判断窑内最高烧成温度，而不再凭主电机电流；再加上炉出口的 NO_x 含量，可以指导最低成本脱硝；还通过对一级预热器出口 O_2 含量的检测，能判断系统漏风状况，及时指导现场排除。

2）不同检测方法的原理、结构

分析气体与固体化学成分的原理，有化学分析、物理分析及物理化学分析等各种方法，它们所用的检测仪表也不会相同。

（1）固体物料的化学组成分析　最初是靠人工化学分析，用各类试剂设计反应方程式，经过一系列操作，得出各成分含量。这种方法用时较长，且消耗大量药品，难以避免人为误差；随着放射性分析技术的进步，最先是用 X 射线荧光分析仪，通过 X 光管为激发源，经多通道分光系统分析出硅、铝、钙、铁等多种成分，但这是取样离线进行，滞后时间约一小时。直到 1985 年，才有用中子活化分析仪，它用中子源释放 γ 射线，对各成分原子核穿透轰击（图 10.1.13），该仪器安装在输送物料的皮带机下方，发出热中子向上照射物料流，释放出各元素的不同中子密度由设置在皮带机上方的探测器接收，并测量其强度，用专门电子设备放大，处理转化成能谱识别，通过统计积分计算，与标准模块对比修正后，便得到相关成分含量传输到主机。这种在线检测不再消耗任何试剂，不仅可快速获得结果，还能自动调整各物料的配料量，保持生料成分稳定。

图 10.1.13　射线对中子活化原子核穿透轰击过程

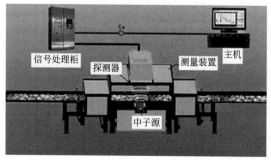

图 10.1.14　中子活化分析仪

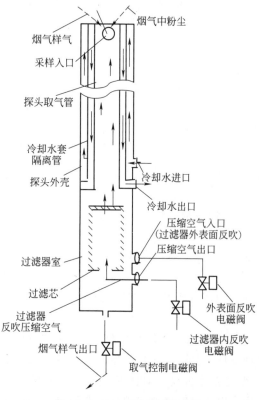

图 10.1.15　ABB 分析仪探头

中子活化分析仪由三部分组成：放射源、信号处理柜、主机。放射源内有中子源、探测器与测量装置（图 10.1.14）。其中放射源是核心部件，关键在于它的发射能量及半衰期长短，目前天然中子源的能量已经足以穿透 500～800mm 厚料层，单颗物料最大粒径为 100mm；但半衰期不到两年，后期检测精度不高。近年发展的人工制造电控中子源，产生的中子能量较高，是天然中子源的七倍，也没有半衰期，使用电控中子管，提高了稳定性、安全性。

（2）废气成分分析　废气分析曾靠人工取样，离线用奥氏气体分析仪完成。现靠在线仪表，即高温气体分析仪完成不同成分的检测，其中 CO_2 传感器为红外线型，其余成分为电化学型。

高温气体分析仪由取样与分析两大部分组成。由于窑尾或分解炉出口的废气温度高达数千摄氏度、含尘浓度 150g/min，因此，最大技术难点在于如此恶劣环境下确保取样顺利。数十年前有两类探头，分别称湿法与干法，它们各有优缺点，都需要认真维护。

湿法是在探头前端安装喷头，用射流抽气泵和气水分离器，抽气时向外喷射水帘，遮挡 95% 粉尘进入取样口，大大缓解探头被堵难题，还靠套管冷却水将高温烟气降到 30℃。

干法探头是采用过滤芯除尘（图 10.1.15）。由机内膜片泵将样气与粉尘同时抽进探头，用过滤芯阻挡粉尘；同时用冷却套内的冷却水或油冷却探头。为了安全运行，直径 50mm 的探头需耗水 2～3t/h、耗煤 10.77kg 标准煤/h，还有油、泵与压缩空气的耗电量。

最近德国安诺泰克公司开发的干法测试仪（图 10.1.16），虽同样用压缩空气吹扫电磁阀清灰，也要通过过滤芯除灰吸出样气，但它在取样管内有转向驱动装置，定时振动旋转 ±45°，既避免探管弯曲，又让取样管上的积灰在转动中掉落；同时，取气管内配有带过滤功能的定时伸缩推杆，强制将管内的结垢推出端部。该新型结构已在国内应用，值得推广。

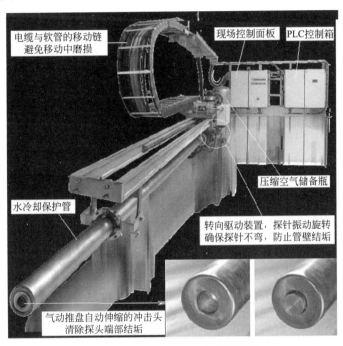

图 10.1.16　ANOTIC 分析仪探头

10.1.2.4　对料量（固体质量流量）的检测

水泥生产对喂料量与产量控制，一般用直接式质量流量计，少用间接测定体积流量转换。

1）质量流量（料量）的测量意义

水泥生产中最关键也是最难的检测与控制是喂料量。这种对固体流量的检测，即是控制单位时间内喂入系统的料量，或系统生产出来的料量。过去仅有离线磅秤用以平衡物料，但很难检测大宗连续性的物料流量，以准确控制生产的喂料量等。现在开发出来的各种重量检测的计量秤，对生产虽起到一定效果，但还远未满足精度要求，使得至今生产还处于习惯用盘库平衡台产与单耗的状态。

现代水泥生产中，有四大生产环节需要对质量流量严加控制：

① 需要准确控制生料配料，确保三率值能符合设计中心值，并在标准偏差内波动；

② 要求对窑炉喂煤量按给定数值稳定控制，且波动范围应在 ±1% 以内；

③ 按给定值控制入窑生料量，其波动范围应控制在 ±1% 以内；

④ 准确控制水泥配料，确保熟料与混合材符合配比方案，其误差不应超过 1%。

这四个环节都直接关系到窑、磨的操作效果，是节能高质的基本保障。而每一环节都有各自不同的控制要求与方案需要讨论，也都有不同的重大经济价值。

仅以第四环节的控制为例。为严格控制混合材掺加量上限，还想增加掺入量，就必须提高控制精度，如从±10％提高到±2％，则混合材掺兑量波动就可由原20％降至4％，相当于可多掺16％混合材（图10.1.17），降低熟料用量；提高水泥质量稳定性，强度波动值从±3MPa收敛到±1MPa内，不仅混凝土施工从中获益，还能减少过粉磨，降低电耗。

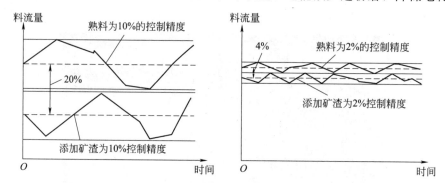

图 10.1.17 控制精度分别为 10％与 2％的效益对比

2）各质量（质量流量）的检测原理与方法

（1）生料配料的控制 通过一组定量皮带秤对每种原料分别计量，实现配料。在每个皮带秤的称量段上，物料载荷由称量框架传递给称重传感器，得到正比于物料重量的电信号；同时由测速传感器测出皮带速度；两个数据同时送往系统控制器，积分计算出物料的瞬时流量和累积量。

定量皮带秤需满足如下要求：

① 直接承重式称量结构，有效降低了力在传递过程中的误差，计量精度优于±0.5％。制造零部件的工艺为数控加工并防腐处理，以适用各种场合。

② 为提高皮带秤张力恒定性，配有自动张紧机构；为防皮带跑偏，设有自动纠偏装置，可超限报警；为有效克服皮带粘附物料，设有自动清扫装置。

③ 测速装置可直接测量皮带速度，皮带打滑时将会报警或停机，并采用智能控制仪表。

④ 配有挂码标定，操作简单快捷，可自动去皮、自动标定，抗干扰能力强。

（2）喂煤量的控制 煤粉计量系统一般组成为：稳流系统、给料装置、计量设备和输送锁风装置。先进的计量系统是将几个环节一体化，提高控制精度到±0.5％。

① 提高秤体的整体密封水平。稳定下煤是提高计量煤粉精度的前提。而煤粉是磨蚀性非常高的燃料，为了实现密封，不仅要提高密封元件的耐磨性，用刚性密封板代替易老化的橡胶圈；结构上要尽量减少需要密封的环节，如采用上进料、上出料的结构，用气力反吹出料，无锁风装置，避免下出料用锁风装置又易磨损的缺陷。

② 落实前馈控制思想。为使被秤物料在出料前，测出它的实际量，以能将计量结果与给定值及时对比，缩短变频减速装置的反馈时间，从而提高计量精度。

③ 提高计量秤的料气比。减少送煤用风量，不仅节电明显，而且热耗也低。以日产5000t生产线为例：

先算电耗，当煤粉输送浓度为 4.0kg/m³ 时，每千克熟料所需输送风量为 0.0148m³（标准状况）；但如果只有 2.0kg/m³，则相应风量为 0.0296m³（标准状况），使罗茨风机省电约 178kW/kg 熟料。

再算热耗，对于挥发分低的无烟煤，就应减少一次风用量，而标准状况下每立方米冷风被加热到窑内温度需 1.3kcal 的热量，少用送煤风量就等于每千克熟料节省热量 $1.3 \times 0.0148 = 0.01924$kcal/kg 熟料，按每千克实物煤热值 5000kcal/kg 计，每吨熟料约少用 0.003848kg 实物煤，若年熟料 165 万吨，少耗煤 6349kg；而对于挥发分高的烟煤，一次风虽不宜减少，但压低了煤风在一次风中的份额，便能提高净风风速，使火焰有力。

④ 计量秤的喂煤方式有三类：直接下煤、增设中间小仓、煤粉仓底增加搅拌器。需谨慎选择。直接下煤投资最少，但随着使用时间增长，误差较大，尤其受煤粉的仓位影响较大，更要求煤粉细度、水分稳定。后两类能克服这些缺点，但投资大，占空间大，尤其搅拌器自动化程度虽高，但增加了故障点。一般以增设中间小仓为最好。

(3) 窑喂料量的控制　控制住生料成分后，还需要喂料量精准、稳定。现有两种流量调节方案在使用：或与固体流量计配合；或与科里奥利粉体质量流量计配合。

前种是过去水泥生产的主流技术。通过固体流量计，检测入窑生料的瞬时（或平均）流量，并与设定值比较，通过 PID 计算偏差，再控制流量阀门开度，使入窑流量不断向设定值靠拢。但固体流量计是按检测板受到的冲击力计算瞬时下料量，但却时刻受上下游气流影响及现场粉尘干扰，常使零点漂移，计量误差至少 5%。

后者控制调节（图 10.1.18）是采用齿轮传力机构及 C3 级精度的称重传感器，内部采用气封，不受上下气压影响，零点漂移最少，计量精度≤±0.5%，使控制回路的整体控制误差≤±0.8%。显然，控制精度比前者大大提高。

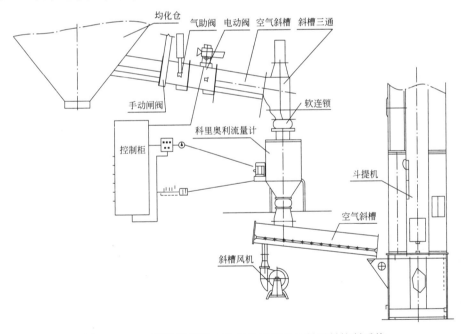

图 10.1.18　流量调节阀＋科里奥利秤的生料喂料控制系统

该质量流量计为高精度专用 24 位 AD 采集。380V 三相四线电源控制线路与原线路对接，其流量反馈信号（4～20mA）接入 DCS 系统。另增加一组远程驱动信号（无源触点）负责启动。

(4) 水泥配料的控制　水泥粉磨的配料控制方式，曾与生料磨大同小异。但随着在线粒径分析仪的成功应用，能准确控制水泥的粒径组成，使分别粉磨技术有了理想的检测工具。

此时原配料工序将从粉磨前推迟到粉磨后，需要计量配比技术有质的变化。

显然，上述流量调节阀加科里奥利质量流量计的控制系统是目前的理想配置。

① 提高矿渣粉配料精度，需优化电气回路。

a. 利用 FPO403 称重控制仪替换原仪表，加装 24V 直流电源。

b. 改原仪表接口线路，并改造全部控制信号：用 HBM50kg 六线制荷重传感器代替原四线制，保证负载线性；用变频器输出的脉冲，引出速度脉冲信号代替原尾轮测速编码器，测量皮带速度；在变频器切换接口上，SW6 拨码转向 FMP 处，功能代码 F29 选择参数 2，用此速度信号接入仪表，调整仪表 B04 参数，使现场速度与仪表显示一致。

c. 在皮带机拖动电动机上加装 3.7kW 变频器调速，使恒速计量秤变为调速计量秤，以保证瞬间下料量也符合中控操作。

d. 控制系统中加装 24V 电源双路隔离器，一路自动控制计量秤电动机转速；另一路控制回转下料器转速，且两者同步。

e. 将 2 台变频器报警点串入设备应答回路中，参与电气连锁。

f. 输入相关参数到控制仪表中，进行零点校验和挂码检验，调整变频器适中频率，设定信号增益系数，调整手动闸板开度及锥部进风压力，调整仪表的比例、积分参数，使回转下料器转速为 15Hz 左右满足控制。

上述控制能稳定矿渣加入量精度，使矿渣加入量由 5% 提高到 8%。

② 提高粉煤灰的掺量精度，需优化计量控制系统。

为克服粉煤灰流动性强，易磨设备用螺旋闸阀、水平回转式稳流给料机、科氏力计量秤、控制装置组成新计量控制系统，代替原螺旋闸门、单管螺旋给料机、环状天平秤的组成。水平回转给料机可综合速度传感与称重传感两个信息，控制变频分格轮和皮带速度。同时，为稳定下料，提高计量精度，特增加如下措施：

a. 增加 10t 稳流仓。控制仓位 80%，气路管道压力调节为 0.15MPa。既让气体能透过料层向上排出，不向下料口拱气窜料；又能起到流化作用，避免断料。

b. 对该给料机采取全密封，保留环形皮带裙边，机架、下料斗支点与皮带的间隙，在 3mm 以内；且左右垂直安装挡板和上盖板，板厚 5mm，防止溢料、扬尘。同时，稳定粉煤灰水分、细度、控制料位，停产时清空库，都是提高添加量的必要措施。

3) 提高控制重量精度的几种尝试

(1) 改用模拟信号计量　采用模拟量输入，即瞬时流量 4～20mA 信号，通过积分计算出皮带秤物料累积量，并用长整型代替浮点数，代替料量的脉冲信号计量。如此改用，不但反映实际，而且还可显示每班产量，便于企业考核。所以，凡能用模拟信号时，尽量少用数字信号，便可获得更稳定、更可靠结果。杜绝中控显示数据与现场仪表显示不一致的现象。

(2) 变频器直控皮带秤　对皮带秤所使用的 ABB 变频器稍加改造，便可直控皮带秤，实现远程集中与现场调速两种操作控制。改造后即使计算机发生故障，或现场清堵或标定时，都可实现手动调速配料。但该技术要求物料水分低，流动性与稳定性好，不会发生堵料与卡料现象。此法同样适用其他需要调速的设备，如皮带运输机、刮板机、风机、定量给料机，但它只局限于单个喂料环节，控制精度尚不高。

(3) 用串口通信配料　原 DCS 控制配料，只在现场配料柜增加一 NPORT5210 串口服务器，将 7 个配料秤仪表 RS485 信号线并联接到该服务器后，再通过网络与配料计算机相连。但如果计算机安装配料软件、仪表驱动程序，并完成对应参数设置后，便可为串口通信。此改造不但消除配料计算机数据与仪表误差，而且能全方位显示瞬时流量、累积量、重量信号、速度信号、运行状态、通信状态灯等参数，实现全方位监控，操作中无开关量、模拟量区分，大大减少现场元器件及 DCS 控制环节，提高配料精度。

（4）电容料位计代替荷重传感器配料 对配料用容积较小的料仓，可用 FTC420 电容料位开关代替荷重传感器，用测得的电容量实现配料：由电子变送器转变为电压信号，驱动继电器动作，实现高、低料位报警。在配料仪表柜中加装 G-112 型双路信号隔离器，接至秤的输出信号，分别控制秤与板喂机的转速，中控只调整配料秤转速。当板喂机频率过低、料层减薄时，加快转速；当仓内物料上升到高料位探头时，程序功能块让板喂机停车；下降到低料位时，功能块会重新驱动板喂机。此方式还能节电、减少设备磨损。

10.1.2.5 对料库（仓）料位的检测

料库（仓）中的物料存量是自动控制需要随时掌握的状态，在库（仓）断面相对固定的部分，物料存量就与料位表面高度成正比。将料位计检测结果反馈到中控室，就可通过软件编程，实现库空、库满报警，完成信息连锁与自控功能。

1）料位检测的意义

现代连续生产中，物料在库（仓）内的存量，即料位，是应当掌握的信息，如果仅满足于人工测定料位，不只无法及时、准确获取并控制料位，还十分浪费人力。

① 操作员可凭借料位计掌握库内料位，避免出现库空、库满极端情况〔见 1.3.3 节 3）〕。

② 为实现自动化操作，料位的自动检测是不可或缺的信息。

2）料位检测的不同原理

根据物料的各种物理性质，料位测定有多种原理与方法：重锤料位计，是利用重锤接触到料面所反射出的位置高低；电容料位计，利用物料的固定电容，通过感应头接触物料反馈出料面位置；超声波料位计，利用料位计发射的超声波，接触到料面后反射回去、再被接受的距离，计算出料位；激光料位计，与超声波原理相同，用镭的放射波代替超声波，因波强高，检测更准确；阻旋式和射频导纳式的开关式料位计，是靠料位计中的微型电机带动叶片旋转，受到物料阻力改变后，及时开关测量；音叉式料位计是利用音叉振动频率的差异控制料位。在众多料位计中，究竟该选用何种料位计，关键取决于被测物料的性质。如熟料、石灰石库应选用重锤料位计；而生料、水泥库，则用激光料位计更好。

3）料位计类型的进步

高频雷达料位计 SITRNAS LR560 是一款全新微波（雷达）料位计，首次采用 78GHz 调频微波技术及透镜式平面天线。天线直径不到 3in，波束角 4°，波长 3.85m，可在很细的颗粒表面产生良好信号反射，即使物料表面倾斜，也能可靠测量。它可用 3in 法兰、长达 1m、直径大于 3in 的立管安装，无须任何调整，便可快速设置参数，在表头有按键或红外手操器，能在几十秒内完成图形化界面设置。在生料库及熟料库使用中，不受高浓度、高温粉尘的影响，比以往常用的重锤、超声、激光、电容等料位计，更为可靠稳定。

10.1.2.6 物料粒径组成的检测

1）料径组成的检测意义

在粉磨工艺中，用粒径分析仪检测产品的粒径组成，既能准确判断过细粉磨的比例，也能表示过粗粒径的含量，为最大程度控制产品在适合粒径范围内提供依据，这将成为降低粉磨电耗，提高产品质量的途径［见 2.1.3 节 4）］；又由于粒径分析包括了筛余和比表面积的检验内容，省去人工取样、检验，避免误差，并提高劳动生产率；同时，有了粒径分析，才能实现分别粉磨技术的研发与应用［见 2.1.3 节 9］；更何况，唯有在线检测，才能为粉磨生产自动化、智能化提供条件。

2）粒径组成的检测方法与原理

为了检测到粉状物料的粒径组成，都要经历三个步骤：

① 必须在生产线上取到具有代表性的样品，最大限度地减小取样误差。

② 能最大程度将样品分散成原始单个颗粒。

③ 选择包含有光路系统及计算程序的最佳测试系统。

（a） （b）

图 10.1.19 颗粒对光的散射现象

其原理是：当光在行进中遇到微小颗粒时会发生散射，且根据所遇颗粒粒径大小，改变其散射角。即大粒径的散射角小［图 10.1.19 中（a）］，小颗粒的散射角大［图 10.1.19 中（b）］。再通过对散射光能的计算，在散射角从 0°至 150°的全范围内，获得精确的理论光能分布数值，测量出小至亚微米、大至上千微米的颗粒组成。故好的激光分析仪必须具有大的散射角（图 10.1.20），才能检测出越细的粒径颗粒。

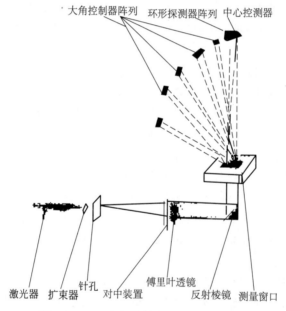

大角控制器阵列　环形探测器阵列　中心控制器

激光器　扩束器　针孔　对中装置　傅里叶透镜　反射棱镜　测量窗口

图 10.1.20 大角散射光的球面接收技术

3）激光检测粒径的优势

粒径分析经历从离线检测到在线检测的过程。原理有两类：一类是利用不同颗粒的沉积速度不同；另一类是以夫琅禾费及 MIE 理论为基础的激光衍射。

激光衍射检测有如下优点：

① 它的动态检测范围取决于探测的最大散射角与最小散射角之比，适合水泥粒度分布。

② 干法进样，测量成本低，操作比湿法简便。

③ 测量速度快，每个样只需 1min 左右完成。

④ 测量重现性好，D50 的相对误差小于 3%。

目前激光在线料径分析仪的制造商较多，虽所用激光源、分散原理基本相同，测试速度也大致一样，但由于结构上差异，在自动对焦、光路系统的自清洁保护功能上会有不同，最终表现为标准样平均粒径 $X_{(50)}$ 的相对误差会有大有小。

10.1.2.7　对振动的检测

1）振动检测的意义

设备只要运行就一定会伴有振动，而振动不仅危害设备安全，还要增加能量消耗。因此，设法控制振动在允许范围内，并逐渐降低，是设备维护的重要课题。而用仪表检测设备的振动幅度与频率，是主动发现原因与规律，并控制振动的首要条件。

在所有重要减速机与风机处安装不同振动传感器，分别检测轴向、径向、垂直与水平的振动频率或振幅，并根据振动规律，便可及早发现运行隐患，为制订检修计划提供依据。

2）振动原因与规律

① 当回转设备的传动同轴度、水平度或垂直度不够，此时对轴承产生附加力，加快轴承密封件及联轴器的磨损。如联轴节与减速机、主机的连接对中稍有误差就会振动。这类振动的频率与转速有关。

② 转动设备本身动平衡已被破坏。如设备筒体变形后，或风机叶片有磨损后，或上面的结皮不均衡脱落后；又如锤式破碎机的锤头重量不平衡或轴弯；还如窑筒体弯曲；等等。这些都会出现突发性振动。

③ 设备轴承装配与齿轮啮合程度欠佳。相关部件损坏、点蚀后，都会产生不均衡振动。

④ 润滑不到位。摩擦系统过大，或在摩擦面有异物，会产生有规律振动。

⑤ 设备基础刚性不足。如地脚不牢或周围地基传来的振动属于基础振动。

⑥ 工艺参数变化较大。当进料不稳、物料粒度不均，也会引起相关设备振动加大。

测振仪的核心元件是传感器，现在有振动传感器与冲击脉冲传感器两类。它们都有各类信号处理、传输元件，最后显示并有报警等指令输出。

3）用冲击脉冲代替振动检测的条件

对转速低、负载大的设备，使用冲击脉冲传感器代替一般振动传感器，将会进一步提高监测的灵敏度。如辊压机磨辊的转速低（18.7r/min），可随喂料粒径大小产生较大载荷冲击。此时一般的振动测试，很难采集到振频等数据，但若在辊压机动、定辊的两端轴承座上，各安装一冲击脉冲传感器，就会有更为灵敏的预知能力。动辊再装一转速传感器，就能监测到轴承的异常运行状态，做到早期预警，监测润滑到位。

10.1.3　各类参数测定的节能意义与途径

使用者只有准确掌握被检测参数变化的全部含义，仪表测量到的数据才会用于指导操作。为此，必须首先深入掌握相关的工艺装备知识。

1）温度检测的工艺功能

必须了解窑系统的一级预热器出口温度、分解炉出口温度、窑尾温度及二三次风温度，再分别表征窑系统四大热交换效率的高低［见 3.3.4 节 1）］。只要前三项温度不够低、后一项温度不够高，都表明装备与操作有待改进。

烧成带温度本是表征熟料煅烧的核心参数，由于长期缺乏直接检测手段，成为困扰窑按最佳参数运行的难点，只是有了高温成像测温仪，并配合窑尾高温废气分析仪的正确使用，使此项检测有了成功突破。

系统中其他位置的温度，包括熟料出机温度、各级预热器出口温度、各处废气排出温度，都是印证这四个温度的辅助参数。

2）压力（负压）检测的工艺功能

① 窑头负压是反映整个烧成系统前、后排风机的平衡状态。为了让窑、炉能从箅冷机获得最大热量，必须准确控制窑头负压，它能灵敏地反映操作。但即使显示的数字为允许范围，还需通过该数值的变化趋势，控制系统的零压面位置［见5.1.4节1）（3）②］。

② 窑尾负压在窑尾高温风机工况不变时，能表示窑内衬砖与窑皮的厚薄所形成的阻力，并反映窑内气流速度高低［见3.3.4节4）（2）］。它结合窑尾温度及废气成分分析窑内煤粉煅烧状况。也表示高温风机在克服预热器系列阻力后，为窑内吸入风量提供的能力。更能及时反映各级旋风筒内的结皮堵塞情况。

③ 三次风压是表示即将进入分解炉的负压值，可表示进炉三次风的风速。对掌握窑、炉用风平衡、正确操作三次风闸阀位置，有极大参考作用。

④ 磨尾负压可表示磨内的阻力变化，涉及粉磨介质、隔仓板阻力、喂料量及物料性质的影响，以及风、料在磨内的流速。

⑤ 磨内压差是立磨操作控制的核心参数，表示磨内物料的循环量、磨辊研磨能力与喂料量的适应程度。对于管磨机，当磨头负压为零时，它是磨尾负压、风机克服阻力的能力。

⑥ 系统排风机前负压，无论是烧成系统，还是粉磨系统，它将表明全系统的阻力，也可反映风机的能力是否满足了系统负压的要求。

⑦ 袋除尘进出口压差可以掌握除尘器阻力，能反映燃爆等异常情况；检测袋室压差，能了解滤袋的正常；检测压缩空气气包压力，根据压力变化判断脉冲振打规律。一般用就地式压力表检测，对于大型除尘器，应在进、出口各装一台压力变送器。

3）检测废气成分的工艺功能

窑、炉的准确煤、风配比，是直接影响节能的重要环节。应当学会从如下检测结果分析：

（1）用窑或炉单台分析仪检测分析

① NO_x 过大时，可判断有几种情况会发生：

O_2 过大，若 CO 很小时，说明此时窑内用风偏大，用煤量也大，但尚能燃烧完全。此时熟料热耗会大幅升高，且熟料很可能是过烧，质量并不好。此时应大幅减少用风量，小幅减少用煤量；若 CO 偏高，说明煤粉过粗或水分过大，燃烧条件不好，且喂煤量可能偏多。应查煤粉质量变化并尽快改善，同时适当减小用煤量。

O_2 不大，若 CO 很小，说明用风量与用煤量高，烧成温度过高，但两者匹配程度尚好，其结果仍是热耗高，熟料过烧，不利于脱硝环保。此时应同步减少用风量与用煤量；但 CO 很高时，则说明此时用煤量偏大，使烧成带温度过高，但用风量不富余，使煤粉燃烧不完全。此时应立即减少用煤量。

② 当 NO_x 不大时，则会有另外几种情况出现：

O_2 过大，CO 不大时，说明此时用风量大，所用煤粉能完全燃烧。但过量空气致使窑内温度不高，热耗并不低，此时应减少用风量；而 CO 偏高时，说明煤粉过粗或水分过大，或燃烧器的火焰不好，此时应查煤粉质量变化，或调节、检查燃烧器。

O₂ 不大，CO 很小时，说明用风量、用煤量均为理想控制范围，热耗不高，质量好，有利于脱硝。此时应继续保持系统稳定，并参照窑电流与熟料游离钙大小；但 CO 很高时，则说明此时用风量少，煤粉燃烧不完全，且熟料煅烧温度偏低。应适当增加用风量，并辅之用煤量的略微减少。

（2）用两台废气分析仪同时分别监测窑、炉，可判断窑、炉内的风、煤配合状况　当两台分析仪中其中一台 O₂ 过高，而另一台 O₂ 过低；或一台 CO 过高，而另一台 CO 过低，说明窑、炉间的通风阻力已不匹配。此时首先应调节三次风阀相应位置，增加 O₂ 过高一侧的阻力，而不必先调节总用风量及相应的用煤量。

（3）无论何时 O₂ 增大较快，一级出口废气中 O₂ 也相应增加，应断定检测点之前发生严重漏风。应在相应现场检查漏风点，并堵漏。

4）重量（质量流量）检测的工艺功能

① 通过对生料主要成分的检测控制，可以降低它们的标准偏差，提高三率值稳定性，为熟料矿物结构的稳定创造了基本条件。

② 通过控制窑、炉喂煤量的稳定，实现窑、炉风煤合理配比，生料分解与煅烧不仅稳定，而且是从燃烧机理上最大限度地降低热耗。

③ 确保生料量稳定，入窑生料提升机电流能在 1A 以内波动，风、料间传热才会均匀。

④ 控制水泥配料准确后，在保证水泥质量稳定的条件下，可节约熟料用量。

这四项质量流量的检测精度，不只关系提高熟料的强度等级，也是降低能耗的必要条件。

5）料位检测的工艺功能

物料料位处于高位（≥70％）时，物料的自重增加，提高卸料难度；而且接近库顶，易发生物料冒库，威胁入库设备安全。物料处于低位（≤30％）时，物料的离析现象严重，卸料量也难以稳定，甚至库空断料。因此，保持库（仓）料位在一定范围内，同样是稳定操作的必要条件。

6）粒径组成检测的工艺功能

众所周知，不同组分在产品中的作用并不相同，但并不意味就掌握了某种组分的不同粒径在产品中所发挥作用有无差异，或者说，并不知道哪种组成的何种粒径范围在产品中最适宜［见 2.1.3 节 4）］。这正是当今粉磨工作需要攻克的薄弱环节，这只有通过对粉料粒径的在线检测，提高对产品粒径的控制程度，才可能找到最为节能的粉磨工艺。

7）振动检测的工艺功能

及时发现设备的振动异常，不仅最快暴露设备运行存在的隐患，也能尽早反映原物料或工艺操作的异常，为保持稳定运行创造条件。

即使运行中的振动在合格范围，也应降低其振幅与振频，实现节能。如能同时观测冲击脉冲及润滑油品污染等级［见 9.1.3 节 4）］，就可发现两者关系，推算振动对耗能的影响。

10.1.4　各类仪表的应用技术

只有认识到在线检测仪表是实现系统节能运行的必要条件，才会有主动掌握仪表应用技术的迫切愿望。

水泥生产不能再习惯依靠人工取样、人工离线检测指导操作，如只用立升重、游离钙控制熟料质量，用筛余、比表面积控制水泥质量，不但无法避免误差、滞后，也根本未涉及产品的内在质量［见3.3.4节2）（1），2.1.3节4）］。纵观各工业先进国家，正是不断提高对各项参数在线检测的水平，才使水泥性能不断提高、能耗不断降低。

1）仪表应用的基础知识与要求

（1）仪表测量的基本知识　将被测量参数与同性质的标准量相比较便得到其比值，获取该比值的过程就是测量。

① 测量误差。无论用哪种仪表，也无论是检测何种参数，仪表的读数都会受仪表元件制造精度与性能的影响，在数据转换与传递过程中总会与真实值产生差值，即出现测量误差。测量误差有三种：系统误差、疏忽误差及随机误差。

系统误差又称规律误差，是指由测量器件或方法引起的有规律的误差，主要是仪表本身缺陷、观测者习惯或单因素环境条件的变化等原因产生，但它可以消除和修正；疏忽误差是观测者疏忽大意造成的，它比较容易发现，这类结果应予以剔除；随机误差则是随机因素产生的，无法排除或校正。

② 误差的表示形式。误差的表示形式有两种：绝对误差与相对误差。

绝对误差是指测量值 X 与真实值 X_t 之间的差值：

$$\Delta = X - X_t \tag{10.1.4}$$

相对误差 E_r 是指测量的绝对误差 Δ 与真实值 X_t 之比：

$$E_r = \frac{\Delta}{X} \approx \frac{\Delta}{X_t} \tag{10.1.5}$$

③ 测量仪表的品质指标。

a. 精度 A_c。测量值的绝对误差 Δ 与测量仪表的量程 S_p 之比的百分数，称为引用误差 δ。

精度是反映仪表测量结果准确程度的指标，是仪表的关键性能。它的高低取决于系统误差和随机误差的大小。其计算来自于最大引用误差 δ_{max}，即是测量值的最大绝对误差 Δ_{max} 与仪表量程 S_p 之比的百分数：

$$\delta_{max} = \pm\frac{\Delta_{max}}{S_p}; \quad A_c = \frac{\Delta_{max}}{S_p} \tag{10.1.6}$$

式中，$S_p = X_{max} - X_{min}$，其为仪表量程。

出厂仪表应当规定引用误差的允许值，即仪表允许误差。最大引用误差一定要小于允许误差。仪表的精度等级是指仪表在规定工作条件下，允许的最大相对百分误差。在仪表盘上常用圆形或三角形内的数值表示其精度等级，成为仪表性能优劣的重要指标。国家规定的仪表等级有：0.005、0.02、0.05、0.1、0.2、0.35、0.5、1.0、1.5、2.5、4.0 等。等级数字越小，仪表的精确度越高。工业用仪表精度等级一般为 0.5。

b. 仪表的稳定性。在规定工作条件下，仪表的精度（或其他性能）随时间变化保持不变的能力。当仪表对同一参数多次测量时，仪表越稳定，每次测量结果相差就越小。

c. 仪表的灵敏度与分辨率。仪表的灵敏度是对于模拟量仪表，仪表开始动作的信号越小，灵敏度越高；仪表的分辨率是对于数字式仪表，表示能检测到被测信号最小变化的能力。

d. 线性度。线性度是仪表的输出量和输入量的实际对应关系与理论直线的吻合程度。

（2）正确选择仪表量程与类型　选用仪表等级要根据所测定的量程选定，等级越小，说明测量出的同样最大绝对误差，允许的量程要越大；也就是说，选用的仪表精度等级必须大于最大引用误差，即必须大于最大绝对误差与仪表量程之比。

虽仪表选取量程过大，会影响仪表精度，但仍要留有余地，要充分考虑参数的不稳定程度。对于相对稳定的参数，最大被测值不能超过量程上限的 2/3，最小值不应低于 1/3，此范围的测量误差最小；而对于不够稳定的参数，量程的范围就要增大，但量程越大的仪表，测量误差也必然越大。因此，要想提高仪表的测量精度，理当要求系统保持稳定。当配料等各种工艺条件发生变化时，如原燃料成分有重大调整，就要重新核实配料秤的量程范围。

（3）重视选择测点与安装位置　无论何种检测项目，其测量结果都会受检测位置的改变而变化。

① 温度测点的选择与安装。热电阻测量端需要与被测介质有充分的对流热交换，应避免在阀门、弯头、管道死角处装设；减少热传导与辐射对测点温度的影响，在烟道管壁、与热电偶根部接触处要做好保温。

热电阻插入深度应接近管道中心，如果无法达到，至少应保证插入深度是保护套管直径的 10～15 倍。若管道公称直径非常小，应安装在管道直角弯内侧。为避免测量结果失真，须倾斜安装，且保护套管头部应与被测介质流向呈逆向。

使用端面热电阻测量托轮瓦温度时，不能在油池中，而是在下缘预留安装孔。

热电偶测温时，不仅要求测量有代表性，也要关注测量环境。当发现它磨损、烧蚀过快时，应重新选择含尘浓度低、受冲刷小的位置作测点，以提高使用寿命。

② 压力测点的选择与安装。取压点应选择在风管直线段，并设在管路中其他测量元件的前端，与阀门距离应大于 2～3 倍管径，尽量避免涡流、振动与高温影响。在垂直工艺管道上，取压部件应倾斜向上安装，与水平夹角大于 30°；在水平工艺管道上，宜沿流束方向成锐角安装。

敷设的导压管管径粗细适宜，含粉尘介质的管径宜大于 10～15mm，且尽量短；含水气体要用伴热带保温；取压口与压力表间应在离前者近处装切断阀；对粉尘要考虑用反向吹气清堵。

（4）重视检测元件的工作环境　被测温的工作环境将直接影响系统内的测温准确性。

冬季无法开机，检测仪表报警时，除在相关部位缠绕电热线外，可在变送器回路上，增加 4Ω 的电阻元件，将 4～20mA 对应的温度降至 -10℃，如环境温度更低，还可增加电阻阻值。

周围环境温度过高时，为减少对检测结果的影响，可将仪表集中安装在控制盘内，远离高温区，用取压管从各点取压，通过电接点或 4～20mA 信号远传到中控。

在双系列各级预热器出口测温时，由于它们所处风向、风力和风温不同，当一体化热电偶时，会引起热电偶冷端温度差异，造成测量误差。此时，应使用分体式热电偶，拆卸温度变送器，用 K 型补偿导线将热电偶与温度变送器引到低温稳定且变送器安全的位置集中放置。如果未用一体化热电阻，至少应采用三线制，抵消引线电阻对测量结果的影响。

（5）重视元件的配置与接线方式，避免信号干扰　当发现信号不准确、多路信号同时波动时，表明传感器受到附近变频设备的干扰而丢速，应检查电缆接地、屏蔽等环节。为抑制共模干扰信号，不应使用单端共地接线方式，同用 24V 电源，防止波动信号传到电源中，影响其他模拟输入回路。须采用差分输入浮地接线方式，相互隔离每个回路信号地，采用独立电源；更要避免计量电缆与动力电缆同时敷设。

若仪表接线不良，输出会无限大，程序又未编写判断功能，就会故障跳停。在 DCS 程序中增加断线检测功能，即如有 20mA 突变，就是断线或信号异常，无法发出保护动作指令。

（6）防止零点漂移　当检测数据不甚可靠，却仍能有数值显示时，应及时进行零点校正。

（7）维护与定时巡检

① 维护等级。仪表的防护等级，既表示仪表自身所拥有的对外界环境的防护条件，也是对环境与人体安全的防护要求。在订购仪表时，应当按照工作需要，明确提出相应要求。为表述准确简单，国际电工协会统一用 IP×× 表示这些规定，"I" 是防止固体异物（粉尘）进入的防护等级，表示为第一个×数字，共分六级，最高防护等级是 6；"P" 表示防止液体（水）进入的防护等级，用第二个×数字表示，共分八级，最高级别是 8。

② 巡检制度。根据仪表的使用规律，应该制订不同的巡检制度，确定巡检周期，重点检查各传感器及连接线路。若线路接触不良或断线时，都会瞬时达到高压柜跳闸的最高值；若发现元件有老化、腐蚀时，应及时更换。

当中控操作发现某测定数值不合理时，不仅要查找工艺与装备原因，也要排查仪表可能存在的异常。

2）创造各类仪表的应用条件

（1）测温仪表检测的应用技术　当发现毫伏信号受 100V 直流电压信号干扰时，热电偶应配有温度变送器，采用两线制接法，并为变送器外供 24V 直流电源，且在电力室接线端子添加 WS21525 隔离配电器，用普通 A1 模块替换热电偶模块，经隔离配电器隔离输出后，使它能收到稳定的 4～20mA 电流信号。双系列预热器有四个一级出口温度值，需用 2 个双通道隔离配电器和 1 个 8 通道普通 A1 模块。

在高含尘浓度烟气中检测温度，除选择测点外，可在探头前部焊接两层钢护管，减缓风料对热电偶的磨损，由一周寿命可延至 3 个月，且不会影响测温结果。

当检测油温和轴承温度时（窑轴瓦），可令其相互连锁，将同时超限报警作为程序条件。

（2）测压仪表检测的应用技术

① 测量管路压力时，要对管路严格密封，连接处一定要加密封垫片；还要善于发现测压管会局部磨透，并在运行中处理。

② 防止并消除测压管堵塞，及时发现测压误差。

（3）固体化学成分检测——中子活化分析仪的应用技术

① 应靠近生料调配站安装。皮带实际负载应尽量接近设计负载，否则影响测试精度。若偏差大于 10％时，应考虑降低带速或加装变频器，以提高皮带实际负载。

② 当原料成分发生重大变化时，应进行动态标定。故切勿为适应原料变化需要，频繁改变配料目标值；当发生中子源强度、皮带负载及更换皮带等条件变化时，应静态标定。

③ 配料秤应能保证连续、准确给料，防止料仓堵料。

④ 检修停车时，要始终保持电控柜开启，保证探测器温度与谱型，防止探测器晶体裂损。分析仪断电后，如若重新开启，需预热 2h。

⑤ 根据放射源的衰变情况，应及时补充或更换。

⑥ 应该使用对主要成分（如 CaO）标准偏差控制生料成分，以表述成分的稳定程度，而不要用合格率统计对比该仪器的控制效果。

（4）气体化学成分检测——高温废气分析仪的应用技术

① 慎重选择采样管材料，北方宜选不锈钢管，以利保温；南方选用高分子材料，不易老化；管路接头宜采用耐腐蚀的 PVDF 材料塑料。

② 安装中尽量缩短采样管长度；分析仪柜安装位置应低于采样探头；压缩空气要经能自动排污的油水分离器，以减轻冷凝水使滤芯外粉尘硬化、滤芯内堵塞探头。

③ 重视探头过滤器的密封和保护，防止采样管大量存灰，防止取样探头弯曲。

④ 定期使用标气对分析结果标定，减小数据误差。

⑤ 对相关设备的要求：

a. 窑尾密封必须采用柔性密封技术〔见 3.3.2 节 2)（4)① b〕，不能有漏风，否则检测数据中氧的含量会始终很高，仪表检测数据对操作没有指导意义。

b. 三次风闸阀需控制灵活〔见 3.2.3 节 4)（3)②〕，否则即使要调整窑、炉用风，也难实现。

（5）质量流量检测的应用技术　对配料秤、煤粉秤、生料秤的质量流量检测，其精度要求各有特点：

① 提高皮带秤的精度。

a. 料斗要足够大，加宽出料截面宽度，延长出料口到称量段的距离，有利于计量稳定。

b. 测量轮要避免松动、偏移，让测速传感器丢失脉冲，无法和电机输出轴同步旋转。

c. 关注影响荷重测量精度的机械因素，遵守对皮带的维护要求。

d. 当配料产生误差时，应排查三个环节：变频器、速度传感器、测速系统；查称重传感器性能的稳定程度；查机械系统有无异常，包括轴承的振动状态。

e. 掌握皮带秤的标定方法。若计量系统无挂码检验功能，可用计量仓停窑静态标定。

② 提高煤粉秤的精度。

a. 保持密封喂煤给料机既密封又通畅。为提高密封性，定期校准转子上表面与顶板间隙保持 0.2mm；调整闪动阀配重，不允许泵顶仓等处出现正压。

为下煤通畅，严禁煤粉水分大于 3%，严禁压缩空气中含水、含油，并保持压力稳定；保持输送管道、煤粉仓松动风压不能长时间小于给定值；当变频器输出电流超过额定电流报警时，应立即关闭闸板，停机清除异物。

b. 煤粉仓作为稳流系统的一部分，应稳定料位为正常喂煤量的 3 倍以上，以稳定仓压，且能实物标定。当反馈值波动较大、输送管道积料或转子内腔压力过高时，无须停机，用手操器连接 CSC，监控转子电机有功电流，依次调整 3 个定位螺栓 1/6 转，直到下料稳定。

c. 煤粉秤圆盘上严禁践踏、堆放杂物，长期停用要清仓。定期盘库核对库存量，是否等于进厂购买量减去用秤记录的消耗量，发现误差大于 5%，要查找原因。

③ 提高生料秤（科里奥利式）的精度。

a. 滑槽上端需装固定筛网，定期清理网上杂物，以防发生卡死测量盘、电机过流掉闸、损坏矩传感器等故障。

b. 当生料库易发生堵料或冲料时，应采用粉流掣技术改造〔见 1.3.2 节 3)〕。

c. 为克服科氏秤控制滞后，最初喂料 10min 内下料波动较大的弊端，在下料阶段改用手动，参考入料提升机电流，通过现场 I/O 柜控制流量阀。正常后再转到自控方式，转子秤控制柜上增加一中间继电器，切入秤输出阀的控制信号，此时流量不再经过 I/O 柜，而经该新增中间继电器常开触点至流量阀。

（6）料位检测的应用技术

① 扩大料位计应用范围，不再局限于对料仓（库）料位的检测。

a. 用于大型除尘器集灰斗中粉料的料位控制。用电磁式或光电式接近开关，代替阻旋式和射频导纳式的开关式料位计，能消除检测中的挂料影响。气箱式袋除尘中，检测提升阀准确位置，可以判断清灰袋室与系统的隔断状态。

b. 包装机中间料仓 [见1.4.3节1)（3）] 的料位控制。

c. 检测立磨内料层厚度 [见2.2.4节2)（1）①]，便于及时调整喂料量、研磨压力等。

d. 采用差压式汽包水位测量装置测量汽包水位，为锅炉安全运行提供保障。

② 其他检测技术也可取代料位检测。

a. 超声波料位取代重锤料位。超声波是由压电晶片在电压激励下发生振动，组成振动器，将电信号与超声波相互转换，利用传感器和物体间声波的传送时间计算距离或位置。对石灰石均化堆场的物料料位检测，原用长短料锤接触式料位计，抗粉尘能力较差，可改为超声波传感器，进行非接触式检测。

b. 荷重传感器取代料位检测。煤磨原煤仓、磨头配料仓等小型料仓的料位，用称重式计量方式，比料位计更耐用和准确。被检测仓重靠三个钢支座支撑，选用符合仓重规格的三个轮辐式荷重传感器、一个并联式接线盒及称重数显仪，即可完成仓空、仓满的上下限报警功能。

反之，电容料位计也可代替荷重传感器配料。尤其在料仓容积较小时，为使配料不中断又不溢仓，改用电容式料位计后，既可节电又减少磨损。

c. 光电开关代替水银倾斜开关。原堆料机臂长杆选用水银倾斜开关控制料堆料位，但随着堆料臂移动，此类开关会因碰触物料倾倒而失控，且易损坏。选用光电开关后，靠物料（包括石灰石）的反射光线便可及时检测料位。

d. 自制高料位开关代替音叉料位开关。

（7）料径组成检测的应用技术　激光发射的输出光源功率应当稳定，有使微米级颗粒接收光源的能力；为提高测定精度，应保证被测物料及空气中无水存在，使样品能充分分散；还要避免粉尘对光路的干扰。

（8）振动检测的应用技术

① 振动传感器、转速传感器、冲击脉冲传感器的分工。辊压机是水泥企业关键设备。但它的转速低（18.7r/min）、载荷变化频繁，以前通过振动和温度监测，很难获取想要的数据采集，待发现设备故障时，轴承已经损坏、主轴也被拉伤，无法修复，被迫停机检修。

如果在辊压机动辊轴两端轴承座上，各安装一个冲击脉冲传感器及一个转速传感器，定辊轴两端轴承座上各安装一个冲击脉冲传感器，就可监测轴承运行状态，示意图见图10.1.21。这种监测可以第一时间发现轴承的异常信号，做到早期预警，及早进行维护、监测润滑状态。

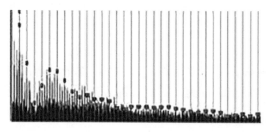
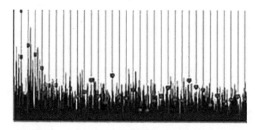

(a) 动辊　　　　　　　　　　　　　　　(b) 定辊

图10.1.21　动辊与定辊示意图

② 排除检测中的虚假信号方法。为避免风机可能出现的虚假振动信号，可在 DCS 程序中增加振动保护跳停延时 10s，且将主动端与从动端振动信号连锁，当它们同时达到跳停值时，DCS 才发出跳停指令。如此改造后，就无须采取振动峰值过后自动恢复的被动办法。

3）逐步应用总线仪表系统

（1）现场总线技术的优势 用现场总线技术代替各类传统仪表的 4～20mA（DC）标准信号与 I/O 模块连接技术，其优点是：仅用一根串行数字总线，便可替代传统的并行 24V 信号和 4～20mA 模拟信号；只需通过一根双芯屏蔽电缆，连接中央控制器和现场设备；数据和电源共用同一根电缆传输（PA）；适合于不同环境，包括防爆环境和安全要求更高的环境；只需要一个通用的组态和工程工具；符合 IEC 61158 国际标准，可连接不同厂商的设备，不依赖于厂商的开放式控制。因此，它可以大幅减少故障点，避免电缆间的干扰，更适合现场的恶劣环境。而且仪表工通过工程师站或带有设备管理功能的操作员站，便可直接查到损坏的仪表，读取到仪表的故障信息，迅速完成故障排查，且用操作画面准确显示仪表的维护状态。

虽然总线仪表的价格要比普通仪表昂贵。但在综合安装调试及维护费用之后，该系统的总费用要降低 30％以上，而且迅速排除故障所带来的效益，远是传统仪表无法比拟的。

故分布式控制系统，将逐步使用 Profibus PA 技术的智能仪表，替代传统的 PLC 及 DCS 系统，将是水泥企业自动化进程的必由之路。

（2）以 Profibus 总线拓扑结构安装 现场仪表使用 Profibus PA 仪表，按照 Profibus 规约，每条 Profibus 总线上最多可以有 125 个从设备，但每个段上最多是 31 个从设备，若每超过 31 个，需要增加一个中继器。

DP 设备可以通过 T 形头串接起来（图 10.1.22），而 PA 仪表将根据仪表的分布情况，通过接线盒或者 T 形头连接。

通常情况下，S800 I/O 的通信速率为 1.5Mbit/s，而 PA 仪表的通信速率为 93.75kbit/s，二者在一条总线上，需要 DP/PA 耦合器支持并生成新的 GSD 文件，替换原 PA 仪表的文件，保证该 PA 仪表正常通信的同时，不会降低该条总线上的通信速率。

（3）对总线仪表系统的组态 在 CBF 中可以通过 GSD 或者 FDT/DTM 方式组态 PA 仪表，组态方式与 S800 I/O 相同。每块仪表根据不同组态方式，可以拆分出多个通道，包括大量的诊测数据。

对于 GSD 组态，用户可以读取仪表厂商提供的 Profile 文件，拆分出仪表的输入/输出以及诊测通道，还可以拆分出仪表的 DPV1 参数。该参数为非周期性参数，可以用于仪表的参数设定，可以在离线组态或在线调试时查看或修改。CBF 可以使用模板方式组态，相同设备只组态一次即可。

对于 FDT/DTM 组态，仪表厂商会提供相关图形化的配置画面，可以在离线或在线情况下设置仪表参数或修改。

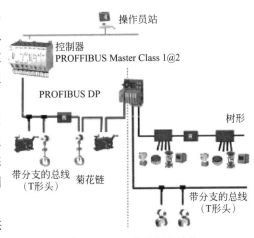

图 10.1.22 总线拓扑结构

10.2　执行机构

执行机构是执行电脑发出各种指令的控制器，包括各类变送器、控制器与执行器等，实现对系统中主自变量，如风量、风压、煤量、料量、转速等的调节与控制，使系统以最佳节能效果运行。

10.2.1　执行器的工艺任务与原理

1）工艺任务

控制器是构成工业生产自控系统的核心元件，它将传感器接收的某测量参数转换成可用信息，并经变送器滤波、放大、线性化等处理，与给定指令比对、运算后，为控制执行器动作输出标准电信号，实现对该参数的自动与智能控制。它们动作的精确到位，不仅是中控人工操作的基础，更是自动化与智能化发布指令、落实节能效益的必要保证。

2）原理

执行器是自控系统的重要组成，由于它与被测介质直接接触，也常是控制系统中最薄弱环节。在实现自动控制过程中，即使仪表检测的数据准确、及时，计算机的编程正确，并快捷判断、分析、发出指令，但若没有执行机构作为中间环节的性能保证，它同样很难有满意的控制结果。它的具体作用是，根据输入信号大小，改变阀门开度，操纵直接影响被控物理量的自变量，获取理想的节能运行状态与效果。

执行机构是执行器的动力装置，它按控制信号压力大小产生相应的推力或扭矩，推动控制机构动作。控制机构是执行器的控制部分，它直接与被控介质接触，且靠阀杆的位移，转换为阀的通过流量。

以电动执行器调节风量、风压为例，看其工作原理（图10.2.1）：控制部分包括伺服放大器和位置发送器，执行部分包括伺服电动机和减速器。当有输入信号后，与极性相反的反馈信号比对，得出的偏差信号经过放大，便输出足够大的功率，驱动伺服电动机；电机输出的扭矩经减速器转变成低速大力矩，带动负载（阀门）转动；直到偏差信号为零，阀门已准确停在与输入信号相符的位置上，调节才算完成。

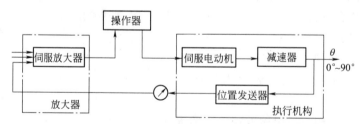

图 10.2.1　电动执行机构的组成

如果执行器不能将输入信号与反馈信号比对，不能将信号偏差放大，或输出功率不够大，就不能带动阀门转动，并让阀门停到该停的位置，调整风机的风量与风压就无从谈起。

10.2.2　执行器分类、结构及发展方向

1）控制器的分类

按照控制信号分类为模拟信号和数字信号，控制器可分为模拟控制器、数字控制器。

模拟信号控制器以 DDZ-Ⅲ型控制器为代表，它所用的电流信号为：4～20mA DC 为现场传输信号；控制室联络信号为 1～5V DC；电流电压转换电阻为 250Ω。

在仪表总功能和输入输出关系上，数字控制器虽与模拟控制器基本一致，但前者是以数字技术为原理，微处理机为核心部件；后者是以模拟技术为原理，基本部件是运算放大器等模拟电子器件。所以，数字控制器将有更好性能，包括：更为丰富的运算控制功能；便于扩展的通信功能；可靠性高，方便维护、通用性强的使用性能。它的代表型号为 KMM 可编程控制器。

2）执行器的分类

（1）按照使用的能源种类分类

① 气动执行器。它由气动执行机构和控制（调节）机构两部分组成，是以 140kPa 压缩空气为动力源，输入控制信号为 20～100kPa 的气压信号，推动机构动作。根据需要可配阀门定位器和手轮机构等附件。它的执行机构有薄膜式和活塞式两种，前者结构简单、价格低廉，为通用类型。但薄膜式又分有弹簧和无弹簧两型，一般用弹簧型。该类型推力大，工作可靠、价格便宜；但存在滞后、精度不高、不易远传的缺陷。

② 电动执行器。它由电动执行机构和控制机构两部分组成，是以电源作为能源，输入控制信号为 4～20mA 电信号，推动执行机构动作。因电源取用方便，信号传输速度快，便于远距离传输；但结构复杂，推力小，价格贵，防爆性能差。

图 10.2.2 给出了上述两类执行器的构成对比。

图 10.2.2　气动、电动执行器的构成对比

另外，还有液动执行器，以高压的液压油作为动力源，它的推力虽大，但工业控制很少使用。

（2）按被控对象分类　结合水泥生产调节的目标及手段，常见的分类有：

① 单一介质的流量控制阀门。控制气体流量的阀门，如各类风机调节阀门、三次风管闸阀等；控制粉状物料的阀门，如对四级预热器出料的分料阀、辊压机的喂料阀、生料库的球阀等；控制液态物料的阀门，如对液压油、润滑油、冷却水的控制阀门，以及水泵调节阀等。

在对风、煤、料的调节中，各类阀门都将充当主要手段，根据它们的动力来源，也有用压缩空气控制阀门的执行机构的气动阀；有用电力产生的磁力控制阀门状态的电磁阀；还有靠减速电机拖动阀门的位置与开关的机械阀；甚至有靠人工在现场调节位置的手动阀，包括闸板类及棒条类。

这些对单一品种物料的控制阀门，只要设计结构合理、材质过硬，都相对容易实现。

② 多项介质的流量混合控制。对气体携带物料的混合气流控制要复杂得多、困难得多，也更为重要，生产中绝对不能有半点疏忽。比如当气体所携带的介质需要与它分离时，阀门只能让受热后的料粉通过，既不允许本级气体从此口出去，更不能让下级旋风筒的气体从此口进入。此任务就是重锤翻板阀完成的［见 3.1.3 节 2）（2）③］。各级旋风筒下料口都装有此阀，通过重锤位置的恰当调节，让阀开启的幅度，恰好让需要出去的粉料通过，故板阀摆动要小、频次要高。此功能水平高低，就影响预热器的传热效率。

又如立磨的进料口，本不允许冷风随物料一块入磨，否则漏风就会降低系统风机对磨内形成的负压，即增加电耗。目前立磨喂料，不论是回转阀，还是三道闸阀，控制效果并不理想［见 2.2.2 节 2)（9）］，成为立磨降耗运行的难点。

同理，一级预热器的进料口也应尽量少带入空气［见 3.1.4 节 1)（4）］。

还如篦冷机篦室下的排料口，是为排卸漏料用的（四代篦冷机没有），此处不允许让本该吹入篦板上方的冷风漏出，故不应再使用廉价弧形阀［见 3.5.3 节 5)］，而应改用进口的双道快速气动锁风阀，价格虽高，但非常值得。

（3）常用气体控制阀门类别

① 单板阀［图 10.2.3 中（a)(b)］。单板阀是最早控制管路阻力的阀门，一根轴上焊上（或螺栓连接）一个面积比管道截面略小的圆板，靠外面执行机构就能带动轴旋转，改变通风面积。这种阀门结构虽简单，但需要较大转动扭矩，小管径管路可以选用。使用中需要关注轴与圆板的整体转动。

② 百叶阀［图 10.2.3 中（c）］。常用于调节风量与风压的阀门，为减小大直径管路的扭矩进化为百叶阀。它将单板阀的整体叶片分解为一组叶片拼装，故调节动作较灵活、快捷。一般设置在临近风机进出口的管道断面上，分阶梯式及放射式两类，各有优缺点。但阀门叶片易变形，影响风量的均布，尤其这种阀门关闭时，叶片间的缝隙很难严密，至少有 5%漏风。因此三通管道中，要慎用。

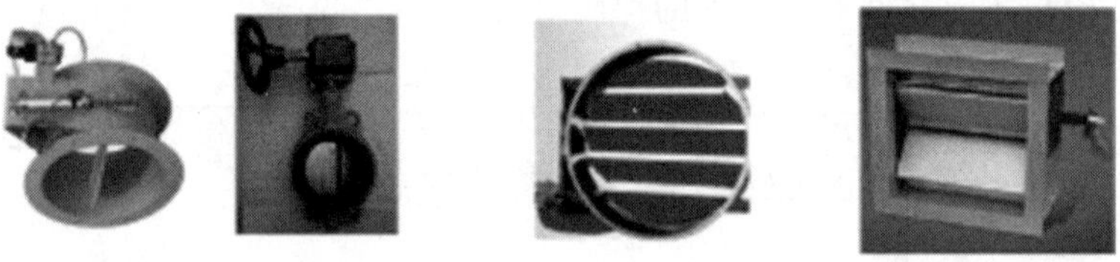

（a）单板阀（电动）　（b）单板阀（手动）　（c）百叶阀　（d）回转锁风阀

图 10.2.3　水泥生产常用阀门

③ 回转锁风阀［图 10.2.3 中（d）］。物料进出设备时，为防止气体随之排出或漏入，应采用密封性强的阀门，如立磨入料口、粉料库出料口、收尘器下料口等处。对于黏湿物料，阀壁还能通入废热风烘干。

④ 截止阀。截止阀用于彻底截断料路与风路的阀门，它是将阀板从外部直接插入管路中，故只有打开与关闭两种位置。按动力有气动、电动两种，前者动作迅速，后者缓慢。一般工艺要求以快速为宜。由于阀板从管路外部插入管道，故插入口要求做好外密封。

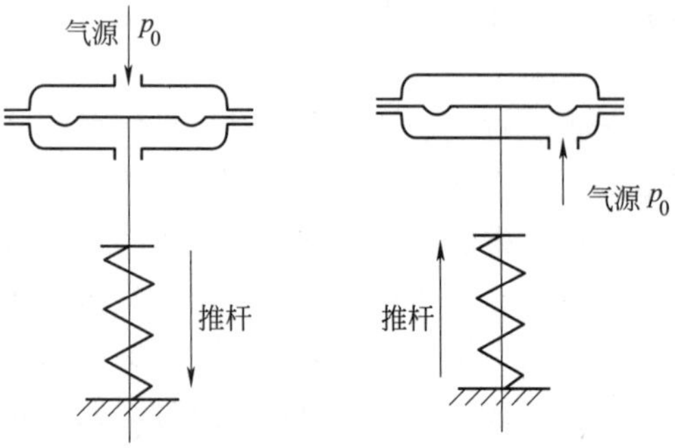

(a) 正作用　(b) 反作用

图 10.2.4　执行机构的正反作用

⑤ 快速切换阀。在余热发电气流控制、窑喂止料的料路控制等三通管路中，做到非甲即乙、非乙即甲的控制，选用这类阀的效果最好［见 10.2.3 节 1)］。

3）执行器的结构

执行器包括执行机构与控制机构。

（1）气动执行器的结构

① 气动执行机构分正作用和反作用两种（图 10.2.4），它们的区别在于：当信号压力增加时，推杆下移为正作用执行器，推杆上移为

反作用式执行机构。但反作用式的压力信号入口在下膜盖上，且需要有密封圈。通过更换个别零件，两者可相互改装。

无论正反作用，执行机构都是由上下膜盖、薄膜膜片、推杆、弹簧、调节件、支架、行程显示板等组成（图 10.2.5）。

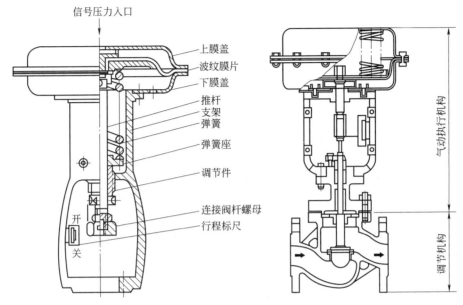

图 10.2.5　正作用式气动薄膜执行机构

它的工作原理是：当气压信号进入由上膜盖和波纹薄膜组成的气室时，膜片上产生向下推力，使推杆移动并压缩弹簧，当弹簧的反作用力与信号压力在薄膜上的推力相平衡时，推杆就稳定在对应位置上。推杆位移的范围就是执行机构的行程，推杆位移从 0 到全行程，阀门开度就从全开到全关，为气关式；或相反，为气开式。按阀杆行程及膜片有效面积，执行机构有不同的规格。

② 气动控制机构实质是局部阻力可改变的节流调节元件（图 10.2.6）。它是由上下阀盖、阀体、阀芯、阀座、填料及压板等零件组成。根据不同使用要求，具体形式会多种多样，如直通阀、三通控制阀、蝶阀、球阀、偏心旋转阀、隔膜控制阀等等。

（2）电动执行器的结构　电动执行机构适合无气源供应又需大推力的场所。因它是与检测装置组成位置反馈控制系统，故能有良好的稳定性，但结构复杂、价格高。它的主要组成的性能是：

① 伺服放大器包括前置磁放大器、触发器、可控硅主回路及电源等部分。它综合输入信号和反馈信号并放大，使之有足够大的功率能控制伺服电动机的转动。

② 执行机构为伺服电机、减速器、位置发生器和操作器所组成。

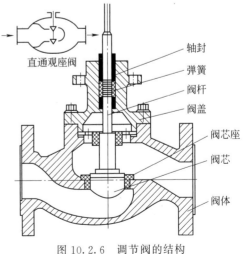

图 10.2.6　调节阀的结构

(3) 转速控制的执行机构 这类执行机构多属变频电机或减速电机，是通过电气技术改变电机的频率、电压、电流等参数实现计算机的指令。控制线路虽千差万别，但原理简单准确。如系统喂料量、喂煤量等的控制，多用螺旋输送、板喂机、回转下料器的调速实现；而风机通过变频调节转速，要比用阀门开度控制进步得多，既节电又准确，也更易实现自动化、智能化。因此，可以认为转速控制是执行机构的发展方向。

(4) 定量给料装置 定量给料装置一般分拖料给料及预给料两种方式。二者差异在于：前者在给料仓与秤体皮带间只有进料斗，它广泛适用于自由流动的物料，系统设备少、布置紧凑、高度占用小、投资小，且给料控制特性好、精度高；而后者需设预给料装置，即板喂机、圆盘给料机、筒仓卸料器和皮带给料机等，它适于处理黏滞性物料、倾泻性物料及流态化物料。但随着链板式称重给料秤和皮带式强制性定量给料秤的研制成功，有些湿黏性物料也可选用前种方案。对倾卸性物料应推荐管螺旋给料机，设备高度小，对物料适应性强，可靠性高，流量调节范围大而平滑。预给料的控制方式可以是双调节方式，将预给料调节与称重计量调节统一组成完整的闭环调节系统，但要充分考虑反馈的长滞后性所带来的不利因素。同时，料斗形状及皮带宽度的选定也要对计量有影响。

(5) 强制给料定量给料系统 为适于黏湿物料，开发出的 TDGN 型给料机特点如下：

① 延长进料斗处皮带承料面≥1m。为适应大出料口的料仓要求，采用高精度优质密布托辊支架，以防止皮带蛇形运行。

② TK 型进料斗的形状要求：三面铅直、后侧面倾斜梯形，高度尽量小（容量为小时喂料量的 2 倍、高径比为 2），减小下料出料阻力、皮带压力负荷和黏堵机会，必要时料斗内侧可加装光滑材料衬板，或后侧板加装轻型振动器。

③ 采用优质高强花纹环形胶带，让皮带表面与物料有足够摩擦阻力，类似于金属链板作用，无须配置预给料机。且让胶带具有良好的纵向柔性，以提高称重灵敏度，并适当加大电机功率。

4) 重视阀门材质

由于执行机构的阀门经常处于恶劣环境的磨损和烧蚀，使阀门寿命成为影响控制效果的最薄弱环节，故设计者要不断拓展新型材料的应用，如各类耐磨、耐高温钢板，非金属的耐热浇注料、耐高温陶瓷等。

比如预分解窑三次风管的控制闸阀改用耐磨陶瓷制作，效果会大为改观（见 3.2.3 节 4）（3）②）。

10.2.3 执行器的节能途径

1) 正确选择闸阀类型与控制手段

正确选用不同类型的阀门控制，不止要考虑执行机构的输出力矩、流体性质、工艺条件等，还要符合被调整参数的过程特性、管道配置情况、负荷变化等特点；不仅要满足控制要求，还要降低系统能耗。

比如从篦冷机去余热发电管道三通用的控制阀，是要彻底改变气流通道，就应选用非此即彼的截止阀，即两位的单板阀，只需全开与全关两种位置，关闭后就要严丝合缝。此处如选用以调节风量为主的百叶阀，它永远不能关严，总有 5% 漏风。即使发电状态，也有热风被漏为废气排出，减少了发电量。

又如入窑提升机向预热器喂料与返回生料库的三通管道，应选用快速气动阀控制，以缩短投料、止料过程的操作时间，有利于防止该阶段故障发生及降低运行热耗［见 3.1.4 节 1）（3）］，且操作最为灵活，不会漏风，也不增加额外阻力，而不应选用动作迟缓的电动阀。

还如箅冷机从箅室箅板下鼓入冷风的分配阀门，更有其特殊性。此冷风本为冷却高温熟料，理应让更多冷风通过厚料层，但冷风最愿走阻力小的薄料层。为扭转此趋势，第四代箅冷机开发了各类自动控制阀，以增加薄料层阻力，减少厚料层阻力。但至今此阀总难经久耐用，成为提升箅冷机冷却效率的瓶颈［见 3.5.2 节 2）（1）］；不如将高温段箅下风室纵向切隔为若干个，靠人工调节设置在箅冷机外的各室阀门，反而有效。可以这样认为，若要提高箅冷机冷却效率，虽要在箅板、风室布置上动脑筋，但更要提高阀门的控风技术。

至于三次风管道的控制，至今所用类型既不耐用，又不能调节自如，已明显影响窑、炉用风合理匹配［见 3.2.3 节 4）（3）］，之所以尚未成功改进，无非对风煤配合的要求不够重视。

2）减少执行机构的自身能耗

不同类型阀门在完成同样调节功能时，所耗动力并不相同，如单板阀的阻力会比百叶阀大；而切断管路时，百叶阀阻力又会比三通两位阀大得多。在电机变频技术兴起后，用转速调节代替阀门调节流量，就在于节能。

某些仪表自身具有控制功能，结构简单，同样是为节约能耗。如压力表内加装的电接点装置（图 10.2.7），当系统某点压力不满足工艺要求，超过规定压力范围时，电接点就发生信号可避免事故发生，比原压力表另加报警装置要节能。

3）改进控制方式

当执行器反馈不准确、阀门误动作或反复动作时，可将原 DCS 4～20mA 模拟量控制，改为中控数字量控制，即用模块与中控给定信号比较：当反馈信

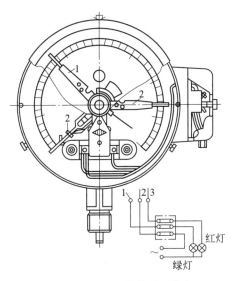

图 10.2.7　电接点信号压力表
1，2—静触点；3—静触点

号小于给定信号时，程序发出"开"指令；大于给定信号时，就发出"关"指令；相等时，发出"停止"指令。还可在程序中调节死区设置。如此编写 PLC 程序，实现伺服放大器功能，既可靠又节约成本。

10.2.4　执行器的应用技术

1）气动执行器的安装与维护要求

一定要保持阀门的完好及调节灵活，避免它们已失灵与损坏后还在使用。

① 安装位置要远离振动较大、高温、有毒及腐蚀性强的场地；选在易于检修并与地面留有适当高度，便于从下方取出阀芯；调节阀与气动执行器都应正立垂直安装在水平管道上，否则要加支撑座，避免管线振动引起阀开关卡涩或不到位；阀体都有箭头标明的流体方向，不能接反；安装前应对管路清洗，排除污物和焊渣；当需要安装旁路时，旁路阀不能装在控制阀的正上方，在调节阀前后都应安装截止阀，以利停车检修。

② 维护检查的重点是：阀体内壁，特别是高压差及腐蚀性严重的场合；阀座受磨损程

度；阀芯受介质冲蚀的程度；膜片与密封圈是否老化和裂损；填料老化；等。

2）电动执行机构调试与力矩调整要点

① 投运前要检查现场电源电压，并按电气安装接线图检查接线。

② AI/M1系列（带红外线手操器）的电动执行机构，调试时"现场""中控""阀门实际位置"三种状态中，应以现场实际位置为准。

③ 使用电流加速和中断功能时，要适时修改信号死区的控制大小，防止执行器振荡。

④ 当出现开、关方向堵转，可手摇或重新设置开/关限位，消除堵转。

⑤ 设置执行器开关限位时，阀门一定要处于全开或全关位置，防止执行器振荡。

⑥ 按规定对减速器加注润滑油，并定期清洗，确保执行器输出轴推力与阀门动作所需推力相符。

3）各类阀门不同故障表现

① 气动截止阀的气缸损坏，阀门被卡在某一位置。

② 气控电磁阀元件多，易损件多，一旦有损坏，电磁阀就会失灵，无法控制气控阀工作。如PU管漏气或过滤器堵塞，造成气压低，甚至断气；线圈松动或控制线路故障。而阀门自身也会因活塞或密封圈损坏，使阀内窜气；或限位螺丝掉落，螺栓孔漏气等。

③ 电动流量控制阀常出现的故障有阀门卡住不动，或阀位与中控显示不符。检查阀门，除了观察管路压力表之外，还可在各管道电磁阀后的充气管道上，增装与管径一致的手动阀门。依次开、关检查，便可确认各阀门的控制效果，并更换阀位不符的阀门。

④ 百叶阀叶片常易有粉尘黏结，增加阻力、进风量减小，以至连杆断裂、阀片难以转动而无法调节；或因阀片年久磨损严重，即便关闭状态，也漏风严重；部分叶片或因转轴锈蚀，或因阀门连杆长度不适，无法打开。

10.3 DCS系统

DCS系统是分散控制系统（Distributed Control System）的简称，又称为分布式计算机控制系统。它已广泛应用于现代各类生产控制中，更是实行自动化与智能化控制的基础。

10.3.1 DCS系统的工艺任务与原理

1）工艺任务

DCS系统利用计算机技术对生产过程集中监测、操作、管理和分散控制，将水泥生产线的众多装备，汇集于中控室统一操作，代替现场分散操作。不仅能提高工作效率，还能综合分析控制设备间的相互关系，为未来的自动化与智能化奠定硬件基础。

2）DCS信息化、自动化与智能化

DCS系统是信息传递技术的现代手段，是建立在互联网＋、大数据、云计算、人工智能（机器学习算法）等基础上的现代网络技术，随着通信技术的飞速发展，是实现自动化、智能化的基础装备，但它本身并不表明自动化、智能化已经实现。

欲实现自动化、智能化，不仅需要大量在线仪表提供的众多测试数据，还需要编制出符合工艺规律的控制软件系统，再配备现代化的信息传递手段，依赖执行机构的可靠执行，才能够获取稳定在最佳状态上运行的目标。

只有根据编程软件，将监测、对比、分析、调节过程周而复始地进行，并不断用上次指令控制结果与目标值比对、判断并及时修正，重新对执行机构发出指令。当软件编程与算法合理并具有自学习能力时，它可以从若干调节方案中选取最佳方案与参数，不断向最低能耗的目标靠近，这才是智能化过程。随着编程者对水泥工艺与装备规律认识的深化，软件程序会越来越准确，控制越来越到位，生产效益就会越来越好。

千万不能将自动化与智能化混为一谈。前者是后者的基础，后者为前者的提升，二者实现的难度不同，所取得的效益不会一样。自动化是代替人工操作（四肢），完成人的体力劳动；智能化则要代替人的思维（大脑），完成脑力劳动。自动化程度，可以从操作员对系统干预的频次中表现出来，其效益是以提高劳动生产率及操作安全为主；而智能化程度，则要从系统运行参数的优化中体现效益，降低单位产品的能耗。因此，智能化的意义在于：当所有节能工艺与装备技术应用之后，投入智能化还能进一步降低能耗，使其达到极致。

应该说，当前信息化技术飞快进步，已经迅速渗透到各行各业的应用之中，全社会已享受到它的更多红利，而不同行业的自动化及智能化水平，其实现程度仍相差很远。

之所以认定我国水泥生产还不是智能化，首先是还未具备自动化条件，还有很多控制依赖人工在现场操作，如：生产过程尚不能保持稳定；又很少使用在线检测仪表，缺乏大量及时、准确的数据信息；更缺乏与工艺生产规律紧密结合的综合编程知识。

比如熟料生产中，智能控制烧成带温度一定会有重大效益［见 3.3.3 节 9）］。但如果窑系统不配置直接检测烧成温度的仪表，调节风、煤、料的手段也不准确，更缺乏符合烧成工艺的智能软件编程，又如何实现对它的智能化控制呢？正因如此，我国水泥生产现今智能化的现状不过是：能借助某些先进的信息手段，在一定范围实现了局部自动化。

3）原理

DCS 系统需要各类先进在线仪表（见 10.1 节）提供大量有效数据，包括系统各处温度、压力、成分、流量、料位等工艺参数，及转速、电流、电压、功率、频率、振动等设备参数，由于它的采集数据能力与传递速度随 4G、5G 技术的进步，并迅速与目标值比对，并通过机器学习算法，就能下达控制执行机构的指令，实现自动化与智能化的控制。

10.3.2 DCS 系统基本组成、类型及发展方向

1）基本组成

从系统的结构分析，DCS 系统基本由三部分组成，分别是：

（1）分散过程控制装置 它由多回路控制器、可编程序逻辑控制器及数据采集装置等组成。在硬件上，它由 I/O 板及作为 DCS 的核心部件——控制器组成，I/O 板完成模拟和数字的转换，控制器完成以 PID 为主要功能的过程控制。

（2）集中操作和管理系统 它的主要功能是集中各分散过程控制装置发出的信息，通过监控对比，再将操作指令下达到各分散过程控制装置。它要求硬件有较大容量存储，允许有较多画面显示；软件采用数据压缩技术、分布式数据库技术及并行处理技术等。这样既能方便人员操作，又能有充分容错性，防止人为误操作。

（3）通信系统 它用于各级计算机（或微处理器）与外部设备间及各级间的数据通信。要求传输速率高、误码率低；且有开放性和互操作性，允许不同厂商产品间通信，允许不同厂商现场级的智能变送器、执行器互换。

2）典型 DCS 总体架构（图 10.3.1）

（1）过程控制站 根据工艺要求配置若干控制站点。水泥生产线一般由原料粉磨站、

窑尾站、窑头站、煤粉制备站、水泥粉磨站组成，并根据现场条件设置各过程控制站点的相应远程 I/O 站，如石灰石破碎远程站、原料调配远程站、循环水泵房远程站、包装远程站等。

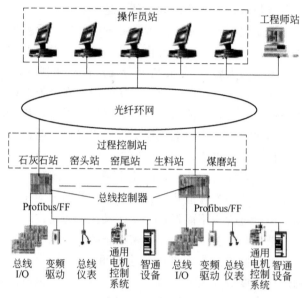

图 10.3.1　典型 DCS 应用的总体架构

（2）操作员站　根据生产规模及管理需求，中配置与过程控制站点对应的操作员站，一般要具有冗余功能，即在任何一台出现故障时，其他站点同样可以实现。

（3）工程师站　全系统设置一个工程师站，负责实现全局编程组态与调试。

（4）计算机网络　一般分为上下两层，一层为连接各过程控制站、操作员站及工程师站的系统网，采用基于 TCP/IP 的工业以太网（速率 10Mb/s 或 100Mb/s），另一层为连接控制器与 I/O 站点的现场控制网，采用各公司内部总线或通用现场总线网（速率不等）。

3）编程软件类型

基于计算机系统的编程软件工具，由早期的模糊逻辑到后来的专家优化系统，一直在进步与发展。以自动导航方式完成过程操作，连续高频地小幅逼近最优参数，从而保持最佳的工艺状况，达到优化提产节能指标的目的。

（1）仿真系统　最初的所谓自动化，就是建立在对生产线的全范围仿真，以实现全厂设备的开停车、运行参数调整、现场信号模拟、控制与监控。但它同样是根据人工取样离线检测原料、半成品及成品的性能数据，调节自变量，达到对部分参数的控制，并能对异常参数实现报警及连锁停车。这种系统只是模拟人工操作［图 10.3.3 中（1）和（2）］，作为助手而已。它可以减少人工操作的失误，提高运行安全。但远未优化人工操作，不可能有自动化的更高节能效益。

（2）EO 专家优化控制系统　该系统是在向优化参数的目标前进，能完成风、煤、料等自变量的调节以及设备间的连锁和保护；但对设备启停状态及与运行状态的切换，仍要由人工操作。

图 10.3.1 中的工程师站网络机柜至中控操作站需放设网线，目前可设两根，待后期项目可增多根数；同时，工程师站网络机柜需放设一根连接外网的网线，专家系统服务器也需

与外网连接。

专家优化系统是在典型 DCS 架构基础上衍生而来的。通过它的快速小幅调整，实现更高产量、更低能耗及提高优质品率，从而减轻操作员的操作压力。

EO 的硬件配置基本原则是：每条熟料生产线配置一台服务器、一台工程师站、两台操作员站（双屏）、一台交换机。服务器及工程师站放置在工程师站，操作员站放置在中控室。服务器及工程师站具备连接互联网接口（图 10.3.2）。它所使用的先进控制技术有高级自控模型编辑器的数据处理、数据库建立的经验模型、图形化的 MPC 模型、软传感器模型、导致图形化的组态工具、模糊算法、MPC 模型、算法及逻辑运算、软传感器等。

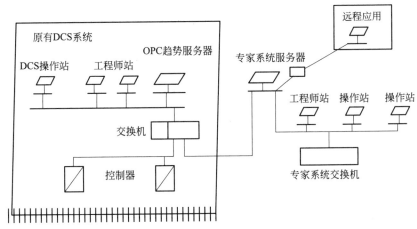

图 10.3.2　专家系统网络示意图

专家优化系统通过规则块，按照模糊逻辑，完成各系统调节自变量的操作，与 DCS 系统采用 OPC 通信方式交换数据，采用类似服务器/客户端模式，通过标准 TCP/IP 网络连接。

但该系统的最大劣势是：受输入信号约束，编程只能考虑 95％的工况，即在 70％～100％喂料量时方能控制，开停窑及烘窑仍需要人工操作；而且以 ABB 完成的编程来看，仍未熟悉工艺规律，不能选择并控制窑在最佳参数下运行。

（3）新设计的智能燃烧专家系统（IBES）　为计算机控制工业生产自动化，真正实现最佳参数的智能优化，需要简化燃烧系统装置。

本专家系统的总体思路是：将高温热电偶布置在数个能反映水泥烧成状况的关键点上，如窑尾下料口、分解炉出口、五级筒出口、二三次风进窑、炉入口、一级筒出口等，利用传感器采集其热电信号反馈至计算机控制模块上，再经专家知识进行处理，自动判断系统热工状况，将指令信号传递给相应的执行机构。

它的软件系统使用的建模语言是 UML；所用工具为微软 MS Visio 及 IBM 的 Rational XDE；操作系统是 Windows2000 Server，包含了网络、应用程序和 Web 服务管理。它的开发平台是 Visual Studio. NET 2005，在开发人员生产效率、Web 开发、数据库编程和软件项目管理等方面有众多改进，曾是 2002 年以来最为重要的 VS（微软的旗舰开发产品）版本；其数据库是微软提供的 SQL Server2005，它是客户/服务器关系的数据库管理系统（RDBNS），能够与开发平台集成，让服务器在后台执行计算和操作。此配置不但增强系统的可靠性和灵活性，还降低硬件成本，并为用户编制应用程序软件提供理想基础。

4）发展方向

最新的编程思想是面向对象。面向对象程序设计是近年发展的先进软件设计方法。它具有更好的模块性、信息隐蔽、抽象代码共享、灵活性、易维护性等优点。与传统的软件开发方法和过程式语言相比，面向对象所建立的软件系统过程，更适合大型复杂的软件系统开发，不再需要需求分析、高层设计、详细设计等规范化阶段。因此，在系统的分析和设计过程中，分别采用面向对象的分析（OOA）和设计（OOD）方法。

同时，它不再使用过程式程序语言。在面向对象的软件设计中，用面向对象的 UML 语言 Microsoft Visual C♯2005. NET，才能充分实现模块化、代码共享等思想。它是定义良好、易于表达、功能强大且普遍适用的建模语言，融入了软件工程领域的新思想、新方法和新技术。它不只限于支持面向对象的分析与设计，还从需求分析开始，支持软件开发全过程。

面向对象的程序设计方法 OOP（Object Oriented Programming），可以结合专家系统、数据库理论，根据不同操作目的，开发出适应不同类别的智能专家系统。

10.3.3 DCS 系统的节能途径

1）拥有可靠运行的装备条件

（1）选择性能价格比合适的系统硬件　水泥生产环境较为恶劣，DCS 系统硬件要有较高可靠性。不仅控制器及 I/O 模块要满足现场条件，控制器单元也要满足当前工艺控制及要求，并能考虑后期深度开发的需要。

（2）DCS 系统必须采用正版软件　DCS 所需软件应有偿购买使用，正版软件都是按网络节点数及控制点数计费，价格较为昂贵。非正版软件虽可免费或花钱很少，但会为 DCS 后期长期安全运行与维护带来隐患，也将承担使用盗版软件的法律风险。为满足系统节能要求，应合理开发各种自动控制子系统，并设计满足各种工艺过程要求的控制，如启动联锁、运行联锁、超限报警、目标控制等。

（3）选择质量可靠品牌的电气元件　DCS 系统要配套使用继电器、端子等电气元件，不同品牌的价格会相差数倍，但带来的质量差异对 DCS 系统使用寿命与效果影响更大。为企业长远效益，不应贪图蝇头小利。

安全继电器在发生故障时能动作规范，具有强制导向接点结构，接点一旦发生熔结现象，触点将能强制断开，确保安全。并要求双回路的安全控制中，另一条线路保证不在运行。

2）选用智能仪表，采用现场总线技术

为了 DCS 能准确迅速获取仪表数据，可以通过总线扫描，对所有连接到总线上的智能仪表定位，调试好总线仪表系统。所有已经组态好的智能仪表，通过图形可直视设备的连接状态，并且可在线设置设备地址。根据仪表组态方式不同［10.1.4 节 3）（3）］，查找参数。以 GSD 方式组态的对象，可以在线方式下查或设置参数；以 FDT/DTM 方式组态的对象，可以打开仪表厂商提供的 DTM 画面设置参数。

3）通过软件编程挖掘智能控制的节能潜力

编程者与应用者都应当明确：水泥生产智能化的显著效益主要表现在它的节能潜力；还应当明确，这种节能潜力的出处及如何挖掘它们。

本书前 9 章详尽分析了各类水泥设备的节能潜力及方向，《水泥新型干法中控室操作手册（第二版）》一书也明确提出应有的操作思路，分析出最佳参数的潜力所在。在此基础上实现智能控制，便可充分挖掘出系统节能潜力：它不只能提高劳动生产率，更重在操作效果远高于人工，见图 10.3.3 中（1）与（6）之差。

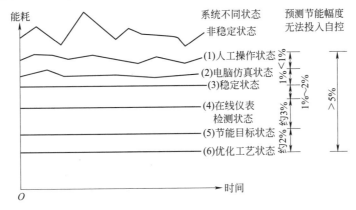

图 10.3.3　智能化水平对能耗影响的趋势预测

（1）代替人工操作能消除因思维不同及情绪色彩所造成的操作差异　即使原有操作条件、理念与习惯不变，只要严格执行相同程序与指令，便可收到约 1% 的节能效果。仿真编程技术曾模拟的操作就是如此。

（2）只要操作编程采取先稳定、后优化的原则，就会比波动状态有好的效益〔图 10.3.3 中（3）〕。这不仅因为输入信号超过定义域后，信号就会失效，无法实现控制；而且只有当系统相对稳定后，就能减少为克服质量、工艺波动所付出的耗能代价，见图 10.3.4。

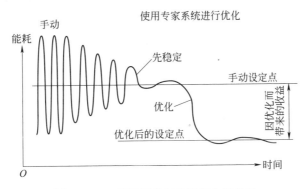

图 10.3.4　系统稳定与参数优化的关系

（3）配备必要的先进在线检测仪表　为现代智能云计算提供大量真实可靠的现场数据，便可为系统及时准确判断运行现状，发出调节指令，并了解调整后的效果。而且只有智能化，才能有比人更快的数据处理速度与更高的准确性，这要比不用仪表、仅靠离线检测或数学模型运算的效果要好不只 1%～2%〔图 10.3.3 中（4）〕。

（4）将追求节能当作智能编程的主要目标　会比为其他目标（如超产、提质）的编程带来更大效益〔图 10.3.3 中（5）〕。即用正确的操作理念贯穿在编程始终，就会大大提升智能控制效果，比原能耗水平降低约 3%。

（5）综合或选取最优参数　从若干节能程序中综合或选取最优参数，以得到最佳节能效果〔图 10.3.3 中（6）〕。

10.3.4　DCS 系统的应用技术

1）使用在线诊断装置排查仪表故障

水泥生产线 200 台左右仪表来自不同公司提供，在查找普通仪表的故障点时，仪表工需要到现场，确定仪表的故障情况；但使用智能仪表后，用户通过开发的"PA 仪表在线诊断分析装置"，仪表工便可在中控室通过工程师站或是带有设备管理功能的操作员站，对仪表进行设置。该装置是由故障采样线路、模盒分段线路及检测线路组成，替换目前所用的 T 形头和传统的接线盒。从而实现：

①当现场 PA 仪表出现故障时，该装置会自动切除故障仪表，并准确显示故障仪表位置。

②该装置可自行诊断 PA 支线及 PA 设备的开、短路等连接状态，自动隔离故障 PA 区段，解决由此产生的通信中断，现场指示灯将明确区分现场线路的接地极性及短路与断路状态。

③设计能抗干扰的电子电路，有效过滤干扰信号，保持信号纯净。

2）质量计量仪表应放在突出位置

在 DCS 的生产应用中，需要不断修正编程软件，不断提高编程水平。为此，应该突出重视质量计量仪表，随时核实产量与能耗，用节能效果检验系统是在最佳参数下的运行状态，这是验证生产线智能化的基本条件。只待月底盘库得出结论，根本无法与智能化有共同语言。

3）加强对执行机构的改造，满足自动控制需要

欲完全实现智能控制，系统中任何自变量调节，都该由 DCS 系统在中控室自动完成，再不能靠人工现场调节。目前控制窑系统的自变量中，对燃烧器与三次风阀位都存在自控死角，急需改进相应设备，以实现火焰调节［见 3.4.4 节 4）（3）］及三次风阀调整［见 3.2.3 节 4)(3)］，并需要提高它们的使用寿命。同理，粉磨系统也有不能在中控调节的自变量，如管磨中隔仓板、衬板、配球等，立磨中的喷口环与挡料环，辊压机中磨缝、侧挡板及磨辊压力等，都有待将控制手段移到中控室。

4）软件编程必须符合现代水泥生产的工艺规律

任何系统的软件编程，通过合理选用的编程工具，一定要围绕该生产工艺要解决的主要矛盾，针对其核心因变量，综合运用各种自变量的控制手段，编出寻求最佳参数的软件。此时所兑现的智能控制，至少有 2% 的获益空间［图 10.3.3 中（5）］。

参 考 文 献

[1] （德）Friedrich W L. 水泥的制造与使用. 汪澜，崔源声，杨久俊，等，译. 北京：中国建材工业出版社，2017.

[2] 李海涛，等. 新型干法水泥生产技术与装备. 2 版. 北京：化学工业出版社，2013.

[3] 熊会思，等. 新型干法水泥厂设备选型使用手册. 北京：中国建材工业出版社，2007.

[4] 谢克平. 水泥新型干法生产精细操作与管理. 2 版. 北京：化学工业出版社，2015.

[5] 谢克平. 高性价比水泥装备选用动态集锦. 北京：化学工业出版社，2016.

[6] 谢克平. 水泥新型干法中控操作手册. 2 版. 北京：化学工业出版社，2020.

[7] 王寒栋，等. 泵与风机. 北京：机械工业出版社，2003.

[8] 谢克平. 水泥新型干法设备维护操作手册. 北京：化学工业出版社，2016.

[9] 穆惠民，等. 中国水泥技术装备制造、安装、维护与修理. 北京：中国建材工业出版社，2010.

[10] 谢克平. 水泥生产更需要思想. 北京：中国科学文化出版社，2017.

[11] 陈绍龙，等. 水泥生产破碎与粉磨工艺技术及装备. 北京：化学工业出版社，2007.

[12] 刘艳，等. 工业仪表操作与维护. 北京：化学工业出版社，2015.

[13] 周平安. 水泥工业耐磨材料与技术手册. 北京：中国建材工业出版社，2007.

[14] 王杰曾，等. 水泥窑用耐火材料. 北京：化学工业出版社，2011.

[15] 时彦林. 液压传动. 3 版. 北京：化学工业出版社，2015.

[16] 赵君有. 电机学. 北京：中国电力出版社，2016.